生物学理科基础人才培养基地教材

动 物 学

（第二版）

姜乃澄　丁　平　主编

ZHEJIANG UNIVERSITY PRESS
浙江大学出版社

图书在版编目（CIP）数据

动物学／姜乃澄，丁平主编．—杭州：浙江大学出版社，2007.8（2025.1 重印）

ISBN 978-7-308-05522-2

Ⅰ.动…　Ⅱ.①姜…②丁…　Ⅲ.动物学—高等学校—教材　Ⅳ.Q95

中国版本图书馆 CIP 数据核字（2007）第 139218 号

动物学（第二版）

姜乃澄　丁　平　主编

责任编辑　沈国明
封面设计　刘依群
出版发行　浙江大学出版社
（杭州市天目山路 148 号　邮政编码 310007）
（网址：http://www.zjupress.com）
排　　版　杭州青翊图文设计有限公司
印　　刷　绍兴市越生彩印有限公司
开　　本　787mm×1092mm　1/16
印　　张　28.75
字　　数　723 千
版 印 次　2009 年 6 月第 2 版　2025 年 1 月第 4 次印刷
书　　号　ISBN 978-7-308-05522-2
定　　价　70.00 元

前　言

动物学是综合性大学、师范院校相关专业历来的专业基础课，也是农、林、中医药有关专业的基础课或选修课。随着大学教学改革的不断进行，对基础课程的学时都进行了大幅调整，如在浙江大学，目前动物学总时数，包括实验仅 85 学时，使得原来一直使用的全国统编教材《普通动物学》（刘凌云、郑光美主编，高等教育出版社出版）很难适应新的教学大纲要求。因此，我们一直就计划编写一本既能反映动物学新近研究成果，又适应当前教学要求的大学动物学理论教材。在编写本教材前，我们已完成了富有我校特色的动物学课堂实验和野外实习系列的教材的编写和出版，并在教学实践中取得了较好的效果，这也增加了我们编写动物学理论教材的信心，加快了编写速度。

我国以往许多动物学教材一般都以代表动物为例展开有关动物结构与功能的论述，但事实上太具体的东西往往引不起学生对学科的好奇心和学习的兴趣。根据我们多年的教学实践和学生们的意见，本教材重点加强了各门类动物，尤其是无脊椎动物生物学特征的论述，使学生对动物的形态、结构与功能在总体上有一基本的了解。这也是国外教材的优点之一，我们应当充分汲取。当然，在我们的教材中没有以代表动物来论述各门类动物的特征，并不意味着代表动物不重要。我们只是把代表动物的具体形态、结构和功能安排在有关实验中，让学生对其进行全面的剖析，加深了解。这样做，既节省了时间，又可使学生得到实验技能的训练。我们对教材作这样的安排可用“一片森林”与“一棵树”的关系来比拟，注重介绍动物结构功能的总体性，使学生对动物的认识有全局观，看到“一片枝繁叶茂的森林”，使学生学后能举一反三、触类旁通。

参加教材编写的除了浙江大学的教师外，还有浙江师范大学、宁波大学和杭州师范大学的教师，其中绝大多数都有多年的动物学教学经验。在编写的相关章节中，他们有机融入了各自有关科研工作的成果，使教材具有一定的时代感。我们愿以此书献给浙江大学建校 110 周年。

本教材共 20 章（包括绪论、附章），其中绪论、第 1～6 章及附章由姜乃澄编写；第 7 章、第 10 章由王丹丽编写；第 8～9 章由卢建平编写；第 11 章、第 17 章由邵晨编写；第 12 章由蒋萍萍编写；第 13～14 章由杜卫国编写；第 15 章、第 18 章由丁平编写；第 16 章由鲍毅新编写。全书无脊椎动物部分和脊椎动物部分分别由姜乃澄和丁平统稿。由于编写人员学识水平所限，不足和错误之处在所难免，谨祈读者指正。

编　者

2007 年 5 月于浙江大学紫金港校区

目 录

绪　　论

1　动物学及其分支学科

动物学(Zoology)是研究动物生命现象及其发生发展规律的基础科学,为生物科学的一大重要分支,其内容十分广博,主要研究范围包括动物的形态结构、生长发育、分类进化以及动物与环境间的相互关系等。与其他基础学科一样,动物学也是人类在自然界生存过程中对动物不断认识、利用与改造的知识总结。随着时代的进步和科学的发展,动物学的研究领域也越来越广泛,古老的基础学科继续焕发着生命的活力。动物的种类繁多,在150万种以上,其生命现象十分复杂。根据动物学研究内容的不同,已派生出许多分支学科,几乎涉及生物学的每个领域。动物学门下的三级学科多达十几门,主要的有:

动物形态学(Animal morphology)　研究动物的形态结构以及在个体发育和系统演化过程中的变化规律。其中研究动物器官结构及相互关系的称为解剖学(Animal anatomy);研究动物器官和细胞显微结构的称为组织学(Animal histology)和细胞学(Animal cytology)等等。

动物分类学(Animal taxonomy)　研究动物类群间的异同及其异同程度,阐明亲缘关系、进化过程和发展规律。依据研究对象可进一步分为甲壳动物分类学、昆虫分类学、鱼类分类学、鸟类分类学等等。

动物生理学(Animal physiology)　研究动物有机体包括各类细胞、组织、器官和系统的机能,及其在不同环境下整体性反应的规律。依据研究对象可进一步分为昆虫生理学、鱼类生理学、哺乳动物生理学等;按高等动物的器官系统可分为神经生理学、消化生理学、生殖生理学、内分泌生理学等;从进化或发育角度对动物生理机能进行比较,可分为比较生理学或发生生理学等。动物生理学是医学和畜牧学的重要理论基础之一。

动物胚胎学(Animal embryology)　研究动物自卵子受精至胚胎形成、个体发育的过程及其规律。依据研究对象可进一步分为哺乳动物胚胎学、鱼类胚胎学等等。

动物生态学(Animal ecology,Zoological ecology)　研究环境条件对动物的习性、活动、行为、繁殖、生存、数量消长和分布的影响,以及动物对环境条件的适应、影响及作用。依据研究对象可进一步分为昆虫生态学、鱼类生态学、鸟类生态学等等。

此外,动物学还按其研究对象划分为无脊椎动物学(Invertebrate zoology)、脊椎动物学(Vertebrate zoology)、原生动物学(Protozoology)、寄生虫学(Parasitology)、蠕虫学(Helminthology)、贝类学(Malacology)、昆虫学(Entomology)、鱼类学(Ichthyology)、鸟类学(Ornithology)、哺乳动物学(Mammalogy)等等。随着科学技术的不断进步和广泛的学科

交叉渗透，作为基础学科的动物学已从宏观、微观水平的研究逐渐深入到分子水平的研究，一些新的交叉学科还在不断出现。

2 动物学的意义、发展简史和学习方法

2.1 意义与发展简史

动物学是一门基础学科，且分支学科众多，不仅学科本身的研究内容十分广博，而且与其他学科有着密不可分的关系，成为相关研究中不可或缺的基础。如至今仍严重危害全球人类健康的疟疾，如果没有当时动物学研究的配合，由英国学者罗斯(Ross)彻底揭示疟原虫的生活史，人类预防和控制疟疾时所走的弯路就会更漫长。Ross因发现疟原虫如何侵入有机体而获得了1902年的诺贝尔奖。又如从医学方面已查明细胞凋亡和多种疾病有关，其中包括艾滋病、肿瘤、老年性痴呆、帕金森氏综合征等等，但医学有关凋亡基因的研究，最先是从对一种自由生活线虫的研究中得到启发的。这种线虫叫秀丽隐杆线虫(*Caenorhabditis elegens*)，体长只有1.2mm，身体结构很简单，体细胞只有1090个。但从受精卵发育为成虫时，其各种组织器官的脉络却十分清楚，于是被作为发育生物学研究极好的实验模型动物，以后进一步研究发现，这种线虫在发育过程中有131个细胞注定进入程序死亡，科学家们从它身上找到了十几个与细胞凋亡有关的基因，被称为ced基因，其中ced3和ced4对细胞凋亡执行正调控，它们的活化可诱发或启动细胞凋亡；ced9对细胞凋亡执行负调控，如将它移入原本注定要凋亡的细胞，便可使凋亡不再发生。基于上述研究，在哺乳动物中也找到了ced9基因的同源基因。不仅如此，还找到了在细胞凋亡调控中起重要作用的其他基因，如bcl-2基因是细胞凋亡控制基因，也被称为"长寿基因"。当前，有关细胞凋亡的研究已成为医学等领域中的研究热点。动物种类十分繁多，我们有理由相信，随着动物学研究的深入，会有更多新的实验动物走进造福人类的行列。在农业领域，在控制农业害虫、生物防治以及畜牧业、经济动物养殖和利用等方面，动物学也是十分必要的基础；在工程技术领域中，仿生学(Bionics)的发展和仿生设备的研制，离不开动物学结构与功能的研究成果，如模仿蛙眼对移动目标有特殊的识别功能而研制成的"电子蛙眼"，可准确灵敏地识别飞机、导弹，模仿海洋水母的感觉器——平衡囊制成的"水母耳"，可预测预报风暴等等。

我国是文明古国，有着光辉灿烂的历史，有关动物的记录最早出现在公元前2000年《夏正小》的物候著作中。从先秦的《诗经》、《周礼》到唐代的《本草拾遗》等著作中也都有对动物分类和功用的记载。更可引以为荣的是，明代(16世纪)李时珍(1518－1593)编著的《本草纲目》一书，共52卷，驰名中外，其中对400余种动物的名称、性状、习性、产地及药用作了记载，还将动物分为虫、鳞、介、禽、兽几类，是我国古代伟大的科学著作典籍，受到世界各国人民的重视，已译成多种文字发行，至今仍受世人推崇。

在西方，有关动物学的研究最早可溯源到公元前300多年的古希腊学者亚里士多德(Aristotle)。他在其《动物历史》中记述了454种动物，使用了"种"和"属"的术语，并且在胚胎学和比较解剖学方面也作出了巨大的贡献，被誉为动物学之父。15世纪前后，欧洲进入了"文艺复兴时期"，动物学走出了中世纪的黑暗而有所发展，16世纪以后许多动物学著作纷纷问世，使动物学研究逐渐处于世界领先的位置。对动物学发展作出过伟大贡献的西方

生物学家有：

约翰·雷(J. Ray,1627－1705),英国人,他首先确立了“物种”的概念,划分了“种”、“属”等分类等级。

列文虎克(A. V. Leeuwenhoek,1632－1723),荷兰人,发明了显微镜,大大推进了对动物微观结构的认识,他观察到了水中的许多微型动物,被誉为原生动物之父。

林奈(Carl von Linné,1707－1778),瑞典人,创立了动物分类系统,建立了物种命名的双名法,为现代分类学奠定了基础。

拉马克(J. B. Lamarck,1744－1829),法国人,明确提出了物种进化的观点,以著名的“用进废退”和“获得性遗传”理论来解释进化的原因,并对无脊椎动物分类学作出了贡献。

施莱登(M. J. Schleiden,1804－1881)和施旺(T. Schwann,1810－1882),德国人,发现细胞是组成动、植物的基本结构单位,提出了细胞学说,是19世纪自然科学的三大发现之一。

达尔文(C. R. Darwin,1809－1882),英国人,发表《物种起源》,以“自然选择”学说解释了动物界的多样性、同一性和变异性等,确立了进化论,也被恩格斯列为19世纪自然科学的三大发现之一。

赫克尔(E. Haeckel,1834－1919),德国人,明确论述了“生物发生律”,认为“个体发育”是“系统发育”简单而迅速的重演。借助于胚胎发育观察,他澄清了许多无脊椎动物的亲缘关系。

海曼(L. Hyman,1888－1969),美国人,对无脊椎动物及其亲缘关系作了系统的叙述和科学总结。

由于我国曾长期处于封建制度之下,特别是鸦片战争后又沦为半封建半殖民地国家,科学技术的发展受到严重阻碍,动物学研究也极为滞后。直到20世纪初,中国才开始创建现代动物学研究体系。

我国现代动物学的奠基人和研究的开拓者是秉志(1886－1965)院士(绪图-1)。他于1921年在南京高等师范学校创建了我国大学中的第一个生物系,1922年创办我国第一个生物学研究机构——“中国科学社生物研究所”,1928年创办北平“静生生物调查所”,1934年发起成立中国动物学会,并任会长(理事长)。他为国家培养了一大批动物学不同分支学科的早期动物学英才,这些人才成为20世纪我国教育界和科技界的重要骨干。

绪图-1　秉志院士工作照(由翟启慧提供)

1930年,贝时璋(1903—)(绪图-2)先生应聘来到浙江大学,白手起家建立了浙江大学生物学系,开设和教授普通动物学、组织学、胚胎学、比较解剖学、动物生理学、遗传学和普通生物学,还为研究生教授过形态发生学和发生生理学,为国家培养了许多生物学人才,他的学生中不少人现已成为中国科学院院士。1932年起,贝时璋从杭州稻田和水塘中采集到南京丰年虫(*Chirocephalus nankinensis*)的中间性个体，开始以其为实验材料，研究细胞重建。1940年在贵州湄潭极为艰难困苦的条件下，他完成了丰年虫中间性生殖细胞解形和重建的研究。此后，这一工作一直延续到20世纪80年代。

绪图-2 贝时璋院士工作照(自《贝时璋文选》)

中华人民共和国成立后，特别是改革开放以来，我国动物学研究进入了一个崭新的阶段，在基础研究和应用研究方面均取得了很大的成绩和长足的进步，但与世界先进水平依然还有不小的差距。进入21世纪后，我国动物学研究将面临前所未有的挑战，向着起点高、难度大、科学意义和应用前景明显的高层次研究发展。

2.2 学习方法

动物学是生命科学学院所有专业的必修基础课。学习动物学应树立辩证唯物主义的观点，必须从整体观念出发，以对立统一的观点来看待动物与周围环境之间的关系，以发展的眼光看待动物的过去、现在以及未来。每个从事动物学研究的人，都必须多方面接触自然与实际，丰富感性知识，再通过整理和概括，把动物最本质的问题揭示出来，从而上升到理性认识阶段。

动物学不仅是一门描述性科学，更是一门实验性科学。动物种类繁多，结构更是复杂多样。在学习理论的基础上，同学们应该加强观察，多做实验，增加感性知识，通过对各种动物局部和个别现象的认识，融会贯通，建立动物形态结构、生理功能和生长发育的整体和动态的观念；应该重视和加强动物学基本技能的训练，掌握基本实验技能，逐步学会用实验的方法和手段去探索动物生命现象的本质。希望有志于动物学研究和发展的新一代大学生们，从动物学课程学习开始，扎实打好基础，为步入动物学研究的殿堂，为祖国的科学事业作出应有的贡献。

3 动物在生物界的地位

地球上的生物种类繁多，千姿百态，目前已鉴定和报道的物种在200万以上。为了研究、利用这些自然资源，人们很早就将其进行分门别类的整理。18世纪中叶，现代分类学奠基人——林奈以生物能否运动为标准，明确提出了动物界和植物界。随着科学的发展和研究技术的进步，人们对生物的分界水平也不断地深化，提出了三、四、五、六、八界的分界系统(绪表-1)。

绪表-1　生物分界系统

分界系统	含 义	提出学者	提出年代
二界系统	植物界、动物界	林奈(Carl von Linné)	1735
三界系统	原生生物界、植物界、动物界	霍洛(J. Hogg) 赫克尔(E. Haeckel)	1860 1866
四界系统	原核生物界、原始有核界、后生植物界、后生动物界	考柏兰(H. F. Copeland)	1938
四界系统	原生生物界、真菌界、植物界、动物界	魏泰克(Whittaker)	1959
四界系统	原核生物界、真菌界、植物界、动物界	李代尔(Leedale)	1974
五界系统	原核生物界、原生生物界、真菌界、植物界、动物界	魏泰克(Whittaker)	1969
六界系统	病毒界、细菌界、蓝藻界、植物界、真菌界、动物界	陈世骧	1979
六界系统	古细菌界、原核生物界、原生生物界、真菌界、植物界、动物界	布鲁斯卡(R. C. Brusca)	1990
八界系统	古细菌界、真细菌界、古真核生物界、原生动物界、藻界、植物界、真菌界、动物界	卡瓦利-史密斯(T. Cavalier-Smith)	1989

对生物的分界直到现在尚无统一的意见，不过魏氏的五界系统(绪图-3)得到了较为广泛的认同。生命的进化过程最先是从无细胞形态进化到前细胞型生命体，其特征是众多的生物大分子聚集而成为分子体系，呈现出初步的生命现象，可以说这是生命进化中的一次飞跃。五界系统客观体现了细胞形态生物的进化过程：从原核单细胞生物开始，大概经过20亿年漫长的历程，才进化至真核单细胞生物，这是生命进化中的又一次飞跃；再从真核单细胞生物进化到真核多细胞生物，是生命进化过程的第三次飞跃。病毒非常特殊，只有寄生在有生命的细胞中才能成活，并能在宿主细胞中复制自我，进行繁殖，这时它才表现出生命现象，属于生物的范畴；但一旦离开宿主细胞，它就不能独立生存而成为病毒结晶，变成非生命物质。至于病毒的起源，迄今尚有不少争论，没有定论，五界系统把其暂时排除在外是有道理的。本教材即按照魏氏五界系统的观点叙述，因此所涉及的“动物”包括原生生物界中的原生动物亚界和动物界。

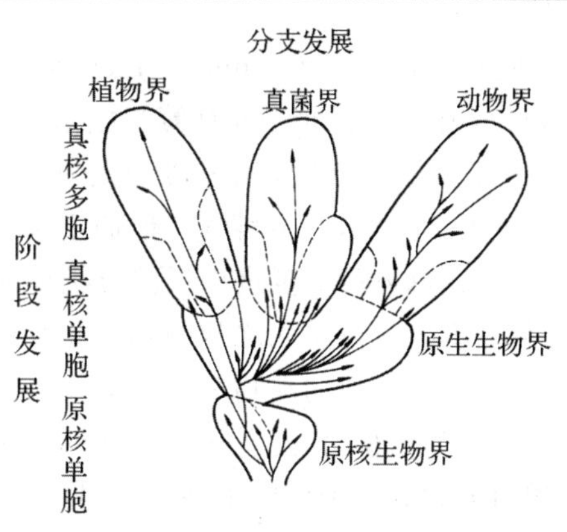

绪图-3　魏泰克五界系统示意图(仿陈世骧)

4　动物分类概述

4.1　分类的意义和理论

动物分类知识是学习和研究动物学十分重要的基础。动物分类的目的是将数目繁多的动物种类，以科学的方法，依据形态、生理、遗传、进化等方面的事实，来决定某种动物在动物界的系统地位，从而说明各种动物彼此间的联系。动物分类学将动物分门别类，使它脉络清晰，有系统可寻，这对于了解动物界有重要意义，因为无论是宏观的还是微观的研究，最重要的首先必须正确地鉴定研究对象或实验材料是哪一物种(Species)，否则，再高水平的研究也会失去其科学价值,或闹出"指鹿为马"的笑话。

从林奈时代开始,动物分类系统总体上是以动物形态或解剖的异同作为基础。人们根据古生物学、比较解剖学和胚胎学的许多证据对现存和化石动物种类进行了深入的研究,基本理清了动物界的自然类缘关系,这种分类法建立的分类系统被称为自然分类系统。近30年来,动物分类的理论和研究方法有了很大的发展,出现了几大学派,最重要的有:

支序分类学派(Cladistic systematics 或 Cladistics) 由德国昆虫分类学家赫宁(W. Hennig)所创立。该学派提出最能或唯一能反映系统发育关系的依据是分类单元之间的血缘关系,而反映血缘关系的最确切的标志是共同祖先的相对近度。

进化分类学派(Evolutionary systematics) 以梅尔(Mayr)、辛普森(Simpson)、阿西洛克(Ashlock)等人为代表。这一学派基本接受支序分类学派通过支序分析重建系统发育的方法,但提出建立系统发育关系时,单纯靠血缘关系不能完全概括进化过程中出现的全部情况,还必须考虑到分类单元之间趋异的程度及祖先与后裔之间渐进累积在内的进化性变化的程度。

数值分类学派(Numerical systematics) 始于20世纪初植物分类学者艾丹逊(Adanson)的工作,此后在计算机技术迅速发展之下,由索卡尔(Sokal)及斯尼塞(Sneath)加以发展而形成。该学派认为,其他学派在分类时给各种特征以不同的加权(weighting)的做法,主观因素太大,并不科学。他们主张不给分类特征以任何加权,而应通过大量的不加权特征来研究总体相似度进而反映分类单元之间的近似程度,并借助于计算机的运算,根据相似系数分析各分类单元之间的相互关系。

上述这些经典的动物分类学,迄今虽仍以形态学特征,尤其是外部形态特征作为最直观、最主要的依据,但随着科学技术的进步,一些新技术和新方法如电子显微镜(包括扫描电镜、透射电镜等)、染色体组型分析、同工酶分析、DNA及基因组序列分析等等,已在动物分类实践中得以应用,相应的特征也被作为分类时新的依据,同时也使一些原本在经典分类学领域难以解决的问题得以澄清。因而,上述新技术和新方法也越来越受到分类工作者的重视。

4.2 物种的概念和分类等级

物种(Species)是分类系统最基本的阶元,是一群与其他种群在生殖上隔离的繁殖群体或潜在的繁殖群体。动物物种是在进化过程中形成的,因此必然相互联系,但又由于生殖上的隔离,从而隔断了基因交换的途径,因而又是相互独立的。至于生殖隔离的形式,大体上有以下几种:生态隔离或栖息地隔离——不同物种对不同生境的依附使之不能相遇或减少了相遇的机会;繁殖季节的隔离——不同物种的繁殖季节不同,不同物种的雌雄个体相遇机会极少;繁殖行为的隔离,如求偶信号,包括声光、化学物质的发放和接受等等行为上的不同造成隔离;配子隔离——不同物种精卵表面的受体不同,即使相遇也不能受精,或有时虽能受精,但后期也会引起胚胎死亡或流产或发育不全或出生后生活力很低或没有繁殖能力,等等。

不同物种不论如何相似,总是在各方面有明确的差异,这就决定了物种具有既连续又间断的特性,无论在空间上还是时间上都是如此。

综上所述,物种的定义可表达为:物种是生物界发展连续性与间断性统一的基本间断形式；在有性生物中，物种由具有实际或潜在的繁殖能力的种群所组成，并占有一定的空间，而且与其他这样的群体在生殖上是隔离的。

种以上分类等级从小至大分为属(Genus)、科(Family)、目(Order)、纲(Class)、门(Phylum)、界(Kingdom)。其组成原则是：相近似的若干种组成属，相近似的若干属组成科，相近似的若干科组成目，以此类推。有时为更精确地表达种的分类地位，还可将原有的阶元进一步细化，并在上述6个阶元之间另外加上一些阶元，以满足这种需求，加入的阶元名称之前或之后分别加上总(Super-)或亚(Sub-)，于是分类阶元中有时还有亚门(Subphylum)、总纲(Superclass)，余类推。任何一种已知的动物均能毫无例外地归属到上述分类阶元之中，如：大熊猫(*Ailuropoda melanoleuca*)归属于动物界(Animal)、脊索动物门(Chordata)、哺乳纲(Mammalia)、食肉目(Carnivora)、大熊猫科(Ailuropodidae)、大熊猫属(*Ailuropoda*)；又如：中国明对虾(*Fenneropenaeus chinensis*)，归属于动物界(Animal)、节肢动物门(Arthropoda)、甲壳纲(Crustacea)、十足目(Decapoda)、对虾科(Penaeidae)、明对虾属(*Fenneropenaeus*)。

按照惯例，动物分类阶元中，亚科、科和总科的名称都有标准的拉丁字尾，分别是-inae、-idea和-oidea，因而对于一些不常见类群，可借此字尾判断所属的亚科名、科名或总科名。亚种(Subspecies)是种下的分类阶元，常是一个种内的地理种群或生态种群，与同种内任何其他种群有区别。人工养殖或人工选育的动物的种下分类单元称为品种(variety 或 breed variety 或 breed)，但对于野生种类或动物园中饲养的野生动物，千万不能称其为某某品种，即使是人工饲养条件下出生的野生动物后代也不能称为品种。

毋庸讳言，在上述所有分类阶元中，除种以外，其他较高的阶元，都同时具有客观性(自然的)和主观性(人为的)。所谓客观性，是指它们都客观存在，是可以划分的实体；所谓主观性，是指各阶元的水平以及阶元与阶元之间的划分完全是人主观确定的，并没有统一的客观标准。如当时林奈所确定为属的准则，可能后来的分类学家却把其作为划分科的特征了。

4.3 动物的命名

对于动物的命名，国际上制订了“国际动物命名法则”(International code of zoological nomenclature)，非常复杂，现作最基本的介绍。动物命名时除遵守上述共同的分类阶元外，还统一规定了种或亚种的命名法规，以便于各国动物学工作者之间的联系和交流。命名法则规定，每一个动物物种都应有一个学名(Science name)，这一学名由两个拉丁词或拉丁化的词组成，其中前面一个词应是该动物的属名，用主格单数名词表示，第1个字母要大写；后面一个词是该动物的种本名，多为形容词，第一个字母不需要大写，其中形容词与前面名词的性、数、格须一致。这就是目前国际上统一采用的物种命名的“双名法”基本规则。学名之后，还可附加当初定名人的姓氏。在出版物中学名均采用斜体，但定名人不用斜体，第一个字母也须大写。如意大利蜂的学名为 *Apis mellifera* Linnaeus。如若种内有不同的亚种，须在种名之后再加上亚种名，构成通常所称的三名法，如东亚飞蝗是飞蝗的亚种，其学名为 *Locusta migratoria manilensis* Linnaeus。如若学名中最新的属名有所变更，则在采用新的属名时，应将原命名该物种人的姓氏置于括号内，如贝氏双身虫原学名为 *Diplozoon bychowskyi* Nagibina，现改为贝氏拟双身虫，其学名应写为 *Paradiplozoon bychowskyi* (Nagibina)。

4.4 动物的分门

动物学者根据动物细胞数量及分化、体型、胚层、体腔、附肢以及内部器官等特点将动物分为若干门类。单细胞或单细胞群体的原生动物在五界系统中归属于原生生物界，共分为7个门(见第1章)，其他多细胞动物均归属动物界。根据近年来多数学者的意见，动物界分为33门，其中铠甲动物门(Loricifera)的分类地位尚未最后确立，其余32个门类见绪表-2，表中打“ * ”号的动物门类将在本教材中作重点介绍。

绪表-2 动物界的分门

中生动物				中生动物门(Mesozoa)
侧生动物				海绵动物门(Spongia) *
				扁盘动物门(Placozoa)
真后生动物	二胚层、辐射对称动物			刺胞动物门(Cnidaria) *
				栉水母动物门(Ctenophora)
	三胚层两侧对称动物	无体腔动物		扁形动物门(Platyhelminthes) *
				纽形动物门(Nemertea)
				颚口动物门(Gnathostomulida)
		原体腔动物		腹毛动物门(Gastrotricha) *
				轮形动物门(Rotifera) *
				动吻动物门(Kinorhyncha)
				线虫动物门(Nematoda) *
				线形动物门(Nematomorpha)
				棘头动物门(Acanthocephala)
				内肛动物门(Entoprocta)
		真体腔动物	裂体腔动物	软体动物门(Mollusca) *
				鳃曳动物门(Priapula)
				星虫动物门(Sipuncula)
				螠虫动物门(Echiura)
				环节动物门(Annelida) *
				须腕动物门(Pogonophora)
				有爪动物门(Onychophora)
				缓步动物门(Tardigrada)
				舌形动物门(Pentastoma)
				节肢动物门(Arthropoda) *
				外肛动物门(Ectoprocta)
				帚虫动物门(Phoronida)
				腕足动物门(Brachiopoda)
			肠体腔动物	毛颚动物门(Chaetognatha)
				棘皮动物门(Echinodermata) *
				半索动物门(Hemichordata)
				脊索动物门(Chordata) *

第 1 章

单细胞动物——原生动物(Protozoa)

1 原生动物的主要特征

原生动物是地球上最原始、最简单、最低等的动物。它们通常只由一个细胞构成完整的生命有机体,各种生理机能,如运动、感应、消化、呼吸、排泄、生殖等生命现象都在单个细胞内完成,因而被称为单细胞动物。

构成原生动物的这个细胞,不论结构的复杂性,还是机能的综合性,是其他多细胞动物中任何一个细胞无法比拟的。除了一般细胞内所共同具有的结构,如线粒体、内质网、高尔基体、溶酶体等外,还有原生动物所特有的细胞器(organelle),并由其来执行各种复杂的生理机能。这些特殊的细胞器在机能上相当于多细胞动物体内不同的器官和系统,是一种"细胞的器官",简称为胞器,常见的有摄食的胞器、排遗的胞器、渗透调节及排泄的胞器、运动的胞器等等。因此,从细胞水平上讲,原生动物的细胞是所有生物细胞中分化最为复杂的细胞。

原生动物除了单细胞以外,还有一些种类是由若干个单细胞组成的单细胞群体,其在外形上很像多细胞动物,但它们与多细胞动物不同,群体的细胞通常没有分化,最多也只是体细胞与生殖细胞的分化,而且群体中各细胞的独立性强,离开群体后照样能独立生活,形成新的群体。而多细胞动物的细胞,一般分化为不同的组织,其中的每一个细胞已不能独立生活,在自然情况下更不可能由其形成新的个体。

绝大多数原生动物是体型微小,需借助于显微镜才能观察到的微小型动物,一般在 300μm 以下。最小的原生动物是一种海产的微滴虫(*Micromonas pusilla*),体长只有 1～1.5μm,与典型的细菌大小差不多;寄生在人体及脊椎动物网状内皮系统细胞中的利什曼原虫(*Leishmania*),其体长也只有 2～3μm。另有一些原生动物,其个体长度可达数毫米,如喇叭虫(*Stentor*)可长达 2～3mm;某些海产有孔虫(Foraminifera)体长可达 7cm,其中新生代一种有孔虫化石——货币虫(*Nummulites*)竟达 19cm,称得上原生动物中"巨无霸"级的种类。喇叭虫与微滴虫体长之比,已达 1000 多倍,至于两者的体重比,至少是$(1000)^3=10^9$。这样悬殊的体长和体重幅度,是其他动物类群无法比拟的。如巨型哺乳动物——100000kg 体重的海洋鲸类,也仅仅是一只 2g 体重的地鼠的 5×10^7 倍而已。

原生动物在地球上分布极为广泛,在河流、湖泊、海洋以及潮湿的土壤里,到处都有它们的踪迹,而且有一部分已从自由生活过渡到寄生生活。原生动物的分布受各种物理、化学及生物因子的限制,在不同的环境中各有它的优势种。水及潮湿的环境对所有原生动物的生存及繁殖都非常必要。原生动物最适宜生长的温度范围为 20～25℃,但有些种类在南、北两极和60℃的温泉中也能生存。通常突然的大幅度温度变化都能引起虫体的大量死亡，但如果缓慢地升高或降低温度，许多原生动物会逐渐适应正常情况下致死的温度。除了温度以外，淡水和海水中的原生动物都有自己最适宜的盐度范围，但有些种类甚至能生活在20%～27%的盐湖中。一般在中性或偏碱性的环境条件下，常会有更多的原生动物存在。许多种类在不利的条件下能形成包囊(cyst)。包囊是原生动物体内积累了营养物质、失去部分水分、身体变圆后，并在体表分泌厚壁不再活动的阶段。包囊具有抵抗干旱、极端温度、盐度等各种不良环境条件的能力，而且可借水流、风力，以及动、植物等进行广泛的传播，所以不少原生动物属于世界性分布的物种。包囊也可在恶劣的环境下成活数年而不死，一旦外部条件适合时，虫体就可破囊而出，有的甚至还能在包囊内进行生殖活动。

已报道的纯原生动物种类约6.8万种，其中50%以上是化石。原生动物个体数量之多也为其他动物类群所望尘莫及，如寄生在人体内的一种痢疾内变形虫(*Entamoeba histolytica*)，当形成包囊时，一昼夜就可排出1500万个。

2 原生动物的生物学

2.1 外形特征

原生动物的体形具有多样性，常与不同的生活方式有关。一些种类没有固定的外形，生活时可以不断改变形状，称作阿米巴(Ameoba)形(变形虫形)，但多数种类具固定的外形特征，常见的有卵形、圆形、星形、钟形、肾形、梭形、喇叭形等各种形状(图1-1)。原生动物生活时体形变化与否，与其细胞表面的结构相关。

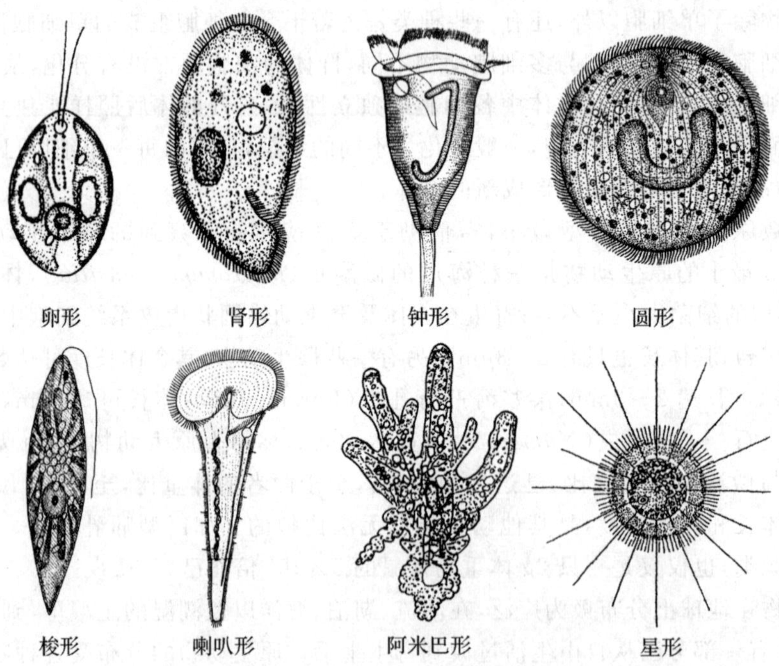

图1-1 常见的原生动物的各种体形(仿各家)

细胞质膜是包括原生动物细胞在内所有动物细胞的界膜。变形虫的体表是一层极薄的细胞膜或质膜(cell membrane 或 plasma membrane, plasmolemma),结构与普通动物细胞膜一致。电镜下这是一种生物大分子组成的单位膜(unit membrane),主要由磷脂类和蛋白质组成,厚度通常为 10nm 左右,其中磷脂双分子层构成了膜的基本结构,磷脂分子非极性的尾部向着内侧的疏水区,而磷脂分子极性的头部向着外侧,并暴露于两侧的亲水区,各种球形膜蛋白以不同的镶嵌形式与磷脂双分子层相结合,有的附着在膜的表面,有的全部或部分嵌入膜中,有的贯穿于膜双分子层。总之,蛋白质分子在磷脂内部的位置既不固定,也不对称(图 1-2)。另外也有糖类附着于膜的外侧,与膜脂类或膜蛋白的亲水端结合,构成糖脂(glucolipid)和糖蛋白(glucoprotein)。因此,这种膜相系统既表现为有序性、非对称性,又表现为动态的结构,具有流动性。这些特征对于原生动物增加细胞膜的稳定性以适应膜内外环境的变化,加强与营养成分的结合及化学识别等功能具有重要的意义。

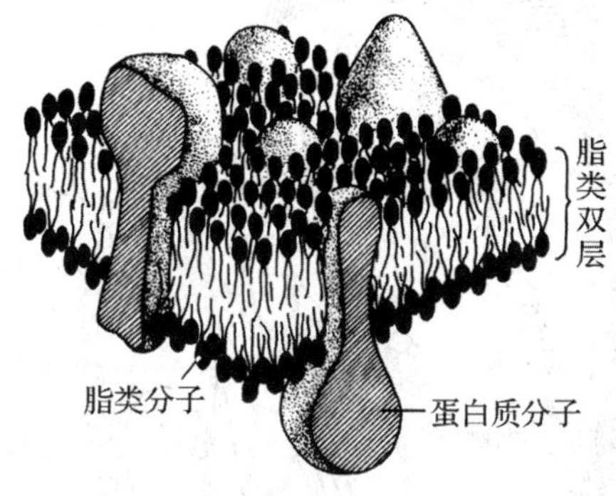

图 1-2　原生动物细胞单位膜结构示意图(仿 Sobertson)

在较高倍数的光学显微镜下,可以观察到质膜下的细胞质,从外而内明显分化为外质(ectoplasm)与内质(endoplasm)。前者透明均匀,无颗粒,滞性较大;后者色泽暗淡,具颗粒,流动性好。内质还可进一步分为两部分,即外层是相对固态的凝胶质(plasmagel),内层是呈液态的溶胶质(plasmasol),这两类物质随着生理条件的不同可相互转变。变形虫体表的任何部位都可以形成临时性的细胞质突起(即伪足,pseudopodium)。突起形成时,外质向外凸出,内质流入其中。此时,溶胶质向突起伸出的方向运动,流动到临时突起的前端后,就向外分布,接着变为凝胶质。与此同时,后端的凝胶质又变为溶胶质,继续向前流动,促使虫体向突起伸出的方向缓慢移动(图 1-3)。由于细胞膜特别薄且柔软,不能有效阻止内部细胞质流动时所产生的内张力,从而引起生活时变形虫外形的不断改变。

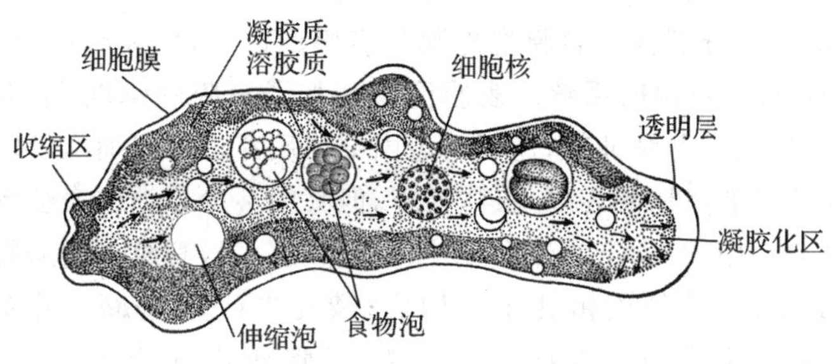

图 1-3　变形虫的变形运动(作者)

大多数原生动物体表具有特殊的表膜(pellicle)结构,可使虫体保持一定的形状。

眼虫的体表覆以一层带斜纹、具弹性的表膜。以前,该膜被认为是由虫体细胞分泌的一种角质膜,现经电镜研究发现,表膜本质上就是虫体的细胞质膜,不过它通过折叠形成特殊的螺旋状条纹,增加了细胞表面的牢固性。这些条纹互相勾连,在勾连处形成向外的表膜嵴(pellicle redge)和向内的表膜沟(pellicle groove),并通过表膜沟和相邻的表膜嵴相关联。在表膜下还具有与表膜条纹走向相同的黏液体(mucus body)。该体外包以膜,与虫体质膜相连续,并有黏液管通向表膜条纹的勾连处,故黏液体实质上就是眼虫细胞膜一种特殊的内陷构造。黏液对表膜沟、嵴的关联处可能有润滑作用,生活时可引起眼虫体表斜纹的滑动。眼虫的这种特殊的表膜也同样覆盖在鞭毛的表面(图 1-4)。

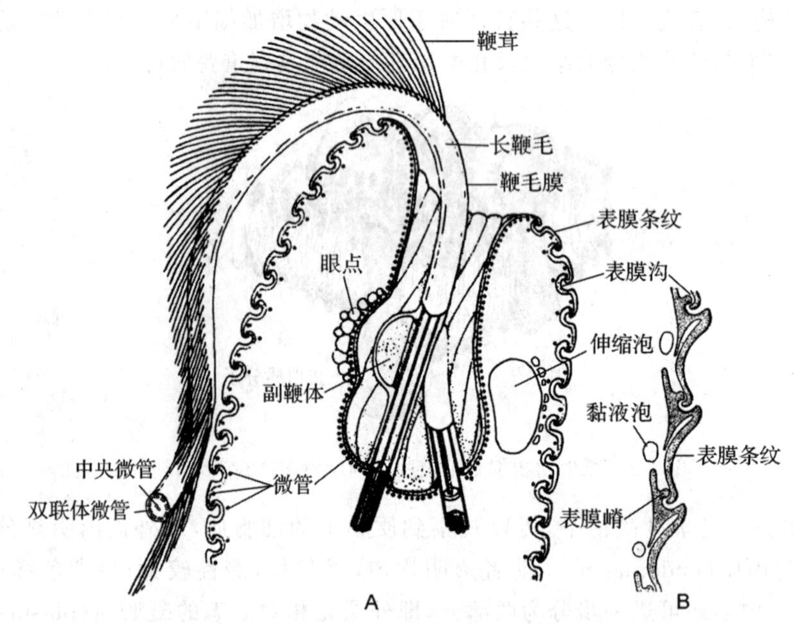

图 1-4 眼虫表膜的超微结构示意图(据 Bovee 稍改)

A. 前端中部纵切; B. 表膜局部放大

草履虫的外形在正常情况下很像倒置的草鞋,当虫体遭受外界压力时会临时改变形状,但一旦外部压力消失,具有弹性的表膜可使虫体恢复原状。在电镜下,草履虫的表膜由 3 层膜组成,是原生动物表膜系统中最为复杂的一种。表膜最外面一层即为普通的细胞质膜,同样也是由磷脂类和蛋白质组成的大分子单位膜。该膜在草履虫整个体表和纤毛表面均是连续的,中间和最里面一层分别称为表膜泡外膜与表膜泡内膜,由表膜泡内、外膜形成了草履虫质膜下的表膜泡(alveoli)镶嵌系统。表膜泡既增加了表膜的刚度,也不妨碍虫体局部弯曲,同时是保护细胞质的一种缓冲带,还可避免内部物质穿过外层细胞膜(图 1-5)。

许多变形虫虽然没有坚韧的表膜,虫体裸露,但其中不少种类体表会形成比较坚硬的外壳,足以使这类变形虫具相对固定的外形。外壳由外质分泌,其组成物质常随种类不同会有变化,如表壳虫(*Arcella*)的外壳由几丁质构成;鳞壳虫(*Euglypha*)由硅质构成,有孔虫(Foraminifera)由石灰质构成。有些原生动物细胞质内还有矽质的骨骼,如放射虫(Radiolaria)具几丁质的中央囊或硅质的骨针,也能使虫体保持一定的形状。

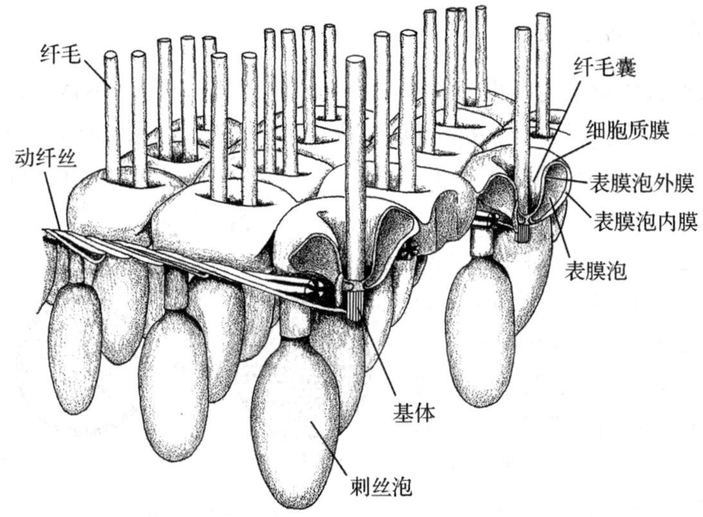

图 1-5　草履虫的表膜及表膜下纤维系统(据 Barnes 稍改)

外壳的形态更为丰富多样,有管形、放射形、瓶形、圆盘形等等。其中有孔虫的外壳有的非常简单,有的则十分复杂(图 1-6)。最简单如瓶孔虫(*Lagena*)、网足虫(*Allogromia*),其外壳只有单一的房室,房室顶端具一口孔,由此伸出伪足;复杂的由多个房室组成,如节房虫(*Nodosaria*)外壳的数个房室排列在一条直线上,球房虫(*Globigerina*)外壳的房室呈旋转状排列。这种多个房室中最早形成的房室称为初房,最后形成的房室称终室;在壳内隔开两个相邻房室的壳壁称隔壁,隔壁与壳壁相交的线称为缝合线。有孔虫因为具有外壳,虫体死后外壳却被保留下来,历经数亿万年形成了有孔虫化石。

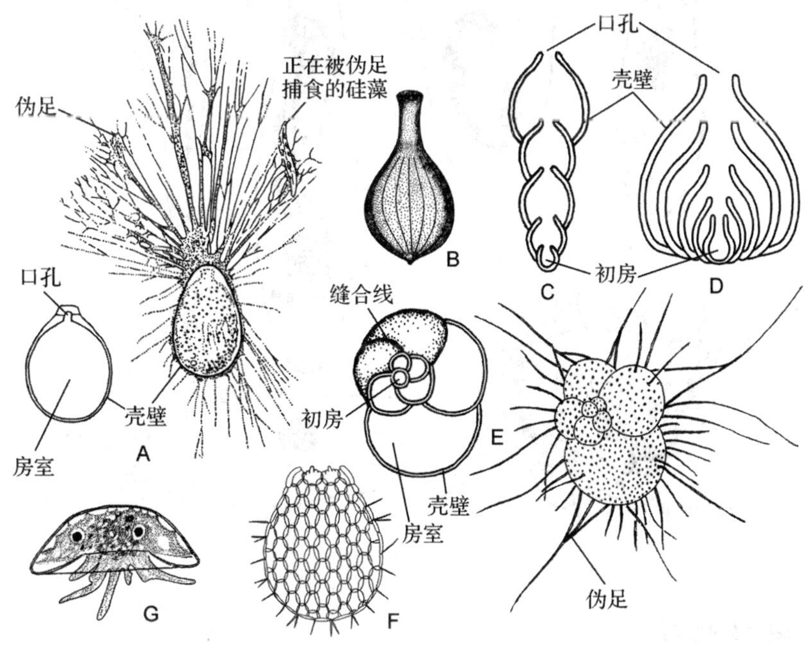

图 1-6　各种原生动物的外壳形状(仿各家)

A. 网足虫活体及壳的纵切面;B. 瓶孔虫外形;C—D. 节房虫;E. 球房虫活体及壳;F. 鳞壳虫;G. 表壳虫

2.2 细胞核的类型

原生动物的细胞核位于内质中。除纤毛虫类原生动物具有大、小核外，绝大多数原生动物只有一种类型的细胞核，但核的数量可单个或多个。电镜下，原生动物的核同样具双层膜结构，单层膜的厚度为7nm，两层膜间的空隙为20nm左右，并通过核孔使核基质与细胞质沟通。

依据核内染色质的构造，可以把原生动物细胞核分为泡状核（vesicular nucleus）和致密核（massive nucleus）。前者核内染色质较少，不均匀地散布在核膜内，常见于变形虫和鞭毛虫类原生动物；后者核内染色质丰富，均匀而又致密地分布于核内（图1-7）。细胞核的构造不同是原生动物分类鉴别的标准，如核膜的厚薄、核膜内有无染色质粒附着；核形状和排列情况；核微体的位置和形状，等等。

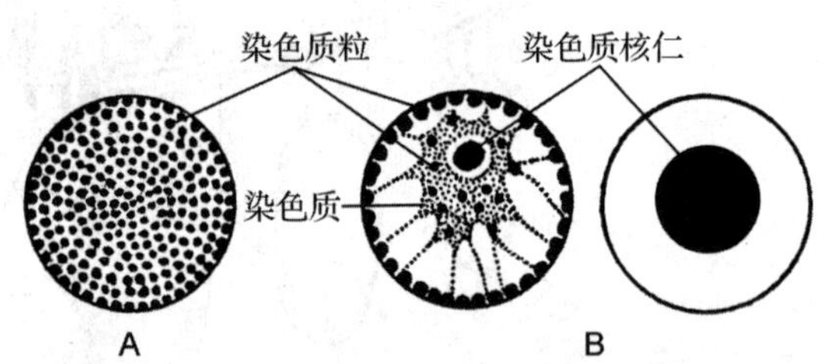

图1-7 原生动物细胞核的类型（仿 Hoare）

A. 致密核；B. 泡状核

纤毛虫类具有大、小两种类型的核。这种核的二型性在生物界是独特的，其中大核（macronucleus）形状变化复杂，常见的有圆形、肾形、马蹄形、分支形、念珠形和带形等等（图1-8），均为致密核，控制细胞的营养，为多倍体；小核（micronucleus）通常是泡状核，控制细胞的遗传，为二倍体，与生殖有关，也称生殖核。

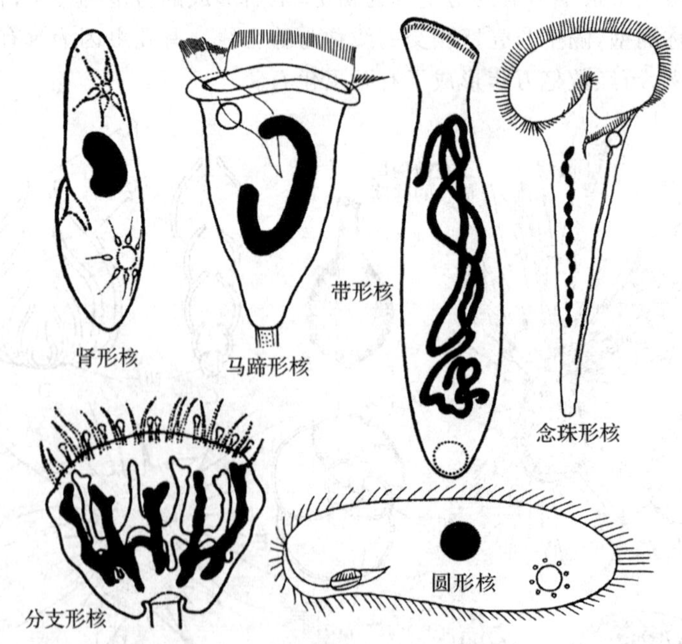

图1-8 纤毛虫各种类型的大核（仿各家）

2.3 运动胞器

原生动物最基本的运动胞器是鞭毛（flagellum）、纤毛（cilium）和伪足（pseudopoiumd）。

鞭毛和纤毛在数量和外形上有所区别，前者往往数量较少而长度较长，运动时鞭毛与鞭毛之间协同性差；后者数量多而长度短，运动时每根纤毛协同性好，通常非常整齐。但鞭毛和纤毛在超微结构上完全相同，并且和一切真核生物中的鞭毛一样，都是"9+2"的模式。鞭毛和纤毛的外膜为细胞膜，并且与虫体表面的细胞质膜相连续，膜内共有 11 根纵行的微管(microtubule)，其中 9 根微管在横切面上排成一圈，称为外围微管(peripheral microtubule)。每条外围微管又由两条亚微管(submicrotubule)组成双联体(doublets)，其中一条亚微管不成管状，从断面上看具两个短臂(arm)，臂的方向对着下一个双联体，均为顺时针排列。每一双联体又具一放射辐(radial spokes)伸向中心。微管由微管蛋白(tubulin)组成，与肌肉中的肌动蛋白类似。短臂由动力蛋白(dynein)组成，与肌肉的肌球蛋白相同，它在一定浓度的 Ca^{2+} 和 Mg^{2+} 等二价阳离子存在的情况下具有 ATP 裂解酶的活性和从 ATP 分子释放能量的能力。9 根外围微管中间有两条中央微管(central microtubule)，外面围有中心鞘，中央微管终止于细胞表面水平的基板或轴粒(axosome)内。但双联体微管继续伸入基体(basal body)，或称毛基体(kinetosome)、生毛体(blephroplast)，这时每根外围微管由 3 条亚微管组成，成车轮状排列，称为三联体(triplet)。基体可向细胞内伸出纤维，称为根丝体(rhizoplast)，终止于细胞核或其附近。纤毛的数量很多，各基体都发出一根细动纤丝(kinetodesmal fibril)，它前行一段距离之后，与同行的其他基体发出的细动纤丝形成了较粗的动纤丝(kinetodesmata)(图 1-5)，这些表膜下纵行交错的动纤丝联合成网状，称为下纤列系统(infraciliature)(图 1-9)。该系统是纤毛虫所特有的构造，有人认为具有传导冲动和协调纤毛活动的作用；也有人认为该系统与纤毛摆动的协调作用无关，而与细胞膜的去极化作用有关，与神经冲动的传递作用相似。

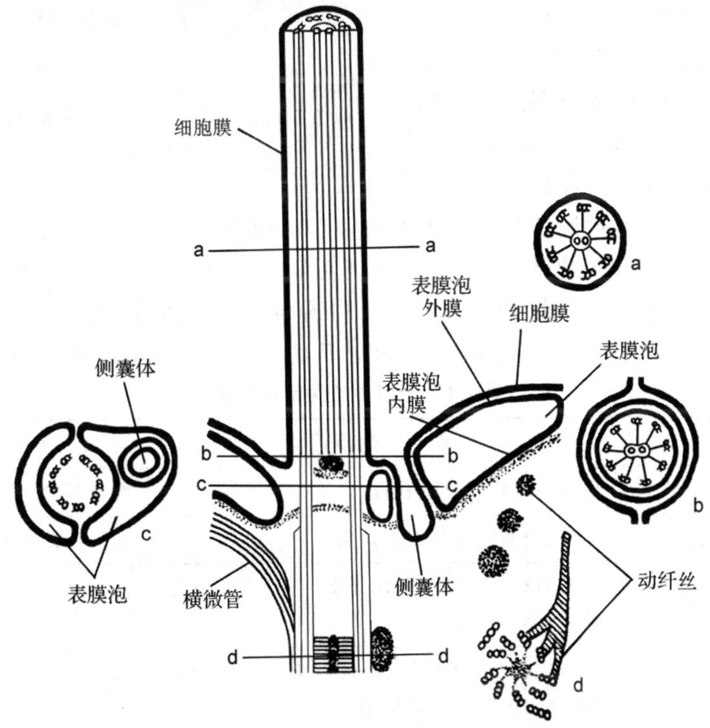

图 1-9　纤毛的超微结构(据 Corliss 修改)

有些原生动物还可在鞭毛和纤毛的基础上发生一些变化，如寄生于脊椎动物血液中的锥虫（*Trypanosoma*），其鞭毛由基体发出后，沿着虫体向前伸，将身体表面的细胞质膜拉成波动膜（undulating membrane）（图 1-10），但鞭毛的末端离开身体之后依然游离，这样

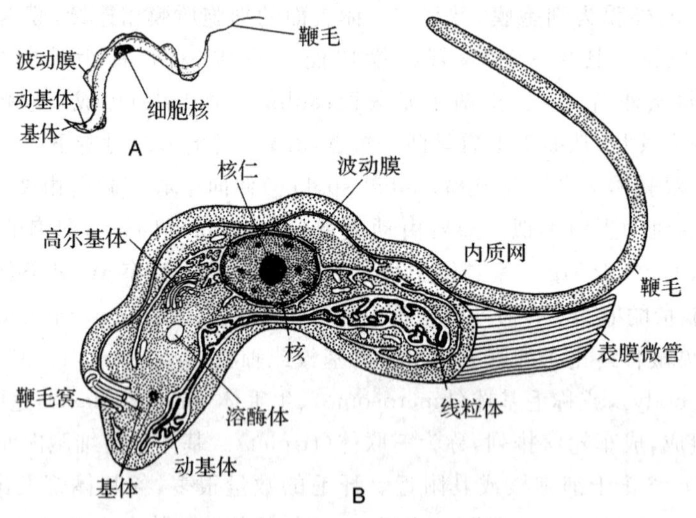

图 1-10　锥体虫的波动膜结构（据各家修改）

A. 显微结构；B. 超微结构

的结构有利于鞭毛虫在黏滞性很高的血液中运动。另有一些纤毛虫的若干纤毛可愈合成棘毛（cirrus），适于在水中物体表面爬行；纤毛也可愈合成叶状小膜（membranelle），它们排列在胞口近旁，总称为小膜带，可将食物带入胞口；更多的纤毛可单行排列成另一种形式的波动膜，它们位于胞咽中，通过波动膜上纤毛的协调摆动收集或传送食物（图 1-11）。

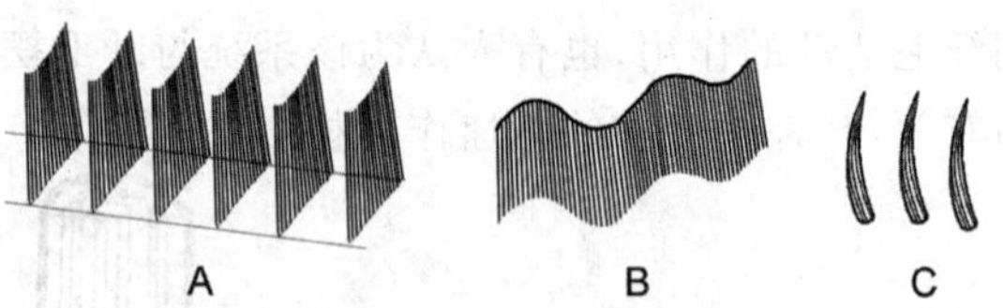

图 1-11　纤毛虫不同形式的纤毛（作者）

A. 叶状小膜；B. 波动膜；C. 棘毛

伪足也称肉足，是变形虫运动的胞器，与鞭毛、纤毛等胞器不同，它没有固定的形状，可随时形成，也可随时消失。依据伪足的形态结构不同，可分为叶状伪足（lobopodium）、丝状伪足（filopodium）、根状伪足（rhizopodium）和轴状伪足（axopodium）（表 1-1，图 1-12）。

表 1-1　不同类型伪足的特征

伪足类型	伪足主要特征	代表动物
叶状伪足	由外质与内质共同构成	大变形虫
丝状伪足	由外质构成，细长而末端尖	某些有壳虫类
根状伪足	由外质构成，细长而有分支，且分支相互连接成根状或网状	网足虫
轴状伪足	由外质构成，细长如丝，但其内具一束微管构成的轴杆，起支持作用	太阳虫

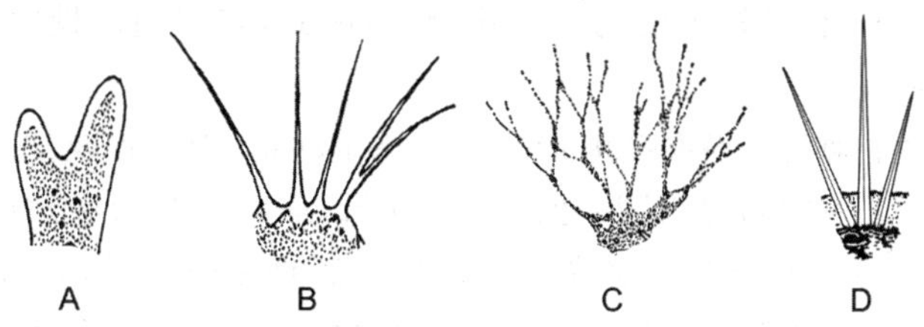

图 1-12 伪足的类型(据各家修改)

A. 叶状伪足；B. 丝状伪足；C. 根状伪足；D. 轴状伪足

2.4 营养方式

原生动物必须从周围环境中获得一定的营养物质，以维持其生存。不同种类的原生动物对营养物质的需求各不相同，其营养方式几乎包括了生物界所有的营养方式。

在一些原生动物，如眼虫(*Euglena*)体内，因具叶绿体等色素体，故能利用太阳能将水和二氧化碳合成碳水化合物。这种能像绿色植物那样进行光合作用的营养方式称为全植营养(holophytic nutrition)，也称光合营养(phototrophy)，该营养方式在植鞭毛虫中十分普遍。纤毛虫一般没有色素体，但某些纤毛虫体内，如绿草履虫(*Paramecium bursaria*)有内共生的虫绿藻(Zoochlorellae)，可从共生藻类中获得养料。

绝大部分原生动物的营养方式为全动营养(holozoic nutrition)，也称吞噬营养(phagotrophy)，即通过摄取现成的食物颗粒为其营养来源。这些食物颗粒包括细小的有机碎屑、细菌、藻类、原生动物以及小型的多细胞动物等。营全动营养原生动物的取食方式，较简单的是变形虫类，它们通过伪足的包裹作用(engulment)吞噬食物颗粒，并进行细胞内消化，因此伪足也是消化的胞器；纤毛虫类具多种特殊的摄食胞器，如胞口(cytostome)、胞咽(cytopharynx)等摄取食物。食物进入体内后被细胞质形成的膜包裹成食物泡(food vacuole)。食物泡常遵循细胞质流所决定的一定路线流动，在其形成过程中溶酶体不断与食物泡融合。经消化酶作用，使食物泡内的食物颗粒消化，其营养物质经食物泡膜进入内质中，未能消化的食物残渣一般通过固定的胞肛(cytoproct)排出体外。在消化过程中，随着酶反应的进行，食物泡的内含物会逐渐变酸性。已发现原生动物消化过程中有各种水解酶，如核酸酶、磷酸酶、蛋白酶、肽酶、酯酶、脂肪酶和碳水化合物分解酶等等，这些水解酶类由粗面内质网、高尔基体产生并被包入溶酶体。

腐生营养(saprozoic nutrition)，也称渗透性营养(osmotrophy)，是原生动物的又一种营养方式，在许多自由生活的无色鞭毛虫类原生动物中非常普遍。它们不具特殊的摄食胞器，通过体表吸收溶解状态的有机物，如蛋白质和碳水化合物来维持生存。有些寄生原生动物，也以同样的方式吸收宿主体内溶解的有机物或已分解的宿主组织。

2.5 呼吸、渗透调节和排泄

绝大多数原生动物的呼吸作用(respiration)通过气体扩散的方式来进行，它们通过体表从周围环境中获得氧气。线粒体是原生动物呼吸的胞器，该胞器内含有三羧酸循环的酶系统，能把有机物完全氧化分解成二氧化碳和水，并释放出各种代谢活动所需要的能量，所产生的二氧化碳亦通过虫体表面扩散到水中。但腐生性或寄生性的原生动物，因为生活在低氧或完全缺氧的环境下，有机物不能完全氧化分解，因此，它们利用糖的发酵作用产生的能量来完成其代谢活动。

生活在淡水的原生动物以及某些海产或寄生原生动物，随取食及细胞膜的渗透作用，会有相当多的水分随之进入体内，致使渗透压不断降低，最终就会膨胀致死。因此，这些原生动物需要不断地将过多的水分排出体外，以维护一定的渗透压平衡。原生动物的伸缩泡(contractile vacuole)是渗透调节的胞器，执行体内水盐平衡调节的生理功能。

原生动物伸缩泡的数量、位置和结构在不同种类的原生动物中各不相同。当聚集了过多水分时，在细胞质内首先形成小泡，并逐渐由小变大，最后形成一个被膜包围的伸缩泡，待其中充满水分后，就自行收缩将水分通过体表排出体外。纤毛虫类原生动物的伸缩泡在体内具有固定的位置，只有 1 个伸缩泡的种类常位于虫体的近后端，两个伸缩泡的种类则分别位于虫体的近前端和近后端，少数种类可具多个伸缩泡。草履虫伸缩泡的结构最为复杂，每一伸缩泡的周围具 6～10 条数量不等的收集管(collecting canal)，收集管的近端膨大并与伸缩泡相连，伸缩泡有排泄小孔与体外相通，电镜下可观察到伸缩泡及收集管上均有收缩丝(contractile filament)，收集管端部与内质网的小管相通。由于收缩丝的收缩使内质网收集的水分进入收集管，经收集管再送入伸缩泡。当伸缩泡充满水分时，收集管停止收集，此时内质网小管与收集管分离，伸缩泡经排泄小孔排出其中的液体。排空之后，收集管又重新与内质网小管相通，开始新一轮水分的收集。如此重复，以进行虫体内水分的调节(图 1-13)。伸缩泡收缩的频率与纤毛虫当时的生理状况有关，如草履虫在运动中停止取食时，伸缩泡收缩的间隔时间可长达 6min 之久，而当其在静止并取食时，两个伸缩泡交替进行收缩的间隔时间仅为数秒钟。两个伸缩泡中，尤以离口部较近的伸缩泡收缩为快。纤毛虫中也有一些种类并无收集管，它们由内质网直接收集水分形成小泡，由小泡再愈合成较大的泡，最后将水分送入伸缩泡。

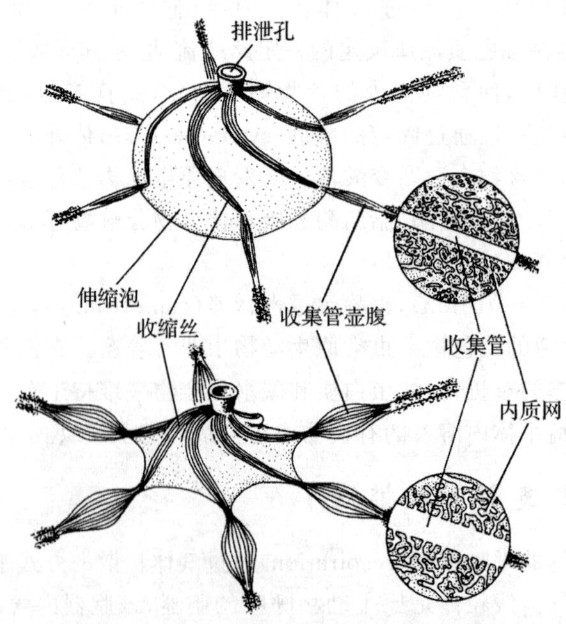

图 1-13 草履虫伸缩泡的超微结构和作用机制(仿 Remane)

原生动物代谢过程中所产生的含氮废物也溶于水中，并进入伸缩泡排出体外。由此可以认为，伸缩泡在维持原生动物渗透压稳定、保持水分平衡的同时，还兼有排泄功能。

2.6 生殖方式

原生动物的生殖(reproduction)可分为无性生殖(asexual reproduction)和有性生殖(sexual reproduction)两大类。

无性生殖广泛存在于所有原生动物中，通常有下列几种类型：一为二分裂(binary fission)，是原生动物最普遍的无性生殖方式。分裂时，先进行细胞核的有丝分裂(mitotic)。分裂过程中核膜不消失，当细胞核一分为二后，染色体均等分布到两个子核中，随后细胞质分别包围两个子核，最终形成两个大小一致、形状相等的子体。在具有固定外形的鞭毛虫和纤毛虫类中，可进一步把二分裂分为：纵二分裂，如眼虫(Euglena)、锥虫(*Trypanosoma*)等；斜二分裂，如角鞭虫(*Ceratium*)等；横二分裂，如草履虫(*Paramecium*)等(图1-14)。二是出芽生殖(budding reproduction)，细胞经过不均等的分裂产生一个或多个芽体，再进一步分化发育成新的个体。分裂完成后，大的子细胞称为母体，小的子细胞称为芽体。三是复分裂(multiple fission)，也称多分裂，分裂时细胞核先分裂多次，形成许多核之后细胞质再分裂，最后形成许多单核的子体，复分裂又称为裂殖生殖(schizogony)，如疟原虫(*Plasmodium*)。四是质裂(plasmotomy)，见于一些多细胞核的原生动物，如蛙片虫(*Opalina*)等，由于虫体细胞核数量多，核先不分裂，而由细胞质在分裂时直接包围部分细胞核形成若干多核的子体，再由子体恢复成多核的新虫体。再生(regeneration)是原生动物又一种无性生殖方式。用切割的方法可以把1个原生动物的细胞分割成若干节段，其中有些节段能长出被切掉的部分，而重新成为与原来细胞一样的完整个体，这种现象就是原生动物的再生。许多实验证明，无论细胞结构简单的还是细胞结构高度复杂的原生动物，一般都具再生能力。

原生动物无性生殖时，如果虫体分裂后子体不分离，结果便形成群体。在群体原生动物中，各个细胞可通过原生质相互联系，并通过共有的胶质膜使相互分离的原生动物个体聚集在一起。此外，原生动物细胞外衍生物也可以使各个体联成群体。原生动物群体中各个细胞在群体内的排列方式，随不同种类而异，但同一种类中则较为稳定。如纤毛虫中，有的为链状群体、有的为树状群体等等。团藻类鞭毛虫形成群体非常普遍，群体内各个细胞位于一个共同的胶质膜内，细胞间以原生质线相互联接，各种群体内的细胞数从4个至20000个以上，群体内的细胞有体细胞和生殖细胞之分，通过生殖细胞的复分裂产生球形子群体。

原生动物的有性生殖主要有配子生殖(gamogenesis)和接合生殖(conjugation)两种方式。

大多数原生动物的有性生殖为配子生殖，即虫体产生雌雄配子后，经过配子的融合(syngamy)，形成合子，并由其发育为一个新个体。根据原生动物所形成的配子的形态特征和生理机能，配子生殖可进一步分为以下几种类型：一是同配生殖(isogamy)，即指在大小、形状上相似，仅生理机能上不同的同型配子(isogamete)相互融合的过程，衣滴虫(*Chlamydomonas*)是典型的同配生殖。二是异配生殖(heterogamy)，即指在大小、形态及机能上均不相同的异形配子(heterogamete)相互融合的过程。异型配子均具鞭毛，仅有大、小区别，分别称为大配子(macrogamete)和小配子(microgamete)，如实球虫(*Pandorina*)。如果配子大、小分化悬殊，形态与机能完全不同，且大配子无鞭毛时，前者称为卵(ovum)，后者称为精子(sperm)。卵受精后，形成受精卵，即合子(zygote)，并由此形成新的个体。

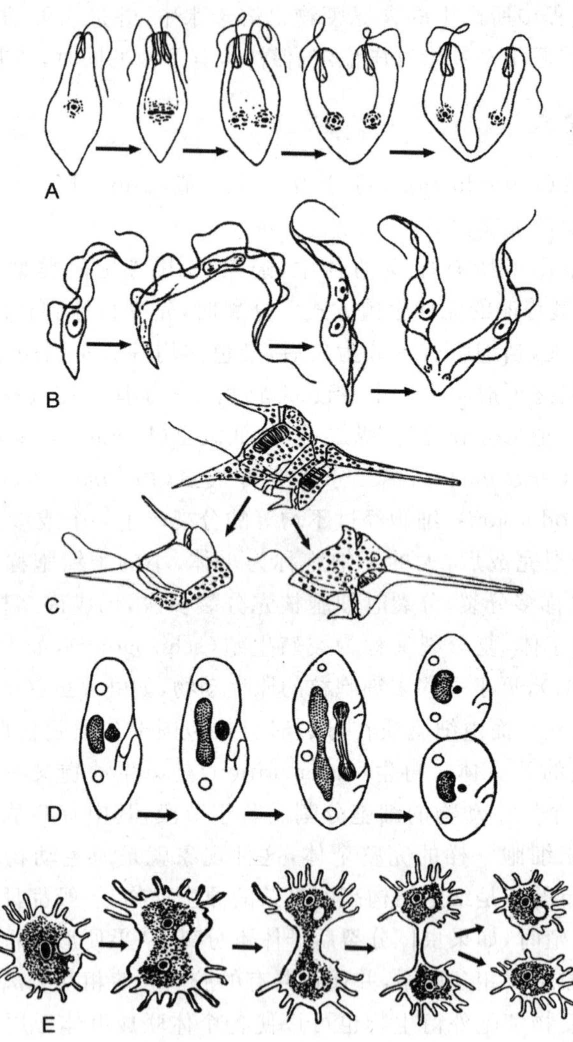

图 1-14 原生动物的各种二分裂(据各家修改)

A. 眼虫的纵二分裂; B. 锥虫的纵二分裂; C. 角鞭虫的斜二分裂; D. 草履虫的横二分裂; E. 变形虫的二分裂

接合生殖是纤毛虫类原生动物的有性生殖方式。当接合生殖发生时,两个二倍体虫体腹面相接,每个虫体的小核行减数分裂,形成单倍体配子核,相互交换部分小核,交换后的单倍体小核与对方的单倍体小核融合,形成一个新的二倍体的结合核,然后两个虫体分开,各自再行有丝分裂,形成数个二倍体的新个体。接合生殖发生的细节在不同种类之间有所不同,大草履虫(*Paramecium caudatum*)的接合生殖最为典型,大致过程是:2 个虫体在口沟部分互相黏合,此时该部分表膜逐渐溶解,细胞质相互连通,形成原生质桥。与此同时,二倍体的小核脱离大核,并拉长成新月形;大核逐渐消失,接着小核分裂 2 次,其中一次为典型的减数分裂;分裂后每个草履虫内形成 4 个单倍体的核,但其中有 3 个核不久就解体,而剩下的一个核再进行有丝分裂,形成大小不等的 2 个单倍体核。两个单倍体核中较大的一个不活动,这一静止的核可以视作雌性核,另一个较小的核可以移动,可视为雄性核。两个接合的草履虫相互交换雄性核,并与对方的雌性核融合,形成一个二倍体的合子核,这一过程相当于受精作用。此后两个虫体分开，融合的核连续进行 3 次有丝分裂，形成 8 个核，其中 4 个变为新的大核，其余 4 个核中有 3 个解体消失，剩下的一个成为新的小核，该核先分裂为 2 个，再分裂为 4 个，同时每个虫体也分裂 2 次，从而恢复到每个虫体只有 1 个大核和 1 个小核。经过接合生殖，原来 2 个相接合的亲本虫体最后各形成 4 个新的草履虫(图 1-15)。

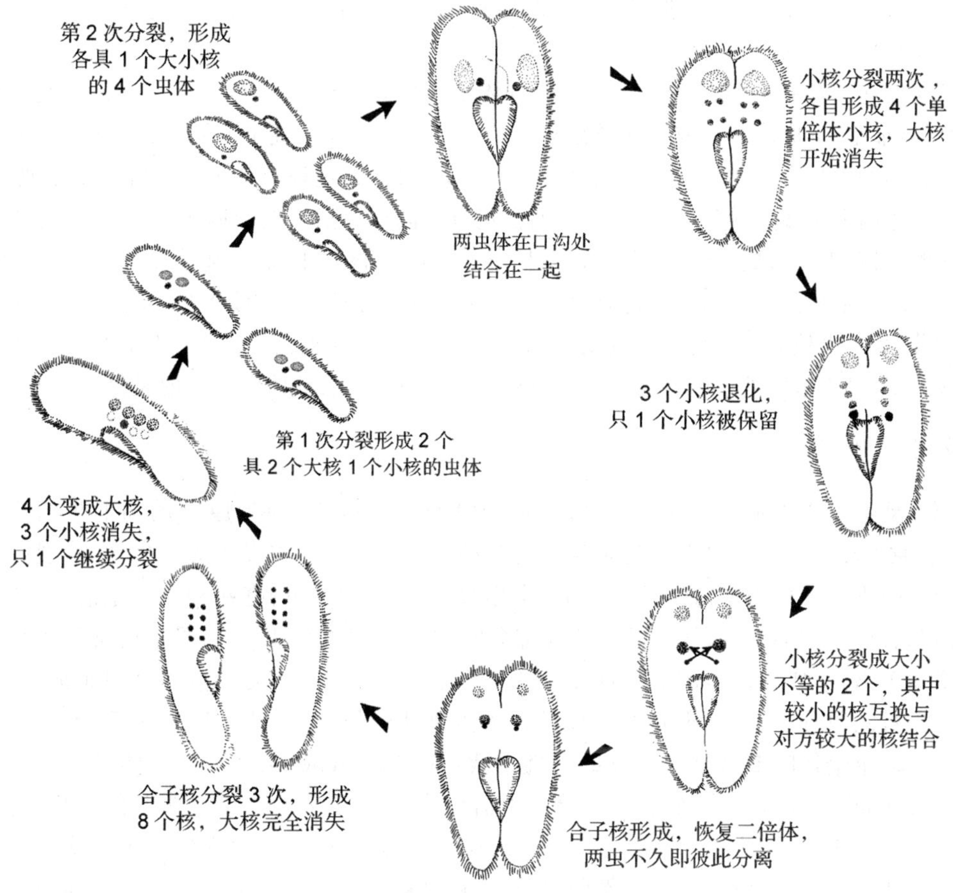
两虫体在口沟处
结合在一起
小核分裂两次，
各自形成 4 个单
倍体小核，大核
开始消失
3 个小核退化，
只 1 个小核被保留
小核分裂成大小
不等的 2 个，其中
较小的核互换与
对方较大的核结合
合子核形成，恢复二倍体，
两虫不久即彼此分离
合子核分裂 3 次，形成
8 个核，大核完全消失
4 个变成大核，
3 个小核消失，
只 1 个继续分裂
第 1 次分裂形成 2 个
具 2 个大核 1 个小核的虫体
第 2 次分裂，形成
各具 1 个大小核
的 4 个虫体

图 1-15　草履虫的接合生殖图解(作者)

草履虫为代表的纤毛类原生动物的接合生殖必须在不同的交配型(mating type)之间进行。每种纤毛虫都可以分为遗传上不同的独立变种，每个变种包含两个或更多的交配型。交配型由遗传决定，交配只发生在相同变种而不同交配型之间。实验发现，只有不同交配型体表的纤毛才能相互黏着而引起接合。需要特别指出的是，所有纤毛虫类的接合生殖方式是相当一致的，只是每个物种小核的数目有所不同，因而合子核分裂的次数不完全相同。如有的种类由合子核直接分裂成新个体的大核和小核；在具 2 个小核的种类，最后在细胞质分裂时，合子核多分裂一次，形成的新个体具有 1 个大核 2 个小核；在具多小核的种类中，由合子核分裂多次之后才进行细胞质的分裂而形成多小核的个体。

有些纤毛虫为固着生活，如钟虫(*Vorticella*)，这些种类的接合生殖常发生在相邻个体间，但有时也会出现小型个体脱离柄部游向正常个体进行接合生殖，但最后只有正常个体才形成合子核。

纤毛虫类原生动物的接合生殖是否出现，一方面与物种内在遗传特性有关，如，有的种类可以无限地进行无性生殖而不需要接合生殖，而有的种类在进行一定代数无性生殖后必须进行接合生殖，否则就会衰退直至死亡；另一方面也受外部环境条件的影响，如温度、光照、盐度和食物等条件的改变都会诱发接合生殖的发生。接合生殖对纤毛虫物种的生存有利，因为它融合了两个个体的遗传性，特别是使大核得到了重组与更新，这对虫体进行连续的无性生殖非常必要。

原生动物中还有一种有性生殖方式为自体受精(autogamy)，也称自配生殖。这是一种由同一个体(细胞)形成的配子或配子核融合的有性生殖过程。纤毛虫、太阳虫(Heliozoa)、有孔虫等原生动物中均有自体受精的情况发生。实际上，自配的过程及效果与接合生殖相似，但只在同一虫体内发生核的融合。如，草履虫的自配过程同样包括大核的退化消失，小核分裂数次并形成配子核，继而形成合子核，再由合子核形成新的大核和小核；太阳虫的自配生殖发生在食物缺乏时所形成的包囊内。在包囊中先进行一次有丝分裂，产生两个虫体，之后每个虫体经历减数分裂，其中核分裂产物一个退化，结果形成各含1个细胞核的2个单倍体配子。配子核融合成合子核后，依然处于厚壁包囊内，当环境条件有利时，二倍体合子核便脱包囊而出。

2.7 生活史

原生动物一生中所经历的发育和繁殖阶段的全部过程，即为原生动物的生活史(life cycle)。原生动物生活史具有多种类型。有些种类的生活史中仅发生无性生殖，分裂前后母体与子体的染色体均为单倍体(haploid)，常用“N”表示，如锥虫；有些种类的生活史，涉及无性生殖和有性生殖的交替，但生活史的大部分时期为单倍体时期(N)，受精后染色体数目比配子增加1倍，形成二倍体(diploid)，常用“$2N$”表示。但有的种类二倍体时期非常短暂，受精后就进行减数分裂(meiosis)；有的种类二倍体时期较长，即受精作用完成后，不马上发生减数分裂。单倍体时期是原生动物的无性世代(asexual generation)，二倍体时期则为其有性世代(sexual generation)，如有孔虫等。生活史中这种无性世代和有性世代交替发生，而且缺一不可的现象，即为世代交替(metagenesis)。纤毛虫类原生动物生活史的绝大部分时期为二倍体，减数分裂发生在受精作用之前，受精之后立刻进入二倍体时期。不同原生动物具体的生活史将在相关种类中予以论述。

3 原生动物的分类

原生动物种类繁多，最保守地估计，地球上纯原生动物种类也有13.6万种，其中淡水生活的原生动物为1万～1.2万种，但至今尚未建立令人满意的原生动物起源和谱系演化学说。原生动物的分类系统怎样才能更接近自然，这是国际原生动物研究的热点之一。从19世纪中叶至20世纪50年代，由于显微镜时代观察技术的局限，把原生动物分为4个纲，即鞭毛虫纲(Mastigophora)、肉足虫纲(Sarcodina)、孢子虫纲(Sporozoa)和纤毛虫纲(Ciliata)。随着电子显微镜等新技术的广泛应用，原生动物新的种类和形态结构特征不断被发现，对原生动物的传统分类进行了修正，比较一致的认识是：①许多鞭毛虫的生活史中有变形期，许多肉足虫的生活史中有鞭毛期，有的种类本身就兼有鞭毛和伪足，所以把原鞭毛虫纲和肉足虫纲合并为肉鞭虫门。②电子显微镜观察中发现，传统孢子纲中的某些种类的子孢子或裂殖子,其顶端具复杂的亚显微结构——顶复合器,因此将其独立为顶复虫门。原孢子纲中其他都不具顶复合器的,根据各自孢子的形态特征建立微孢子虫门、囊孢子虫门和黏体虫门。③传统分类中把盘蜷虫放在肉足虫纲中,现已证明盘蜷虫的丝网并不是伪足,而是坚硬的、无生命的丝,因而从肉足纲分出,独立为盘蜷虫门。1980年,这些认识正式被国际原生动物家协会(International Society of Protozoologists)进化分类学委员会采纳。在魏泰克(Whittaker)的五界系统中,原生动物不再是动物界的一个门,而上升为原生生物界(Kingdom Protista)中的一个亚界,即原生动物亚界(Subkingdom Protozoa)。原生动物亚界中包括以下7个门:肉鞭虫门(Sarcomastigophora)、盘蜷虫门(Labyrinthomorpha)、顶复虫门(Apicomplexa)、微孢子虫门(Microspora)、囊孢子虫门(Ascetospora)、黏体虫门(Myxozoa)和纤毛虫门(Ciliophora)。原生动物中除盘蜷虫门尚未在我国发现外,其余各门在我国均有分布,常见原生动物的分类和代表动物见表1-2。

表1-2　我国常见原生动物主要门类及其代表动物

常见门类	代表动物
肉鞭虫门(Sarcomastigophora)	
鞭毛虫亚门(Mastigophora)	
植鞭毛虫纲(Phytomastigophorea)	眼虫、腰鞭毛虫、夜光虫、团藻虫等
动鞭毛虫纲(Zoomastigophorea)	锥虫、利什曼原虫、披发虫等
蛙片虫亚门(Opalinata)	
蛙片虫纲(Opalinatea)	蛙片虫等
肉足虫亚门(Sarcodina)	
根足虫纲(Rhizopodea)	变形虫、表壳虫、有孔虫等
辐足虫纲(Actinopodea)	太阳虫、放射虫等
顶复虫门(Apicomplexa)	
孢子虫纲(Sporozoasida)	疟原虫、艾美虫等
微孢子虫门(Microspora)	蚕微粒子、蜂微粒子等
黏体虫门(Myxozoa)	
黏孢子虫纲(Myxosporea)	黏孢子虫、碘泡虫等
纤毛虫门(Ciliophora)	
动片虫纲(Kinetofragminophora)	
裸口虫亚纲(Gymnostomatia)	栉毛虫、板壳虫、长颈虫、长吻虫
前庭虫亚纲(Vestibuliferia)	肾形虫、结肠肠袋虫
下口虫亚纲(Hypostomatia)	蓝管虫、旋漏斗虫等
吸管虫亚纲(Suctoria)	足吸管虫、壳吸管虫等
寡膜虫纲(Oligohymenophorea)	
膜口虫亚纲(Hymenostomatia)	草履虫、四膜虫等
缘毛虫亚纲(Peritrichia)	钟虫、独缩虫、聚缩虫、累枝虫、车轮虫等
多膜虫纲(Polymenophorea)	
旋毛虫亚纲(Spirotrichia)	喇叭虫、游扑虫、棘尾虫等

本章将对肉鞭虫门的鞭毛虫亚门(Mastigophora)、肉足虫亚门(Sarcodina),蛙片虫亚门(Opalinata),顶复虫门及其孢子虫纲(Sporozoasida),微孢子虫门,黏体虫门的黏孢子虫纲(Myxosporea)和纤毛门作一概要介绍。

3.1 鞭毛虫亚门(Mastigophora)

本亚门动物一般都有1～4根或许多根鞭毛作为动物胞器。一般认为鞭毛虫亚门是最原始的原生动物,介乎植物与动物之间,部分种类具有色素体,行植物性营养,部分种类不具色素体,行动物性营养或腐生性营养。无性繁殖一般为纵二分裂,有性生殖为配子生殖,在不良环境条件下通常能形成包囊。除自由生活种类外,尚有共生或寄生种类。该亚门依据营养方式又分为植鞭毛虫纲(Phytomastigophorea)和动鞭毛虫纲(Zoomastigophorea)。

3.1.1 植鞭毛虫纲

一般具色素体,行光合作用,自己制造食物,淀粉或副淀粉为其主要的贮藏物,无色素的虫体行渗透营养。植鞭毛虫的鞭毛具两种类型,即尾鞭型(whiplash type)和茸鞭型(tinsel type),前者表面光滑,后者表面具有螺旋状排列的纤细茸毛(鞭茸)(图1-4)。在鞭毛着生部位的附近常见伸缩泡。多数植鞭毛虫具眼点。无性生殖通常为纵二分裂,有性生殖为配子生殖。大多数为单细胞,少数为群体。自由生活在淡水或海水中。常见类群有:

眼虫目(Euglenida)(图1-16):大型,单体,通常具1～2根鞭毛,具胞咽,色素体绿色或无,具副淀粉粒。代表种类为绿眼虫(*Euglena viridis*)。眼虫一般体较大,呈绿色,纺锤形,体表被有具弹性、带斜纹的表膜。虫体前端有一胞口,向后连一膨大的储蓄泡(resevoir),具2根鞭毛,其中1根从胞口中伸向体外,另1根很短不伸出储蓄泡。鞭毛下均连有2条细轴丝(axoneme)。每一轴丝在储蓄泡底部和一基体相连,由其产生出鞭毛,基体在虫体分裂时起着中心粒的作用。一个基体连一细的根丝体(rhizoplast)至核,表明鞭毛受核的控制。眼虫的前端具红色眼点,通常只有在基质中含有很少的氮及磷时才出现。靠近眼点近鞭毛基部有一膨大的、能接受光线的光敏感结构,称为光感受器(photoreceptor)。眼点和光感受器也普遍存在于绿色鞭毛虫,这与它们进行光合作用的营养方式有关。眼虫体内具有叶绿体,其形状、大小、数量和结构是眼虫的分类特征。在有光的条件下,眼虫利用光能把二氧化碳和水分成糖类。在无光条件下,眼虫也可通过体表吸收溶解于水中的有机物。光合过程中形成一些半透明的副淀粉粒(paramylum granule),保存于细胞质中。副淀粉粒与淀粉相似,都是一种糖类,但前者与碘作用不呈蓝色。副淀粉是眼虫类特征之一,其形状、大小也是其分类的依据之一。眼虫和其他动物一样,必须借呼吸作用产生的能量来维持各种生命活动,因此需要不断供给游离的氧及不断排出二氧化碳。眼虫在有光的条件下,利用光合作用所放出的氧进行呼吸(氧化)作用,呼吸作用所产生的二氧化碳又被利用来进行光合作用。但在无光的条件下,则通过体表呼吸水中的氧而排出二氧化碳。眼虫生活于有机质丰富的水沟、池沼或缓流中,温暖季节可大量繁殖,常使水体呈绿色。近年来也有用眼虫作为有机物污染环境的生物指标,用以确定有机物污染的程度,如绿眼虫为重度污染的指标。此外,眼虫有耐放射性的能力,许多放射性核素(radionuclide)对眼虫生活没什么影响。如把纤细眼虫(*Euglena*

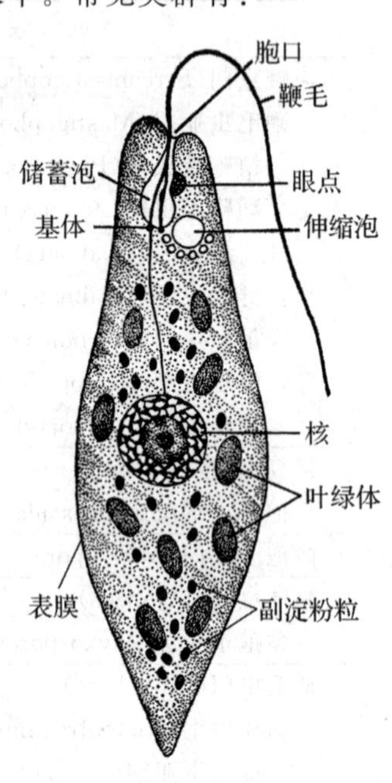

图1-16 眼虫(仿江静波)

gracilis)密集的群体放在辐射高达 25.8×10^{3} C/kg(^{60}Co)的条件下，既不影响其死亡率，也不损伤其繁殖率，推测眼虫对净化水中的放射性物质也有作用。

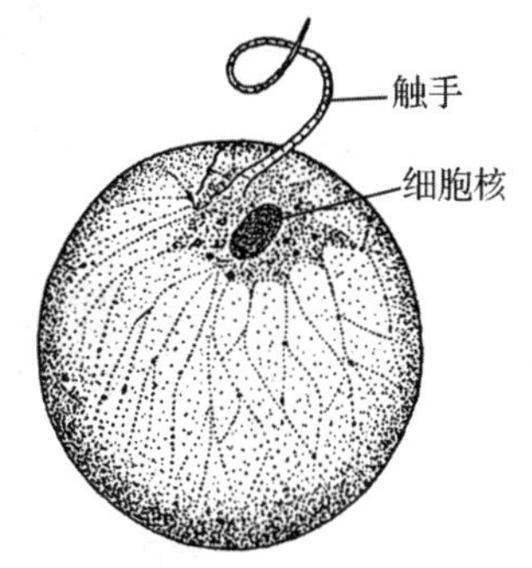

图 1-17　夜光虫(仿 Doflein-Reichenow)

腰鞭毛虫目(Dinoflagellida)：海产或淡水产，虫体具两根鞭毛，其中一根位于虫体中部的横沟内，运动时能使虫体旋转；一根位于后部的纵沟内，运动时推动虫体前进。常见的有夜光虫(*Noctiluca miliaris*)(图 1-17)。该虫体呈球形，直径可达 2mm，体红色，外被厚的表膜。自胞口区生出 2 根鞭毛，其中一根粗大，又称触手，另一根短小，称为纵鞭毛；触手的缓慢运动使虫体在水中旋转并捕获食物，纵鞭毛也能摆动帮助捕食。细胞质密集于虫体的一部分，其内具一核，虫体内许多细胞质线由中央细胞质块生出，相互间形成网状，细胞质内有大量液泡和发光颗粒，网眼间充满液体，该液 pH 值为 3，含有铵盐类，其密度低于海水。当虫体受到海水波动的刺激时，夜间能见其闪光，故而得名。夜光虫营全动物营养，可吞噬大至桡足类幼体大小的任何浮游动物。夜光虫是重要的海洋原生动物，在适宜的环境条件下，过度繁殖密集在一起时，可使海水变色，即为赤潮，因大量消耗海水中的氧气而导致鱼虾、贝类的死亡，对渔业危害很大。除夜光虫外，还有裸腰鞭毛虫(*Gymnodinium*)、沟腰鞭毛虫(*Gonyaulax*)、角鞭毛虫(*Ceratium*)等，大量繁殖时亦可引起赤潮(图 1-18)。腰鞭毛虫能产生一种神经毒素(saxitoxin)，能储存在甲壳动物体内，但对动物本身无害，而人吃了被腰鞭毛虫污染的甲壳动物后，则可引起中毒，严重时可死亡。

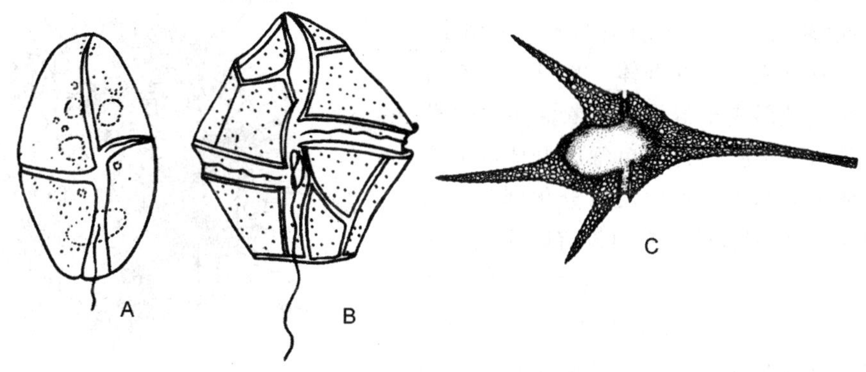

图 1-18　腰鞭毛虫(仿各家)
A. 裸腰鞭毛虫；B. 沟腰鞭毛虫；C. 角鞭毛虫

团藻虫目(Volvocida)：单体或群体，淡水生活。绝大多数具绿色色素体，个体呈卵圆形，群体种类大多由 4～128 细胞组成。常见种类有：衣滴虫(*Chlamydomonas*)，个体呈绿色，虫体前端一般具 2 根鞭毛，色素体杯形，具眼点和两个伸缩泡，体表具纤维素的细胞壁。其有性繁殖属于典型的同配生殖，生殖时两个虫体彼此融合，所以虫体本身又是配子，减数分裂发生在配子融合之后(图 1-19)。团藻虫(*Volvox*)(图 1-20)，是由几百到成千上万个细胞组成的群体，排成一空心的圆球形，每个细胞排列在球的表面形成一层，彼此有原生质桥相连。群体中每个细胞均相似于衣滴虫。群体中的细胞有了分工，大多数为营养细胞，无繁

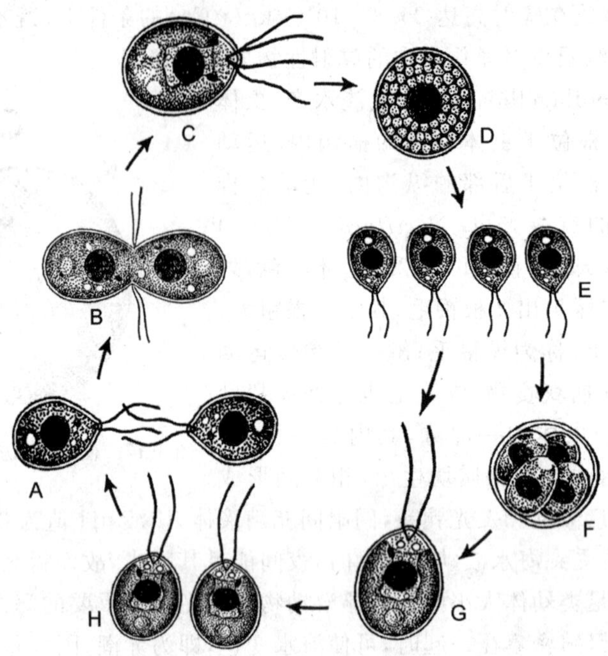

图 1-19　衣滴虫生活史示意图(作者)

A. 同型配子开始结合；B. 同型配子融合；C. 结合子；D. 合子开始减数分裂；E. 经减数分裂后形成的 4 个子体；F. 形成的包囊；G. 长大的新个体；H. 经无性繁殖形成的子体

殖能力。少数细胞具繁殖能力,繁殖时一个个体细胞形成卵,另一个个体细胞形成许多精子。由精卵结合发育成一新的群体。也有少数在春天进行孤雌生殖形成子群体。从衣滴虫到团藻虫可以看到由单细胞动物到单细胞群体的演变过程。群体中的细胞由彼此没有分化到分化成营养细胞及生殖细胞,彼此间由没有联系到出现细胞间的原生质桥,再从它们的生殖由同形配子到异配生殖、再到精子与卵的变化过程,我们利用这些变化能推断并旁证由单细胞动物到多细胞动物的进化过程。衣滴虫和团藻虫一般生活在有机质较丰富的水体中,在适宜的环境中,特别是春季和初夏,常能大量繁殖而形成水华。

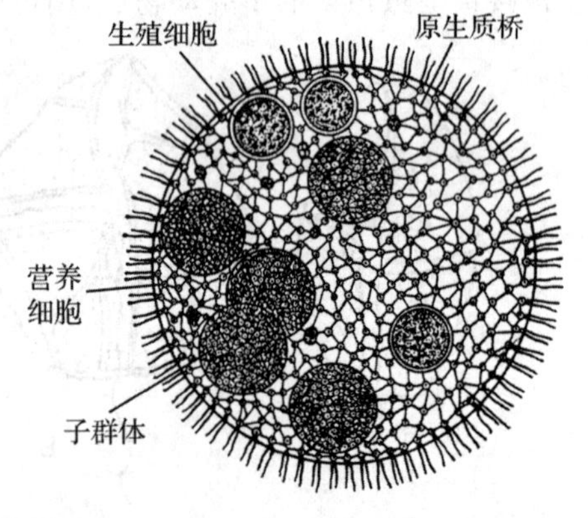

图 1-20　团藻(仿 Parker、Haswell)

3.1.2　动鞭毛虫纲

无色素体,动物性营养或腐生营养。具一至多根鞭毛,细胞表面只有细胞膜。无性生殖为纵二分裂,除个别种类外不行有性生殖。多数种类营共生或寄生,少数种类自由生活。重要种类有:

动基体虫目(Kinetoplastida):该目原生动物的最大特征是含有动基体(Kinetoplast),内含大量 DNA,身体一侧具波动膜。除少数种类自由生活外,大多数为寄生生活。重要的代表种类有:利什曼原虫(*Leishmania*),这是一种很小的动鞭毛虫,寄生于人体的有 4 种。曾在我国流行的是杜氏利什曼原虫(*L. donovani*),能引起黑热病,故又称黑热病原虫

(图 1-21)。其他还有热带利什曼原虫(*L. tropica*)、巴西利什曼原虫(*L. brasiliensis*)和墨西哥利什曼原虫(*L. mexicansis*),主要流行于非洲、亚洲、欧洲南部和南美洲等地。杜氏利什曼原虫的生活史分两个时期,一是寄生在人体(或狗)的脾、肝、骨髓、淋巴结等网状内皮系统的巨噬细胞,并在其中进行繁殖,细胞破裂后,逸出的虫体可再侵入新的巨噬细胞。此时虫体非常小,无外伸的鞭毛,体呈椭圆形或圆形,在一个网状内皮细胞中寄生时可多达上百个虫体。没有鞭毛的虫体,称为无鞭毛体(amastigote),也可称为利杜体(Leishman-Donovan bodies)(图1-21)。宿主被大量寄生时,出现发烧、肝脾肿大、毛发脱落等症状,严重时可造成宿主死亡。因此,杜氏利什曼原虫为我国五大寄生虫病之一,主要流行于长江以北的广大地区,新中国成立后进行积极的防治,现已消灭了这种疾病。另一个时期寄生在白蛉子(*Phlebotomus*)的消化道内。白蛉子吸血时吸食了利杜体,利杜体便可在白蛉子的中肠变成前鞭毛体(promastigote),此时虫体细长,又称细滴虫型(leptomonad)(图 1-21),并以纵二分裂方式繁殖,并不断移到咽和喙部。待白蛉子再次吸血时,重新把虫体接种到新的宿主。

另一种代表种类是锥虫(*Trypanosoma*),种类很多,多数寄生于脊椎动物的血液中,最大的特征是鞭毛由基体发出后,沿虫体向前延伸,鞭毛外的细胞膜向虫体一侧拉伸形成波动膜。该构造很适合于在黏稠度较大的体液环境中运动。寄生于人体的锥虫我国还没有发现,非洲有两种寄生于人体内的锥虫:冈比锥虫(*Try. gambeinse*)和罗德森锥虫(*Try. rhodesiense*)。它们寄生于人的脑脊髓系统,由吸血的采采蝇进行传播,人体感染后常发生嗜睡,进而发生昏迷直至死亡,医学上称为昏睡病。在我国发现的锥虫,主要是危害马、牛、骆驼等,对马危害较大的病原体是伊万氏锥虫(*Try. evansi*),患病后,马匹消瘦、体浮肿发热,有时会突然死亡,称为马苏拉病(图 1-21)。

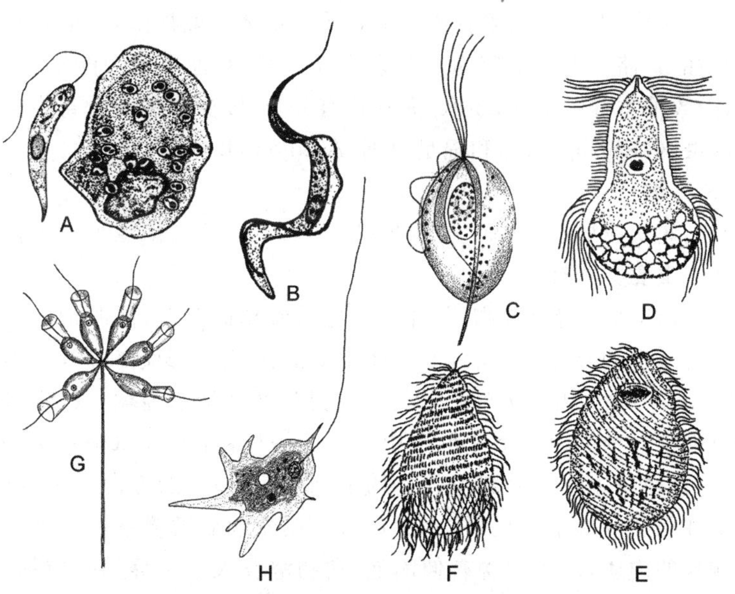

图 1-21　动鞭毛虫纲的代表种类(仿各家)

A. 杜氏利什曼原虫的利杜体和细滴虫型;B. 伊万氏锥虫;C. 阴道毛滴虫;D. 披发虫;E—F. 全毛滴虫;G. 静钟虫;H. 变形鞭毛虫

毛滴虫目(Trichomonadida):主要寄生于昆虫或脊椎动物的消化道等部位,虫体具前鞭毛3~5根,后鞭毛1根,并沿波动膜向体后伸,具有轴柱(axostyle)。如阴道毛滴虫(*Trichomonas vaginalis*)寄生于女性阴道或尿道内,可引起阴道、尿道和膀胱炎症,通过直接或间接接触传染,在妇科临床上称为鞭毛性阴道炎(图1-21)。

超鞭毛虫目(Hypermastigida):是结构最为复杂的一类,虫体较大,鞭毛数目极多,成束排列或散布于整个体表。白蚁、蜚蠊及其他一些以木质素为食的昆虫消化道内均有这类共生的超鞭毛虫。昆虫为它们提供了居住场所和食物,而超鞭毛虫则消化、分解木质素为昆虫提供糖类。实验证明,用40℃处理白蚁,其肠道内的鞭毛虫全部死亡,但白蚁还活着,能正常摄食木头,但不能消化,最后被饿死。超鞭毛虫是动鞭毛虫纲中唯一被证明具有性生殖的种类。常见的有白蚁肠道中的披发虫(*Trichonympha*)、全毛滴虫(*Holomastigotoides*)等(图1-21)。

领鞭毛虫目(Choanoflagellida):自由生活的淡水动鞭毛虫。领鞭毛虫最大的特征是每个细胞具一根鞭毛,且鞭毛基部有一领状结构围绕着鞭毛,如静钟虫(*Codosiga*)。在动物中只有领鞭毛虫及海绵动物具有领细胞,通常认为它们之间有进化上的联系,对探讨海绵动物和原生动物的亲缘关系具有一定意义。

根足鞭毛虫目(Rhizomastigida):自由生活的淡水动鞭毛虫,如变形鞭毛虫(*Masigamoeba*)(图1-21),具1~3根鞭毛,活体时常向外形成多个伪足,可做变形运动。这类动物对了解鞭毛虫类与肉足虫类的亲缘关系有一定意义。

3.2 肉足虫亚门(Sarcodina)

本亚纲以伪足作为运动胞器,体表没有坚韧的表膜,仅具极薄的细胞质膜。细胞质常分化为明显的外质与内质,内质包括凝胶质和溶胶质。虫体一般裸露,有的具石灰质或几丁质的外壳,或具矽质的骨骼。无性生殖为二分裂或复分裂,有性生殖为配子生殖,多数种类为单体自由生活,少数种类群体生活,淡水、海水均有分布,极少数种类营寄生生活。根据伪足的形态分为根足虫纲(Rhizopodea)和辐足虫纲(Actinopodea)。

3.2.1 根足虫纲

具叶状、指状、丝状或根状(网状)的伪足(图1-12),但所有伪足无轴。自由生活、共生、腐生或寄生生活。重要类群有:

变形虫目(Amoebida):身体裸露,虫体随原生质流动而改变,同时形成叶状伪足。包囊形成十分普遍。自由生活或寄生生活,多数种类生活在淡水,少数海洋,种类较多。其中大变形虫(*Amoeba proteus*)最为常见(图1-22)。它是生活在清水池塘,或水流缓慢、藻类较多的浅水水域的自由生活种类。它是变形虫中最大的一种,直径为200~600μm,生活时虫体可不断变换形状,并在身体的任何部位伸出伪足,而伪足伸出的方向代表身体临时的前端,因为可以不断地伸出新的伪足,故虫体永无定形。在光学显微镜下可明显区分出无色透明的外质和具有颗粒的内质,内质中含有伸缩泡、食物泡及大小不等的颗粒物质,细胞核呈圆盘形,通常在虫体中央的内质中。大变形虫的二分裂是典型的有丝分裂,一般情况下约需30min,3天后子细胞长大,又可发生分裂。大变形虫的结构简单,容易培养,是研究生命科学很好的实验材料。如细胞核与细胞质的关系、有关物质的代谢、形态发生与核的关系等问题,都已用变形虫做了许多实验。如观察去除核与不去核虫体的物质代谢变化,证明细胞质中的RNA来源于细胞核。实验用^{32}P标记的四膜虫(*Tetrahymena*)喂饲变形虫,则变形虫被标记,再将这标记的变形虫的核移植到正常的去核变形虫体内,用放射自显影术可见到细胞质中也有放射性,显然是核的物质进入了细胞质,并从化学成分上证明放射性来自核的RNA。另外把标记的核移植到正常的没有去核的变形虫体内,不久细胞质中出现了放射性,但正常核一直没有放射性,这也说明细胞质的RNA不能输送到核内。

痢疾内变形虫(*Entamoeba histolytica*)寄生在人肠道内,能溶解肠壁组织引起痢疾,也叫溶组织阿米巴,是极常见的寄生原生动物。痢疾内变形虫生活过程分为两个阶段,即滋养体和包囊。滋养体又分为两型:小滋养体和大滋养体。小滋养体寄生在肠腔中,不侵蚀肠壁。平均大小为13μm,静止时通常为圆形或卵圆形。内外质不太明显,伪足短,运动缓慢,以细菌和霉菌为食;当宿主体内环境发生变化,如患病,抵抗力下降时,小滋养体分泌蛋白分解酶,溶解肠壁上皮组织,进入肠黏膜或黏膜下层变为大滋养体。大滋养虫体较大,大小为30~40μm,运动较活泼,伪足宽扁,以红细胞为食。如果大滋养体进入肠腔,则仍变为小滋养体。包囊由小滋养体分泌囊壁后形成,但大滋养体不能形成包囊。包囊圆形或卵圆形,大小为5~10μm,囊壁厚,具有抵抗不良环境的能力。包囊新形成时只一个核,经过2次分裂形成4个核。四核包囊随粪便排出体外,如误食后则重新感染,因此包囊是原虫的感染阶段(图1-23)。

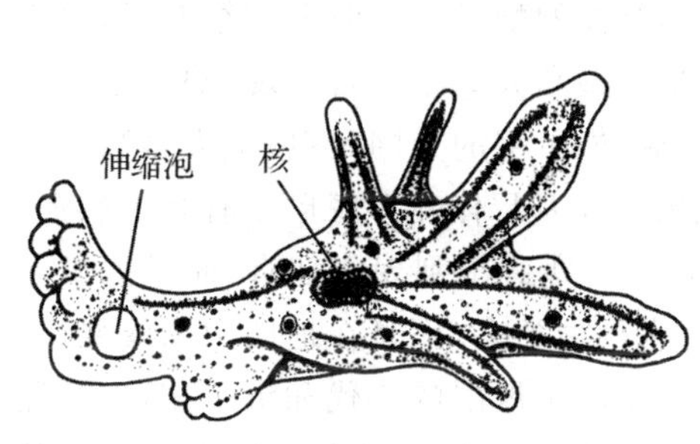

图1-22　大变形虫(仿Sleigh)

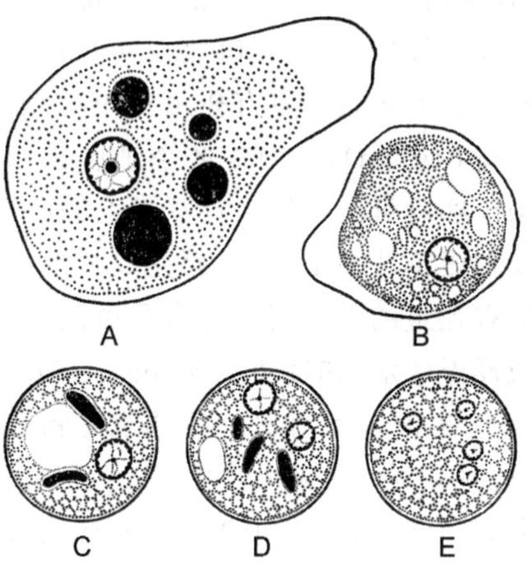

图1-23　痢疾内变形虫(仿徐秉锟)
A. 大滋养体;B. 小滋养体;C. 单核包囊;
D. 双核包囊;E. 4核包囊(成熟包囊)

棘变形虫(*Acanthamoeba*)是一种自由生活的变形虫,但也能感染人体成为寄生虫。如开氏棘变形虫(*A. castellanii*)和卡氏棘变形虫(*A. culbertsoni*)(图1-24),通常在淡水、湿土、下水道或其他腐烂的有机物中营自由生活,伪足透明并从外缘伸出尖细的突起,以细菌为食,环境不利时可形成包囊。原虫进入人体后,可随血液循环至脑,能引起阿米巴脑炎;感染眼睛后能引起棘阿米巴角膜炎。1985年以来,棘阿米巴角膜炎剧增,有85%是由于隐形眼镜清洗液污染了棘变形虫所致。

表壳虫目(Arcellinida):体外具几丁质或拟壳质构成的单室壳,或体外有黏液黏着砂粒等外来物形成的砂质壳。壳的一端具大孔,伪足由此孔伸出,伪足叶状或丝状。主要分布于淡水、海水及潮湿土壤的表面。代表种类有:表壳虫(*Arcella vulgaris*)(图1-6),虫壳半圆形如表壳,其上具花纹,壳口向下,指状伪足由壳口伸出。鳞壳虫(*Euglypha strigosa*)

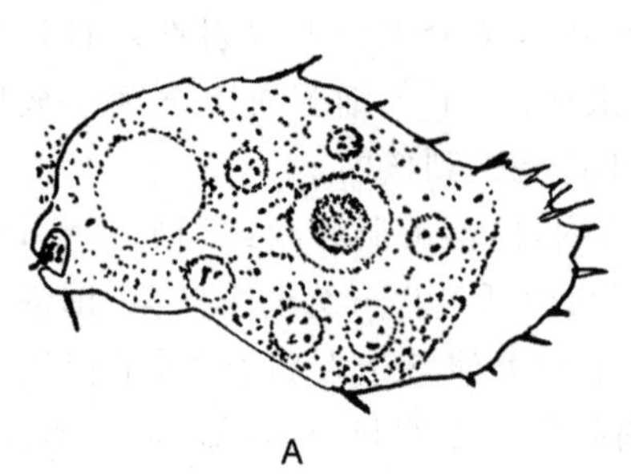

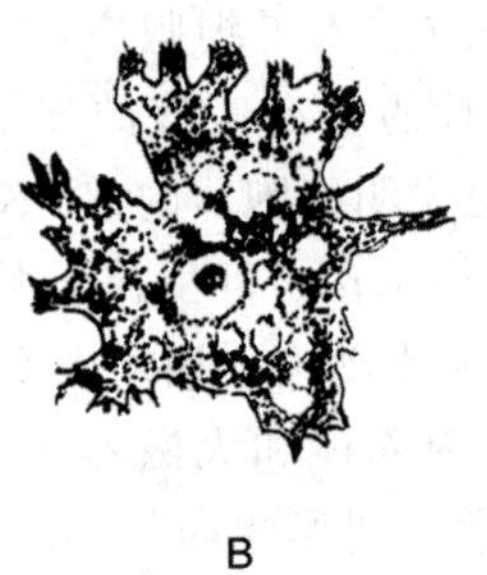

图 1-24 棘变形虫(仿各家)

A. 开氏棘变形虫;B. 卡氏棘变形虫

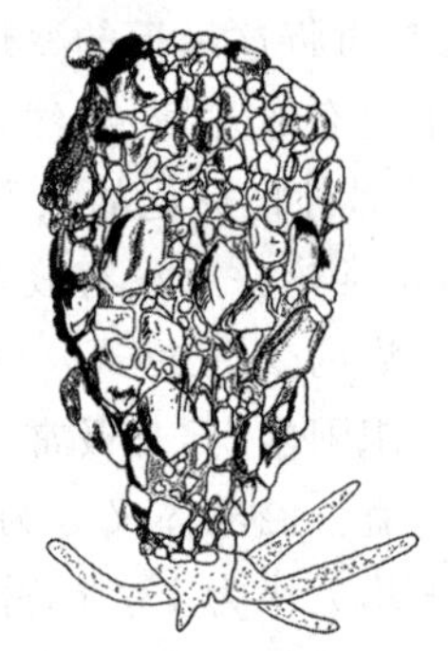

图 1-25 砂壳虫(仿 Deflandre)

(图 1-6),虫壳由硅质板组成,壳面伸出长刺。砂壳虫(*Difflugia oblonga*)(图 1-25),体外具胶质黏合外来砂粒形成的壳。

有孔虫目(Foraminiferida)(图 1-6):具碳酸钙构成的单室或多室壳,壳的外形多样,多室壳由最初的胚壳按一定的方向排列,连续分泌形成。各室之间有钙质板隔开,板上具小孔,使各室内的原生质彼此相连。壳内虫体细胞质中含有一个到多个细胞核,壳室的外表面包以极薄的外质,通过壳口及壳外的原生质伸出根状伪足。生活史复杂,有性生殖产生具鞭毛的配子。大多数多室有孔虫具小球型和大球型,即二态现象(dimorphism)。前者具小的胚室(proloculum),体内含多个细胞核,以无性生殖方式产生许多个体;后者具大的胚室。大球型成熟后可产生许多具双鞭毛的游动配子,不同个体的配子结合时形成结合子,再由结合子发育成小球型个体,从而完成其生活史。这种小球型和大球型交替出现、缺一不可的现象即为有孔虫的世代交替。有孔虫极少数为淡水生活,如单室的异网足虫;绝大多数营海洋底栖或漂浮生活,如球房虫(*Globigerina*)等。有孔虫外壳及尸体在海底形成有孔虫软泥,并覆盖了世界 35%的海底。有孔虫是古老的原生动物,从寒武纪到现代都有,而且数量非常大,海底每克泥沙中约有 5×10^4 个虫壳。有孔虫的化石种类多,而且在地层中的演变快,不同时期有不同的种类。因此,根据有孔虫的化石不仅能确定地层的年代和沉积相,而且还能揭示地下的结构情况,从而对找寻沉积矿产、发现石油、确定油层和油井位置有着重要的指示作用。

3.2.2 辐足虫纲

伪足具轴(图 1-12),个体一般球形,多营漂浮生活,生活于淡水和海洋。常见种类有:

太阳虫目(Heliozoa):多生活于淡水中,营漂浮生活,体呈球形,细胞质呈泡沫状态,伪足由球形虫体周围伸出,其上有成排的颗粒,内具轴丝,主要用作捕食的胞器。代表种类有太阳虫(*Actinophrys*)和辐球虫(*Actinosphaerium*)(图 1-26)。

放射虫目(Radiolaria):虫体亦为球形,最大虫体可达 5mm。全部营海洋漂浮生活,体内具几丁质构成的中心囊,此囊将细胞质分为内外两部分。囊外部分具黏着物质包围的许多大的黏泡,泡内充满黏液。囊外部分具营养功能,囊内部分具生殖功能。中心囊上具小孔,能使内、外原生质相沟通,伪足通常轴型。代表种类有等棘虫(*Acanthometra*)(图 1-26)等。放射虫类在海底亦可形成放射虫软泥,但它比有孔虫软泥分布在更深的海底。

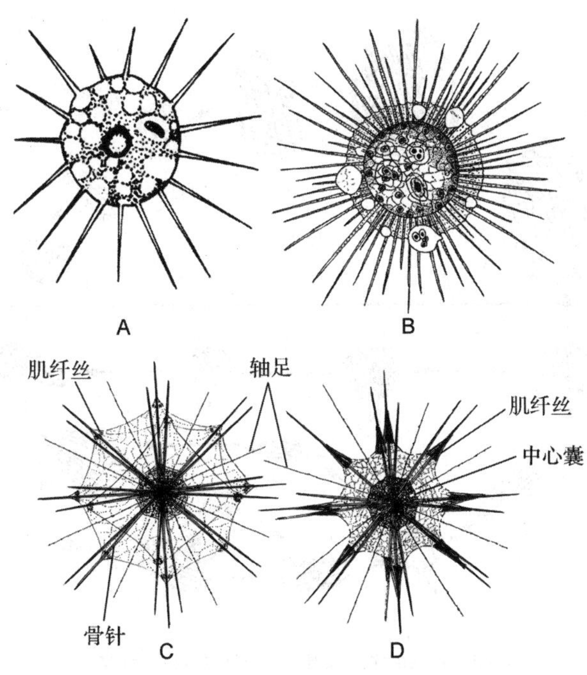

图1-26　辐足虫纲的代表种类(仿各家)
A. 太阳虫；B. 辐球虫；C、D. 分别为等棘虫肌丝舒张、收缩时的状态

3.3　蛙片虫亚门(Opalinata)

本亚门种类绝大多数是共生在蛙类及其蝌蚪，蝾螈等两栖动物肠道的原生动物，也有少数寄生在爬行类和鱼类肠道中。

蛙片虫(*Opalina*)体形变化较大，体表具长短一致的鞭毛，排列成斜的纵行。虫体无胞口，细胞质丰富，外质较少而透明，内质中含有许多大小一致或不等的细小颗粒。细胞核单个或几个，或具很多同一类型的核，位于虫体中央或分散状。无性生殖为纵二分裂，有性生殖为配子生殖。生活史复杂，包括在蛙体内进行二分裂(无性生殖)，并形成包囊；包囊排出体外，被蝌蚪吞食，并在蝌蚪肠道内破包囊而出，成为配子母细胞；配子母细胞在蝌蚪直肠再进行纵分裂，形成具有单核的配子。大配子与配子母细胞相似，但较细长；小配子与大配子的长度相仿，但宽度仅为大配子的一半。大、小配子在游动中相遇，结合形成合子。合子变圆后成为合子囊，随宿主粪便排至水中。此时如被变态的蝌蚪吞食，随着它的变态完成最终变成蛙体内的蛙片虫；如果合子囊由非接近变态的蝌蚪吞食，只能重演配子母细胞、配子和合子囊的过程(图1-27)。蛙片虫的分类地位，以往一直认为属于低等纤毛虫类，以后发现该虫无大、小细胞核的分化，无性生殖为纵二分裂，有性生殖能产生具鞭毛的配子，因此将其归到内足鞭毛虫门，并单独列为蛙片虫亚门。

3.4　顶复虫门(Apicomplexa)

本门所有种类全部寄生，而且大部分为细胞内寄生。最重要的特征是子孢子和裂殖子具有特殊的顶复合器(apical complex)(图1-28)。电镜下该结构通常由顶环(apical ring)、类

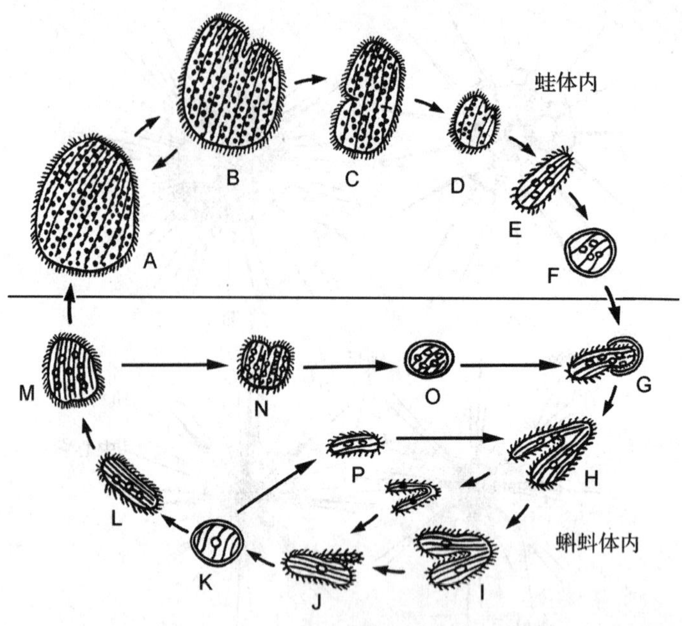

图 1-27 蛙片虫及生活史(据 Sleigh 修改)

A、B. 在成蛙体内进行二分裂；C～E. 形成包囊前的连续分裂；F. 包囊形成，从蛙体内排出；G. 包囊被蝌蚪吞食后孵化成配子母细胞；H～I，形成单个核的配子；J. 配子融合成合子；K. 合子形成包囊，若包囊被另一接近变态的蝌蚪吞食后，经 L、M、A 发育为正常营养生长期，即重复蛙体内的生长过程；若包囊由另一非接近变态期蝌蚪吞食后，经 L、M、N 和 O(包囊)重演有性生殖过程；P. 包囊直接转化成配子母细胞

锥体(conoid)、棒状体(rhoptry)、微线体(microneme)、膜下微管(subpellicular microtubule)和微孔(micropore)等几部分所组成，但在不同的种类中可失去某些结构。顶环呈电子致密状，一到多个，位于虫体前端；类锥体位于顶环之内，由许多呈螺旋状盘绕的微管组成，为一中空平头状的圆锥体结构；棒状体是若干从前端经类锥体往后延伸到核前沿的管状胞器，形似棒球棍；微线体位于棒状体周围，呈短杆状的电子致密胞器；膜下微管始于顶环，由前往后延伸，其数量因种而异；微孔位于体表，其功能与摄食有关。上述胞器的功能至今还不很了解。

顶复虫门的繁殖方式及生活史十分复杂，具无性和有性两个世代的交替，通常无性世代在脊椎动物(或人)体内寄生，有性世代在无脊椎动物体内寄生。一般具裂体生殖期(schizogony)、配子生殖期(gametogony)和孢子生殖期(sporogony)，孢子生殖期是其传播阶段。生活史中各主要时期为单倍体，减数分裂只在合子中进行一次。一般过程如图 1-29 所示。

裂体生殖期发生在子孢子(sporozoite)侵入宿主后。子孢子摄取宿主营养并长大，随后进行复分裂，分裂所形成的许多子体称为裂殖子(merozoite)，也称营养子(trophozoite)。这些裂殖子可再次侵入新的宿主细胞，摄取营养和复分裂。经过多次循环和复分裂，使宿主体内裂殖子数量大量增加，所以裂体生殖是顶复虫类大量繁殖的时期。

裂殖子在多次复分裂之后开始进行配子生殖，即有部分裂殖子不再继续进行裂体生殖，而分化成大配子母细胞(macrogametocyte)和小配子母细胞(microgametocyte)，进而分别分化为大、小配子。大配子不太活动，也称雌配子(female gamete)，小配子具鞭毛，可游动，也

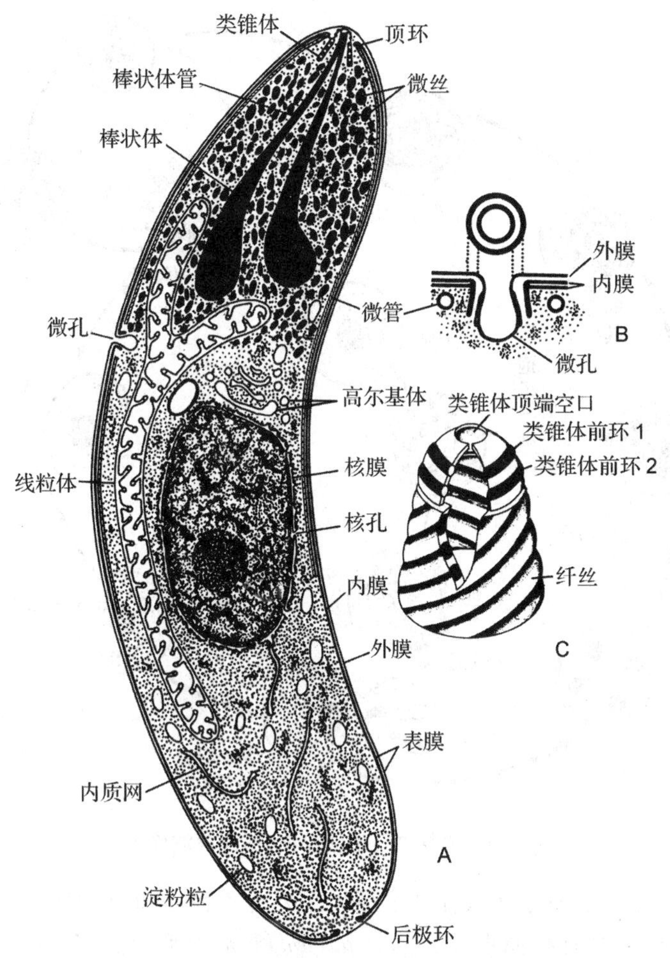

图 1-28　球虫裂殖子的超微结构图(仿 Scholtyseck)

A. 裂殖子纵切；B. 微孔的纵切和顶面观；C. 类锥体

称雄配子(male gamete),大、小配子融合形成结合子。结合子是顶复虫类唯一具双倍体(2*N*)阶段。

孢子生殖在结合子减数分裂后立刻进行,通过孢子生殖重新回到单倍体时期。合子形成后分泌很厚的外壁,成为卵囊(oocyst),在卵囊内经过多分裂又形成许多孢子(spore),每一孢子或者不分裂,或者继续分裂成 2、4 或 8 个子孢子,所以孢子生殖是有性生殖之后的无性生殖阶段。以后卵囊破裂,孢子或子孢子逸出,重新感染新的宿主,因此孢子成为传播阶段。

孢子虫纲(Sporozoasida):顶复虫门最重要的一个纲,也是原生动物与人类健康及畜牧业关系最密切的一个纲,许多种类是人类和家禽、家畜寄生原虫病极为重要的病原体。本纲种类具有顶复虫门的典型特征,卵囊内含经孢子生殖所形成的、对宿主具感染性的子孢子。重要种类有疟原虫和艾美虫。

疟原虫(*Plasmodium*):是引起人类疟疾的病原体。疟疾迄今仍为人类最重要的疾病之一,全世界每年约有 20 亿人口受到疟疾的威胁,2.5 亿人被感染,每年死于疟疾的人数多达 200 万。疟疾发作时多发冷发热,民间俗称“打摆子”,而且在一定间隔时间内反复发作,是

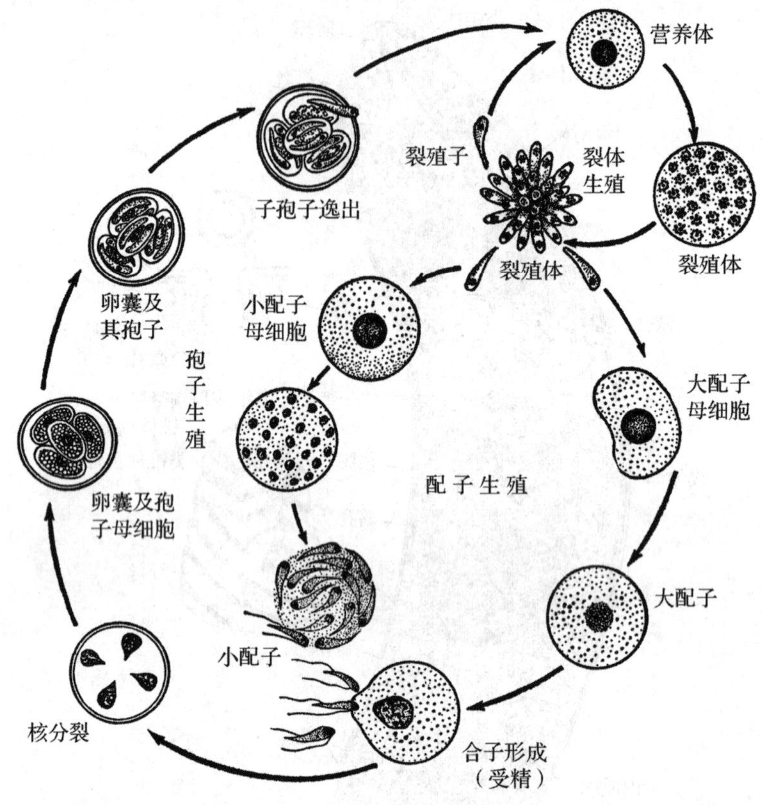

图 1-29 顶复虫门生活史图(据江静波修改)

我国五大寄生虫病之一。寄生于人体的疟原虫主要有 4 种,即间日疟原虫(*P. vivax*)、三日疟原虫(*P. malaria*)、恶性疟原虫(*P. falciparum*)和卵形疟原虫(*P. ovale*)。我国以间日疟原虫和恶性疟原虫最为常见,卵形疟原虫极少发生。从发生地区看,我国东北、华北、西北主要为间日疟原虫,三日疟原虫较少;我国西南部,如云南、贵州、四川和海南等省主要是恶性疟原虫。古书上所说的"瘴气",实质就是恶性疟原虫引起的恶性疟疾。上述 4 种疟原虫都有 2 个宿主,即人和按蚊,生活史也基本相同,无性生殖在人体内发生,有性生殖在雌按蚊体内进行,并由蚊吸血时传播。

间日疟原虫的生活史包括三个不同阶段的发育时期,在人体内发育的具体过程为:感染了间日疟原虫的按蚊,其唾液腺中含有许多子孢子。蚊子吸血时,子孢子随蚊子唾液进入人的血液中,半小时后进入肝脏实质细胞,并以胞口摄取肝脏细胞营养物质,逐渐长大,此时称为滋养体(trophozoite)。它成熟后进行裂体生殖,即核先进行复分裂,接着细胞质随核而分裂,最后形成数以万计的圆形裂殖子。至此全部裂体生殖过程都不在红细胞内,故称为红外期(exoerythrocytic stage)。间日疟原虫红外期发育最短只需 8 天。但有部分子孢子进入肝脏后并不马上发育,而进入休眠状态,称为休眠子(hypnozoite),休眠时间可长达数月、一年甚至一年以上,再开始发育成裂殖子。当裂殖子成熟后,胀破肝细胞而出,才能侵入红细胞。因此,把疟原虫侵入红细胞以前,在肝脏中发育的时期又称为红细胞前期(preerythrocytic stage)。从肝脏进入血液的许多裂殖子,其表面都被有毛状细丝。它们依赖这些构造贴在红细胞表面,但只有裂殖子顶端接触到红细胞膜上,且红细胞表面上具有一种特殊的受体,侵入才能发生。入侵时先由顶复合器中的棒状体和微粒体分泌一种物质促使红细胞膜迅速凹陷,裂殖子进入凹陷处,并逐步脱下细丝状外衣,最后红细胞把裂殖子包围在膜腔中间。侵入红细胞的裂殖子马上开始发育,体积逐渐长大。早期疟原虫细胞当中有一空泡,细胞核偏在一边,很像一枚戒指,故称为环状体(或环状滋养体)。在几小时内环状体增大,细胞质像变形虫一样向各方向伸出伪足,此时称为大滋养体或阿米巴样体。疟原虫不断摄取红细胞内的血红蛋白,部分消化不完全的正铁血红素在红细胞逐渐累积成颗粒状的疟色素(肝脏细胞中的疟原虫并无疟色素)。成熟的滋养体几乎占满了红细胞,由此再进一步发育成为裂殖体。裂殖体成熟后形成很多裂殖子,此时红细胞破裂,裂殖子散到血浆中,又各自侵入其他的红细胞,重复上述裂体生殖过程。间日疟原虫从裂殖子入侵新的红细胞到感染的红细胞破裂、释放出裂殖子,全程共需 48h,这也是间日疟疾发作所需要的间隔时间。其他疟原虫的间隔时间,三日疟为 72h,恶性疟则需 36～48h。当新形成的裂殖子从红细胞出来时,由于大量红细胞被破坏,同时裂殖子及其代谢产物的释放,于是引起病人生理上一系列变化,以致表现出发冷发热等症状。疟原虫在红细胞内发育的时期称为红细胞内期(erythrocytic stage)。在红细胞内期,这些裂殖子经过几次裂体生殖周期之后,或机体内环境对疟原虫不利时,有一些裂殖子进入红细胞后,不再发育为裂殖体,而发育成为大、小配子母细胞。间日疟原虫大配子母细胞较大,体积可大于红细胞一倍,核偏于虫体一边,较致密,疟色素也较粗大;小配子母细胞较小,核在虫体的中部,较疏松,疟色素较细小。这些配子母细胞在血液中可生存 30～60 天。当疟疾病人血液中的大、小配子母细胞达到相当密度后,如被按蚊吸血时吸去,就在按蚊胃腔中进行有性生殖。在按蚊体内发育的具体过程表现如下:在按蚊胃内大、小配子母细胞各自发育成为大、小配子。其中大配子母细胞发育成熟后即为大配子(macrogamete),两者形态变化不大;小配子母细胞的核分裂成 4～8 个并移至细胞周缘,同时胞质活动,由边缘突出 4～8 条活动力很强的丝状体,然后每个核进入一根丝状体内,这些丝状体脱离母体后便成小配子(microgamete)。小配子在按蚊胃内游动与大配子结合成为合子(zygote)。合子逐渐变长,并能蠕动,故称动合子(ookinete)。动合子穿过胃壁,并在胃壁底层与基膜之间形成圆形的卵囊(oocyst),按蚊体内可多达数百个卵囊。此后,在按蚊体内进行孢子生殖,具体过程是:卵囊内细胞核先不断分裂,然后细胞质表面分割成海绵状构造。随着细胞核移到接近细胞质的表面,最后每个核形成 1 个新月形的子孢子。从合子到子孢子形成约需 14 天,每个卵囊内子孢子的数量可多达成千上万个。子孢子从卵囊的微孔逸出,并进入蚊的血体腔,最后进入其唾液腺。进入按蚊唾液腺的子孢子数量可达 20 万之多,其生存期可超过 70 天,但 30～40 天后其传染力大为降低。蚊子叮咬健康人时,子孢子就随着唾液进入人体,通过血流带往肝脏,又开始红外期的裂体生殖。整个生活史如图 1-30 所示。

疟原虫对人的危害很大,如正常人红细胞的量为 500 万/mm^3,患疟疾时可降低到 300 万/mm^3、200 万/mm^3,甚至 100 万/mm^3,因此造成贫血,使肝脾肿大。疟原虫还能损害脑组织等,严重影响人们的健康,甚至造成死亡。以往的治疗药物主要是奎宁和氯奎等,但已引起广泛的抗药性。20 世纪 70 年代,我国科技工作者首次从青蒿草中提取得到青蒿素(Artemisinin),并被世界卫生组织认可,成为我国目前仅有的两个被收入世界药典的中药之一。世界卫生组织认为青蒿素及其衍生物是“目前世界范围内治疗恶性疟疾的唯一真正有效药物,是替代现有奎宁类抗疟药的最佳药物”,并将青蒿素类抗疟药作为一线抗疟药在全球推广。

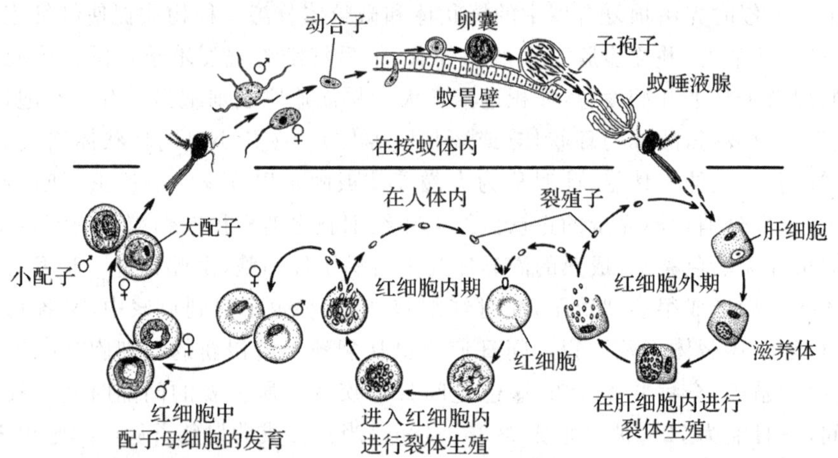

图 1-30 间日疟原虫生活史(仿 Blacklock、Southwell)

艾美虫(*Eimeria*)是一类寄生于家畜、家禽和鱼类的寄生原虫。艾美虫只有一个宿主,生活史中的裂体生殖和配子生殖在宿主细胞内进行,但孢子生殖在体外的卵囊内进行。因此与疟原虫不同,艾美虫的卵囊具厚的卵囊壁,卵囊内的孢子也具厚的孢子壳,孢子分裂形成子孢子,子孢子同样具有厚的壁,以抵抗不良的外部环境。艾美虫一个卵囊内先形成 4 个孢子母细胞,再形成 4 个孢子,每个孢子又形成 2 个子孢子,这样一个卵囊最后共形成 8 个子孢子(图 1-31)。

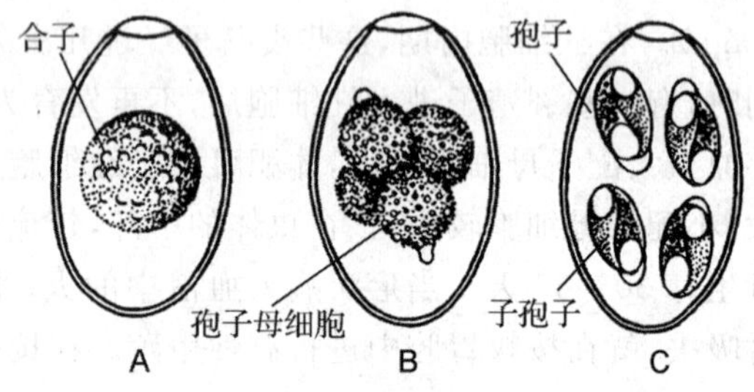

图 1-31 兔肝艾美虫卵囊及孢子(仿江静波)

A. 卵囊; B. 卵囊中的孢子母细胞; C. 孢子和子孢子

3.5 微孢子虫门(Microspora)

本门全部营细胞内专性寄生,虫体内无线粒体。典型的孢子卵圆形,无顶复合器,具盘旋的极丝(polar filament),通常不具极囊(polar capsule)。孢子极小,很少超过 5μm,故称微孢子虫。主要寄生在无脊椎动物中,已记录的有 800 种以上,其中约半数寄生于昆虫。生活史与顶复虫门不同,孢子被宿主吞入后,由于消化液的刺激,极丝放出并附着于肠上皮,变形小胚体从孢子内释出,并进入肠上皮细胞,通过二分裂和复分裂产生许多裂殖子,裂殖子或重复感染其他细胞,或形成母孢子,每个母孢子或直接发育成孢子,或进行核的多分裂,再形成多个孢子。宿主细胞破裂后,孢子随大便排出。如蚕微粒子(*Nosema bombycis*),蚕患病后全身布满棕色小点,不能吐丝结茧,或只能结松散茧,不能成蛹而死亡(图 1-32);蜂微粒子(*N. apis*),寄生于蜜蜂的中肠,能造成幼蜂的大量死亡。

3.6 黏孢子虫纲(Myxosporea)

本纲是黏体虫门(Myxozoa)种类最多的一个纲。所有种类全部营腔寄生和组织寄生,孢子比较大,由壳瓣(valve)、极囊及一个具双核的孢质体(sporoplasm)组成,极囊 1~6 个,位于孢子的前端,囊内具极丝,有的种类在胞质中具嗜碘泡,孢子形态较为多样(图 1-33)。

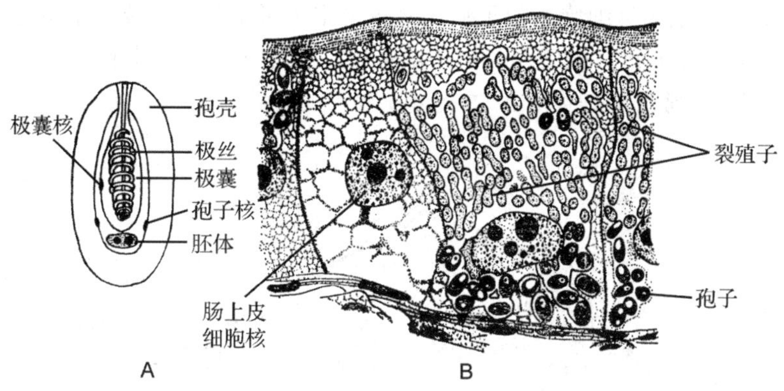

图 1-32 蚕微粒子孢子结构和在肠上皮细胞寄生的裂殖子和孢子(仿陈义)

A. 成熟的孢子; B. 在肠上皮中的寄生状况

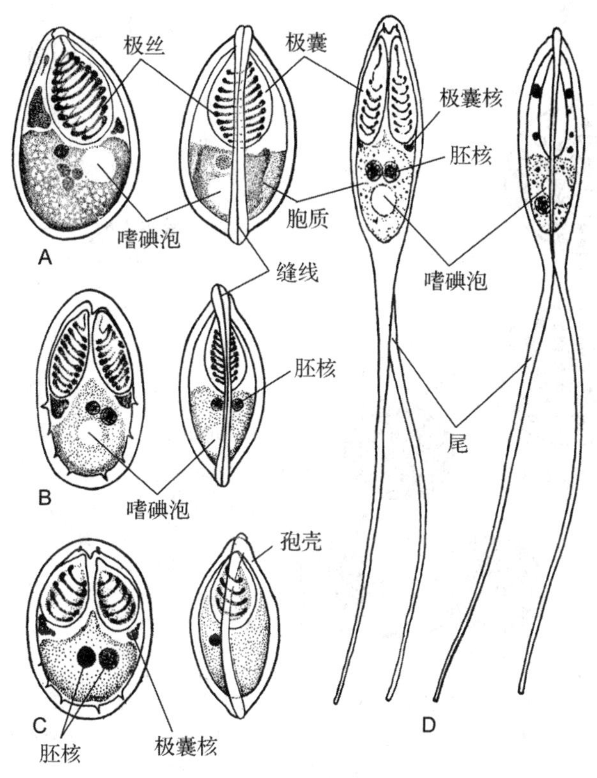

图 1-33 常见黏孢子虫孢子(仿陈启鎏)

A. 单极虫(*Thelohanellus*); B. 碘泡虫(*Myxobolus*); C. 黏体虫(*Myxosoma*)

D. 尾孢虫(*Henneguya*)(左为孢子正面观,右为侧面观)

本门动物绝大多数寄生于鱼类,生活史尚未完全清楚,一般认为孢子被鱼类吞食后进入肠道或因接触黏着在鱼的体表或鳃部以后,孢子放出极丝,胚体随之脱壳而出。开始时胚体为一个单核的、变形虫状的营养体。营养体大量摄取宿主营养,长大后细胞核不断分裂,但细胞质不分裂,于是形成多核体(syncytium);多核体在宿主中常以大型包囊或组织脓肿的方式出现。在进一步发育中,多核体的一些核聚集形成孢母体(sporont)。每个孢母体含有

2 个围被细胞和 2 个孢子母细胞。孢子形成时每个孢子母细胞分裂成 6 个核,其中 2 个为极囊核,2 个为壳瓣核,2 个则为孢质核。孢子产生后多核体还可继续生长,孢子可在多核体内不断形成(图 1-34)。常见的种类有:

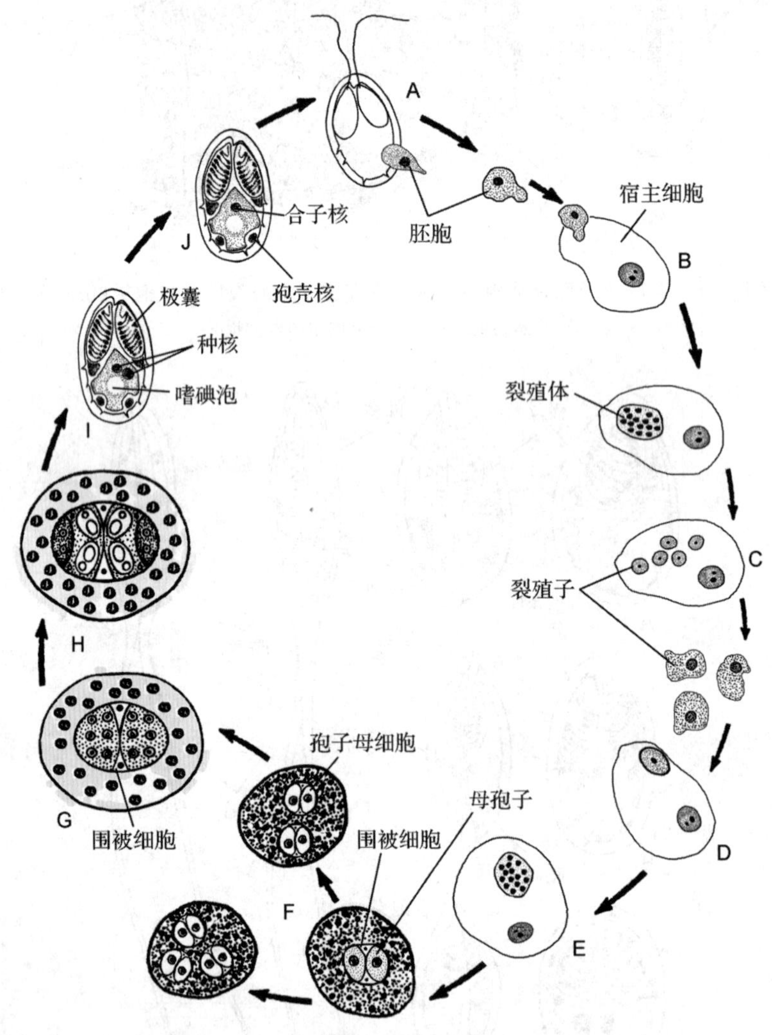

图 1-34 碘孢虫生活史示意图(据 Borradaile 等重绘)

A. 胚胞从孢子内逸出;B. 胚胞侵入宿主细胞;C. 在宿主细胞中繁殖;D. 新一代裂殖子重新侵入宿主细胞;E. 胞核分裂;F. 形成 1、2、3 个母孢子;G. 母孢子内发育为 2 个孢子母细胞,两边各有 1 围被细胞核,每一孢子母细胞分裂成 6 个核;H. 孢子形成,出现极囊;I. 孢子壳面观,示中间 2 个种核及嗜碘泡;J. 成熟孢子壳面观,示合子核

碘泡虫(*Myxobolus*),该虫可寄生于鱼类的肌肉、结缔组织或体内各器官中,最大特征是孢子胚质中具有嗜碘泡。如鲢碘泡虫(*M. drjagini*),其营养体大量寄生在白鲢(*Hypophthalmichthys molitrix*)神经系统和感觉器官后,使鱼失去平衡和摄食能力。患病的白鲢极度消瘦,头大尾小,脊柱向背部弯曲,形成尾部上翘,体重仅为同龄鱼的 1/2 左右或更少。病鱼常运动失调,离群急游打转,经常跳出水面,复而钻入水中,因此被称为白鲢疯狂病。如此反复,终至死亡,死时常头部钻入泥中(图 1-35)。

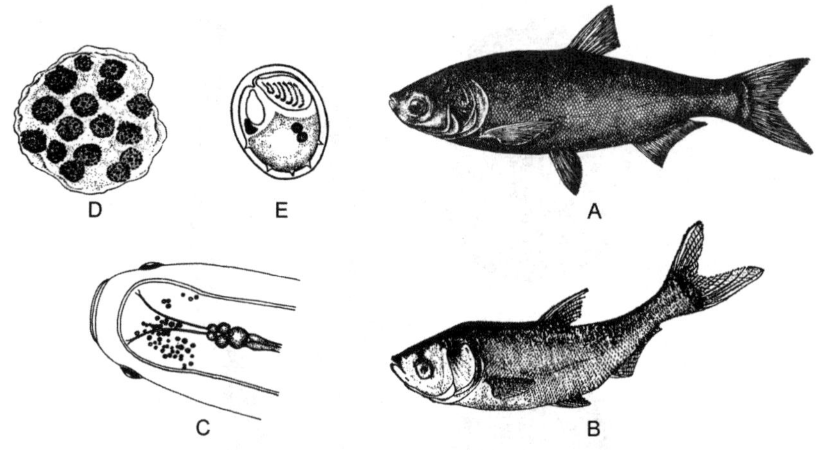

图 1-35　正常白鲢与患白鲢疯狂病病鱼及病原体(作者)

A. 正常白鲢外形；B. 患白鲢疯狂病的白鲢外形；C. 白鲢中枢神经解剖示鲢碘泡虫寄生状况；D. 鲢碘泡虫营养体；E. 鲢碘泡虫孢子

3.7　纤毛门(Ciliophora)

纤毛门是原生动物中结构最复杂的一个门，在生命周期中至少某一阶段具有纤毛，并作为运动胞器，如不具纤毛则仍具表膜下纤列系统。细胞核分为大、小两种，前者与代谢有关，通常为多倍体，后者与遗传有关，为双倍体。具多种高度特化的细胞器，如刺丝泡、伸缩泡、胞肛等。无性生殖通常为横二分裂，少数种类为纵二分裂，如钟虫、独缩虫等，有的为出芽生殖，如吸管虫；有性生殖为接合生殖。纤毛虫分布极广泛，任何水域，甚至污水沟也有分布，营养方式全为异养，可以捕食其他原生动物、小型多细胞动物，如腹毛虫、轮虫等，也可以摄食悬浮于水中的细菌、有机颗粒和绿藻及硅藻。大多数为单体自由生活，少数为群体固着生活，也有少数营共生、共栖或寄生生活。

纤毛门共约 6000 种，分为 3 纲(表 1-2)、7 亚纲。常见类群如下：

裸口虫亚纲(Gymnostomatia)：胞口裸露于体表或近体表面，位于虫体的前端、侧面或腹面。体纤毛一致，口区无纤毛，胞咽壁具支持棍。裸口虫是纤毛门中最原始的一类，淡水及海水生活，潮间带砂土中也有分布，植食或肉食。代表种类有：栉毛虫(*Didinium*)，虫体圆桶形。虫体前端具圆锥形的、由许多细长刺丝组成的胞吻，体周围具一层或几层栉状纤毛，其他部位没有纤毛。肉食性种类，可摄取比自身更大的食物。板壳虫(*Coleps*)，体高桶状，尾部具 4 个棘突，体表被有栅格状壳板并被 3 横沟隔为 4 段，淡水生活。长颈虫(*Dileptus*)，虫体近于长梭形，胞口前方细缩，延伸成约占虫体长 1/3 的颈部，纤毛分布均匀，土壤生活。长吻虫(*Lacrymaria*)，虫体呈花瓶状，具高度伸缩的颈部，最前端纤毛密集。(图 1-36)

前庭虫亚纲(Vestibuliferia)：口区具体表陷入形成的前庭，胞口位于前庭底部，前庭内纤毛有程度不同的特化；体纤毛一致，绝大多数自由生活。代表种类有：肾形虫(*Colpoda*)，虫体肾形，口前庭凹入明显，胞口近旁有特化的纤毛列。结肠肠袋虫(*Balantidium coli*)，是唯一寄生于人体的寄生纤毛虫。寄生于结肠和盲肠中，能引起慢性痢疾，通过卵囊传播。虫体卵形或梨形，胞口不裸于体表，前庭内纤毛特化不明显，大核肾形，偏于虫体中部，小核很小，位于大核凹陷处。(图 1-37)

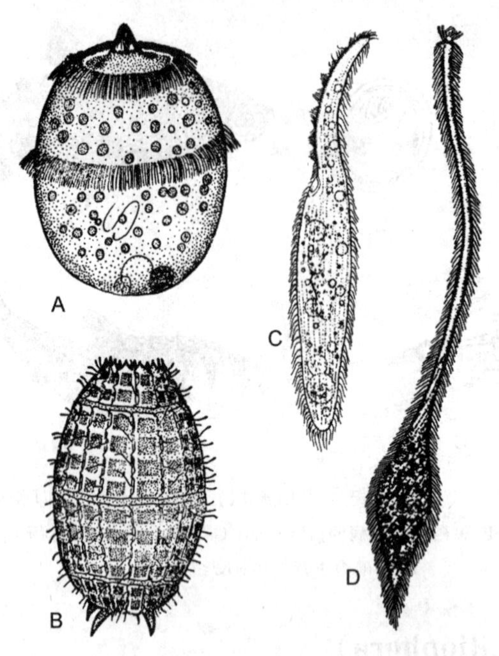

图 1-36 裸口类代表种类(仿各家)

A. 栉毛虫; B. 板壳虫; C. 长颈虫; D. 长吻虫

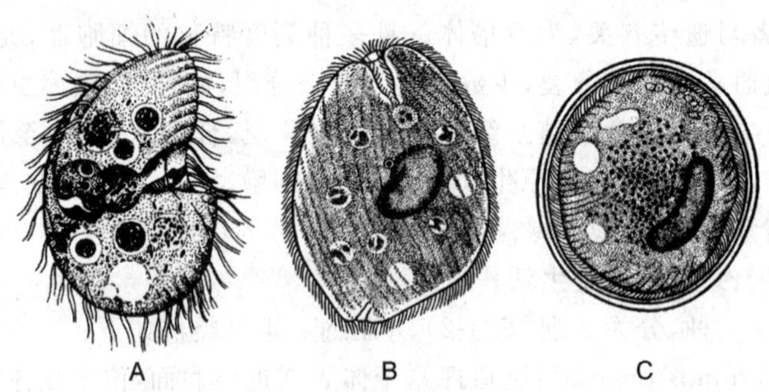

图 1-37 前庭虫类代表种类(仿各家)

A. 肾形虫; B. 结肠肠袋虫; C. 结肠肠袋虫包囊

下口虫亚纲(Hypostomatia):虫体圆柱形背腹扁平,体纤毛减少。虫体前端具 1 对外质漏斗,漏斗内有纤毛伸入胞口与胞咽,胞口位于腹面。代表种类有:旋漏斗虫(*Spirochona*),虫体花瓶状,固着生活,体表裸露无毛,纤毛集中在虫体顶端领部,出芽生殖,共生于海洋甲壳动物的体表。蓝管虫(*Nassula*),虫体长椭圆形,后端稍窄,虫体前方略呈喙状突出,淡水及低盐水中自由生活。鲤斜管虫(*Chilodonella cyprini*),虫体卵形,胞口直接开口,胞咽壁具支持的棘干(rodo),共栖于淡水鱼体表(图 1-38)。

吸管虫亚纲(Suctoria):幼虫具纤毛,自由生活,成虫期无纤毛,但具许多吸管状触手,分布全身或部分。触手主要用于捕食;虫体具柄,营固着生活,有的在无脊椎动物体表或体内共生或寄生。代表种类有:足吸管虫(*Podophrya*),体圆形或卵圆形,柄较细,但相当坚实,有时弯曲,柄长短有变异,短的不超过虫体直径,长的一般不会超过直径的 2 倍。触手吸管

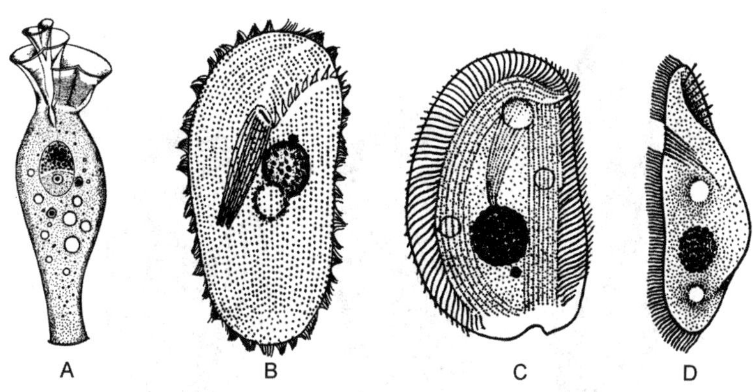

图 1-38　下口虫类代表种类(仿各家)

A. 旋漏斗虫；B. 蓝管虫；C—D. 鲤斜管虫腹面观和侧面观

状布满全身。壳吸管虫(*Acineta*)，虫体两侧对称，表膜薄，且外具略扁平的鞘，鞘后端具柄。吸管状触手常汇集成2簇，分别从鞘前端伸出。(图 1-39)

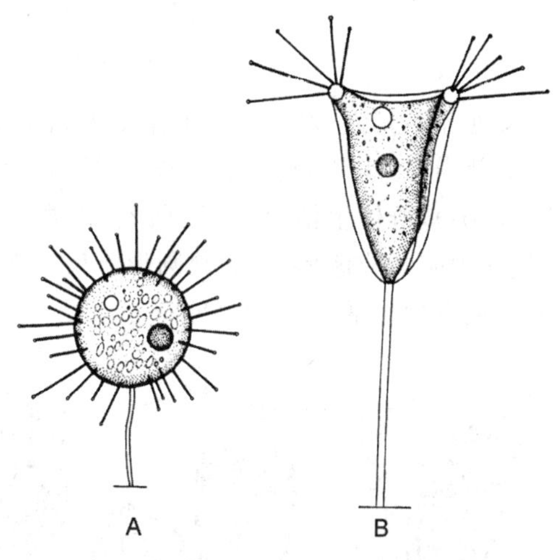

图 1-39　吸管虫类代表种类(仿各家)

A. 足吸管虫；B. 壳吸管虫

膜口虫亚纲(Hymenostomatia)：体纤毛一致，覆盖全身，腹面具前庭及口前腔，口前腔中具纤毛构成的小膜带或波动膜，口前腔末端为胞口及胞咽。大多数淡水自由生活，少数寄生生活。最常见的是大草履虫(*Paramecium caudatum*)，体长180～300μm，全身被纤毛，其中后端较长。虫体外形呈倒置的草鞋，外质透明，具刺丝泡，受刺激时可从表膜的开孔外放出很长的刺丝。腹面有十分发达的口沟，并从前端扩伸至腹面中部，并引入胞口，胞咽中具波动膜，伸缩泡2个，有收集管。大核1个，肾形。绿草履虫(*P. bursaria*)体长100～150μm，体内有共生的绿藻。梨形四膜虫(*Tetrahymena pyriformis*)，体长40～60μm，梨形，体纤毛均匀，体前端不弯曲，口器为典型的“四膜式”构造。大核1个居中。伸缩泡1个，位于后端中央。梨形四膜虫是一个复合种，目前已发现25种左右，也就是说在形态上完全一致，但根据交配型和各种生化指标，它们是不同的种类。该虫种可以在纯无机饲养液中饲养，因此已成为营养学、细胞学、遗传学、分子生物学等研究的实验材料。(图 1-40)

缘毛虫亚纲(Peritrichia)：口纤毛带显著，虫体顶端具盘状的口缘，口缘周围具两行平行排列的口旁小膜带，向左卷旋直达胞口，身体其余部分纤毛退化或消失。很多种类反口面具柄部，营固着生活。单体或群体，淡水或海水生活。常见种类有钟虫(*Vorticella*)，单体生活，体呈倒钟形。从反口面伸出的柄内具肌丝，能伸缩。聚缩虫(*Zoothamnium*)，群体生活。各个体柄部肌丝相互连接，故群体中任何一虫体受到刺激，群体中的所有虫体均会收缩，肌柄收缩时不呈螺旋状。独缩虫(*Carchesium*)，群体生活。与聚缩虫不一样的是肌丝在柄部

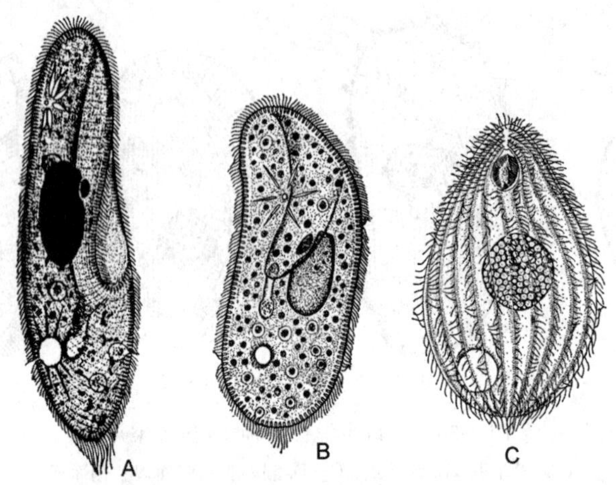

图 1-40 膜口虫类代表种类(仿各家)

A. 大草履虫; B. 绿草履虫; C. 梨形四膜虫

的分叉处互不相连,因而某一虫体受到刺激收缩时,其他虫体不会收缩,但随着刺激的增大,群体的部分虫体乃至全部虫体也可以一起收缩,柄部收缩时呈螺旋状盘绕;累枝虫(*Epistylis*),群体生活,柄内无肌丝,故群体的柄不收缩。车轮虫(*Trichodina*),体呈矮桶形,侧面观帽状或球形,顶面观圆形。反口面具盘状的纤毛附着器,可在水螅、淡水鱼类体表营共生或寄生生活。(图 1-41)

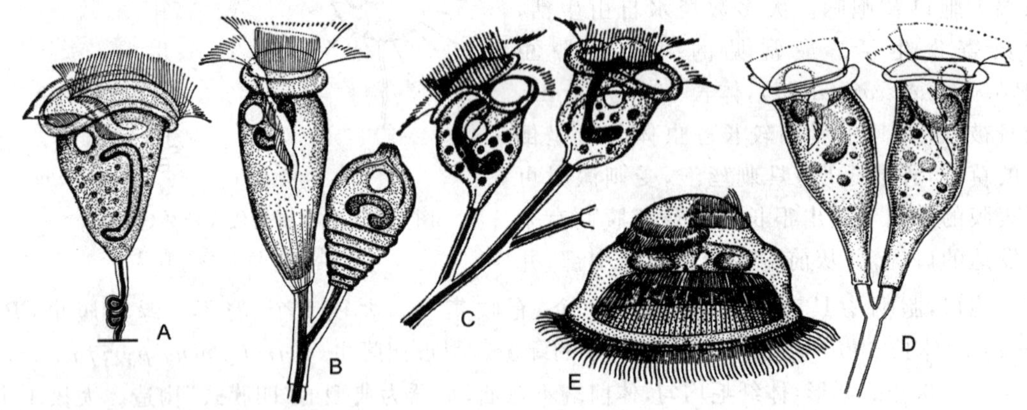

图 1-41 缘毛虫类代表种类(仿各家)

A. 钟虫; B. 聚缩虫; C. 独缩虫; D. 累枝虫; E. 车轮虫

旋毛虫亚纲(Spirotrichia):体表纤毛一致,或构成复合的纤毛结构,如棘毛。口旁小膜带发达。常见种类有:喇叭虫(Stentor),活的虫体可长达 3mm,肉眼能见,伸展时呈喇叭状,故名。体纤毛一致,成平行线覆盖全身,身体具发达的肌丝,可灵活收缩,口旁纤毛带在虫体的顶端旋转排列,大核念珠状,喇叭虫可以再生,但需要大核参与。喇叭虫常被用作研究细胞水平形态发生的重要实验材料。旋毛虫类中高度进化的种类是:游扑虫(*Euplotes*),虫体圆形至椭圆形,腹面略平,背凸成球面并有纵脊,口侧膜一般为刷状;弹跳虫(*Halteria*),虫体球形至宽纺锤形,胞口位于前端,开口大,赤道线上具几束长的触毛,以弹跳运动,行动迅速;棘尾虫(*Stylonychia*),虫体卵形至肾形,腹面平,背面凸,小膜口缘区发达,体后端有 3 根尾棘毛。(图 1-42)

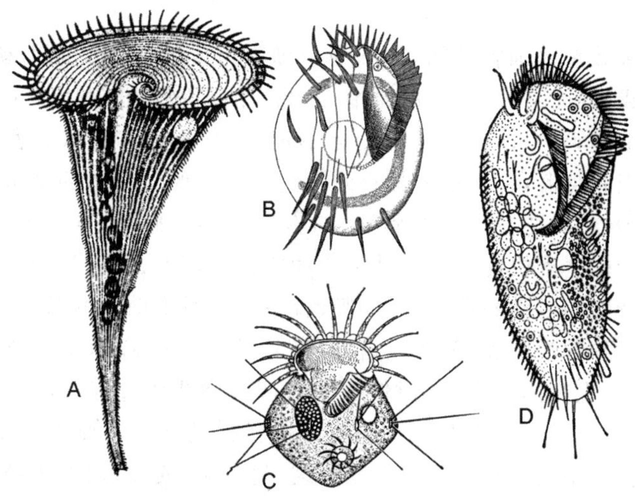

图 1-42　旋毛虫类体表种类(仿各家)

A. 喇叭虫; B. 游扑虫; C. 弹跳虫; D. 棘尾虫

4　原生动物的系统演化

原生动物 7 个现存门类中,纤毛虫门的构造最复杂,有大小两种核,因而不可能是最原始的类群。顶复合虫门、微孢子虫门、囊孢子虫门、黏体虫门全是寄生种类,也不可能是原始的类群。盘蜷虫门只是一个小的类群,而且其构造十分特殊,其他原生动物也不可能从一个特化的类群演化而来。所以,肉鞭毛虫门就很可能是最原始的类群。在肉鞭毛虫门的鞭毛虫亚门和肉足虫亚门中,以前曾一度认为肉足虫类最为原始,因为其虫体无一定形状,构造又很简单。但是其营养方式为异养型,必须摄取固体的有机物质为食,自己不能制造养料,所以不可能是最原始的类群;虽然绿色鞭毛虫能直接利用光能,使无机物转化成有机物,但其体内的叶绿体结构极为复杂,原始种类不可能具有如此复杂结构的细胞器。由此可见,最早的原生动物很可能是与现存无色鞭毛虫相似的种类。在原始海洋中,已有许多小分子的有机物质,它们以渗透性营养为生,所以原生动物的祖先可能就是由一类无色素体的原始鞭毛虫发展而来的。肉足虫类和鞭毛虫类的关系十分密切,如有一种变形鞭毛虫(*Mastigamoeba*)同时具有鞭毛和伪足;肉足虫亚门的不少种类,如有孔虫和放射虫的配子都有鞭毛,证明这些种类是具鞭毛的祖先进化而来的。顶复合虫门、微孢子虫门、囊孢子虫门可能有两种以上的起源途径:可能起源于鞭毛虫,因为其有性配子具有鞭毛;也可能起源于肉足虫,因为其营养体时期身体无定形,能伸出伪足。黏体虫门在其生活史中终生不具鞭毛,但具变形虫期,因此推测从肉足虫类演化而来。由于纤毛与鞭毛的结构基本相同,且都从基体发生而来,因而有理由推断纤毛虫门应从鞭毛虫类进化而来。

5 原生动物小结

原生动物绝大多数是单细胞动物,部分为单细胞组成的群体。原生动物所有生命活动均在一个细胞内完成,因此是最简单、最原始、最低等的动物。通常体形微小,体表结构简单的只是一层普通的细胞膜,虫体外形常常变化不定:复杂的具有特殊的表膜,有些种类还具不同材质组成的外壳和骨骼,因此虫体具有固定的外形。原生动物的细胞结构最为复杂,除生物细胞共同的细胞器外,还具特有的胞器,如胞口、胞咽、胞肛、伸缩泡、刺丝泡等等,并由它们来执行各种复杂的生理机能。原生动物运动胞器有鞭毛、纤毛和伪足三种,有些种类可在三者基础上形成特殊的运动胞器,如波动膜、棘毛等。原生动物的营养方式分为全植营养(光合营养)、全动营养(吞噬营养)和腐生营养(渗透营养)三种。原生动物呼吸作用在其体表进行;排泄作用主要也在体表进行,但伸缩泡在调节渗透压过程中,在排水的同时也把溶解于水中的代谢废物排至体外,因此伸缩泡也兼有排泄的功能。原生动物生殖方式分为无性、有性生殖两大类,其中无性生殖可分为二分裂、复分裂、质裂、出芽生殖和再生四种;有性生殖分为配子生殖和接合生殖两种。一些原生动物的生活史复杂,必须无性、有性生殖交替着发生,而且缺一不可。原生动物广泛分布在陆地、高山、海洋和淡水,有的可借助包囊散布至世界各地。除自由生活外,还能寄生于人体和动物体内、外,不少种类是危害性极大的种类。

第 2 章

多细胞动物的基本结构、起源与演化

相对于单细胞的原生动物而言，多细胞动物则被称为后生动物（Metazoa）。原生动物中虽然也有单细胞形成的群体，然而群体中的每一个细胞最多只有生殖细胞和体细胞的分化。这些所谓的体细胞并无进一步的分化，因此，群体中各细胞间彼此的独立性强，离开群体后照样能够生存，并能形成新的群体。在自然条件下，多细胞动物身体中的每个细胞已失去了独立生存的能力，而且细胞也有形态的分化和机能的分工，彼此间相互联系、相互协调，共同完成其生命活动。

多细胞动物起源于单细胞动物已为动物学家所公认。后生动物中门类庞杂，它们是如何演化和发展的问题，直至今日尚未完全清楚，也是动物学家努力解决的课题之一。本章将对多细胞动物的组织、发生和起源等问题及相关理论作一简要概述。

1　多细胞动物的基本组织

多细胞动物中，一群形态相同或相似、机能相同的细胞和非细胞形态物质彼此间形成一定结构，司同样的功能，就构成了组织（tissue）。在高等动物具有四类基本组织，即上皮组织（epithelial tissue）、结缔组织（connective tissue）、肌肉组织（muscular tissue）和神经组织（nervous tissue）。

1.1　上皮组织

上皮组织由紧密排列的细胞和少量细胞间质（intercellular substance）组成。一般呈膜状被覆在身体表面和体内各种管道、腔、囊的内表面和某些器官的表面。上皮细胞呈明显的极性（polarity），即细胞的两端在结构和功能上具明显的差别，朝向身体表面或有腔器官的腔面，称为游离面；与游离面相对的、朝向深部结缔组织的另一面称为基底面。上皮细胞基底面附着于基膜（basement membrane）上。基膜又称基底膜，是一层非细胞形态的膜，在电镜下基底膜分为三层：紧贴上皮细胞基底面的一层为透明板（lamina lucida），电子致密度低，厚 10～50nm；其下为致密板（lamina densa），又称基板，电子致密度高，厚20～300nm；位于致密板下的是网织板（lamina fibroreticularis），又称网板，由网状纤维和基质组成（图 2-1）。上皮细胞基底面通过基底膜与结缔组织相联系。上皮组织具有保护、吸收、分泌和排泄等功能。上皮组织是个体发生中最先形成的一种组织，由内、中、外 3 个胚层分化而来，但主要来自外胚层和内胚层。

上皮组织根据其形态和机能可分为被覆上皮（covering epithelium）、腺上皮（glandular epithelium）。

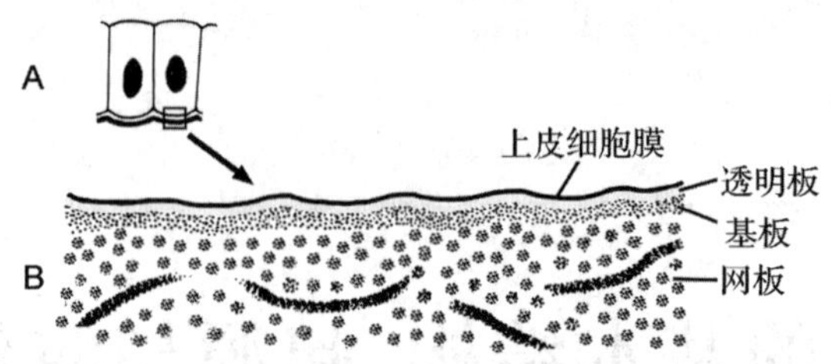

图 2-1 上皮细胞基膜(作者)

A. 光镜下上皮细胞示意图；B. 上皮细胞基膜的超微结构示意图

1.1.1 被覆上皮

被覆上皮可按其细胞的层数和形态进一步分类和命名。由一层细胞构成的为单层上皮(simple epithelium)(图 2-2),由两层以上细胞构成的为复层上皮(stratified epithelium)(图 2-3)。依据单层上皮细胞的形态,如扁平(鳞状)、立方、柱状,则分别称为单层扁平上皮、单层立方上皮、单层柱状上皮等。另有一类特殊的假复层上皮(图 2-3),该上皮由几种高矮不同的细胞组成,从切面上看,细胞核有两三层,看上去很像复层上皮,但这些细胞一面都连着基底膜,因此仍为单层上皮,如膀胱的腔面。复层上皮通常依据最表层细胞的形状,也可分为复层扁平上皮、复层柱状上皮等。

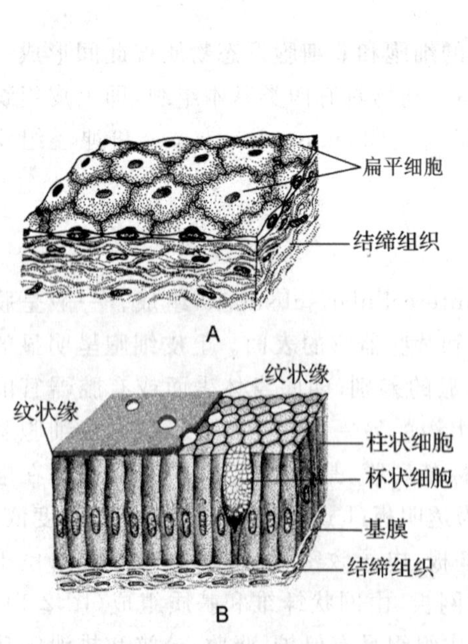

图 2-2 单层上皮模式图(仿各家)

A. 单层扁平上皮；B. 单层柱状上皮

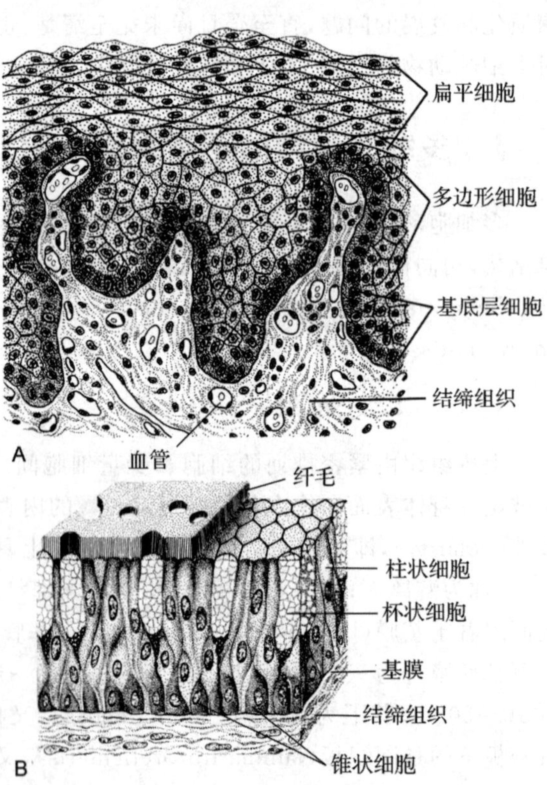

图 2-3 复层扁平上皮和假复层上皮(仿各家)

A. 复层扁平上皮；B. 假复层上皮

无脊椎动物通常为单层上皮，脊椎动物主要为复层上皮。在复层上皮中，表层细胞可在其细胞质内聚积纤维角蛋白，变成没有核和细胞器的死亡鳞状结构，并经常脱落。这种上皮叫角质化复层鳞状上皮，在陆生脊椎动物的表皮中最为突出。上皮细胞由于适应不同的生理机能，有的细胞表面能形成纤毛，如呼吸道上皮，有的细胞有微绒毛，如小肠柱状上皮等。多细胞动物中，有不少种类具有特殊的上皮类型，将在有关动物中介绍。

1.1.2　腺上皮

腺上皮（glandular epithelium）由具分泌机能的腺细胞组成。依据其结构可进一步区别为外分泌腺和内分泌腺。外分泌腺细胞分布于很多器官的柱状上皮中。有的为单细胞腺（unicellular gland），如分布在胃、肠和呼吸道上皮中的杯状细胞；有的是由多个上皮细胞形成的管状、囊状或管泡状的多细胞腺（multicellular gland）（图 2-4）。所有外分泌腺都有导管把分泌物排到管腔内或体表。内分泌腺导管缺失，直接把分泌物渗入到周围毛细血管中。

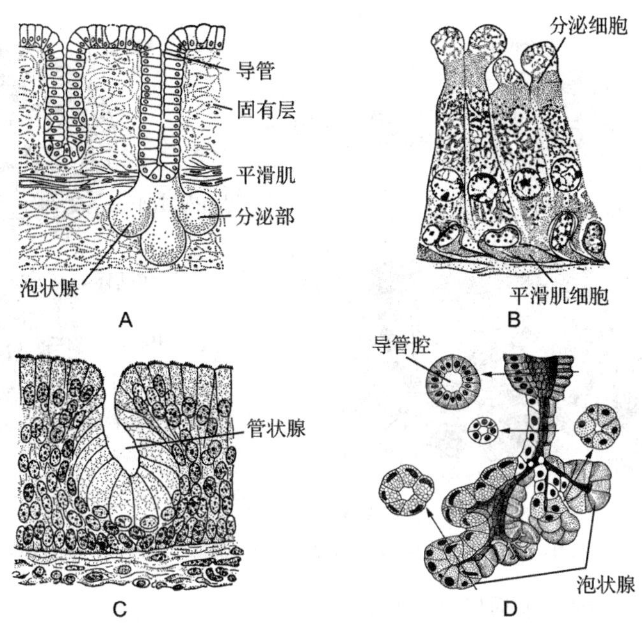

图 2-4　多细胞外分泌腺（据各家修改）

A. 单层柱状上皮组成的管状腺和泡状腺模式图；B. 人气味腺上皮中成熟的分泌细胞形态；C. 人会厌上皮分泌黏液的管状腺；D. 人唾液腺简图，箭头线所示为相关导管和腺体部的横切面

1.2　结缔组织

结缔组织（connective tissue）由多种细胞和大量的细胞间质组成，其中细胞间质包括各种无定形的基质和纤维。结缔组织广泛分布于体内不同组织和器官之间，具有连接、支持、营养、保护、修复和物质运输等各种功能。脊椎动物结缔组织尤为发达，根据其形态和机能，可进一步分为疏松结缔组织（loose connective tissue）、致密结缔组织（dense connective tissue）、脂肪组织（adipose tissue）、软骨组织（cartilagenous tissue）、骨组织（osseous tissue）和血液（blood）。

1.2.1 疏松结缔组织

疏松结缔组织又称蜂窝组织(areolar tissue),其特点是细胞种类较多,纤维相对较少且排列稀疏(图 2-5)。

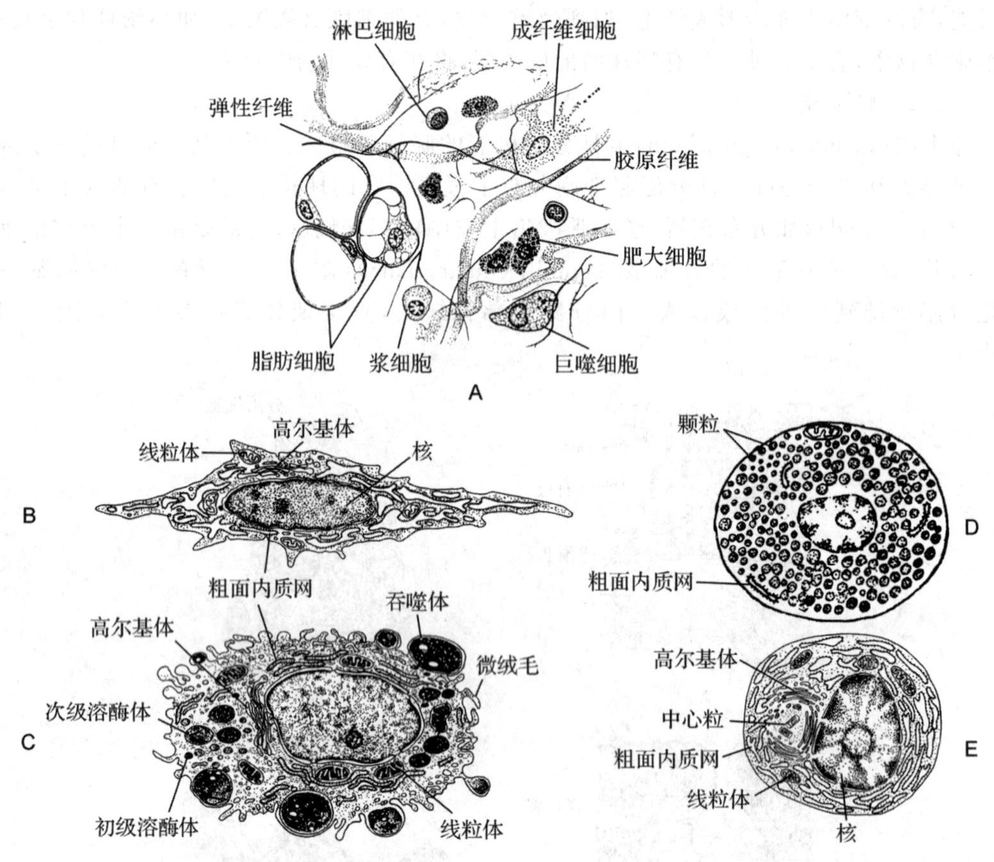

图 2-5 疏松结缔组织(据各家稍改)

A. 疏松结缔组织模式图; B～E. 分别为成纤维细胞、巨噬细胞、肥大细胞、浆细胞超微结构模式图

疏松结缔组织中的细胞包括以下几种:

成纤维细胞(fibroblast),为疏松结缔组织的主要细胞成分,数量最多,是合成基质和胶原纤维的细胞。形态上可分为未成熟和成熟两种,前者即为成纤维细胞,它有很强的合成基质和纤维的能力,细胞扁平,具许多不规则突起,细胞核椭圆形,电镜下该细胞具较丰富的粗面内质网和发达的高尔基体;后者称为纤维细胞,细胞呈梭形或扁薄的星形,电镜下粗面内质网和高尔基体都不发达。

巨噬细胞(macrophage),是一种具吞噬和胞饮作用的细胞,其外形不规则,能做变形运动。根据其功能特性可进一步分为游走巨噬细胞(free macrophage)和静止巨噬细胞(fixed macrophage),后者亦称组织细胞(histocyte),它们可以相互转变。巨噬细胞表面具多种受体,当受体与抗体等结合时,能显著增强吞噬作用。巨噬细胞在免疫反应中具有重要作用。

肥大细胞(mast cell),常沿小血管和小淋巴管分布,细胞圆形或椭圆形,体积较大,但细胞核相对较小,一般为圆形,细胞质中具很多粗大的具异染性的嗜碱性颗粒。肥大细胞能合成和分泌各种活性介质,如组胺和肝素等。

浆细胞(plasma cell),细胞呈圆形或椭圆形,核圆形,常偏于细胞一端,核仁位于中央,染色质聚集成块,靠近核膜作辐射状分布。电镜下浆细胞中内质网发达,其网池宽大,高尔基体也较发达。浆细胞具有合成、贮存和分泌抗体的功能,参与机体的免疫反应。

脂肪细胞(fat cell),细胞大,呈球形,内含许多脂肪滴,这些脂肪滴通常合并成一个大的脂泡,占据细胞大部分。脂肪细胞常单个或成群分布在皮下疏松结缔组织中的血管周围,具有合成并贮存脂肪的功能,对于机体的能量代谢、保温和缓冲压力等均有一定的作用。

疏松结缔组织中的纤维主要包括以下两种:

胶原纤维(collagenous fiber),数量最多,新鲜时呈白色,故称为白纤维。胶原纤维常集合成束,粗细不等,直径通常约为 1～20μm,并有分支且互相交织。胶原纤维的化学成分主要是胶原蛋白(collagen),能在沸水中溶解成动物胶。胶原纤维韧性大,抗拉力强,能使组织经受很大的压力,但其伸展力很差。胶原纤维形成过程大致如下:成纤维细胞摄取所需要的氨基酸后,首先在粗面内质网的核蛋白体上合成 α 多肽链,随即多肽链进入内质网腔,再输送到高尔基体,经加工组成前胶原分子(procollagen),然后再分泌到成纤维细胞外。在前胶原肽酶催化下,成为原胶原分子(tropocollagen)。最后由许多原胶原分子成平行排列,综合而成胶原原纤维(collagenous fibril),再由胶原原纤维聚集成胶原纤维(图 2-6)。

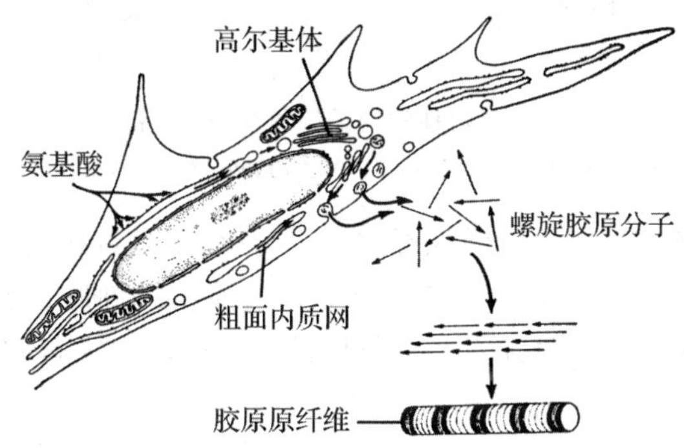

图 2-6　胶原纤维形成过程图解(仿 Bloom 和 Fawcett)

弹性纤维(elastic fiber),又称弹力纤维。数量较少,新鲜时呈黄色,故也称黄纤维。弹性纤维较细,直径 0.2～1.0μm,弹性纤维通常为单条分布,但也有分支。弹性纤维由弹性蛋白组成,因此弹性很强,容易拉长,外力除去后能迅速复原。

疏松结缔组织中,由于胶原纤维和弹性纤维交织在一起,因而既有韧性又有弹性,可使器官、组织的形态和位置既保持相对的固定,又具一定的可变性。

疏松结缔组织的基质(matrix)是一种没有固定形态、无色透明的均质胶体。疏松结缔组织的各种细胞和纤维均埋于基质之中。基质的主要化学成分是黏蛋白和水。黏蛋白由透明质酸、硫酸软骨素和蛋白质等结合而成,其中透明质酸最为重要。基质中还含有从毛细血管动脉端渗出的血浆的一部分成分,这种液体称为组织液(tissue fluid)。它可以再经毛细血管静脉端返回到血液中,这种循环更新过程,能使细胞和组织不断获得营养物质和氧气,并运走它们排出的代谢产物,对细胞、组织的物质交换起十分重要的作用。

1.2.2　致密结缔组织

致密结缔组织由大量密集的纤维、无定形的基质及较少的细胞组成。依据纤维的性质和排列方式,可把致密结缔组织分为:致密胶原纤维结缔组织(dense collagenous connective tissue)和致密弹性纤维结缔组织(dense elastic connective tissue)。

致密胶原纤维结缔组织，由大量密集的胶原纤维组成，肌腱是其典型代表(图 2-7)。肌腱中基质稀少，胶原纤维按一定方向平行排列。每束胶原纤维由许多密集的原纤维构成腱束。腱束之间有平行排列的腱细胞，这些细胞相当于成纤维细胞。皮肤的真皮也是由致密胶原纤维结缔组织构成的，与腱不同之处在于纤维的排列不规则。

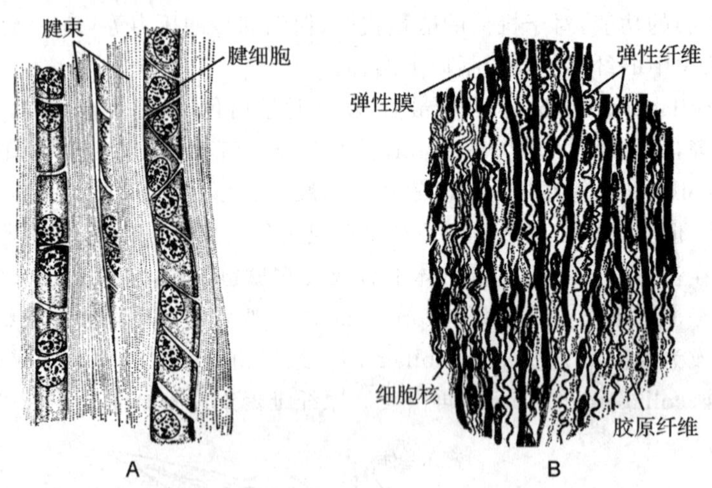

图 2-7 两种致密结缔组织(仿各家)

A. 大鼠尾部的致密胶原纤维结缔组织；B. 大动脉管壁中致密弹性纤维结缔组织

致密弹性纤维结缔组织，由大量弹性纤维组成，许多弹性纤维可相连形成弹性膜(elastic membrane)，在弹性纤维之间还分布着胶原纤维和结缔组织细胞。发达的弹性纤维向一个方向伸展，并彼此联结成网。韧带及大动脉管壁的弹性膜就由大量弹性纤维构成，有的成束状，有的成膜状(图 2-7)。

1.2.3 脂肪组织

脂肪组织(adipose tissue)，由大量脂肪细胞聚集而成，主要分布在皮下和许多器官等处，具有支持、保护、维持体温等作用，并参与能量代谢。通常在成群的脂肪细胞之间，由疏松结缔组织分隔成许多小叶。脂肪细胞中的脂肪主要是中性脂肪，在神经和内分泌的调节下，贮存的脂肪可供其他组织利用。冬眠动物有特殊的脂肪组织，以供给必需的能量，同时在冬眠后能恢复正常的活动。

1.2.4 软骨组织

软骨组织(cartilagenous tissue)，由软骨细胞、纤维和基质构成。依据基质中纤维的性质可分为透明软骨(hyaline cartilage)、纤维软骨(fibrous cartilage)和弹性软骨(elastic cartilage)(图 2-9,2-10)。

透明软骨分布最广，如成体的关节软骨、肋软骨及呼吸道的一些软骨等。透明软骨中的软骨细胞(chondrocyte)位于软骨基质的小窝——软骨陷窝(cartilage lacuna)中，陷窝周围有一层含硫酸软骨素较多的基质，染色时这部分基质颜色较深，称为软骨囊(cartilage capsule)。靠近软骨膜的软骨细胞体积小，呈扁圆形，单个分布，是较幼稚的细胞；位于软骨中部的软骨细胞接近圆形，成群分布于基质的陷窝中，每个陷窝内通常有 2～8 个细胞。这些细胞由同一个软骨细胞分裂而成，故称为同源(同属)细胞群(isogenous group)。新鲜软

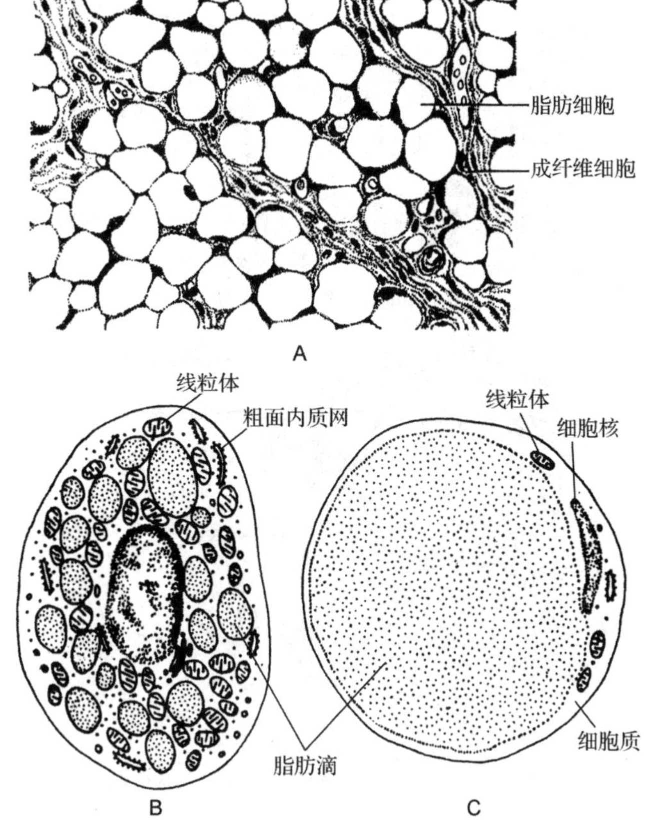

图 2-8　脂肪组织(仿各家)

A. 脂肪组织模式图；B、C. 分别为多泡、单泡脂肪细胞超微结构模式图

骨细胞充满于软骨陷窝内，但切片标本中细胞收缩，因而在软骨陷窝和细胞之间会出现较大的空隙。软骨基质呈透明凝胶状，软骨内无血管，但由于基质中富含水分(约占软骨基质的75%)，通透性强，因此软骨深层的细胞依然能通过渗透的方式获得必需的营养。透明软骨中无胶原纤维，但具胶原原纤维，因其折光率与基质相近，故在光学显微镜下难以分辨。

纤维软骨的特征是基质内具大量平行或交错排列的胶原纤维束，软骨细胞既少又小，常成行分布于胶原纤维束之间(图 2-10)，如椎间盘、关节盘等。

弹性软骨的特点是基质内含有大量的弹性纤维，其中尤以软骨中部的纤维更为密集(图 2-10)。如耳软骨、会厌软骨等。

1.2.5　骨组织

骨组织(osseous tissue)是一种坚硬而具一定韧性的结缔组织，由多种骨细胞和大量钙化的细胞间质——骨基质(bone matrix)构成。骨基质由无机和有机成分构成，含水极少。有机成分由成骨细胞分泌而成；无机成分又称为骨盐(bone mineral)，属于不溶性中性盐。

骨分为密质骨和松质骨，其中松质骨分布于长骨的骨骺和骨干的内侧，为大量针状或片状骨小梁相互连接成多孔隙的网架结构，其骨髓腔又称网孔，其中充满骨髓；密质骨分布于长骨骨干和骨骺的外侧，其骨基质结构为板层状，称为骨板(bone lamella)，其排列很有规律，同一骨板内的纤维相互平行，相邻骨板的纤维则相互垂直，因而有效地增强了骨的支持

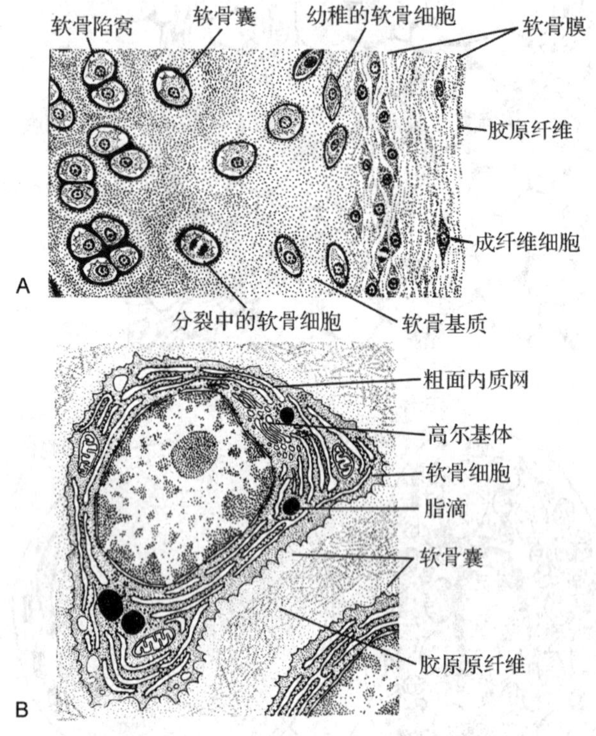

图 2-9 透明软骨(仿各家)

A. 透明软骨模式图；B. 透明软骨细胞超微结构模式图

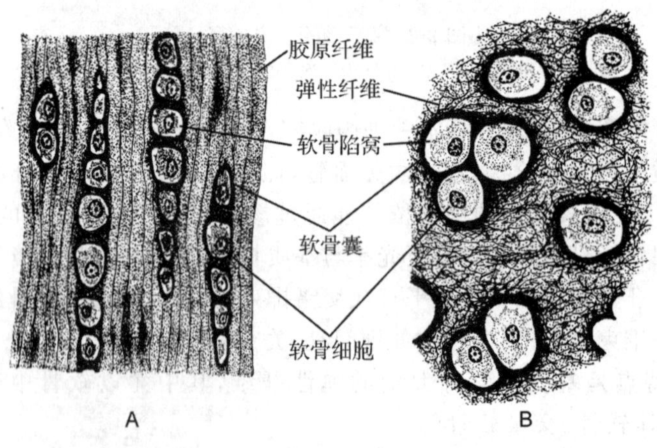

图 2-10 纤维和弹性软骨(仿各家)

A. 纤维软骨；B. 弹性软骨

力。骨板之间有一系列排列整齐的骨陷窝，其内是具许多细长突起的细胞——骨细胞(osteocyte)，其数量最多，胞体较小，呈扁椭圆形。骨细胞突起所在的空隙称为骨小管(bone canaliculi)，并彼此相连。骨陷窝和骨小管中含有组织液，可营养骨细胞和输送代谢产物。在骨表面排列的骨板称为外环骨板(outer circumferential lamellae)，围绕骨髓腔排列的称为内环骨板(inner circumferential lamellae)。在内、外环骨板之间有许多与骨长轴纵行排列的圆筒形的细长小管，称为哈弗氏管(Haversian canal)或中央管(central canal)，管中有血管和神经通过。哈弗氏管腔的外周分布着许多层作同心圆排列的骨板，称为哈弗氏骨板(Haversian bone lamella)，这些骨板构成哈弗氏管的管壁，总称哈弗氏系统(Haversian system)，即骨单位(osteon)。哈弗氏系统并非是固定不变的构造，在动物不同生长发育阶段，它们不断受到破骨细胞的破坏和成骨细胞的重建，即老一代哈弗氏系统被破坏后，又产生新一代哈弗氏系统。位于各哈弗氏系统之间的骨板，就是在骨的发育过程中，哈弗氏系统破坏后残余的骨板，称为间骨板(interstitial lamellae)(图2-11)。

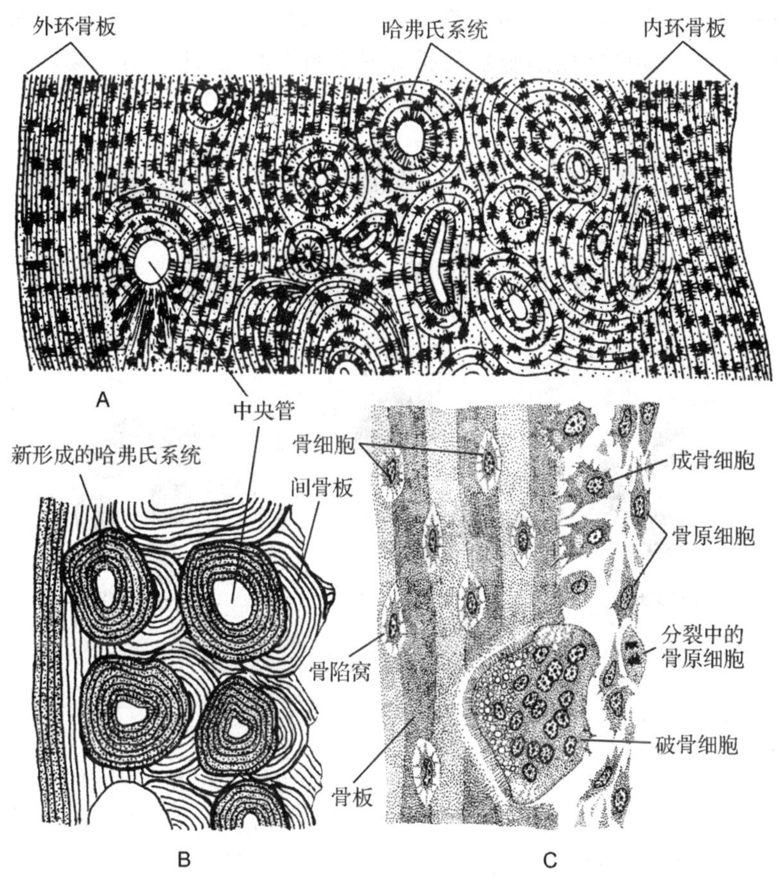

图2-11　哈弗氏系统、间骨板和几种骨细胞示意图(仿各家)

A. 哈弗氏系统；B. 新形成的哈弗氏系统和间骨板；C. 骨组织中的几种细胞

骨组织中的其他骨细胞还有骨原细胞(osteogenic cell)、成骨细胞(osteoblast)和破骨细胞(osteoclast)，它们均位于骨组织的边缘(图2-11)。骨原细胞为骨组织中的干细胞，位于骨外膜及骨内膜贴近骨处，细胞小，呈梭形；成骨细胞分布于骨结缔组织的表面，动物成年前较多，细胞具细小突起。破骨细胞主要分布于骨组织的表面，数量不多，为一种多核的大细胞。

1.2.6　血液

血液是流动性的结缔组织，细胞游离分散，间质发达呈液体状。血液最重要的功能是把营养物质输送给各种组织和细胞，同时把它们的代谢产物运走。无脊椎动物中只有出现真体腔的动物才出现血液。脊椎动物的血液，以人体为例，由各种细胞和血浆(plasma)组成。

血浆即是液体的细胞间质，它在血管内不会出现纤维，一旦出了血管就能显现纤维，它由血浆中纤维蛋白原转变而成。除了纤维外，剩下浅黄色的液体即为血清(serum)，它相当于结缔组织的基质。细胞包括红细胞(erythrocyte)、各种白细胞(leukocyte)和血小板(blood platelet)。红细胞已高度分化，成熟时失去核，细胞呈圆盘状，边缘厚中间薄，侧面呈哑铃状，所含血红素能与大量的氧气结合成为氧合血红蛋白，因此是氧的携带者；白细胞共有5种，即嗜碱性白细胞(basophil)、嗜酸性白细胞(eosinophil)、嗜中性白细胞(neutrophil)、淋巴细胞(lymphocyte)和单核细胞(monocyte)，前三种细胞中具有特殊的颗粒，后两种细胞无特殊的颗粒，它们共同构成人体重要的防卫系统；血小板，也称血栓细胞(thrombocyte)，是一种不完整的细胞，它是骨髓中巨核细胞胞质脱落下来的小块，因此无细胞核，但表面有完整的细胞膜。它能释放凝血酶，在凝血过程中起重要作用(图2-12)。

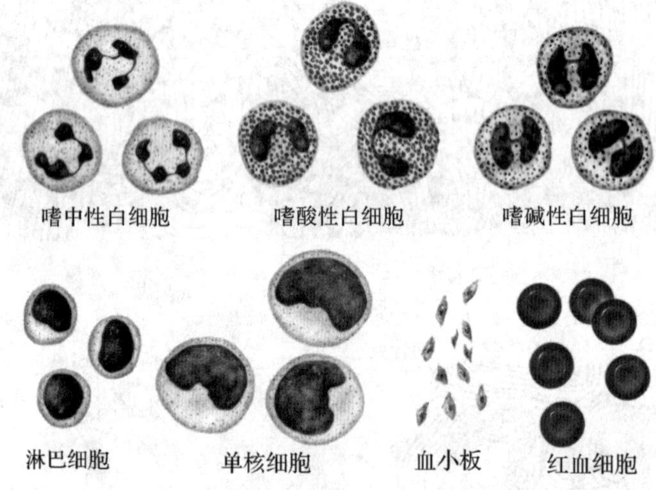

图2-12 人血细胞(仿Charles)

1.3 肌肉组织

肌肉组织主要由肌细胞组成，肌细胞之间有少量的结缔组织。根据肌纤维的形态结构分为横纹肌(striated muscle)、斜纹肌(obliquely striated muscle)、平滑肌(smooth muscle)，节肢动物和脊椎动物的横纹肌尤为发达。

1.3.1 横纹肌

脊椎动物中横纹肌可分为骨骼肌(skeletal muscle)和心肌(cardiac muscle)。骨骼肌负责运动和维持体态，受脊神经和部分脑神经支配，为随意肌；心肌则受植物性神经支配，为非随意肌。

1.3.1.1 骨骼肌

大多数骨骼肌借助于肌腱附着在骨骼上。肌细胞呈细长纤维状，故亦称肌纤维(muscle fiber)。很多根肌纤维形成大小不等的肌束，很多肌束构成肌肉。每个肌细胞周围具少量结缔组织，称为肌内膜(endomysium)，在肌束、肌肉外面都有胶原纤维的结缔组织包裹，这些结缔组织分别称为肌束膜(perimysium)和肌外膜(epimysium)。肌细胞本身的膜则称为肌膜(sarcolemma)，它的外面还围有一层基膜(图2-13)。这些结缔组织膜中分布着很多毛细血管和神经纤维，每条肌纤维外都绕着螺旋状排列的毛细血管。在光学显微镜下，一条骨骼

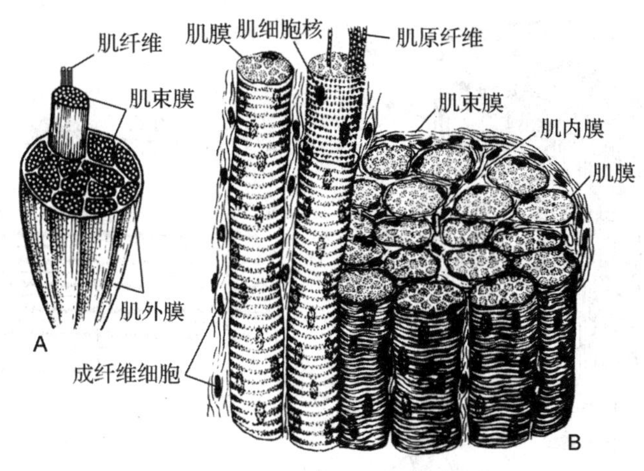

图 2-13 骨骼肌与周围结缔组织膜示意图

A. 一块骨骼肌示意图；B. 骨骼肌纵面观

肌纤维通常有几十个甚至几百个扁椭圆形的细胞核，位于肌膜的下方。肌细胞质称为肌浆(sarcoplasm)，肌浆中具许多与细胞长轴平行排列的肌原纤维(myofibril)，它的功能是引起肌纤维的收缩。在纵切面上每根肌原纤维都显示明暗交替排列的横纹(cross striation)。这些横纹由明带(light band)和暗带(dark band)组成，前者又称I带，后者则称A带。在电子显微镜下，暗带中央有一条浅色的H带，H带中央还有一条深色的M线，明带中央有一条深色的Z线。两条相邻Z线之间的一段肌原纤维称为肌节(sarcomere)，因此，一个肌节包括1/2 I带＋A带＋1/2 I带。每一肌原纤维的超微结构是由许多更细的肌丝所组成。肌丝可分为2种，较粗的称为肌球蛋白丝(myosin filament)，较细的称为肌动蛋白丝(actin filament)。前者存在于暗(A)带，后者存在于明(I)带，并很有规则地相间排列。肌肉的收缩是这两种肌丝相互滑动的结果。电镜下肌膜向肌浆内凹陷形成小管网，由于其行走方向与肌纤维的长轴垂直，故称横小管(transverse tubule，或称T小管)。哺乳动物与人的横小管位于A带与I带交界处，同一水平的横小管在细胞内分支吻合环绕在每条肌原纤维周围，横小管的作用是将肌膜的兴奋迅速传到每个肌节。肌纤维内具有特化的滑面内质网——肌浆网(sarcoplasmic reticulum)，位于横小管之间，纵行包绕在每条肌原纤维周围，因而称为纵小管。位于横小管两侧的肌浆网呈环行的扁囊，称终池(terminal cisternae)，终池之间为相互吻合的纵小管网。每条横小管与其两侧的终池共同组成骨骼肌的三联体(triad)(图 2-14)。

1.3.1.2 心肌

心肌为心脏特有的肌肉组织。心肌纤维为短柱状，多数有分支，相互连接成网状。一般具1个细胞核，位于细胞的中心部分。核所在处含有大量的肌浆，其中含有丰富的线粒体、糖原等。心肌纤维上也有横纹，也具A、I、H带及Z线，但肌原纤维的横纹不如骨骼肌纤维明显和规则。电镜下横小管较粗，与Z线同一水平；肌浆网较稀疏，纵小管不甚发达，终池小且少，横小管两侧的终池往往不同时存在，多见横小管与一侧终池形成二联体(diad)。光镜下心肌纤维之间具染色较深的横线，称为闰盘(intercalated disc)。电镜下，闰盘为心肌纤维之间的界限，位于Z线水平，由相邻两个心肌纤维的分支处伸出许多短突相互嵌合而成，常呈阶梯状，可见各种细胞连接。闰盘对兴奋传导有重要作用(图 2-15)。

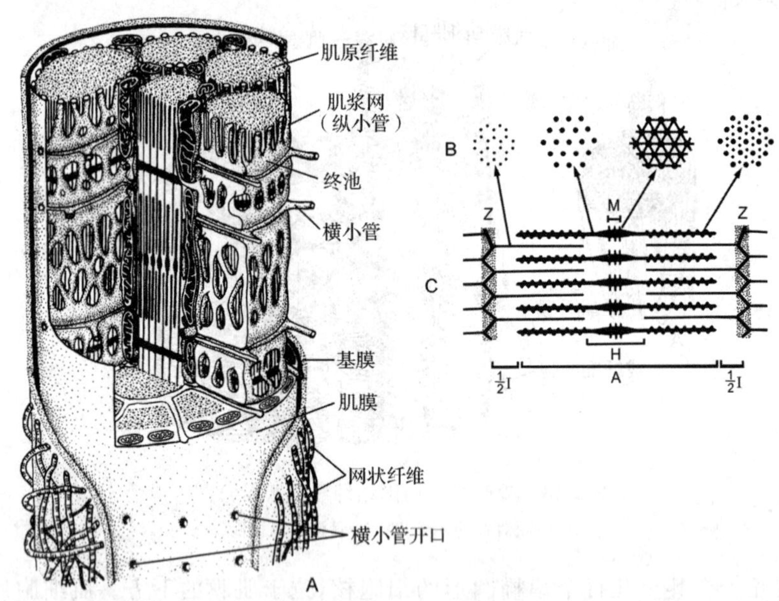

图 2-14　骨骼肌纤维和肌原纤维超微结构模式图(仿各家)

A. 骨骼肌纤维超微结构立体示意图；B. 肌节不同部位的横切面，示粗、细肌丝的分布；C. 骨骼肌一个肌节的纵切面，示粗、细肌丝的排列

1.3.2　平滑肌

光镜下平滑肌纤维呈长梭形，无横纹。细胞核 1 个，呈长椭圆形或杆状，位于中央，收缩时核可扭曲成螺旋形。平滑肌纤维可单独存在，绝大部分成束或成层分布。广泛存在于脊椎动物的各种内脏器官，其活动不受意志支配，也称不随意肌，能作有节律、缓慢而持久的收缩。电镜下平滑肌的肌丝排列无一定次序，且粗细不匀，主要分布于细胞周边的肌浆中；肌膜向下凹陷形成许多小凹(caveola)，一般认为相当于横纹肌的横小管，肌膜内面具细肌丝的附着点，称为密斑(dense patch)。细胞质中具密体(dense body)，为梭形小体，排成长链，也是肌丝的附着点，一般认为相当于横纹肌的 Z 线(图 2-16)。

1.3.3　斜纹肌

斜纹肌(obliquely striated muscle)，又称螺旋纹肌(spirally striated muscle)，在无脊椎动物中分布广泛，如涡虫(turbellarians)、线虫(nematodes)，环节动物(annelids)和软体动物(molluscs)等。斜纹是由于肌节在细胞周围呈螺旋状排列造成的，在暗(A)带尤为明显。斜纹肌的纵切面和斜切面上的图像不同，因为斜纹肌每一条带上的肌丝不是都终止在与长轴垂直的同一平面上。由于一个带上的每条肌丝都超过前一根肌丝一小段，故而联结它们末端的一条线对肌丝轴倾斜(图 2-17)。

1.4　神经组织

神经组织是一种高度特化的组织，它由神经细胞(nerve cell)和神经胶质细胞(neuroglial cell)组成，神经细胞又称神经元(neuron)。神经元数量庞大，在人的神经系统中约有 10^{11} 个，把全部神经细胞连接起来，全长可达 30 万 km，相当于地球到月球的距离。神经元具有接受刺激、传导冲动和整合信息的能力；神经胶质细胞的数量比神经元更多，其功能是对神经元起支持、保护、分隔、营养等作用。

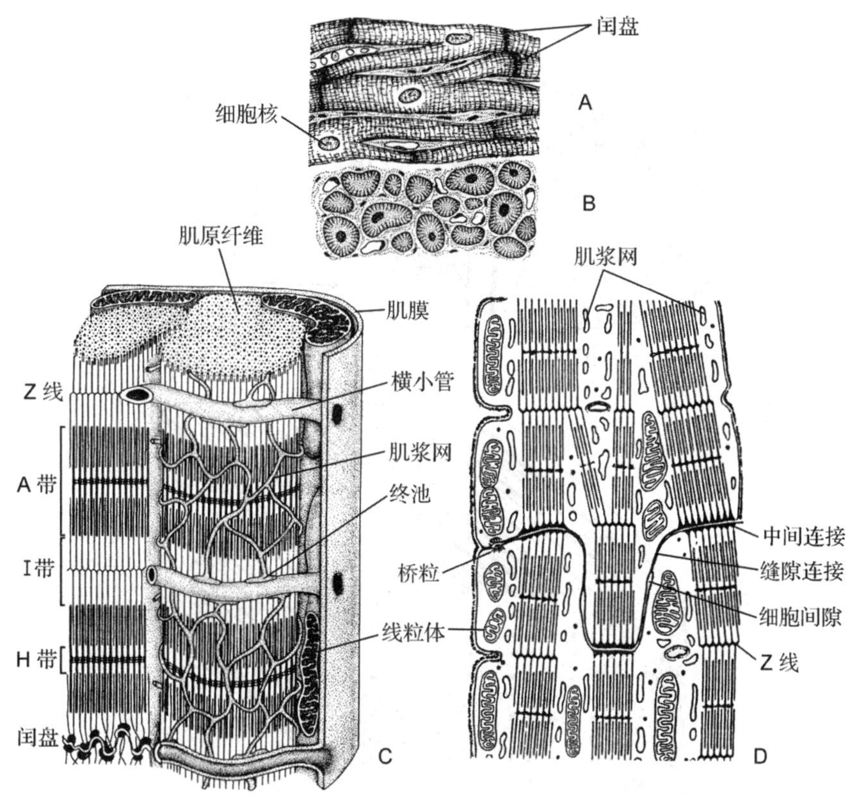

图 2-15　心肌纤维和肌原纤维闰盘超微结构模式图(仿各家)

A、B. 心肌纤维纵切、横切(光镜)；C. 心肌纤维超微结构立体示意图；D. 心肌闰盘超微结构示意图

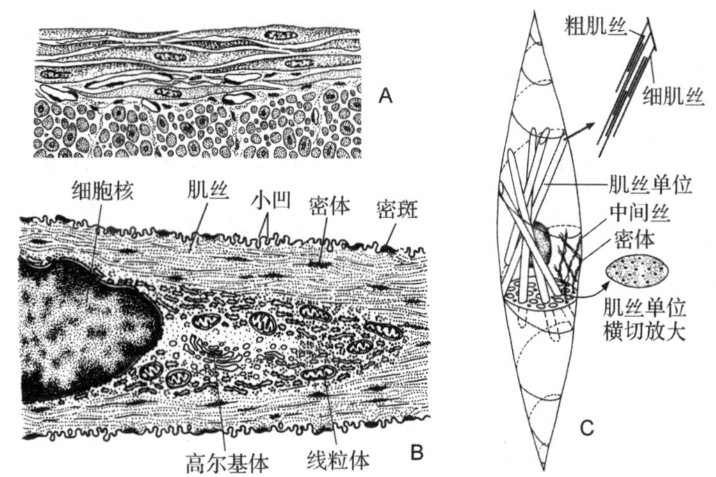

图 2-16　平滑肌纤维和平滑肌超微结构示意图(仿各家稍改)

A. 平滑肌纵、横切面(光镜)；B. 平滑肌纵切面超微结构；C. 平滑肌纤维超微结构示意图

1.4.1　神经元

神经元的基本形态，包括胞体(soma)和突起(neurite)两部分。胞体中央具一个大而圆的细胞核，核仁明显，胞质中含有发达的粗面内质网、游离核糖体、高尔基体等。电镜下粗面

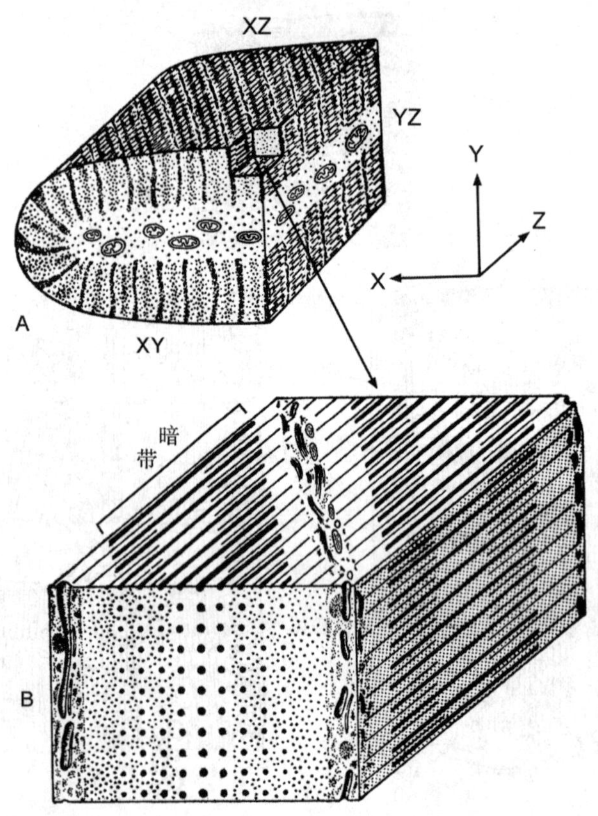

图 2-17 斜纹肌超微结构示意图(仿 Rosenbluth 稍改)

A. 蛔虫斜纹肌; B. 斜纹肌局部放大,示在 XZ 平面上斜纹明显,在 YZ 平面上肌丝排列的形式和横纹肌相同,在 XY 平面上肌丝排列特殊,显示更多的纹理。

内质网常呈规则的平行排列,游离核糖体分布于其间,它们在光镜下呈现嗜碱性颗粒或小块,称为尼氏体(Nissl's body),其形状和数量因神经元的种类不同有很大的差异;根据突起的多少可将神经元分为假单极神经元(pseudounipolar neuron)、双极神经元(bipolar neuron)和多极神经元(multipolar neuron)三种。神经元突起可进一步分为树突(dendrite)和轴突(axon)。前者多呈树突状分支,它可接受刺激并将冲动传至胞体;后者呈细索状,末端常有分支,称轴突终末(axon terminal),轴突将冲动从胞体传向终末。通常一个神经元具一个至多个树突,但轴突只有一条,胞体越大,其轴突越长。依据尼氏体的分布,可区分轴突和树突,轴突及其起始部轴丘(axon hillock)处都无尼氏体存在(图 2-18)。根据神经元的功能可分为三种神经元(表 2-1)。

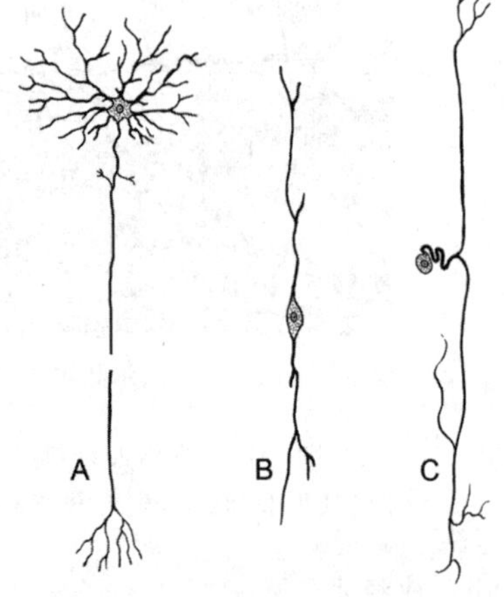

图 2-18 神经元模式图(仿各家)

A. 多极神经细胞; B. 双极神经细胞; C. 假单极神经细胞

表 2-1　不同神经元的特征和作用

名 称	特 征	作 用
感觉神经元（sensory neuron）	为假单极神经元，胞体主要位于脑脊神经节内，树突与感受器连接	胞体从树突接受刺激后，通过轴突把神经冲动传向中枢
运动神经元（motor neuron）	多为多极神经元，胞体主要位于脑、脊髓和植物神经节内，轴突与效应器连接	胞体从树突接受刺激后，通过轴突把神经冲动传给效应器，产生效应
中间神经元（interneuron）	多为多极神经元，位于感觉神经元和运动神经元之间	起神经传导的联络作用

1.4.2　神经胶质细胞

神经胶质细胞简称胶质细胞（glial cell），广泛分布于中枢和周围神经系统。胶质细胞同样具突起，但不分树突和轴突，也无传导神经冲动的功能。中枢神经系统的神经胶质细胞主要包括星形胶质细胞（astrocyte）、少突胶质细胞（oligodendrocyte）等；在中枢之外的胶质细胞构成神经鞘细胞，包围在轴突之外，如施万氏细胞（Schwann's cell）。许多无脊椎动物和部分脊椎动物的神经轴突外没有胶质细胞包裹，这种神经称为无髓神经纤维（nonmyelinated nerve fiber）；轴突外若具胶质细胞包裹则称有髓神经纤维（myelinated nerve fiber）。脊椎动物有髓神经纤维外的施万氏细胞在轴突上一个接一个地分段环绕，在每个施万氏细胞接触处，髓鞘凹陷并有极细微的缝隙，这个区域称为郎飞氏结（Ranvier's node）（图 2-19）。

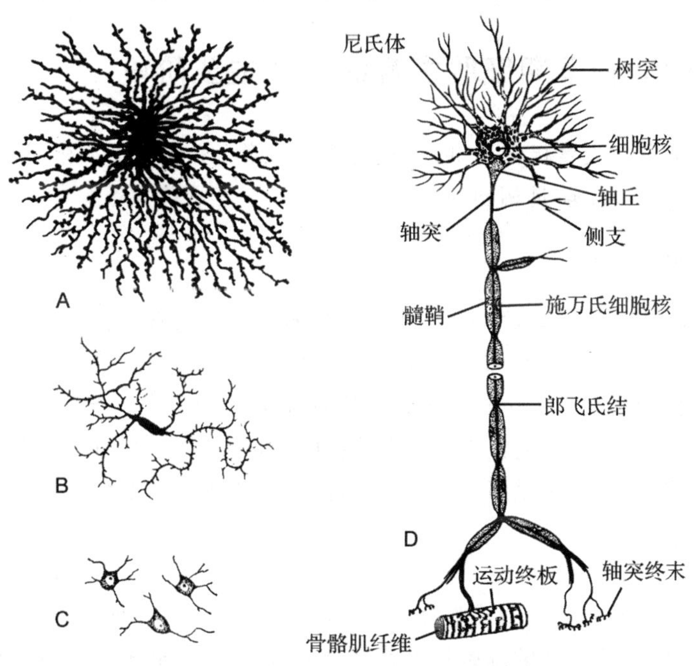

图 2-19　神经胶质细胞和有髓神经纤维模式图（仿各家）

A. 纤维性星形胶质细胞；B. 小胶质细胞；C. 少突胶质细胞；D. 有髓神经纤维（运动神经元）模式图

无脊椎动物的高等种类，如节肢动物每个神经元的轴突外也有胶质细胞分段包裹，同样构成有髓神经纤维。另外，许多无脊椎动物及少数脊椎动物还具有巨大神经纤维，如环节动物、软体动物及鱼类的巨大神经纤维，它由一个或几个神经元的轴突融合而成，纤维的直径可粗达 1.5mm，因而具有快速传导冲动的功能(图 2-20)。

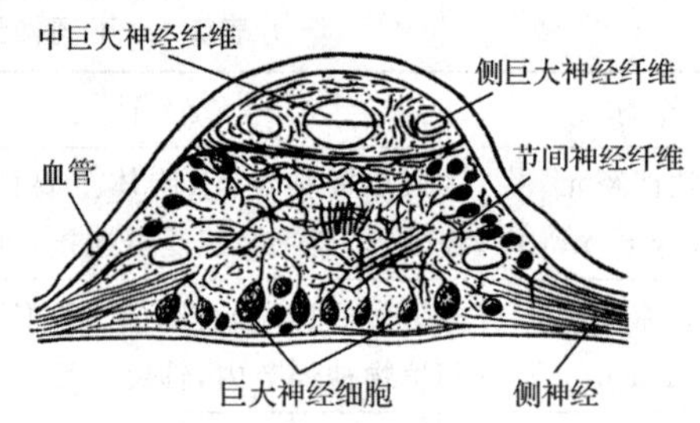

图 2-20 环节动物的巨大神经纤维(仿 Stougt)

无脊椎动物中神经细胞集中的部位形成神经节，位于身体前端的神经节称为脑，由脑及其之后的神经节及神经纤维构成的神经链，称为中枢神经；连接脑及神经节的神经纤维称为神经索。低等种类的神经索中也有少量的神经细胞体存在；脊椎动物的神经细胞集中在脑及脊髓的灰质和神经核中，纤维形成白质，共同构成中枢。中枢之外属于外周神经系统，其神经细胞体集中在感觉神经节或自主神经节内，纤维形成脊神经及自主神经。

上述 4 种基本组织在多数后生动物中联合起来，形成具有一定形态特征和一定生理机能的器官(organ)。如人的小肠由上皮组织、疏松结缔组织、平滑肌以及神经、血管等形成，外形呈管状，具有消化食物和吸收营养的机能；再由机能上有密切相关的器官，联合起来完成一定的生理机能，即成为系统(system)。如人的口、口腔中的舌和牙齿、食道、胃、肠道、肛门及各种消化腺联合成为消化系统，完成摄食、消化、吸收及排遗等功能。高等动物具有皮肤系统、骨骼系统、肌肉系统、消化系统、呼吸系统、循环系统、排泄系统、内分泌系统、神经系统和生殖系统等十大系统；再由不同的系统构成整个机体，完成生命机能。

2 多细胞动物早期胚胎发育的几个主要阶段

多细胞动物的胚胎发育极其复杂，不同种类的动物，发育也各不相同，但多细胞动物早期胚胎发育的几个主要阶段是相同的。

2.1 受精

性成熟后，雌、雄个体经减数分裂产生雌雄生殖细胞。通常雌性生殖细胞较大，不活动，称为卵。卵内一般含有大量的卵黄物质，其中卵黄相对较多的一端称为植物极(vegetal pole)，另一端则称为动物极(animal pole)；雄性生殖细胞较小，能活动，称为精子。受精(fertilization)是雌、雄生殖细胞融合为一个受精卵的过程，如图 2-21 所示。受精卵染色体的数目又恢复到原来的水平，它是新个体发育的起点，并进入胚胎发育。

2.2 卵裂

卵受精后很快就开始特殊的细胞分裂——卵裂(cleavage)。卵裂与一般细胞分裂不同，每次细胞分裂后，没有等到新的细胞长大就接着分裂下去，因此分裂后的细胞越来越小。这些卵裂后形成的细胞称为分裂球(blastomere)。多细胞动物中由于卵内卵黄物质含量和分布不同，其卵裂方式也不同。所有动物受精卵的前 3 次分裂都一样，第 1 次和第 2 次分裂都是从受精卵动物极开始的经裂(meridional cleavage)，但两次的分裂面相互垂直，于是形成 4 个分裂球；第 3 次是纬裂(latitudinal cleavage)，分裂面与前 2 次分裂面垂直。以后的分裂因卵的类型不同而有所区别。卵裂可分为两大类型，即完全卵裂(total cleavage)和不完全卵

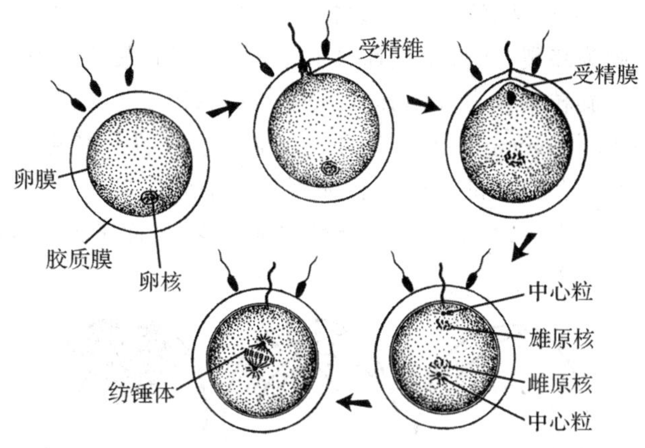

图 2-21　受精过程示意图(仿 Hickman 稍改)

裂(partial cleavage)。

完全卵裂为整个卵细胞都进行分裂,多见于少黄卵,此种卵裂可进一步分为两种:如果卵黄少、分布又均匀,形成的分裂球大小相同的为等裂(equal cleavage),如海胆、文昌鱼等。这些动物受精卵第三次分裂后形成的 8 个分裂球,其中动物极的 4 个分裂球排列在植物极细胞的上面。以后陆续分裂,其分裂球都在动物极与植物极之间围绕着卵的中轴呈辐射型排列,且每一层分裂球都整齐地位于下一层的上面,这类等裂称为辐射型卵裂(radial cleavage);如果卵黄在卵内分布不均匀,形成的分裂球大小不等的为不等裂(unequal cleavage),其特点是卵黄少的动物极分裂球小,卵黄多的植物极分裂球大,而且从第 3 次分裂开始,其分裂轴与赤道面呈 45°倾斜,结果使分裂球在两极之间不排列在一直线上,上排分裂球介于下排分裂球之间,彼此交错呈螺旋状,且动物极分裂球小于植物极分裂球。这种不等卵裂称为螺旋型卵裂(spiral cleavage),相当多的无脊椎动物如扁形动物、软体动物、环节动物等,均行此类卵裂。在螺旋型卵裂中,从动物极向下看,分裂球顺时针方向旋转的为右旋,逆时针方向旋转的则为左旋。

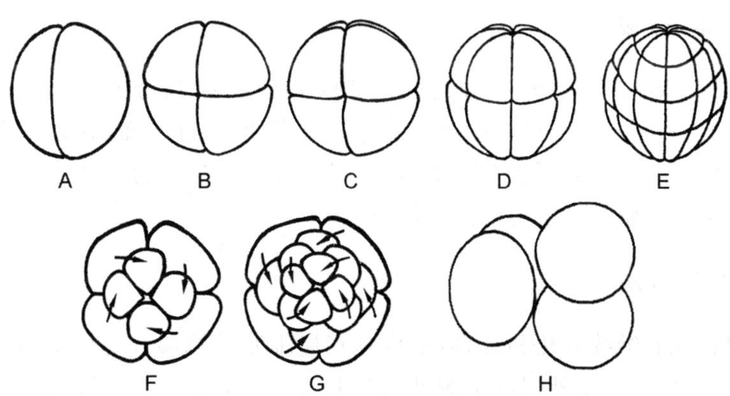

图 2-22　完全卵裂(仿各家稍改)

A～E. 海胆辐射型卵裂示意图,分别示 2、4、8、16、32 胚泡;F、G. 扁形动物螺旋型卵裂,分别示 8、16 胚泡;H. 哺乳动物旋转型卵裂,示 4 胚泡

哺乳动物的卵裂较为特殊，第1次卵裂仍为正常的经裂，但第2次卵裂，其中一个分裂球为经裂，而另一个则为纬裂，而且早期卵裂并不同步，因此其受精卵分裂时常含有奇数个分裂球，这种卵裂称为旋转型卵裂(rotational cleavage)(图2-22)。

不完全卵裂(partial cleavage)：仅在卵的一部分发生分裂。多见于多黄卵，由于卵黄多，分裂受阻，受精卵只在不含卵黄的部位进行卵裂。如果分裂只限于胚盘一端的称为盘状卵裂(discal cleavage)，如乌贼、鸟类；如果分裂只限于卵表面的称为表面卵裂(peripheral cleavage)，如昆虫(图2-23)。

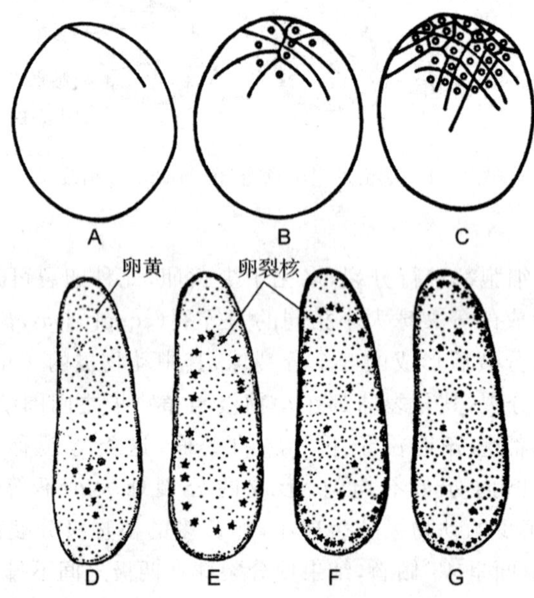

图2-23 不完全卵裂(仿各家)

A～C. 枪乌贼的盘状卵裂，分别示2胚泡、8胚泡和32胚泡；D～G. 昆虫的表面卵裂，其中D示8胚泡；E、F. 示细胞核向外周迁移；G. 示细胞核排列在外周形成表面囊胚的状况

2.3 囊胚形成

在卵裂形成一定数量的分裂球之后，细胞呈单层球状分布，从而进入囊胚形成(blastulation)期。通常囊胚期(blastula)的分裂球排在胚胎表面，这层细胞称为囊胚层(blastoderm)，中央的空腔称为囊胚腔(blastocoel)；有少数动物的囊胚无中央空腔，称为实囊胚(stereoblastula)，如某些腔肠动物(图2-24)。

2.4 原肠形成

囊胚形成后，胚胎继续分化和发育，形成具双层细胞的原肠胚(gastrula)，原肠形成后，胚胎有内、外胚层之分，位于外层的细胞即为外胚层(ectoderm)，位于内层的细胞为内胚层(endoderm)，内胚层所围的腔称为原肠腔(archenteric cavity)，它与外界的开口称为胚孔(blastopore)，原肠出现后原来的囊胚腔会逐渐消失。如果这个胚孔将来就是成体的口，此类动物称为原口动物(Protostomes)，如扁形动物、线形动物、环节动物、软体动物、节肢动物等；如果胚孔形成了成体的肛门(或者封闭)，并在胚孔相当距离之外重新形成口，这类动物

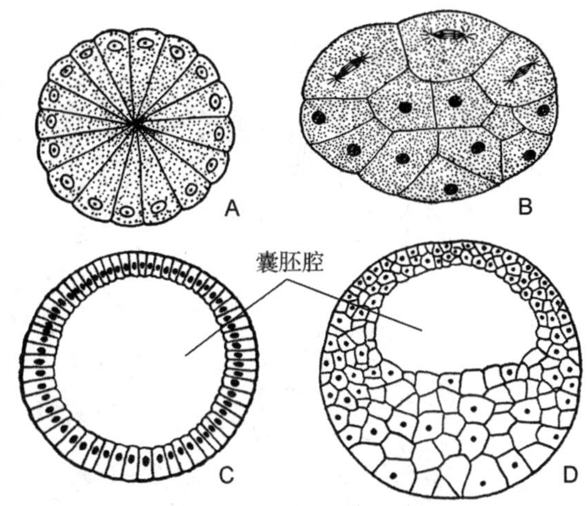

图 2-24　囊胚示意图(仿各家)

A. 水母类的实心囊胚；B. 水螅类的实心囊胚；C. 棘皮动物的空心囊胚；D. 蛙的空心囊胚

则称为后口动物(Deuterostomes),如棘皮动物、半索动物和全部脊索动物。

原肠形成的方式可分为以下几种:

内移法(ingression):囊胚后期部分细胞移入囊胚腔,开始时移入的细胞,在囊胚腔排列并不规则,最后才排列成一层细胞,于是形成了内胚层。以这种方式形成原肠胚开始时并无胚孔,以后在胚胎的一端开一孔,使原肠与外界相通(图 2-25)。

分层法(delamination):囊胚细胞分裂时,囊胚细胞沿切线方向分裂,于是向囊胚腔内部分裂出的一些细胞形成内胚层,留在表面的即为外胚层。以这种方式形成的原肠胚,最初也没有胚孔(图 2-25)。

内陷法(invagination):囊胚的植物极细胞向内陷入,最后形成 2 层细胞,陷入的部分称为内胚层,内陷形成的新腔即为原肠腔,包在外面的细胞为外胚层。这种方式形成的原肠,一开始就具胚孔(图 2-25)。

内转法(involution):进行盘状卵裂形成的囊胚,分裂的细胞由下面边缘折入向内转,最后伸展成内胚层(图 2-25)。

外包法(epiboly):动物极细胞分裂快,植物极细胞由于卵黄多分裂非常慢,于是动物极细胞逐渐向下包围植物极细胞,形成外胚层,而被包围的植物极细胞形成了内胚层。

多细胞动物中不同类群的动物常以其中某一种方式为主,或两种方式联合而形成原肠胚,其中最常见的是内陷和外包同时进行,分层与内移相伴而行。

2.5　中胚层和体腔形成

在内、外胚层的基础上,三胚层动物还需进一步发育形成中胚层(mesoderm)。大多数多细胞动物,在中胚层产生的同时,还出现体腔(coelom)。中胚层和体腔的形成方式有端细胞法和体腔囊法两种(图 2-26)。

端细胞法:在胚孔两侧,内外胚层交界处各有一个中胚层端细胞,由其分裂成为很多细胞,并伸入内外胚层之间形成索状的中胚层条,此后中胚层条出现成对的空隙即为体腔囊(真体腔)。由于这种体腔是在中胚层细胞之间裂开形成,因此又称为裂体腔(schizocoel),

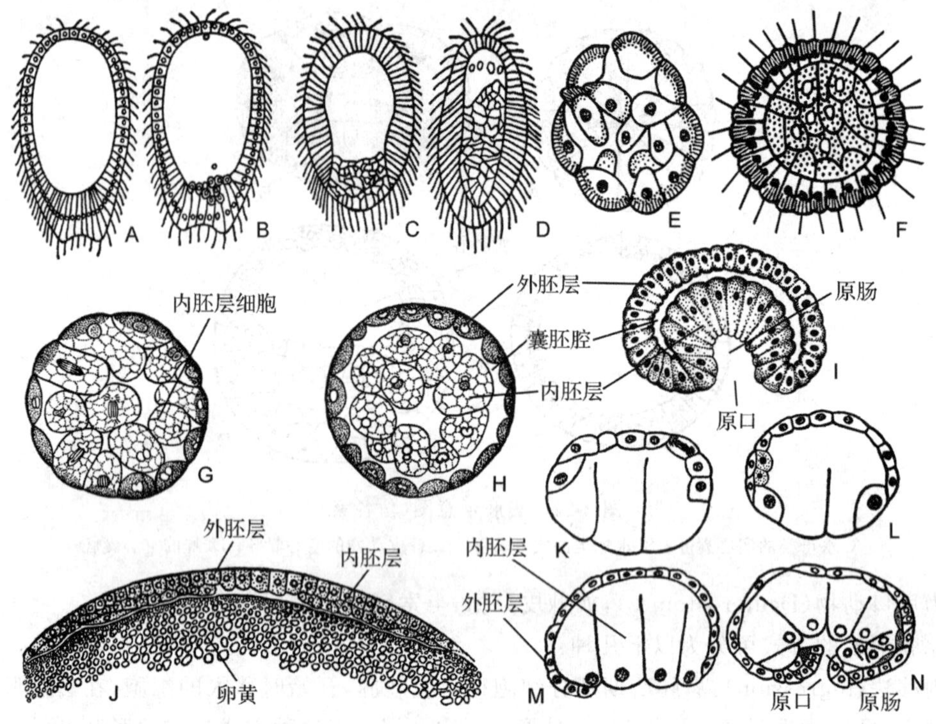

图 2-25 各种原肠形成方式(仿各家)

A～F. 移入法形成原肠,其中 D 为水螅类细胞从单极移入;E、F. 为水母类细胞从多极移入;
G、H. 分层法形成原肠,其中 G 为原肠形成的开始,H 为已形成的原肠胚;I. 纽形动物内陷法形成原肠;
J. 头足类内转法形成原肠;K～N. 软体动物外包法形成原肠

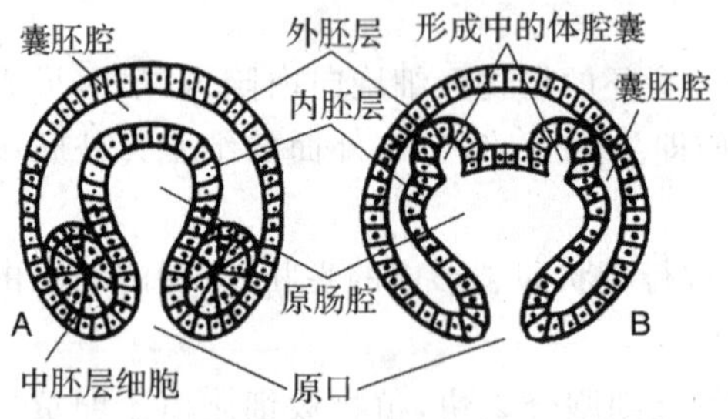

图 2-26 中胚层形成示意图(仿 Hickman 稍改)

A. 端细胞法;B. 体腔囊法

以这种方式形成体腔的称为裂体腔法(schizocoelic method)。原口动物都是以端细胞法形成中胚层和体腔,因此也称裂腔动物(schizocoelomate)

体腔囊法:在原肠背部两侧,内胚层向囊胚腔突出成对的囊状突起,形成成对的体腔囊,该囊与内胚层脱离后,在内外胚层之间逐步扩展成为中胚层,由中胚层包围的空腔称为体腔。因为体腔囊来源于原肠背部两侧,故又称为肠体腔(enteroceol),以这种方式形成体腔的称为肠体腔法(enteroceolic method)。后口动物均以体腔囊法形成中胚层和体腔,因此也称肠腔动物(enterocoelomate)。

2.6　神经胚期

此期在脊索动物胚胎发育中出现。当原肠形成后，脊索动物胚胎背部沿中线的外胚层细胞下陷，形成神经板(neural plate)。神经板两侧的外胚层细胞开始时形成一对纵褶，此后两边的纵褶不断发展和逐渐靠近，并从背面逐渐凹入至胚胎内部，此后与表面分离形成中空的背神经管(dorsal tubular nerve cord)，此时发育进入神经胚(neurula)时期。在神经管形成的同时，在背神经管的上方，外胚层重新愈合，神经管前端将扩展形成脑，后端将延伸形成脊髓；另一方面，原肠背面中央纵向隆起，形成脊索中胚层，并最终脱离原肠，形成脊索(notochord)。在脊索形成的同时，原肠两侧出现成对的体腔囊，体腔囊壁即为中胚层，中间的空腔就是真体腔(图 2-27)。

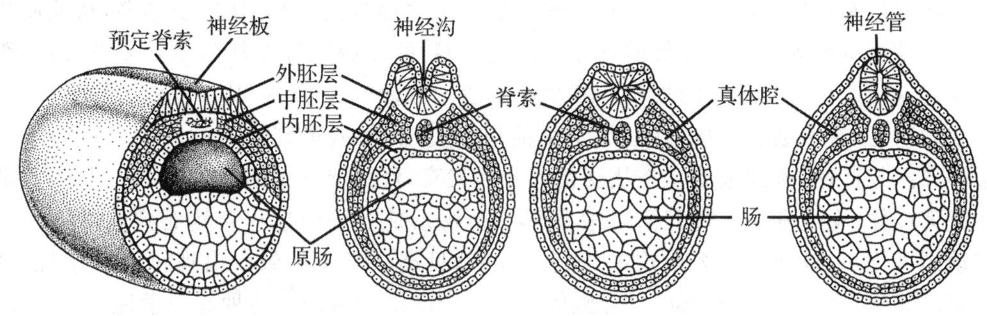

图 2-27　神经胚形成示意图(Charles)

胚胎发育过程中，在原肠作用之前，由卵裂得到的胚胎细胞，相对都较简单，具均质性和可塑性。随着进一步发育，并由于各类动物本身遗传性以及各细胞群之间相互诱导等影响，可转化为较复杂、异质性和稳定性的细胞，这种变化现象称为分化(differentiation)。细胞的分化最终促使内、中、外胚层的形成，并对动物进一步发育产生十分重要的意义，每个胚层奠定了多细胞动物各种组织、器官的基础(表 2-2)。

表 2-2　多细胞动物的胚层分化

胚 层	形成的组织和器官
外胚层	皮肤及其衍生物(毛、发、鳞片、角、爪等)、神经组织、感觉器官及消化道的前、后端
中胚层	肌肉组织、结缔组织(骨骼、血液等)及排泄、生殖器官的大部分
内胚层	消化道的中肠、消化道腺体(肝、胰等)，以及呼吸道、尿道的上皮等

综上所述，多细胞动物胚胎早期发育阶段彼此相似，此后随着胚胎发育的进展，才逐渐变得越来越不相同。多细胞动物是从单细胞的受精卵发育而来，胚胎的发育从简单到复杂，在高等动物个体发育过程中，会出现低等动物的某些特征。德国胚胎学家赫克尔(E. Haeckel，1843—1919)对个体发育与系统发育关系研究后认为，个体发育开始于受精卵，这相当于系统发育的单细胞动物阶段；囊胚阶段相当于原始的多细胞动物；原肠胚相当于原始腔肠动物的阶段。于是，个体发育从卵到囊胚再到原肠胚，便重新表现了种族发展的过程。并由此提出了“个体发育史是系统发育史简单而迅速的重演”为主要内容的生物发生律(biogenetic law)理论。生物发生律也称重演律(recapitulation law)，它对了解各动物类群的

亲缘关系及其发展线索极为重要,对许多动物亲缘关系和分类地位不能确定时,常由胚胎发育得以解决。生物发生律是一条客观规律,它不仅适用于动物,而且也适用于包括人在内的整个生物界。必须特别指出,个体发育过程不重现系统发育所经历的全部细节或事件,重现的只不过是系统发育中最重要的瞬间。同时在个体发育中也会出现新的变异,能不断补充、丰富系统发展。因此,这两者是相互联系、相互制约的辩证统一关系。

3 多细胞动物起源的学说

多细胞动物起源于单细胞动物已得到所有动物学家一致认同。主要证据来自以下三方面:首先是古生物学方面的证据,地球最古老的地层中化石种类相对最简单,如,太古代的地层中存在大量有孔虫壳的化石。在晚近的地层中,动物的化石种类就复杂得多,从地质年代上能看出动物由低等向高等发展的顺序。因此,动物的发展也遵循从简单到复杂、由低级向高级发展这一辩证唯物主义的规律。其次是形态学方面的证据,从现有动物类群来看,既有单细胞动物,又有多细胞动物,并形成了由简单到复杂、由低等到高等的发展序列。第三是胚胎学方面的证据,多细胞动物是从受精卵开始发育,经过囊胚、原肠胚等一系列变化,最后发育成为成体,个体发育的过程简短地重现了动物系统发展的过程。然而到底由哪一类单细胞动物进化,以及通过什么形式进化,各家的意见迄今尚不一致。出现过不少学说,其中主要有群体学说(colonial theory)、合胞体学说(syncytial theory)两种起源学说。

3.1 群体学说

群体学说是最经典、最流行的多细胞动物起源的学说,最早由德国的赫克尔(E. Haeckel,1874)首先提出,以后又由俄国学者梅契尼柯夫(Metschnikoff,1887)修正。他们都认为后生动物来自群体鞭毛虫,最初的祖先可能像团藻虫那样是一个球形中空的具鞭毛的群体构造。但赫克尔和梅契尼柯夫的学说也有差异。前者认为多细胞动物的祖先是从团藻虫样群体的一面经内陷后形成。这种最早的祖先与原肠胚十分相似,具两个胚层和原口,所以被他称为原肠虫(gastraea)(图 2-28);后者观察了很多低等多细胞动物的胚胎发育,他发现一些较低等的种类,其原肠胚的形成主要不是由内陷的方式,而是由内移的方式形成的。同时他也观察了某些低等多细胞动物,发现它们主要靠吞噬作用进行细胞内消化,很少有细胞外消化的情况。因此推想最初出现的多细胞动物进行细胞内消化,细胞外消化是后来才出现的。于是他认为多细胞动物的祖先是由一层细胞构成的单细胞动物的群体,后来个别细胞摄取食物后进入群体内部形成内胚层,结果就形成二胚层的动物。他把这种假想的多细胞动物的祖先称为吞噬虫(phagocitella)(图 2-28)。这两种学说虽在胚胎学上都有证据,但在最低等的多细胞动物中,多数是像梅氏所说由内移方式形成原肠胚,而赫氏所称的内陷方式很可能是以后才发现的。因而梅氏的学说被多数学者所接受。

现有原生动物中鞭毛虫类形成群体的能力较强,这也为后生动物祖先来自团藻虫样鞭毛虫群体提供了最具说服力的证据;再根据多细胞动物早期胚胎发育中囊胚的形状为球状,也类似于团藻虫群体的形状,因而群体学说认为由球形群体鞭毛虫发展成为多细胞动物符合生物发生律。此外,从后生动物的精子普遍具鞭毛,也有利于鞭毛虫是后生动物祖先的证据。梅氏假想的吞噬虫很像现存刺胞动物的浮浪幼虫(planula),被称为浮浪幼虫式祖先

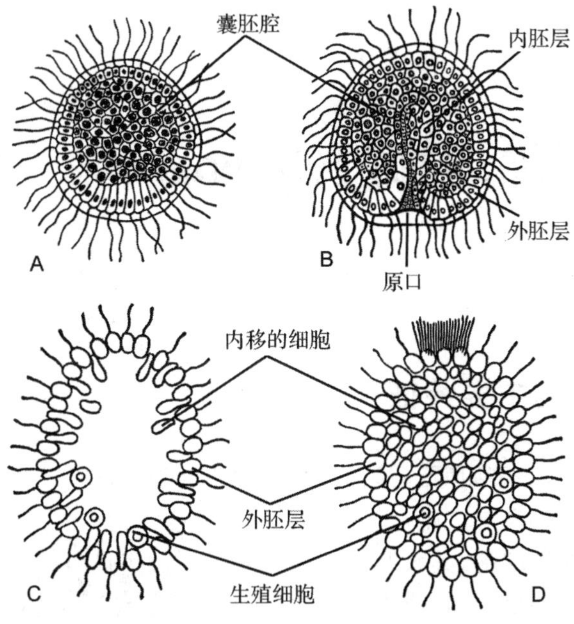

图 2-28　多细胞动物的假设祖先示意图(仿各家)

A、B. 以内陷方式形成原肠虫,其中 A 为有腔囊胚虫,B 为原肠虫;

C、D. 以内移方式形成吞噬虫,其中 C 为囊胚虫,D 为吞噬虫

(planuloid ancestor),因此有理由相信,后生动物是从某些现已灭绝、具群体构造、自由游泳、辐射对称的浮浪幼虫式祖先发展而来的。

3.2　合胞体学说

合胞体学说最早由 Hadzi(1953)提出,并得到 Hanson(1977)的支持。他们认为多细胞动物的祖先来源于原始的多核纤毛虫。后生动物的祖先开始是合胞体构造,即多核的细胞,后来每个核获得一部分细胞质和细胞膜才形成多细胞结构。因为有些纤毛虫倾向于两侧对称,所以合胞体学说主张后生动物的祖先是两侧对称的、并由其发展为无肠类扁虫,他们认为无肠类扁虫是现存最原始的后生动物。对合胞体学说有许多反对的声音。首先,任何动物类群的个体发育中都没有出现过多核体分化成多细胞的现象;其次,无肠类扁虫的合胞体现象是典型的胚胎细胞分裂之后出现的次生现象;第三,也是最重要的意见,是不同意把无肠类扁虫视为最原始的后生动物。如果把两侧对称的扁虫当作最原始的动物,而把两胚层辐射对称的腔肠动物当作更进化的结论,显然与已揭示的动物进化过程相违背。

第 3 章　海绵动物门(Spongia)

1　海绵动物的主要特征

海绵动物(Spongia),是最原始、最低等的多细胞动物。这类动物不仅尚未形成器官系统,而且连简单的组织也没有产生,组成其体壁的仅为内、外两层细胞,其来源也与一般意义上的内、外胚层不同,因为胚胎发育时动物极性与植物极性分裂球的位置与其他多细胞动物相反,因此这类动物在演化上只是一个侧支,故又称侧生动物(Parazoa);海绵动物体内具特殊的领细胞(choanocyte)和骨针(spicule)等,其体表具许多小孔(ostia),故也称多孔动物(Porifera)。这些小孔是水流进入体内的孔道,并与体内特殊的水沟系(canal system)相通。水流为海绵动物带来食物,并帮助完成呼吸、排泄、生殖等功能;海绵动物绝大多数生活于海洋,大小从几毫米到 1m,全部营固着生活,大多数为群体,且多数没有固定的形状,少数种类为单体生活,呈辐射对称(radial symmetry),即通过身体的中轴作任何纵切面,均能将身体分成相等的两半。这种体制是动物对固着生活的一种适应。

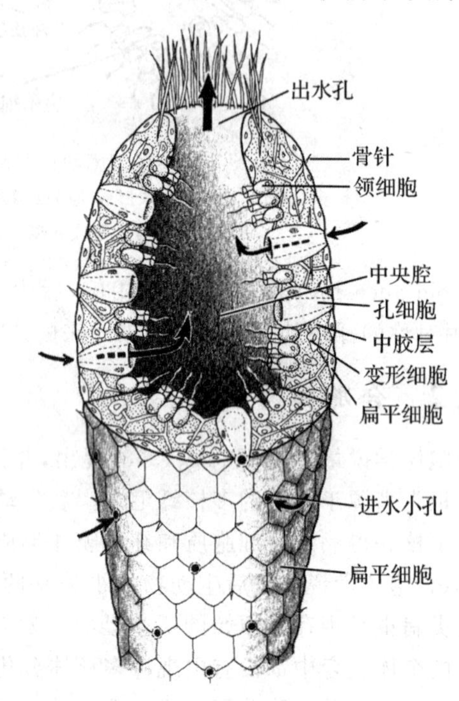

图 3-1　海绵动物的结构(仿 Buchsbaaum)
(箭头所示为水流进出方向)

2　海绵动物的生物学

2.1　体壁及其特殊细胞

海绵动物的体壁由两层细胞即外层的皮层(dermal epithelium)和内层的胃层(gastral epithelium),及 2 层细胞之间为中胶层(mesoglea)组成(图 3-2)。

皮层来源于胚胎发育过程中的植物极分裂球，由一层很薄的、多角形的扁平细胞(pinacocyte)所组成，具有保护作用。扁平细胞没有基膜，内具能收缩的肌丝，因而细胞边缘可收缩，许多扁平细胞的收缩能使海绵动物身体变小。穿插于扁平细胞之间的孔细胞(porocyte)，是一种形成管状的细胞，外端与外界相通，能将海水等引入体内，孔细胞具高度的伸缩性，可控制水的流量。

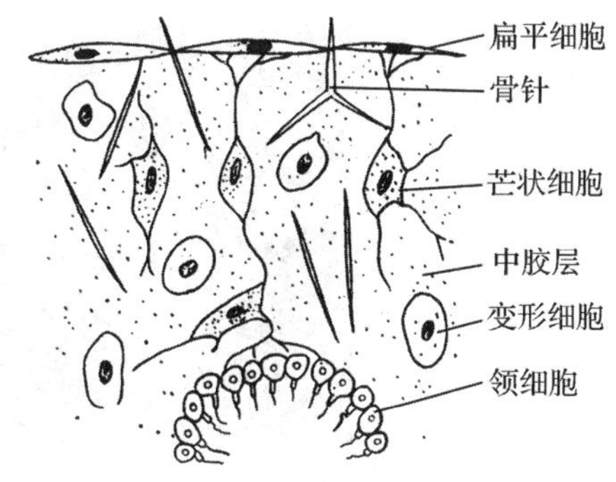

图 3-2　海绵动物体壁结构(仿 Hickman)

胃层来源于胚胎发育过程中的动物极分裂球，由领细胞组成。光镜下领细胞卵圆形，基部具一可伸缩的环状原生质薄膜——领，从领中游离端伸出 1 根鞭毛。电镜下领细胞基部由许多分离的领微绒毛(collar microvillus)组成(图 3-3、3-4)。领细胞基部整齐地排列在中胶层中，游离端整齐地覆盖着鞭毛室的壁，鞭毛的不断运动，能使体内的水流动，从而自水中获得食物并进行其他生理过程。

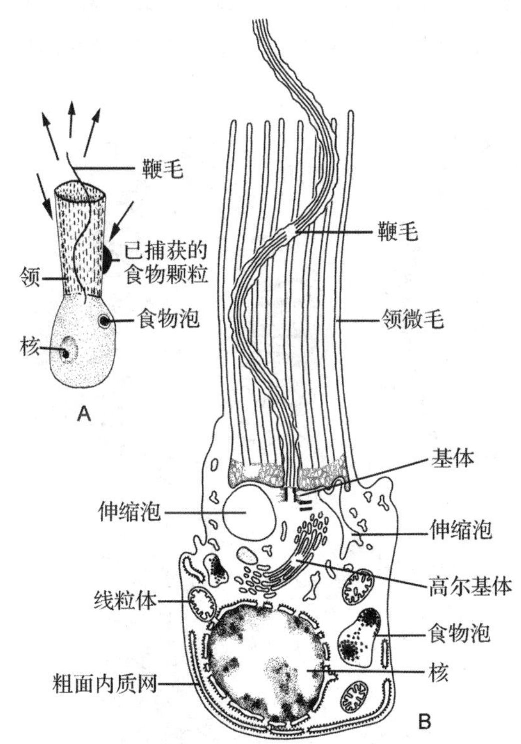

图 3-3　领细胞的结构示意图(据各家重绘)

A. 显微结构(箭头所指为水流方向)；B. 超微结构

中胶层是一种含有蛋白质的胶状透明基质，厚度随种类而异(图 3-2)。其中有变形细胞(amoebocyte)，数量多，形状不规则，能伸出伪足，可在中胶层中移动，因而能输送营养至身体各部分以及将废物排出体外。变形细胞可分化为各种具有特殊功能的其他细胞，如成骨

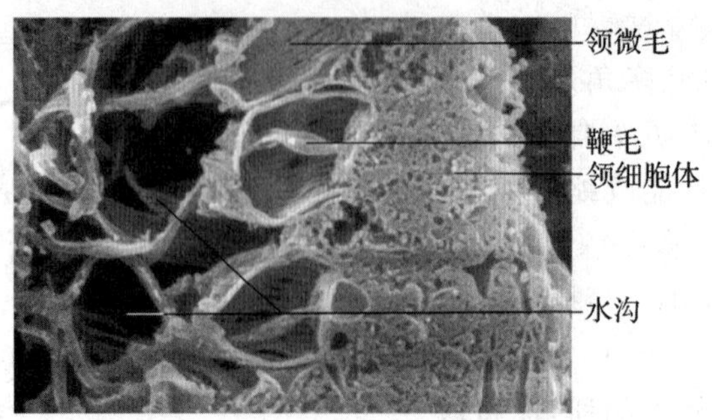

图 3-4 海绵动物体壁扫描电镜图像(×21000)(自 Louis de Vos)

针细胞(scleroblast),能分泌形成骨针;成海绵细胞(spongioblast),能分泌形成海绵质纤维。变形细胞也能分化成领细胞、生殖细胞。中胶层中另有一种芒状细胞(collencyte),具有突起,可相连成网状,有些学者认为具有神经传导的功能。

2.2 水沟系类型及作用

海绵动物从皮层到胃层,在各种不同种类中都贯穿着一系列的管道,这就是其特有的水沟系,它对适应固着生活很有好处。不同种类的海绵动物的水沟有很大的差别,通常可分为三种类型(图 3-5):

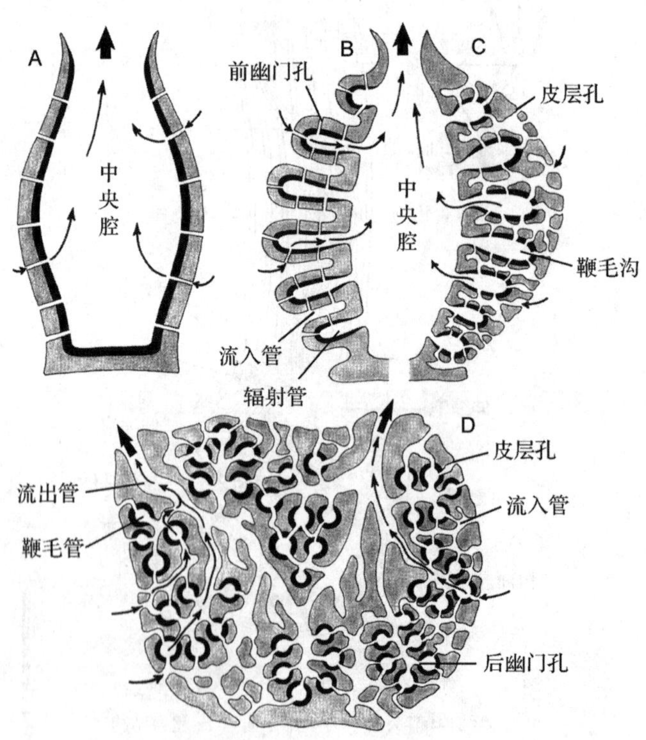

图 3-5 海绵动物水沟系示意图(仿 Hyman)

A. 单沟型; B、C. 双沟型; D. 复沟型(图中箭头所示为水流方向)

单沟型(ascon type):最简单的水沟系。水流自进水小孔(ostium)流入,直接到中央腔(central cavity)或称海绵腔(spongocoel)。中央腔的壁为领细胞层,然后经出水孔(osculum)流出,如白枝海绵(*Leucosolenia*)。

双沟型(sycon type):相当于单沟型的体壁凹凸折叠而成,领细胞在辐射管的壁上。水流自流入孔(incurrent pore)流入,经流入管(incurrent canal)、前幽门孔(propyle)、辐射管(radial canal)、后幽门孔(apopyle)、中央腔,由出水孔流出。双沟型海绵增加了领细胞层的面积,管道的增加及中央腔的缩小也加速了水流通过体内的速度。如毛壶(*Grantia*)。

复沟型(leucon type):最复杂的水沟系统,管道分支多,在中胶层中有很多具领细胞的鞭毛室(flagellated chamber),中央腔壁由扁平细胞构成。水流由流入孔流入,经流入管、前幽门孔、鞭毛室、后幽门孔、流出管(excurrent canal)、中央腔,最后经出水孔流出。复沟型海绵领细胞层的面积更大,体内有纵横相通的管道,中央腔也进一步缩小变成管状,因此流经体内的水流量增多,水流速度更快。如沐浴海绵(*Euspongia*)、淡水海绵(*Spongilla*)等。

水沟内水的流动必须依靠领细胞鞭毛的摆动,使水流不断地从进水小孔经过沟和鞭毛室流入中央腔,再由出水口排出体外。海绵动物需要的食物和氧气,随着水流进入体内,当水流通过鞭毛室时食物就被领细胞伸出的伪足吞入细胞内,并以细胞内消化的方式进行消化。食物经领细胞初步消化后,再送入变形细胞作进一步的消化。消化后的营养物质仍贮藏在变形细胞中;不能消化的废物也由变形细胞排出体外。因水流不断带来新鲜氧气,因此也同时完成了呼吸作用。淡水海绵的领细胞中具有 1 到几个伸缩泡,这些伸缩泡承担着调节水与盐平衡。

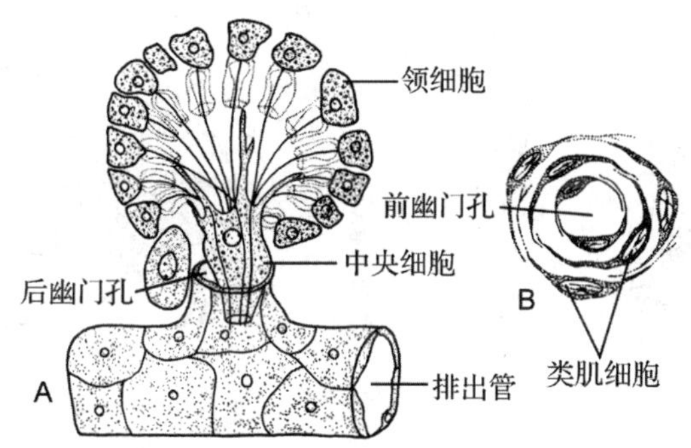

图 3-6　海绵动物中央细胞和类肌细胞示意图(仿各家)

A. 中央细胞; B. 类肌细胞

鞭毛室中具千百万个领细胞,鞭毛的摆动使室内水的流速很快,据观察可达 10～15mm/s,每天通过海绵动物体内的水量相当大。一个直径 1cm、高 10cm 的海绵每天能过滤 22.5L 的海水,这样就为海绵带来了大量的食物和氧气。由于出水口只有 1 个,全部鞭毛室的体积比出水口要大 1000～2000 倍,因而出水口的水流很急,流速可达 8.5cm/s。因许多复沟型的海绵动物在鞭毛室的出口处有一中央细胞(central cell)(图 3-6),它的收缩可变动位置以调节水流的流量,甚至可以完全关闭后幽门孔而阻止水从鞭毛室流出。在一些构造复杂的海绵中,在进水小孔周围不是孔细胞,而是为几个类肌细胞(myocyte)所包围,这种细胞能收缩,与平滑肌较为类似,它的收缩引起小孔口径的变化,因而能调节水流进出的速度(图 3-6)。在恶劣环境中,如暴露于空气或处于污水中时,类肌细胞可以关闭小孔或出水口,环境改善时，类肌细胞恢复如初，小孔重新开放。类肌细胞和孔细胞的收缩都很缓慢，每收缩一次需 7～10min，甚至更长。

2.3 骨骼

骨骼是海绵动物的典型特征，由其支持着柔软的身体，是分类的重要依据之一。骨骼具有保护、支持身体的功能。海绵动物骨骼中有骨针和海绵丝（spongin fiber）两种类型，或散布中胶层，或突出于体表，或构成网状骨架。骨针依据化学成分可分为钙质、硅质的骨针，海绵丝属于一种纤维状骨骼，它由硬蛋白（scleroprotein）组成；依据形态可分为单轴骨针、三轴骨针、四轴骨针、五轴和六轴骨针、多轴骨针和球状骨针等（图 3-7）。这些骨骼都是由中胶层变形细胞特化形成的造骨细胞分泌而成。单轴的钙质骨针是由一个造骨细胞分泌形成的，骨针形成时，造骨细胞核先分裂，并在双核细胞的中心出现一个有机质的细丝，然后围绕这一细丝沉积碳酸钙，随着骨针的逐渐增长，双核细胞也分裂成两个细胞，并分别加长骨针的两端，最后形成单轴的骨针。同样，三轴骨针由 3 个造骨细胞聚集在一起；海绵丝是由较多造骨细胞联合形成，先由少数细胞形成分离的小段，然后再愈合成长的海绵丝。

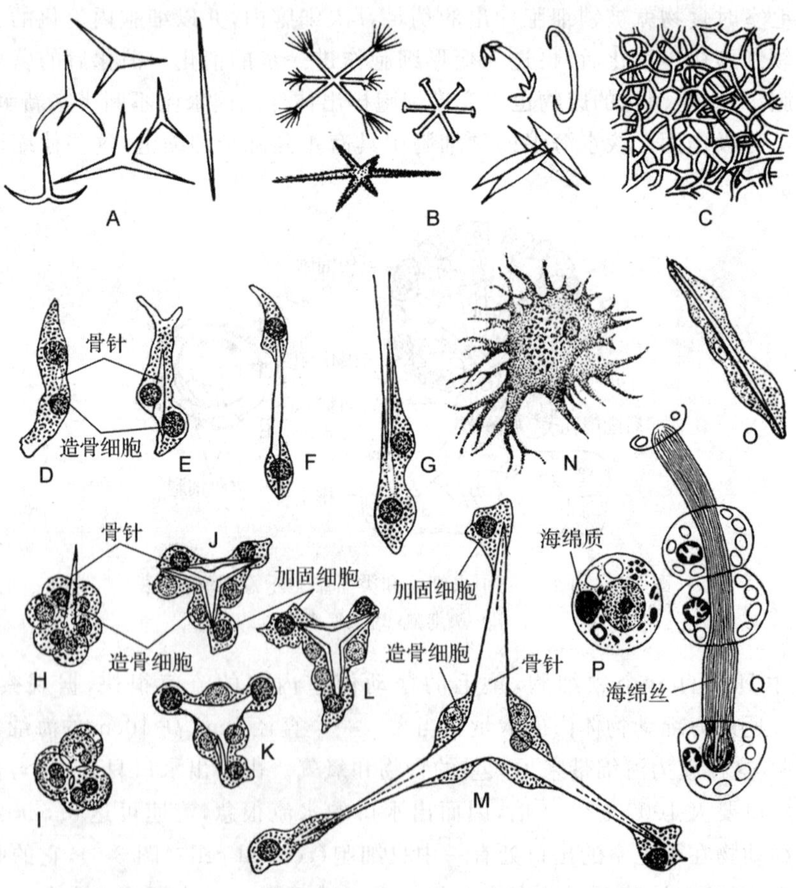

图 3-7 海绵动物的骨针类型和骨骼形成（仿各家）

A. 钙质骨针；B. 硅质骨针；C. 海绵丝；D～G. 单轴骨针的形成；H～M. 三轴骨针的形成；N. 钙质分泌细胞；O. 淡水海绵单轴骨针；P、Q. 海绵丝形成

2.4　生殖及发育

海绵动物的生殖可分为无性生殖和有性生殖两种。

无性生殖:以出芽(budding)生殖为主,且大多发生在海洋种类中。出芽时亲体的变形细胞由中胶层迁移到身体的顶端表面聚集成团,此后发育成小的芽体,随后脱落逐渐长成新的海绵,或与母体相连形成群体。芽球(gemmule)形成(图 3-8)是另一种无性生殖,所有淡水海绵和部分海洋种类都能形成芽球。形成时中胶层内一部分变形细胞经多次分裂后形成胚体,当这些胚体细胞充满营养物质后,就在胚体表面分泌出很厚的保护膜,膜中间通常具骨针,使芽球具很强的抵抗恶劣环境的能力。海绵体内可形成许多芽球,当外界环境条件适宜时,芽球内细胞通过微孔(micropyle)释出,再形成新个体。再生(regeneration)也属于海绵动物无性生殖方式。如把海绵切成小块,每块都能独立生活和继续长大。如果进一步将一种海绵组织捣碎得更细小,过筛后混合在一起,那么这些细小组织块还能重新再生形成新的海绵个体。即使有人将不同种类海绵动物的组织块混合在一起培养,最后都能按各自的细胞群排列和聚合,并逐渐形成各自新的个体。后来有人用实验证实,海绵细胞表面有一种大分子的糖蛋白,是海绵动物细胞的识别分子,它具有种的特异性,所以同种细胞相聚合,不同种的细胞相分离,正是这一同种海绵细胞的聚合能力,才促使它再生或组成新的个体。

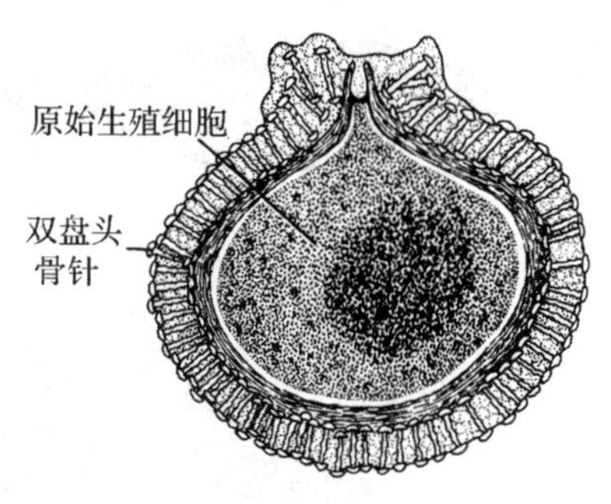

图 3-8　淡水海绵的芽球(仿 Hyman)

有性生殖:海绵动物大多数虽为雌雄同体,但都为异体受精。精子和卵来自中胶层变形细胞分化的生殖细胞。卵细胞较大,能在中胶层内移动;精子尾部形成后就进入鞭毛室,再经中央腔、出水口到外界水体中,并与水流一起流进同种类、不同个体的海绵体内并与卵结合为受精卵。合子在中胶层内发育,卵裂为不等全裂,当分裂至 16 个细胞时,胚胎呈扁盘状。以后其中 8 个细胞分裂速度很快并长出鞭毛,相当于其他多细胞动物胚胎的小分裂球,小细胞的鞭毛向着囊胚腔;另外 8 个细胞暂不分裂,相当于大分裂球。不久在胚胎大分裂球的一端形成一个开孔。后来整个囊胚由这个开孔倒翻出来,于是小细胞的鞭毛转向体外,结果形成了海绵的两囊幼虫(amphiblastula)。幼虫的大部分都为细长的鞭毛细胞,大细胞很少,从开始分裂到大细胞占有幼虫体积一半时,即停止分裂。此后具鞭毛的小细胞向着腔内陷入,同时大细胞被包在外面,直到此时,幼虫已在母体中长成,此后通过水沟排至体外,在水中自由游泳,并以小细胞陷入的开口处附着在水下物体上,最终发育为成体。

海绵动物胚胎发育中囊胚期的鞭毛细胞,在一般多细胞动物的胚胎发育中将来都分化为成体的外胚层,但海绵动物却分化为成体的内层细胞(即胃层),囊胚期的大细胞都分化为内胚层而海绵动物却分化为成体的外层细胞(即皮层),这种发育现象称为逆转(inversion),是其他任何多细胞动物中所不存在的。

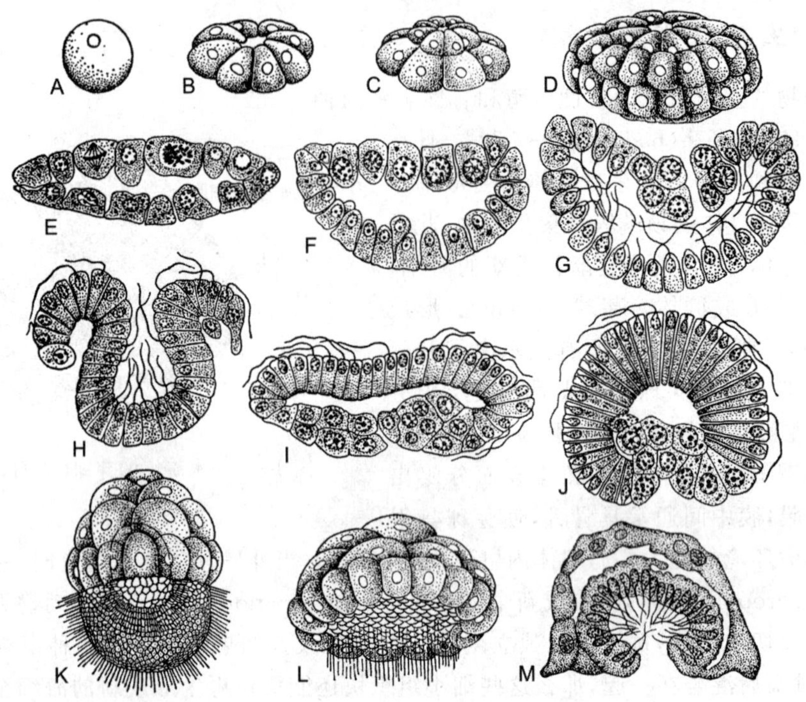

图 3-9 海绵动物的胚胎发育(仿各家)

A～D. 分别示受精卵,8、16、48 细胞期; E、F. 囊胚期(切面观); G. 囊胚的小细胞向囊腔生出鞭毛(切面观); H、I. 大细胞一端形成一开孔,并向外包,里面的变成外面,于是具鞭毛的小细胞位于表面(切面观); J. 两囊幼虫(切面观); K. 两囊幼虫; L. 小细胞内陷; M. 固着(纵切面)

3 海绵动物的分类与演化

海绵动物主要分布于热带和亚热带海洋,从潮间带到 7000m 深海均有,不少种类为全球性分布,迄今已知约 1 万种,依据骨骼的性质分为 3 个纲,其特征见表 3-1。钙质海绵纲(Calcarea)常见的有白枝海绵(图 3-10),体壁薄、无摺叠,单沟系,领细胞连续分布于中央腔。毛壶,长圆筒形,两端较细,中部较粗似壶状,上端开口,一端固着于海边岩石或其他植物上,由于无数钙质骨针向外露出而使身体外边呈现毛状。六放海绵纲(Hexactinellida)常见的有偕老同穴(*Euplectella*)(图 3-10),体呈柱形或花瓶状,后端有硅质丝插于深海软泥中,其中央腔内常寄居 1 对俪虾(*Spongicola*),终生不再外出,因此得名。拂子介(*Hyalonema*),小骨针呈双盘形,两端具钩,身体呈杯状或筒状,前端特别宽大,呈漏斗状,以身体的基部固着,或以基部伸出的骨针束插于海底(图 3-10)。寻常海绵纲(Demospongiae)常见的有淡水海绵,通常无固定的形状,整个群体常受附着的基底、空间、水流等环境因素影响,如附着在柱上的群体呈筒状,即使相同种类也常因附着的基底不同而形成不同形状的群体。淡水海绵群体的体积一般较大,最大群体的直径可达 1m,高度能达 2m。许多种类广泛分布于世界各地湖泊、溪流中,附着在树枝、石块等处,它们大量繁殖往往造成水下管道堵塞,或使网箱养殖的网孔封闭,影响网箱内外水流的交换,使养殖的鱼、贝类窒息死亡。沐浴海绵,群体,体积大,多呈圆形,表面皮革状,色暗,无骨针,但具海绵丝构成的网状骨骼,故柔软而有弹性,其制品可用作沐浴,故名(图 3-10)。

表 3-1　海绵动物不同纲特征的比较

纲名	体形	鉴别特征	分布
钙质海绵纲	体色灰暗,体形小	单轴、三轴或四轴型钙质骨针,单、双或复沟系	浅海
六放海绵纲	体色白,体形大,单体,常对称	六放(辐)硅质骨针,复沟系,鞭毛室大	深海
寻常海绵纲	体大,不规则	单轴、四轴硅质骨针或角质海绵丝,复沟系,鞭毛室小	海洋或淡水

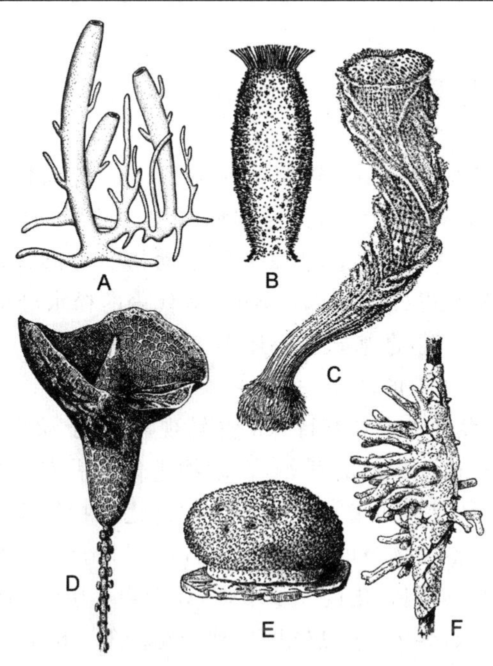

图 3-10　海绵动物的体表种类(仿各家)

A. 白枝海绵; B. 毛壶; C. 偕老同穴; D. 拂子介; E. 沐浴海绵; F. 淡水海绵

海绵动物是古生代以前早已存在的古老动物,虽历经漫长岁月,但改变不多。它们和其他多细胞动物的关系由于在构造和发育上有许多不同之处,如胚胎发育时的逆转现象、成体构造的特殊性等,因而是非常特殊的动物门类。由于海绵动物具有与原生动物领鞭毛虫相似的领细胞,因此有学者认为海绵动物是很早由原始的群体领鞭毛虫发展而来,由于其发育和结构的特殊性,被认为是动物系统发育中的一个盲支。

4　海绵动物小结

海绵动物是最原始的多细胞动物,单体或群体,在水中营固着生活,体制不对称或辐射对称。体壁由皮层、中胶层和胃层组成。身体多孔,具水沟系,借助水流在体内的流动由领细胞完成摄食和细胞内消化,并由其承担呼吸、排泄和调节水盐平衡。具钙质、硅质的骨针和角质的海绵丝。无性生殖方式有出芽生殖、芽球形成和再生;有性生殖为精卵结合,发育过程具两囊幼虫时期,成体时大分裂球位于外侧,小分裂球在内侧,与其他多细胞动物发育相反,称逆转现象。一般认为海绵动物是多细胞动物系统发展中的一个侧支。

第4章　刺胞动物门(Cnidaria)

1　刺胞动物的主要特征

水螅(*Hydra*)、海蜇(*Rhopilema*)、红珊瑚(*Corallium*)等动物，长期来归属于腔肠动物门(Coelenterata)，但目前在学术专著和国外教科书中，“腔肠动物”是指具二胚层、原肠腔(coelenteron)特征的动物类群。它们包括以下两个动物门类：以水螅等动物为代表的刺胞动物门(Cnidaria)和以侧腕水母(*Pleurobranchia*)为代表的栉水母动物门(Ctenophora)。刺胞动物在两个胚层和原肠腔的基础上，还具动物界特有的标志性特征——刺细胞(cnidoblast)，以执行攻击和防卫的功能。

海绵动物由于胚胎发育过程中具有特殊的逆转现象，属于动物演化上的一个侧支，而刺胞动物则是真后生动物(Eumetazoa)的开始，在动物进化上占有十分重要的地位，其他高等多细胞动物都经过这一阶段发展而来。刺胞动物的进化性特征主要表现在：出现了内外胚层的分化，其内胚层来自胚胎植物极的大分裂球，外胚层来自动物极小分裂球，与高等多细胞动物内、外胚层来源一致；细胞分化进一步增强，如产生了感觉细胞、神经细胞、皮肌细胞，并出现了简单的组织分化，如产生了上皮组织、神经组织等；出现了原始的消化腔，细胞内、细胞外消化同时并存，但消化后的残渣仍由口排出，故刺胞动物的口兼有摄食和排遗的功能；体制为辐射对称(radial symmetry)——通过身体的中轴，有许多切面可以把身体分为2个相等的部分，或两辐射对称(biradial symmetry)——通过身体的中轴只有相互垂直的两个切面可以将身体分成相等的两半。这种体制形式与其固着或漂浮生活方式相适应；刺胞动物有的是单体，有的则为群体生活，其体型随不同类群发生变化，一般可分为水螅型(hydroid type)、水母型(medusa type)，有的更为复杂，或水螅、水母型两者兼有，或交替出现。

2　刺胞动物的生物学

2.1　体壁结构与细胞分化的多样性

以水螅(*Hydra*)为代表的刺胞动物的体壁，由内、外胚层及中胶层组成(图4-1)。其中中胶层由内、外胚层细胞分泌的胶状物质构成，电镜下可见很多纵横交错的小纤维细丝(图4-2)，也有其他细胞的突起伸入其中。中胶层犹如具弹性的骨骼，对身体起支持作用。内、外胚层中的细胞已发生了明显的分化，主要有以下几种类型：

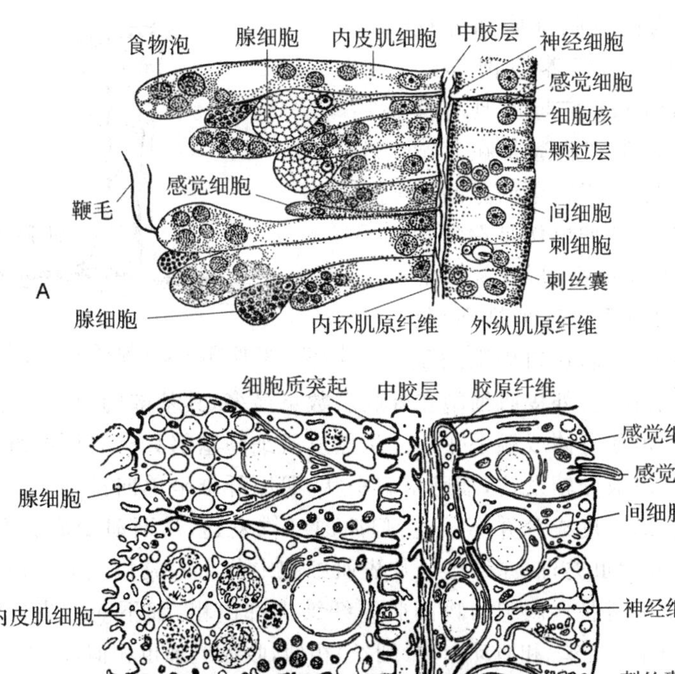

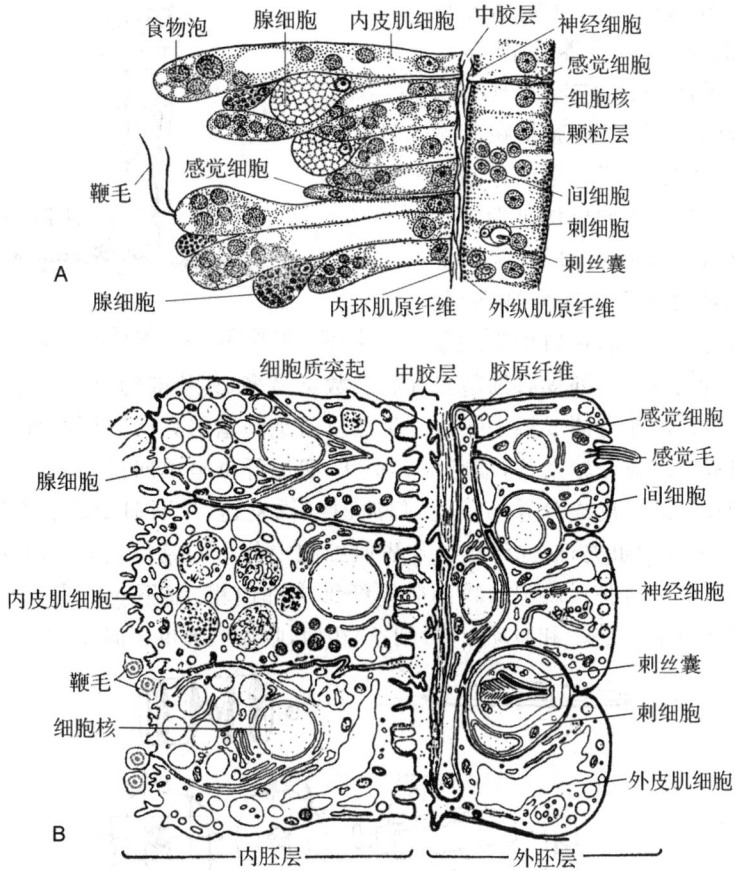

图 4-1　水螅体壁的显微和超微结构示意图(仿各家)

A. 显微结构；B. 超微结构

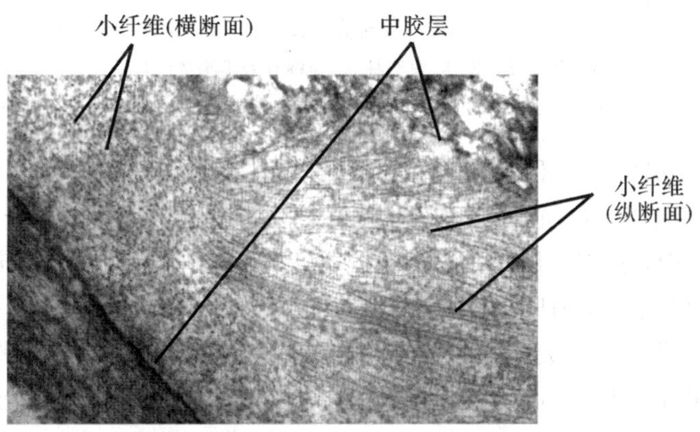

图 4-2　桃花水母体壁中胶层超微结构示小纤维(作者原图)

(横断面上可见小的圆点,纵断面上可见长的细丝)

皮肌细胞(epitheliomuscular cell):这种细胞既属于上皮,也属于肌肉的范畴,显示其分化的原始性。皮肌细胞一般形状呈"⊥"形,其基部靠中胶层一边,向两个方向伸延,其中有数条肌原纤维(myoneme)(图 4-3)。皮肌细胞基部的长轴以相互垂直的方式分布于内、外胚层中，分别称为内皮肌细胞和外皮肌细胞，其中前者又称营养肌肉细胞(nutritive muscular cell)，它同时具有营养和收缩的机能。这类细胞通常在其游离的顶端具2条鞭毛，由于鞭毛的不断摆动能激动水流，同时也能伸出伪足吞食食物，细胞内常常有不少食物泡，其基部的肌原纤维，沿体轴或触手呈环形排列，收缩时可使身体或触手变细，在口周围的肌原纤维还有括约肌的作用；外皮肌细胞在外胚层数量最多，其基部的肌原纤维沿体轴或触手呈纵行排列，收缩时可使身体或触手变短。虽然皮肌细胞基部具有肌原纤维，但在不同种类中，有的皮肌细胞上皮成分较发达，细胞呈扁平状，肌原纤维呈单向排列，或者是2排肌原纤维相互垂直排列；有的上皮成分并不发达，但肌原纤维发达，从而演变成肌细胞(myocyte)，特别是钵水母类和珊瑚虫类，肌原纤维已从皮肌细胞中分离形成独立的一层肌纤维，并可分为横纹肌、斜纹肌及平滑肌。刺胞动物的肌原纤维也都由粗、细不同的蛋白丝组成，其结构与高等动物的肌球蛋白(粗丝)和肌动蛋白(细丝)相似，收缩机理也相似(图4-4)。

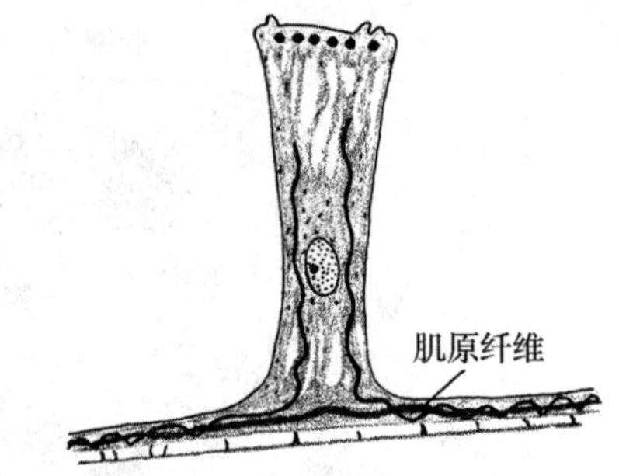

图4-3　皮肌细胞及肌原纤维示意图(仿 Hyman)

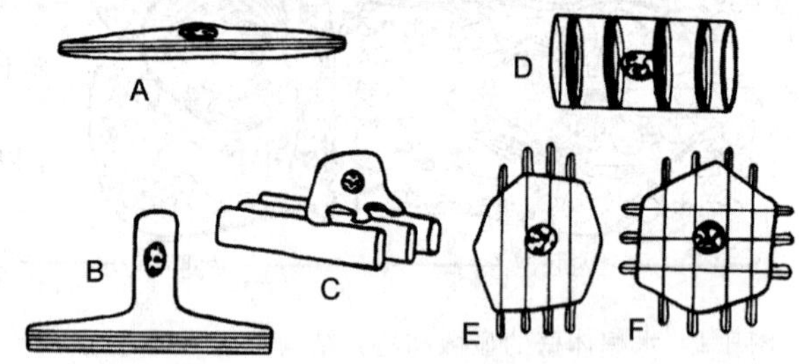

图4-4　刺胞动物上皮细胞的类型(仿 Chapman)

A. 上皮成分不发达，肌原纤维沿细胞长轴分布；B. 上皮细胞基部只伸出1个突起；C. 上皮细胞基部伸出3个突起；D. 上皮成分发达，呈圆柱状，周围有若干平滑肌环；E、F. 上皮成分发达，其中E扁平状肌原纤维单向排列，F肌原纤维垂直排列

腺细胞(gland cell)：是一种具有分泌功能的上皮细胞，因而也称分泌细胞(secretory cell)，在内、外胚层都有分布。在固着种类，多集中于基盘(basal disc 或 pedal disc)。在触手(tentacle)表皮层中，腺细胞也特别发达，其分泌物有助于刺胞动物的附着和捕食；有些种类的腺细胞还可分泌角质或钙质，形成几丁质的围鞘或石灰质外骨骼，如一些水螅型群体及珊瑚虫类，海洋中珊瑚岛礁中最基本的组成部分就是珊瑚的骨骼；在原肠细胞层也含有许多腺细胞，内含大量分泌颗粒，它们可以转化成消化酶，以进行食物的细胞外消化(图4-1)。

间细胞(interstitial cell)：是一种尚未分化的细胞，类似高等动物的干细胞，由它转化为其他类型的细胞，如腺细胞、刺细胞、生殖细胞等等。间细胞呈圆形，体积小，一般成堆分布于上皮细胞之间，靠近中胶层处(图4-1)。

感觉细胞(sensory cell)：细胞长形，垂直于体表，在口区和触手处特别丰富，细胞基部具很多神经突起，端部具感觉毛，能接受各种刺激，然后经神经突起作用于效应器或细胞(图4-1)。

神经细胞(nerve cell):细胞小,主要为多极神经细胞,散布于身体各部分近中胶层一侧的皮肌细胞基部,平行于体表排列,它们各有几个细长的突起,即神经纤维相互联系,形成神经网,因而称为网状神经(图 4-5)。神经细胞之间的连接,经电子显微镜研究证明,一般是以突触相连接,但也有非突触连接形式。这些神经细胞又与内、外胚层的感觉细胞、皮肌细胞等相连接。

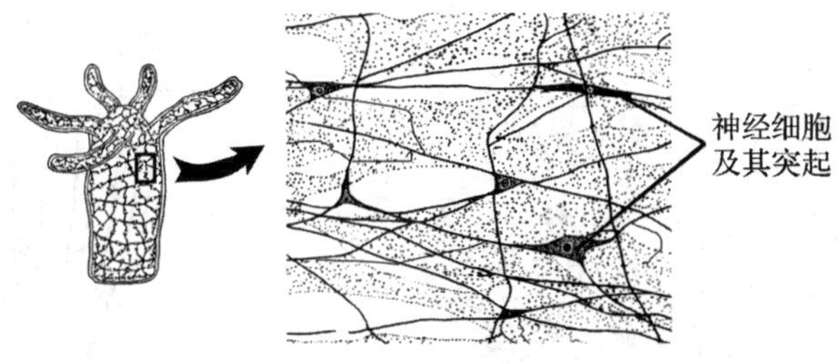

图 4-5　刺胞动物的网状神经示意图(作者)

刺细胞(cnidoblast):刺细胞来源于未分化的间细胞,其在体内的分布随刺胞动物类群不同而异。水螅类(Hydrozoa)主要分布于表皮,尤其在口区、触手等部位特别多;钵水母类(Scyphozoa)和珊瑚类(Anthozoa),除体表外,还分布于消化腔中,以帮助捕食等。刺细胞是一种特化的皮肌细胞,电镜下的形态特征是细胞顶端具一个刺针或称刺毛(cnidocil),伸出体表,刺针(毛)类似于鞭毛,基部也有基粒;刺细胞内有一大的刺丝囊(nematocyst,或cnide),其顶端具一盖板(lid),囊中为细长盘卷的刺丝(coiled tube)(图 4-6),刺丝囊把刺细胞的胞核挤缩在细胞基部;刺丝具微管结构,由中心粒发育而来。索氏桃花水母刺穿刺丝囊中的刺丝,在未发射前微管有规律地排在刺丝的外周,中间是一种电子致密物质(图 4-7),因此,发射后微管便位于刺丝的中间。刺丝在刺丝囊内有的为无序排列,有的则为有序排列,其中可围绕在刺丝囊内,也可围绕在刺丝囊外周(图 4-6,4-7)。依据刺胞动物刺丝的形态特征,可分为不同类型的刺丝囊。已发现在内、外胚层中常见的刺丝囊有数十种之多(图 4-8),如水螅类外胚层的穿刺刺丝囊(stenotele 或 penetrant),用以穿刺和释放毒液;卷缠刺丝囊(desmoneme 或 volvent),不释放毒液,但能缠绕捕获物;黏性刺丝囊(glutinant 或 atrichous isorhiza),通常具有黏着及捕食功能;钵水母类胃囊的胃丝(gastric filament)中有异刺短基刺丝囊(heterotrichous microbasic eurytele)、等刺短基刺丝囊(homotrichous microbasic eurytele)、等细刺刺丝囊(homotrichous anisorhiza)、无细刺刺丝囊(atrichous isorhiza)等数种(图 4-8)。已从一种海葵(*Aiptasia*)的胃丝刺丝囊中收集到毒液,是一类属于神经毒素、肌肉毒素、溶血毒素及坏死性特征的蛋白质。有的刺胞动物的刺丝囊的毒素甚至对人也会造成麻痹作用,甚至死亡,如海蜇和霞水母(*Cyanea*)等。

刺胞动物刺丝囊刺丝的排放机制,一般认为由机械及化学刺激的联合作用引起,外界刺激作用于刺细胞,可促使刺丝囊从周围细胞质中吸收水分,改变囊壁的渗透压,刺细胞随之收缩,增加刺丝囊内的压力,而引起刺丝排放。Westfall(2002)发现,海葵刺细胞刺丝的发射是在外界刺激作用于感觉细胞后,感觉细胞通过突触将信号传递给神经细胞,神经细胞突起进而将刺激信号传递给刺细胞;或感觉细胞将刺激信号直接通过突触传递给刺细胞,最终导致刺丝囊刺丝释放。Berking 和 Herrmann 等人(2005)则认为,刺细胞被触发时,刺丝囊内会产生高浓度质子,为保持囊内、外电荷平衡,质子在水中向囊外高速转移,瞬间导致囊内带

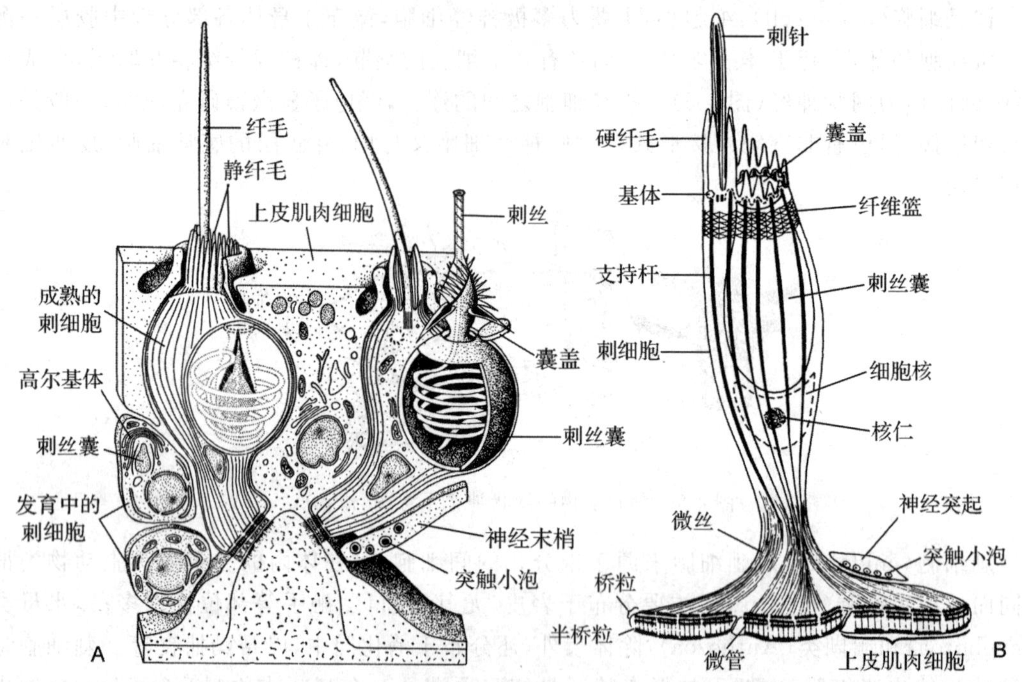

图 4-6 水螅刺细胞超微结构模式图(据各家稍改)

A. 水螅皮肌细胞内刺细胞立体结构和形成过程；B. 水螅的另一种刺细胞

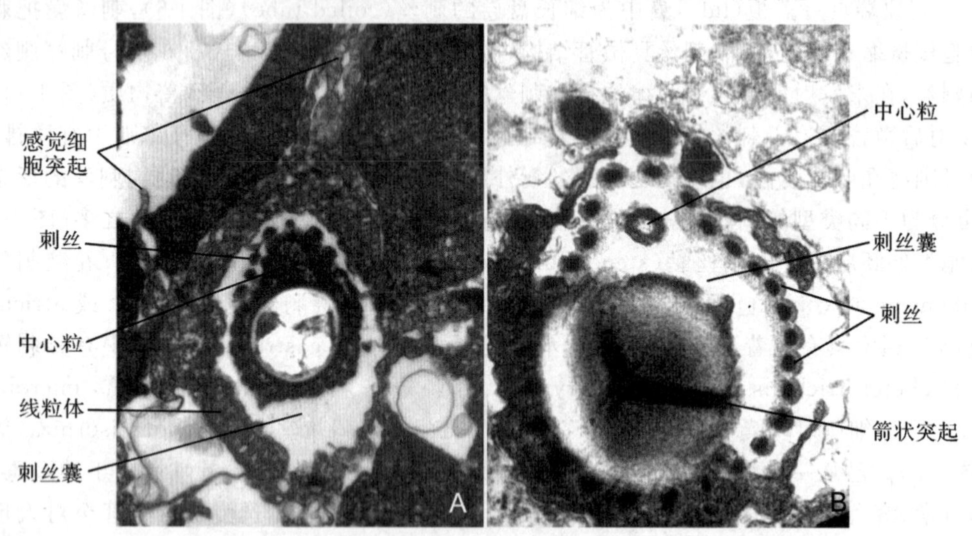

图 4-7 索氏桃花水母的穿刺刺丝囊超微结构(作者原图)

A. 一种穿刺刺丝囊(×1500),刺丝围绕在刺丝囊的里面；B. 另一种穿刺刺丝囊(×3000),示刺丝整齐地围绕在刺丝囊外周

负电荷，产生静电排斥，囊壁承受高压，致使刺丝排放，这是第一步也是极快速的一步；为平衡刺丝囊内电荷，水和质子被吸入囊内，致使囊内渗透压升高，于是促使刺丝进一步释放；在整个过程中，质子的迅速转移致使刺丝囊内外渗透压发生改变，因此，外界 pH 值的变化可使刺丝内陷或外翻。作者(2005)发现，索氏桃花水母穿刺刺细胞刺丝囊基部存在数量较多的大型线粒体，且线粒体嵴均很发达(图 4-7)，说明线粒体正处于生理功能的旺盛期，而线粒

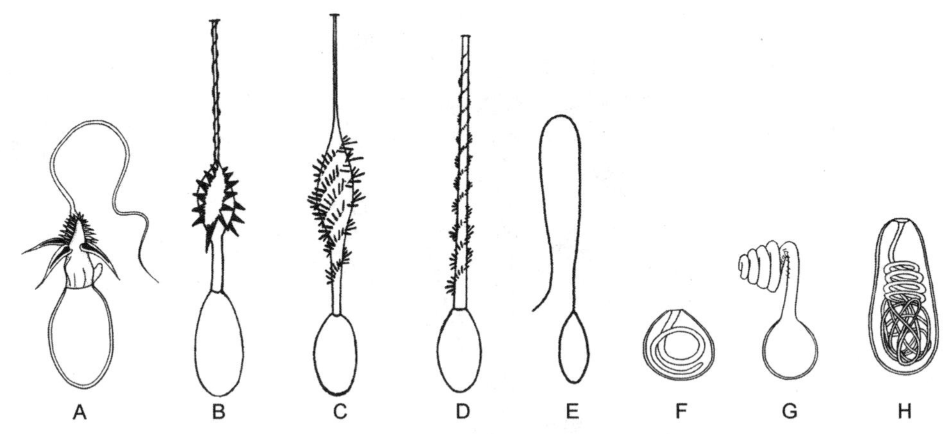

图 4-8　刺胞动物常见的刺丝囊类型(仿各家)

A. 穿刺刺丝囊；B. 异刺短基刺丝囊；C. 等刺短基刺丝囊；D. 等细刺丝囊；E. 无细刺刺丝囊；F. 卷缠刺丝囊；G. 已发射的卷缠刺丝囊；H. 黏性刺丝囊

体是细胞主要的能源载体。因此，刺细胞中大量大型线粒体的存在，可为刺丝的排放提供足够的能量保证。

2.2　水螅型与水母型世代交替

水螅型和水母型是刺胞动物两种基本的体型，前者营固着生活，后者营漂浮生活(图4-9)。通常这两类体型分属刺胞动物生活史的两个不同阶段。

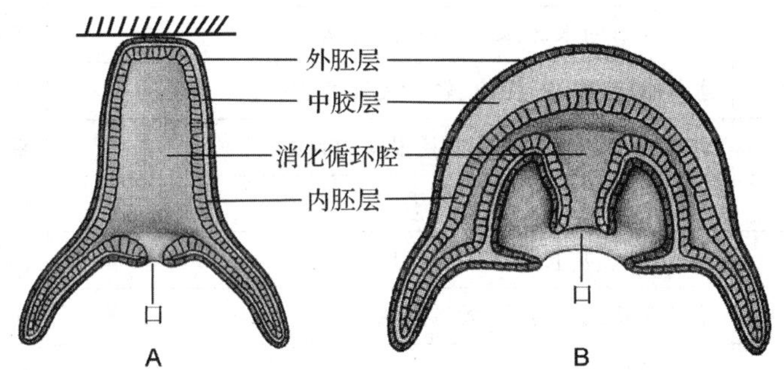

图 4-9　刺胞动物的两种基本体型模式(仿 Hyman)

A. 水螅型；B. 水母型

在水螅类的原始种类中，如薮枝螅(*Obelia*)水螅型与水母型交替出现于生活史中，无性生殖阶段表现为水螅型，有性生殖阶段为水母型，其中水螅型为具有两种不同生理功能和形态分化的个员组成的群体，有的种类则更为复杂，具有多种生理功能和形态的个员，这种分工称为多态现象(polymorphism)。简单的为二态，如薮枝螅，其整个群体基部固着部分呈水平方向生长的称为螅根(hydrorhiza)，直立的称为螅茎(hydrocaulus)。螅茎可进一步分支，其末端长出营养体(gastrozooid)(也称营养个员)和生殖体(gonozooid)(也称生殖个员)(图 4-10)。前者有口和触手，具取食与消化机能。后者无口与触手，外观呈棒状，其中间具中央茎，即子茎(blastostyle)，能以出芽方式形成许多水母芽；有的较复杂，除了营养、生殖体外还有保护个员，如贝螅的保护个员呈长形，无口，上面具许多球状突起，称指状体。

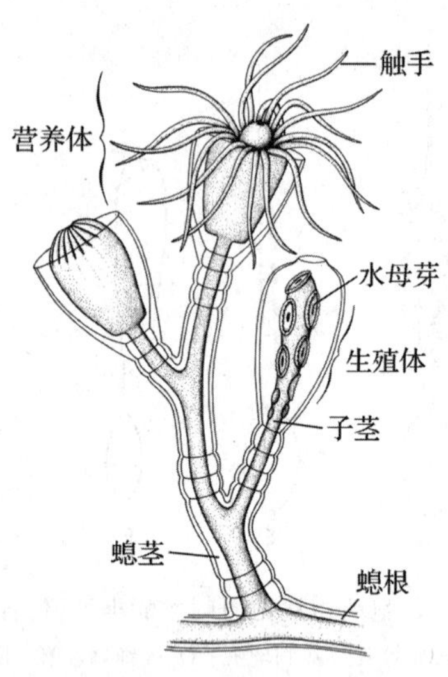

图 4-10 薮枝螅的二态(仿 Boolootian)

最复杂的管水母(Siphonophora)可有 7 种个员(图 4-11),不同个员的特征和功能如表 4-1 所列;钵水母类水母型发达,水螅型不发达或完全消失;珊瑚类水母型不复存在,只有水螅型,因而没有世代交替。

表 4-1 刺胞动物的各种个员

个员名称	特 征	作 用
浮囊体	一种变形的水母体,其内充满气体	漂浮
游泳体或泳钟	水母状,具缘膜,无口、触手及垂唇	运动
叶状体	扁平似叶,体形很小,外具很厚的胶质	保护与漂浮
营养体	呈水螅状,具口和细长触手	取食和消化
指状体	指状,具一甚长的触手,无口	防卫和捕食
生殖体	呈子囊状或水母状,无口和触手	生殖
触手	细长,数量多	防卫和捕食

水螅型与水母型的外形特征虽然差别较大,但基本构造依然相同,都由内、外胚层与中胶层组成,不过后者的中胶层特别发达(图 4-9)。水螅类中的水母一般称为水螅水母,个体通常较小,最大特征是伞的边缘向内侧突出,形成缘膜(velum),触手中空并与消化腔相通,辐管(radial canal)只有 4 条,有环管(circular canal)与其互通;钵水母类中的水母通常是一些大型的水母,无缘膜构造,触手实心,其他构造远较水螅水母复杂,如辐管数量众多,这类水母称为钵水母,可简称水母(图 4-12)。珊瑚类的水螅体,无论是单体还是群体,其构造均十分复杂,以海葵为例,口向消化腔凹陷,形成口道(stomodaeum),在口道两端各有一口道沟(siphonoglyph),内有纤毛分布。在口道壁(外胚层来源)与体壁之间具宽、窄不同的隔膜(septa 或 mesentery),隔成许多小室,隔膜的作用主要为支持并增加消化面积。依据隔膜的宽度可分为初级隔膜(primary septa)、次级隔膜(secondary septa)、三级隔膜(tertiary septa)。初级隔膜最先形成,并与口道壁相连,一般仅 6 对,其中两对位于口道沟方向,称

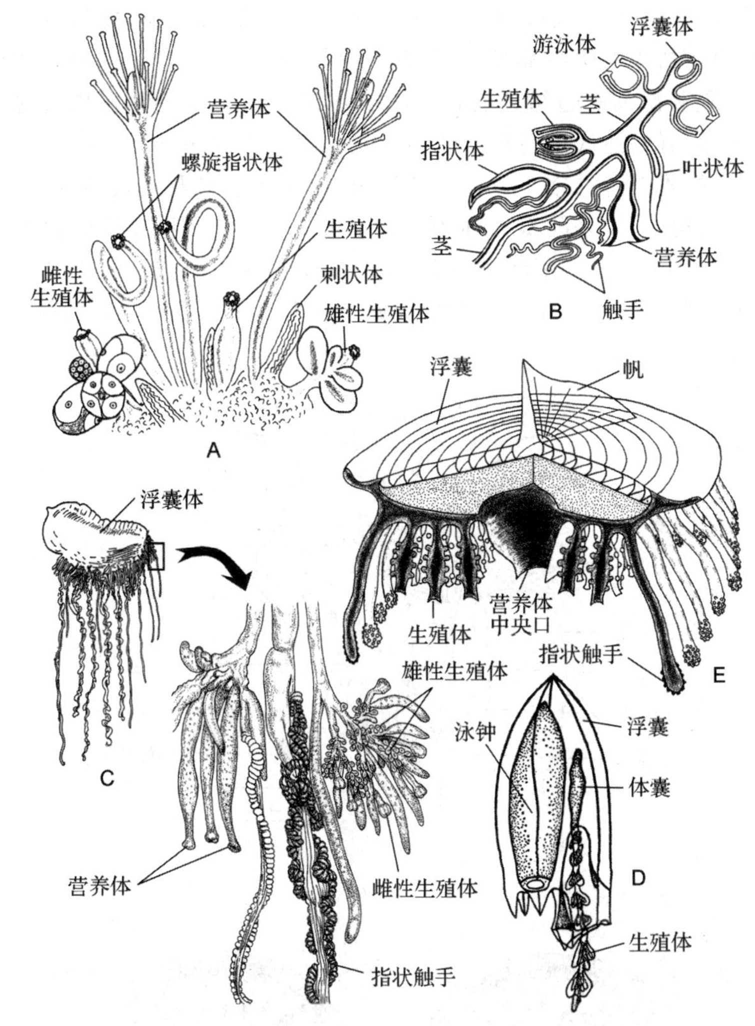

图 4-11　刺胞动物的多态图(据各家稍改)

A. 贝螅的多态；B. 管水母的多态(局部)；C. 僧帽水母的多态；D. 双生水母的多态；E. 帆水母多态

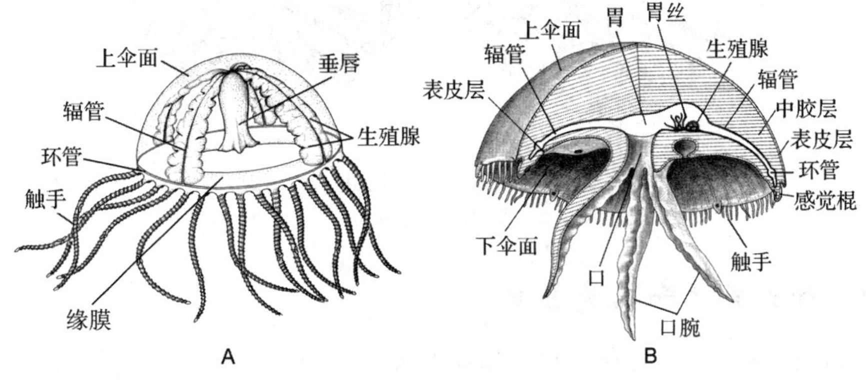

图 4-12　水螅水母和钵水母的基本结构模式图(仿各家)

A. 水螅水母；B. 钵水母

为指向隔膜(directive septa);次级隔膜较窄,成对发生在初级隔膜之间,也为6对,与口道不相连;三级隔膜在初级与次级隔膜之间,共12对。有的种类甚至还可有四级、五级隔膜等(图4-13)。在隔膜游离的边缘具隔膜丝(septal filament),它沿隔膜的边缘下行,一直至消化循环腔的底部,有的达底部时还形成游离的线状物称为枪丝(acontium),其中含有丰富的刺细胞,当动物收缩时经常由口或壁孔射出,因而具防御及进攻的机能。隔膜丝主要由刺细胞和腺细胞构成,能杀死摄入体内的捕获物,并由腺细胞分泌消化液,行细胞外消化和细胞内消化(图4-14)。在较大的隔膜上都有一纵向肌肉带称为牵缩肌(retractor muscle),也可称为肌旗(muscle banner)或肌束(muscle band),隔膜和肌旗的排列是珊瑚类动物分类的依据之一。

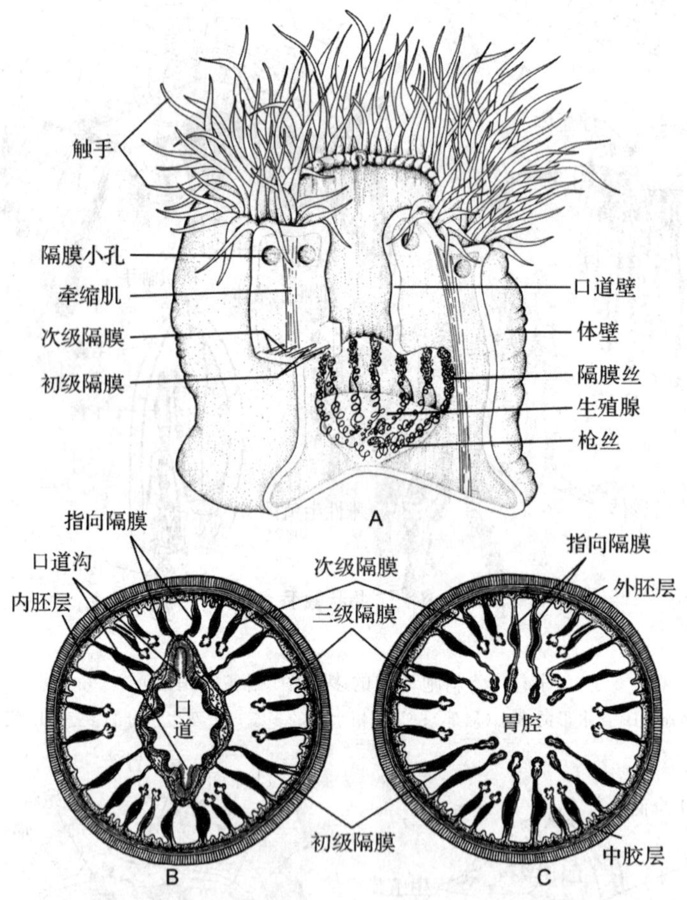

图4-13 海葵的结构示意图(据各家修改)

A.海葵整体局部纵切;B.过口道横切;C.过消化腔横切

2.3 神经系统和感觉器官

刺胞动物的神经系统是动物界最原始的神经系统——网状神经系统(net nervous system)。由于神经细胞可向各个方向传导刺激,因而也称漫散神经系统(diffuse nervous system)。水螅型只有一个简单的表皮神经网(图4-15),但大多数刺胞动物在消化腔基部还有一个神经网,这两个神经网或具纤维相联系,或完全独立。水母型神经结构复杂,如水螅

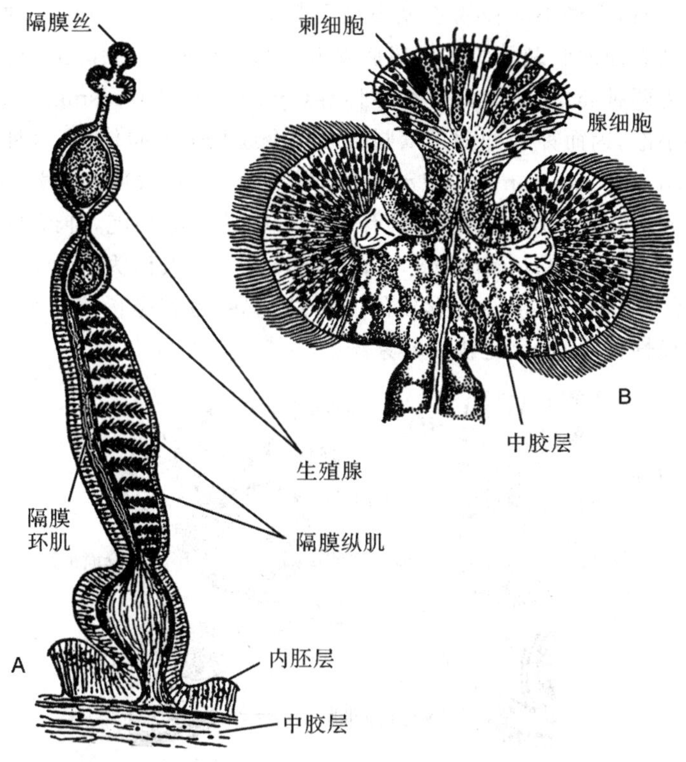

图 4-14　海葵的隔膜和隔膜丝(据 Hyman 稍改)

A. 隔膜横切；B. 隔膜丝放大

水母，除了伞部的神经网之外，伞缘的上皮神经细胞分别在伞缘的上、下面集中形成两个神经环(图 4-15)。钵水母多数缺少这种神经环，但在伞缘集中形成 4～8 个神经节。

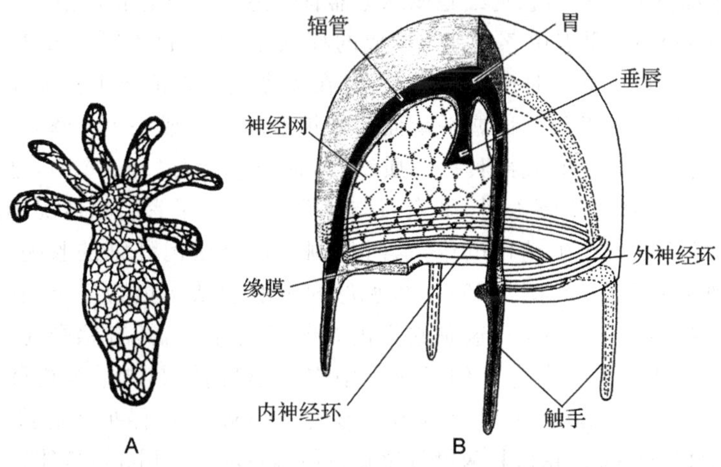

图 4-15　水螅和水螅水母的神经网示意图(仿各家)

A. 水螅的表皮神经网；B. 水螅水母神经系统结构

Westfall 等(1971)证明水螅及其他刺胞动物在神经元之间、神经元与效应器之间存在突触传递(synaptic transmission)。轴突的末端具有突触小泡(synaptic vesicle)，而树突的末端不存在。传导时,突触小泡释放乙酰胆碱引起后一个神经元的兴奋,冲动传出之后,乙酰胆碱被神经末梢表面的胆碱酯酶水解成胆碱及乙酸而解除激活作用。此后又发现刺胞动物的突触传导分为两种类型,一类为对称性传导(symmetrical transmission),即两个或多个神经末端有突触小泡,因而神经冲动可以同时向两个或几个方向传递,这种传导也称非极性传导(nonpolarized transmission),刺胞动物的非极性传导非常普遍;另一类为不对称传导(asymmetrical transmission),即神经元只有一个末端具突触小泡,神经冲动只能向一个方向传导,因此又称有极性传导(polarized transmission)。有人认为,具两个神经网的刺胞动物,其中一个神经网是由多极神经元形成的非极性传导,也就是慢传导系统;另一个是由双极神经元形成的极性传导,也就是快传导系统。

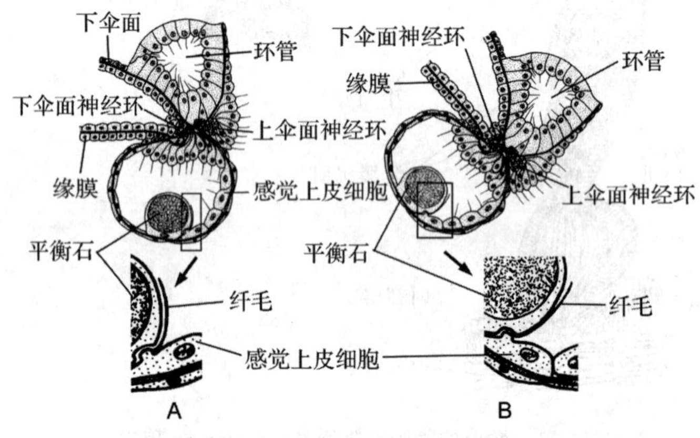

图 4-16 水螅水母平衡囊变化示意图(据 Singla 改绘)

A. 水平状态示平衡石与纤毛未接触; B. 倾斜状态示平衡石与纤毛接触

水螅型个体缺少明显的感觉器官,其感觉细胞可分布全身,尤以触手和口区较为丰富。水母型个体在伞缘具有丰富的感觉细胞或感觉器官。感觉器官包括眼点(ocellus)及平衡囊(statocyst=statocyte)。眼点由感觉细胞构成的杯状体,内具色素颗粒分布,对光线具正趋性,或具负趋性。前者在有光时游向水面,后者在无光或弱光情况下浮向水面。平衡囊在水螅水母中结构简单,在缘膜基部或下伞面的外神经环处形成一个小囊,囊内壁具有感觉细胞,细胞上也有纤毛。囊的底部具一钙质结石,称为平衡石(statolith),这是一种重力感受器。水螅水母处于水平和倾斜时,平衡石与感觉细胞的纤毛接触情况不同。当与纤毛接触时,可刺激纤毛细胞产生动作电位,这时抑制了该侧肌肉纤维的收缩,通过肌肉收缩调整身体使其恢复水平位置(图 4-16)。钵水母的平衡囊结构更为复杂,在钵水母伞缘具 4 个或 8 个触手囊(tentaculocyst),这是它们的神经感觉中心,具有感受光线、重力和化学物质的功能。触手囊由环管向外延伸形成一中空的小盲管,其末端具内胚层分泌的钙质平衡石(图 4-17)。外伞缘在平衡囊上端延伸形成笠(hood),以保护及遮盖下面的平衡囊。水母中还有感觉棍(rhopalium),其两侧具感觉棍缘瓣(rhopalial lappet)(图 4-17),其上具感觉细胞及纤毛。当水母倾斜时,端部的平衡石与感觉纤毛受到刺激而引起运动,以调节身体的平衡。在水母触手囊中还有外胚层来源的小眼(ocellus)。原始的仅为表皮细胞内陷形成的一个小窝,其中分布有色素及感觉细胞;复杂的具网膜状的感觉细胞及晶体。在触手囊上、下伞面具有一个表皮内陷形成的内感觉窝(sensory pit),属于一种化学感受器(图 4-17)。

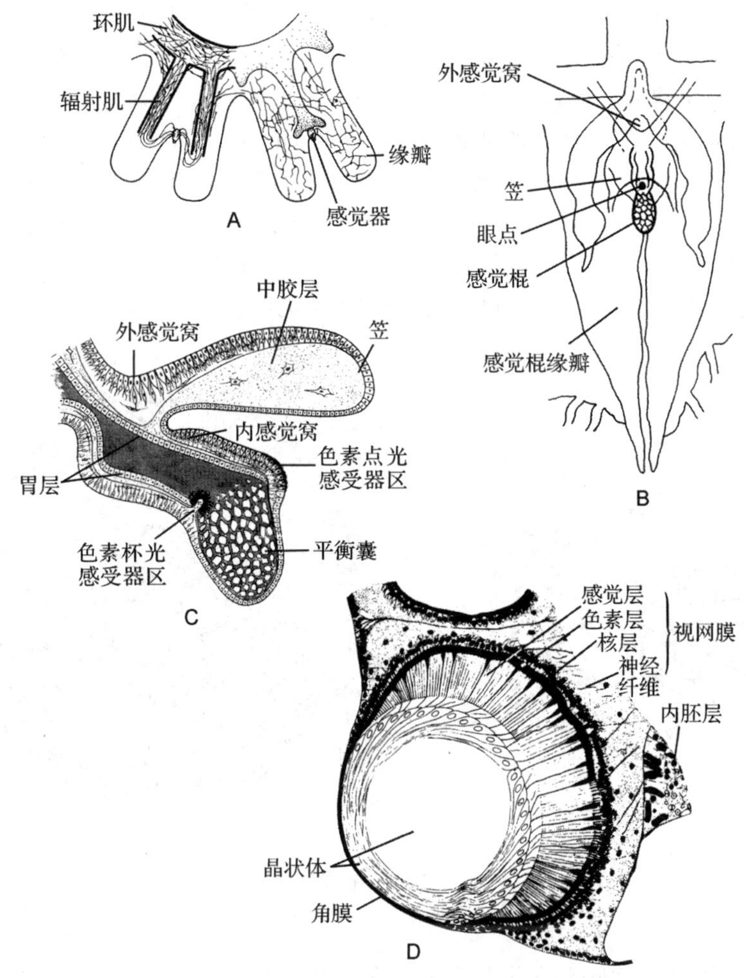

图 4-17　刺胞动物的感觉器官(仿各家)

A. 水母伞边缘示感觉器和缘瓣；B. 海月水母的感觉棍和感觉棍缘瓣；
C. 触手囊纵切示笠和各感觉区；D. 水母的小眼纵切

2.4　消化、呼吸和排泄

刺胞动物均为肉食性动物，常以浮游动物，如小型甲壳类、多毛类，有时甚至以小型鱼类为食。刺胞动物的摄食过程由食物的机械刺激和化学刺激引起。这些刺激可引起触手的伸长，继而引起刺丝囊的释放——或缠绕、或麻痹、或毒杀捕获物，再将其送入口中。刺胞动物口区的腺细胞特别发达，其分泌物有利于食物的吞咽，一旦进入原肠腔后，消化循环腔的腺细胞就开始分泌蛋白酶，分解、消化食物使之形成许多小块物质，同时通过消化循环腔内皮肌细胞鞭毛的运动，使食物进一步与消化酶混合并消化为多肽，这一过程属于刺胞动物细胞外消化。此后，就开始细胞内消化，内皮肌细胞的伪足吞噬食物颗粒，在细胞内形成很多食物泡，小分子的营养物质通过扩散作用输送到全身各处。钵水母类和珊瑚类动物的消化腔结构较为复杂(图 4-13,14,18)，钵水母在下伞中央的垂唇末端向外延伸，形成 4 个或 8 个口腕(oral arm)，口腕具捕食功能。口腕与胃腔相通，它向外延伸形成 4 个胃囊。胃囊之间具隔板(septum),上有小孔,可使胃囊之间互相沟通,以帮助液体物质的循环流动。胃腔内还有环管,及与此相通的各种辐管,如海月水母具 4 条由口腕方向伸向伞缘的有分支的正辐管(perradial canal),由胃囊方向伸向伞缘的 4 条有分支的间辐管(interradial canal),及位于正辐管与间辐管之间的 8 条不分支的从辐管(adradial canal)。隔板上具隔板肌,其内缘具内胚层起源的胃丝(gastric filaments);珊瑚胃腔被许多隔膜分隔成许多小室,隔膜上具隔膜丝(图 4-13,14)。这些胃丝和隔膜丝中含有大量的刺细胞及腺细胞,因此它们能将吞入的活物在胃腔中最后杀死并消化。消化后的营养物质通过各种管道输送到身体各部分,未消化的食物残渣,仍由口排出。糖原及脂肪是刺胞动物主要的贮存物质。

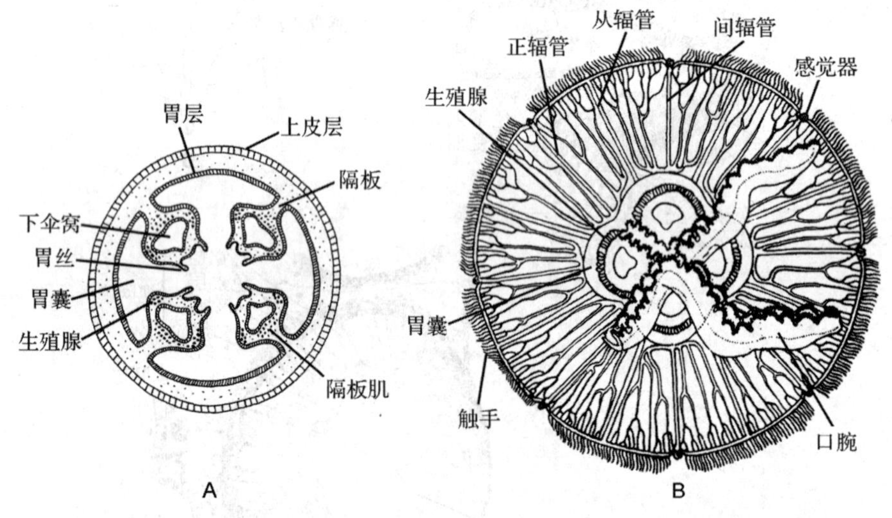

图 4-18 钵水母类的消化系统结构(仿各家)

A. 十字水母胃囊横切; B. 海月水母口面观

刺胞动物虽然尚无专职的呼吸器官,但其体表的表皮组织可承担呼吸功能,表皮细胞直接与水接触,可进行体内、外气体的交换;另一方面原肠腔内由于鞭毛的摆动或身体的伸缩,可使环境中的含氧水流入体内,把代谢过程中产生的二氧化碳通过口排出而行使呼吸功能,因此,刺胞动物的内、外两层细胞都能参与呼吸作用。刺胞动物也无专职的排泄器官,与呼吸作用一样主要也由体表和原肠壁的皮肌细胞执行排泄功能,刺胞动物主要的含氮废物为氨,占 77%～100%。

2.5 骨骼

珊瑚类中大多数种类都能形成骨骼,其形态、成分、形成方式与产生部位在不同类群中有所不同。大多数珊瑚的骨骼由外胚层细胞分泌而成,有的外胚层细胞移入中胶层分泌角质或石灰质的骨针或骨片,它们或存在于中胶层或突出于虫体表面,如海鸡冠(*Alcyonium*)和海鳃(*Pennatula*);有的小骨片连接成管状的骨骼,如笙珊瑚(*Tubipora*);有的则愈合成中轴骨,如红珊瑚(*Corallium*)。珊瑚骨骼的增长速度由不同种类及环境决定。通常在相同的条件下,块状珊瑚,如脑珊瑚(*Meandrina*)增长缓慢,每年仅增加 0.5～2mm 厚度,而枝状珊瑚,如鹿角珊瑚(*Madrepora*=*Acropora*)增长较快,一般每年增加 10～20cm。

我国南海诸岛,如西沙群岛、南沙群岛、中沙群岛等几乎全由生活在热带浅海中的珊瑚的骨骼堆积形成。这些珊瑚称为造礁珊瑚。在这些造礁种类的内胚层细胞中共生着虫黄藻(*Zooxanthella*)和虫绿藻(*Zoochlorella*),它们在珊瑚内胚层细胞中的密度很大,估计每立方毫米的珊瑚胃层细胞内有 3×10^4 个这些藻类。这种珊瑚与藻类的共生关系对双方都很重要,珊瑚为藻类提供了良好的生活环境及保护屏障,藻类可从珊瑚体内获得其生长发育所必需的碳、氮、硫等物质,而这些都是珊瑚的代谢废物;珊瑚则靠藻类补充氧气和葡萄糖等碳水化合物,从而加速珊瑚骨骼的生长。如果没有这些共生的藻类,珊瑚代谢过程中所产生的大量二氧化碳会阻碍其骨骼的增长。实验证明有共生藻类的珊瑚比没有共生藻类的珊瑚,或虽有共生藻类但在黑暗环境下的珊瑚,其骨骼的积累要快 10 倍以上。因此,共生藻类是珊瑚造礁不可缺少的生态条件之一。

2.6　生殖、发育

刺胞动物中无性生殖和有性生殖十分普遍。

无性生殖主要为出芽生殖,尤其在水螅型更为常见。如水螅出芽时,先从身体体壁及消化腔向外突出,再长出触手和口形成芽体(图4-19),以后芽体与母体分离即形成新的个体。然而薮枝螅新形成的芽体与母体不分离,则形成群体。此外也可通过分裂方式进行无性生殖,主要也发生在水螅型,如海葵的纵分裂,钵水母幼体的横分裂。通常水螅型具有很强的再生能力,如将水螅切成多段,条件合适时每段均可再生成一个新个体。

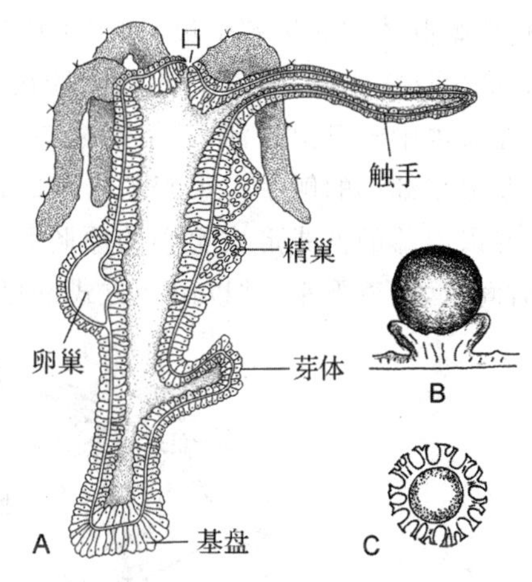

图 4-19　水螅的出芽生殖(仿各家)

A. 出芽生殖和精、卵巢; B. 成熟卵; C. 已形成的胚壳

有性生殖出现于多数水螅型及所有水母型种类。刺胞动物中绝大多数为雌雄异体,包括异群体。生殖细胞来源于间细胞,然后迁移到固定的位置形成生殖腺。其中水螅类生殖腺来自表皮层(外胚层)如水螅。水螅水母的生殖腺位于辐管下或垂唇周围,也都来源于表皮层的间细胞;钵水母类的生殖细胞来源于胃层(内胚层),位于胃囊底部;珊瑚类的生殖细胞也来源于内胚层,在胃腔的隔膜上发生。刺胞动物虽有生殖腺,但尚不具生殖导管等构造,精子与卵子由体壁破裂后排出,或由口排至体外。生殖细胞排出后,有的种类在海水中受精,有的在垂管的表面或在胃腔中受精。卵裂方式属于完全卵裂之一的辐射型卵裂(见第 2 章)。之后形成中空的囊胚,囊胚表面具纤毛,能自由游动,称为实囊幼虫(parenchymula),不久经移入法或内陷法形成原肠胚。水螅从受精卵分裂直至原肠胚形成,全在体壁中进行,胚胎外包以几丁质的厚壳,壳上常具突起,不久脱离母体沉入水底,到翌年春天继续发育,形成一个新的个体。水螅没有幼虫阶段,属直接发育(图 4-19)。大多数刺胞动物为实心的原肠胚,表面被有纤毛,能自由游动,称为浮浪幼虫(planula)(图 4-20)。该幼虫早期大多数无口及消化腔,在水中游动一段时间后,其一端固着在水下岩石或其他物体上,最后发育成为水螅型个体,或再经出芽生殖形成群体或以无性生殖的方式产生水母体。但大洋漂浮生活的钵水母类,没有固着生活阶段的幼虫,它们或是直接发育,如游水母(*Pelagia*)等(图 4-27),或是

幼虫留在亲体的胃腔内发育成熟后再到海水中，如霞水母(*Cyanea*)(图 4-27)。

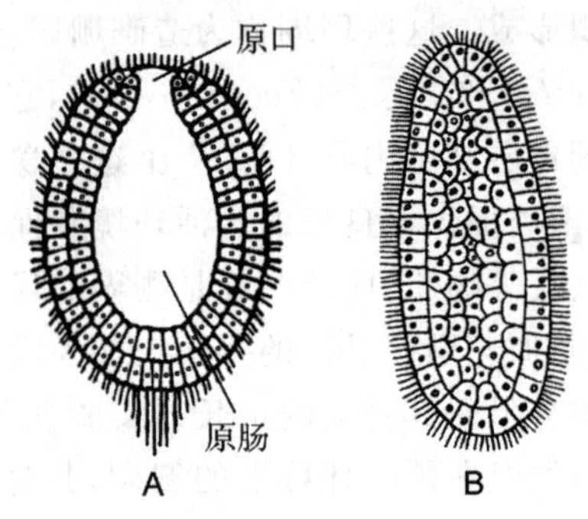

图 4-20 浮浪幼虫(仿各家)
A. 中空的浮浪幼虫；B. 实心的浮浪幼虫

2.7 生活史

刺胞动物的生活史有的较为简单，虽具无性、有性两种生殖方式，但并不交替出现；有的却非常复杂，不仅无性生殖和有性生殖交替发生，而且体型也会出现水螅型和水母型的变化，它们需要有规律地相互交替发生，而且两者缺一不可。水螅纲中的薮枝螅和钵水母纲中的海月水母(*Aurelia aurita*)是世代交替非常典型的代表种类。

薮枝螅群体中的生殖个员，即生殖体(gonangium)成熟后，其子茎(blastostylus)以出芽的方式产生许多水母芽，它们成熟后脱离子茎，由生殖鞘(gonotheca)顶端的开口释出水螅水母，在海水中营自由生活，其结构简单，大小只有 1～2mm，外形如伞，伞边缘具一圈环状缘膜，及很多细小的触手。水螅水母雌雄异体，精子和卵成熟后在海水中受精。受精卵分裂发育，并以内移的方式形成实心的原肠胚，其表面密生纤毛，成为浮浪幼虫。它在水中游动一段时间后，固着下来，并以出芽方式发育为水螅型群体(图 4-21)。

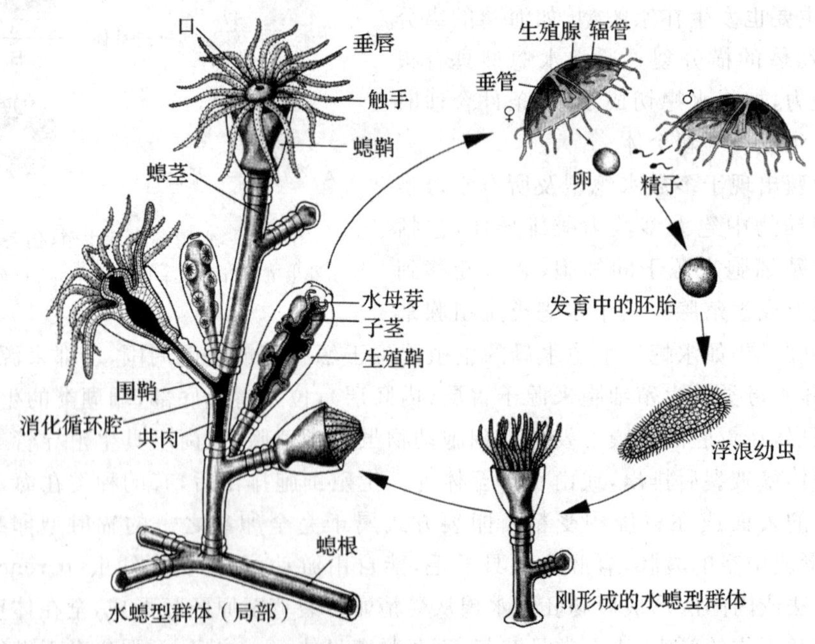

图 4-21 薮枝螅生活史图(据 Barnes 修改)

海月水母雌雄异体，精、卵在海水中受精，或在口腕处受精。受精卵经囊胚期发育为浮浪幼虫，经一段时间自由游泳后用其前端固着在物体上，先发育为水螅状幼虫，称为钵口幼虫(scyphistoma)，以后由其顶端到基部进行横裂生殖(strobilation)，产生横裂体(strobila)。此后，横裂体由其顶端开始顺次脱离母体而形成碟状幼虫(ephyra)，它可在海中生活一至数年,全部横裂体脱落之后,还可重新形成钵口幼虫,这是海月水母的无性生殖时期。碟状幼虫体形小,边缘具很深的缺刻,长大后成为水母型成体(图 4-22)。

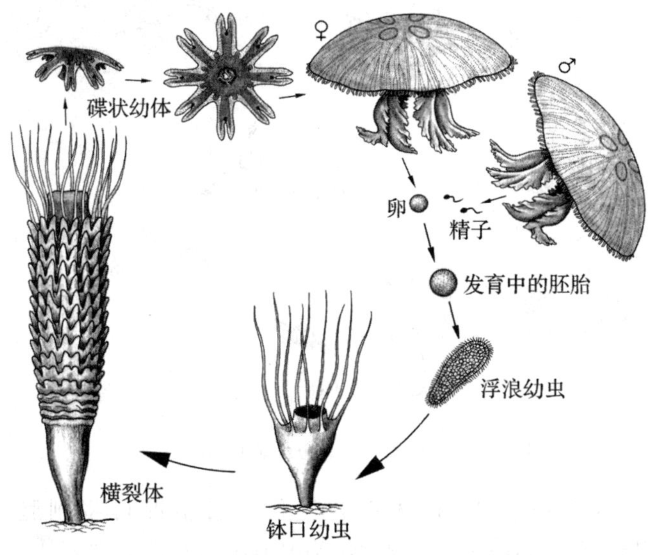

图 4-22　海月水母生活史(据 Barnes 修改)

其他刺胞动物生活史,或缺乏水螅型阶段,或虽具水螅型,但不甚发达。前者如水螅纲硬水母目(Trachylina)的壮丽水母(*Aglaura*),只有水母型,而无水螅型。水母体的生殖腺位于辐管下的表皮细胞内,生活史经浮浪幼虫、辐射幼虫(actinula)再发育成为成体水母(图4-23)。后者如水螅目(Hydroida)的桃花水母(*Craspedacusta*),水螅型很不发达,仅只有数毫米大小,但水母大而明显,其直径可达 1.2~2.0cm。生活史也经浮浪幼虫阶段,发育为水螅体,并由其产生水螅水母。水母雌雄异体,生殖腺位于辐管之下,共 4 个,成囊状(图 4-24)。

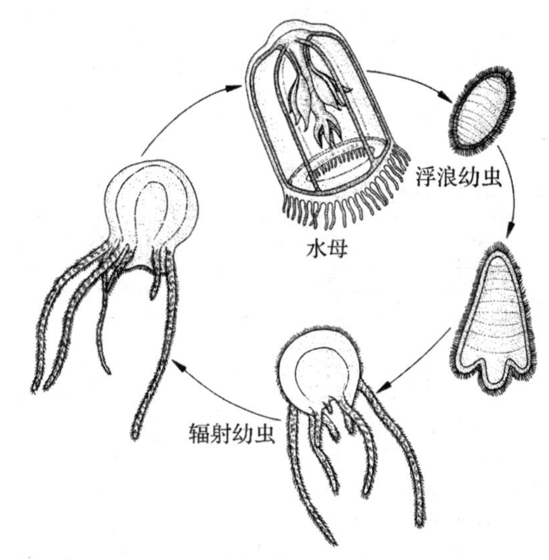

图 4-23　壮丽水母的生活史(仿 Bayer 和 Owre)

3　刺胞动物的分类与演化

3.1　分类

刺胞动物在 10000 种以上,除少数种类为淡水生活外,绝大多数种类为海洋生活,其中

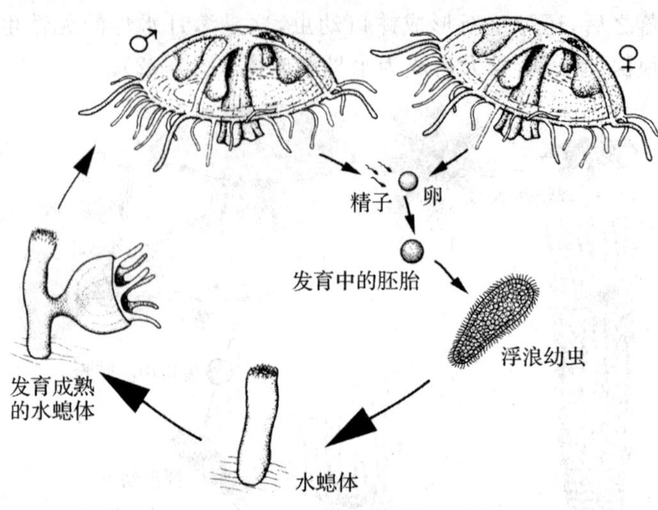

图 4-24 桃花水母生活史(据 Barnes 修改)

多数在浅海区,少数为深海种类,按体形和世代交替情况可将刺胞动物分为水螅纲(Hydrozoa)、钵水母纲(Scyphozoa)和珊瑚纲(Anthozoa),它们的主要特征如表 4-2 所列。

表 4-2 刺胞动物不同纲主要特征的比较

特征	水螅纲	钵水母纲	珊瑚纲
体型	只有水螅型或水母型,或水螅型、水母型交替	水母型发达,水螅型不发达或不存在	只有水螅型
口道	无	不发达	发达
缘膜	存在(水螅水母中)	无	无
隔膜	无	缺乏或不明显	发达
刺细胞	只分布于外胚层	在内、外胚层均存在	同钵水母纲
骨骼	无	无	绝大多数有
世代交替及生殖方式	A. 无世代交替: 无性:水螅体→芽体→水螅体 有性:水螅体→雌雄配子→合子→水螅体 B. 具世代交替: 群体→芽→生殖体→水母芽→水母→雌雄配子→合子→浮浪幼虫→水螅体→群体	A. 无世代交替: 有性:水母→雌雄配子→合子→浮浪幼虫→水母 B. 具世代交替: 水母→雌雄配子→合子→浮浪幼虫→螅状幼体→横裂体→碟状幼体→水母	无世代交替 A. 无性生殖: 出芽、二分裂等 B. 有性生殖: 水螅体→雌雄配子→合子→具纤毛的幼虫→水螅体
生殖腺来源 发育方式 幼虫名称	外胚层 直接或间接发育 浮浪幼虫、辐射幼虫	内胚层 间接发育 浮浪幼虫、螅状幼虫、钵口幼虫、碟状幼虫	内胚层 直接或间接发育 浮浪幼虫(具口)、蛛形幼虫
生活方式	单体或群体,营固着或漂浮生活,或两者兼有	单体,漂浮生活	单体或群体,全部固着生活
分布	少数淡水,多数海洋	全部海洋(通常在暖海)	全部海洋(多在亚热带、热带浅海)

3.1.1 水螅纲

少数生活于淡水，大多数生活在海洋，是刺胞动物中种类多而变化最为复杂的一纲。一般为小型的水螅型或水母型；水螅型构造简单，水母型具缘膜，触手基部具平衡囊。大部分种类有水螅型与水母型世代交替现象，少数种类水螅型发达，无水母型，或水母型不发达；有些种类水母型发达，水螅型不发达或不存在。有 3700 余种，常见的有：

水螅目(Hydroida)

通常水螅型世代发达，水母型世代存在，但不发达，或不存在。

本目最常见的是水螅(图 4-19)，常生活于水流缓慢、具水草的小溪和清洁的池塘，单体，无世代交替。在环境条件适宜的情况下，水螅出芽生殖十分旺盛，往往一个个体上同时出现好几个芽体，秋季或环境条件不适宜时就出现有性生殖。薮枝螅(图 4-10，21)是沿海习见种类，其群体呈树状，可从几厘米一直长到十几厘米。

硬水母目(Trachylina)

水母型发达，水螅型通常都很退化或不存在。

桃花水母是唯一生活在淡水的水母，近年来国内不少地区频繁出现，浙江杭州和绍兴等地出现的属于索氏桃花水母(*C. sowerbyi*)伞径一般为 8.3～21.50mm，平均值为 16.98±0.30mm，触手分为三级，其中一级触手最长共 4 条，位于辐管外侧(图 4-25)。钩手水母(*Gonionemus*)是海产的小型种类，伞径通常为 7～11mm，触手在接近远端处具盘状黏液腺，并在此处弯曲成一钝角如钩状，故名(图 4-26)。

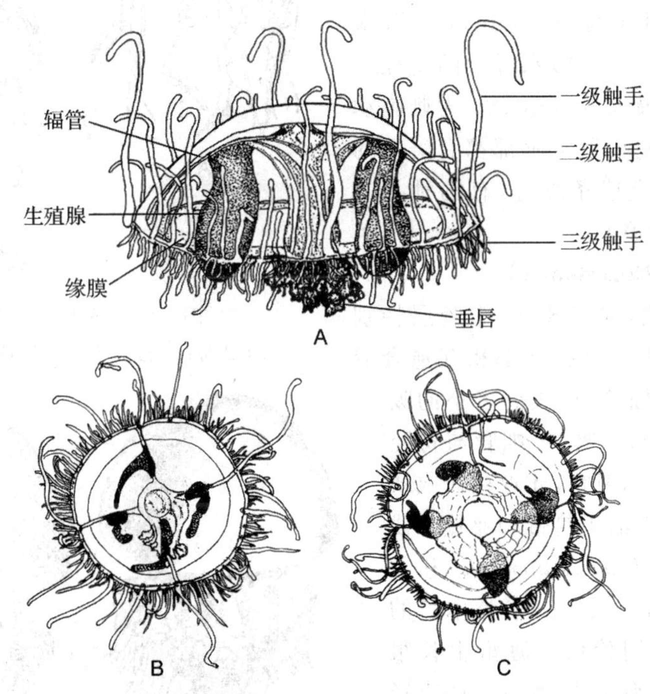

图 4-25 索氏桃花水母(作者)

A. 侧面观；B. 背面观；C. 腹面观

管水母目(Siphonophora)

一般为较大型的营漂浮生活的水母型群体。虫体由几种变态的水螅型和水母型个体通过共肉联系在一起，彼此分工组成的大型群体。如僧帽水母（*Physalia*），具一个10～30cm的浮囊体，靠其浮在海面上，触手可长达几米，上面的刺细胞很毒，对人的危害性大（图4-11，C）；帆水母（*Velella*），具一帆状的浮囊体，其他个体都在帆的下面，依靠帆的作用在海面上随风漂流（图4-11，E）。

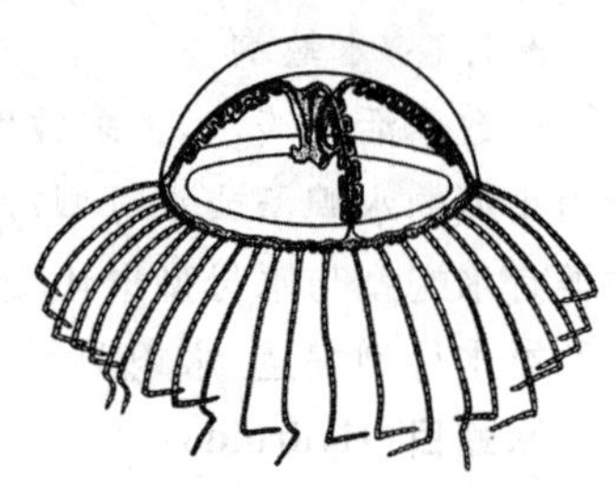
图4-26 钩手水母（仿Mayer）

3.1.2 钵水母纲

全部海洋生活，大多为大型水母类。水母型世代发达，水螅型世代退化，常以幼虫形式显现，水母不具缘膜，感觉器官为触手囊，其他构造远比水螅水母复杂，消化循环腔中具胃囊和胃丝等。有200余种，常见的有：

旗口水母目（Semaeostomae）

伞部呈碟状、碗状，伞缘具8个到更多个缺刻，其中具触手囊。伞缘具触手，其数量、形状随种而异。具口腕，口腕内具纤毛沟，胃囊伸出复杂的辐射管，环管存在或缺失。大部分具有世代交替，几乎世界任何海洋都有分布，且数量极多。

常见的有海月水母（图4-18，B）、游水母、霞水母（图4-27）等。霞水母伞的直径一般都在5～40cm，最大的可达2m，为刺胞动物中体形最大的种类，通常伞部都有美丽的颜色，有的还有斑点或条纹等，有的种类的生殖腺比伞部更为美丽。

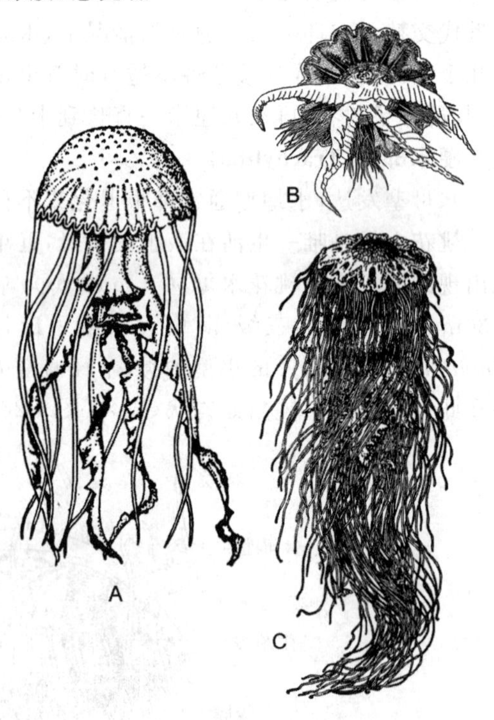

图4-27 游水母和霞水母

A.游水母；B.霞水母腹面观；C.霞水母侧面观

根口水母目（Rhizostomae）

伞部呈蘑菇状，或半球状，中胶层特别厚。伞缘无触手，4个口腕基部相互愈合成腕，腕中具分支的细管，形成许多小的吸口（suctorial mouth）。吸口、细管与胃腔相连。胃腔中也有辐射管，环管存在或缺失。具世代交替，生活于热带和亚热带浅海中。海蜇（*Rhopilema esculentum*）和黄斑海蜇（*R. hispidum*）（图4-28）是本目的两种代表，均有食用价值。海蜇生长很快，四、五月初生的海蜇苗，六月伞的直径即可达到15～16cm。海蜇的伞部和口腕经过盐和明矾等加工后即成可食用的海蜇皮和海蜇头。海蜇营养价值丰富，含有蛋白质、维生素B_1和B_2等。

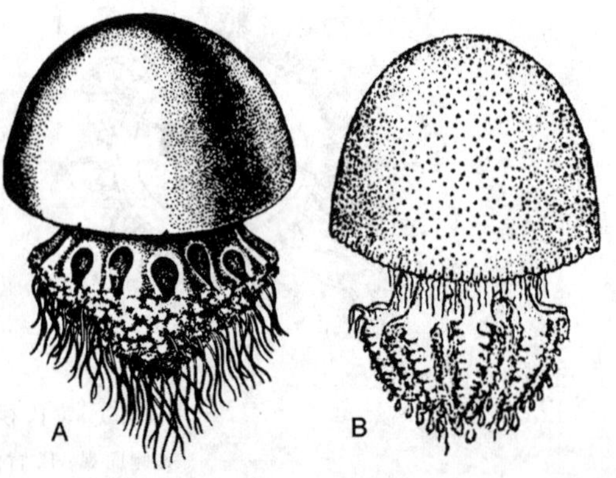

图4-28 两种可食用海蜇（仿各家）

A.海蜇；B.黄斑海蜇

3.1.3　珊瑚纲

全部海产,只具水螅型,其构造远比水螅类复杂,具口道、口道沟、隔膜和隔膜丝。单体或群体,多数具骨骼。分为两个亚纲,约有6100余种。

八放珊瑚亚纲(Octocorallia)

群体,通常呈树枝状分支或叶状分支。触手、隔膜各为8个,触手呈羽状分支;口道只有1个口道沟,其所在的一面即为腹面;肌束面向着腹面。代表种类有海仙人掌(*Cavernularia habereri*),海鳃(*Pennatula*)和红珊瑚(*Corallium*)(图4-29)。

图4-29　八放珊瑚的代表种类(仿各家)

A. 海仙人掌;B. 海鳃;C、D. 红珊瑚群体外形和内部结构

六放珊瑚亚纲(Hexacoralla)

单体或群体,触手为6或6的倍数,不分支;口道具2个口道沟,隔膜成双,肌束相对而生。有些种类具长在体外的骨骼,由表皮层分泌而成。沿海最习见的是绿疣海葵(*Anthopleura midori*)、黄海葵(*A. xanthogrammica*)等,单体,无骨骼,常以基盘固着于岩石或其他物体上。石芝(*Fungia*),单体,具石灰质骨骼,群体的有菊珊瑚(*Meandrina*)和鹿角珊瑚(*Madrepora*=*Acropora*)等(图4-30)。

3.2　系统演化

刺胞动物的个体发育一般都需经过一具纤毛,由内、外胚层组成的浮浪幼虫阶段,因而有理由认为,刺胞动物的祖先是与浮浪幼虫相似的一类动物发展而来。由于浮浪幼虫内胚层大多是以移入方式产生的,而且开始时是无空腔的实囊幼虫,以后经过内胚层细胞的重新排列才出现原肠腔,所以这样的浮浪幼虫实际上就是梅契尼柯夫所主张的多细胞动物的祖先——吞噬虫,此后逐渐发展成刺胞动物。现存刺胞动物中水螅纲最为原始,它的消化道简

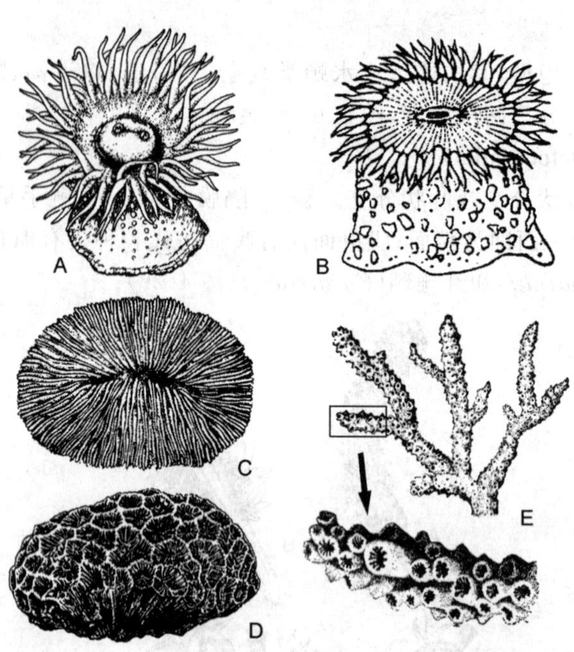

图 4-30 六放珊瑚的代表种类(据各家稍改)
A. 绿疣海葵；B. 黄海葵；C. 石芝；D. 菊珊瑚；E. 鹿角珊瑚

单,既没有口道,也无隔膜,生殖细胞由外胚层产生;钵水母纲水螅型退化,水母型发达,结构复杂;珊瑚纲没有水母型,只有构造复杂的水螅型。而后两纲刺胞动物的生殖细胞又都来自内胚层,因而可以认为,钵水母纲和珊瑚纲很可能起源于水螅纲后,沿着不同的途径(固着或漂浮)进化而来。

4 刺胞动物小结

刺胞动物是辐射对称或两侧辐射对称的两胚层动物。它们具有原始的消化腔,有口而无肛门,细胞外及细胞内消化同时并存;组织开始分化,出现漫散神经系统和原始感觉器官,具原始的肌肉结构(皮肌细胞),并具特有的刺细胞;骨骼存在时,常为钙质或角质;水螅型适应水底固着生活,水母型适应水中漂浮生活;生活史常是水螅型世代以无性生殖的方式产生水母世代,水母型以有性生殖的方式产生水螅世代,因而具有世代交替现象。雌雄同体或异体,单体或群体生活,有的还具多态现象。间接发育的一般具浮浪幼虫,有的更为复杂,具有多个幼虫期,如辐射幼虫、螅状幼虫、钵口幼虫、碟状幼虫等阶段。少数为直接发育,无幼虫期。

第5章　扁形动物门(Platyhelminthes)

1　扁形动物的主要特征

后生动物从扁形动物起具有两侧对称(bilateral symmetry)的体制——通过身体的中央轴,只有一个切面将动物体分成左右相等的两部分。凡是两侧对称的动物,身体都有了明显的背、腹和前、后之分。身体腹面主司运动,背面主司保护。身体前端集中了神经与感觉器官,从而为头部的产生创造了条件,动物运动时总是头部向前。这种体制的出现使动物能对不断变化的外界环境作出更迅速、更正确、更敏捷的反应,积极的趋利避害方式更有利于它们的生存;扁形动物的运动方式不再只是水中漂浮运动,大多数情况下出现了水底爬行,这种运动方式的产生是动物界另一个巨大的进步,使动物能从水底爬行进入陆上爬行,实际上扁形动物中已有上陆类群的出现,因而两侧对称的体制是动物由水生进化到陆生的基本条件之一。

扁形动物在内、外胚层之间具中胚层。中胚层的产生,减少了内、外胚层的负担,由其形成独立的肌肉组织并参与体壁的组成。它与表皮一起形成了皮肤肌肉囊(dermo-muscular sac)构造,并包裹全身,强化了动物的运动机能;由于运动功能的提高,因而促使动物能更迅速、有效地去摄取更多的营养物质,其必然结果是促使动物整个新陈代谢机能的加强,进而促使动物消化系统的发达,原肾管(protonephridium)型排泄系统的形成和梯状神经系统的产生。中胚层还形成实质组织(parenchyma)——呈分支的网状合胞体构造,其间充塞着细胞间质。它填充在体壁内各器官系统之间,故扁形动物尚未出现体腔,但实质中储藏了大量的水分和营养物质,可以提高动物抵御干旱和饥饿的能力,这对动物的生存以及开辟新的生活空间十分重要,也是动物从水生过渡到陆生生活的基本条件之一。总之,中胚层的产生,为动物有机体结构的高度发展和生理功能的复杂化和完备性提供了必要的基础。

扁形动物在动物演化史上具有十分重要的地位,其他动物类群都是在此基础上发展而来的,然而它们中也有许多种类是严重危害人类和其他动物健康的寄生虫(parasite),如有"华佗无奈小虫何,万户萧疏鬼唱歌"之称的日本血吸虫(*Schistosoma japonica*)等。

2　扁形动物的生物学

2.1　皮肤肌肉囊

扁形动物的基本体形为背腹扁平,左右对称,外形呈卵圆形、长圆形、长条形、柳叶形、带形等等。自由生活的种类具明显的头部,体表呈灰色、褐色、灰黑色;寄生种类通常为乳白色。扁形动物的体壁由皮肌囊组成,并包裹全身(图 5-1)。自由生活与寄生生活种类的皮肌囊的结构有所区别。

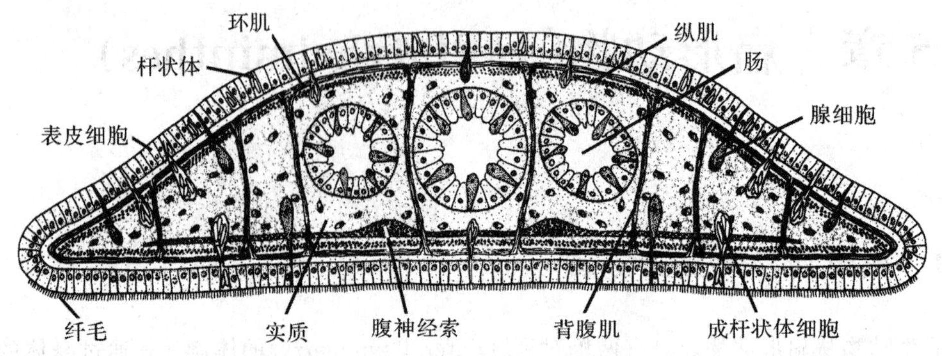

图 5-1　涡虫皮肌囊整体结构(作者)

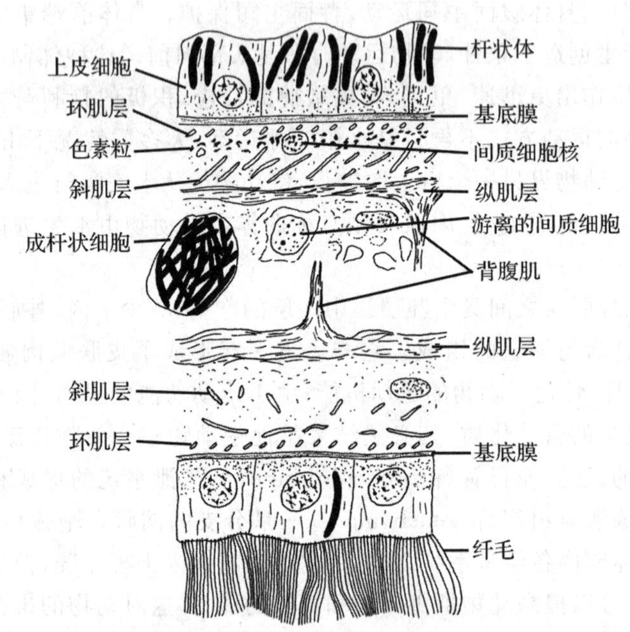

图 5-2　一种淡水涡虫体壁背面(上)和腹面(下)结构示意图(仿 Hyman)

以涡虫(*Dugesia*)为代表的绝大多数自由生活种类,其皮肌囊的外层,即外胚层来源的上皮细胞为单层柱状细胞,排列紧密,细胞之间的界限清楚,也有少数种类细胞间的界限消失,形成合胞体上皮。上皮细胞的基部附着在非细胞形态的基底膜上,细胞表面具纤毛,覆盖全身或仅限于身体腹面。这些细胞在体壁表面构成了完整的表皮层(epidermis)(图 5-1,2)。表皮细胞内散杂有杆状体(rhabdoid),它由实质中的成杆状细胞形成后,贮存于表皮细胞之中。杆状体从表皮细胞外排至水中时,能形成黏液。涡虫可用黏液包裹身体或用黏液攻击敌害,因而具有防卫和攻击的功能。上皮细胞之间具有腺细胞,或腺细胞的细胞体深陷于实质中,以腺管穿过上皮细胞层开口到体外。腺细胞中含有大量的颗粒,如被排到体外遇水也能形成黏液。腺细胞排出的黏液具有以下功能:一是作为运动的滑润剂,它覆盖于物体的表面形成黏液膜,纤毛在黏液膜上摆动产生由后向前的纤毛波,推动虫体前进;二是黏着作用,用以缠绕被捕物或用以保护自己，或生殖时形成卵袋并黏附在其他物体上。电镜研究显示，大多数自由生活的扁形动物的体表具一些小型乳突，其中包含两种腺体：一种是黏液腺(viscid gland)产生黏液用以固着；另一种是释放腺(releasing gland)产生的分泌物能破坏黏着腺的黏液，使虫体能从黏着中游离，因而动物就可随时附着又随时游离，这对海洋潮间带生活的涡虫尤为重要。有的种类除表皮中分布大量腺细胞外，腺细胞还能聚集在身体的一定部位，如脑神经周围形成特殊的腺体，开口在身体的前端，如头腺(frontal gland)(图 5-3)，在捕食过程中发挥作用。

扁形动物表皮层下面是独立的肌肉层(图 5-1,2)，由外向内分为三层，即环肌层(circular muscle)、斜肌层(diagonal muscle)以及纵肌层(longitudinal muscle)。此外还具背腹肌(parenchymal muscle)连接背腹部的体壁，以形成背腹扁平的外形。这些肌肉的收缩对扁形动物的运动十分重要。

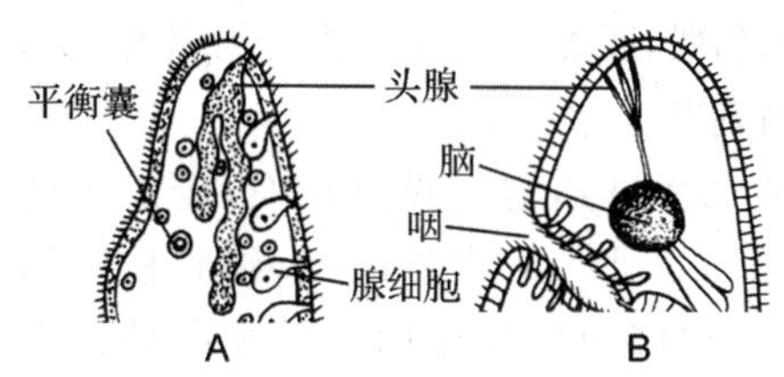

图 5-3　涡虫的头腺(据 Westblad 改绘)
A. 无肠目涡虫；B. 单肠目涡虫

体壁肌肉层之内为实质，它是合胞体构造(图 5-1,2)。由实质细胞的分支相互联结成疏松的网，其间充满液体及游离的变形细胞，实质填充在皮肌囊内各器官系统之间，承担着体内营养物质及代谢产物的输送，在组织损伤的修复、动物的再生，以及生殖方面起重要的作用。

在身体背部的上皮细胞基部或体壁肌肉层中还有溶解的色素粒(pigmental granules)，有的还存在于实质合胞体细胞中，这些色素粒共同构成了动物的体色。

寄生生活扁形动物的皮肌囊的基本构造与自由生活的种类一样，也有表皮层和肌肉层组成，并包裹全身。但表皮层的上皮细胞的纤毛和腺细胞退化或消失，也没有杆状体。电镜下，寄生吸虫的表皮层从外到内分别为外质膜(external plasma membrane)、皮层基质(tegument matrix)与内质膜(internal plasma membrane)，也称基膜(basement membrane)构成。外质膜向外有细小突起，基质内含有大量的线粒体和分泌小体，但无内质网和高尔基体。吸虫的上皮细胞大，细胞膜界限消失，所以吸虫的表皮层是一层合胞体。表皮细胞核深埋在肌肉层之下的实质中，胞核通过胞质通道(trabeculae)与皮层基质相连，因而称为下沉上皮(insunk epithelium)。在下沉的表皮细胞胞质中，有发达的内质网、高尔基体及分泌小体。表皮的内界为内质膜(基膜)，它向基质面凹陷有许多细小的褶皱，这种结构增加了内质膜的表面积，有利于表皮基质与实质之间的物质运送。1963 年以前，一直认为吸虫体壁的最外层

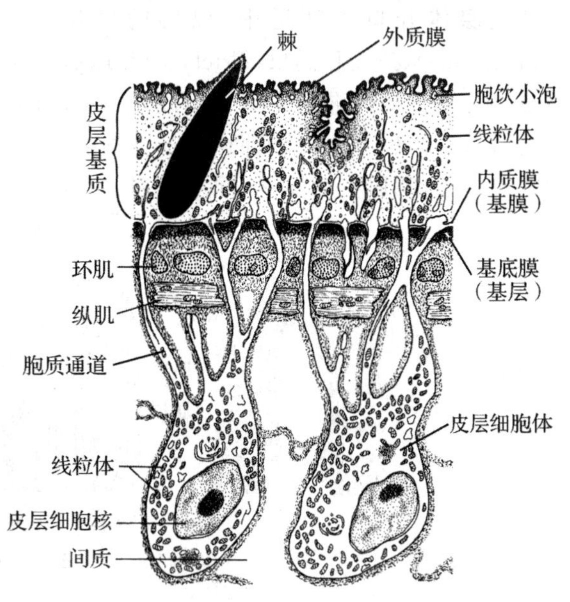

图 5-4　吸虫体壁的超微结构模式图(据 Treadgold 稍改)

是一层无生命的角质层，后经电镜和放射性示踪研究，否定了用光学显微镜研究得出的结论，证实皮层是吸虫代谢活跃的原生质层，具有分泌、排泄和吸收等功能，也和呼吸、感觉相联系，并能抗拒宿主消化酶的作用。基膜之下先是一层非细胞结构的基底膜（basal membrane），也称基层（hypothallium），其下依次为环肌、纵肌。有的种类仍具有斜肌，肌细胞均为平滑肌，在体壁的吸盘处肌肉特别发达（图 5-4）。

绦虫的体壁结构与吸虫相似，也由表面的原生质层与下面的肌肉层组成，细胞核同样沉入实质中，但绦虫的皮层的外质膜向外伸出无数的细小微毛（microthrix），布满全身甚至包括吸盘等处（图 5-5）。

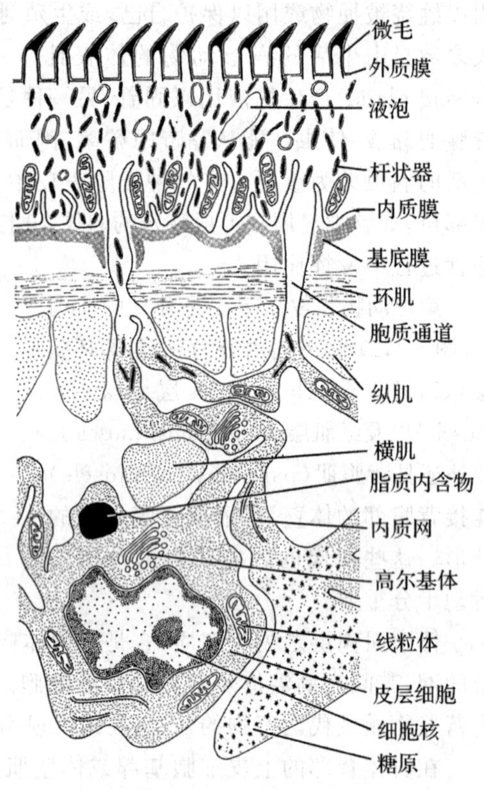

图 5-5 绦虫的体壁超微结构模式图（仿 Smyth）

2.2 消化系统

扁形动物的消化系统包括口、咽（pharynx）、食道及肠支等部分，没有肛门，但寄生种类的消化系统趋向退化，如吸虫；或完全消失，如绦虫。自由生活种类，口位于腹中线上，口的周围具环肌及放射状肌肉。除了原始的无肠目涡虫之外，其他自由生活的涡虫、寄生吸虫都有咽的构造。涡虫的咽是体壁内陷形成的一种管道，其功能是吞食或抽吸食物至肠道。最简单的是管状咽，咽道内具纤毛，咽道外周即为实质，单细胞腺体开口于咽道中，以协助输送食物。较复杂的是褶皱咽，如多肠目涡虫（Polycladida）、三肠目涡虫（Triclada）和球形咽，如新单肠目涡虫（Neorhabdocoela）（图5-6）。褶皱咽是管状咽经进一步摺叠而成，故咽位于咽鞘内而不再埋于实质中，这种咽可伸缩，取食时由口伸出，取食后缩回咽腔，食物通过咽孔进入肠道；球形咽来源于褶皱咽，这种咽的咽腔缩小，咽肌更为发达，除了环肌、纵肌，还有发达的放射肌，并分布有更多的腺细胞

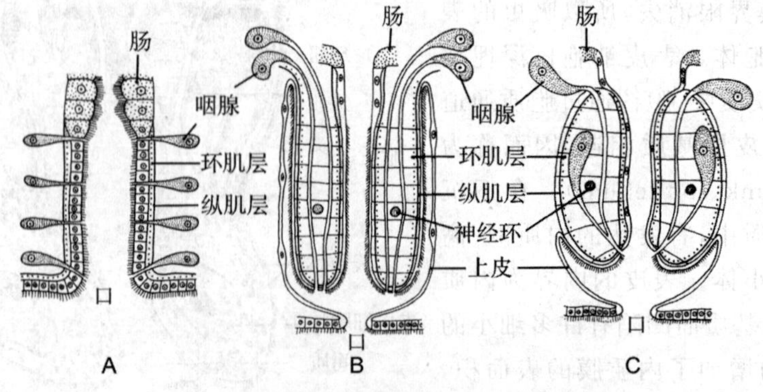

图 5-6 咽的类形（仿 Barnes）
A. 管状咽；B. 褶皱咽；C. 球形咽

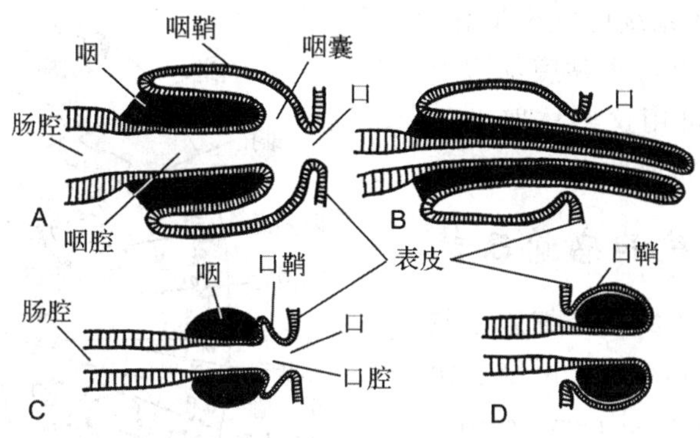

图 5-7　咽的伸缩示意图(仿 Hyman)

A、B. 咽伸出的过程；C、D. 咽翻出的过程

(图 5-7)。咽后为肠,无肠目涡虫没有明显的肠道,咽后只是一团吞噬细胞,为一种合胞体结构,但具有消化功能,故也称消化细胞。三肠目涡虫的肠道分为三支,其中一支向前、两支向后,每支又分出许多小的盲支(图 5-8)。自由生活的扁形动物绝大多数为肉食性,食物入肠道后先行细胞外消化,由肠壁的腺细胞产生肽链内切酶,将食物分解成碎片,再由肠壁细胞吞噬,进行细胞内消化,消化后的营养物质以脂肪滴的形式贮存在肠壁细胞内,不能消化的食物残渣仍经口排出体外。一般自由生活的涡虫具很强的耐饥饿能力,有的种类可以数月甚至一年不取食而不致饿死,但虫体会减少到原来体积的1/300。实质、生殖系统、消化系统也会在饥饿中相继逐渐减小,以致完全消失,而神经系统却很少受其影响,当动物重新获得食物之后,失去的器官又会很快得到恢复,虫体也逐渐恢复到正常体积。

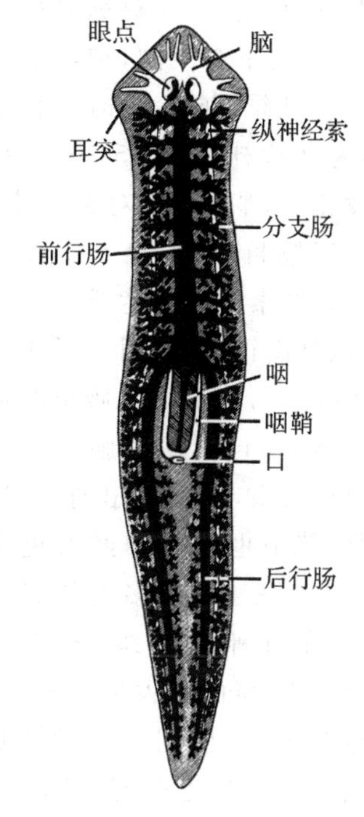

图 5-8　三肠目涡虫的消化系统(仿 Hyman)

吸虫的消化系统通常较为简单,包括口、咽、食道和肠。口周围常有吸盘围绕(图 5-9)。因吸虫寄生在有机质丰富的环境中,特别是体内寄生的种类,随着寄生部位(环境)的不同,常以宿主的上皮细胞、血液、黏液等各种组织及组织排出物作为其营养源,甚至可取食进入宿主体内的食物颗粒。寄生吸虫不仅可用消化道取食营养,而且其体壁的皮层也可吸收营养物质。溶解在虫体周围环境中的许多小分子物质,可以通过扩散作用经吸虫皮层外质膜直接从环境中吸收;一些较大的颗粒也可以通过吸虫皮层的胞饮和吞噬作用主动进入虫体内。因为吸虫皮层中含有来源于自身的内源性酶(extrinsic enzyme),或来源于宿主的外源性酶(intrinsic enzyme),因此它们可通过其体壁直接吸收部分营养物质。绦虫是

高度寄生的种类，消化系统已完全退化，其体壁的微毛在机能上与肠黏膜细胞上的微绒毛相似，绦虫可用这些体壁上的微毛在宿主肠腔中直接吸收营养物质。

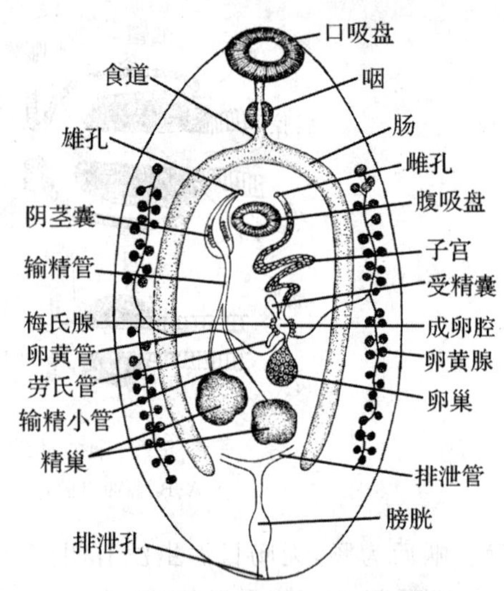

图 5-9 吸虫内部结构示意图(仿吴宝华)

2.3 神经系统和感觉器官

绝大多数扁形动物的神经细胞已趋于集中，形成了“脑”(brain)及由脑发出的纵向神经索(longitudinal nerve cord)，在脑与神经索中分布着神经细胞及神经纤维，尚未形成神经节。自由生活的低等扁形动物中，通常具 3～4 对纵向神经索，此外还具一上皮下神经网，神经索之间具发达的横行纤维，神经结构与刺胞动物相似，仍为网状神经(图 5-10)。高等种类由脑发出背、腹、侧 3 对神经索，生活于淡水的三肠目涡虫，只有腹神经索发达，背、侧神经索极不发达或完全退化消化，由于也具横行神经，因而形成典型的梯状神经(图 5-10)。寄生吸虫的神经结构与涡虫接近，包括 1 对脑神经节及其之间的神经联系，由脑发出向前、后 3 对纵神经索，其中也是腹神经索更为发达，此外在吸盘等处有更多的神经分布(图 5-11)。绦虫神经系统中，头节(scolex)的神经环在腹面膨大形成脑丛，纵向神经索也是 3 对，但侧神经索特别发达，有的种类脑丛之前还有顶环(rostellar ring)的构造。

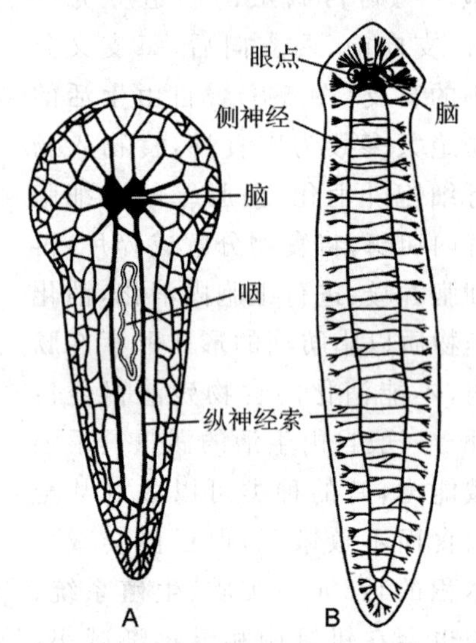

图 5-10 涡虫的神经系统(仿各家)

A. 多肠目涡虫；B. 三肠目涡虫

自由生活的扁形动物的感觉器官较为发达。眼点(eye)是最习见的感觉器官，最典型的杯形眼位于体前端表皮下，通常 1 对，也有 2～3 对或更多的。眼由色素细胞(pigment cell)环状排列而成，对光敏感的感觉细胞(sensory cell)伸入到色素杯中，感觉细胞又与神经细胞相连，这种眼只能感光而不能成像(图 5-12)。此外，自由生活的扁形动物在体表特别是前端的耳突等处分布有触觉感受器(tangoreceptor)、化学感受器(chemoreceptor)及趋流感受器(rheoreceptor)，分别感受机械刺激、化学刺激及水流刺激。原始种类中还有平衡囊(statocyst)，其结构与刺胞动物的相似，位于脑内或靠近脑的部位，但大多数涡虫中已不复存在。

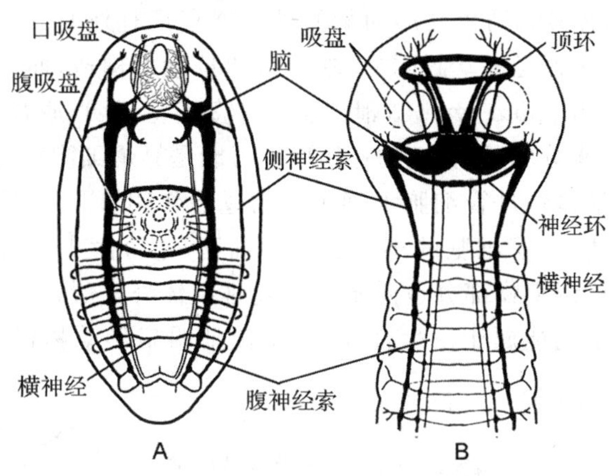

图 5-11　吸虫、绦虫的神经系统(仿各家)

A. 吸虫；B. 绦虫(示头节和颈节)

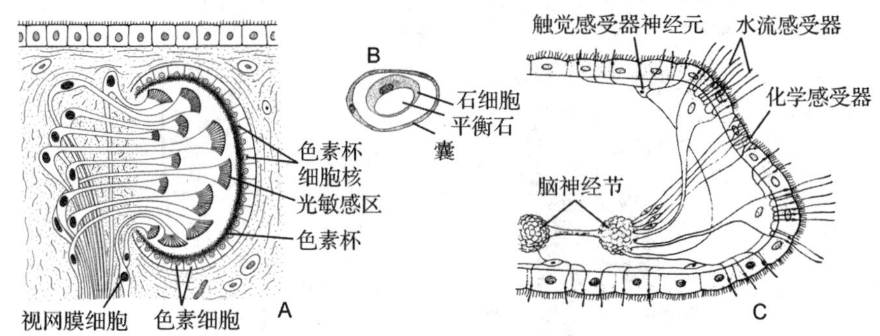

图 5-12　扁形动物的眼点、平衡囊、感觉器官(仿各家)

A. 三肠目涡虫眼的结构示意图；B. 无肠目涡虫平衡囊；C. 单肠目涡虫的触觉、化学及水流感受器

寄生扁形动物由于寄生环境相对稳定，尤其是体内寄生的种类，其感觉器官通常很不发达。多存在于生活史中自由生活的幼虫阶段或存在于一些体外寄生的种类。如眼的结构很原始，仅为色素杯。此外体表散布有感觉毛或感觉乳突，这些构造承担着触觉、化学感觉及趋流感觉等功能。

2.4　排泄和渗透压调节

自由生活的扁形动物只有原始种类没有专门的排泄器官，如无肠目由实质细胞及消化细胞完成排泄功能。其他种类具外胚层来源的原肾管(protonephridium)系统。通常在身体两侧具 1 对或数对排泄管(excretory canal)，它沿途一再分支，许多分支互相联结成网，每个小分支的末端为帽状细胞(cap cell)，它盖在管细胞(tubule cell)之上。帽状细胞顶端伸出若干根鞭毛悬在管细胞中央，鞭毛不停地摆动，如火焰状，因此帽状细胞也称焰细胞(flame cell)。电镜下管细胞上具有无数小孔，称为栅器(weir-apparatus)，由不少相互垂直的棒状物构成，很像木格的小窗。实质内的水分及溶解在水中的代谢产物可自由进入管内(图 5-13)。管细胞后端连接在原肾管的分支上，再汇集到细小的排泄管，这种排泄管呈树枝状，布满全身，它们再逐渐会合成粗的排泄管，最后经排泄孔(excretory pore)，也称肾孔(nephridiopore)与体外相通。扁形动物的排泄器官只有外面具开口(排泄孔),体内没有肾口(nephrostome),因而是一端封闭、一端开口的盲管型构造,而且来源于外胚层,因此称为原肾管型(protonephridium type)排泄器官。许多实验证明,原肾管在扁形动物中主要的生理功能是调节体内水分的平衡,它的作用原理可能是靠焰细胞纤毛的摆动,在管的末端产生负压,引起实质中液体经过管细胞上细胞膜的过滤作用,Cl^- 及 K^+ 等离子在管细胞处被重吸收,产生低渗液体,经管细胞的小孔进入管细胞、原肾管小分支,再经排泄孔排到体外,当然溶解于水中的代谢废物部分也随水分一起排到体外。所以焰细胞最初的功能是维持体内的水盐平衡,排泄功能属于次生性质,有实验证明扁形动物代谢产物多数经体表排出,或永久留在体内。

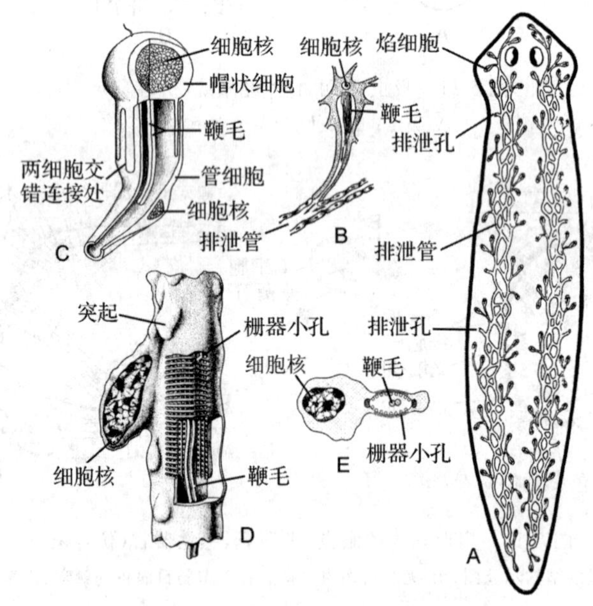

图 5-13 扁形动物排泄系统图(仿各家)

A. 涡虫排泄系统(整体); B. 焰细胞的局部放大(光镜); C. 涡虫原肾管的焰细胞和管细胞示意图; D、E. 管细胞的超微结构,其中 D 为整体,E 为横切面

寄生吸虫的排泄器官也是原肾,具两条排泄管及大量的焰细胞(图 5-14),有的吸虫两条排泄管在身体后端联合形成膀胱(bladder),开口于虫体后部的排泄孔。膀胱及焰细胞的数量和位置在分类上极为重要。焰细胞可用特别的公式来表示,如某种复殖吸虫焰细胞的公式为:$2[(2+2+2)+(2+2+2)]$,其意义是这种吸虫的焰细胞身体每侧各有 12 个,一侧又分为前后两组,各 6 个,每组中又分为 3 个小组,每小组具有 2 个焰细胞。单殖吸虫的排泄管分别开口于身体的前端,其主要代谢产物是氨,少数种类也可产生尿素或尿酸,这些代谢产物也可通过体表排出,甚至是其排泄的主要方式。复殖吸虫以单个排泄孔(肾孔)开口在身体后端中央,排泄孔具括约肌,可以控制排泄物的排出(图 5-9),其原肾管中发现有氨、尿素等代谢产物。绦虫大量焰细胞埋于实质中,具两对排泄管,分别位于背、腹面,分别称为背、腹管,它们纵贯全身,其中以腹面的较发达,在每个节片后缘,通常在两腹管之间有一横管将两侧的排泄管连接起来,背、腹排泄管在头部联合,分支成丛状(图 5-15),膀胱位于最后一个体节内,但最后一个节片脱落后,纵管直接向后开口。绦虫的代谢产物主要是氨及尿素。由于内寄

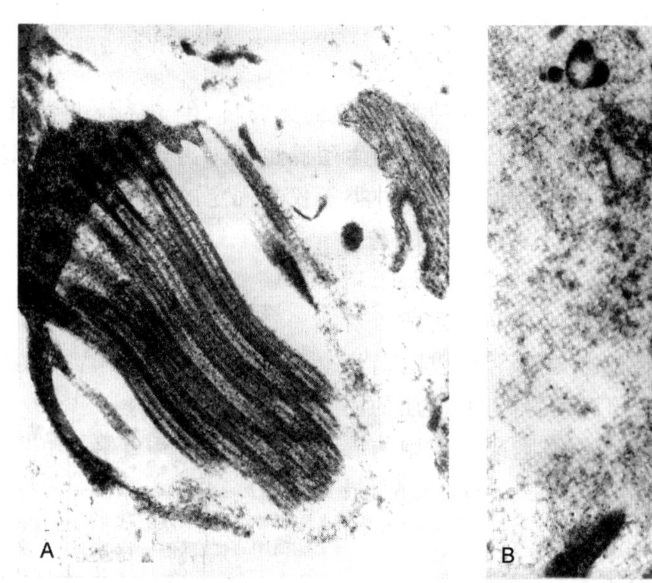

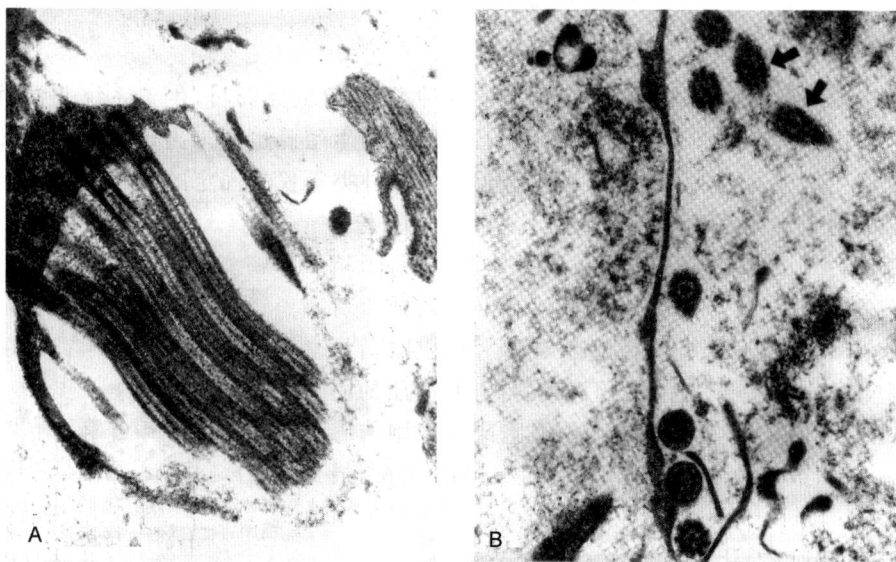

图 5-14　拟双身虫焰细胞的超微结构(作者)

A. 焰细胞的纵切,示一束鞭毛(×20000); B. 焰细胞鞭毛的横切面上可见 6 个"9+2"结构,箭头所指为鞭毛的斜切面

生环境中离子的浓度相对稳定,所以内寄生种类的原肾对渗透调节作用一般很有限。

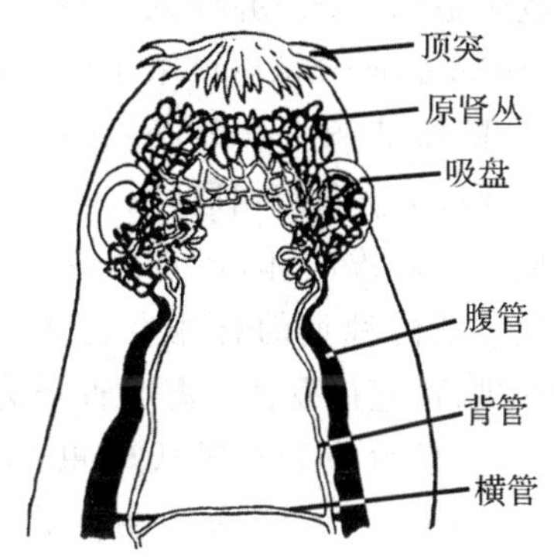

图 5-15　绦虫头部的排泄管(仿 Bugge)

2.5　呼吸

扁形动物没有专门的呼吸器官。

自由生活的种类,如涡虫通过体表进行气体交换,称为有氧呼吸(aerobic respiration)。在有氧条件下,1 分子葡萄糖被氧化为 2 分子的丙酮酸盐,再经过三羧酸循环将丙酮酸盐进一步氧化为二氧化碳和水。整个过程中释放出 38 个高能磷酸键,因此有氧呼吸是高效能的呼吸。在淡水涡虫中,氧的消耗量为 0.2～0.3mg/(g·h),一般体积越小,在单位体重、单位时间内氧的消耗就越高。这类扁形动物通常在活动、再生、胞内消化及饥饿的后期阶段,氧的消耗量均会增加。

吸虫的情况较为复杂一些,体外寄生的种类以及体内寄生种类的营自由生活的幼虫阶段,与自由生活的涡虫一样都是营有氧呼吸,即通过体表进行气体交换。体内寄生的种类由于其周围环境中,尤其是宿主消化道内很少有游离态氧,因而它们都行无氧呼吸(anaerobic respiration)。它们利用贮存在体内的糖原(glycogen),在无氧条件下进行糖酵解作用(glycolysis)产生能量。在酵解过程中 1 分子葡萄糖,最后只释放出 2 个高能磷酸键,还原成 2 分子的乳酸盐,故无氧呼吸释放出的能量仅为有氧呼吸的 1/19,其代谢的终产物是乳酸盐、醋酸盐及丙酸盐等中间产物,这是一种低效能的呼吸方式。绦虫主要也行无氧呼吸。

2.6 生殖和发育

绝大多数扁形动物雌雄同体。自由生活的种类,低等的无肠目,生殖系统非常原始,如刺胞动物那样,不仅尚未形成生殖导管,而且连明显的生殖腺也还未出现。生殖时,这些种类实质的间质细胞发展成为精巢或卵巢。但大多数种类不仅具固定的生殖腺,而且有生殖细胞外排的通道和附属腺体,结构相当复杂。雄性生殖系统包括:精巢(testes)1至多对,位于身体两侧;每个精巢发出1条输精小管(vas efferen),该小管再汇合成1对输精管(vas deferen);每个输精管末端膨大形成贮精囊(seminal vesicle),两侧贮精囊再汇合成富有肌肉质的阴茎球(penis bulb)。阴茎球周围有单细胞或多细胞的腺体——前列腺(prostatic gland),其分泌物有利于交配,最后阴茎(penis)开口于生殖腔(genital atrium),并以生殖孔(gonopore)开口于身体腹中线上。

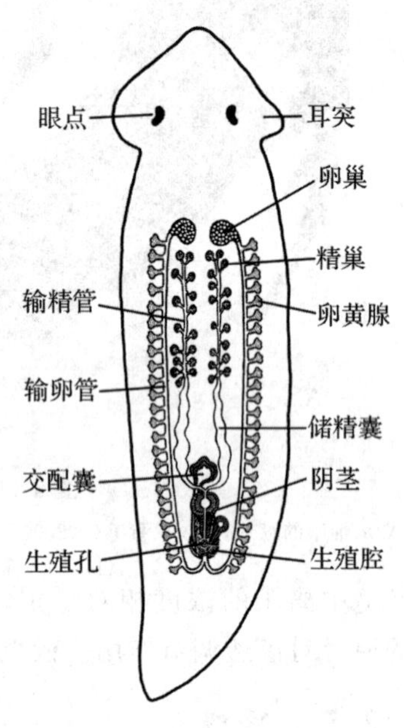

图 5-16 涡虫的生殖系统图
(据各家重绘)

雌性生殖系统包括1对卵巢(ovary),位于身体前端两侧,每个卵巢发出1条输卵管(oviduct),2条输卵管后端合并成阴道(vagina)并伸入生殖腔。阴道前端伸出一交配囊(copulatory bursa),用于贮存对方的精子。此外有的种类具卵黄腺(vitelline gland)、卵黄管(vitelline duct)等结构,与输卵管相通(图 5-16)。

涡虫虽是雌雄同体,但仍需异体交配受精。淡水涡虫和陆地生活的种类的有性生殖常在温度较低、光照较短的秋季进行,直接发育。海产种类为间接发育,受精卵行螺旋型卵裂,经外包法形成实心的原肠胚,再发育成为牟勒氏幼虫(Müller's larva)(图 5-17)。该幼虫具8个纤毛(叶)瓣(ciliated lobe),经一段时间自由生活后,发育为成虫,如多肠目的平角涡虫(*Planocera*)。

无性生殖在自由生活的涡虫中十分普遍,分裂时常以身体的后端黏着在基底物上,而虫

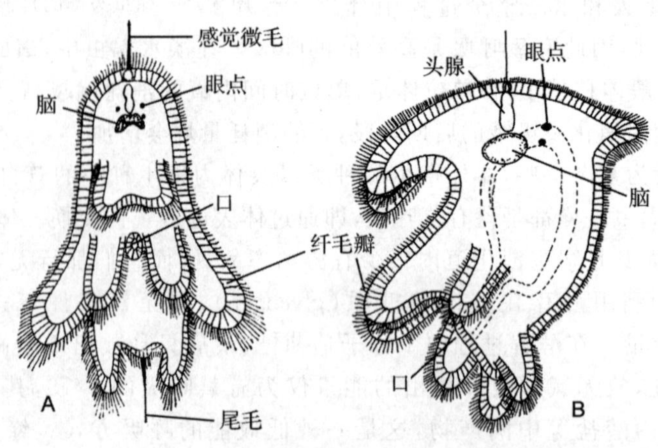

图 5-17 牟勒氏幼虫

A. 腹面观; B. 侧面观

体前端继续向前爬行，直到身体横断为两半，一般分裂面发生生咽后，然后各自再生出失去的一半，从而形成两个新的虫体。

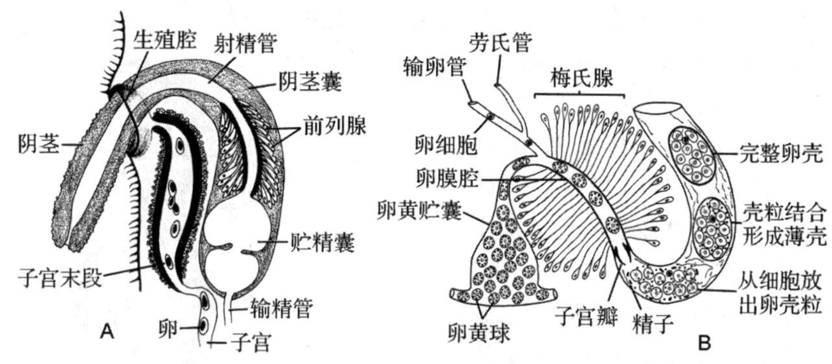

图 5-18　吸虫生殖系统(仿各家)

A. 雄性生殖系统末端；B. 雌性生殖系统局部放大

寄生吸虫绝大多数亦为雌雄同体，仅极少数为雌雄异体，如血吸虫。总体上生殖结构较涡虫复杂(图 5-9、18)。雄性生殖系统包括精巢(睾丸)、输精管、贮精囊、前列腺和雄性生殖孔等，其中精巢的数量、形状及位置常作为吸虫分类的依据。雌性生殖系统通常包括卵巢 1 个，卵巢发出输卵管，其后端连接受精囊管、卵黄腺管，此 3 管在汇合处膨大，并形成卵膜腔(ootype)，或称成卵腔。卵膜腔周围的腺体称为梅氏腺(Mehli's gland)，其功能是对卵壳的形成起模板作用或刺激卵黄细胞释放卵黄物质以及活化精子，或其分泌物有润滑作用，以利于卵通过子宫。卵膜腔后接盘旋的管状子宫(uterus)，经雌性生殖孔开口于体外。许多吸虫输卵管在进入卵膜腔之前还具一短管，称为劳氏管(Laurer's canal)，它有独立的开口通向体外，其机能不是很清楚，可能是退化的阴道，可能是过多精子外排通道。吸虫的卵在卵膜腔中受精后，经子宫、雌性生殖孔排至体外。寄生吸虫性成熟后产卵量十分惊人，与自由生活的涡虫相比，其产卵量有人估计是涡虫的 1 万～10 万倍之多，这与其寄生生活相关。吸虫为间接发育，有多个幼虫期。

绦虫的生殖系统除个别为雌雄异体外，都是雌雄同体，且在各节片中重复排列着一套生殖单位，极为发达。节片(proglottid)由前而后，按其生殖器官的成熟程度不同，又分为幼节(immature proglottid)、成节(mature proglottid)和孕节(gravid proglottid)。生殖器官未成熟的为幼节，已成熟的为成节，子宫中怀有许多虫卵时称孕节，或妊娠节片。雄性生殖器官中最特别的是精巢数量有的可多达数百个，散布在每个节片的实质内。雌性生殖系统中卵巢的大小、形状和位置因种而异。在孕节中只留下充满虫卵的子宫，其他生殖器官也已全部退化(图 5-19)。绝大多数绦虫为间接发育，具有不同的幼虫期。

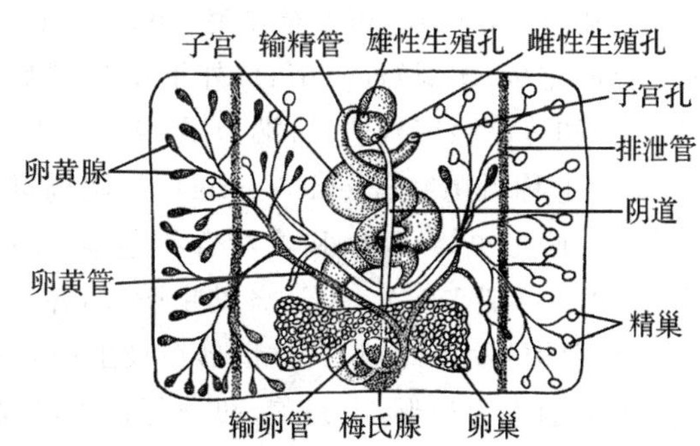

图 5-19　绦虫成节的生殖系统(仿 Hickman)

2.7 生活史

寄生扁形动物的生活史在不同类群中其复杂程度差异较大。

单殖吸虫(Monogenea)生活史简单,一生只有1个宿主,成虫产卵后发育成钩毛蚴(oncomiracidium),其体表被有纤毛,能在水中游泳一段时间,找到宿主附着在适当寄生部位后,就脱去纤毛,最后变态为成虫(图5-20)。

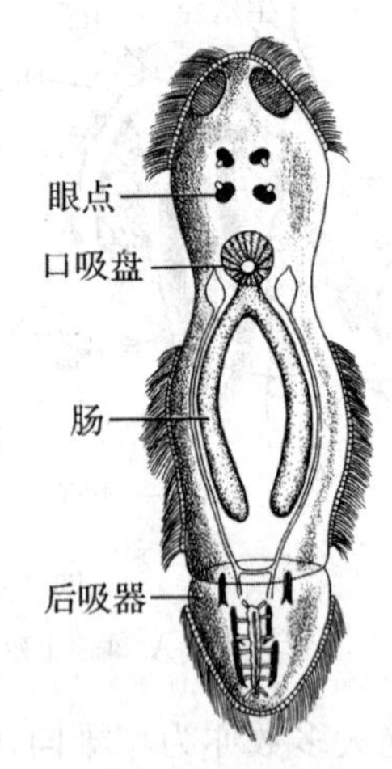

图5-20 单殖吸虫的一种钩毛蚴(仿 Jahn 和 Kuhn)

复殖吸虫(Digenea)的生活史最复杂,一生中需更换1至多个宿主,并具无性生殖和有性生殖阶段,而且必须交替出现,缺一不可,才能完成整个生命周期。在多个宿主中,只有一个宿主是终宿主(definitive host),一般是脊椎动物,吸虫在其体内行有性生殖。其余宿主都称为中间宿主(intermediate host),吸虫在其体内行无性生殖。复殖吸虫的中间宿主一般是软体动物腹足纲(螺类)或其他无脊椎动物及一些水生植物。复殖吸虫生活史中,各种吸虫具有不同的幼虫期,而且每种幼虫无性繁殖的代数也有区别,通常典型的复殖吸虫的生活史包括:卵(egg),大多呈卵圆形,有卵壳包围,多数具卵孔,好多种类在卵内已发育成胚胎或早期毛蚴,虫卵大小和形态具有种的特异性;毛蚴(miracidium),体外具纤毛,常具眼点、消化腺和神经节,体旁具2条具焰细胞的原肾管,体后端具许多胚泡(germ cell),毛蚴在水中非常活跃,能自由游泳,以寻找中间宿主,常常寄生在螺类的肝脏和淋巴中;胞蚴(sporocyst),呈囊状,结构简单,除胚泡外只有简单的排泄器官,每一胚泡可以逐渐发育成一胚球(胚团),并由其发育成为雷蚴;雷蚴(redia)呈袋状,结构简单,但具咽、未分叉的盲肠和排泄器官,一般具1个产孔(birth pore)和1对体突(appendage),以及许多胚泡,这些胚泡先分裂成胚球,又逐渐发育成尾蚴;尾蚴(cercaria),外形似蝌蚪状,其前端具有附着器官、消化系统、排泄系统、神经节和分泌腺等构造,后端为尾,通常长形。尾蚴离开螺体,在水中游泳寻找第二中间宿主;囊蚴也称后尾蚴(metacercaria),是尾蚴进入第二中间宿主体内,失去尾部,并分泌囊壁后形成的圆形虫体,囊蚴和囊壁合称包囊(cyst),当囊蚴被终宿主所食,便在其体内发育为成虫(adult)(图5-21)。上述各幼虫阶段,并非所有吸虫生活史都必须经历的发育阶段,不同种类有不同的幼虫时期,具体情形在吸虫纲有关种类中详述。

绦虫卵通常为长形,无卵盖,卵壳薄膜状,生活史的复杂程度随种而异,原始种类一般具1～2个中间宿主,多数不需更换宿主,但也无世代交替。不同种类具不同的幼虫期,生活史中重要的幼虫有:六钩蚴(oncosphere),随种类而异,一种为尚在卵内的幼体,是已有6个钩子、无纤毛的六钩胚(hexacanth embryo),另一种是已从卵中孵出,具纤毛和6个钩子、能在水中游泳的幼虫,也称钩球蚴(coracidium);十钩蚴(decacanth),也是一种尚在虫卵内,但具纤毛的幼虫,因具10个钩子而命名;原尾蚴(procercoid),已略具绦虫的雏形,虫体前端略凹入,后端呈小球状而保留着6个小钩;裂头蚴(plerocercoid),已成绦虫的外形,体不分节,具

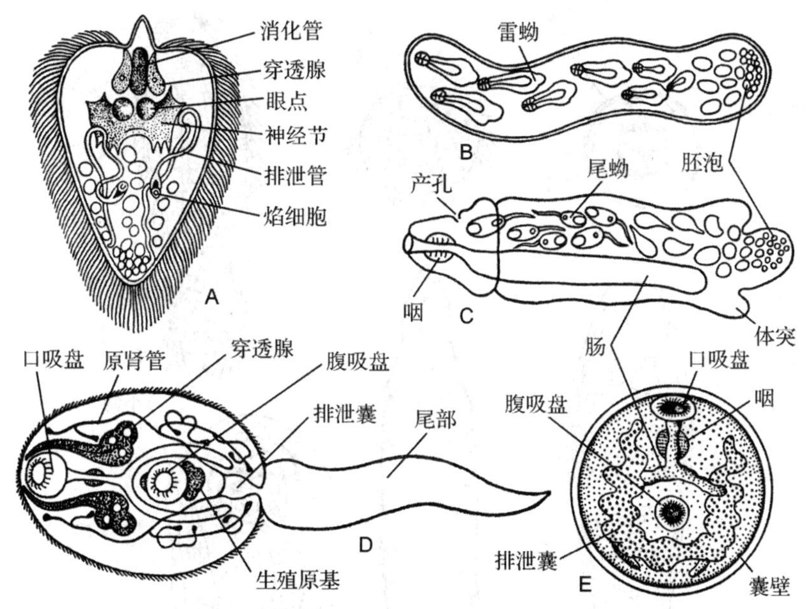

图 5-21　复殖吸虫的几种幼虫图(仿姚永政)

A. 毛蚴；B. 胞蚴；C. 雷蚴；D. 尾蚴；E. 囊蚴

不规则的横皱褶，虫体前端不仅略凹入，且伸缩活动能力较强，后端仍为钝圆状；似囊尾蚴(cysticercoid)，前半部囊泡状，具 1 个头节，后半部为坚实的尾部，尾内具小钩；囊尾蚴(cysticercus)，具 1 个与成虫相似的头节，缩在囊泡内，囊中有液体，如猪绦虫(*Taenia solium*)的囊尾蚴；如果囊内的幼虫不止一个头节，这种囊尾蚴即称为多头蚴(coenurus)；如果具有较大的囊，其中除头节外，还有子囊(daughter cyst)，附着于囊壁或悬浮于囊液中，这种囊称为生发囊(brood capsule)，生发囊中有许多头节，这种类型的幼虫称为棘球蚴(hydatid cyst)(图 5-22)。

2.8　寄生虫与宿主的关系

在自然界，生物之间存在不少共生(symbiosis)和共栖(commensalism)关系，前者表现为双方相互依存、都获得利益，后者则是一方获得利益，但另一方既无利也无害。如果在双方关系中，一方得利，而另一方受害，这种现象称为寄生关系(parasitism)。事实上，寄生关系比共生或共栖关系更为广泛，不仅本门动物中吸虫与绦虫属于寄生性类群，在其他无脊椎动物中，如原生动物、线形动物等动物类群中也都有相当多的种类营寄生生活，这就足以证明寄生是动物界既有效，又重要的生存方式之一，从产生的那一刻起，随动物的进化一直保留至今。寄生虫对宿主来说是有害的，但它对宿主的依存决不采用杀死或毁灭宿主的方式，寄生虫在寄生过程中必然会作出适当的调整以更好地适应寄生生活。如对寄生生活不起重要作用的器官，会逐渐退化以致消失，而新的与寄生生活相适应的器官会随着产生，形态结构上也会有很大的变化：成虫体表纤毛消失，没有任何运动器官，神经系统和感觉器官一般都退化；消化系统有的简单化，有的则完全退化，仅靠体表就能吸收；产生了各种附着器官，有利于在宿主体上的固着，带状的节片中具有强大的肌肉组织，因而能经得住宿主肠道的蠕动等。在生理上也有十分重要的适应策略，如内寄生种类能靠糖原的酵解来进行厌氧呼吸，

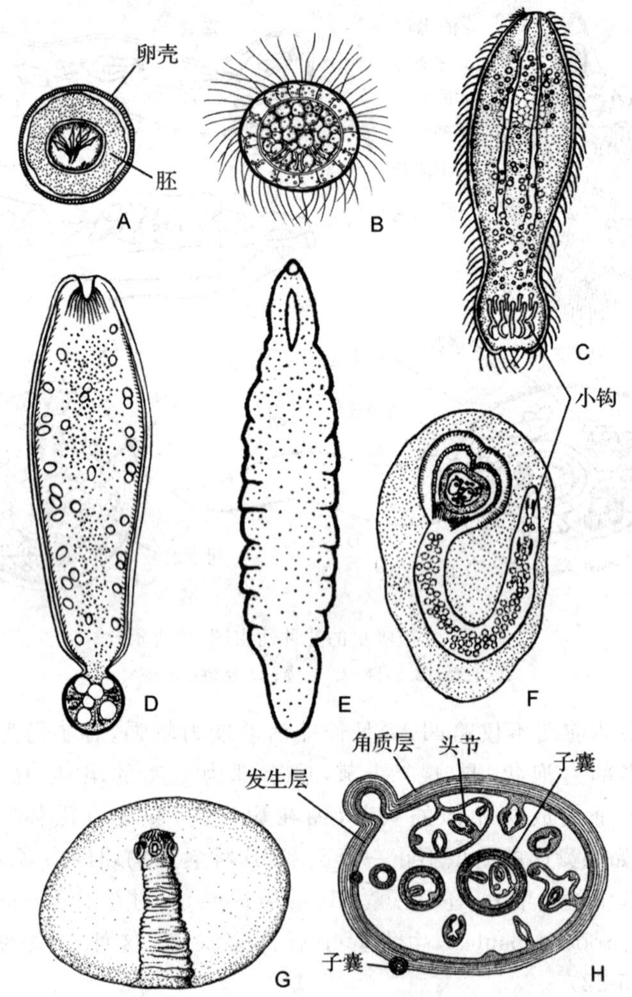

图 5-22 绦虫的几种幼虫形态图(仿各家)

A. 尚在卵内的六钩蚴；B. 已孵出的六钩蚴；C. 十钩蚴；D. 原尾蚴；E. 裂头蚴；F. 似囊尾蚴；G. 囊尾蚴；H. 棘球蚴

这是对缺氧或无氧环境的适应；发达的生殖系统以及强大的繁殖能力，生活史中出现 1 个至多个幼虫期，并进行宿主的更换，从而减轻对每一宿主的侵害程度，减少宿主的死亡，于是也减少了寄生虫本身的死亡。实际上，寄生虫遇到适当宿主的机会并不多，特别是需要更换宿主的种类，在寄生虫发育各阶段要获得适当宿主的机会就更是少之又少。因此，寄生虫就在中间宿主体内进行若干次无性繁殖，使个体数量得以几何级数式的增加，有利于寄生虫在进化过程中免遭淘汰。所有这些变化是寄生虫在长期自然选择过程中获得并被很好遗传下来。

任何一种寄生虫对宿主都将造成一定的损伤和危害，它们所造成的致病现象主要有以下几类：第一，摄取宿主组织或营养物质，造成宿主的营养不良，或贫血，或某些维生素的严重缺乏，最终导致出现恶性贫血症状。如有的人幼年时感染严重的寄生虫，会影响生长发育，还可能导致寄生虫性侏儒症的发生。第二，机械性作用，在组织或器官内寄生或移行时造成的损伤，有的会引起小肠黏膜充血，有的会引起肝脏机械损伤，有的会造成器官的溃疡、硬变、或阻塞腔道，引起胆囊炎、肝硬化、胆结石，有的能引起脑组织受压而坏死，造成患者发生癫痫等。第三,化学性作用,寄生虫的分泌物、排泄物及毒素等具有抗原性和溶组织作用,会引起宿主组织的溶解,或造成宿主皮肤出现丘疹或过敏性发炎等。第四,为其他病原微生物的感染创造条件,如引起继发性细菌感染,产生炎症。

3　扁形动物的分类与演化

3.1　分类

扁形动物共约 15000 种以上,主要依据生活方式及其相应的形态构造,分为 3 纲,即涡虫纲(Turbellaria)、吸虫纲(Trematoda)和绦虫纲(Cestoidea)。它们的主要鉴别特征见表5-1。

表 5-1　扁形动物各纲的比较

	涡虫纲	吸虫纲	绦虫纲
体形	长圆形、长条形	长圆形、柳叶形	呈带状,分为头节、颈区和幼、成、孕节
体色	具色素粒,体色为褐色、灰色或黑色	无色素粒,无色或乳白色	无色素粒,乳白色
纤毛、杆状体	有	无	无
固着器官	无特殊的固着器官	具吸盘、吸铗等	具吸盘、小钩等
神经与感官	通常发达	神经系统趋向退化,体内寄生种类感觉器官大多退化消失	神经系统一般不发达,无明显的感官。
呼吸	绝大多数有氧呼吸	除体表寄生种类外,绝大多数种类为厌氧呼吸	全部厌氧呼吸
生殖与发育	无性或有性生殖,海产种类间接发育,具牟勒氏幼虫,其他种类直接发育	除单殖吸虫只进行有性生殖外,其他种类必须无性生殖和有性生殖交替发生,具多个幼虫,绝大多数种类需更换宿主	有性生殖,绝大多数种类间接发育,具多个幼虫,需更换宿主
生活方式	绝大多数海洋自由生活 极少数营共生、寄生生活	在动物体外或体内寄生	全部营体内寄生
代表种类	各种涡虫	华枝睾吸虫	猪绦虫

3.1.1　涡虫纲

涡虫纲主要营自由生活,绝大多数种类生活在海洋,少数种类进入淡水或陆地生活。为扁形动物最原始的类群,共约 2000 种,依据消化道结构的复杂程度分为 4 个目:

无肠目(Acoela)

虫体小型,体长 1～12mm。具口,位于腹中线上,缺消化道,仅具内胚层起源的吞噬细胞行使摄食和细胞内消化功能,无排泄系统。生殖细胞来自实质细胞,尚无生殖导管,螺旋型卵裂,直接发育,海洋生活。如旋涡虫(*Convoluta*)(图 5-23)。

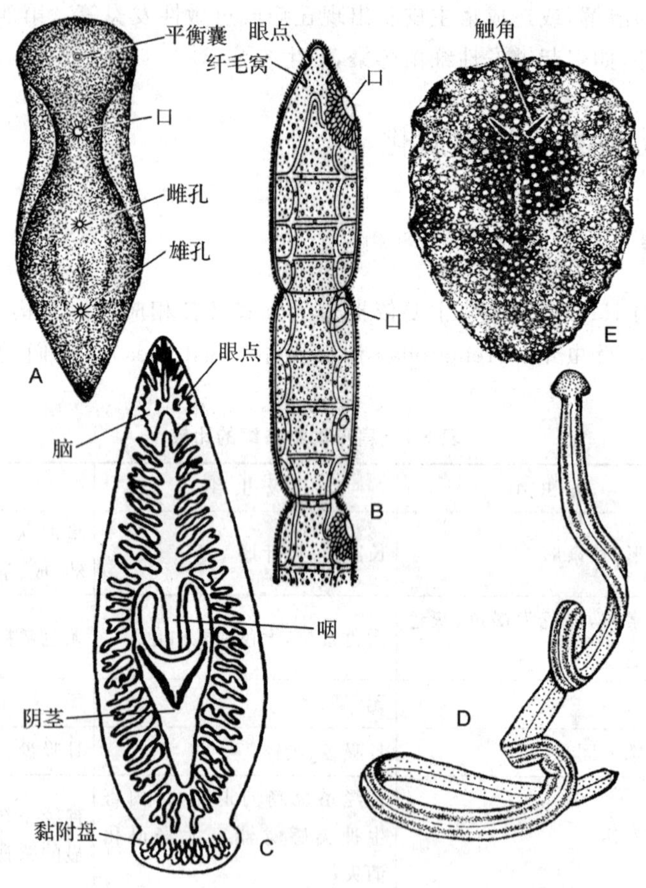

图 5-23 涡虫纲的代表种类(仿各家)

A. 旋涡虫; B. 微口涡虫; C. 鲎涡虫;D. 笄蛭涡虫; E. 平角涡虫

单肠目(Rhabdocoelida)

虫体小型,消化道呈囊状或直管状,口位于虫体前端。螺旋型卵裂。多数生活于海洋,也有淡水产,极少数生活于潮湿的土壤或行寄生生活。如淡水的微口涡虫(*Microstomum*)(图 5-23)。

三肠目(Tricladida)

口位于虫体腹面中央或稍后,肠道分为 3 支,其中 1 支向前,2 支向后,每支又分出若干侧支。螺旋型卵裂不典型。多栖息于海洋和淡水,部分陆栖或寄生。常见的体表种类是生活于淡水的真涡虫(*Dugesia*),通常栖息于水中石块、叶片下面,能在这些物体上爬行,也能在水面游动,体长约 10～15mm,宽 2～2.5mm,背面稍隆起,体色灰褐色,腹面色浅,前端呈三角形,具两个黑色眼点,两侧有耳状突,上有许多感觉细胞,行感觉和嗅宽功能,后端钝尖,口位于腹面近体后 1/3 处,是一种广温性动物。陆栖有土蛊(*Bipalium kewense*),即笄蛭涡虫,体长可达 30cm 左右,体前端呈斧状,多栖于树根旁或墙脚下较潮湿阴暗之处;海洋的鲎涡虫(*Bdelloura*),也称蛭态涡虫,在鲎体外共生(图 5-23)。

多肠目(Polycladida)

口位于腹面近后端，具肌肉质咽，肠的主干不明显，其两侧具许多分支，通常具触手及许多对眼点，分布在身体的前端或前端边缘，无头腺。海洋生活，螺旋型卵裂，间接发育，具牟勒氏幼虫，如平角涡虫(*Planocera reticulata*)，体宽扁呈叶状，体褐色，体长 20～50mm，体宽 15～30mm，体背面近前端约 1/4 处是 1 对细圆锥形的触角，其基部有成环形排列的黑色小眼点(图 5-23)。

3.1.2　吸虫纲

营体内外寄生生活，幼虫尚具纤毛，成虫则消失。消化系统趋于退化。大多雌雄同体。生活史通常复杂，需更换宿主。已知种类有 6000 种，分 3 亚纲：

单殖吸虫亚纲(Monogenea)

一般无口吸盘，体后端具发达的附着器官，其上具几丁质的锚钩和各种小钩，有的具眼点，排泄孔 1 对，开口于虫体前端。生活史简单，间接发育，但不需要更换宿主。主要寄生于鱼类、两栖类的体表、鳃等处。常见的有：

三代虫(*Gyrodactylus*)，为小型寄生虫，外形通常呈长叶形，体后端为伞状的固着盘(attaching disc)，上具 8 对几丁质边缘小钩(marginal hooklet)和 1 对中央锚钩(anchor)。虫卵在子宫内发育成胚胎，成熟后产出，胚胎体内含 1～2 代的子代，故称三代虫。主要寄生于海洋和淡水硬骨鱼类(图 5-24)。

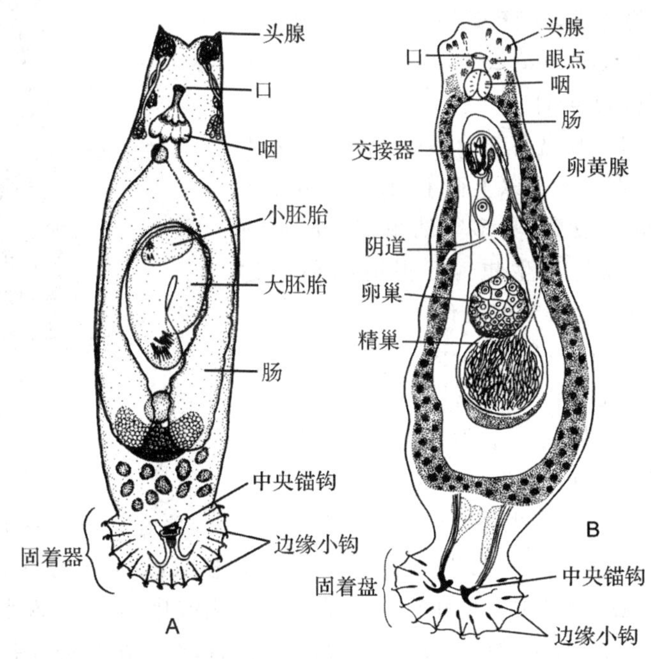

图 5-24　单殖吸虫代表种类(据各家稍改)

A. 三代虫；B. 指环虫

指环虫(*Dactylogyrus*)，小型寄生虫，虫体长叶形，头部具眼点 2 对，后吸器具 7 对边缘小钩和 1 对中央锚钩。卵生。主要寄生于鲤科鱼类(图 5-24)。

拟双身虫(*Paradiplozoon*)，体形较大，成虫由两条虫体永久结合成 X 形，每一单体具一后吸器(posterior sucker),上具 4 对几丁质固着铗(clamp)和 1 对中央钩(anchor)。寄生于淡水鱼类的鳃丝(图 5-25)。

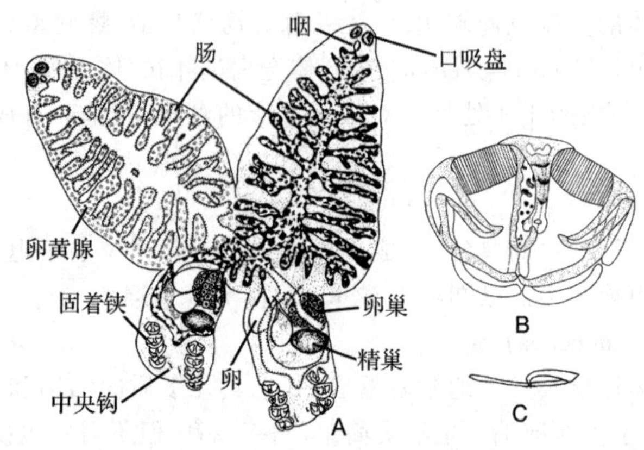

图 5-25 泥鳅拟双身虫 *Paradiplozoon misgurni*(仿姜乃澄)

A. 成虫; B. 固着铗; C. 中央钩

盾腹吸虫亚纲(Aspidogastrea)

口吸盘不发达,腹面具强有力的吸盘,并呈分格状。间接发育,通常只 1 个宿主。排泄孔 1 个,肠呈囊状。寄生于软体动物体表、肠腔,或寄生于鱼类或爬行类消化道。如盾腹吸虫(*Aspidogaster*)(图 5-26)。

复殖吸虫亚纲(Digenea)

通常具口吸盘和腹吸盘各 1 个,排泄孔位于虫体后端。生活史复杂,需要 2 个以上宿主,有性生殖和无性生殖交替发生,间接发育,具多个幼虫期。成虫绝大多数为脊椎动物肠道寄生虫。已报道的种类达 6000 种以上,我国习见的重要种类有:

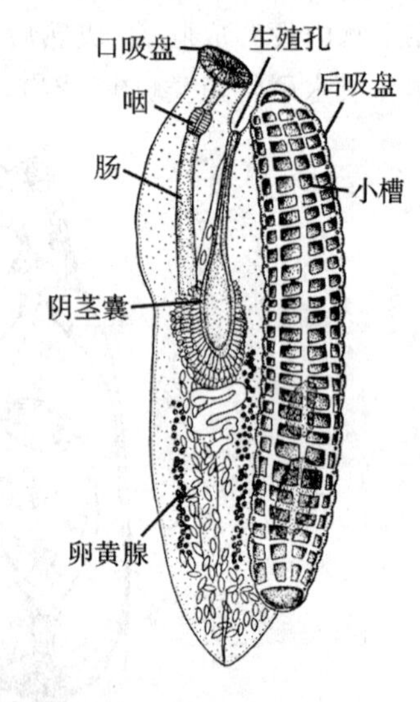

图 5-26 盾腹吸虫(仿吴宝华)

中华枝睾吸虫(*Clonorchis sinensis*)(图 5-27),生活时虫体柔软,扁平,呈肉红色半透明状,固定后为灰白色。外形如柳叶状,体长一般为 10～25mm,体宽 1～5mm,体前端较窄,口吸盘(oral sucker)位于体前端,腹吸盘(acetabulum)位于虫体腹面前约 1/5 处,小于口吸盘。消化系统包括口、咽、短的食道和分支的肠。雌雄同体,睾丸 2 枚,高度分支,呈树枝状,故命名为枝睾吸虫。成虫寄生于人或猫等动物的胆或胆囊中。虫卵在一般情况下不能孵化,只有进入水中被第一中间宿主(first intermediate host)沼螺(*Parafosscrulus*)吞食后,毛蚴在螺肠道中逸出,穿过肠壁变成胞蚴;大部分胞蚴不久移行至直肠的淋巴间隙,并在该处继续发育。胞蚴中的许多胚细胞团各形成一雷蚴。感染后的 23 天,雷蚴体内的胚细胞团逐渐发育成尾蚴。尾蚴成熟后自螺体逸出,在水中游动寻找第二中间宿主(second intermediate host),并侵入其体内。第二中间宿主主要是鲤科鱼类如草鱼、鲤鱼、鲫鱼、鳊鱼、麦穗鱼及沼虾和米虾等。在这些宿主体内脱去尾部,形成囊蚴。囊蚴椭圆形,无眼点,排泄囊大,大多数囊蚴寄生在鱼的肌肉中,也可在皮肤、鳍及鳞片上。囊蚴是中华枝睾吸虫的感染期,人或动物吃了未煮熟的含有囊蚴的鱼、虾而感染。囊蚴的囊壁在十二指肠内被消化酶消化，幼虫逸出，经宿主的总胆管移到肝胆管发育成长，30 天后变为成虫，并开始产卵。人和猫狗是该寄生虫的终末宿主(final host)。人感染中华枝睾吸虫后出现慢性腹泻、胆囊炎、肝疼等症状，严重时常并发肝硬化、原发性肝癌造成死亡。

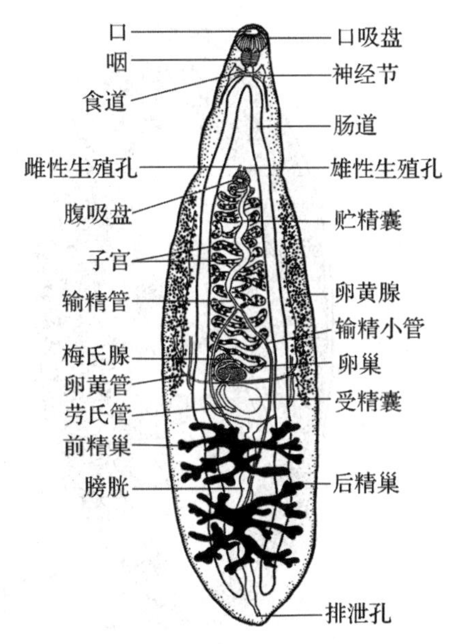

图 5-27　中华枝睾吸虫(据 Noble 和 Noble 修改)

布氏姜片虫(*Fasciolopsis buski*)(图 5-28)，成虫是人体寄生虫中最大的一种，体长 30～70mm，宽 10～20mm 左右。生活时肉红色，长圆形。口吸盘和腹吸盘均位于虫体前半部分，两肠支在体侧呈波浪状弯曲。睾丸 1 对，呈分支状，前后排列，卵巢 1 枚，分为 3 叶，位于虫体中部睾丸之前。雌、雄生殖孔开口于腹吸盘前。成虫寄生在人或猪的小肠中，虫卵随粪便排出，在水中经 3～7 周发育成毛蚴，在水中遇中间宿主扁卷螺(*Planorbis*)、隔扁螺(*Segmentina*)便进入其体内发育成胞蚴。此后经雷蚴、第二代雷蚴而发育成许多尾蚴，尾蚴从螺体中逸出，在水中游动，遇菱角、荸荠、茭白等水生植物，即附着于其表面，脱尾而成囊蚴。当人或猪生食菱角及荸荠时即被吞入，在小肠上段经消化液和胆汁的作用，囊壁破裂，幼虫脱囊而出，吸附在十二指肠或空肠黏膜上，约经 3 个月发育为成虫，并开始产卵。成虫以肠内的食物为营养，一般可成活 2 年左右。感染姜片虫后，较轻的患者仅出现腹痛、消化不良等症状；中度感染的患者，出现腹痛腹泻、恶心呕吐、失眠等症状；重度感染的患者四肢及面部均浮肿、贫血乏力，特别是儿童患者还会造成生长发育的障碍。

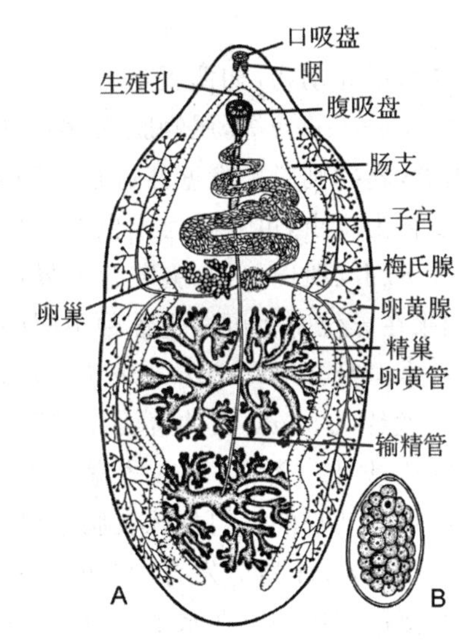

图 5-28　布氏姜片虫(仿各家)

A. 成虫；B. 虫卵

卫氏并殖吸虫(*Paragonimus westermani*)(图 5-29)，又称肺吸虫。成虫寄生于人和猫、犬以及虎、狼等动物的肺部。成虫卵圆形，体长 8～16mm，宽 4～8mm。生活时呈红棕色，体表具棘，腹吸盘位于虫体中部，肠支较粗，也呈波浪状弯曲。睾丸 2 个，亦分支，左右并列于身体后端；卵巢分瓣，与子宫并列于身体中部，故名并殖吸虫。雌雄以共同的生殖孔开口于腹吸盘后侧。成虫寄生在肺，在肺内形成囊肿。性成熟成虫日产卵量为 10000～20000 粒，产卵后囊肿可破裂，卵随咳嗽及痰液排出体外。卵在水中发育成毛蚴，遇第一中间宿主短沟蜷(*Semisulcospira*)等进入其体内。在螺体内经一代胞蚴、二代雷蚴，便发育成尾蚴。尾蚴逸出后在水中自由生活，并寻找第二中间宿主——

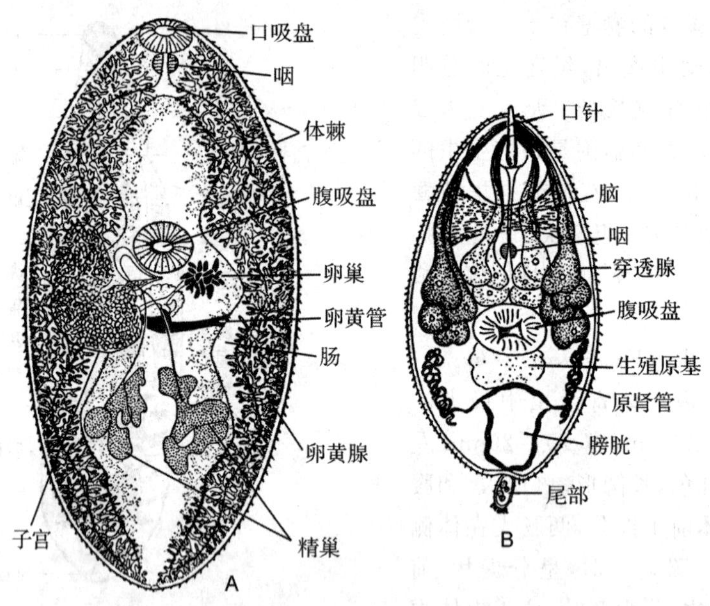

图 5-29 卫氏并殖吸虫(仿各家)

A. 成虫；B. 尾蚴

各种淡水甲壳动物，如溪蟹(*Potamon*)、华溪蟹(*Sinopotamon*)、沼虾(*Macrobrachum*)、原螯虾(*Procambrarus*)等，尾蚴脱去尾部进入第二中间宿主后形成囊蚴，人若生食感染囊蚴的虾、蟹类，囊蚴则脱去囊壁穿过宿主肠壁进入腹腔，再穿过横膈膜进入胸腔，在肺内寄生。囊蚴先发育为童虫，再发育为成虫。童虫和成虫在宿主体内均有移行特性，并随时可停下来在宿主皮下、肝、肌肉组织、胸腔等处异位寄生。肺吸虫在人体引起的症状主要是咳嗽、痰中带血，如果在异位寄生可发生各种不同的症状，如异位侵入脑部，可引起癫痫等症状。

日本血吸虫(*Schistosoma japonica*)，最大特征为雌雄异体(图 5-30)，雄虫长 10～20mm，宽约 0.5mm，虫体腹面体壁凹陷形成一抱雌沟，雌体即在此沟中呈雌雄合抱状。雌虫较细长，体长 12～26mm，体宽约 0.3mm，性成熟雌虫一昼夜可产卵 1000～3000 粒。成虫寄生在哺乳动物的肝门静脉及肠系膜静脉内，产出的部分虫卵随血液循环到达肝脏，部分卵淤积在肠壁，经十数天发育，在卵内发育成毛蚴，它能分泌溶组织酶，穿过肠壁进入肠腔，随宿主粪便排至体外。在水中毛蚴从卵壳中逸出，在水中自由游泳，并寻找中间宿主——湖北钉螺(*Oncomelania hupensis*)，在螺体内经历母胞蚴、子胞蚴，最后形成尾蚴，其数量可达数万之多。尾蚴成熟后离开螺体，在水中自由生活，多浮于水面，在 1～2 天内具有感染力。遇人等哺乳动物，就直接钻入皮肤，脱去尾部，前体部进入小静脉后称为童虫，再随血液循环经右心而至肺，经肺部毛细血管进入肺静脉再进入左心，进而经体循环流到全身各部，但只有到达肠系膜静脉的童虫才能最后发育为成虫。危害人类的血吸虫还有曼氏血吸虫(*S. mansoni*)和埃及血吸虫(*S. haematobium*)。在我国流行的是日本血吸虫，它所引起的疾病称为血吸虫病。人体感染尾蚴后，会出现皮肤的荨麻疹。数周后由于大量童虫在体内移行能引起患者食欲不振、阵咳或呼吸受阻，甚至胸腹疼痛。大量成虫产卵后能淤积在肝脏及肠壁形成囊肿，随后出现组织纤维化、肝脏硬化和肿大，最后患者肝脾进一步肿大硬化，以致出现腹水等严重症状。日本血吸虫在长江流域及以南地区流行，新中国成立后血吸虫病防治

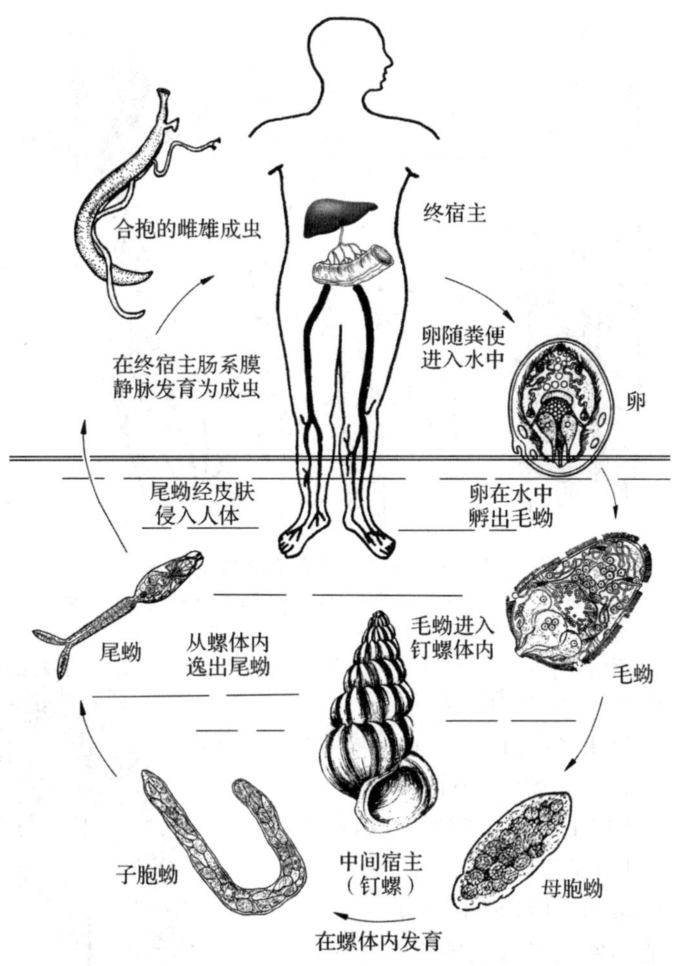

图 5-30　日本血吸虫和生活史示意图(作者)

工作取得了很大的成绩,但近年来血吸虫大有卷土重来之势,彻底根除血吸虫病尚有待更大的努力。

3.1.3　绦虫纲

全部营体内寄生生活,成虫寄生于脊椎动物的肠腔中,绝大多数体呈带状,头节上具有吸盘(sucker)、副吸盘(accessory sucker)、吸沟(bothrium)、吸叶(bothridium),以及具钩的顶突(rostellum)等各种附着器官,钩的数目、形状和排列方式,常作为分类的特征(图5-31),消化系统完全退化,生殖系统发达。已知种类约 2000 种,分为 2 纲:

单节绦虫亚纲(Cestodaria)

体不具节片,前端无头节,但具突出的吻,除体后端具附着盘外,无明显的固着器官,幼虫具 10 个小钩,寄生于鱼类及海龟的消化道或体腔中,如旋缘绦虫(*Gyrocotyle*),虫体边缘及后端具许多褶皱,雌雄生殖孔和子宫均开口于身体前部的腹中线上(图 5-32)。

多节绦虫亚纲(Cestoda)

除个别外,绝大多数种类体分节。成虫寄生于脊椎动物肠道内,中间宿主 1～2 个,幼虫具 6 个小钩,寄生于人体的绦虫都属于本亚纲。重要种类有:

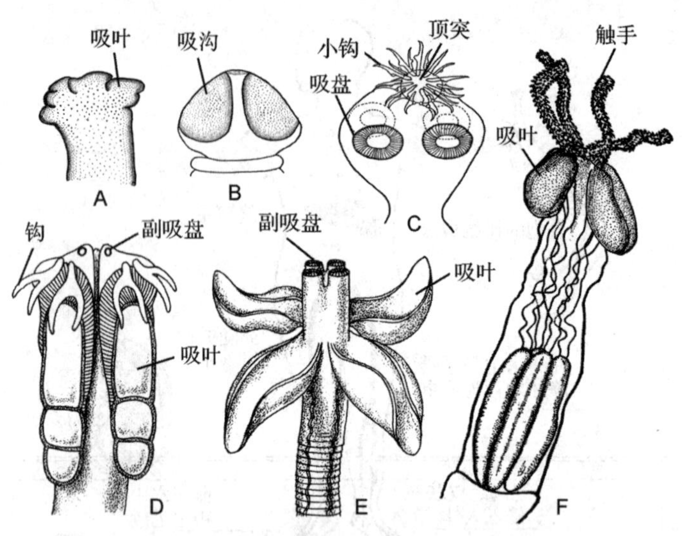

图 5-31 绦虫头节的形态结构图(仿各家)

A. 核叶类；B. 假叶类；C. 圆叶类；D. 棘槽类；E. 吸叶类；F. 锥吻类

猪带绦虫(*Taenia solium*)，生活时成虫为白色带状，全长可达2～4m，全部节片有700～1000。头节(scolex)圆球形，直径约1mm，头节前端中央为顶突，上有25～50个小钩，大小相间或内外两圈排列，顶突下具4个圆形吸盘，两者共同组成绦虫的附着器官，以此附着于宿主的肠黏膜上。颈部(neck)纤细而不分节，与头节间无明显分界，能不断以横分裂方式产生节片，故为绦虫的生长区域。节片愈接近颈部愈幼小，而靠近后端则愈宽大和老熟。未成熟节片(immature proglottid)生殖器官尚未发育，成熟节片(mature proglottid)具发达的雌雄生殖器官，孕节(gravid proglottid)中几乎充塞着充满虫卵的子宫。孕节随宿主粪便排出体外，节片中的虫卵或孕节片被中间宿主(一般为猪)吞食后，在其小肠中孵化出六钩蚴，并利用其上的小钩钻入肠壁，再经血液或淋巴循环带至全身各部，通常在肌肉中经60～70天发育成囊尾蚴。生活时的囊尾蚴为乳白色、半透明、卵圆形的囊泡，头节凹陷在里面。这种具囊尾蚴的猪肉称为“米粒肉”。人吃了囊尾蚴未被杀死的猪肉后，囊蚴头节在十二指肠从囊内翻出，并借小钩和吸盘附着于肠壁上，经2～3个月后发育成熟，并产卵(图5-33)。人如误食猪带绦虫虫卵，也可在肌肉、皮下、脑、眼等部位发育成囊尾蚴，这时人就成为中间宿主。猪带绦虫寄生在消化道可引起患者消化不良、腹痛、腹泻、失眠、乏力、头痛，儿童可

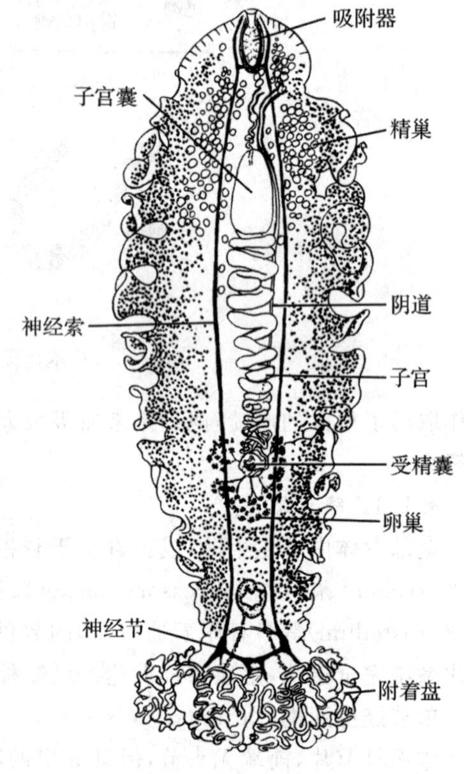

图 5-32 旋缘绦虫(仿 Lynch)

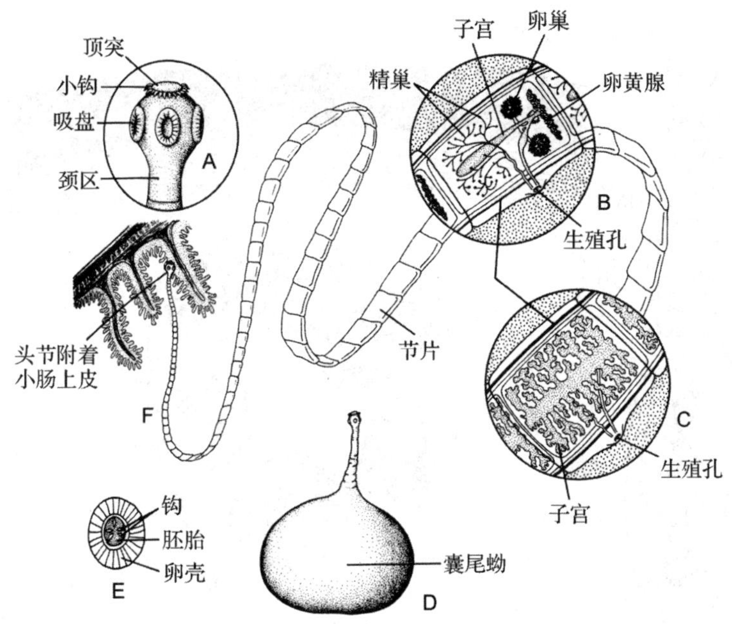

图 5-33 猪带绦虫及生活史(仿 Villee)

A. 头节放大; B. 成节放大; C. 孕节放大; D. 囊尾蚴期; E. 卵; F. 幼节

影响发育。如囊尾蚴寄生在人脑部,可引起患者癫痫、阵发性昏迷、呕吐、循环与呼吸紊乱;寄生在肌肉与皮下组织,可出现局部肌肉酸痛或麻木,寄生在眼的任何部位可引起视力障碍,甚至失明。

牛带绦虫(*T. saginatus*),成虫体长可达 5~10m,节片数量多达 1000~2000,头节方形,无顶突和小钩。成虫寄生于人的小肠,幼虫寄生于黄牛、山羊等食草动物的肌肉中,人吃了未煮熟的含有牛囊尾蚴的牛、羊肉而感染,3 个月后发育为成虫,在人体内发育过程与猪带绦虫相似(图 5-34)。

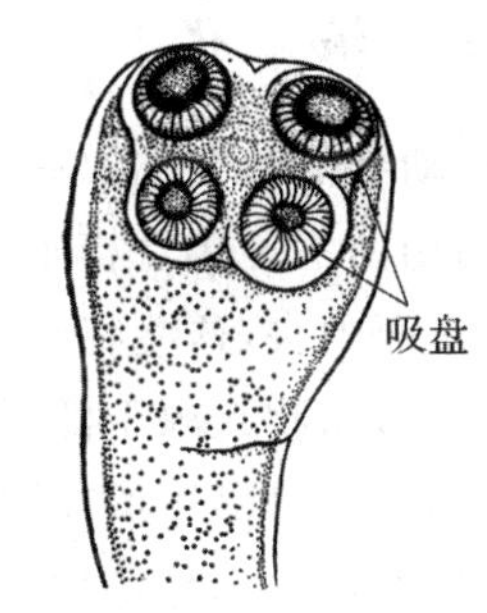

图 5-34 牛带绦虫头节(仿徐秉锟)

细粒棘球绦虫(*Echinococcus granulosus*),该绦虫的幼虫称为棘球蚴,寄生在人及牛、羊、骆驼、马等动物的肝、肺、肾、脑等部位,是危害人类最严重的绦虫,分布广泛,尤以牧区为最。细粒棘球绦虫成虫通常由头节和 3 个节片组成,体长 3~6mm。头节具 4 个吸盘,顶突上有小钩,排列成内、外两圈;颈部细短(图 5-35)。成虫的孕节或虫卵被中间宿主吞食后,发育为六钩蚴,并随血液或淋巴液带至肝、肺等组织内发育成棘球蚴,棘球蚴呈囊状,大小不等,小的直径只数厘米,大的有婴儿头大小,囊壁厚,囊内充塞着棘球蚴液,囊壁外层为角质层(laminated layer),内层为生发层(germinal layer),可长出许多子囊,子囊内又由内壁长出头节状结构(图 5-35)。这种头节状结构随后落入囊腔中,又从其生发层长出新的子囊。子囊内每一头节状结构均可发育成一个成体,有时在宿主体内可达数万头,破裂的碎片又可产生新的棘球蚴。棘球蚴寄生在肝脏,可引起患者消瘦、乏力、失眠,如小儿,则发育受影响;寄生在肺部,可使患者窒息致死;寄生在脑部可引起癫痫和失明;棘球蚴一旦破裂

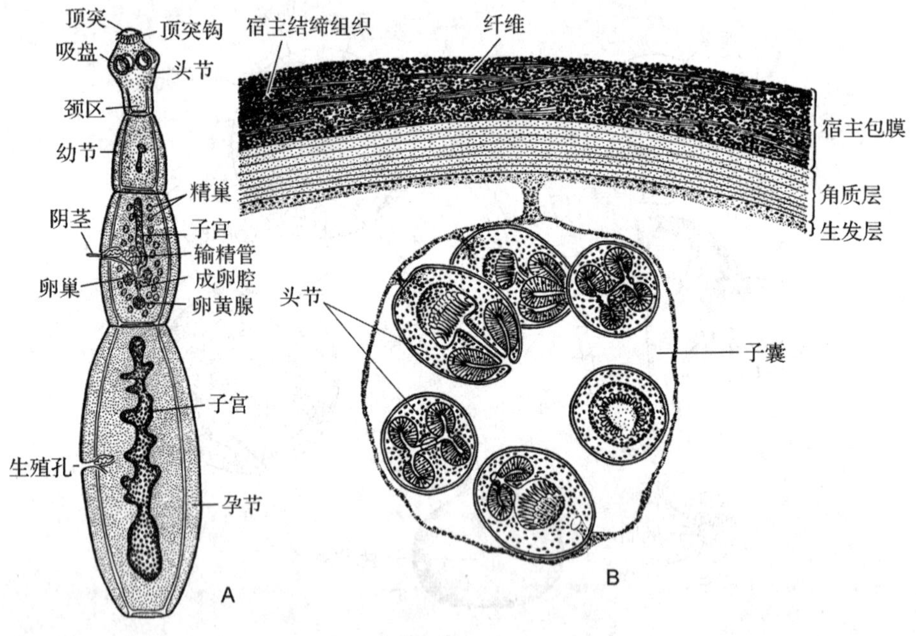

图 5-35 细粒棘球绦虫(仿各家)

A. 成虫；B. 棘球蚴结构

则更为危险,大量的抗原物质进入宿主体内,可引起宿主过敏性休克而骤死或随其寄生部位而引发宿主的病症。

3.2 演 化

扁形动物的起源主要有两种学说,尚未取得一致意见。一种学说由郎格(Lang)提出,认为扁形动物由一种爬行栉水母进化而来。因这类动物在水底爬行,丧失了游泳功能,体形扁平,口在腹面中央,这些特征与涡虫纲中多肠目种类极为相似。另一种由格拉福(Graff)提出,认为扁形动物起源于像浮浪幼虫式的祖先,这种祖先适应爬行生活后,体形扁平,神经系统移向前方,但口仍然留在腹面,逐渐演变成为涡虫纲中的无肠目。虽然这两种学说都有一定的根据,但栉水母是特化了的动物,通常认为它在进化上属于一个盲支。而无肠目的结构简单和原始,现存涡虫纲各目应从无肠目演化而来,因此格氏学说可能更为可信。

扁形动物中,自由生活的涡虫纲是最原始的类群。吸虫的神经、排泄等系统的结构与涡虫纲单肠目极为相似,部分涡虫营共栖生活,纤毛和感觉器官趋于退化,也与吸虫相似,而吸虫生活史中幼虫时期具有纤毛,成虫中才丧失了纤毛,这些事实都提示寄生生活的吸虫起源于自由生活的涡虫,因此,吸虫纲无疑是由涡虫纲适应寄生生活后进化而来。

绦虫的起源主要有两种观点。一种认为绦虫是吸虫对寄生生活进一步适应的结果,其理由是:单节绦虫类体不分节,形态与吸虫酷似,但单节绦虫和其他绦虫的关系不大,而一般绦虫的形态与吸虫差异很大,如绦虫的附着器官全部集中在前端等;另一种认为绦虫起源于涡虫纲的单肠目,其主要理由是:两者的排泄系统、神经系统都很相似,单肠目中有借无性繁殖组成链状群体的现象,这和绦虫产生节片的能力可能有联系。因而后一种观点较为可信。

4 扁形动物小结

扁形动物是两侧对称、三胚层、无体腔、背腹扁平的动物，广泛分布于海洋和淡水，少数生活于潮湿的陆地，有许多种类已过渡到寄生生活，而且是对人类或其他动物为害严重的种类；自由生活种类体表具有纤毛和杆状体，寄生种类体表丧失这些特征，但具有特殊的附着器官；具有发达的皮肌囊结构，其中寄生种类皮层细胞核下沉至实质中；消化系统不完全，有口无肛门，高度寄生种类消化系统则完全退化；排泄系统为原肾管型；梯状神经系统，自由生活种类的感觉器官发达，寄生种类则大多退化；一般雌雄同体，不仅具发达的生殖腺，而且还具生殖导管和附属腺体，体内受精；自由生活的海洋种类发育过程具牟勒氏幼虫，淡水种类为直接发育，寄生种类具多种幼虫期，间接发育，不少种类无性与有性生殖交替发生，同时需更换宿主。

第6章 假体腔动物概述

1 假体腔动物的共同特征

假体腔动物(Pseudocoelomata)由一群亲缘关系并不十分清楚、庞杂的动物门类组成,包括以下7个独立的门:线虫动物门(Nematoda)、轮形动物门(Rotifera)、腹毛动物门(Gastrotricha)、线形动物门(Nematomorpha)、动吻动物门(Kinorhyncha)、棘头动物门(Acanthocephala)和内肛动物门(Entoprocta)。

这些动物虽然在形态特征上差异很大,但都具有以下共同特征:

假体腔动物的体壁与消化道之间都具一个空腔,称为假体腔(pseudocoel),这是动物进化中最早出现的原始体腔类型。假体腔实际上就是胚胎发育过程中的囊胚腔(blastocoel)持续到成体而形成的体腔,也称初生体腔(primary coelom),或称原体腔。假体腔只有体壁具有中胚层,肠壁无中胚层,腔的四周既没有体腔膜(peritoneum)构造,也没有孔道与外界相通,因而是一个完全封闭的空腔,腔中充满体腔液。假体腔发生时,原肠胚胚孔两侧,内、外胚层交界处各有一中胚层的端细胞,它离开原来的位置,进入囊胚腔,细胞不断分裂,最后形成索状的中胚层细胞,这层细胞之间不裂开,只沿胚胎体壁延伸(图6-1)。假体腔的出现与无体腔动物相比,其先进性主要表现在:假体腔为体内器官系统的自由运动与发展提供了一定的空间;体腔液能更有效地输送营养物质和代谢产物,用以替代循环系统的部分机能,同时能调节和维持体内的水分平衡,以维持体内稳定的内环境;体腔液在封闭的体腔中起着骨骼的作用,既能抗衡肌肉运动所产生的压力,也能使身体更迅速地运动,从而摆脱以纤毛作为主要运动器官的状态。

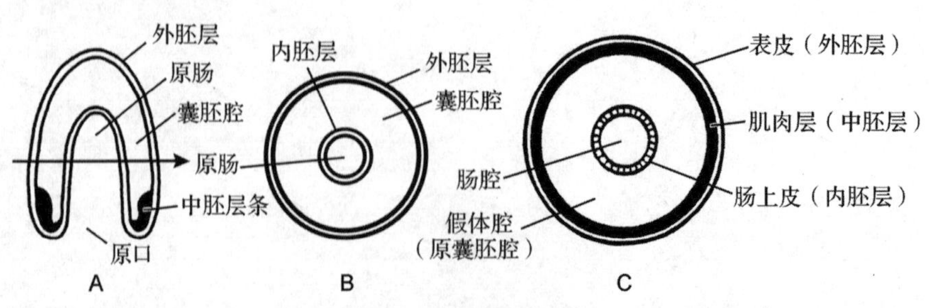

图6-1 假体腔的发生示意图

A. 原肠胚纵切; B. 示A图箭头所指的横切面; C. 成体横切面

假体腔动物都具有完整的消化道，肛门的出现解决了摄食与排遗的矛盾，能使动物在短时间内获取更多的食物，提高了动物摄食的效率，有利于营养物质的积累。

假体腔动物体表均有角质膜，纤毛数量明显减少或完全消失。

本章重点讲述线虫动物、轮形动物和腹毛动物三个门类的假体腔动物，其余假体腔动物在本书附章中予以简要介绍。

2　线虫动物门(Nematoda)

线虫是假体腔动物中最大的一门，已报道的在 15000 种以上。线虫广泛分布于海洋、淡水及土壤中，甚至在海底深渊、沙漠及温泉都有线虫的踪迹。除自由生活外，许多线虫在动植物体内营寄生生活，危害人畜健康及造成农作物减产。

线虫具有假体腔动物的典型特征。

2.1　体　壁

线虫多为圆柱形，两端尖细，体壁由角质膜、合胞体上皮及纵肌层组成，并共同构成了线虫的皮肌囊。

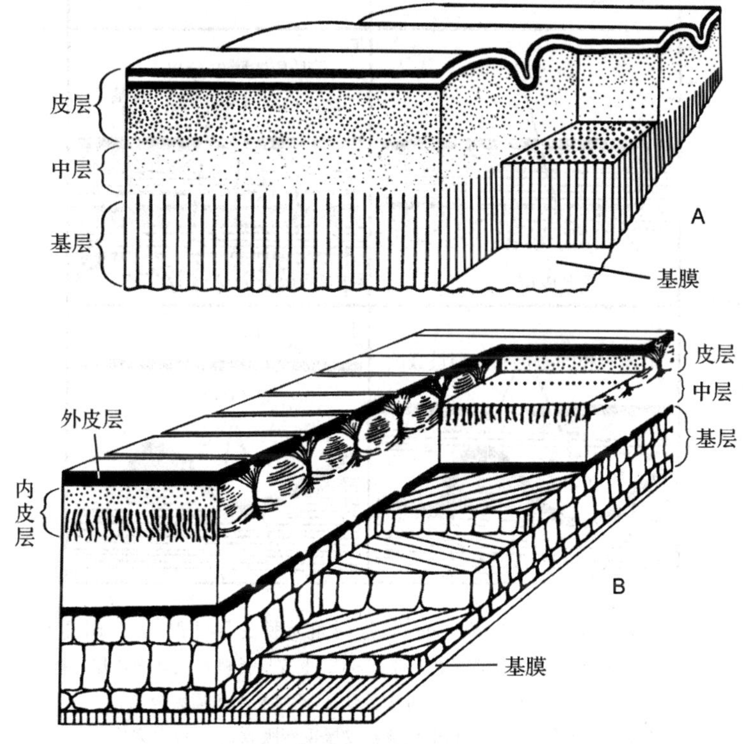

图 6-2　线虫体壁角质膜的结构(仿 Bird 修改)

A. 典型线虫幼虫角质膜结构；B. 蛔虫成虫体壁角质膜结构

角质膜位于体壁最外层，坚韧而富有弹性，主要成分为蛋白质。角质膜是上皮细胞层分泌形成的，其结构繁杂，可进一步分为皮层(cortical layer)、中层(median layer)、基层(basal layer)和基膜(basal membrane)。皮层由具环纹的鞣化蛋白质组成,成虫可进一步分为外皮层(external cortical layer)和内皮层(internal cortical layer);中层为均质蛋白质;基层为胶原蛋白构成的支持柱层,有些种类的基层由于纤维排列的方向不同,可进一步分为三层,使角质膜具有一定的弹性(图 6-2)。角质膜具有保护作用,但也限制了身体的生长,因此线虫在生长过程中需经过数次蜕皮(ecdysis),即一生中需要重复几次生长出新的角质膜,并蜕去旧的角质膜。线虫的蜕皮受其神经环上神经分泌细胞分泌的激素调控,激素促使线虫排泄细胞分泌蜕皮液,它可溶解旧表皮而促使其蜕皮。蜕皮前角质膜中有用的物质能被虫体吸收,然后上皮细胞重新分泌新的表皮,使旧表皮与上皮细胞分离,并最后脱落。蜕皮后,角质膜未硬化前,虫体能得以生长。蜕皮现象仅出现在线虫的幼虫阶段,成虫期不再蜕皮,但能增加角质膜的厚度,其最终厚度一般为身体半径的 7%倍(图 6-3)。

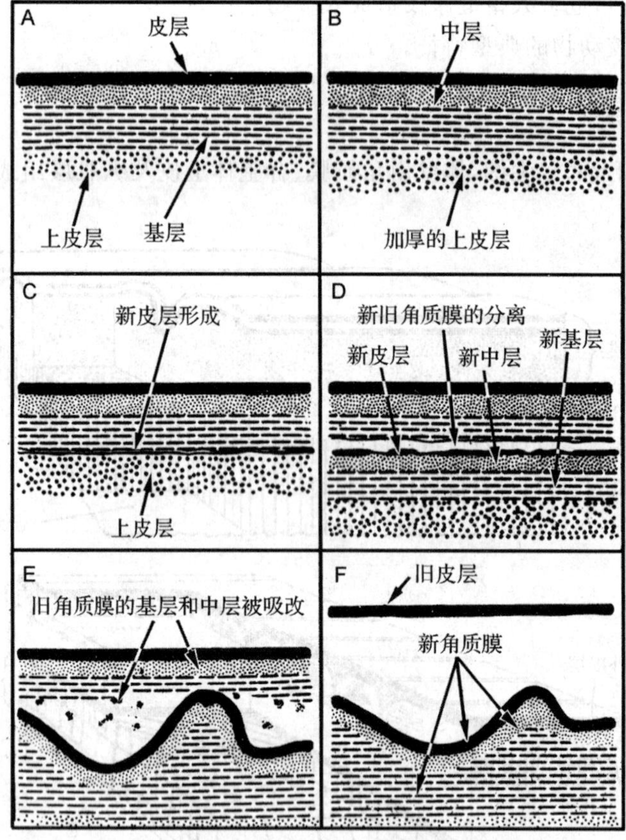

图 6-3 根结线虫(*Meloidogyne*)蜕皮时角质膜变化过程(仿 Bird 重绘)

A. 蜕皮前;B. 蜕皮前上皮层加厚;C. 上皮层外侧形成新的皮层;

D. 新皮层增厚,新中层和基层形成,同时新旧角质膜分离;

E. 旧角质膜的基层和中层被新皮层重新吸收;F. 蜕皮完成

体壁中层为上皮细胞组成的表皮层。上皮细胞通常为合胞体,并在虫体背、腹中线及两侧处加厚,向假体腔内凸出形成 4 条纵行的上皮索,分别称为背线、腹线及两侧的侧线,上皮细胞核仅局限于这些体线中,并排列成行。

体壁内层为肌肉层。线虫纵肌层一般被 4 条体线分隔,因而肌层不连续,肌肉全为斜纹肌，肌细胞基部集中着可收缩的肌原纤维，称为肌细胞收缩部，此外为肌细胞的原生质部，也称细胞体部，肌细胞核位于此处，原生质部一般认为有贮存糖原的功能。原生质部具有细长的突起，分别连接到背线与腹线内的神经索上，接受神经的支配。这与其他动物是由神经发出分支到肌肉上进行支配的方式不同（图 6-4）。线虫体壁中环肌层缺失。

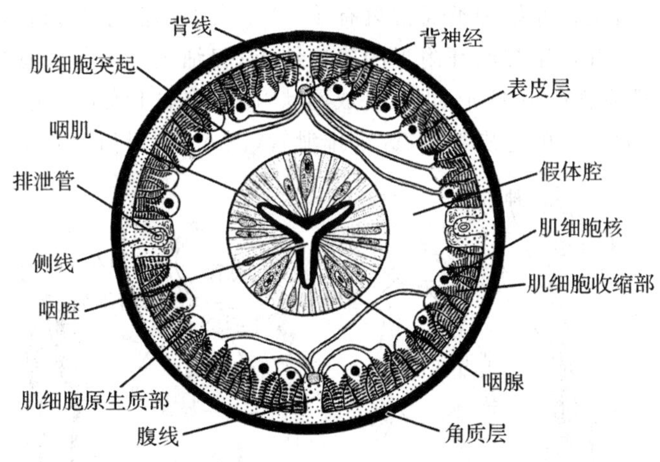

图 6-4　线虫过咽横切面（作者改绘）

2.2　消化系统

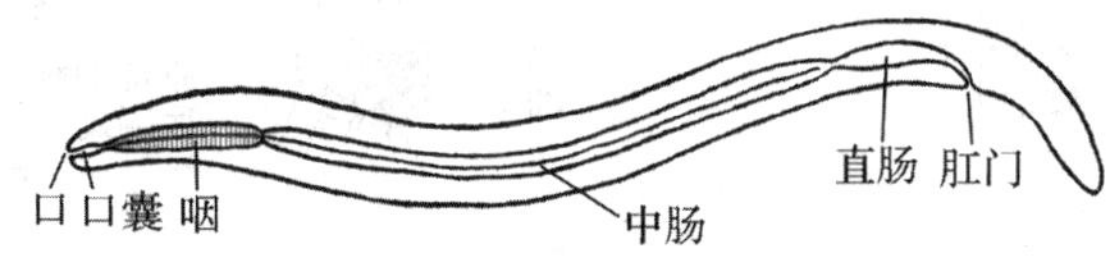

图 6-5　线虫的消化系统（作者）

线虫的消化系统结构简单，为一直行管（图 6-5）。线虫前端口后为一管状或囊状的口囊（buccal capsule），其内为角质膜加厚，形成不同形状或不同数量的齿、板齿等结构，用以切割食物（图 6-6）。口囊之后为咽，由于肌肉细胞的加厚，咽腔在断面上呈三放形，其中有一放指向腹中线，此为线虫咽的特征（图 6-4）。咽的周围具成对的咽腺，咽后连接中肠，由单层上皮细胞构成，中肠两端均具瓣膜，以阻止肠内食物逆流。中肠后为短的直肠，来源于外胚层，最后以肛门开口于腹中线上。咽腺及中肠的腺细胞能产生消化酶，在中肠进行食物的消化，在肠壁上皮细胞中完成细胞内消化。

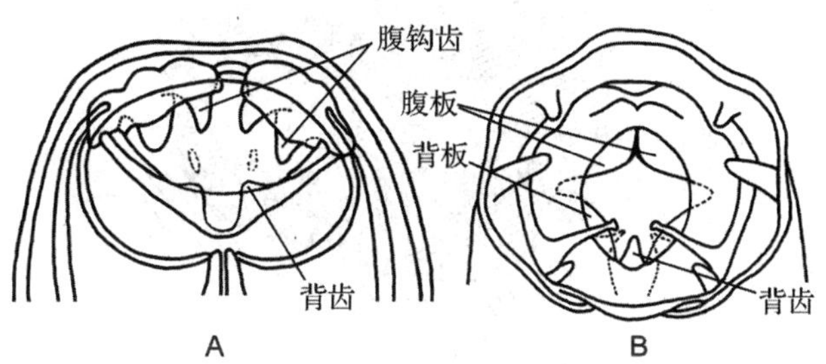

图 6-6　线虫口囊中的齿板等构造（作者改绘）

A. 十二指肠钩虫口囊中的钩齿；B. 美洲板口钩虫的口囊中的板及齿

2.3 排泄和水分调节

线虫能通过体表进行气体交换或行厌氧呼吸，与扁形动物一样也无专门的呼吸及循环器官，但具有原肾管型排泄器官(图 6-7)。原肾，也由外胚层发育而成，由腺型细胞或变形的管型细胞构成，但无鞭毛。原始种类通常只有 1～2 个大型的腺细胞执行排泄和水分调节。腺细胞位于咽的周围，开口于神经环附近的腹中线上；腺细胞可延伸成管型排泄器官，外形呈“H”状。蛔虫的排泄管也呈 H 形，但横管成网状，侧管前端不发达。排泄物先汇集到体腔液内，再由体腔液通过侧线的上皮细胞，进入排泄管(图 6-8)，最后由排泄孔排到体外，但排

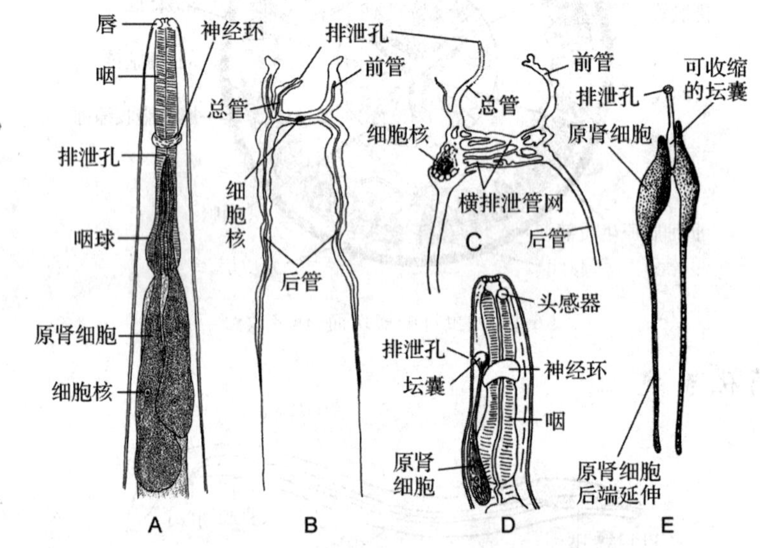

图 6-7 线虫的排泄系统(据各家修改)

A. 腺型(小杆线虫的 2 个原肾细胞)；B. 典型的 H 形排泄管(驼形线虫)；C. 管型(蛔虫)；D. 腺型(1 个原肾细胞)；E. 腺型(钩口线虫的 2 个原肾细胞)

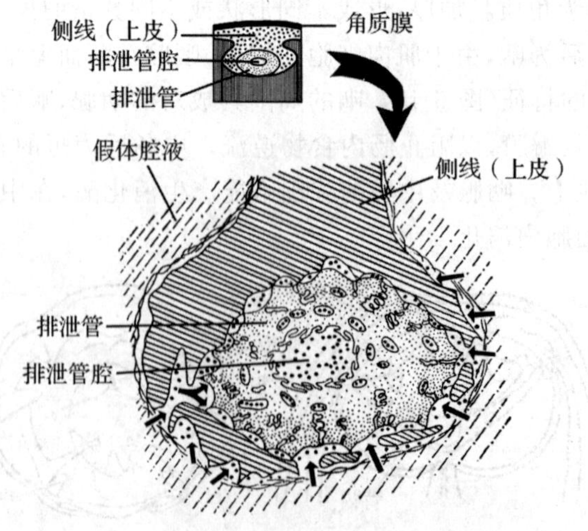

图 6-8 线虫代谢废物外排示意图(据 Dankwarth 重绘)

(箭头所指为代谢废物从假体腔进入排泄管的流向)

泄物也可通过消化道而排出。线虫的代谢产物主要是氨。线虫的排泄器官对维持其体腔液渗透压平衡十分重要，水分通过口及体壁进入体内，过多的水分可通过排泄器官排出。

2.4　神经系统与感觉器官

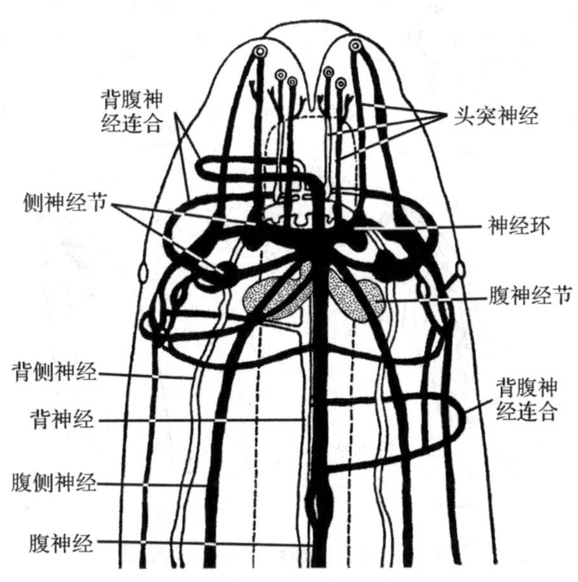

图 6-9　线虫的神经系统示意图(据 Smyth 稍修改)

线虫的神经系统由脑及 6 条纵向神经组成(图 6-9)。脑呈环状，围在咽周围，环的两侧膨大成神经节；6 条纵向神经索由脑环发出，其中前端的神经分布到唇瓣、乳突及化学感受器等。向后的 6 条神经中，1 条为背神经索，1 条为腹神经索，2 对为侧神经索，其中 2 对侧神经索离开脑环后很快合并成 1 对，最后形成 4 条神经索，其中以腹神经索最发达，线虫的 4 条神经索分别位于相应的背、腹线和侧线中。背神经索主要为运动神经纤维，侧神经索主要为感觉神经纤维，腹神经索包括运动及感觉神经纤维。

线虫的感觉器官主要分布在头部及尾部。头部有唇瓣(lip)、乳突(papillae)、感觉毛(bristle)，统称为头感器(图 6-10)。唇及乳突的数目、排列方式及形态是分类的重要依据之一。唇瓣及乳突为头部角质突起，受脑环发出的神经支配；感觉毛周围有腺细胞围绕，感觉毛在线虫头部较发达，属于触觉感受器。此外还有化学感受器(amphid)，位于虫体前端一侧，实质上是体表的内陷，呈囊状，或管状、螺旋状等各种形状，其内端封闭，外端开口，周围也伴随腺细胞，为线虫特有的化学感受器。水生种类尤其是海产线虫化学感受器发达，而陆生及寄生种类则趋于退化。以前一直认为线虫中不存在任何形式的纤毛，经电镜研究发现，化学感受器的感觉突起以及感觉毛实际上都是一种变化的纤毛，从而使线虫和其他有纤毛动物在进化上有了联系。线虫尾部具 1 对单细胞腺体，称为尾感器(phasmid)，分别开口于尾端两侧，这是一种腺状感受器，在寄生种类尤为发达(图 6-11)。

2.5　生殖系统和发育

线虫通常雌雄异体且异形。雄虫个体较小，后端弯曲成钩状。雌、雄生殖腺均为管状，其中雄性生殖系统多数只具单个精巢，其后端与输精管相连，输精管末端膨大成贮精囊，再

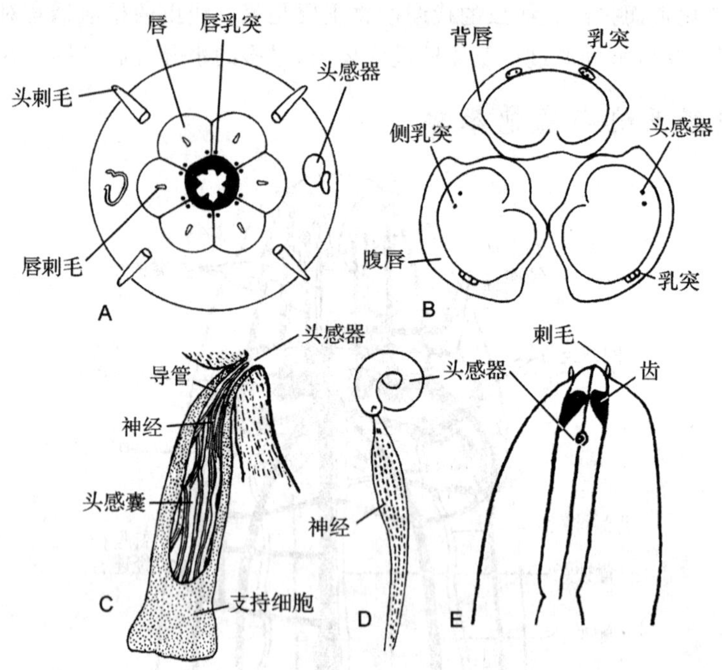

图 6-10 线虫头部感觉器官(仿各家)

A. 扭曲线虫(*Plectus*)前端正面观；B. 人蛔虫前端正面观；C. 蛔虫头感器纵切面；D. 色矛线虫(*Chromadora*)头感器；E. 自由生活线虫前端

向后与肌肉质的射精管(ejaculatory duct)相连，最后开口于直肠或泄殖腔。大多数线虫雄性泄殖腔向外伸出两个囊，每一囊中具一角质交合刺(spicule)，交配时用以撑开阴门，交合刺的形态随种而异，是线虫的分类标准之一。线虫精子或具鞭毛，或无鞭毛而呈囊状或球状。雌性生殖系统一般具 2 个卵巢，呈管状，长短不一，或相对排列，或平行排列(图 6-12)。卵巢后端为输卵管及子宫。子宫上端为受精囊，用以贮存交配后的精子。两侧子宫后端联合，经肌肉质阴道，以雌性生殖孔开口于虫体近中部腹中线上。雌雄线虫交配后，虫卵在子宫上端受精，形成厚的受精膜，变硬后形成卵的内壳，卵沿子宫下行时，子宫的分泌物形成卵的外壳，卵壳外层的形状作为寄生线虫的分类依据。

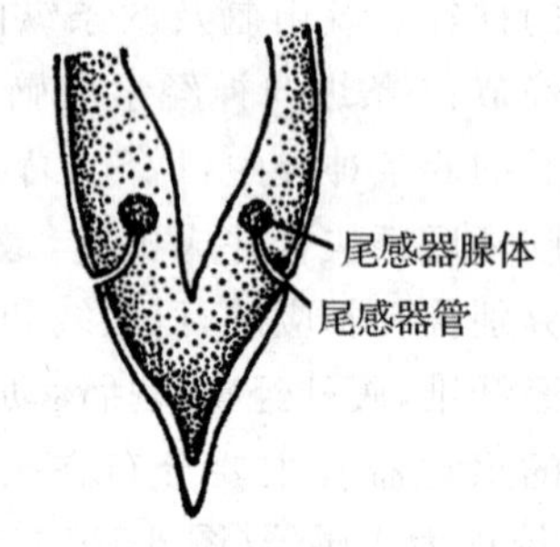

图 6-11 小杆线虫的尾感器(仿 Hyman)

受精卵一般已在子宫中开始卵裂。虫卵孵化之前，细胞分裂已经结束，因此线虫一生构成身体或器官的细胞或细胞核的总数恒定，孵化后个体的生长只依赖于细胞体积的增长，而不是依靠细胞数量和体积的双重增长。

线虫中有相当多的种类在动、植物体内营寄生生活，寄生方式也多种多样，如成虫与幼虫均寄生在动物体内；或成虫寄生在动物体内，幼虫寄生在植物体内；或幼虫自由生活，成虫寄生；或成虫自由生活，幼虫寄生；或直接发育无幼虫期；或具有 1 个或 2 个中间宿主。

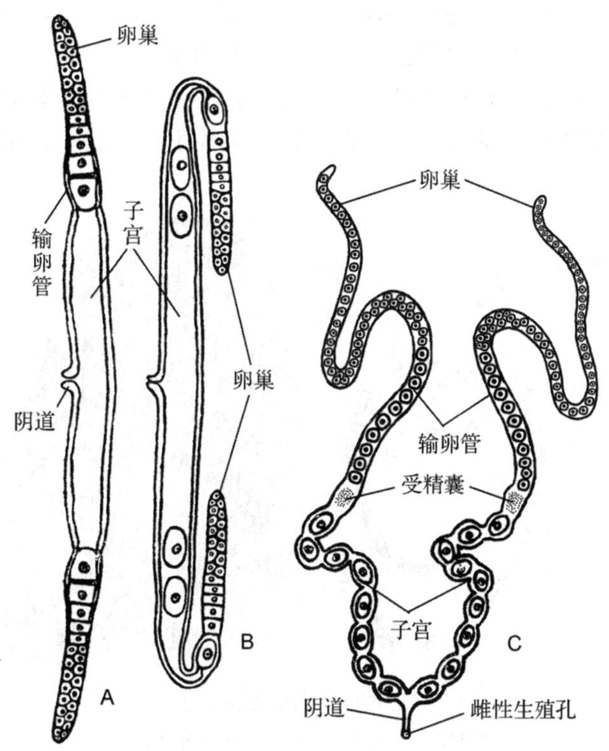

图 6-12　线虫雌性生殖系统示意图(据各家修改)
A、B. 示两种卵巢管相对排列形式；C. 示卵巢管平行排列形式

2.6　线虫的分类

一般依据有无尾感器分为两个纲。

无尾感器纲(Aphasmida)

虫体尾端无尾感器，具尾腺，排泄器官腺状，由单细胞或多细胞腺体组成。海水、淡水、土壤均有分布，也能在动植物体内寄生。重要的有：

人鞭虫(*Trichuris trichura*)，又称毛首鞭形线虫(图 6-13)。成虫寄生于人的盲肠内，重度感染时也可寄生于阑尾、结肠及直肠等处。虫体前 3/5 呈鞭状，雌虫体长 35～50mm，雄虫体长 30～35mm。受精卵随宿主粪便排出体外，在土壤中经过 3 周左右的时间发育为感染性虫卵，被人误食后在小肠中孵化，幼虫移行到盲肠发育为成虫，雌虫日产卵量为数千粒。一般轻度感染时没有明显症状，重度感染时出现阵发性腹疼，慢性腹泻及便血等症状。

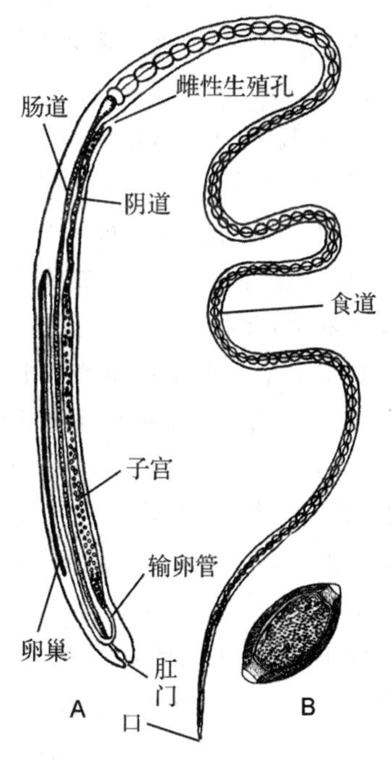

图 6-13　人鞭虫(仿姚永政)
A. 成虫；B. 虫卵

旋毛虫(*Trichinella spiralis*)，寄生于人、猪、鼠的十二指肠和空肠前部的肠壁上，成虫较小，雌虫仅

为3～4mm，雄虫不足2mm。雌雄虫交配后卵胎生，幼虫长仅为100μm，经血液、淋巴液分布到身体各处，但只有在骨骼肌中才能继续发育。在肌肉中虫体蜷曲，增长迅速，一般可长到1mm，能形成一囊胞，其直径可达250～500μm，内含1～2条幼虫。经过6～7个月后，囊胞开始钙化，幼虫在囊胞中可生活数十年。宿主吞食成熟囊胞而被感染，幼虫经4次蜕皮发育为成虫（图6-14）。

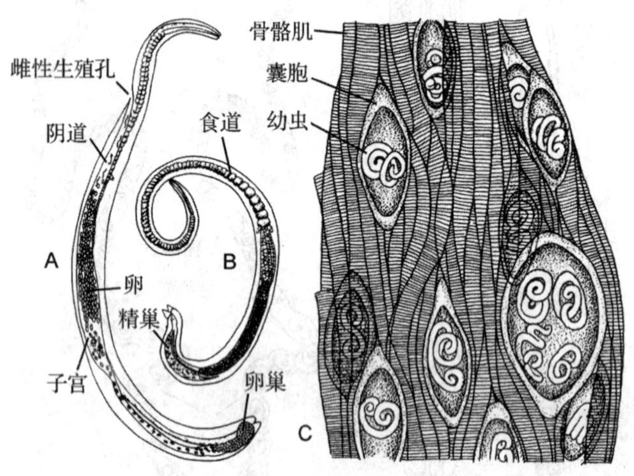

图6-14 旋毛虫成虫和幼虫寄生状（仿各家）

A. 雌成虫；B. 雄成虫；C. 幼虫在肌肉中寄生状

尾感器纲（Phasmida）

虫体尾端具1对尾感器，无尾腺，化感器不发达，排泄器官为管状，位于身体两侧的侧线中。咽腺通常3个，绝大多数为陆生，无海产种类。有不少种类行寄生生活。重要的寄生种类有：

麦粒鳗线虫（*Anguina tritici*），即小麦线虫（图6-15）。为我国农作物的重大病虫害之一。寄生于小麦穗上形成虫瘿。每个虫瘿中可有几千至几万条幼虫。虫瘿混在麦粒中被播在田里，幼虫便钻出虫瘿侵入麦苗，逐渐移行至麦心，到麦穗形成时又聚集到小麦子房中。麦花受刺激不长麦粒而形成虫瘿，在虫瘿中发育为成虫，并交配产卵。每条雌虫可产卵2000个左右，卵中孵化出幼虫，蜕皮2次后仍留在虫瘿中，而进入休眠期，次年虫瘿随小麦播入土壤中，再侵害小麦。在干燥的环境中幼虫在虫瘿内可生活10年以上。

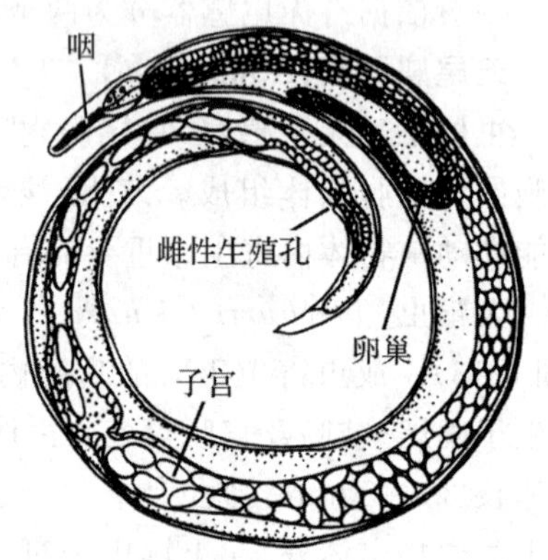

图6-15 小麦线虫雌虫（仿Goodey）

丝虫，寄生于人体淋巴系统中，危害我国的是班氏丝虫（*Wuchereria banerofti*）和马来丝虫（*Brugia malayi*），丝虫寄生于人体淋巴系统中，由中间宿主蚊子传播。班氏丝虫雌成虫大小为（75～100）×（0.2～0.3）mm，雄虫（30～45）×（0.1～0.15）mm，马来丝虫雌虫体长约55mm，雄虫25mm。两者生活史相同，雌雄成虫交配后，卵胎生，因而没有自由生活的幼虫阶段。在人体内雌性丝虫可直接产出微丝蚴（图6-16），微丝蚴（microfilaria）进入血液，白天停留在肺血管中，夜间睡眠后微丝蚴出现于人外周末梢微血管中。夜间蚊叮咬患者时，微丝蚴进入蚊胃中，随后在蚊的肌肉中发育，并蜕皮两次，成为感染期幼虫，当蚊再次吸血时进入人体，最后在淋巴管或淋巴结内发育为成虫，一般感染 3 个月之后，在血液中就有微丝蚴，成虫在人体内可成活十几年。感染丝虫后主要危害由成虫引起，由于成虫寄生在淋巴管和淋巴结内机械刺激作用及虫体代谢或分解的毒素，引起局部淋巴系统发炎，病人寒战发烧、头疼，病程持续 1 周左右能自行消失。由于反复感染及淋巴管炎症周期性发作，每年发作数次致使淋巴管壁组织不断增生，以致慢性堵塞，使阻塞的淋巴管下端的淋巴液不能回流，刺激皮肤及皮下组织增生，使之变粗变厚，皮脂腺及汗腺萎缩而出现“象皮肿”，严重的病人丧失劳动力。丝虫病也是新中国成立时我国五大寄生虫病之一。

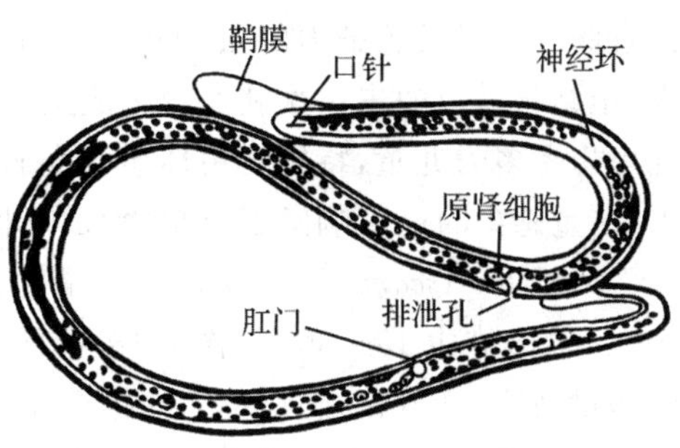

图 6-16　微丝蚴(仿 Fulleborn)

人蛲虫(*Enterobius vermicularis*)，寄生于人盲肠、小肠下段的小型线虫，又名蠕形住肠线虫，雌成虫体长 8～13mm，雄虫 2～5mm(图 6-17)。成虫在寄生部位交配，交配后雄虫即死去，雌虫子宫充满虫卵后向下移行，夜间宿主入睡后，雌虫到宿主肛门处产卵，产卵后雌虫大多数死亡。蛲虫卵在外界温度适宜、氧气充足的条件下，经数小时后变为具感染能力的虫卵。雌虫产卵能引起肛门奇痒，患者用手搔痒时，虫卵污染手指可造成自体感染，亦可经衣被，甚至空气进行传播，有时前半夜所产虫卵，后半夜就能在肛门外孵化，这样幼虫可直接爬

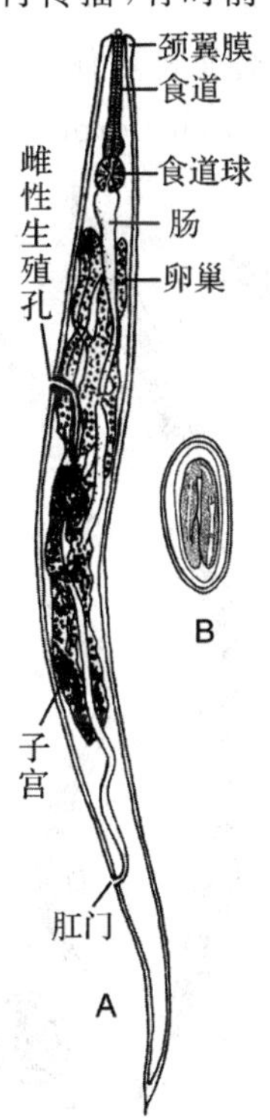

图 6-17　人蛲虫(仿徐芳南)

A. 雌虫；B. 卵

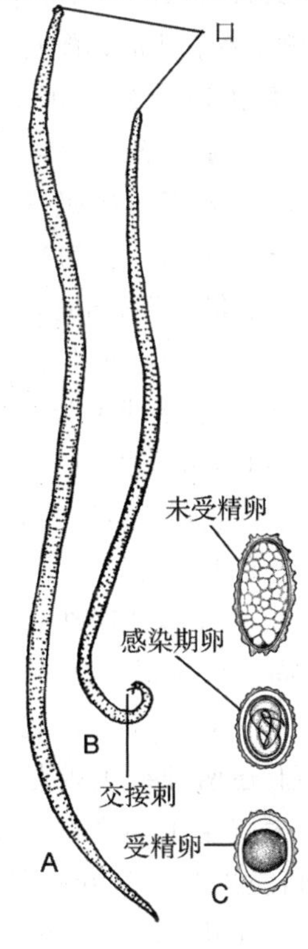

图 6-18　人蛔虫(仿各家)

A. 雌虫；B. 雄虫；C. 卵

回直肠。一般具感染力的虫卵进入人体后，在小肠内孵化出幼虫，并沿小肠下行时蜕皮两次，至结肠后再蜕皮1次就发育为成虫。从感染虫卵到雌虫产卵，约需45天，寿命2～4周。蛲虫患者多为儿童，特别在集体生活条件下更易于相互传染。蛲虫也是世界性分布的寄生虫，严重感染时会影响睡眠，出现食欲不振、烦躁、消瘦等症状。

人蛔虫(*Ascaris lumbricoides*)是感染最普遍的一种大型人体寄生线虫，雌虫可长达20～35cm，雄虫15～30cm(图6-18)。雌、雄成虫在人小肠交配产卵，每条性成熟雌虫一昼夜产卵量高达20万粒，随宿主粪便排至体外。虫卵必须在20～30℃、阳光充足、潮湿松软的土壤中经2周后在卵内发育成幼虫，约1周后在卵内蜕皮1次后方成为具感染能力的虫卵。因此，人蛔虫是土源性寄生虫。人若误食了感染性虫卵，卵壳在小肠液作用下孵化出幼虫，并穿过小肠黏膜进入血管，随血液循环，经肝、心脏，最后幼虫到达肺部，在肺泡中寄生，并蜕皮两次。此时幼虫可钻破肺泡进入气管，逆行回到咽部，经食道、胃回到小肠。进入小肠后需再蜕皮1次，数周后发育成成虫。人体从感染虫卵到雌虫产卵，需60～70天，成虫能在人体中成活1年左右。人体少量寄生蛔虫时，并不引起明显的症状，如是严重感染时也能对个体造成较大的危害，特别是儿童，会出现贫血、发育障碍等症状。蛔虫是世界性分布的人体寄生虫，特别是发展中国家。我国以前蛔虫感染也十分普遍，尤其在农村地区，但随着人们生活水平的日益提高和卫生条件的极大改善，蛔虫感染已越来越少。猪蛔虫(*Ascaris suum*)与人蛔虫形态特征较近似，但不会发生交叉感染。

钩虫，成虫寄生于人小肠上段，寄生于人体的钩虫有两种：十二指肠钩口线虫(*Ancylostoma duodenale*)和美洲板口线虫(*Necator americanus*)。两者生活史相同，成虫在小肠内交配产卵，每条性成熟雌虫日产卵量为数万粒，随宿主粪便排到体外，温度适宜时，受精卵在松软土壤中1～2天即可从卵内孵化出一期杆状蚴(rhabditiform larva)。该幼虫长300μm，已具细长口腔，经2～3天蜕皮成二期杆状蚴，过5～8天再次蜕皮发育成丝状蚴(filariform larva)，成为感染期幼虫。丝状蚴具有群集习性，同时在土壤中可成活3个月左右。当人皮肤接触土壤时，感染期幼虫可从手指或足趾间较薄皮肤处钻入，再随血液或淋巴液移行，经心脏、肺，然后再逆行至咽、食道、胃，最终进入小肠。在小肠寄生后再蜕皮2次，发育为成虫(图6-19)。从感染期幼虫到雌虫产卵，需5～7周，十二指肠钩口线虫在人体内可成活1～7年，美洲板口线虫的成活时间更长。上述两种线虫曾是新中国成立时我国五大寄生虫病之一。幼虫侵入皮肤时，可刺激皮肤出现丘疹和发炎，在人体内移行时可引起宿主咳嗽、发烧等症状，大量寄生时常造成患者严重贫血，病人出现头晕眼花、心跳气短、苍白无力，

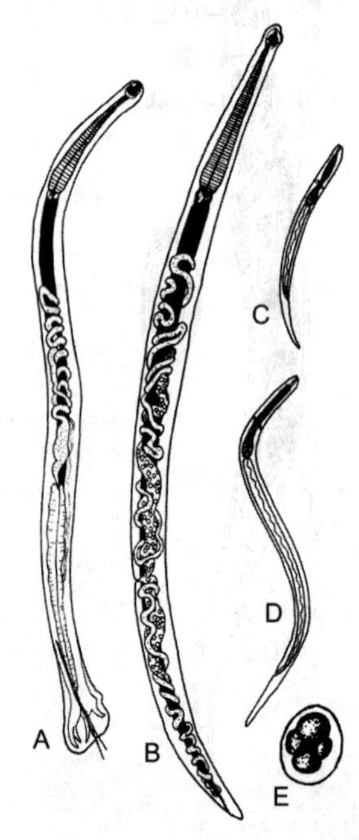

图6-19 十二指肠钩虫(仿 Noble)

A. 雄虫；B. 雌虫；C. 杆状蚴；D. 丝状蚴；E. 卵

甚至身体浮肿、贫血性心脏病，严重时丧失劳动能力。20 世纪 70 年代以前，浙江在杭、嘉、湖的蚕桑区感染十分普遍。

广州管圆线虫(*Angiostrongylus cantonensis*)，成虫多寄生于鼠肺动脉内，也可见于右心，雌虫长约 30mm，宽约 0.5mm；雄虫长约 20mm，宽约 0.3mm。雌雄交配后，雌虫产卵于血管中，并随血流到肺毛细血管，在末梢动脉血管内形成栓塞并发育，成熟后孵出第 1 期幼虫。1 期幼虫穿过毛细血管进入肺泡，沿气管上行到达咽喉部，再进入消化道，最后随粪便排出体外。排出体外的 1 期幼虫，在潮湿或有水的环境中可存活 3 周。当 1 期幼虫被软体动物，如福寿螺(*Ampullaria gigas*)、褐云玛瑙螺(*Achatina fulica*)、圆田螺(*Cipangopaludina*)、环棱螺(*Bellamya*)吞食，或主动钻入螺体内被感染，1 周后蜕皮变成第 2 期幼虫，再经 2 周后蜕皮成第 3 期幼虫，也称感染期幼虫。当鼠吞食含感染期幼虫的软体动物，或饮用受污染的水后，3 期幼虫在鼠胃内脱鞘，并进入肠壁小血管，经血液循环带至右心，再经肺部血管至左心，由此移行至身体各器官。但多数幼虫均沿颈动脉到达鼠脑部，穿破血管在脑组织表面窜行。广州管圆线虫在人体中的移行、发育大致上与在鼠中相同。幼虫通常留在中枢神经系统，并在其中完成发育，但也可寄生于眼部。广州管圆线虫是动物寄生虫，鼠类是适宜终宿主，人是非正常宿主，2006 年在北京等地的患者多为食用了未经煮熟的福寿螺肉所致。人体感染广州管圆线虫主要为幼虫侵犯中枢神经系统，幼虫分布以大脑最多，引起嗜酸性粒细胞增多性脑膜脑炎或脑膜炎。不生食不洁食品，是防治广州管圆线虫病的关键。

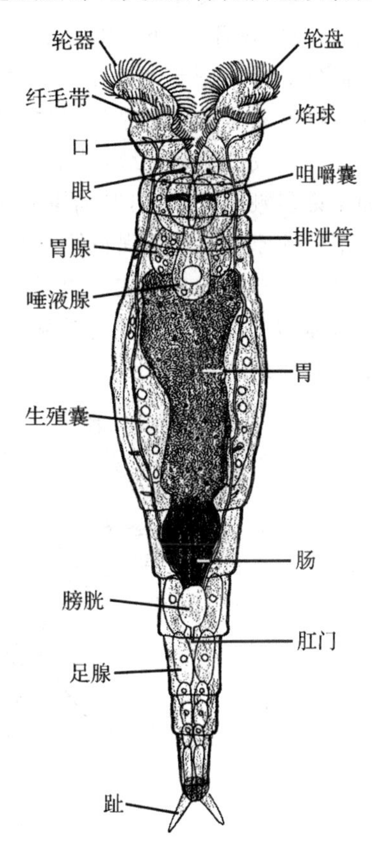

图 6-20　旋轮虫内部结构(仿 Hyman)

3　轮形动物门(Rotifera)

轮形动物主要生活在淡水，也能生活于海洋或潮湿的土壤。已发现 2000 种，大多为自由生活，也有共生和寄生的种类。通常体长在 0.5mm 以下，全身无色透明，但由于消化道中具有不同颜色的食物而使身体显现一定的颜色。轮虫是淡水浮游动物的主要类群之一，也是鱼类和甲壳动物幼体很好的饵料生物。

轮形动物通常为长圆形或囊状，由不明显的头部、躯干部及尾部组成(图 6-20)，但由于生活方式不同，可使虫体的形态发生很大的改变，如固着生活或管栖生活的种类，尾部延长成柄状，漂浮生活的种类尾部缩短或消失。轮形动物最大特征是身体前端具一纤毛器官——轮盘(trochus)，由于纤毛的转动形同车轮，因而称为轮虫。轮盘是虫体唯一具纤毛的地方，主要行运动和取食功能，既是头部最主要的结构，也是分类的主要依据之一。躯干部呈囊状，其外面的角质膜加厚形成兜甲(lorica)，有的还有各种饰纹，形成刺、棘等突起。尾部与躯干部分界或明显或不明显，其外面的角质膜常成环状，能套叠使尾部变短，尾部末端是 1～4 个趾(toe)，内具足腺

(pedal gland),用以黏着。体壁由角质膜、表皮层和肌肉层组成。角质膜由上皮细胞分泌而成,同一种类轮虫的上皮细胞数目恒定,表皮层之下为独立成束的纵肌和环肌,其中前者较发达。

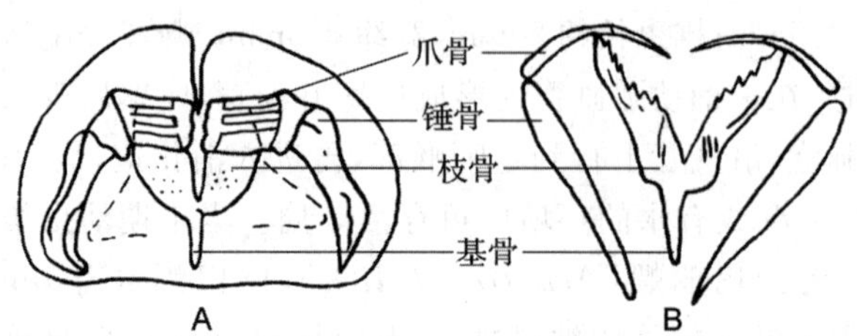

图 6-21 轮虫的咀嚼器(据陈义稍改)

A. 在咀嚼囊内的咀嚼器; B. 单独的咀嚼器

轮虫也是肉食性动物。消化系统包括口、咽、食道、胃、肠和肛门等部分。口位于虫体前端腹面,被轮盘环绕,下通咽。咽来源于外胚层,其内壁加厚特化成几个大突起,构成特有的咀嚼器(trophi)(图 6-21),用以研磨食物,也是轮虫分类的依据之一。消化腺包括唾液腺和胃腺。排泄器官为 1 对原肾,包括几个到 20 个焰球(flame bulb)及 1 总排泄管。它是一个多核细胞组成的原肾系统,其细胞核位于排泄管管壁中,焰茎球呈倒置的杯状,由杯顶向管腔伸出许多鞭毛,焰球内壁周围具大小不等的原生质柱,焰球两侧有细胞质管与排泄管相通。焰球的原生质柱与涡虫管细胞的小孔相当,体液可由此进入焰球腔内,最终通向排泄管(图 6-22)。焰球的功能主要也是水分的调节。随环境中离子浓度的变化,焰球内鞭毛的打动及液体的排出速度可加速或减慢,其排出的液体渗透压比体腔液低,随着水分的外排,可带走一些代谢产物。

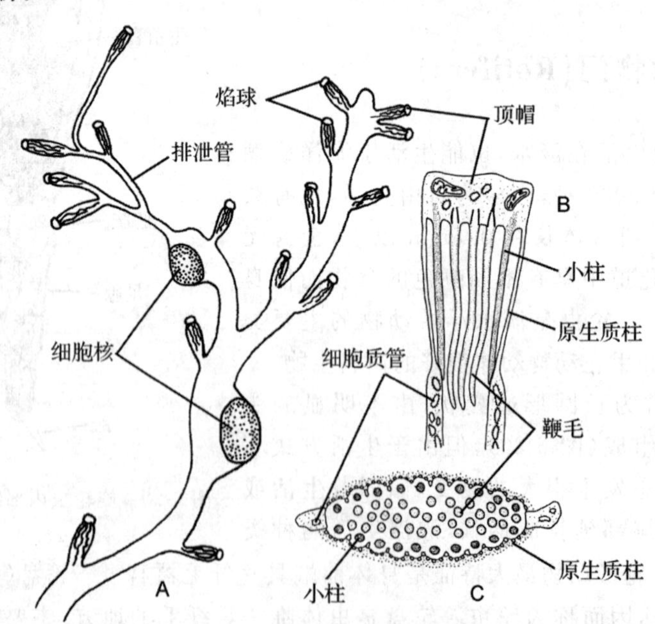

图 6-22 轮虫的焰球结构

A. 焰球示意图(作者); B、C. 分别表示一个焰球的纵切面与横切面(仿 Wilson、Webster)

轮虫虽为雌雄异体，且异形的动物，但有些种类至今尚未发现雄性虫体的存在，有的即便有雄性个体，也是仅在年周期的一定时间内出现，因而轮虫主要的生殖方式还是孤雌生殖。雌虫的卵巢和卵黄腺常被共同的薄膜所包裹，形成生殖囊(germovitellaria)，再由其连接输卵管，输卵管开口于泄殖腔。在具有雄性个体的种类中，一般在外界环境适宜时，主要也是由雌虫行孤雌生殖。这时雌虫产出大且卵壳较薄的卵，其成熟过程不发生减数分裂，称为非需精卵(amictic egg)，它可很快发育成雌性个体，并继续行孤雌生殖，这种个体称为非混交雌体(amictic female)。在环境条件许可的情况下，这种生殖方式可重复进行。一旦外界环境发生改变，或有其他刺激时，轮虫种群中就会出现混交雌体(mictic female)。这种雌虫产生小型的薄壳虫卵，但卵在成熟过程中需经减数分裂，称为需精卵(mictic egg)。该卵如不受精，则孵化出雄虫，其寿命很短，经过有丝分裂产生精子；如受精，则发育成具厚壳的休眠卵(resting egg)，它可抗御各种不良环境，待环境条件好转时再孵化出非混交雌虫，继续其孤雌生殖(图 6-23)。当轮虫生活的水体干枯时，某些种类仍能生存下去，这时虫体失去大部分水分，高度蜷缩，进入所谓的假死状态，耐干燥能力极强，抵抗干燥的环境可达数月甚至数年，只要有水，轮虫便能在很短的时间内复活。以这种状态维持生存的现象称为隐生(cryptobiosis)。

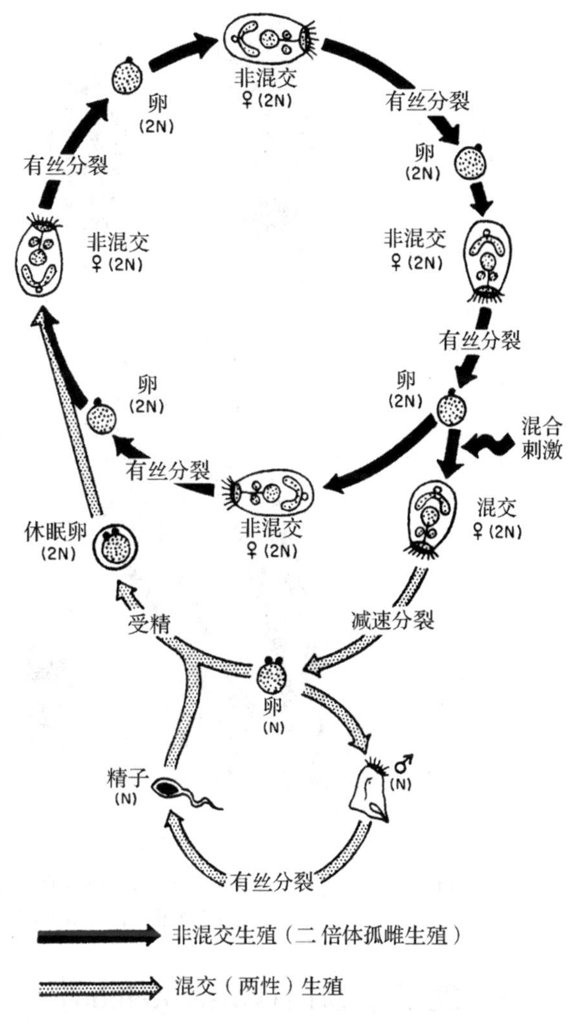

图 6-23 轮虫生活史(Birky)

轮虫的各器官组织的结构均为合胞体，且各部分含有的细胞核数目恒定。如椎尾水轮虫(*Epiphanes senta*)(图 6-24)中，上皮层含有 280 个细胞核，食道 15 个，胃 39 个，肠 14 个，原肾管 14 个，脑 183 个，周围神经 63 个，细胞核总为 959 个。因此轮虫的发育具有一个显著的固定形式。轮虫自孵化后，细胞核不再分裂，身体部分受损，也不能再生。

常见的除萼花臂尾轮虫(*Brachionus forficula*)外，还有矩形龟甲轮虫(*Keratella quadrata*)、前节晶囊轮虫(*Asplanchan priodonta*)、转轮虫(*Rotaria rotatoria*)、迈氏三肢轮虫(*Filinia maior*)、金鱼藻沼轮虫(*Limnias ceratophylli*)、椎尾水轮虫、裂足轮虫(*Schizocerca diversicornis*)、暗小异尾轮虫(*Trichocerca pusilla*)等(图 6-24)。

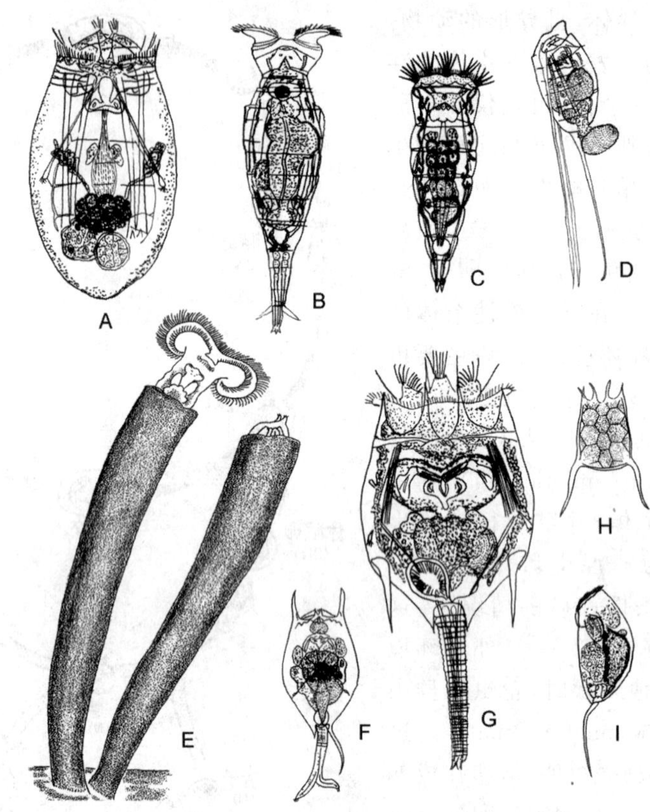

图 6-24 常见轮虫(仿各家)

A. 前节晶囊轮虫；B. 转轮虫；C. 椎尾水轮虫；D. 迈氏三肢轮虫；E. 金鱼藻沼轮虫；F. 裂足轮虫；G. 萼花臂尾轮虫；H. 矩形龟甲轮虫；I. 暗小异尾轮虫

4 腹毛动物门(Gastrotricha)

腹毛动物(图 6-25)是生活于海洋或淡水的最原始假体腔动物，现存种类约 400 种，全球性分布。

腹毛动物体型微小，一般体长仅为 0.1～3mm，体宽约为 0.5mm。通常在虫体腹面及头部还留有由上皮细胞发出的单根纤毛，用以在黏液上滑动，纤毛的排列方式和分布具有种的特征。体壁最外层为角质膜，或薄而光滑，或厚而呈鳞状、板状、刺状；角质膜之下的表皮层细胞经电镜观察，发现细胞界限清楚，并非以前在光学显微镜下见到的合胞体构造。表皮内为环肌与纵肌，通常为 6 对纵肌束。体壁肌肉层之内为不甚发达的假体腔。消化系统由口、咽、肠和肛门组成。口位于虫体的前端，后连口腔，内具齿和钩，咽发达，其周围具肌肉包围，外观呈球状，并具咽腺(pharyngeal gland)。咽后即为中肠，由单层上皮细胞组成，后连直肠并以肛门开口于身体近后端腹面。1 对脑神经节位于咽的前端背侧，呈马鞍形，由脑分出 1 对侧神经索纵贯全身，无特殊的感觉器官，主要由头部的感觉毛及身体腹面的纤毛进行感觉，淡水种类脑中有成堆的色素粒，具有感光功能。排泄器官为 1 对具焰球的原肾管，位于消化管中部两侧，肾孔开口于腹面中央(图 6-26)。通常淡水种类原肾发达，兼有排泄和水分调节的功能，但某些海洋种类无原肾。海洋种类雌雄同体，精

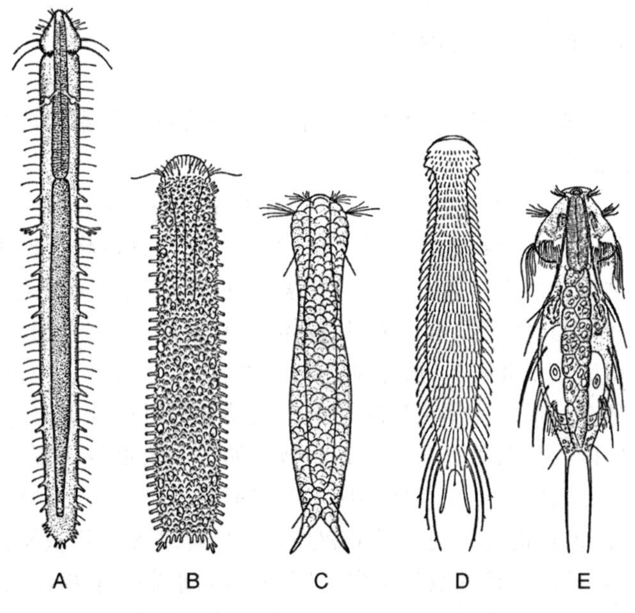

图 6-25　各种腹毛动物(仿 Grassé)

A. 侧毛虫(*Pleurodasys*); B. 锚矛虫(*Tetranchyroderma*); C. 小鳞皮虫(*Lepidodermella*); D. 鼬虫(*Chaetonotus*); E. 毛虫(*Dasydytes*)

巢 1 对,位于身体近前端,1 对输精管分别以雄性生殖孔开口于身体腹面后1/3处,有的还有退化的交配囊;1 个或 1 对卵巢,位于精巢之后的消化道两侧,具 1 对短小的输卵管,并以 1 个雌性生殖孔开口于肛门前端,许多种类还有受精囊。淡水种类雄性生殖系统完全退化,仅存雌性生殖系统,故行孤雌生殖,雌性可产两种类型的卵,其中一种为滞育卵,产出后不立即孵化,可抵抗低温、干旱等恶劣环境,待条件好转后再孵化;另一种卵产后 3～4 天便能孵化。海产和淡水种类均为直接发育。最常见的种类是淡水的鼬虫(*Chaetonotus*)(图 6-25,D),身体呈瓶状,背面略突,腹面扁平,前端分化出不明显的头部,后端尖细而分叉,分叉末端具黏液腺开口,虫体或无色透明,或呈淡绿色、浅红褐色。

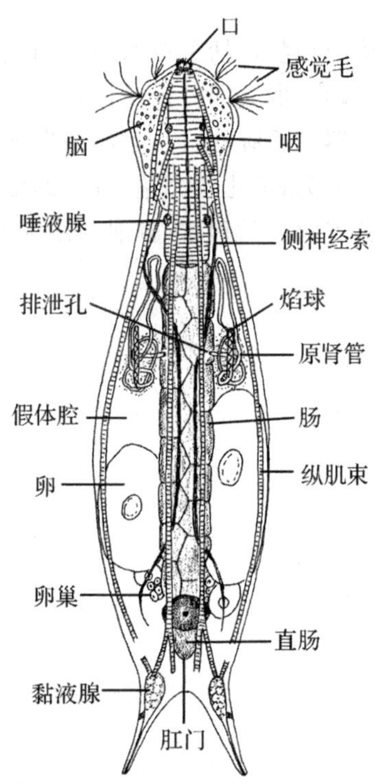

图 6-26　腹毛动物的内部结构(仿 Pennak)

5 假体腔动物的系统发生

假体腔动物门类繁杂,各类群在动物演化上的亲缘关系不很密切,在形态结构上也存在明显的差异,有许多重大不同。

线虫动物具有腺型或管型的排泄系统,体表无纤毛,特殊的纵肌层,线形的生殖系统等等。这些构造特点与假体腔动物中其他类群显然不同,在动物进化上属于一个盲支,其他动物不可能由这类动物进化而来。腹毛动物体表具纤毛、具焰球型原肾管系统等特征与扁形动物涡虫纲特征相似;而其体表具角质膜、具假体腔、具尾腺、具完全的消化道等结构特征又与自由生活的线虫相似。由此可见,腹毛动物与涡虫、线虫之间具有一定的亲缘关系。许多学者认为线虫动物是在扁形动物涡虫纲演化成腹毛动物的时候分出的一支。

轮形动物的结构以及胚胎发育与涡虫纲相似。如不少轮虫身体较扁,具焰球型原肾管、雌雄同体、具卵黄腺,胚胎发育中早期卵裂属于螺旋形卵裂等。轮形动物与腹毛动物又非常接近,如轮虫有完全的消化道、具足腺、纤毛和焰球型原肾管等。轮虫又具有特殊的咀嚼器,各器官组织为合胞体,且细胞核的数量恒定,又明显不同于扁形动物涡虫纲和腹毛动物。综上所述,轮形动物在演化上与扁形动物涡虫纲和腹毛动物有着较为接近的亲缘关系。

6 假体腔动物小结

假体腔动物包括了形态不很相似、亲缘关系不十分清楚的一些类群,共有 7 个独立的门类。这些动物的共同特征是体壁与消化道之间都具有假体腔(初生体腔或原体腔),它的出现为体内器官系统的自由运动与发展提供了一定的空间;假体腔动物体表具角质膜,纤毛减少或完全消失;消化道完整,肛门的出现解决了摄食与排遗的矛盾,提高了动物摄食的效率,有利于营养物质的积累;排泄系统为原肾管型,无呼吸及循环器官。

第7章　环节动物门(Annelida)

1　环节动物的主要特征

环节动物常见的有蚯蚓、沙蚕和蚂蟥，是高等无脊椎动物的开始。这类动物在两侧对称和三胚层基础上，出现了原始分节现象(metamerism)——身体除头部外各体节基本类同，一些内部器官也依体节重复排列，这种分节称为同律分节(homonomous metamerism)，体节的出现是动物进化的一个重要标志之一；普遍具有发达的真体腔(true coelom)，其内侧与肠上皮细胞共同构成了肠壁，由于肌肉参与消化道的组成，使肠的蠕动不再依赖身体的运动，因而增强了动物的消化能力，同时也为消化道进一步分化提供了必要的条件；出现了疣足(parapodium)和刚毛(seta)，运动比扁形动物和线形动物都要迅速；产生了较为完善的闭管式循环系统(closed vascular system)，血液始终在密闭的血管中流动，除动脉、静脉分化外，还有发达的毛细血管，可以更有效、更迅速地完成营养物质和代谢产物的输送；具后肾管(metanephridium)，主要功能是排泄代谢废物和调节体内渗透压平衡，有的还可兼司排泄和生殖两种功能；神经系统更趋集中，形成脑(brain)和腹神经索(ventral nerve cord)，构成纵贯全身的链式神经系统；雌雄异体或雌雄同体，海产种类为间接发育，具担轮幼虫(trochophore)期。

2　环节动物的生物学

2.1　外形特征

环节动物的身体一般呈长圆柱形，由许多彼此相似的体节(metamere)组成。这些体节不仅外部相似，而且内部的重要器官，如循环、神经、排泄、生殖等也都按节重复排列，在节与节之间往往具一双层的隔膜。大多数环节动物除前两节和最后一节外，其余各体节的形态和机能都基本相同(同律分节)，如蚯蚓、沙蚕，但环节动物中也有一些种类，体节有粗、细之分，有些体节具有原始的附肢，而有些体节则缺失附肢，体内各种器官也分别位于一定体节中，其生理分工也较显著，已接近异律分节(heteronomous metamerism)的水平，如沙蠋(*Arellicola*)。同律分节是异律分节的先驱，每一个体节几乎等于一个功能单位，对于动物加强身体的适应能力，增强新陈代谢具有很大的意义，如每一体节都有一个神经节，能使动物的感觉和反应更加灵敏；每一个体节都有一对排泄系统，可使动物的排泄更为有效。同律分节动物的体节数量虽然较多，但只有1个头部和神经系统，因此仍是统一的整体，这种既分散又统一的结构形式，是动物身体结构的一大进步，也为动物体更高级的分化，如形成头、胸、腹等部分提供了广泛的可能性。

分节现象的起源，一般认为是由原始分节现象及其运动两者结合而逐渐演化形成的。在低等无脊椎动物中，如涡虫、纽虫消化道的侧盲囊和生殖腺在体内是重复排列的，这些动物在作蛇形运动时，其前、后生殖腺之间最容易弯曲，使体壁形成褶缝，然后在前、后褶缝之间长出特殊的肌肉群，最后便形成了体节。

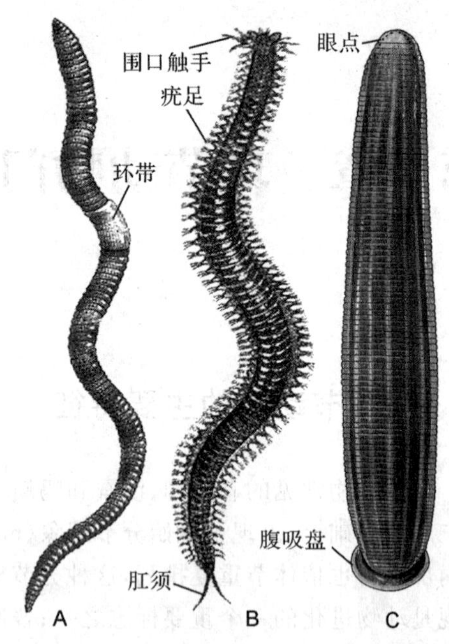

图 7-1 环节动物的外形(仿各家)
A. 蚯蚓；B. 沙蚕；C. 蛭

不同环节动物的外形变化较大。海洋中自由生活的沙蚕(*Nereis*)(图 7-1)，身体一般呈圆柱状，或背腹扁平，头部明显，口前叶(prostomium)背侧具 4 个眼点，可感光；前缘中央具 1 对口前触手(prostomial tentacle)，其两侧各有一分节的触角(palp)。围口节(peristomium)为身体的第 1 体节，两侧各有 4 条细长的围口触手(peristomial tentacle)，腹面为口，吻(proboscis)可外翻，其前端具颚 1 对(图 7-2)。各体节具疣足(parapodium)，一般多为双叉型，其腹侧有一极小的排泄孔。身体末端有 1 对肛须(图 7-1)。

远环蚓(*Amynthas*)身体圆而细长，有许多相似的体节组成，体节与体节之间的凹陷称为节间沟(intersegmental furrow)。由于适应土中穴居生活，其头部退化，通常由口前叶和围口节组成。围口节为第 1 体节，口位于其腹侧，围口节背前端的口前叶为肌肉质的突起，有摄食、掘土和感觉的功能。蚯蚓疣足退化，自第 2 体节起具刚毛，环绕体节排列，刚毛直接着生在体壁上，可支撑身体前进。性成熟个体在第 14～16 节，由表皮形成环带(clitellum)或称生殖带，环带上无刚毛和节间沟。从 11～12 节间沟开始，在背中线上每节有 1 个背孔(dorsal pore)，能排出体腔液，湿润皮肤，以便于呼吸，减少摩擦，保护皮肤。在腹面 18 节两侧有 1 对雄性生殖孔，14 节腹面中央有 1 个雌性生殖孔，6/7、7/8、8/9

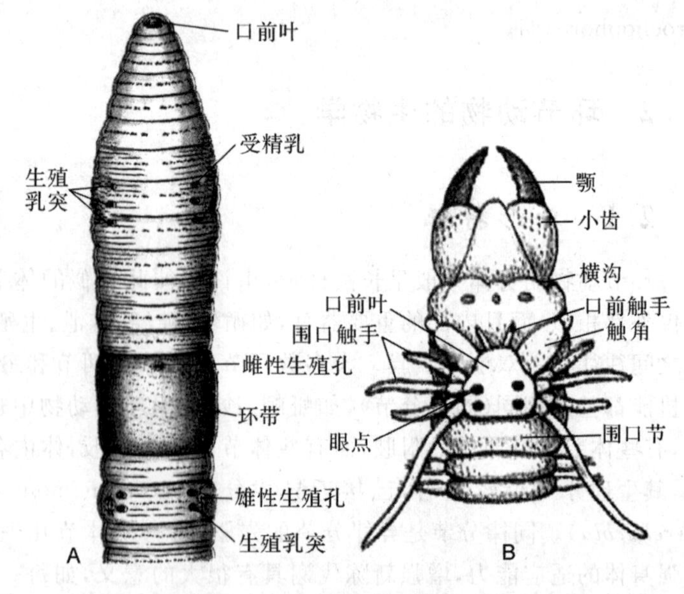

图 7-2 环节动物的头部(仿各家)
A. 蚯蚓腹面观；B. 沙蚕背面观

节间沟两侧通常有 3 对受精囊孔(seminal receptacle opening)。肛门位于体末端,呈直裂缝状(图 7-2)。

蛭类背腹扁平,头部不发达,体前端具眼点数对。身体两端具吸盘,体节一般为 34 节,其中末 7 节愈合成后吸盘,能借前后两吸盘作辅助运动。体表无刚毛,性成熟时出现环带(图 7-1)。

2.2 体　壁

环节动物的体壁从外至内由角质膜(cuticle)、表皮层、肌肉层和体壁体腔膜(parietal peritoneum)四部分组成。角质膜薄,由表皮细胞分泌而成,具有保护身体及防止在干燥环境中失水的功能;表皮层由单层柱状上皮细胞组成,其间有单细胞腺体分布,除分泌黏液湿

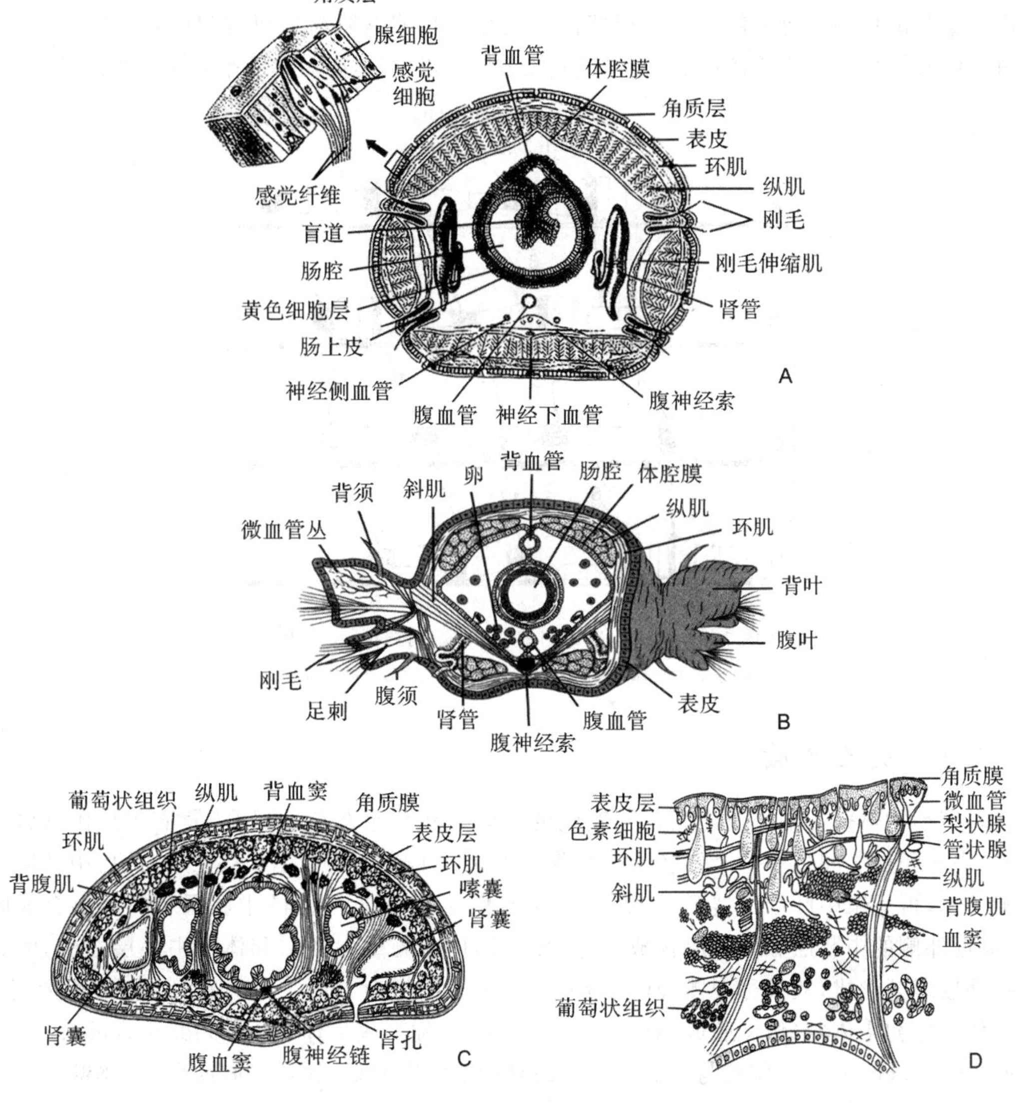

图 7-3　环节动物的体壁结构(仿各家)

A. 蚯蚓横切面; B. 沙蚕局部横切面; C. 医蛭横切面; D. 医蛭体壁局部放大

润体表外，多毛类的腺细胞还可产生荧光素，使虫体发出荧光；肌肉层的外侧是薄的环肌，内侧是发达的纵肌；体腔膜为一层中胚层来源的体腔上皮，密贴于纵肌层之下。环节动物体壁的四层结构一起构成了皮肤肌肉囊(dermo muscular sac)，简称为皮肌囊，并由它们包裹全身(图 7-3)。需特别指出的是，蛭类体壁表皮层中的单细胞腺体沉入表皮层下面薄的结缔组织中。该层组织中还有许多色素细胞，使体表呈现出色泽。肌肉层在环肌和纵肌之间尚有斜肌(diagonal muscle)，斜肌在动物静止时其肌纤维的长度最短。此外尚具背腹肌，它固定在表皮细胞下，从背侧穿过环肌、斜肌和纵肌直达身体的腹侧，它的存在可使身体始终处于扁平状态。

环节动物的肌肉为斜纹肌(参见第 2 章)，当其一体节的纵肌层收缩，环肌层舒张，则此段体节变粗变短，同时体腔内压力增高，着生于体壁上的刚毛伸出，插入周围土壤。此时其相邻的一组体节的环肌层收缩，纵肌层舒张，体节变细变长，体腔内压力降低，刚毛缩回，与周围土壤脱离接触。每一体节组与相邻体节组交替收缩纵肌与环肌，使身体呈波浪状蠕动前进。蚯蚓每收缩一次可前进 2～3cm，其收缩方向可以反转，因而亦可作倒退运动(图 7-4)。

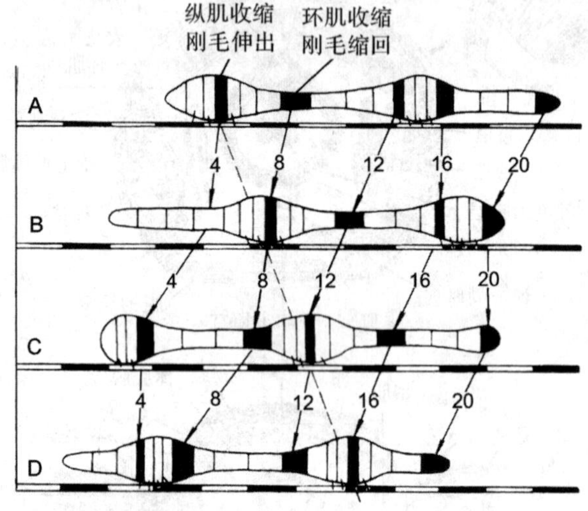

图 7-4 蚯蚓的运动图解(据 Gray，Lissman 稍改)
(图中数字表示体节，随着自前而后体节收缩，虫体向前移动)

2.3 次生体腔

环节动物体壁与消化道之间具一宽阔的空腔。从胚胎发育过程看，最早在胚孔(原口)两侧、内外胚层之间各有 1 个中胚层端细胞(teloblast)，发育为两团中胚层带，此后中胚层带逐渐延伸，再后来中胚层带裂开，分为成对的体腔囊，其靠近内侧的中胚层和内胚层合成肠壁，靠近外侧的中胚层和外胚层构成体壁，体腔即位于肠壁中胚层和体壁中胚层之间，因为是中胚层裂开形成，故又称裂体腔(schizocoel)(参见第 2 章)(图 7-5)。在动物系统发生上，这种体腔比初生体腔(假体腔或原体腔)出现较晚，故称为次生体腔(secondary coelom)或真体腔(true coelom)。真体腔与假体腔在形态结构上区别明显，如真体腔四周，即体壁的内侧和消化道的外侧，均具体腔膜，且在体壁与消化道管壁上均具中胚层分化而来的肌肉层；体腔可通过后肾等管道与体外相通；体腔上皮细胞能分化为生殖细胞及生殖腺等等。

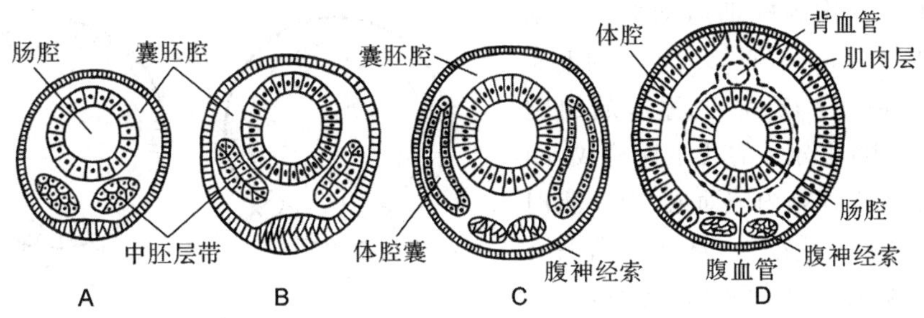

图 7-5　环节动物的真体腔(仿 Korschels)

A. 中胚层带出现；B. 中胚层带延伸；C. 体腔囊出现；D. 真体腔形成

次生体腔的形成，使中胚层的肌肉组织参与了消化道和体壁的构成，使消化道和体壁的运动得以加强，同时由于广阔的空腔存在，使体壁的运动与肠壁的蠕动分开，这就大大加强了动物的运动和消化摄食的能力，也为消化系统的复杂化提供了必要条件；次生体腔内充满了体腔液，使内部器官始终浸浴其中，同时在每个体节间的隔膜上又有孔相通，因此，次生体腔内的体腔液可与循环系统一起，共同发挥体内运输的作用，并使动物体保持一定的体态。真体腔的出现对动物的循环、排泄、生殖等系统也有很大的促进作用，因此次生体腔的形成，在动物进化上有重大的意义，也是高等无脊椎动物的重要标志之一。然而，蛭类的真体腔退化，体壁肌层之下无体腔膜，几乎所有蛭类的真体腔均被肌肉、葡萄状组织(botryoidal tissue)填充而缩小，形成血窦(blood sinus)。

2.4　疣足和刚毛

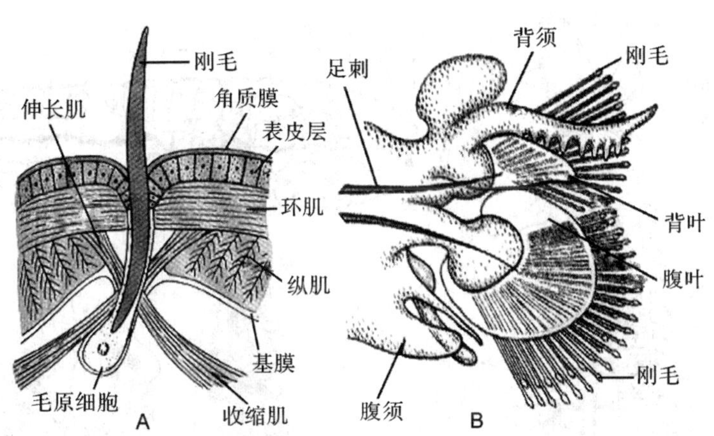

图 7-6　环节动物的运动器官(仿各家)

A. 蚯蚓的刚毛；B. 沙蚕的疣足

海产环节动物身体两侧所具的疣足，属于原始的附肢形式。它是由体壁向外突出而形成的扁平片状物，体腔也随之伸入其中。疣足本身不分节，与躯体连接处也无关节。典型的疣足分成背叶(notopodium)和腹叶(neuropodium)，背叶的背侧具一指状的背须(dorsal cirrus)，腹叶的腹侧有一腹须(ventral cirrus)，有触觉功能。疣足有爬行和游泳的功用，背、腹叶内各有 1 根起支撑作用的足刺(aciculum)，同时背肢有 1 束刚毛，腹肢具 2 束刚毛(图 7-3B，7-6)，有些种类的背须特化成疣足鳃或鳞片等。蚯蚓等寡毛纲种类疣足退化，只保留刚毛(seta)作为辅助运动器官。刚毛由刚毛囊(setal sac)底部一较大的毛原细胞(hair mother cell),也称形成细胞(formative cell)所分泌的几丁质构成,刚毛囊由体壁表皮细胞内陷而成,由于肌肉的牵引,可以伸长或缩短,从而使刚毛前伸或后缩。刚毛作为一种运动器官,远比低等动物的纤毛稳固而有力。总之,疣足和刚毛的出现,增强了动物体爬行、游泳等运动功能,因此对外界环境适应的能力也得以增强。刚毛在每一体节中的排列方式以及数量的多少因种而异,通常水生种类刚毛较长,陆生种类较短。大多数陆生及水生种类刚毛的数目为8根,成4束,每束2根,这种排列称为对生刚毛(lumbrieine seta),有的每节几十根绕体节分布,称为环生刚毛(perichaetine seta)(图7-7)。蛭类中刚毛完全消失,依靠前、后吸盘及体壁肌肉的收缩进行运动。

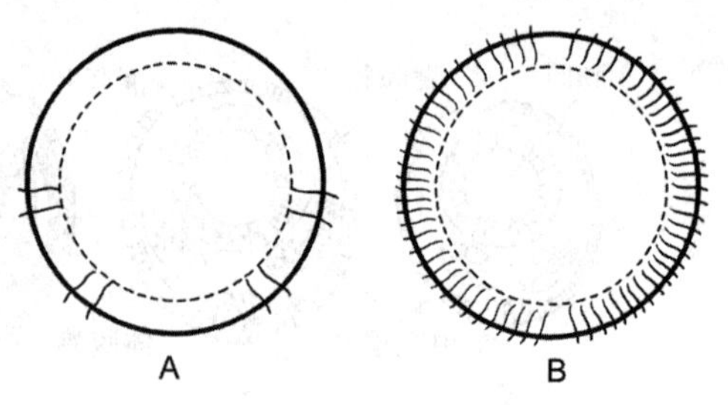

图7-7 蚯蚓刚毛的着生方式(仿陈义)

A. 对生; B. 环生

2.5 消化系统

环节动物同样具有完善的消化道,纵行于身体中央。由于中胚层来源的肌肉组织参与肠道壁的形成,通常使前肠进一步分化出口腔、咽、食道、嗉囊(crop)和砂囊(gizzard)等结构,它的主要功能是摄取、软化和磨碎食物;中肠分化出胃、肠并与消化腺相通,主司消化吸收和营养的功能;后肠较短,经肛门通体外。

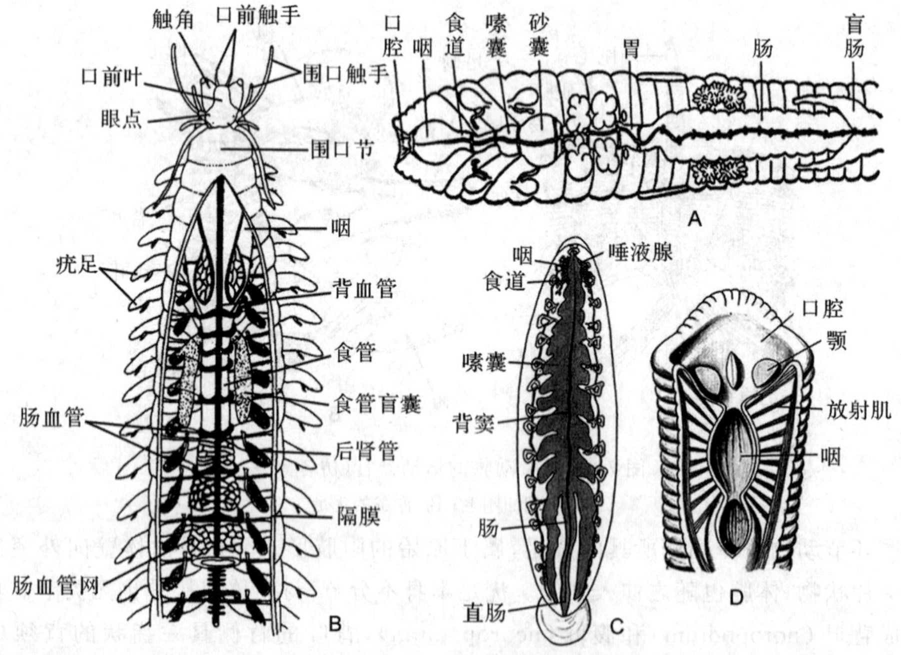

图7-8 环节动物的消化系统(仿各家)

A. 蚯蚓; B. 沙蚕; C. 医蛭; D. 医蛭吻放大

以蚯蚓为代表的寡毛类动物的消化道中，口腔内无齿，可翻出口外取食。咽肌肉强大，咽肌收缩使咽腔扩大，用以吸进食物。咽头外围有咽头腺，能分泌黏液和蛋白酶，湿润食物和对蛋白质进行初步分解。陆生种类食道壁两侧具 1 对或几对钙腺(calciferous gland)，能分泌钙质，中和食物中的腐殖质酸，以保持体内酸碱平衡，但水生种类无钙腺。食道后形成嗉囊和砂囊，前者为一薄壁的囊，用作食物的临时贮存，后者为一厚壁囊，内表面具一层厚的几丁质，囊腔中还含有砂粒，能把泥土中的食物磨成细粒。砂囊后为一管状的胃，胃部血管丰富并而富含腺体，胃前部有一圈胃腺，其功能同咽头腺，能分泌消化酶进一步参与消化。小肠壁多皱褶，背面有一凹槽，即盲道(typhlosole)，增大消化和吸收面积。一般在第 26 节处伸出一对指状突起，为盲肠(caeca)，是重要的消化腺，能分泌蛋白酶、淀粉酶和脂肪酶，大部分营养物质可在小肠内消化吸收(图 7-8，A)。直肠的功能主要是收集和贮存食物残渣，并由肛门排出体外。中肠的脏壁体腔膜特化为黄色细胞(chloragogen cell)，既能贮存脂肪和糖原，又具排泄的作用，在物质代谢中起重要作用。

以沙蚕为代表的多毛类动物，消化系统组成与蚯蚓相近，也是一纵贯全身的直管，包括口、吻或咽、食道、胃、肠、直肠及肛门，但不同种类的消化道会有所改变。这些动物取食方式与其生活方式紧密相关，它们常以口前纤毛、围口触手或具齿并能外翻的咽摄取有机碎屑、捕食浮游生物或其他小动物，在取食方式上有肉食性、杂食性、腐食性和滤食性之分。

蛭类中少数是捕食性的种类，一般捕食小型蠕虫、螺类及昆虫幼虫等，但 3/4 的种类常以其他动物的体液、血液为生，过着体外半寄生生活，其中原始种类吸食各种无脊椎动物的血液或身体的软组织，较高等的种类吸食脊椎动物的血液。由于蛭类的捕食习性，特别是吸血的种类，其消化道的结构与功能都发生了相应的适应，口通常开孔于前吸盘的腹中，口腔内具颚，单细胞的唾液腺开口于口腔基部，其分泌物为蛭素(hirudin)，其分子式为 $C_{30}H_{60}O_{20}N_{8}$，当蛭素注入伤口时，可保持血液较长时间内不凝固，也能使吸入的血液不变质。蛭类吸血时，颚可将皮肤切开，由于咽的强大吸力，能将血液吸入消化道中，储存于多对嗉囊中(图 7-8)。嗉囊后为肠，是蛭类食物消化的主要部位。通常蛭类消化道中很少具淀粉酶、脂肪酶及肽链内切酶，发现的主要是肽链外切酶。蛭类一般吸食后可数月不再取食，医蛭(*Hirudo*)甚至可生存 1.5 年。蛭类肠后为短的直肠，并以肛门开口在后吸盘前背面。

2.6　闭管式循环系统

典型的环节动物具发达的闭管式循环系统。从个体发育看，循环系统的形成和次生体腔的发生有着密切的关系。由于左右的体腔囊逐渐扩大，必然会使原体腔逐渐缩小，结果在消化道背腹被挤得只剩下小的空隙，这便是背血管和腹血管的内腔。各体腔囊的体腔膜在接触之处留下的空隙，便形成了血管弧或心脏。所以循环系统的内腔，实际上是原体腔被排斥后所遗留下来的痕迹。由于血液流动方向固定，血流速度恒定，从而提高了运输营养物质和携氧的能力。蛭类由于真体腔退化，形成了发达的血窦(sinus)，可分为背窦(dorsal sinus)、腹窦(ventral sinus)、侧窦(lateral sinus)以及窦间网等血窦系统，代替了退化的循环系统，另外一部分血管也可消失而被血窦所代替，但这种变化在不同类群中程度不一，在原始种类中，如棘蛭类(Acanthobdellida)真体腔宽阔，背、腹血管还依然存在于体腔中，与蚯蚓相似，仅在隔膜附近有组织侵入。总之，蛭类的血窦属于残留的真体腔(图 7-3)，而血液实际上就是体腔液。

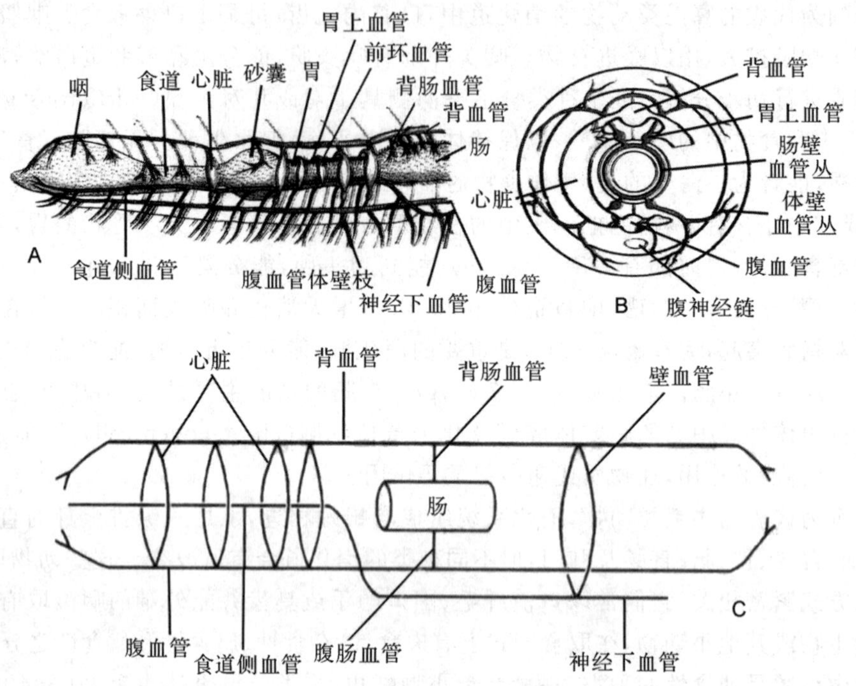

图 7-9 环节动物(蚯蚓)循环系统(仿各家)

A 前端左侧观；B. 第 13 体节的横切面；C. 循环系统示意图

蚯蚓的循环系统(图 7-9),由纵血管、环血管和壁血管等组成。纵血管包括位于消化道背面的背血管(dorsal vessel),血液自后向前流动。腹血管(ventral vessel)位于消化道腹面,血液自前向后流动。神经下血管(subneural vessel)位于腹神经索下面。食道侧血管(lateral esophageal vessel)位于消化道前部两侧。环血管主要有心脏 4 对,位于第 7、9、12、13 体节,能自主节律地搏动并连接背腹血管,血液自上而下;还有一些环血管连接侧血管和胃上血管,血液自下而上。壁血管(parietal vessel)除身体前端外大部分体节各一对,连接神经下血管和背血管,血液自下而上。腹肠血管由腹血管出发,连接肠壁微血管。背肠血管连接肠壁微血管,通入背血管。

血液循环途径,主要是背血管自第 14 节后收集每一体节 1 对的背肠血管中含养分的血液和 1 对壁血管中含氧的血液,自后向前流动。大部分血液经心脏入腹血管,一部分经背血管向前至咽、食道等处,进入食道侧血管。腹血管的血液自前向后流动,每一体节都有分支至体壁、肠、肾管等处,在体壁处进行气体交换。含氧多的血液于体前端回到食道侧血管,经前环血管进入胃上血管重回心脏,而大部分血液则回到神经下血管,再经各体节的壁血管进入背血管。腹血管于第 14 节后,在各体节肠下分支为腹肠血管进入肠,再经肠上方的背肠血管进入背血管(图 7-9)。

环节动物的血液较为复杂,原始多毛类如裂虫(*Syllid*)血液为无色,其中含有很少的变形细胞,但大型种类及穴居种类血液中都含有呼吸色素(respiratory pigments),其中多数存在血浆中,只有极少数在血细胞中。呼吸色素是一种含有 Fe 或 Cu 的卟啉与蛋白质的结合体。其中血红蛋白是分布最广、最有效的一种呼吸色素,并使血液呈红色。另有一种血绿蛋白,是龙介虫(*Serpulid*)血液的特征,它的分子结构类似于软体动物和甲壳动物的血蓝蛋白。呼吸色素的生理功能是在于输送和贮存氧,一些潮间带穴居生活种类,血色素中贮存的氧可使其渡过缺氧时期,甚至可无氧呼吸一段时间,最长可达 20 天之久。

2.7　呼吸系统

环节动物中多数没有专门的呼吸器官,通常以体表进行气体交换,氧溶解在体表湿润的黏液中,再渗入上皮内部达微血管丛,通过气体扩散进行气体交换。大多数多毛类动物,特别是穴居及管居的沙蚕,具有鳃,为其呼吸器官。鳃实际上是疣足的背叶或背须演变而成的,其内密布微血管网(图 7-3),可进行气体交换。小型水生寡毛类在虫体的后端常具指状或丝状突起,起着鳃的作用。进入体内的氧与血浆中的血红蛋白或血绿蛋白结合后运送至体内各器官系统。

2.8　排泄系统

环节动物的排泄系统为后肾管,典型的后肾管为一条两端开口、迂回盘曲的管道,一端开口于前一体节的体腔,其顶端为一具纤毛的漏斗,即肾口(nephrostome),另一端开口于体壁腹面的外侧,或开口于消化道,即肾孔(nephridiopore)或排泄孔。后肾管具有排泄含氮废物和调节体内渗透压平衡的作用。通常每节具有 1 对大肾管(meganephridium),如异唇蚓(*Allolobophra*);或每节具有众多的小肾管(micronephridium),如远环蚓。后肾管的发生甚为复杂,有的是体腔上皮细胞(中胚层来源)向外生长而成,被称为体腔管(coelomoduct),这是最重要的一种,软体动物中的肾脏,节肢动物中绿腺、颚腺、基节腺都属于这一类型;有的是原肾管伸到体腔,同体腔上皮所形成的漏斗状肾口相连,被称为后肾管(metanephridium);有的是体腔管与原肾管接合而成,近肾口部分为体腔管的一段,近肾孔部分为原肾管的一段,被称为混合肾管(metanephromixium)。后肾管的出现是排泄系统演化过程中一种很大的进步。

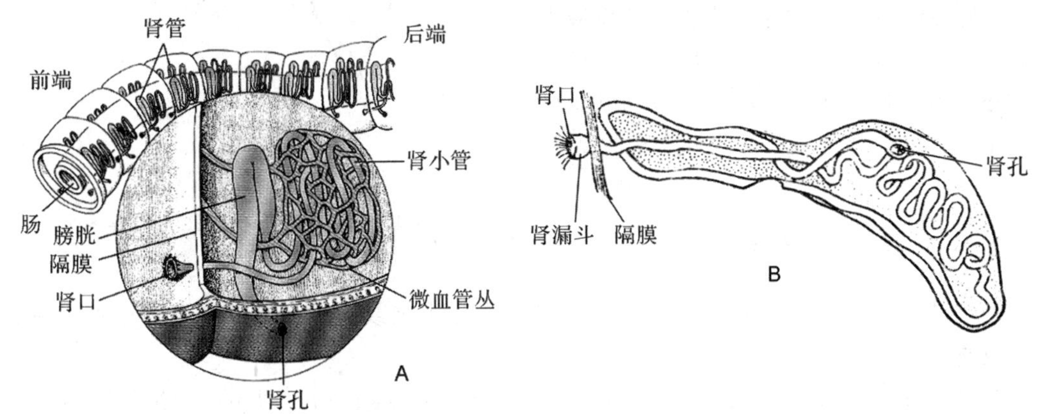

图 7-10　环节动物的排泄系统(仿各家)

A. 蚯蚓的体壁小肾管; B. 沙蚕的肾管

蚯蚓的小肾管有 3 种,即咽头小肾管(pharyngeal micronephridium),位于第 2～3 体节的咽头和食道两侧,肾孔开口于咽上;隔膜小肾管(septal micronephridium),每一体节有数十条,自第 14 节开始,每节之间的隔膜前后和小肠的两侧,有漏斗状的肾口开口于体腔,肾孔通入肠上纵排泄管，再分别在每一体节开口于肠内；体壁小肾管(parietal micronephridium)，分布于全身，数目最多，每一体节数百条，肾孔开口于体壁(图 7-10A)。此外黄色细胞能收集排泄物，有贮存、排泄作用，其本身死亡后脱落在体腔液中，由小肾管收集并经肾孔排出体外。咽头小肾管和隔膜小肾管将排泄物排入消化道，可以起到湿润食物和保水的功能，是对干燥的一种适应。

沙蚕每一体节中有 1 对肾管，肾口能收集体腔中的水分、尿素和死亡的体腔细胞，经肾管、肾孔排到体外，肾孔位于疣足腹侧(图7-8B、7-10B)。此外沙蚕体腔细胞与肠壁细胞对排泄也起辅助作用，特别是在肠壁及血管壁周围常有成堆的淡褐色或绿色的细胞团，也被称为黄色细胞，一般认为是该动物中间代谢及血红蛋白合成的地方。生活时，沙蚕通常表现出一定的体色，这是由于其细胞中存在色素，而这些色素可能就是它的代谢产物。一些多毛类可在淡水、半咸水、海水，甚至高于海水盐度的水中生存，后肾管在渗透调节中起着重要的作用，能使其血液及组织液随环境盐度的改变而调节，使其处于等渗的条件下。

环节动物的排泄产物，水生种类主要是氨，陆生种类一般是氨和尿素，最后形成比体腔液及血液低渗的尿，经肾孔排出体外。以蚯蚓为例，其排泄机制如图 7-11 所示。蚯蚓体内的氯、钠、钾等离子进入后肾管一般是两条途径：一是从开口于体腔液中的肾口；二是依靠血压从血液中经肾管的窄管部分，经管壁过滤后进入，从肾口进入的还有蛋白质等物质。蛋白质、水分以及钾、钠离子等通过后肾管宽管壁重新吸收回到血液中，最后排出的是氨、尿素和少量的水分。

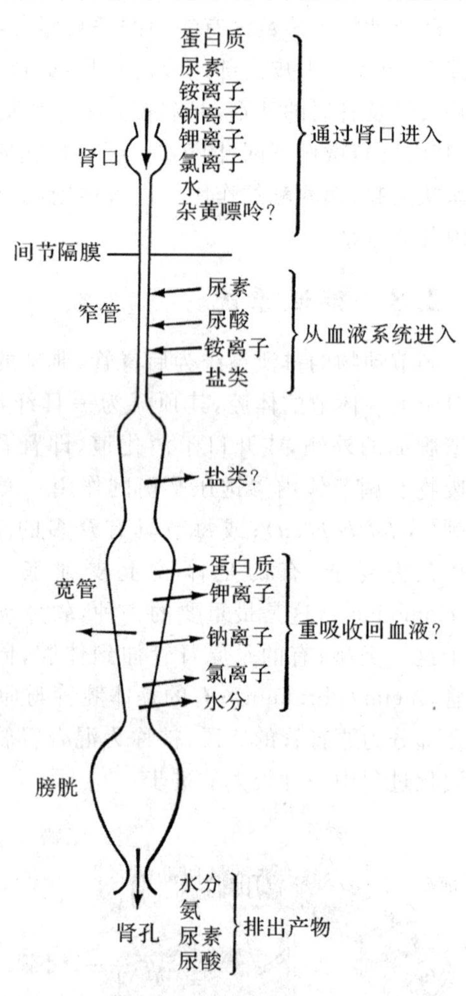

图 7-11 后肾的排泄机制(仿 Laverack)

2.9 内分泌系统

环节动物尚未形成独立的内分泌腺体，其激素是由脑或身体前端的神经产生的一种神经分泌物。

蚯蚓的脑中有神经分泌细胞(neurosecretory cell)，它所产生的分泌物具有激素(hormone)的性质，能调节身体水与盐分的平衡，也能调节生殖活动。如性激素对蚯蚓生长、发育、生殖、滞育等生理活动起控制调节作用，称为内激素。目前已知的有滞育激素、促性腺激素、雄性激素等。

沙蚕的激素调节着配子的形成及异型化特征。在不成熟的个体中，神经分泌物抑制着生殖发育，如果切除脑则诱导配子的早熟及异型化现象的出现。如果将不成熟个体的脑移入到去脑的个体中，则阻止其早熟及异型现象的出现。在一生中生殖多次，但又不行群婚的种类中,激素的作用在于控制配子的发育。幼年沙蚕脑神经节还能分泌促进沙蚕生长和再生的激素。但激素控制生殖及生殖现象的机制目前尚不十分清楚。

2.10　链状神经系统和感觉器官

环节动物的神经系统较低等蠕虫的梯状神经系统更为集中,且按体节排列。其神经中枢在身体前端、咽的背面有一发达的脑。脑由两叶咽上神经节(suprapharygeal ganglion)所组成,并发出神经到头部各感觉器官。脑与 1 对围咽神经(circumpharygeal connective)和 1 对咽下神经节(subpharyngeal ganglion)相连,此后即与腹神经索(ventral nerve cord)相连,并贯穿全身,成为腹神经链(ventral nerve chain)。腹神经链本质上由两条纵神经索相互合并而成,同包在 1 层结缔组织之内,咽下神经节是腹神经链的第一个神经节,其下在每一体节内,都有一个合并的神经节,这种神经系统称为链状神经系统。蚯蚓、沙蚕是典型的链状神经系统(图 7-12A、C)。环节动物的脑有控制全身运动和感觉的功能,除分出神经到身体前端的感受器外,也分布到消化道等内脏器官(类似交感神经系统)。各个神经节又分出若干对神经分布到体壁等处,以调节体壁的感觉和运动的反射动作(类似外周神经系统)。外周神经系统的每条神经都含有感觉纤维和运动纤维,有传导和反应机能,感觉神经细胞,能将上皮接受的刺激传递到腹神经索的调节神经元,再将冲动传导至运动神经细胞,经神经纤维连于肌肉等反应器,引起反应,这是简单的反射弧(reflex arc)(图 7-12B),沙蚕和蚯蚓的腹

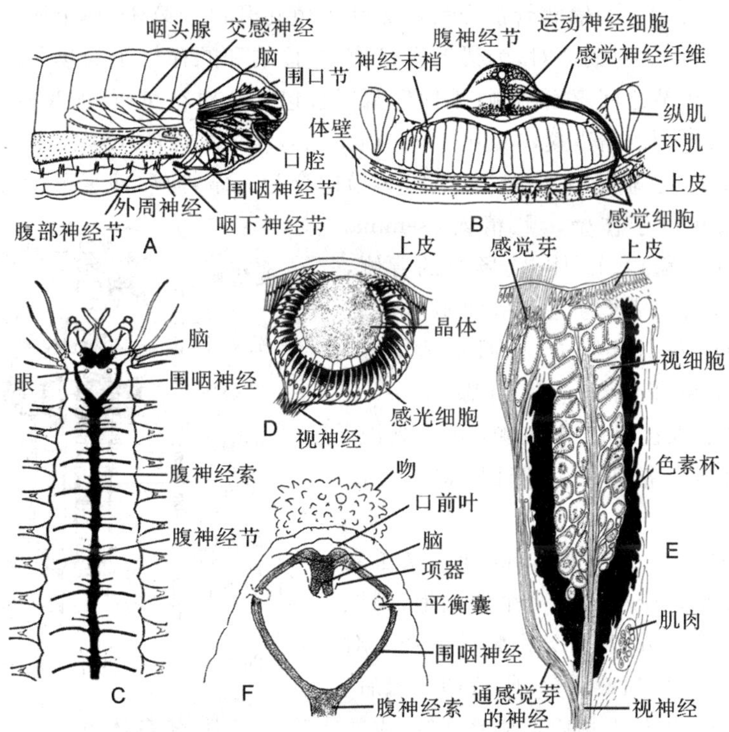

图 7-12　环节动物的神经系统和感觉器官(仿各家)

A. 蚯蚓前端神经系统示意;B. 蚯蚓一个简单的反射弧;C. 沙蚕体前端神经系统;D. 沙蚕的眼;E. 医蛭的眼;F. 沙蠋的项器及平衡囊

神经节中都有巨大神经纤维存在，一般为 5 条，其中背中部的 3 条显著。巨大神经纤维传导冲动的速度数倍或数十倍于普通神经纤维，因此当身体任何一点受到刺激时，就可通过巨大神经纤维的传导，很快引起所有体节的同时收缩，以迅速逃避或隐藏于穴中。

蚯蚓的感觉器官不发达，体壁上的小突起为体表感觉乳突，有触觉功能；口腔感觉器分布在口腔内，有味觉和嗅觉功能；光感受器(photoreceptor)分布于体表背面，口前叶及体前几节较多，可辨别光的强弱，有避强光趋弱光反应；多毛类的感觉器官发达，有眼、项器(nuchal organ)、平衡囊(图 7-12D、F)，以及纤毛感觉器及触觉细胞等；蛭类的感觉器官包括光感受器、机械感受器(mechanoreceptor)和水扰动感受器(water disturbance detector)等，蛭类为了捕食、生殖和自身防御，必须经常不断地通过光、水波、化学物质以及物理接触等方面接收周围环境的信息。医蛭的眼，没有晶体构造，外被一深的圆柱形色素杯(pigment cup)环绕，杯内有数十个视细胞(optic cell)，每一视细胞通出视神经(optic nerve)，眼的顶端外侧，临上皮处具感觉芽(sense bud)，具纤毛，能感受外界的刺激，感觉芽基部又有神经纤维与蛭类的神经系统相连(图 7-12E)。

2.11 生殖系统与再生

蚯蚓为雌雄同体(hermaphroditism)，雌性生殖器官包括 1 对很小的掌状或圆形的卵巢，位于第 13 体节前隔膜后侧，卵漏斗(oviduct funnel)1 对，位于第 13 体节后隔膜前侧，后接短的输卵管(oviduct)。两输卵管汇合后以雌性生殖孔开口于第 14 体节腹中线处。受精囊(seminal receptacle)3 对或 2 对，为梨形囊状物，是接纳和贮存精子的场所。受精囊孔开口于 6/7、7/8、8/9 体节之间腹面两侧；雄性生殖器官包括 2 对精巢，与卵巢相比更为细小，位于第 10、11 体节腹面的精巢囊(seminal sac)内。精漏斗 2 对，前端膨大，具纤毛，后接细的输精管(vas deferens)。输精管 2 条，于第 13 体节内合为一条，向后伸至第 18 体节腹面两侧，以雄性生殖孔开口于体壁。贮精囊(seminal vesicle)2 对，位于第 11、12 体节，肠道的背侧，与精巢囊相通，内充满营养液，精细胞形成后先进入贮精囊内发育成精子，再回到精巢囊，经精漏斗由输精管输出。前列腺(prostate gland)1 对，位于雄性生殖孔内侧，分泌黏液，与精子的活动和营养有关。副性腺也可分泌黏液(图7-13)。

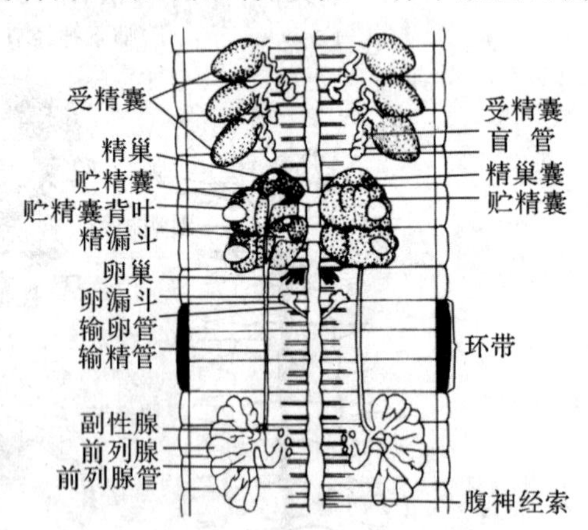

图 7-13 蚯蚓的生殖系统(仿陈义)

蚯蚓异体受精(cross-fertilization)，精子先成熟，有交配现象。交配时两个个体倒抱，副性腺分泌黏液，黏住双方腹面，分别将精液送入对方的受精囊内。交换精液后分开，待卵成熟后，环带(clitellum)分泌黏稠物质形成黏液管，成熟卵落入其中，随身体收缩，黏液管向前移动，蚯蚓自黏液管向后退，经受精囊孔时，精子逸出与卵受精，待蚯蚓全部退出，黏液管脱下，前后封口，形成卵茧(cocoon)，留在湿润土壤中发育(图 7-14)。蚯蚓为直接发育。受精卵经完全不均等卵裂，发育成有腔囊胚，以内陷法形成原肠胚，由端细胞形成中胚层带，裂体腔法形成次生体腔(图 7-15)。经 2～3 周即孵化出小蚯蚓，破茧而出，一般 1 年后性成熟。

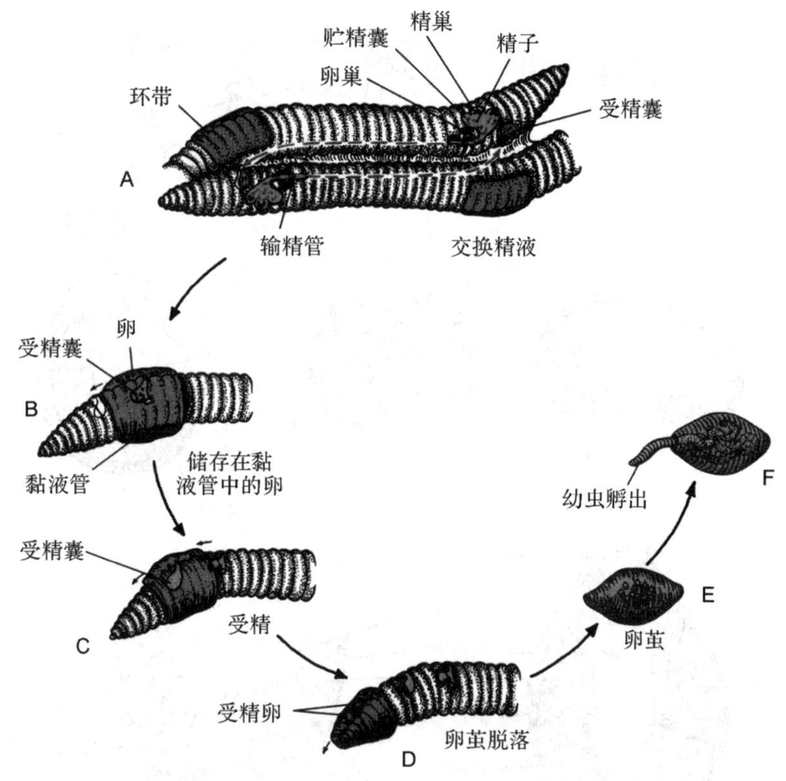

图 7-14　蚯蚓的交配和卵茧的形成(仿 Hickman)

沙蚕雌雄异体(dioecious),无固定的生殖腺。仅在生殖季节,卵巢才发育,且几乎各体节均有。精巢数量多,着生部位不固定。这些由中胚层产生的临时生殖腺均无生殖导管,成熟卵主要由体壁上的临时开孔排出,精子则经后肾管排出,精、卵在海水中结合成受精卵。某些多毛类在生殖时期会出现一些特殊的生殖现象,如沙蚕科有的种类性成熟时,身体前部体节形态不变,不产生生殖细胞,称无性节(atoke)。身体后部具生殖腺的体节发生形态改变而形成生殖节(epitoke)。这种性成熟时身体后半部分形成生殖细胞,如同有性个体,体节变宽,刚毛变得多而长,疣足变成叶状,便于游泳,而身体前半部分却无变化,如同无性个体,这种现象,称为异沙蚕相(heteronereis phase)(图 7-16)。当月明之夜,因月光刺激而使异型虫体成群离开海底,游向海面,群集在一起,雄性虫体的生殖节排出精子,雌性的生殖节排出卵,沙蚕的这种习性被称为群婚(swarming)现象。卵在海水中受精,螺旋型卵裂,先形成实心囊胚,以外包法形成原肠胚,经担轮幼虫发育为成虫。

蛭类为雌雄同体,异体受精;有交配现象;生殖期具生殖环带,直接发育。

多毛类中一些种类可以行无性生殖,主要是出芽生殖或分裂生殖,例如裂虫(*Syllis*)、自裂虫(*Autolytus*)、丝鳃虫(*Cirratulus*)及帚毛虫(*Lygdamis*)等。分裂时身体分成两段或多段。

环节动物的再生能力在不同种类有很大差异。多毛类有很强的再生能力,触手、触须,甚至头部都可以再生。一般身体未分区的种类,头部及尾部均可再生;身体分区的种类,头部的再生很少见,但尾部再生容易。神经系统在再生中起着重要作用,例如在身体前端单独切断神经,可以在切断处诱导一个新的头部的形成。一些种类还有自切现象(autotomy),例

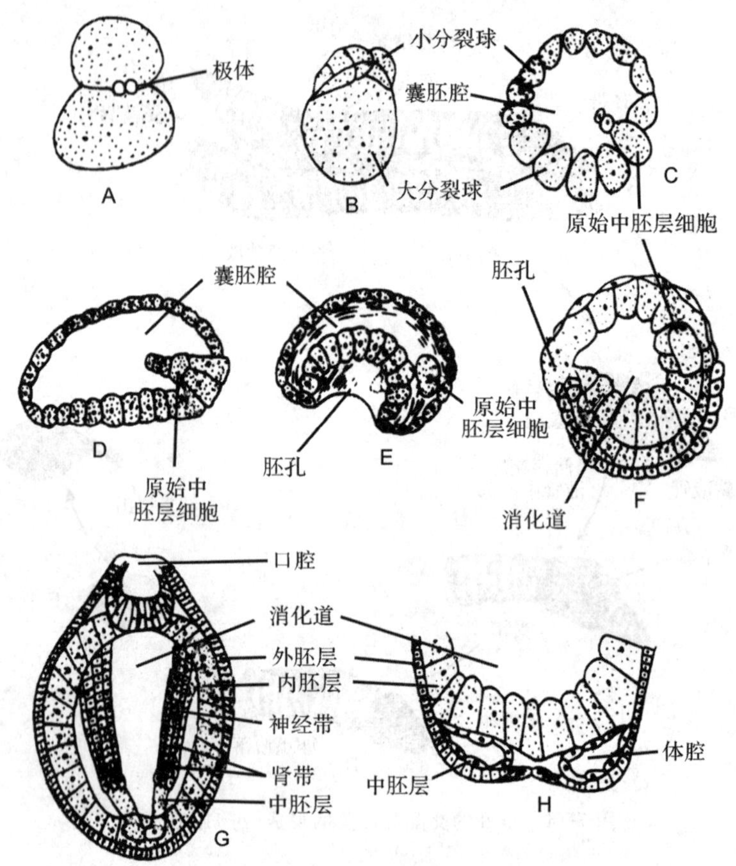

图 7-15 蚯蚓的早期发育(仿 Hickman)

A. 2 个细胞;B. 8 个细胞;C. 囊胚;D. 囊胚延长,大分裂球形成扁平的腹板;E. 早期原肠胚,由大分裂球内陷形成;F. 后期原肠胚,中胚层带形成后,囊胚腔消失,胚孔封闭,只留前端一小孔为口;G. 原口和中胚层带形成后胚胎的腹面观;H. 胚胎腹面部分横切,示体腔

如矶沙蚕(*Eunice*)、鳞沙蚕(*Harmothoe*)及巢沙蚕(*Diopatra*)等。当上述动物偶然遇到强烈刺激时,身体可自行切断,然后再生出失去的部分。

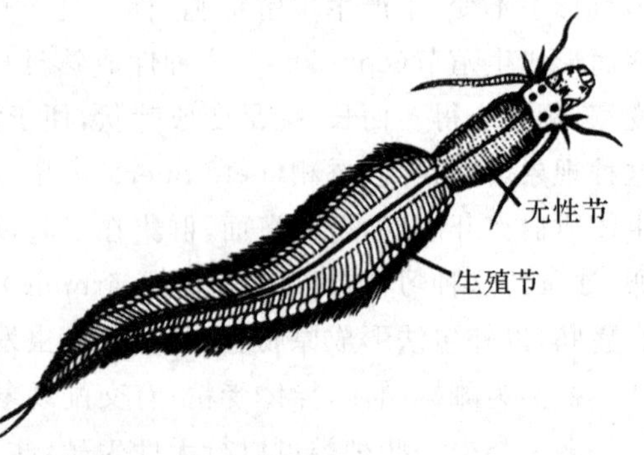

图 7-16 异沙蚕相(仿 Rullier)

2.12 担轮幼虫

海产环节动物在发生初期,具有一个能自由行动的幼虫时期,称为担轮幼虫(trochophore)(图 7-17)。担轮幼虫呈陀螺形,在腰部有口,口前、口后各有一圈纤毛环,在口前的纤毛环称原担轮(protroch)或口前纤毛环;口后的纤毛环称后担轮(metatroch)或口后纤毛环。口后通食道、膨大的胃、肠,末端为肛门,开口于身体的末端,近肛门处有纤毛环。有口的一面为腹面,相反的一面则为背面,身体顶端有顶纤毛束及眼点,内有集中的神经组织,称感觉板(sensory plate)或

脑板(brain plate)。这种幼虫具有很多原始特点，如无体节，具原体腔和原肾管，神经组织与表皮相连，以纤毛环作为唯一运动器官等，这些特征都与低等无脊椎动物相似。担轮幼虫先在海水中游泳，后沉入水底，口前纤毛环以前的部分形成口前叶，口后纤毛环以后的部分逐渐延长，中胚层按节分裂，并形成各节的体节和成对的体腔囊。外胚层形成腹神经索，前端与脑相连，口前叶和围口节形成头部，每节产生后肾管。近体末端的体节最早形成，最后逐渐发育为成虫(图7-18)。

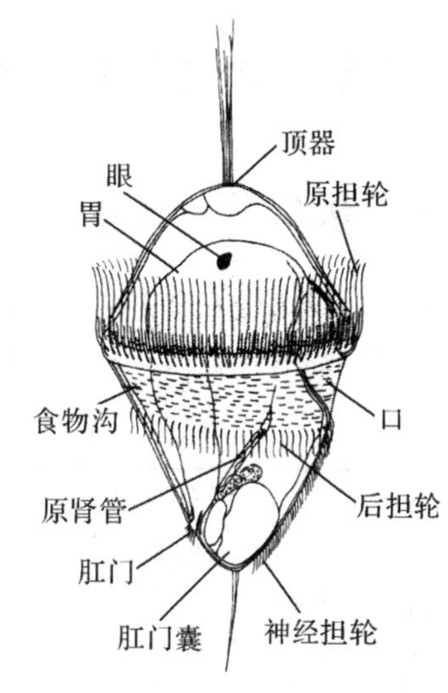

图 7-17　担轮幼虫结构(仿 Laverack et al)

担轮幼虫与涡虫的牟勒氏幼虫(Muller's larva)在形态上有相似之处，说明环节动物起源于涡虫。此外，软体动物、腕足动物等成体是形态差异很大的类群，但在其发育中都出现担轮幼虫，说明它们之间有一定的亲缘关系。因此担轮幼虫的出现，在动物进化上具有重要的意义。

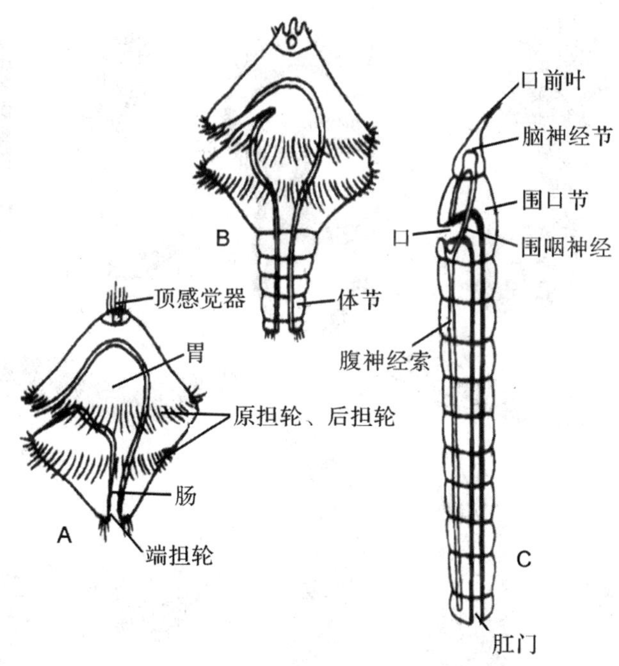

图 7-18　担轮幼虫的变态(仿 Russell-Hunter)

A. 担轮幼虫；B. 担轮幼虫体节形成；C. 完成变态

3 环节动物的分类和演化

3.1 环节动物的分类

环节动物门现存种类17000多种，分布在海洋、淡水和陆地，也有寄生的种类。分为多毛纲、寡毛纲、蛭纲3个纲。3个纲主要特征的比较如表7-1所示。

表7-1 环节动物3个纲主要特征比较

特征	多毛纲	寡毛纲	蛭纲
头部和感官	头部明显，感觉器官发达	头部不明显	头部不明显，具眼点
运动器官	疣足	刚毛	无刚毛和疣足
体　腔	发达	发达	退化为血窦
生　殖	无生殖环带，雌雄异体	有生殖环带，雌雄同体	有生殖环带，雌雄同体
发　育	间接发育具担轮幼虫	直接发育	直接发育
习　性	绝大多数海洋生活	大多陆生	多淡水，暂时性体外寄生

3.1.1 多毛纲(Polychaeta)

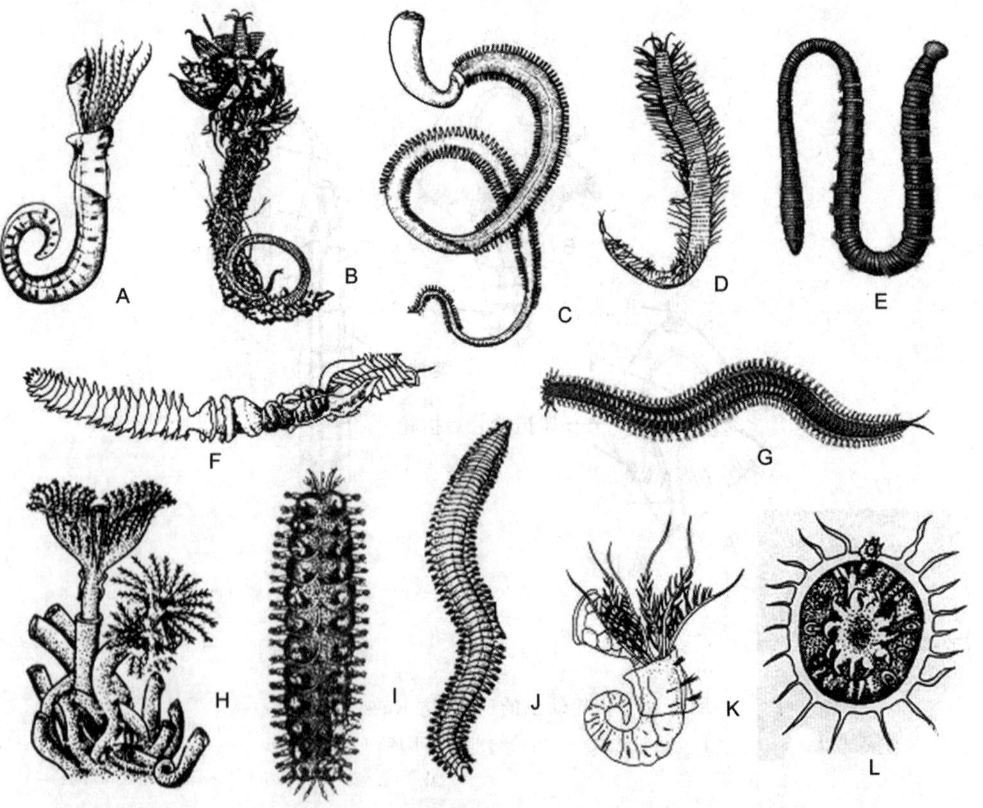

图7-19 常见多毛纲的代表种类(仿各家)

A. 螺旋虫；B. 巢沙蚕；C. 长吻沙蚕；D. 裂虫；E. 沙蠋；F. 毛翼虫；G. 沙蚕；H. 龙介虫；I. 背鳞沙蚕；J. 疣吻沙蚕；K. 右旋虫；L. 吸口虫

多毛纲是本门最原始的类群，身体一般呈圆柱状或背腹稍扁，最小的不过1mm左右，最大的可长达2m，分头部和躯干部。绝大多数生活在海洋，底栖，少数生活在淡水。多毛类动物可作为经济鱼类的天然饵料。有些种类如沙蠋、疣吻沙蚕等成为沿海居民喜欢的食物。有些种类可作为海洋污染及水体冷暖的指示动物。但也有一些种类附着在外物上生活，如龙介虫、螺旋虫等，危害海藻等人工养殖业。本纲已知种类约10000种，一般分为3目。

游走目(Errantia)：大多营底栖生活，在海底自由生活。同律分节，头部明显，感官发达，分口前叶和围口节，口前叶有各种不同的形状，其上具有眼、触手、触须等感觉器官。咽能外翻，具颚。每一体节具1对疣足，能爬行或游泳。如疣吻沙蚕(*Tylorrhynchus heterochaetus*)、长吻沙蚕(*Glycera chirori*)、沙蚕(*Nereis*)、巢沙蚕(*Diopatra*)、鳞沙蚕(*Harmothoe*)、背鳞沙蚕(*Lepidonotus*)、裂虫(*Syllis*)等(图7-19)。

隐居目(Sedentaria)：终生隐居管内生活，或不具管而营穴居生活。异律分节，头部往往退化，咽不能翻出，且无颚及颚齿，借触手等器官摄取食物。疣足高度退化。如沙蠋(*Arellicola*)俗称海蚯蚓、毛翼虫(*Chaetopterus*)俗称燐沙蚕、龙介虫(*Serpula*)、螺旋虫(*Spirorbis*)、盘管虫(*Hydroides*)、右旋虫(*Dexiospira*)等(图7-19)。

吸口虫目(Myzostomaria)：本类动物寄生在海百合类体外或者海星类体内生活。雌雄同体。体小呈扁平盘状，体不分节。具吸盘和疣足。体周缘有10对触须，有感觉能力。如吸口虫(*Myzostoma*)(图7-19)。

3.1.2　寡毛纲(Oligochaeta)

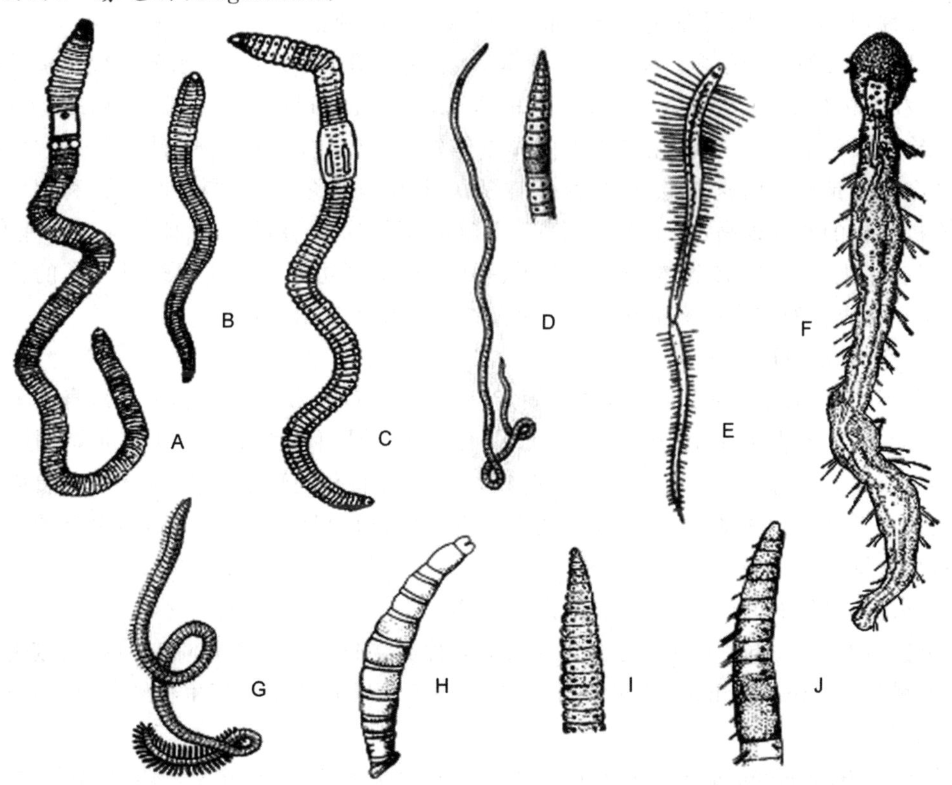

图7-20　常见寡毛纲代表种类(仿各家)

A. 远环蚓；B. 杜拉蚓；C. 异唇蚓；D. 水丝蚓；E. 头鳃蚓；F. 瓢体虫；G. 尾鳃蚓；H. 蛭蚓；I. 带丝蚓；J. 颤蚓

头部退化，无疣足；体节上具刚毛，直接着生于体壁上，数目较少；陆栖种类的皮肤中有许多腺细胞，能保持体表湿润，水栖种类常有纤毛窝或感觉毛，缺少分泌腺；雌雄同体，精巢和卵巢位于身体前端的少数体节内，当性成熟时，有生殖环带出现，其分泌物可形成卵茧，为容纳受精卵及胚胎发育之用，直接发育，无幼虫时期。

本纲有6700多种，一般分为3个目。

近孔目(Plesiopora)：体小形，生活在淡水底泥土中；雄性生殖孔1对，开口在具精巢、精漏斗体节的后半部。如瓢体虫(*Aeolosoma*)、颤蚓(*Tubifex*)、尾鳃蚓(*Branchiura*)、头鳃蚓(*Branchiodrilus*)、水丝蚓(*Limmodrilus*)等(图7-20)。

前孔目(prosopora)：体小形，水生或寄生。雄性生殖孔1～2对，末对开口在最后具精巢、精漏斗的体节上。如带丝蚓(*Limbriculus*)、蛭蚓(*Branchiobdella*)等(图7-20)。

后孔目(Ophisthopora)：体较大，陆生。一般生活在土壤中，即常见的蚯蚓。雄性生殖孔1对(极少数为2对)，开口在有精巢、精漏斗隔膜的后一节或后数几节。如远环蚓(*Amynthas*)、杜拉蚓(*Drawida*)、异唇蚓(*Allolobophra*)(图7-20)、爱胜蚓(*Eisenia*)等。

早先我国在后孔目、巨蚓科(Megascolecidae)分类研究中一直认为有环毛蚓属(*Pheretima*)分布，并作为我国陆生最常见蚯蚓的代表，但由尹文英院士主编的《中国土壤动物检索图鉴》(1998年，科学出版社，北京)专著中已对以往研究作了更正，国内无环毛蚓属。我国巨蚓科仅7属，即远环蚓属、腔环蚓属(*Metaphire*)、近环蚓属(*Pithemera*)、间环蚓属(*Metapheretima*)、扁环蚓属(*Planapheretima*)、巨蚓属(*Megascolex*)和附蚓属(*Perionyx*)，共计154种，其中远环蚓属在我国分布最广，已报道112种。

蚯蚓对人类的益处很多。蚯蚓在土壤里活动，使土壤疏松，空气和水分可以更多地渗入土中，有利于植物生长，能够起到改良土壤的作用；蚯蚓能够提高土壤的肥力，蚯蚓吃进的腐烂有机物和大量土粒，经过消化形成粪便排出体外，其中含有丰富的氮、磷、钾等养分；蚯蚓的身体含有大量的蛋白质和脂肪，营养价值很高，是优良的蛋白质饲料和食品；利用蚯蚓来处理有机废物的效率很高，如1亿条蚯蚓一天就可吞食40吨有机废物；蚯蚓体内含地龙素、多种氨基酸、维生素等，有解热、镇静、降压、平喘、利尿等功能。因此蚯蚓对人类的益处很多，我国和世界上的许多国家都在大力开展蚯蚓的利用和养殖事业。

3.1.3 蛭纲(Hirudinea)

头部不明显，有眼点数对；体节数目固定(一般34节，少数17节或31节)，身体前后端具吸盘；无疣足，通常无刚毛；体腔退化，形成血窦；雌雄同体，繁殖期有生殖带，直接发育。多生活于淡水，少数海产和陆生，俗称蚂蟥，是一类高度特化的环节动物，大多以吸食脊椎动物或无脊椎动物如软体动物、节肢动物的血液为生，营暂时性外寄生生活，但也有的属于掠食性或腐食性。

蛭纲动物已知有500余种，一般分为4个目。

棘蛭目(Acanthobdellida)：是蛭纲最原始的种类。只有后吸盘，体腔发达，具刚毛。种类少，只棘蛭科(Acanthobdellidae)一科，如棘蛭(*Acanthobdellida*)寄生在鲑鱼身上，分布在俄罗斯北部。

吻蛭目(Rhynchobdellida)：具有可伸出的吻，无颚；前吸盘有或无。体腔退化，有循环系统。多数终生寄生在蚌、鱼、鳖等体上。如宽身扁蛭(*Glossiphonia lata*)、扬子鳃蛭(*Ozobranchus jantseanus*)等(图7-21)。

颚蛭目(Gnathobdellida):身体较大,口腔内具 3 颚板,有前吸盘,无循环系统。肉食性或吸食脊椎动物及人类的血液。大多数栖息于淡水、山林或湿地上。如日本医蛭(*Hirudo nipponica*)、宽身蚂蟥(*Whitmania pigra*)、山蛭(*Haemadipsa*)、牛蛭(*Poecilobdella*)等(图 7-21)。

石蛭目(Herpobdellida):无角质颚片,只有肉质的伪颚,咽长。如石蛭(*Herpobdella*)等(图 7-21)。

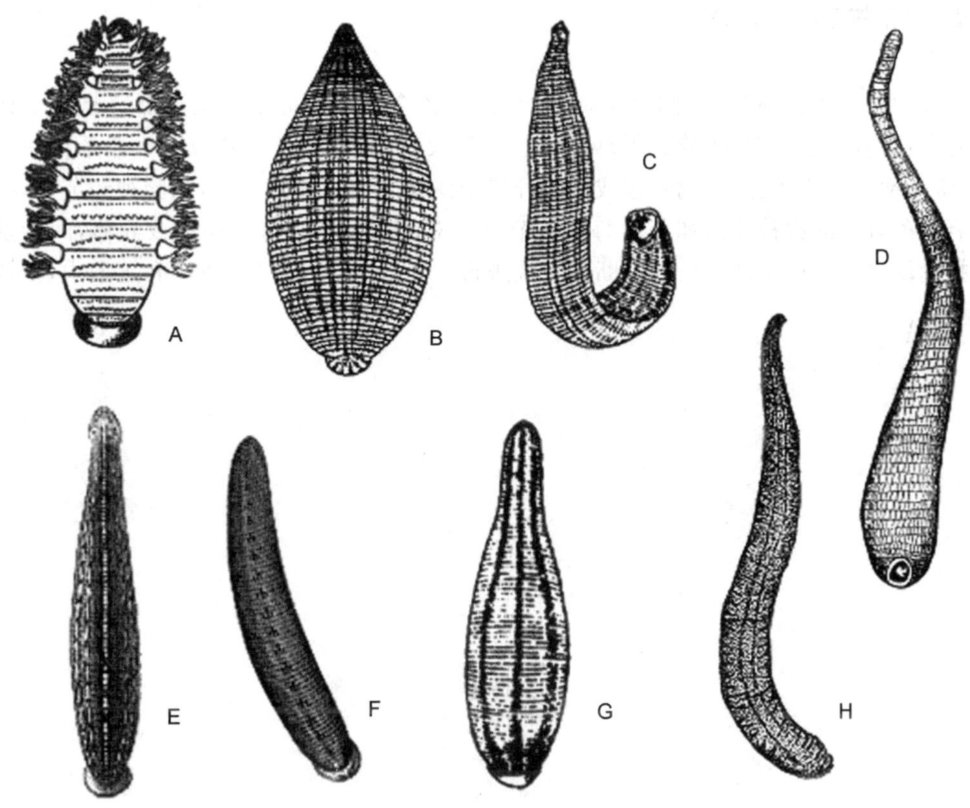

图 7-21　常见蛭纲的种类(仿各家)

A. 扬子鳃蛭; B. 宽身扁蛭; C. 宽身蚂蟥; D. 棘蛭; E. 日本医蛭; F. 牛蛭; G. 山蛭; H. 石蛭

蛭类具有吸血习性,早在 19 世纪就被用于医疗上,作为人体组织瘀血的放血手段,现今还在断肢再接手术中应用。蛭类的唾液腺所分泌的蛭素是最有效的天然抗凝剂,具有抗凝血、溶解血栓的作用。但蛭纲某些种类能吸食人、畜血液,对人畜造成伤害。

3.2　环节动物的演化

关于环节动物的起源有两个学说:一是认为起源于扁形动物涡虫纲,其理由是:某些环节动物的成虫和担轮幼虫都具有管细胞的原肾管,这与扁形动物的由焰细胞构成的原肾管在本质上是相同的;环节动物多毛类个体发生中为螺旋式卵裂,这与涡虫纲的多肠目相同;环节动物的担轮幼虫与扁形动物涡虫纲的牟勒氏幼虫在形态上相似;涡虫纲三肠目某些涡虫的肠、神经、生殖腺等均显有原始分节现象。二是认为起源于类似担轮幼虫的假想祖先担轮动物(Trochozoan),其理由是环节动物多毛类在个体发生中具有担轮幼虫。两种起源学说中,以前者更易为人们接受。

各纲之间的关系上，多毛纲结构较其他各纲简单、分化较少，生殖腺由体腔上皮形成，发育经担轮幼虫期等，通常被认为是较原始的类群。寡毛纲可能是多毛类适应穴居或土壤生活的结果，如疣足消失，头部不明显。蛭纲由原始寡毛类演化而来，与寡毛类的亲缘关系较近，被认为是寡毛类进一步向寄生生活特化的结果。

4 环节动物小结

环节动物身体长筒形，两侧对称，三胚层。身体多为同律分节。运动器官是疣足或刚毛。有发达的次生体腔和闭管式循环系统。以体表、疣足和鳃进行呼吸。排泄系统后肾管型，通常一端开口于体腔，一端直接或间接开口于体外。链式神经系统，除脑神经节外，身体腹面有2条合并的腹神经索和其上每一体节上1对的神经节。雌雄同体或异体，间接发育者具担轮幼虫。无性生殖借出芽或断裂方式进行。广泛分布在淡水、海洋和土壤中，少数营寄生生活。

第 8 章　软体动物门(Mollusca)

1　软体动物的主要特征

软体动物门的种类繁多,分布范围广,习见于海洋、江河、湖沼或高山、平原、草地、森林等各种自然环境。人们熟悉的蜗牛、田螺、河蚌、毛蚶、乌贼、章鱼等均属软体动物。

现存软体动物的形态结构变化比较大,但却具相同的基本结构:身体柔软,不分节,一般可分为头、足和内脏团三部分;体制两侧对称或次生不对称;体壁延伸形成外套膜,覆盖在体外,并形成外套腔,外套膜通常能分泌形成钙质的骨针、壳板或贝壳;消化系统完整,分为前肠、中肠和后肠三个部分,前肠包括口、口腔和食道等,中肠包括胃和肠,后肠为肠的后端部分和肛门,还具发达的消化腺,大多数种类的口腔内壁具有颚片和齿舌;真体腔退化为围心腔、肾腔和生殖腔,原体腔演变为血腔;循环系统多为开放式,心脏位于围心腔内,由心室、心耳(房)组成;水生种类用鳃呼吸,陆生种类用肺囊呼吸,上述两种呼吸器官均由外套膜演变而成;排泄系统为结构复杂的肾脏,通常 1～2 对,与环节动物的肾管同源,都属后肾管型;高等的软体动物一般有 4 对明显的神经节——脑神经节、足神经节、侧神经节和脏神经节,其中头足纲的神经系统发达,由中枢神经系统、周围神经系统和交感神经系统三部分组成,并位于由软骨组成的脑箱内,眼的结构与脊椎动物相似,但不同源;多数雌雄异体,少数雌雄同体,但不自体受精,生殖管道开口于外套腔。头足类和腹足类的受精卵直接发育,许多海产种类胚胎发育一般经螺旋型卵裂、担轮幼虫和面盘幼虫等阶段。

2　软体动物的生物学

2.1　外部形态

软体动物的身体部分柔软而不分节,左右对称或不对称,可以分为头部、足部、内脏团(visceral mass)、外套膜(mantellum)和贝壳等部分(图 8-1)。

2.1.1　头　部

软体动物的头部位于身体前端,上面具口、触角和眼等器官,但头部在不同的软体动物中变化较大。比较低等的种类,如无板纲(Aplacophora)、单板纲(Monoplacophora)和多板纲(Polyplacophora)动物的头部不明显。而一些不太活动的种类,其头部也不显著或退化,如营穴居或固着生活为主的瓣鳃纲(Lamellibranchia)动物中,由于外套膜和贝壳特别发达,头部消失,仅在口周围生有两对唇瓣(labial palp),用于选择食物。掘足纲(Scaphopoda)

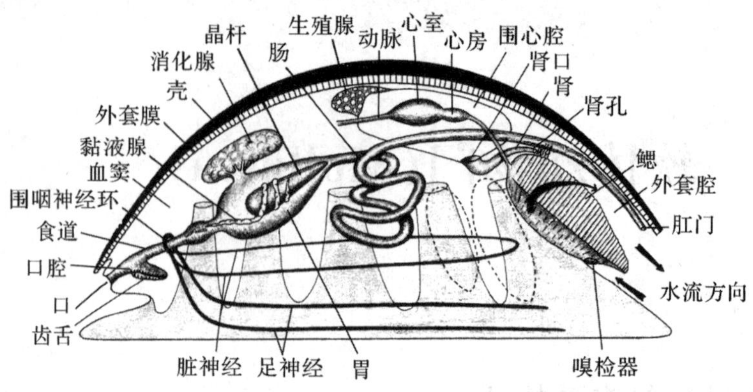

图 8-1 软体动物模式图(仿 Ruppert)

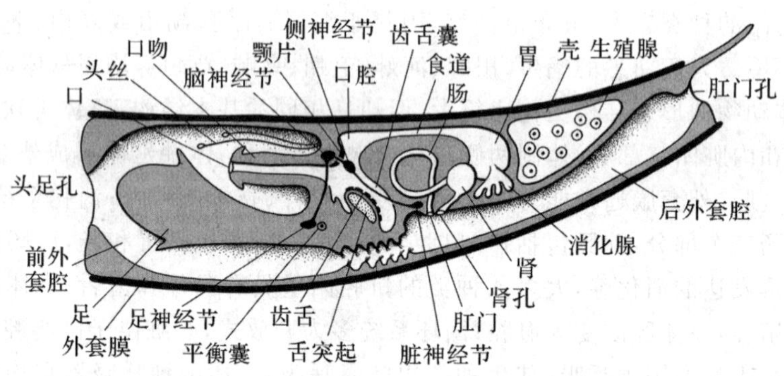

图 8-2 掘足纲的整体纵剖面解剖图(仿 Ruppert)

动物由于穴居于海底而活动能力弱,头部退化,仅是一个圆而尖的吻状突起,称为口吻(proboscis);口吻基部两侧各有一个头叶(head lode),头叶上生有一簇称为头丝(captaculum)的丝状物,具有触觉和摄食的功能(图 8-2)。在运动较为敏捷的种类中,随着中枢神经系统向头部集中,头部逐渐发达,上面生有触角和眼等感觉器官。如腹足纲(Gastropoda)动物,头部发达,一般呈圆柱状或略扁平,上面生有 1 对或 2 对触角及 1 对眼;口位于头的前端腹面,多向外突出成吻状(图 8-3)。头足纲(Cephalopoda)动物的头部一般为圆筒形或稍近球形,两侧各有一个极发达的眼,其后方具有一个嗅器(olfactory pit),嗅器外形为一个小孔或小凹陷;口在头的顶端,周围有较薄的围口膜(perioral membrane),而围口膜常分裂成七片,有的种类在围口膜的尖端生有吸盘(sucker)。头部腹面中央有一个凹陷,为漏斗陷(funnel excavation),是漏斗贴附的部位(图 8-4)。

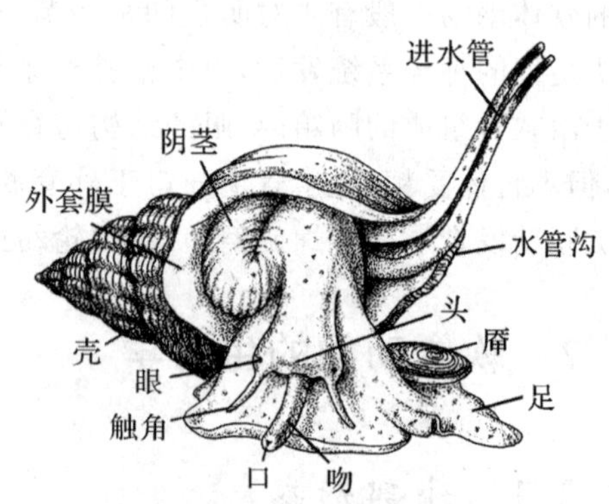

图 8-3 腹足纲动物的外形图(仿 Cox)

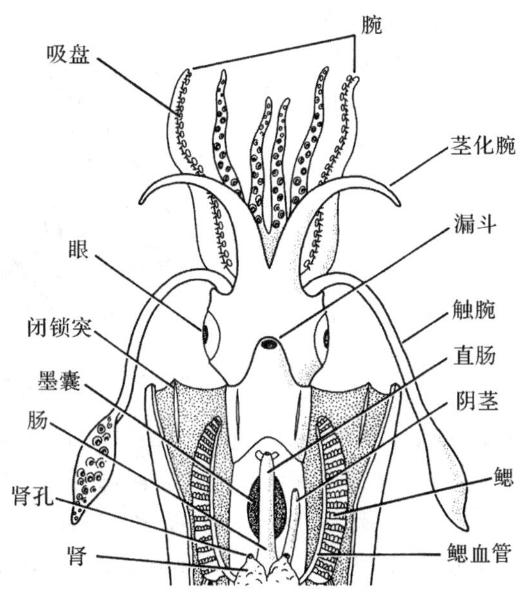

图 8-4　头足纲柔鱼外套腔部分解剖图(仿 Engemann)

2.1.2　足部

足是软体动物的运动器官,常位于身体的腹面,其形态随动物的生活方式不同而发生变化(表 8-1)。

表 8-1　软体动物足的比较

纲别	发达程度	形态	代表种类
无板纲	缺失或退化	小嵴状,足上有纤毛	新月贝、龙女簪
单板纲	小而不发达	扁平圆形足	新蝶贝
多板纲	极发达,吸附力强	长椭圆形	石鳖
腹足纲	很发达	呈块状,蹠面极宽大	田螺
瓣鳃纲	发达	呈扁平斧状	河蚌
掘足纲	较发达	呈圆柱状,末端呈三叶状或盘状	角贝
头足纲	极发达	分为腕和漏斗	乌贼

河蚌(Unionidae)为代表的瓣鳃纲通常还有独特的缩足肌(protractor muscle)和伸足肌(retractor muscle)调控足的运动,其中一对前缩足肌和一对伸足肌的一端分散在足的后部和前部的左右两侧,另一端则集中在两侧贝壳内面的前闭壳肌痕(anterior adductor scar)后缘的上下;一对后缩足肌的一端分散于足前部的左右两侧,而另一端则集中在两侧贝壳内面后闭壳肌痕(posterior adductor scar)的前缘上方(图8-5)。

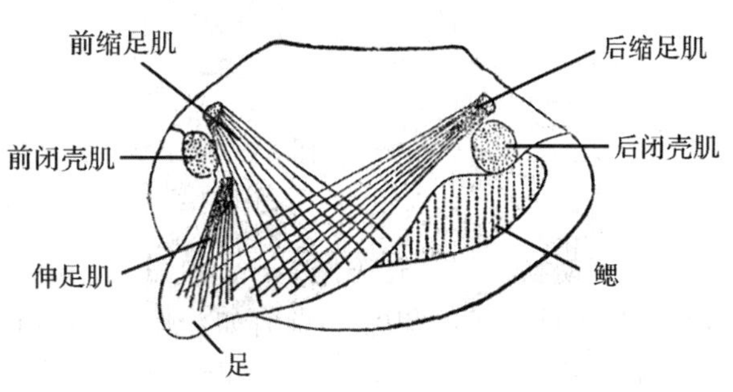

图 8-5　瓣鳃纲的缩组肌和伸足肌(仿堵南山)

有些瓣鳃纲动物由于利用贝壳固着在其他物体上生活,其足退化或消失,如牡蛎(*Ostrea*);

而又有些瓣鳃纲动物的足退化，失去运动能力，利用足丝腺（byssal gland）分泌的足丝（byssus）黏附在其他物体上生活，如贻贝（*Mytilus*）、扇贝（Pectinidae）和蚶（Arcidae）（图 8-6）。足丝由丝蛋白组成，其成分与蚕丝类似，曾被用来编织手套。

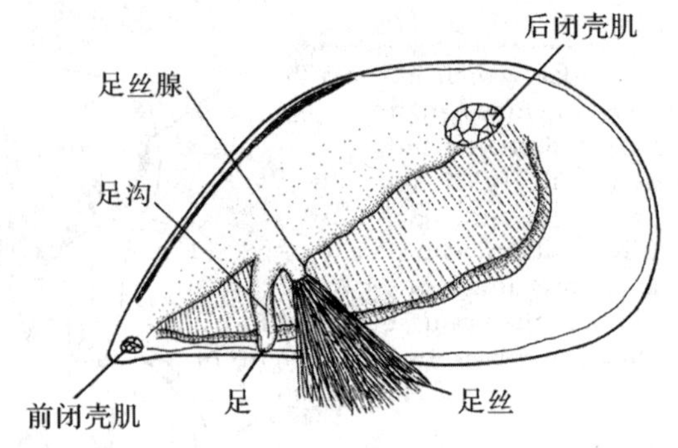

图 8-6 贻贝的足丝（仿 Ruppert）

腹足纲足内常有单细胞腺体，称为足腺（pedal gland），用来分泌黏液，润滑足部，从而有利于运动。但有些种类的足变化多样，如盘螺（*Valvata*）和簑海牛（*Eolis*）足的前部延伸形成触角状（图8-7A）；织纹螺（*Nassarius*）足的后部呈 1 条很长的丝；圆口螺（*Pomatias*）在足底中央有一纵褶，将足分为左右两部分，在爬行时左右交替运动；生活在沙或泥底的玉螺（*Natica*）、乳玉螺（*Polinices*）和榧螺（*Oliva*）等种类的足的前部特别发达，运动时能将前方的泥沙分开，称为前足（propodium）（图 8-7B）；泥螺（*Bullucta*）、枣螺（*Bulla*）等后鳃亚纲动物的足的两侧特别发达，形成侧足（parapodium）（图 8-7C）；马蹄螺（Trochidae）和鲍（*Haliotis*）的足的侧缘明显凹入，形成上下两部分，上部比较发达，称为上足；龟螺（*Cavolinia*）和蝛螺（*Spiratella*）的足成翼状，可以用来游泳（图 8-7D）；以贝壳固着生活或寄生生活的种类的足一般比较退化，仅表现为肌肉质的小突起，如蛇螺（*Vermetus*）和圆柱螺（*Stilifer*）。

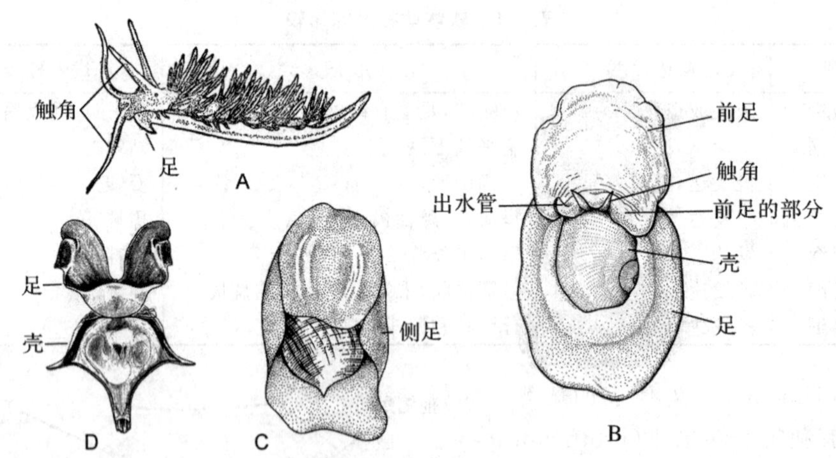

图 8-7 腹足纲足的类型（仿各作者）

A. 簑海牛；B. 乳玉螺；C. 泥螺；D. 龟螺

头足纲动物的足分化为腕（arm）和漏斗（funnel）两部分（图 8-4）。腕的数量随种类而异，有的为 8 只，有的为 10 只，前者如八腕类（Octopoda），后者如十腕类（Decapoda），其中均有 2 只腕分化成很长的触腕（tentacular arms）；鹦鹉螺腕的数目可多达 90 只。腕的内方生有吸盘（sucker），吸盘两侧常有由皮肤延伸而成的薄膜，称为侧膜（lateral membrane）。触腕特别长，呈圆柱形，顶端膨大，膨大部分内面具有吸盘，专门用于捕食。触腕平时缩在位于触腕基部、眼的下方的一个小囊内，捕食时迅速从囊内伸出。雄性头足纲动物有 1 或 2 只腕变

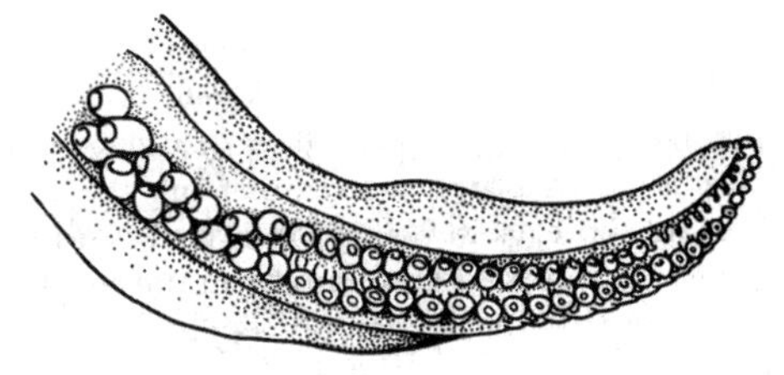
图 8-8　枪乌贼的茎化腕(仿 Nesis)

形,在交尾时传递精荚,称为生殖腕或茎化腕(hectocotylus arm)(图 8-8)。茎化腕一般扁平,末端吸盘退化而减少,但中央有一纵沟,用来携带精荚。十腕类一般第四对腕的左侧或左右两侧为茎化腕,如乌贼(*Sepia*)的左侧第四腕;八腕类章鱼(*Octopus*)为右侧第三腕茎化。漏斗是足的一部分,位于头部腹面的漏斗陷部分,其前半部分游离于外套膜外。漏斗由水管、漏斗基部和由基部向后体背两侧控制的肌肉组成。乌贼漏斗内部的背面有一个半圆形的舌瓣(valve),用来防止海水倒流进入。舌瓣向内的管壁上有隆起的呈"∧"形的腺体,称为腺质片(glandular lamella),能分泌黏液以润滑漏斗内壁。漏斗基部与外套膜之间有软骨质的闭锁器(locking apparatus),位于漏斗基部外侧者为一凹槽,称为闭锁槽或纽穴(adhering grove);位于外套膜内部者为一突起,称为闭锁突或纽突(adhering ridge)(图 8-9)。头足类的运动是以外套膜的肌肉收缩为动力。当水由外套腔开口处进入外套腔后,闭锁器扣合从而关闭外套腔的开口;外套肌肉收缩使外套腔中压力增加,迫使水从漏斗前端开口处喷射出去,其反作用力推动身体迅速倒退。漏斗游离端不仅向前且能向左右或向下运动,从而控制乌贼的运动方向。

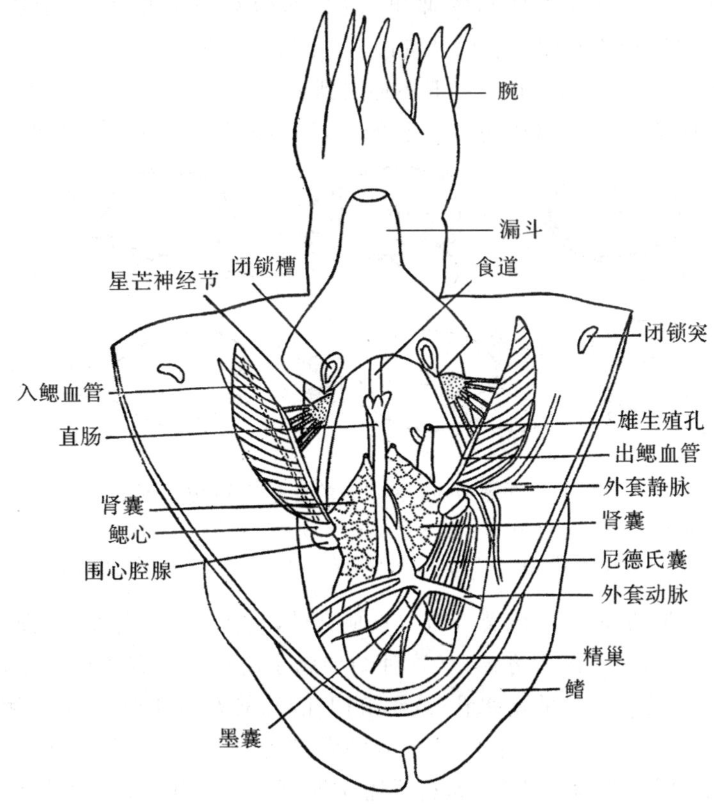

图 8-9　乌贼的外套腔腹面观(仿张彦衡)

2.1.3 外套膜

外套膜(mantel)是身体背部的皮肤发生褶襞向腹面延伸而形成,由内外两层表皮和中央的结缔组织及少量的肌肉组成(图 8-10)。外套膜的外层表皮能分泌形成贝壳;内层表皮具有纤毛,纤毛摆动形成水流,借以完成呼吸、摄食、排泄和交配等;外套膜的后端边缘常形成水管,使水流由此进入外套腔。外套膜的边缘常有各种形状的触手;而海牛(*Doris*)、石鳖等种类的外套膜皮肤中常排列有石灰质的骨针。

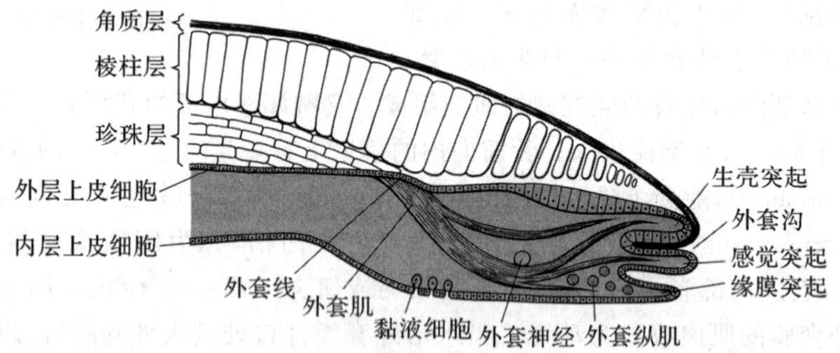

图 8-10 瓣鳃纲壳以及外套膜边缘的结构(仿 Ruppert)

腹足纲和头足纲动物的外套膜常呈袋状。宝贝(*Cypraea*)和琵琶螺(*Ficus*)等动物的外套膜边缘显著扩张,在爬行时外套膜伸出,向背面包被贝壳的大部分或全部。鹦鹉螺(*Nautilus*)的外套腔,腔内有鳃、足,以及肛门、肾孔和生殖孔等开口。

瓣鳃纲的外套膜分为左右两叶,一般不伸展到贝壳外。两个外套膜在背部相连,其前后和腹部边缘常有肌肉加厚,且常生有眼点和触手,许多种类的生殖腺也常伸入到外套膜中。

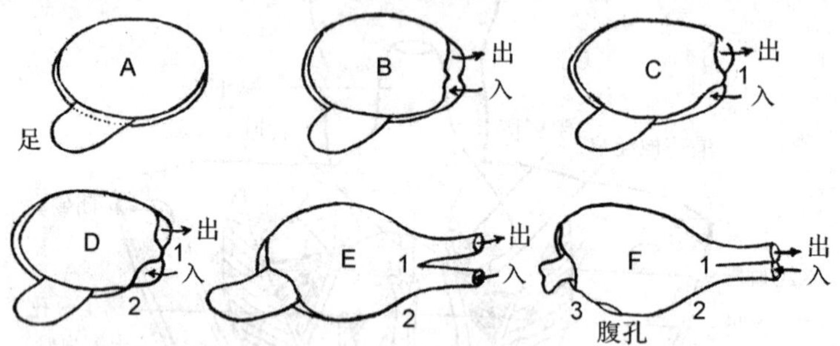

图 8-11 瓣鳃纲外套膜愈合的各种形式(仿 Cooke)

A. 外套膜未愈合;B. 仅水管痕迹而外套膜未愈合;C. 外套膜一处愈合(1);D. 外套膜二处愈合(1,2);E. 水管发达,腹面的愈合面扩展至前方;F. 外套膜三处愈合(1,2,3)。出:出水孔;入:入水孔

蚶和扇贝等原始种类的外套膜,除背部有一点愈合外,其他边缘全部张开(图 8-11)。这样水流从身体的腹面进入,从背部后方流出,这种结构属于简单型。有的种类除背部愈合外,还在后方有一点愈合,形成后部的出水孔(或称肛门孔)和前方的进水孔(或称鳃足孔),这种类型称为二孔型,如贻贝、河蚌等。有一些种类除背部愈合外,在后方还有一点愈合,形成肛门、鳃孔和前方的足孔,称为三孔型,如真瓣鳃亚纲(Eulamellibranchia)种类。如果足退化,在足孔和鳃孔之间可以形成第四个外套膜孔,这个孔常为足丝伸出的小孔,称为四孔型,如竹蛏(*Solen*)。外套膜的后两个孔,即出水孔和进水孔,常延长伸出壳外,呈肌肉质管状,形

成两个水管，即出水管和进水管。具有水管的种类，一般为埋栖生活，用水管进行水流循环以获取食物和呼吸。

2.1.4 贝　壳

软体动物大多数具有1个(腹足纲、掘足纲和头足纲)、2个(瓣鳃纲)或多个(多板纲)贝壳。贝壳的成分主要是碳酸钙(95%)和少量的贝壳素(conchiolin)。软体动物血液中的血细胞将碳酸钙和蛋白质带到外套膜，然后通过外套膜上皮细胞的间隙渗透出来，从而在外表面形成贝壳。贝壳的构造一般可以分为三层：角质层、棱柱层和珍珠层(图8-10)。最外一层为角质层(periostracum)，仅由贝壳素(conchiolin)构成，很薄，透明，有色泽，具有保护外壳的作用。中间一层为壳层(ostracum)，又称棱柱层(prismatic layer)，占据壳的大部分，由角柱状的方解石(calcite)构成，呈白色。最内面一层为壳底(hypostracum)，或称珍珠层(pearl layer)，由叶状的霰石(aragonite)构成，富有光泽。角质层和棱柱层完全由外套膜边缘背部细胞分泌形成，随着动物的生长而逐渐增大面积，但不增加厚度。珍珠层由外套膜的整个表面分泌形成，随着动物的生长而增加厚度。贝壳表面的生长线(growth line)是由于繁殖、食物不足或温度不适等原因，外套膜分泌不连续的结果。当贝类在水中生长时，若细微的砂粒或较硬质的生物进入外套膜内，外套膜受到刺激后，分裂细胞包围这些外来物体并陷入外套膜的结缔组织中，就形成珍珠囊。珍珠囊细胞分泌珍珠质包住外来物，层层包裹，经过三、五年后逐渐增大成为珍珠(pearl)。

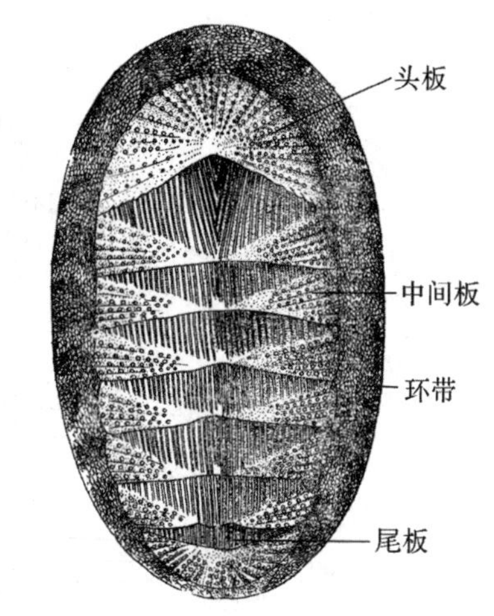

图 8-12　朝鲜鳞带石鳖的外形(仿蔡如星)

贝壳的形态随种类变化很大，是软体动物分类的重要特征。多板纲具有八块石灰质壳板，由前向后呈覆瓦状排列(图8-12)。最前面的一块壳板呈半月形，称为头板(cephalic plate)；最后的一块壳板呈元宝状，称为尾板(end plate)；中间的六块壳板除大小略有差别外，其形状和结构基本相似，称为中间板(intermedial plates)。

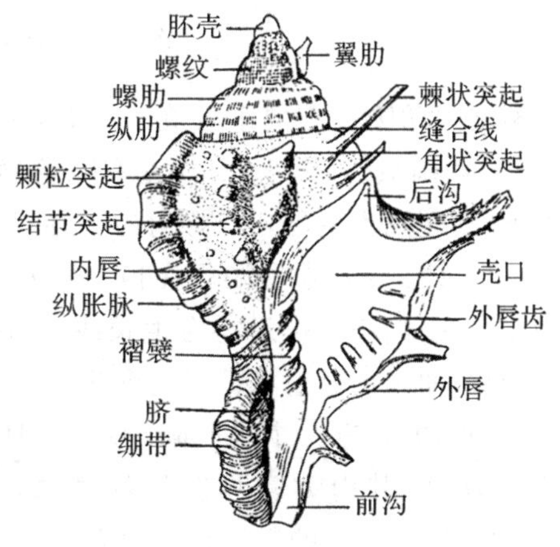

图 8-13　腹足纲贝类模式图(仿齐钟彦)

腹足纲动物一般具有一个螺旋形的贝壳，且多为右旋，但陆生贝类中有很多种类为左旋。有些腹足类的贝壳不具螺旋，而呈帽状，如冒贝科(Patellidae)、笠贝科(Acmaeidae)和菊花螺科(Siphonariidae)。螺旋形贝壳可以分为两个部分，即螺旋部(spire)和体螺层(body whorl)(图8-13)。螺旋部由许多螺层(spiral whorl)组成，是容纳动物内脏器官的场所。体螺层是壳的最后一层，容纳头部和内脏，一般是最大的一个螺层。螺旋部和体螺层的大小比例变化很大，如鲍(*Haliotis*)、宝贝(*Cypraea*)等动物的体螺层很大，螺旋部退化；而笋螺(*Terebra*)和锥螺(*Turritella*)等动物的螺旋部很高，而体螺层很小。贝壳顶端称为壳顶

(apex),是动物最早形成的一层,有些种类常磨损。贝壳旋转一周称为一个螺层,两个螺层之间的界限为缝合线(suture),缝合线的深浅变化较大。每一种类的贝壳螺层的数量一般比较固定。计算螺层数目时,常先数壳口与壳顶之间的缝合线数目,然后加上1。螺层表面还常生有各种突起,如螺旋纹(肋)、纵肋、棘、疣状突起等。体螺层的开口称为壳口(aperture),壳口的内侧(即靠螺轴一侧)为内唇(inner lip),外侧为外唇(outer lip)。外唇在幼贝时很薄,成长时逐渐加厚,有时具有齿;内唇的边缘常向外卷,形成褶襞。螺轴(columelle)是整个贝壳旋转的中轴,位于贝壳的内部中央。螺轴的基部遗留下来的小窝为脐(umbilicus);扁玉螺(*Neverita didyma*)和轮螺(*Solarium*)的脐很深,而有些种类的脐很浅或被内唇边缘掩盖;红螺(*Rapana*)等种类由于内唇外转而在基部形成假脐。有时壳口的前方有前沟(fore canal),后方有后沟(post canal)。前沟用于进水,后沟用于排出废物。壳口常有一个角质或石灰质的盖,称为厣(operculum),由足的后端分泌形成,具有保护内脏团的作用。厣分为表面具有螺旋形纹的旋形厣和厣纹为非螺旋形的非旋形厣两种类型。

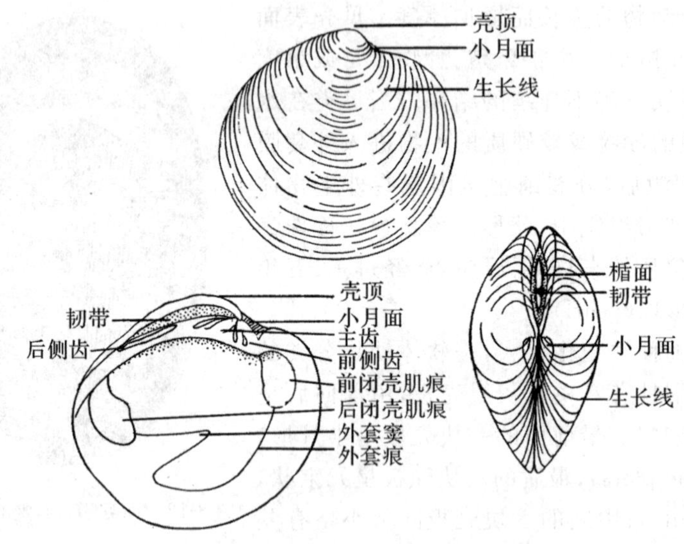

图 8-14 瓣鳃纲贝壳模式图(仿张玺)

瓣鳃纲动物具有两个贝壳,一般左右对称,也有不对称的,如不等蛤(*Anomia*)、牡蛎(*Ostrea*)和扇贝等(图 8-14)。左右壳的确定:手持贝壳,壳顶朝上,前端向前,后端向后,腹缘朝下,则左侧为左壳,右侧为右壳。贝壳的中央有一部分特别突出,且略向前方倾斜,称为壳顶(umbo)。大多数种类的壳顶一侧为壳的前方,而相反方向一侧为后方。壳外表面以壳顶为中心,呈同心环排列的为生长线,有时候生长线凸出而形成鳞片或棘刺。以壳顶为起点,向腹缘伸出的放射状排列的突起为肋或沟。有些种类的壳表还具有毛、刻纹和花纹等结构。壳顶前方常有一个小凹陷,称为小月面(lunula),后方则具有楯面(escutcheon)。贝壳的背缘较厚,其内方常具有齿和齿槽,左右壳的齿和齿槽互相吻合,共同组成铰合部(hinge)。铰合部齿的数目和排列方式变化较多,为瓣鳃纲分类的主要特征之一(图 8-14)。铰合部中央的齿称为主齿(cardinal teeth),其前、后方的分别称为前、后侧齿(lateral tooth),这样的齿称为异齿型(heterodonta),如帘蛤科(Veneridae)。其他的齿型还有列齿型(texodonta),一排小齿,中间的较小,两侧的稍大,如蚶科(Arcidae);裂齿型(schisodonta),

右壳顶有两个齿，其中间为一齿槽，左壳有一个强大的三角形齿，其前部和后部有两个长形齿，如三角蛤(*Trigonia*)；以及带齿型(desmodonta)、弱齿型(dysodonta)和等齿型(isodonta)等。铰合部的背部边缘由角质的韧带(ligament)相连，韧带具弹性，其作用与闭壳肌相反，可使两个贝壳张开。贝壳的内面通常具有闭壳肌痕(adductor scar)、伸足肌痕(retractor scar)、缩足肌痕(protractor scar)、外套窦(pallial sinus)和外套线(pallial impression)等痕迹(图 8-14)。这些痕迹是由于闭壳肌、缩足肌、伸足肌和外套膜边缘肌肉附着在贝壳内面而形成的。

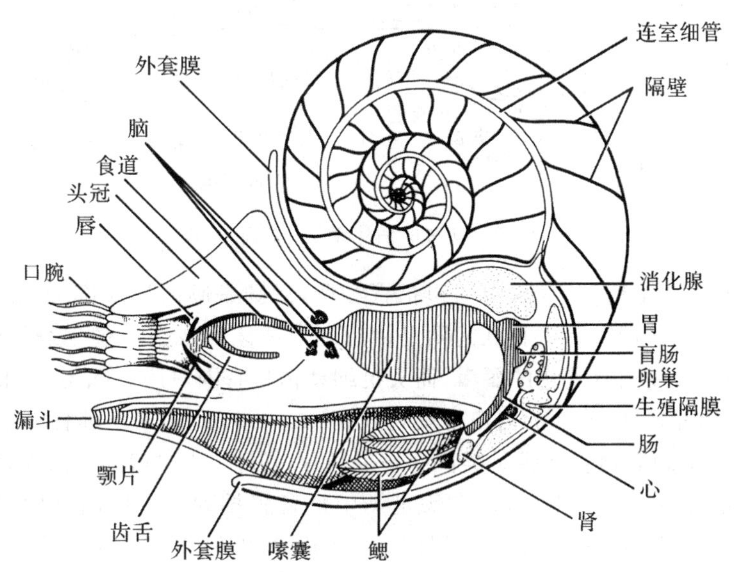

图 8-15　鹦鹉螺解剖图(仿 Borradaile and Potts)

头足纲动物仅鹦鹉螺(*Nautilus*)具有外壳(图 8-15)，其贝壳在一个平面上作背腹旋转，内腔具有许多隔壁(septa)，隔壁顺着螺旋把内腔分为若干小室。壳口处的最后一室为最大，是容纳身体的地方，称为住室。其他各室充满空气，称为气室，具有增大浮力的作用。金乌贼(*Sepia esculenta*)的贝壳为石灰质的内壳，称为海螵蛸(图 8-16)。海螵蛸呈长卵圆形，埋于躯体背部皮下。其背面多石灰质沉淀，较硬；腹面多空隙，较软，可以分为背楯，内、外圆锥体，角质缘和骨针等部分。头足纲动物除了内壳以外，还出现了由中胚层形成的真正的内骨骼，如齿舌中的支持软骨、头部和鳍中的软骨等。

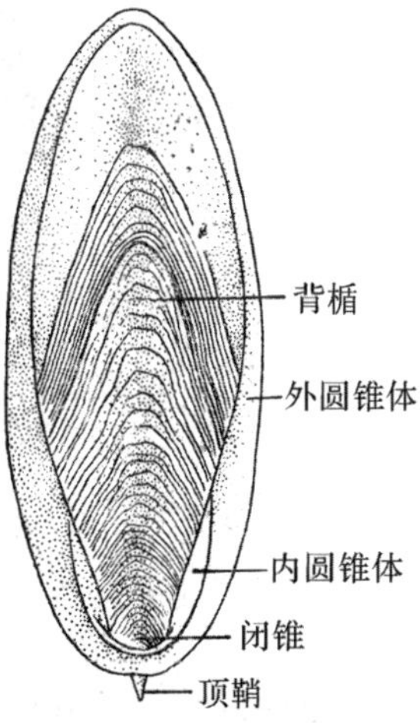

背楯
外圆锥体
内圆锥体
闭锥
顶鞘

图 8-16　金乌贼贝壳的腹面观(仿张玺)

2.1.5　内脏团

内脏团(visceral mass)常位于足的背侧，是内脏器官所在的部分。除腹足纲外，内脏团均为左右对称。在头足纲中，内脏团向后延长，称为躯干(trunk)；躯干两侧或后端具鳍，鳍为皮肤的扁平突起。

2.2 消化系统和食性

软体动物的消化管分为结构和机能不同的三个部分：前肠、中肠和后肠（图 8-1，图 8-17）。

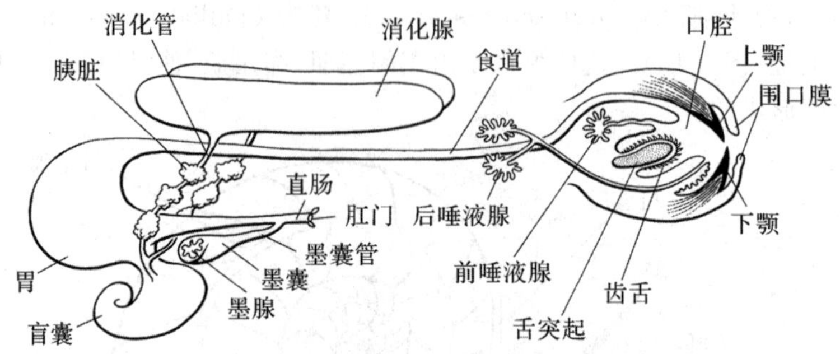

图 8-17 乌贼的消化系统（仿 Budelmann）

前肠包括口、口腔和食道等，中肠包括胃和肠，后肠是肠的后端部分，分为直肠和肛门。中肠由内胚层形成，口腔、食道和肛门则是由外胚层凹陷形成。口位于身体的前端，内连口腔。瓣鳃纲动物口周围有发达的唇瓣，而头足纲动物具有围口膜。除瓣鳃纲外，口腔为一个呈球形的膨大部分，口腔前部的内壁常具有颚片（mandible），用来切碎食物。笠贝（*Patella*）和琥珀螺（*Succinea*）等植食性腹足类仅有一个颚片，位于口腔的背面；而大多数种类的颚片为两个，在腹足类中呈左右排列，而在头足类中呈背腹排列。一些肉食性腹足类口腔内有吻，吻可翻出口外用于捕食。除了新月贝（*Neomenia*）、瓣鳃纲和个别腹足类外，其余软体动物口腔内都有齿舌器（radula apparatus）（图 8-18）。

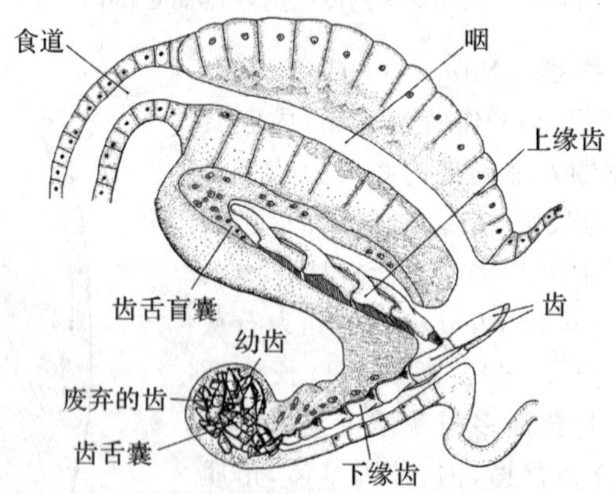

图 8-18 后鳃亚纲囊舌目的齿舌器（仿 Gascoigne & Sartory）

齿舌器包括齿舌囊（radular sac）、齿舌软骨（odontophore）和齿舌（radula）三部分。齿舌位于口腔底部齿舌软骨突起的表面，由横列的角质齿组成，状似锉刀。动物摄食时，齿舌前后运动，刮取水底表面的藻类、小动物和有机碎屑等食物。齿舌上具有许多几丁质小齿，小齿组成横列，许多横列组成齿舌。小齿的形状、数目和排列方式是鉴定软体动物种类的重要特征之一。每一横列中常有一枚或数枚中央齿（central tooth），一对或数对侧齿（lateral teeth），以及一对或许多对缘齿（marginal tooth）。齿舌上小齿的排列方式常以数字或符号表示，称为齿式(formula dentalis)。如中腹足目(Mesogastropoda)的齿式为2·1·1·1·2，即具有1个中央齿，每边1个侧齿及2个缘齿(图 8-19)。口腔下为食道，常有一些腺体的开口，如芋螺(Onidae)的毒腺开口。有些后鳃亚纲种类的食道末端形成咀嚼胃，内有坚硬的几丁质瓣片，可以磨碎食物，如以粗大植物为食的海兔(*Aplysia*)。食道后连接膨大的囊状胃。瓣鳃纲的胃中有一个幽门盲囊，其中具有晶杆(crystalline style)。胃两旁是发达的肝胰脏(liver-pancreas gland)，可分泌淀粉酶和蔗糖酶等消化酶，由肝管通入胃(图 8-20)。肠常有一个瓣膜与胃分开，具有纵凸，其中央有一沟称为肠沟(typhlosole)。肠的末端为直肠，肛门开口于外套腔的后方。

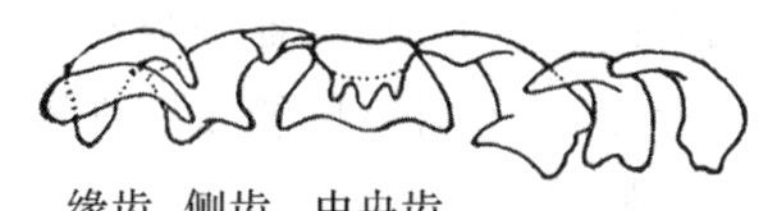

图 8-19　中腹足目斑玉螺的齿舌(仿张玺)

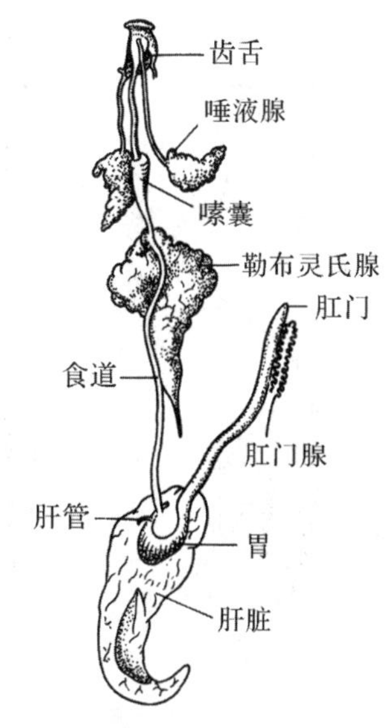

图 8-20　骨螺(*Murex*)的消化系统(仿 Haller)

软体动物的食性可分为两种，多数为植食性的，少数为肉食性的。其原始摄食方式为：利用强健的齿舌刮取海藻或高等植物或猎取其他动物。多数多板纲和腹足纲动物为植食性：海洋生活的植食性种类多栖息在近岸浅水的岩石和海藻丛中以藻类为食，陆生腹足纲动物的主要食物是显花植物，以及地衣、苔藓植物和真菌。玉螺科(Naticidae)和骨螺科(Muricidae)等少数腹足纲动物是肉食性种类。这些肉食性种类由于其感觉器官比较发达，能迅速发现食物，唾液腺发达而能分泌蛋白分解酶，主要以瓣鳃纲动物、其他腹足纲动物、甲壳动物和动物尸体为食。如荔枝螺喜食藤壶，骨螺喜食蟹类，簑海牛常吞食水螅，冠螺(*Cassis*)喜食海胆和海胆的棘。头足纲动物具有强有力的运动器官，能主动、快速捕食其他动物，是真正的捕食动物，其食物以甲壳动物为主，也捕食鱼类、软体动物、棘皮动物和水母等，如枪乌贼(*Loligo*)能够捕杀鲭鱼。

瓣鳃纲动物除少数生活于较深海底的种类为肉食性种类外，其余绝大多数种类为滤食性动物。由于瓣鳃纲动物行动缓慢或根本不能行动，主要依靠外套膜或鳃的纤毛运动形成水流，在水流流经鳃时过滤下食物，然后用触唇使食物进入口中。它们的食物主要是藻类、原生动物和有机碎屑。也有些个别软体动物寄生于其他动物体内，如寄生于海参体内的内寄蛤(*Entovalva*)和寄生于鱼体内的淡水蚌类的钩介幼虫等。

2.3　呼吸系统

水生软体动物用鳃呼吸，其结构因种类不同而异；鳃的数目和位置也随种类不同而变化(表 8-2)。鳃通常由外套膜内面的皮肤伸展而形成，称为本鳃。最原始的是栉鳃(ctenidium)，仅在鳃轴的一侧生有鳃丝，呈梳状，大多位于外套腔内，如多板纲、腹足纲和部分瓣鳃纲种类。若在鳃轴两侧生有并列的小瓣鳃叶，使鳃呈羽状，称为羽状栉鳃或楯鳃。瓣鳃纲中有些种类的鳃两侧的小鳃叶延长呈丝状，称为丝鳃；有些鳃呈瓣状，称为瓣鳃(lamina)；也有些鳃的两侧鳃瓣互相愈合而且大大退化，仅在外套膜与背部隆起之间架起一个肌肉质的有孔的隔膜，称为隔鳃(septibranch)(图 8-21)。在鳃轴的背腹面有入鳃血管和出鳃血管，来自肾脏静脉的血液进入入鳃血管，通过鳃丝进行气体交换，经氧化后便由出鳃血管流回心脏(图 8-22)。

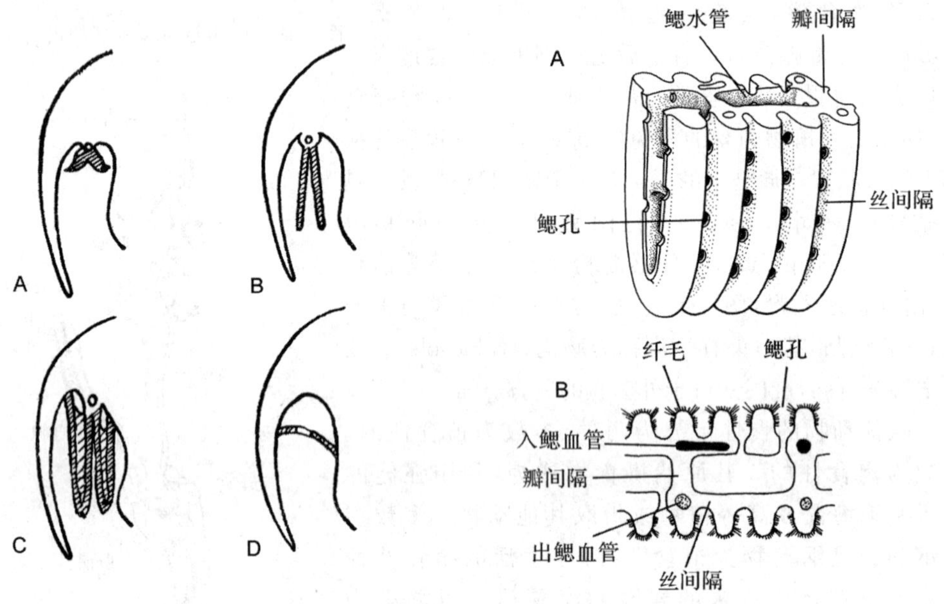

图 8-21　瓣鳃纲各种鳃的形态(仿 Parker 和 Haswell)
A. 楯鳃；B. 丝鳃；C. 瓣鳃；D. 隔鳃

图 8-22　河蚌鳃的结构(仿 Ruppert)
A. 侧面观；B. 横切面观

表 8-2　软体动物鳃、肾和心耳数量的比较

			鳃			肾	心耳
			数目	类型	位置		
无板纲			1 对	栉鳃或次生鳃	身体后端	无	
单板纲			5～7 对	栉鳃	足两侧外套沟	6 对	2 对
多板纲			6～88 对	栉鳃	足两侧外套沟顶部	1 对	1 对
腹足纲	前鳃亚纲	原始腹足目	1～2 个	楯鳃	心室前方	1～2 个	1～2 个
		中腹足目	1 个	栉鳃	心室前方	1 个	1 个
		新腹足目	1 个	栉鳃	心室前方	1 个	1 个
	后鳃亚纲		1 个	栉鳃或次生鳃	心室后方	1 个	1 个
	肺螺亚纲		无	肺囊呼吸		1 个	1 个
瓣鳃纲	原鳃亚纲		2 对	羽状栉鳃	外套腔两侧	1 对	1 对
	丝鳃亚纲		2 对	丝鳃	外套腔两侧	1 对	1 对
	真瓣鳃亚纲		2 对	瓣鳃	外套腔两侧	1 对	1 对
	隔鳃亚纲		2 对	隔鳃	外套腔两侧	1 对	1 对
掘足纲			无	外套膜呼吸		1 对	无
头足纲	鹦鹉螺亚纲		2 对	栉鳃	外套腔两侧	2 对	2 对
	蛸亚纲		1 对	羽状栉鳃	外套腔两侧	1 对	1 对

河蚌在外套腔两侧各具有两个片状的瓣鳃，外鳃瓣短于内鳃瓣。每个鳃瓣由内外两个鳃小瓣(lamellae)组成，其前缘、后缘和腹缘愈合成"U"字形，背缘为鳃上腔(suprabranchial chamber)。鳃小瓣由许多纵行排列的鳃丝(branchial filament)组成,鳃丝之间有横的丝间隔(interfilamental junction)相连,其间小孔称为鳃小孔(ostium)。两个鳃小瓣间有瓣间隔(interlamellar junction)连接,将内外鳃小瓣之间的鳃腔分隔成许多小管,称为鳃水管(water tube)(图 8-22)。鳃表面上皮细胞具有纤毛,丝间隔和瓣间隔内具有血管。

2.4　循环系统

软体动物绝大多数种类的循环系统为开管式循环系统,由心脏、血管、血窦和血液组成。血液由心脏流出,经大动脉及其分支后,进入血窦,经过肾脏、呼吸器官,再由静脉回到心脏(图 8-23)。在蛸亚纲(Coleoidea)中,血液循环接近于闭管式循环系统,动脉与静脉由微血管相连,仅有少量血窦,如围口球血窦等(图 8-24)。

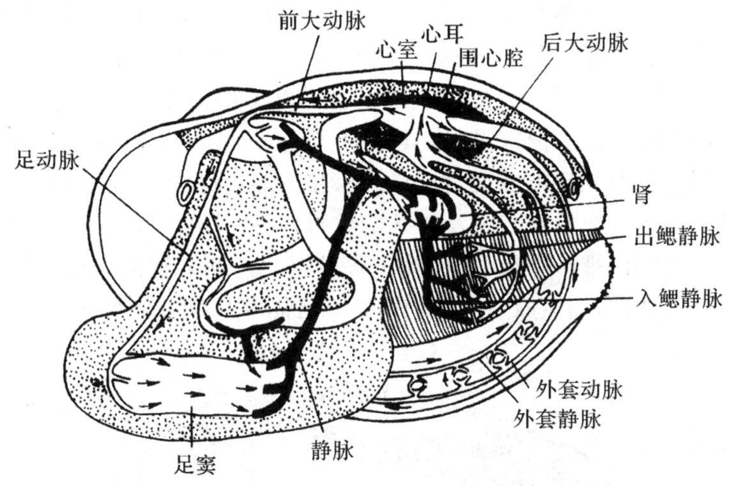

图 8-23　河蚌循环系统模式图(仿 Buchsbaum)

心脏位于身体背侧的围心腔中,心室一个,壁厚,能搏动;心耳位于心室的一侧(单个)或两侧(成对),其数目常与鳃的数目一致(表 8-2);心室与心耳之间有瓣膜防止血液倒流。瓣鳃纲的心脏多数包围直肠,而牡蛎和船蛆(*Teredo*)等少数种类的心脏位于直肠的腹侧。

由心室向前发出一条前大动脉(aorta anterior);多数腹足纲和瓣鳃纲还向后发出一条后大动脉(aorta posterior);蛸亚纲还发出一条生殖腺大动脉(aorta genitalis)。这些大动脉再分支伸入各种器官和组织间隙,即血窦。血液经血窦汇集后,先流经肾脏,再经过静脉而流入入鳃血管中,在鳃中进行气体交换,血液由出鳃血管流出,经过两条大的静脉

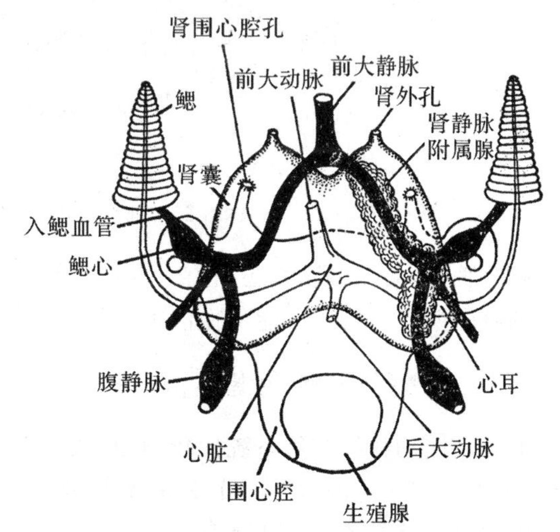

图 8-24　乌贼的循环系统及排泄器官(仿 Pelseneer)

回到心耳(图 8-23)。蛸亚纲的静脉系统中具有一对鳃心(branchial heart)。鳃心位于鳃的基部，是入鳃血管基部的膨大部分，富有肌肉而能收缩，可将血液压入鳃中(图 8-24)。

血液中含有变形虫状的血细胞以及呼吸色素血蓝蛋白(haemocyanin)，蚶和扁蜷螺(Planorbodae)等少数种类含有血红蛋白(haemoglobin)。血蓝蛋白含有两个直接连接多肽链的铜离子，而血红蛋白含有铁离子。血蓝蛋白还原时无色，氧化时呈蓝色，因此软体动物的血一般无色，或略呈淡蓝色。软体动物的血蓝蛋白的一条多肽链与 6 分子氧结合，氧气携带能力远不如血红蛋白。一般软体动物 100 毫升血液中氧含量只有 1～7 毫克，通常不超过 3 毫克。

2.5 排泄系统

软体动物的排泄器官主要为肾脏，其起源与环节动物相同，属于后肾管类型；只有少数种类的幼虫排泄器官属于原肾管。肾脏为一膨大的管道，由腺质部(glandular part)和膀胱(bladder)组成；腺质部富有血管，壁厚，内多突起，具纤毛的漏斗形肾口(nephrostome)开口于围心腔；膀胱为薄壁的管子，内部平滑，具纤毛，肾孔(nephridial pore)开口于外套腔或鳃上腔(图 8-25)。排泄废物从围心腔通过肾口进入腺体部，或由腺体部从血液中吸收，经膀胱由肾孔排出体外。肾脏的数目常与鳃及心耳的数目一致(表 8-2)；但无板纲没有肾脏，而新碟贝多达 6 对。瓣鳃纲的排泄物为尿素，陆生腹足纲为尿酸。软体动物的肾管能从排泄物中重新吸收葡萄糖等物质，陆生腹足类动物的肾脏还能重吸收大量水分。

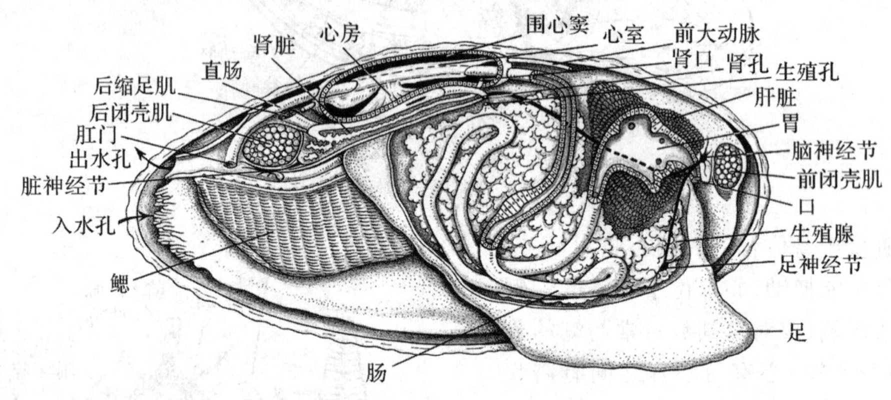

图 8-25 河蚌的内部结构图(仿堵南山)

除肾脏外，瓣鳃纲动物还具有一对围心腔腺(pericardial gland)。围心腔腺位于围心腔前端两侧内壁，密布血管，能从血液中吸收排泄物，并渗透到围心腔中，再通过肾脏排出。

2.6 神经系统和感觉器官

原始软体动物的神经系统比较简单，没有分化成显著的神经节。无板纲动物的神经系统简单，由一个简单的脑神经节和两条侧神经索组成。单板纲的神经系统类似于多板纲。多板纲动物的神经系统由环绕食道的环状神经中枢和由此向后派生的两对神经索构成，左右两侧的为侧神经索，腹侧的两条为足神经索，各神经索之间有横神经相连，形成类似的梯形神经系统(图 8-26)。

较高等软体动物的神经系统一般由四对神经节及其联络的神经构成(图 8-27)。脑神经节(cerebral ganglion)位于食道的背侧,发出神经至头部及身体前部,司感觉;足神经节(pedal ganglion)位于足的前部,分出神经至足部,司运动和感觉;侧神经节(pleural ganglion)一般位于身体的前方,发出神经至外套膜和鳃;脏神经节(visceral ganglion)位于身体后部,发出神经至消化器官及其他内脏器官。在瓣鳃纲中,脑神经节和侧神经节愈合合成脑神经节(图 8-25)。腹足纲还具有胃肠神经节或称口球神经节(cerebropleural ganglion),控制前肠和齿舌。各对神经节之间有横神经相连,不同神经节之间有神经连索相连;原始的种类中神经连索较长,而较进化的种类中神经连索较短。

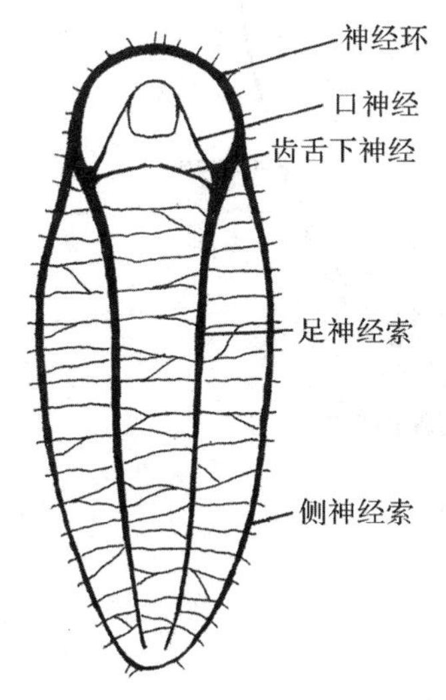

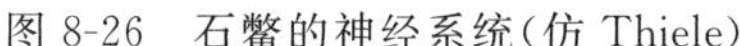
图 8-26　石鳖的神经系统(仿 Thiele)

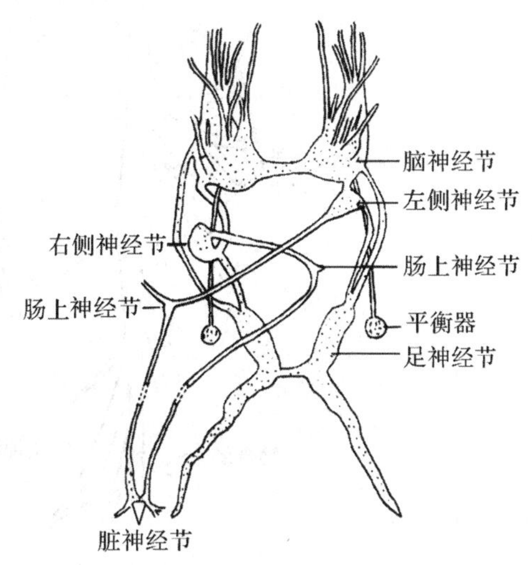

图 8-27　田螺的神经系统(仿李赋京)

头足纲的神经系统发达,由中枢神经系统、周围神经系统和交感神经系统三部分组成(图 8-28)。中枢神经系统由脑神经节、脏神经节和足神经节组成,位于软骨脑箱中(图8-29)。脑神经节位于食道背侧,白色,呈圆球状。脏神经节位于食道腹侧,背面观近似四角形。足神经节位于食道腹侧,脏神经节的前方。脑神经节腹侧具有较粗短的神经连索与脏、足神经节相连。周围神经系统由中枢神经系统发出的神经节和神经组成,包括由脑神经节两侧发出的视神经和其末端的视神经节(optic ganglion)、脑神经节前方发出的脑口神经连索及其口球上神经节(图 8-28)。口球上神经节通过口球上下神经连索与口球下神经节相连;由脏神经节后面中央发出的两条脏神经、脏神经节后侧方发出的两条外套膜神经及其末端膨大形成的星芒状神经节、脏神经节腹面分出的一条漏斗神经;由足神经节发出的十条长神经及其在腕基部膨大形成的腕神经节(ganglion brachiale)。交感神经由位于口球后腹面的口球下神经节发出,颚神经和两条交感神经沿食道两侧到达胃前端腹面后,膨大形成卵圆形的胃神经节(stomachic ganglion),再由此发出胃盲囊神经、胃神经和肠神经(图 8-28)。

软体动物的感觉器官有触角、眼、平衡囊(odocyst)和嗅检器(osphradium)等。

触角生于头部,又称为头触角。前鳃亚纲具有 1 对触角,专司触觉作用;后鳃亚纲和肺螺亚纲柄眼目(Stylommatophora)具有 2 对触角,前一对触角司触觉作用,后一对触角司嗅觉或味觉作用。许多没有触角的种类在外套膜边缘具有外套触手,尤其是入水孔附近,如瓣鳃纲和部分腹足纲种类。

眼 1 对,位于头部。前鳃亚纲的眼位于触角基部头的两侧(图 8-3),肺螺亚纲柄眼目的

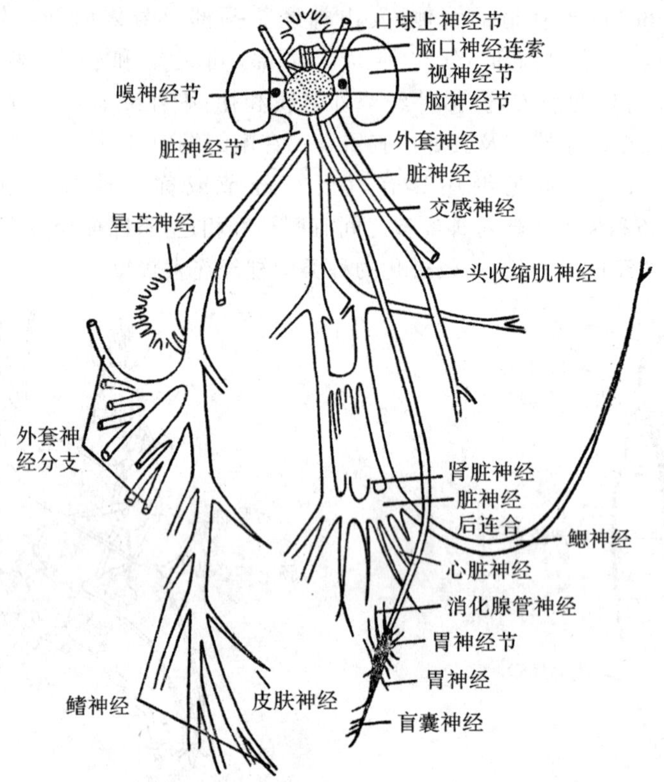

图 8-28 乌贼的神经系统(仿张彦衡)

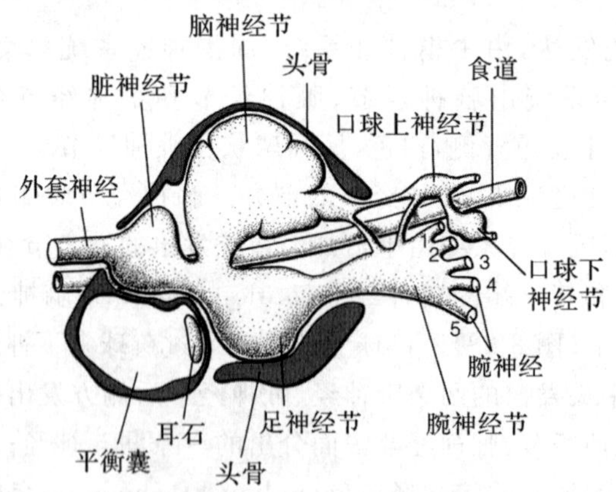

图 8-29 枪乌贼的中枢神经系统,右侧面观(仿 Ruppert)

眼位于触角的顶端。多板纲、掘足纲和瓣鳃纲等头部不发达的种类没有头眼,其中多板纲在贝壳上生有贝壳眼(esthete)或称微眼(图 8-30),瓣鳃纲的很多种类(如扇贝)在外套膜边缘生有外套眼。软体动物的眼由外胚层内陷形成,凹陷的后壁构成视网膜。眼的结构由简单到复杂,随种类变化较大。冒贝(Platella)的眼很简单,仅为一个由带有色素的感觉细胞组成的凹陷,凹陷的开口较大(图 8-31A)。骨螺(*Murex*)的眼稍复杂,视网膜凹陷的小孔封闭,具有晶体和较厚的角膜(图 8-31B)。头足纲的眼发达,结构类似于脊椎动物(图 8-32)。眼的最外层是透明的假角膜(false cornea),假角膜周围是眼帘。中层是巩膜(sclera),巩膜在晶体的前方周围延长形成虹膜(iris),并围成瞳孔(pupil)。瞳孔后方为一个圆球形白色透明的晶体和睫状肌(ciliary muscle)。内层是视网膜(retina),由外向内分别是色素层(pigmented layer)和视网膜细胞层(retinal layer)。一个大的视神经节直接位于视网膜层之下,通过视神经与脑神经节相连。在巩膜层具有由头软骨延伸形成的软骨囊,用来保护眼睛,同时还着生有肌肉,牵引眼睛的活动。

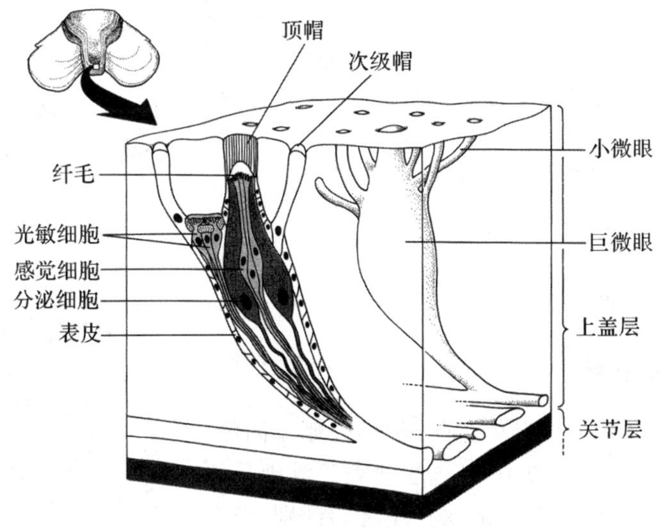

图 8-30　石鳖的贝壳眼(仿 Ruppert)

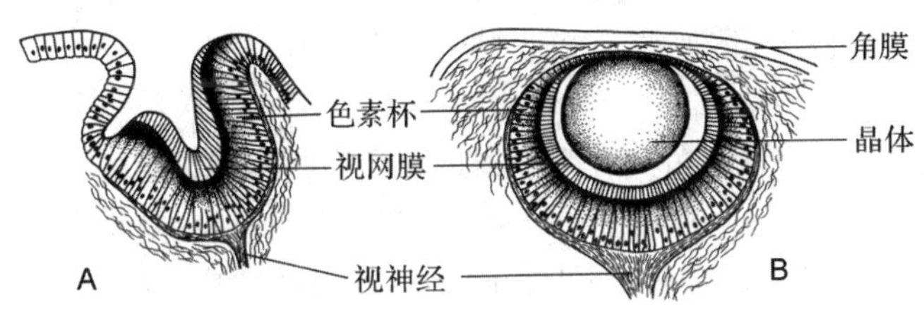

图 8-31　前鳃亚纲的眼(仿各家)

A. 冒贝;B. 骨螺

嗅检器是一种外套腔或呼吸腔内的化学感受器。嗅检器 1 个或 1 对,由上皮细胞特化而成,通常有突起和纤毛,位于呼吸器官附近,用来检测呼吸水流的质量,也用来寻找食物。钥孔螺(*Fissurellidae*)的嗅检器比较简单,没有分化成明显的器官,仅由位于鳃柱两侧鳃神经通路上的一些神经上皮细胞组成。圆田螺(*Cipangopaludina*)的嗅检器位于鳃近端部左侧,呈弯曲线状,色黄,为皮肤突起(图 8-34)。瓣鳃纲由脏神经节外表面的上皮细胞特化形成的感觉细胞具有嗅检器的功能,如文蛤的嗅检器为由黄色上皮细胞组成的块状结构。头足纲在眼的腹侧附近具有一个嗅觉器官。这种嗅觉器官在鹦鹉螺(*Nautilus pompilius*)中由一个突起上的凹洞构成。而蛸亚纲的大多数种类中仅为一个简单的洞穴,称为嗅觉窝(olfactory pit)。嗅觉窝的纤毛上皮细胞内分布着许多感觉细胞,通过嗅神经与脑神经节相连。

除多板纲等少数种类外,其余软体动物都有平衡囊(图 8-33)。平衡囊一对,位于足部,由体壁上皮内陷形成。上皮内陷时形成的小管在大部分动物中封闭，但在一些原始的种类中永不封闭，如贻贝、扇贝等。平衡囊内具有平衡石(statolith)，囊壁具有纤毛细胞和感觉细胞。当动物身体倾斜时，平衡石与一侧的纤毛和感觉细胞碰撞，刺激通过神经传递到脑神经节，动物从而感知身体的平衡状态。枪乌贼的平衡囊为一对位于软骨脑箱内的足、脏神经节之间的囊状腔(图 8-29)。囊腔内充满液体，具有一块耳石。囊内前端背面具有一个与平衡器神经相连的听斑(macula statica)，另有一些感觉细胞纤毛组成的听脊(crista statica)，为感觉作用部分。

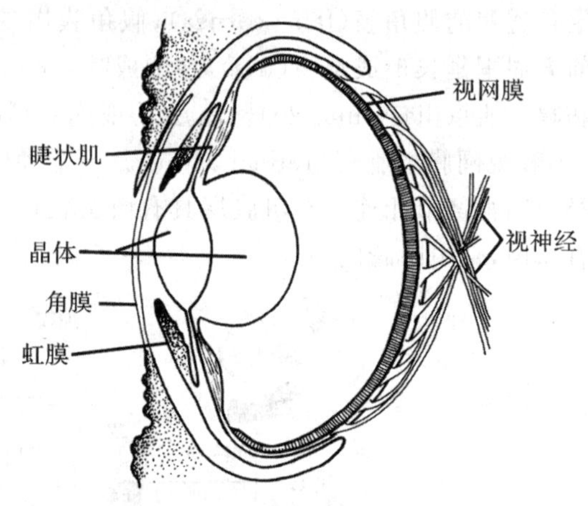

图 8-32 乌贼的眼(仿 Wells)

2.7 生殖系统

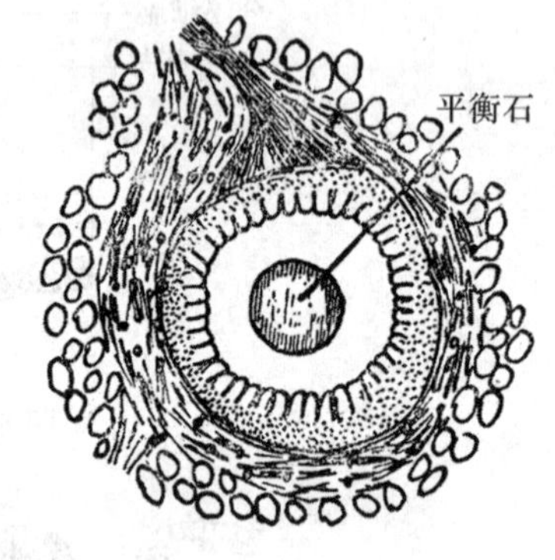

图 8-33 河蚌的平衡囊(仿 Simroth)

软体动物大多数为雌雄异体；部分种类为雌雄同体，如后鳃亚纲、肺螺亚纲和瓣鳃纲中一些种类。雌雄异体种类的雌、雄个体间在外形上一般没有显著的区别，但有些头足纲和腹足纲种类具有特殊的交接器官，而且雌体一般比雄体大。生殖系统由生殖腺、生殖管道、交接器和附属的腺体组成。生殖腺由体腔膜上皮形成，生殖管道开口于外套腔。

田螺雌雄异体，雄性的右触角具有交接器的作用，比雌性的粗大。雄性生殖系统由精巢(testis)、输精管(vas efferens)、前列腺(prostate)和阴茎(penis)等器官组成(图 8-34A)。精巢位于外套腔右侧，新月形、黄棕色、较大。阴茎伸入右触角中，雄性生殖孔开口于其顶端。雌性生殖系统有卵巢(ovary)、输卵管(oviduct)和子宫(uterus)组成(图 8-34B)。卵巢一个，

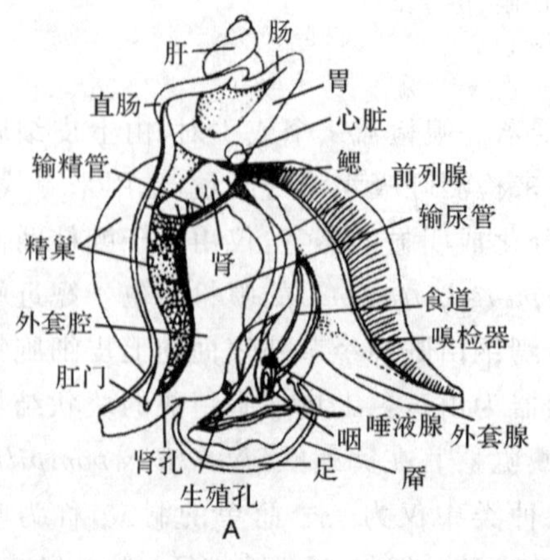

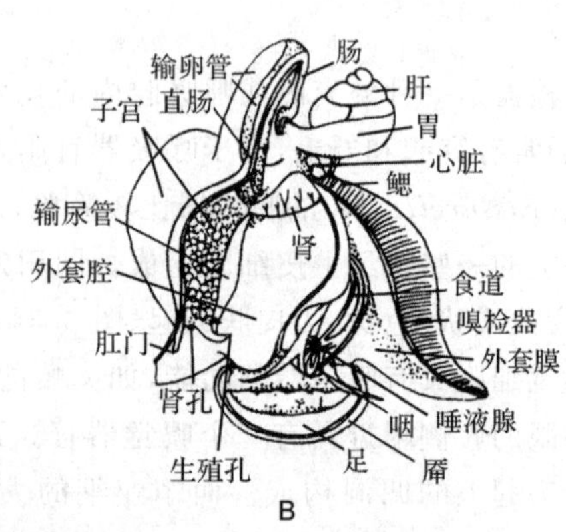

图 8-34 田螺的内部结构解剖(仿张明俊)

A. 雄性；B. 雌性

黄色,细带状,与直肠上部平行。子宫膨大呈大型薄壁囊状,位于右侧,内含处于不同发育阶段的胚胎或子螺。子宫末端变细呈管状,末端开口于外套腔肛门附近。

河蚌雌雄异体,卵巢或精巢一对,精巢乳白色,卵巢淡黄色,多分支呈葡萄状,位于足部背侧肠道的周围(图 8-25)。输精管或输卵管短,生殖孔开口于肾孔下方的内鳃瓣鳃上腔中。

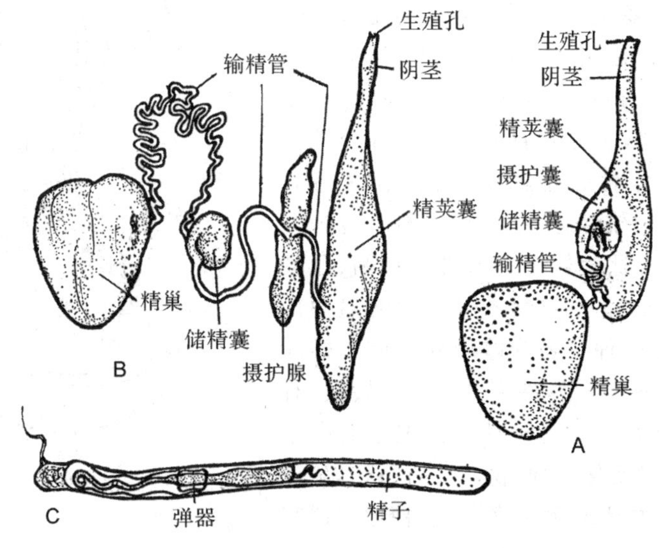

图 8-35　乌贼的雄性生殖系统(仿江静波)

A. 自然状态　B. 分离状态　C. 精荚

乌贼雌雄异体,雄性左侧第四腕特化为生殖腕或称茎化腕。雄性生殖系统包括精巢、输精管、阴茎等(图 8-35)。精巢一个,由许多精巢小管组成,外包以精巢囊(testis sac)。精子成熟后,由小管落入精巢囊中。输精管长,曲折一团,管上有贮精囊(seminal vesicle)和摄护腺(prostate gland),该腺体的分泌物具有营养精子的作用,端部膨大成精荚囊(spermatophore sac)。精子到达精荚囊后,包被一层弹性鞘而形成精荚(spermatophore)(图 8-35),暂时储存在精荚囊内。输精管末端为阴茎,雄性生殖孔开口于外套腔左侧。雌性生殖系统包括卵巢、输卵管及其附属腺体(图 8-9)。卵巢一个,由体腔上皮发育形成,位于内脏团后端,外包以卵巢囊。卵成熟后落于囊腔内,进入卵巢左侧的输卵管。输卵管末端细,雌性生殖孔开口于鳃基部前方外套腔左侧。雌性生殖系统附属腺有:输卵管腺(oviducal gland)、缠卵腺(nidamental gland)和副缠卵腺(accessory nidamental gland)。输卵管腺位于输卵管末端,分泌物形成卵的外膜。缠卵腺位于内脏团中部直肠两侧,开口于外套腔,分泌物也形成卵的外壳,同时还可将卵黏成卵群,附于外物上。副缠卵腺一对,较小,位于缠卵腺的前方,功能不明。

雌雄同体的种类或者既有卵巢,又有精巢;或者有两性腺(ovotestis)。雌雄两种生殖细胞同时成熟或交替成熟。褐云玛瑙螺(*Achatina fulica*),又称非洲蜗牛,我国南方较多,具有两性腺,能产精子和卵子两种生殖细胞(图 8-36)。两性腺连接一条精子和卵子共同通过的两性管(hermaphroditic duct)。两性管在蛋白腺(albumen gland)基部附近稍膨大成为受精囊,受精囊末端分成两条先部分分隔、然后完全分隔的管子。内侧一条称为输精管,外侧一条称为输卵管。输卵管末端与连接纳精囊的纳精囊管会合,而后形成阴道。阴道短,末端膨大呈半球状。输精管末端插入阴茎鞘的基部,阴茎自鞘的基部一直伸展到生殖腔附近,与输卵管共同开口于生殖孔。

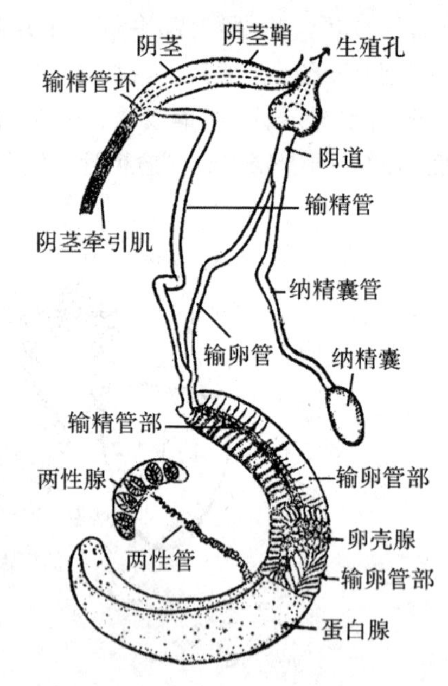

图 8-36 褐云玛瑙螺的生殖系统(仿梁羡园)

许多软体动物具有性转变现象(sex reversal)。性转变就是指雄性个体向雌性个体转换,也有雌性个体向雄性个体转变的现象。据统计,软体动物雌性个体比雄性个体多 3%～12%,并认为是雄性个体寿命短和性转变引起的。腹足纲的帆螺(*Calyptraea*)和履螺(*Crepidula*)在幼体时是雄性,具有雄性交接器,个体发育充分时雄性交接器逐渐退化而变为雌性。瓣鳃纲的船蛆(*Teredo navalis*)幼小个体为雄性,第一次性成熟时也为雄性,以后如果环境合适就转变为雌性。牡蛎、贻贝和帘蛤科(Veneridae)的一些种类具有较普遍的性转变现象。虽然这些种类名为雌雄异体或雌雄同体,但其性别区分并不严格,性别经常发生转换,有时一年发生两次性转变。这种性转换现象的产生与种类的特性、水温变化、代谢物的性质、营养条件的好坏有关。如果水温低、营养条件差、糖原代谢旺盛,则雄性占优势;若水温高、营养条件优越、蛋白质代谢旺盛,则雌性占优势。

2.8 繁殖习性和发育

软体动物雌雄异体或雌雄同体,但都是异体受精。每年繁殖一次、二次或多次,其产卵时间常受温度和外界环境条件影响。软体动物的繁殖方式可以分为三种:一种是卵子、精子直接排到海水中,在海水中受精发育,如泥蚶、扇贝;另一种是经过交尾,卵子在体内受精后再产出体外,在体外发育,如乌贼;还有一种是卵子在母体的子宫中受精发育,幼体成长后再排出体外,即卵胎生(ovoviviparous),如圆田螺。软体动物的产卵数量与它的卵在受精和孵化过程中受到的保护情况有很大的关系。如孵养型的食用牡蛎(*Ostrea edulis*)的卵在母体鳃腔中受精孵化,幼虫的成活率高,因此产卵数量少,每次产卵 10 万～150 万,卵子也较大;而孵育型的美洲牡蛎(*Crassostrea virginica*)在 9 分钟内即可产卵几千万至 1 亿以上的卵,它的卵子和精子都直接排到海水中受精和发育,幼虫的成活率较低,因此产卵数较多。头足纲动物产卵数量一般比较少,乌贼和枪乌贼(*Loligo*)通常产卵 3 万～4 万粒,长蛸(*Octopus variabilis*)每次产卵 100 多粒,短蛸(*Octopus ochellatus*)每次产卵 300～400 粒。有些软体动物具有护卵现象,如章鱼(*Octopus*)把卵产在空贝壳内后,其本身也藏在同一贝壳内,直至卵孵化,需 2～3 个月时间。

软体动物受精卵的卵裂形式多数为完全不均等卵裂,其中许多呈螺旋型卵裂;而头足纲和部分腹足纲动物的卵裂方式为盘状卵裂(不完全卵裂)。以外包法或内陷法形成原肠。除头足纲和部分腹足纲为直接发育外,其余大多数软体动物都为间接发育。乌贼产卵前需雌雄交配,精卵在外套腔内受精,受精卵含有大量卵黄,受精卵排出后黏在一起形成卵鞘,俗称"海葡萄"。受精卵经盘状卵裂,以外包法形成原肠胚,孵化出的幼体与成体相似,因此为直接发育。

间接发育的幼体通常经过担轮幼虫(trochophora)(图 8-37A)和面盘幼虫(veliger)(图 8-37B)两个幼虫时期。担轮幼虫的形态与环节动物多毛纲的幼虫相似,具有纤毛环和原肾管。面盘幼虫发育早期背侧具有外套原基,且分泌外壳,腹侧具有足的原基。多板纲、掘足纲和原始瓣鳃纲动物等的面盘幼虫的发育时间较短,仅数小时至数天,以体内的卵黄为营养,其纤毛散布全身;而多数瓣鳃纲和腹足纲动物的面盘幼虫的发育时间长,多达一周至数月,以浮游生物为食,其纤毛集中在纤毛带,且大多数形成缘膜或称为面盘。

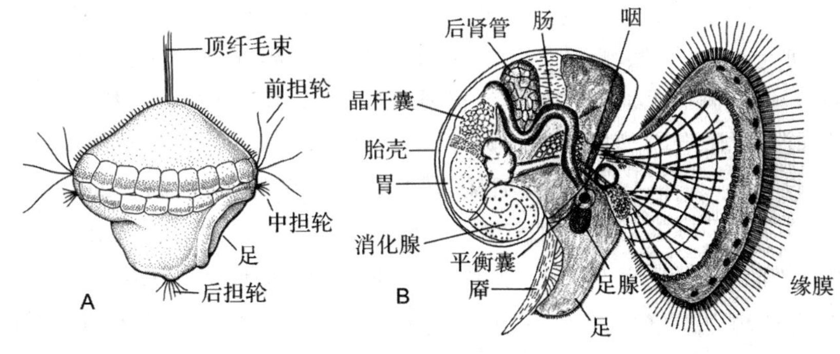

图 8-37　担轮幼虫

A. 笠贝的担轮幼虫;B. 履螺(*Crepidula*)的面盘幼虫(仿 Ruppert)

淡水产蚌科(Unionidae)的幼虫比较特别,称为钩介幼虫(glochidium)(图 8-38)。钩介幼虫外被两个介壳,壳的腹缘中央有一向内弯曲的倒钩,钩上列生许多小齿。左右两壳之间具有一个发达的闭壳肌,腹部中央还有一条由分泌的黏液形成的足丝。夏季,河蚌的卵子和精子在雌体外鳃瓣的鳃水管中受精,经螺旋型卵裂发育成囊胚,以外包和内陷法形成原肠,并发育成钩介幼虫。因此,河蚌外鳃瓣的鳃腔又称为育儿囊(marsupium)。越冬后,钩介幼虫于次年春季随水流经鳃上腔和出水口离开母体,在水中飘荡或沉在水底,如果足丝正好黏住经过的鱼体,则幼虫钻入鱼体皮肤或鳃内,作临时性的寄生生活,待幼虫变态成幼蚌时离开鱼体,沉入水底生活。

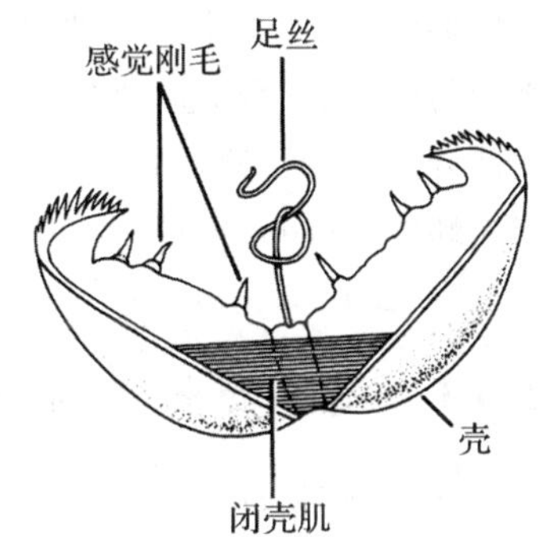

图 8-38　河蚌钩介幼虫(仿 Balfour)

软体动物一生中生长的速度随种类、营养状况、个体密度、生活环境和水温等因素的变化而变化。褶牡蛎(*Crassostrea plicatula*)的贝壳在第一年生长速度较快,壳长可达 7 厘米,体型基本固定,而以后的几年中贝壳的生长速度极其缓慢,第二年贝壳长度可达 9 厘米,第三年可达 10 厘米。又如三龄的贻贝,生活在岩石缝中的贝壳长度仅 2 厘米,生活在岩礁面上的个体长度可达 6 厘米,而浸没在海水中生长的个体长度可达 10 厘米。

软体动物的寿命一般都不长,生长速度快的种类寿命较短,反之则较高。一般瓣鳃纲动物的寿命较长,贻贝能活 10 年,食用牡蛎能活 12 年,珍珠蚌(*Margaritana margaritifera*)能活 80 年,而砗磲(*Tridacna*)能活 100 多年。腹足纲动物的寿命一般较短,前鳃亚纲动物一般为几年,如穴螺 1 年,马蹄螺 4～5 年,田螺 9 年;后鳃亚纲种类一般仅为 1 年或更短;肺螺亚纲动物的寿命也不长,如扁蜷螺活 2～3 年,而有些蜗牛可活 10～15 年。头足纲动物的寿命也较短，一般仅为1～3年。

2.9 软体动物的生活方式

陆生种类多栖息于灌木丛、草丛、落叶及石块下；水生生活的种类具有浮游、游泳、底栖和寄生等各种不同类型的生活方式。大部分软体动物营底栖生活，它们在水底匍匐、爬行，或在底质上固着、附着或穴居。浮游生活的种类个体一般都比较小，缺乏游泳能力，而是随波逐流地在水中漂浮。这一生活类型的贝壳很薄或没有贝壳，足部特化为鳍或由足分泌一个浮囊，便于在水上漂浮，如海蜗牛(*Janthina*)、异足贝(*Heteropoda*)和皮鳃螺(*Pneumoderma*)等。游泳生活的种类具有很强的游泳能力，能和鱼类一样作长距离的游泳，常随着季节成群到近岸产卵，如乌贼(*Sepia*)、枪乌贼(*Loligo*)和鱿鱼(*Ommatostrephes*)等。这一类群动物的外套膜呈筒状，两侧生有鳍，足特化为腕和漏斗，靠漏斗的喷水作用作快速游泳。底栖生活方式又可以分为两种类型：一种在岩石、珊瑚礁、贝壳、藻类等固体物体上爬行、固着或附着生活，称为营底上生活(epifauna)，如大部分的前鳃亚纲动物用极发达的足在岩石、珊瑚或泥沙底质上爬行，以及后鳃亚纲的海兔(Aplysia)及肺螺亚纲的扁蜷螺(Planorbidae)在水藻等物体上爬行，又如瓣鳃纲的贻贝(Mytilidae)和扇贝(Pectindae)等分泌足丝附着在岩石或其他物体上，而牡蛎(Ostreidae)、猿头蛤(Chamidae)和海菊蛤(Spondylidae)等用一个贝壳固定在岩石等物体上；另一种底栖生活动物用发达的足尖或斧状的足挖掘泥沙，使整个身体埋在底质中，称为营底内生活(infanna)，这一类型动物依靠发达的水管与底质表面相通，吸取水中的氧气并摄取水中的微小生物和有机碎屑，如掘足纲动物和大部分瓣鳃纲动物。寄生生活的种类比较少，其中大多数寄生在棘皮动物身上，如腹足纲的内壳螺(*Entoconcha*)寄生在棘皮动物的体内，瓣鳃纲的内寄蛤(*Entovalva*)寄生在锚海参的食道内，孟达蛤(*Montacuta*)寄生在海胆身上。

2.10 软体动物不对称的起源

腹足纲动物的头部和足具有明显的两侧对称，而贝壳和内脏团呈不对称的螺旋形。这种体制并非是原有的，而是在发生过程中经过一定的演变而形成的。古动物学家发现寒武纪早期地层中的某些腹足纲动物的贝壳是两侧对称的。同时现存腹足纲的担轮幼虫也是对称的，而到了面盘幼虫后，身体突然出现扭转，随后是一个不对称的生长过程，最后成体变成了不对称的体制。因此，腹足纲动物的祖先的体制是两侧对称的，其内脏团位于身体的背部，外面有一个简单的贝壳，而以后大多数种类的不对称是在进化过程中形成的。推测腹足类动物的祖先在演化过程中内脏团逐渐发达，不断向背部隆起，因而贝壳也随之增高增大，形成一个长圆锥体。这种体形不利于动物在水中的平衡及运动，于是逐渐地出现了由内脏团的顶端开始沿一中心轴由上向下螺旋盘旋的贝壳，壳轴倾斜于身体长轴，使增大的内脏团的重心移到了近前端以有利于运动。贝壳螺旋与倾斜的结果使外套腔出口被压在了壳下，肛门及肾孔等压在足和贝壳之间，影响水的循环。于是腹足类的外套膜及内脏团部分在进化中又出现了扭转现象(torsion)，也就是内脏团向背部扭转180°。这种扭转的结果使内脏的器官左右交换位置。肛门和外套腔的开口移到体前方，心耳、鳃、肾脏等器官左右易位，这样水流、鳃、肛门、排泄孔及生殖孔都通畅了(图8-39)。这种扭转使左右两侧的脏神经节交换位置，使左右两侧脏神经节连索彼此交叉为“8”字形(图8-40)，同时位于心耳后面的鳃转到心耳的前方。螺旋及扭转的结果使一侧的器官发育受到阻碍，内脏团由对称变成了不对称。如果顺时针方向扭转，称为右旋，其壳口位于右侧，则左侧的鳃、心耳、肾得到发展，右侧的鳃、心耳及肾退化消失。如果逆时针方向扭转，称为左旋，其左侧的鳃、心耳及肾消失。腹足类扭转过程是从寒武纪到奥陶纪内完成的。现有证据表明螺旋与扭转是两个过程，螺旋发生在扭转之前。

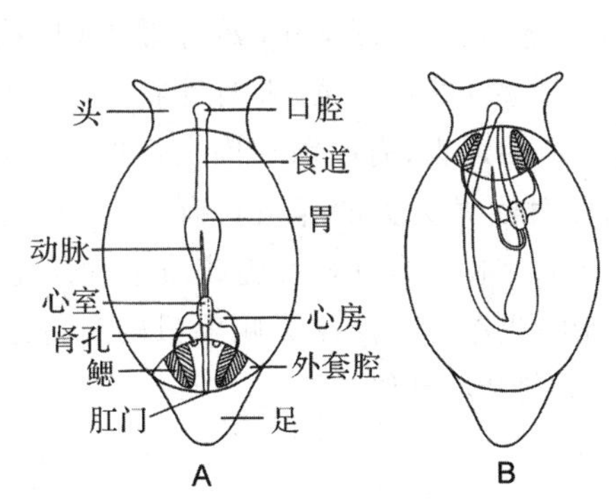

图 8-39　腹足纲祖先扭转示意图(仿 Barnes)
A. 扭转前；B. 扭转后

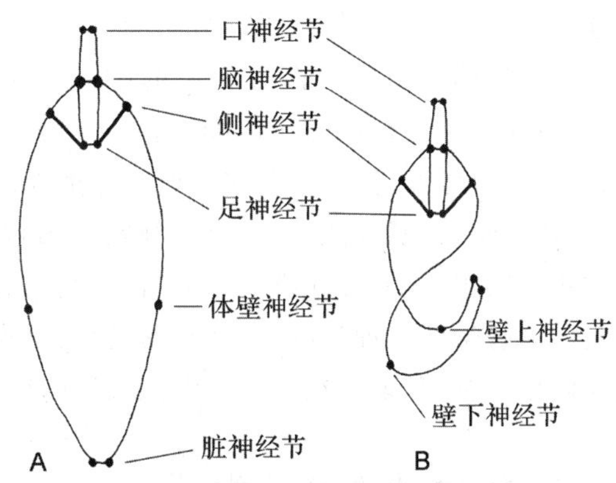

图 8-40　腹足纲神经系统的扭转
A. 扭转前；B. 扭转后(仿 Barnes)

关于扭转对腹足纲动物有怎样的实际意义有各种看法。有人认为扭转使外套腔移到身体前端，为头和足的缩入提供了空间，对动物起到了很好的保护作用。其次，鳃、嗅检器也随外套腔移到前端，可更好地获得氧气，更快地监测环境水质的变化。但肾孔及肛门移到头顶上方易于造成自身污染，所以动物出现相应的适应。鲍(*Haliotis*)等贝壳平面盘旋的种类，壳缘出现沟或缺刻或壳面贯穿成孔，可使水直接进入。中腹足目(Mesogastropoda)等贝壳螺旋卷曲的种类，外套缘前端部分特化形成了出、入水管，使水更好地进入外套腔。

后鳃亚纲动物在进化中经过了扭转之后，又发生了反扭转(detorsion)。反扭转的结果是身体表现为两侧对称，侧脏神经索不再成“8”字形。在反扭转过程中现有的鳃、贝壳和外套膜也常常消失，而原来扭转过程中消失的鳃、心耳、肾等一侧器官不再因反扭转而恢复，只是后来出现了次生性的皮肤鳃。如裸鳃目身体为两侧对称，呈蠕虫状，外套腔、壳和本鳃消失。肺螺亚纲在进化中经过了扭转而没经过反扭转，本鳃消失，而由外套腔壁出现皱褶并富有血管而形成肺囊，但侧脏神经节都移到前端食道周围，所以侧脏神经索也不成“8”字形。

2.11　软体动物与人类的关系

软体动物种类多，分布广，与人类的关系密切，有很多种类可以食用或作为药物，又有很多种类可能危害人类的健康和经济建设。从北京房山山顶洞发现的旧石器时代的贝壳，可以推测远在 5 万年前人类已经知道利用贝类了，在我国古代许多文献中也有不少贝类的种类、生态和利用等方面的记载。

人类具有食用软体动物的习惯，经常食用的软体动物种类有鲍、红螺、玉螺、泥螺、牡蛎、贻贝、扇贝、泥蚶、毛蚶、海瓜子、文蛤、菲律宾蛤仔、缢蛏、乌贼、章鱼、鱿鱼等。软体动物不仅味美可口，而且营养丰富，含有大量的蛋白质、糖、脂肪、无机盐和各种维生素，而且软体动物的营养成分容易溶解在液体中，易于被人类吸收。小型贝类也可以作为一种饲料，用于饲养家禽和虾蟹养殖。目前多数经济种类都已经实现人工养殖，贝类养殖已是一个很重要的产业。不少软体动物也是重要的中药材，如珍珠粉、石决明、海螵蛸等。许多种类的贝壳绚丽多彩，可供玩赏，也可以进一步制作贝雕工艺品，如芋螺、宝贝、风螺、唐冠螺、骨螺、瓜螺、马蹄螺、夜光螺等。骨螺壳的某些种类含有紫色腺（肛门腺），可以提取紫色染料；乌贼的墨汁可以提取黑色染料。许多贝类可以产生珍珠，珍珠是名贵的装饰品，也是一味中药。古代许多地方也曾用货贝当做货币。

有些软体动物是人畜寄生虫的中间宿主，是传染寄生虫病的媒介，如钉螺等（见第5章）。有些植食性种类（如陆生的蜗牛、蛞蝓、海产的马蹄螺）摄食蔬菜、果树等农作物、林木或紫菜、海带等经济藻类，对农林业和藻类养殖具有一定的危害；有些海产肉食性的种类，如玉螺、荔枝螺、红螺等能捕杀贻贝、牡蛎等瓣鳃纲动物，对浅海贝类的养殖具有一定的危害。海洋中的船蛆、海笋等穿凿木材或岩石，对海洋中的木船、木桩等海上设施或海港建筑危害很大。固着生活的种类（如牡蛎和贻贝）大量附着在船底或浮标会严重影响船只的航行速度或使浮标下沉，若附着在沿海或沿江工厂的冷却水管中则会堵塞管道。

3 软体动物的分类

软体动物种类繁多，估计有11万多种，现存种类5万余种，是动物界的第二大门。根据软体动物的头部、足的位置、鳃、神经、贝壳以及发育特点分为7个纲。即：无板纲（Aplacophora）、单板纲（Monoplacophora）、多板纲（Polyplacophora）、腹足纲（Gastropoda）、瓣鳃纲（Bivalvia）、掘足纲（Scaphopoda）和头足纲（Cephalopoda），各纲主要特征见表8-3。

表8-3 软体动物各纲主要特征的比较

特征	无板纲	单板纲	多板纲	腹足纲	瓣鳃纲	掘足纲	头足纲
头部	不明显	不明显	不明显，吻状	发达，圆柱状	无	不明显，吻状	发达，圆筒形
足（位置）	退化（非头前）	小（非头前）	长椭圆形（非头前）	块状（非头前）	斧状（非头前）	圆柱状（非头前）	腕和漏斗（头前）
神经	类似梯形神经系统	类似梯形神经系统	类似梯形神经系统	4对神经节及连索	3对神经节及连索	4对神经节及连索	中枢、周围和交感神经系统
贝壳	无	1个，扁圆形	8个，片状	1个或无，螺旋或帽状	2个，片状	1个，管状	1个或无，外壳或内壳
发育	担轮幼虫		担轮幼虫	担轮幼虫、面盘幼虫或直接发育	担轮幼虫、面盘幼虫或钩介幼虫	担轮幼虫和面盘幼虫	直接发育

3.1 无板纲（Aplacophora）

无板纲是软体动物中最原始的类群。已记录的种类有320多种。全部生活于海洋，主要穴居于水深20米以上的海底，以微生物、有机碎屑或腔肠动物为食物，分布遍及全球。身体为细长圆柱形，呈蠕虫状，长为 0.1～30cm，多数长度小于 5cm。无贝壳，但全身覆有外套膜，背部外套膜外生有具小刺或鳞片的钙质片(calcareous scale)。头部不明显，无触角和眼点。口位于身体前端腹面。常有齿舌，一般为 50 横排，每排具 24 个齿片。足无或退化。身体腹侧中央具有一条腹沟(ventral groove)。有的种类沟内具有 1 至多个具纤毛的小嵴状足，用于爬行。有的种类身体后端具有一个囊状外套腔，内有肛门、生殖孔及两个栉鳃。消化系统简单，消化道成直管状。雌雄异体或同体，体外或体内受精，发育经过担轮幼虫时期。如新月贝(*Neomenia*)(图 8-41A)、毛皮贝(*Chaetoderma*)(图 8-41B)、龙女簪(*Proneomenia*)。

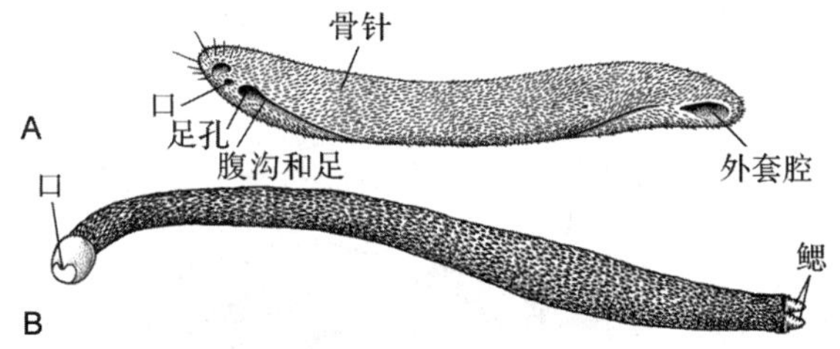

图 8-41　无板纲代表种类(仿 Ruppert)

A. 新月贝；B. 毛皮贝

3.2　单板纲(Monoplacophora)

绝大多数为化石种类，主要发现在寒武纪及泥盆纪的地层中。1952 年，丹麦"海神号"调查船(Galathea Expedition)在哥斯达黎加(Costa Rica)西海岸外 3570m 深处的海底采集了 10 个生活的新蝶贝(*Neopilina galathea*)标本，才确定了该纲的地位。目前已经发现了约 11 种单板纲动物，分布于太平洋、印度洋及大西洋等 2000～7000m 深的海底。新蝶贝体长 0.3～3.5cm，身体两侧对称，具有一个简单的扁圆形或矮圆锥形壳(图 8-42)。壳下是软体部和一个扁平宽大的足，外套膜与足之间有外套沟(pallial groove)相隔。头部不明显。口位于足的前端，肛门位于身体后端外套沟内。口前方有一个口前褶，并向两侧延伸形成具纤毛的须状结构，称缘膜(velum)。口后具一对口后触手(postoral tentacles)。器官具有明显的分节现象，足两侧外套沟中有 5～6 对栉鳃，8 对缩足肌(pedal retractor muscles)，6 对肾脏。口腔内有齿舌。雌雄异体，具两对生殖腺及生殖导管。两对生殖导管与中部的第三和第四两对肾脏相连，卵子和精子经肾孔排到体外，行体外受精。

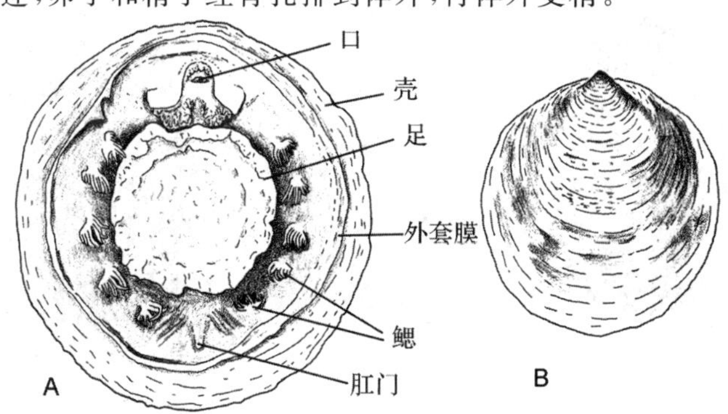

图 8-42　新蝶贝(仿 Barnes)

A. 腹面观；B. 背面观

3.3 多板纲(Polyplacophora)

多板纲动物身体多为椭圆形,两侧对称,背腹扁平。身体背部具有八块覆瓦状排列的石灰质壳板。贝壳的周围为外套膜,或称为环带(girdle)。环带上生有各种类型的鳞片、棘、刺、针束、粗毛等附属物。头部不明显,位于身体的前端腹面,呈圆柱状,无触角和眼点。生殖导管由体腔管形成,开口于外套沟肾孔的前端(图 8-43)。卵在外界或雌性外套沟中受精,受精卵在外界或雌性外套沟中发育孵化。卵单个产出或黏成束状,经螺旋卵裂、囊胚,以内陷法形成原肠胚,后生出二纤毛带,经担轮幼虫发育成成体。

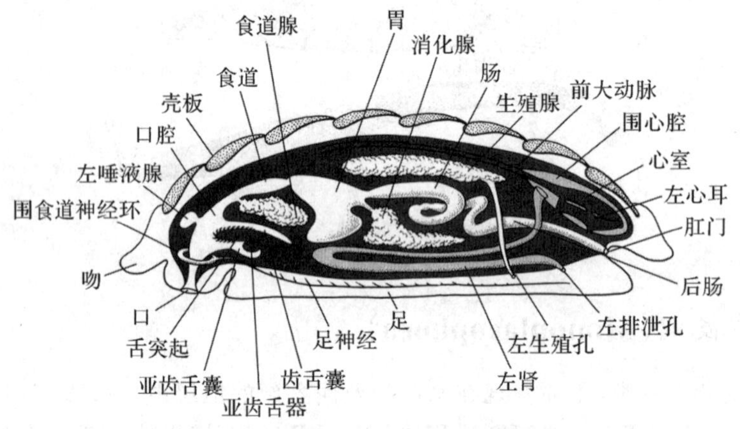

图 8-43 石鳖的侧面解剖图(仿 Ruppert)

多板纲现存有 600 多种,我国已记录 39 种,另有约 350 化石种,全部海洋生活。浙江沿海常见的有:网纹鬃毛石鳖(*Mopalia retifera*),头板前方的嵌入片具 8 个齿裂,环带具鬃毛状突起(图 8-44A);红条毛肤石鳖(*Acanthochiton rubrolineatus*),壳板较小,头板嵌入片具 3 或 5 个齿裂,环带上生有 18 束丛棘(图 8-44B);朝鲜鳞带石鳖(*Lepidozona coreanica*),头板具 16 条放射肋,嵌入片有 14 个齿裂,环带窄、上被鳞片(图 8-12);花斑锉石鳖(*Ischnochiton comptus*),壳板有明显的翼部,上具各种雕刻状花纹;日本花棘石鳖(*Liolophura japonica*),壳板褐色,环带上的棘黑色和白色相间排列,呈带状(图 8-44C)。

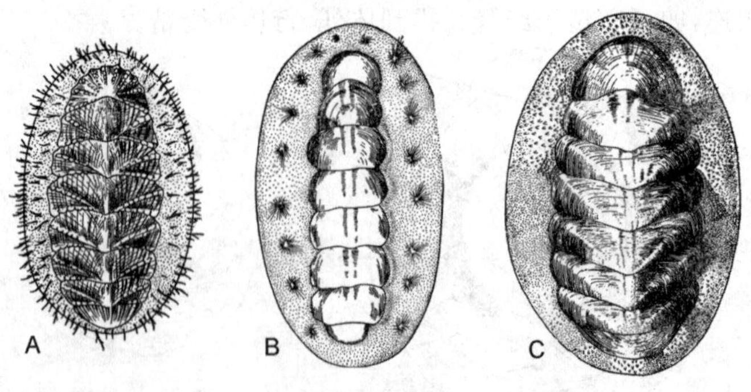

图 8-44 多板纲体表种类(仿各家)

A. 网纹鬃毛石鳖;B. 红条毛肤石鳖;C. 日本花棘石鳖

3.4　腹足纲(Gastropoda)

腹足纲动物足部发达，位于身体腹面，故称腹足纲。通常具有一个螺旋形的贝壳，又称为单壳类(univalvia)。身体分为头、足、内脏团三部分(图 8-45)。头部发达，位于身体前端，呈圆柱状或扁平状。雌雄异体或同体，螺旋卵裂，以外包法或内陷法形成原肠胚，多数间接发育，幼虫经过担轮幼虫和面盘幼虫两个时期。腹足纲是软体动物门中最大的一纲，已鉴定的种类有约 3.5 万现存种及约 1.5 万化石种，分为三个亚纲：前鳃亚纲(Prosobranchia)、后鳃亚纲(Opisthobranchia)和肺螺亚纲(Pulmonata)。

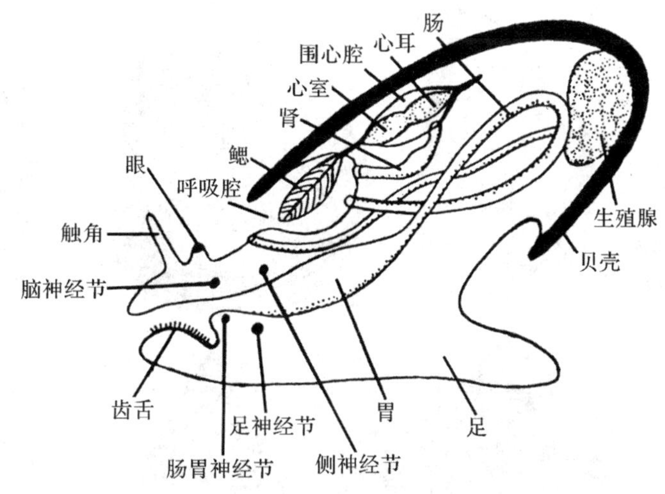

图 8-45　腹足纲体制模式图(仿张玺)

前鳃亚纲：常具一个螺旋形贝壳及一个封闭壳口的厣。头部仅有一对触角和眼点，鳃和心耳均位于心室前方。左右侧脏神经连索交叉成“8”字形，故又名扭神经类(Streptoneura)。多数雌雄异体，营水栖生活，少数营两栖或陆生生活。可以分为三个目：原始腹足目(Archaeogastropoda)、中腹足目(Mesogastropoda)和新腹足目(Neogastropoda)。

原始腹足目：贝壳具珍珠层，楯鳃 1～2 个，心耳和肾的个数与鳃的数目一致。吻或水管缺乏，齿舌带上齿片数目极多。齿式多为：∞·5·1·5·∞。神经系统集中不明显，足神经节长索状，左右两个脏神经节彼此远离。平衡器含有很多耳沙。眼的构造简单，开口或封闭成泡状。雌雄异体，生殖腺开口于右肾内或无右肾种类为独立开口。多数海产。杂色鲍(*Holiotis diversicolor*)，贝壳卵圆形，低矮；螺旋部退化，体螺层及壳口极大，自壳口开始，沿贝壳左侧有 1 列小孔；无厣。足部肌肉极肥大，味道鲜美，是海味中的珍品(图 8-46A)。史氏背尖贝(*Notoacmea schrenckii*)，贝壳帽状，无螺旋部，无厣，具一个楯鳃。锈凹螺(*Chlorostoma rusticum*)，贝壳圆锥形，壳面黄褐色，具铁锈色斑纹(图 8-46B)。角蝾螺(*Turbo cornutus*)，体螺层较膨圆，且常具 2 列棘；厣石灰质，外面呈灰绿和灰黄色(图 8-46C)。齿纹蜒螺(*Nerita yoldi*)，贝壳较小，近半球形；体螺层膨大，几乎占贝壳的全部；壳表具黑色的“Z”字形花纹。

中腹足目：贝壳无珍珠层，1 个栉鳃，1 个心耳，1 个肾。平衡器一个，仅有 1 个耳石。具厣，唾液腺位于食道神经的后方，齿舌公式为 2·1·1·1·2。通常无食道附属腺、吻和水

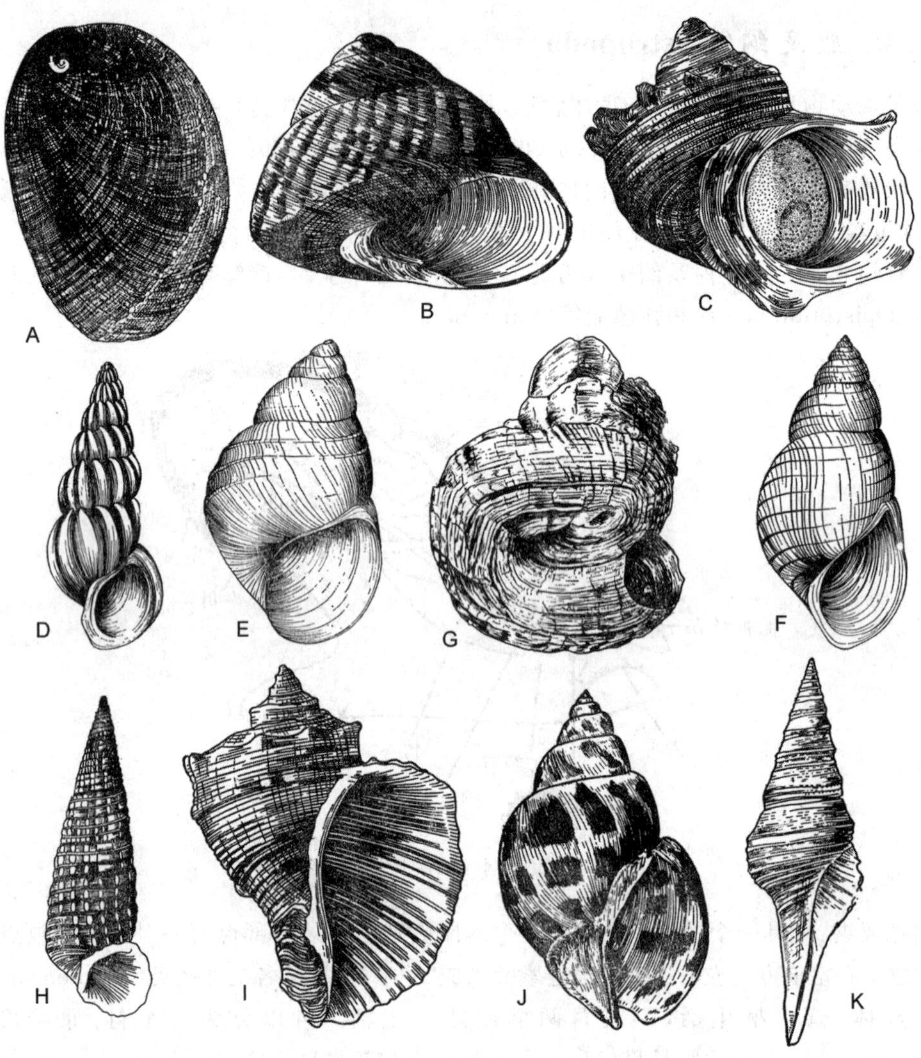

图 8-46 前鳃亚纲的代表种类(仿各家)

A. 杂色鲍;B. 锈凹螺;C. 角蝾螺;D. 钉螺;E. 纹沼螺;F. 放逸短沟蜷;G. 覆瓦小蛇螺;H. 珠带拟蟹守螺;I. 脉红螺;J. 方斑东风螺;K. 白龙骨乐飞螺

管。神经系统集中。多数雌雄异体,雄体多具交接器,生殖腺有生殖孔。中国圆田螺(*Cipangopaludina chinensis*),中型个体,贝壳近宽圆锥形,具6~7个螺层,每个螺层均向外凸,体螺层明显膨大。壳面呈黄褐色,光滑无肋。粒结节滨螺(*Nodilittorina exigua*),贝壳小,近球形,壳面布满小颗粒状突起。生活在潮间带高潮区的岩石上。钉螺(*Oncomelania hupensis hupensis*),贝壳较小,呈削尖圆锥形,为血吸虫的中间宿主,淡水生活(图8-46D)。纹沼螺(*Parafossarulus striatuslus*),贝壳呈宽卵圆形,5~6个螺层,壳面外凸,石灰质厣,是华枝睾吸虫的第一中间宿主,淡水生活(图8-46E)。绯拟沼螺(*Assiminea latericera*),贝壳呈长卵圆形,具6~7个螺层,体螺层大于螺旋部,壳面呈绯红色,角质厣,为太平并殖吸虫的第一中间宿主,生活于咸淡水河流中。放逸短沟蜷(*Semisulcospira libertina*),贝壳略呈塔锥形,壳顶常被腐蚀,壳面黄褐色,为卫氏并殖吸虫的主要中间宿主之一,生活于淡水

(图 8-46F)。覆瓦小蛇螺(*Serpuorbis imbricata*),贝壳呈管状,通常以水平的方位逐步向外盘卷(图 8-46G)。珠带拟蟹守螺(*Cerithidea cingulata*),贝壳细长,呈锥形,螺旋部每一层具 3 条串珠状的螺肋(图 8-46H)。微黄镰玉螺(*Lunatia gilva*),贝壳卵圆形,螺旋部高,约与体螺层相等,俗称香螺,为重要食用螺类。

新腹足目:贝壳无珍珠层,常具水管沟。厣角质,有或无。外套膜部分包卷形成水管。1 个栉鳃,1 个心耳,1 个肾。口吻发达,食道具有不成对的食道腺。齿舌狭长,齿式为 1·1·1 或 1·0·1。神经系统非常集中,食道神经环位于唾液腺的后方,肠胃神经节位于脑神经节的附近。羽状嗅检器。雌雄异体,雄体具交接器。脉红螺(*Rapana venosa*),贝壳大,略呈四方形,壳质坚厚,壳口大,内唇杏红色(图 8-46I)。丽核螺(*Pyrene bella*),贝壳小,呈纺锤形,壳表具褐色或紫褐色火焰状纵走的斑纹。方斑东风螺(*Babylonia areolata*),贝壳长卵圆形,脐孔半月形,壳表具有长方形紫褐色斑块(图 8-46J)。红带织纹螺(*Nassarius succinctus*),体螺层具 3 条褐色色带,其余螺层有 2 条。白龙骨乐飞螺(*Lophiotoma eucotropis*),贝壳长纺锤形,每一螺层的中部有一条发达的螺旋形龙骨(图 8-46K)。

后鳃亚纲:贝壳退化或无,通常无厣;外套腔退化或消失;本鳃或次生性鳃、心耳一般位于心室的后方;侧脏神经连索不扭成"8"字形;雌雄同体;生活于海洋。分为 8 个目。

头楯目(Cephalaspidea):具大的外壳或内壳,大多数无厣,外套腔发达开口于体右侧,其中具栉鳃,头部背面有扁平的掘沙用的楯盘,足具突出的翼状或鳍状侧足。泥螺(Bullacta exarata),外壳卵圆形,薄脆,不能包被全部身体。栖息于泥沙质潮间带,是重要的食用海产品(图 8-7C)。

无楯目(Anaspidea):贝壳退化成内壳或无,头部背面无楯盘,有触角 2 对,齿舌、侧足发达,栉鳃 1 个发达。黑斑海兔(*Aplysia kurodai*),身体大型,外套孔周围有黑色放射线(图 8-47A)。

被壳目(Thecosomata):营远洋浮游生活。具石灰质壳或软骨质厚皮,有厣。具 2 个翼状侧足,无本鳃而具次生性鳃。蜣螺(*Spiratella vetroversa*),贝壳左旋,以硅藻等浮游生物为食(图 8-47B)。

裸体目(Gymnosomata):营远洋浮游生活。成体无外套腔和壳,侧足翼状,肉食性,具复杂的捕食器官。海若螺(*Clione Limacine*),吻短,头部具 3 对附属物(图 8-47C)。

背楯目(Notaspidea):贝壳有或无,头短,具触角 2 对,无侧足和外套腔,栉鳃大,位于右侧,具齿舌。蓝无壳侧鳃(*Pleurobranchaea novaezealandiae*),头部前端扩展成扁平的头幕,两侧向前各伸出一个长形尖角(图 8-47D)。

无壳目(Acochlidioidea):小型螺类,生活于砂粒间。无壳、外套腔、鳃和翼状侧足,皮肤生有钙质针刺,由长形的内脏囊形成身体的后部。如无壳螺(*Acochlidium weberi*)(图 8-47E)。

囊舌目(*Sacoglossa*):无壳或具 2 片壳。头部具一对触角,无外套膜。齿舌只有一纵列小齿,部分藏在一个小囊内。吸食海藻的液汁。绿海天牛(*Elysia viridis*)体呈蛞蝓状,一对耳状触角,侧足发达(图 8-47F)。

裸鳃目(Nudibranchia):成体无壳。身体两侧对称,内脏囊平坦。无外套膜,无栉鳃,背部具裸鳃(cerata)或次生性鳃,头部具触角 2 对。生活于海洋,色泽鲜明,多具拟态。黄紫舌尾海牛(*Glossodoris aureopurpurea*),身体扁平长椭圆形,外套膜边缘呈波状,体表色彩鲜艳(图 8-47G)。

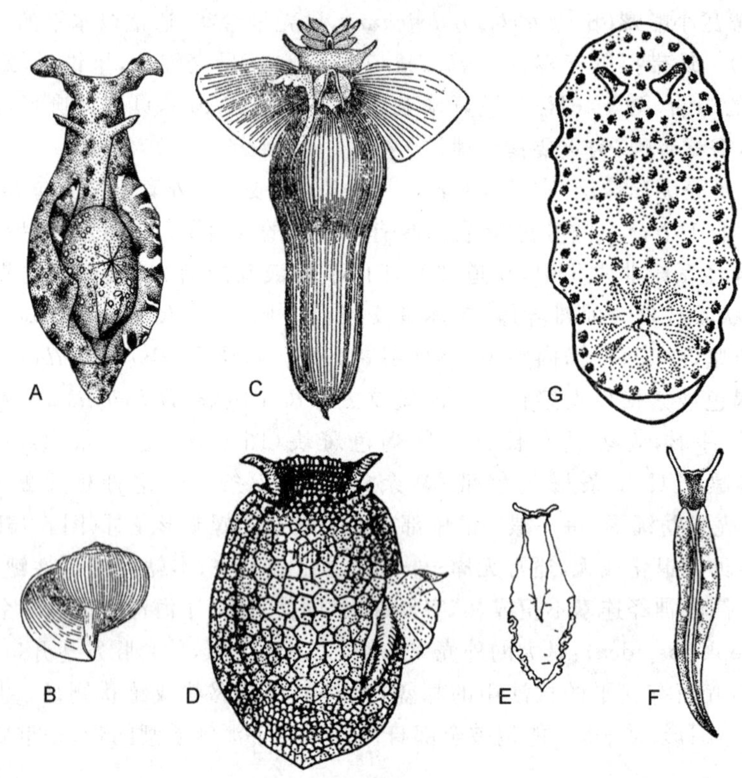

图 8-47 后鳃亚纲的代表种类(仿各家)

A. 黑斑海兔;B. 蝛螺;C. 海若螺;D. 蓝无壳侧鳃;E. 无壳螺;F. 绿海天牛;G. 黄紫舌尾海牛

肺螺亚纲:多数种类栖息于陆地或淡水,极少数栖息于咸淡水。贝壳螺旋形,多呈圆锥形或耳状,少数种类贝壳退化或消失。螺壳多为右旋,部分左旋。胚胎期出现厣,成体消失。无鳃,外套壁形成肺囊。各个神经节集中于口球附近,侧脏神经连索不交叉成"8"字形。齿舌成片状,具有大量的侧齿和缘齿。雌雄同体,直接发育,无自由生活的幼虫阶段。分为2个目:基眼目(Basommatophora)和柄眼目(Stylommatophora)。

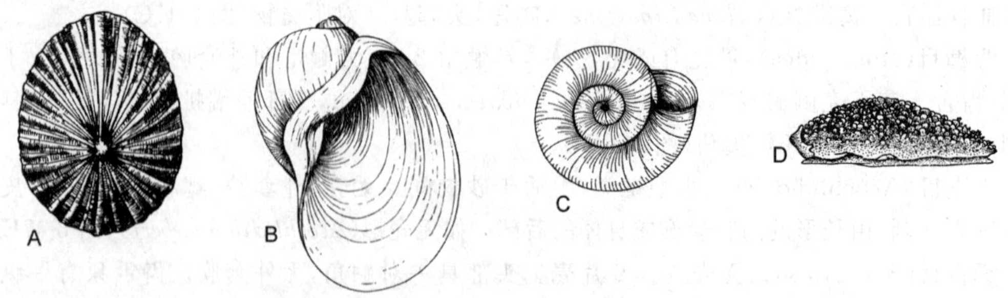

图 8-48 肺螺亚纲代表种类(仿各家)

A. 日本菊花螺;B. 耳萝卜螺;C. 扁旋螺;D. 石磺

基眼目:多数水生,少数两栖生活。具贝壳,常无厣。头部具1对伸缩性的触角,眼位于触角基部外侧。头呈翼状,吻短,具1个颚板。日本菊花螺(*Siphonaria japonica*),贝壳笠状,壳顶位于中央靠后方,壳表具隆起的放射肋(图 8-48A)。耳萝卜螺(*Radix* auricularia),贝壳外形成耳状,螺旋部极短,生活于淡水,是肝片吸虫等寄生吸虫的中间宿主(图 8-48B)。扁旋螺(*Gyraulus compressus*)贝壳外形呈圆盘状,脐孔宽浅(图 8-48C)。

柄眼目:陆生或水生。贝壳发达或退化。头部具 2 对可以缩入体内的触角,眼位于后触角的顶端。石磺(*Onchidium verruculatum*),裸露无贝壳,背部具 11～20 组背眼,肺囊退化,背部后端具次生性树枝状鳃(图 8-48D)。常见的有蛞蝓(*Limax*)、蜗牛(*Fruticicola*)等。

3.5　瓣鳃纲(Bivalvia)

瓣鳃纲动物身体左右扁平,两侧对称,具有两片合抱身体的外套膜和两枚贝壳,又名双壳类(Bivalvia)。身体由躯干、足和外套膜三部分组成。头部退化,只保留有口,又称无头类(Acephala)。软体两侧和外套膜之间均有外套腔,腔内有瓣状鳃。足发达,位于软体的腹部,可从两壳之间伸出,两侧扁平,呈斧状,又称斧足类(Pelecypoda)。壳的背缘以韧带相连,两壳之间有 1～2 个闭壳肌。消化管无口球、齿舌、颚片和唾液腺。心脏由 1 心室和 2 心耳组成,心室常被直肠穿过(图 8-25)。肾一对,两端开口于围心腔和外套腔内。神经系统由脑、脏和足三对神经节组成,感觉器官不发达。大多数种类为雌雄异体,间接发生;海产种类常具有担轮幼虫和面盘幼虫时期,淡水产的蚌类具有钩介幼虫。瓣鳃纲绝大多数为海洋底栖动物,在水底的泥沙中营穴居生活,少数侵入咸水或淡水,没有陆生的种类。瓣鳃纲动物现存种类有 15000 种左右,分为四个亚纲:原鳃亚纲(Protobranchia)、丝鳃亚纲(Filibranchia)、真瓣鳃亚纲(Eulamellibranchia)和隔鳃亚纲(Septibranchia)。

原鳃亚纲:具个三角形鳃叶组成的栉鳃,足位于腹面扁平,前、后两闭壳肌相等,全部海产。分为 2 个目。

胡桃蛤目(Nuculida):左右两壳等大,铰合部具许多小齿,前、后闭壳肌等大,以唇片突收集食物,栉鳃小,足腹面扁平。如奇异湾锦蛤(*Nucula mirabilis*),壳长约 2 厘米,自壳顶斜至后方有一宽而突出的龙骨突起(图 8-49A)。

蛏螂目(Solenomyida):壳薄,壳外缘不钙化,无铰合齿,前闭壳肌大于后闭壳肌,栉鳃大,鳃轴两边是叶状鳃丝(leaf-like filament),唇片小。蛏螂(*Solenomya*),每侧的触唇彼此愈合,外套膜前端为足的开口,后部愈合很长,仅有一后孔,为水管的开口(图 8-49B)。

丝鳃亚纲(Filibranchia):栉鳃扩大呈丝状、横切面呈 W 形,丝鳃狭长,鳃小瓣间靠结缔组织联结。分为 3 个目。

蚶目(Arcida):壳厚重、两壳相似,铰合齿小而多,前、后闭壳肌等大,无水管,足小,壳内面无珍珠层。泥蚶(*Tegillarca granosa*),贝壳卵圆形,两壳等大,表面具约 20 条放射肋(图8-49C)。毛蚶(*Scapharca subcrenata*),贝壳长卵圆形,右壳稍小,壳表具 33～35 条放射肋。

贻贝目(Mytilida):壳楔形或扇形、两壳相似,铰合部退化或无,前闭壳肌退化或无,无水管,足小、能分泌足丝。贻贝(*Mytilus edulis*),壳表具生长线,黑紫色,有光泽,温水种,其干制品为珍贵海味"淡菜"。条纹隔贻贝(*Septifer virgatus*),壳顶下方的隔板呈三角形,壳表具较平的放射肋和较细的生长线,暖水种(图 8-49D)。

珍珠贝目(Pteriida):两壳不等或近等大,壳表面有鳞片,壳顶前后具耳,铰合部齿少或无,前闭壳肌退化或无,无水管,足小。栉孔扇贝(*Chlamys farreri*),贝壳近圆形,壳表放射

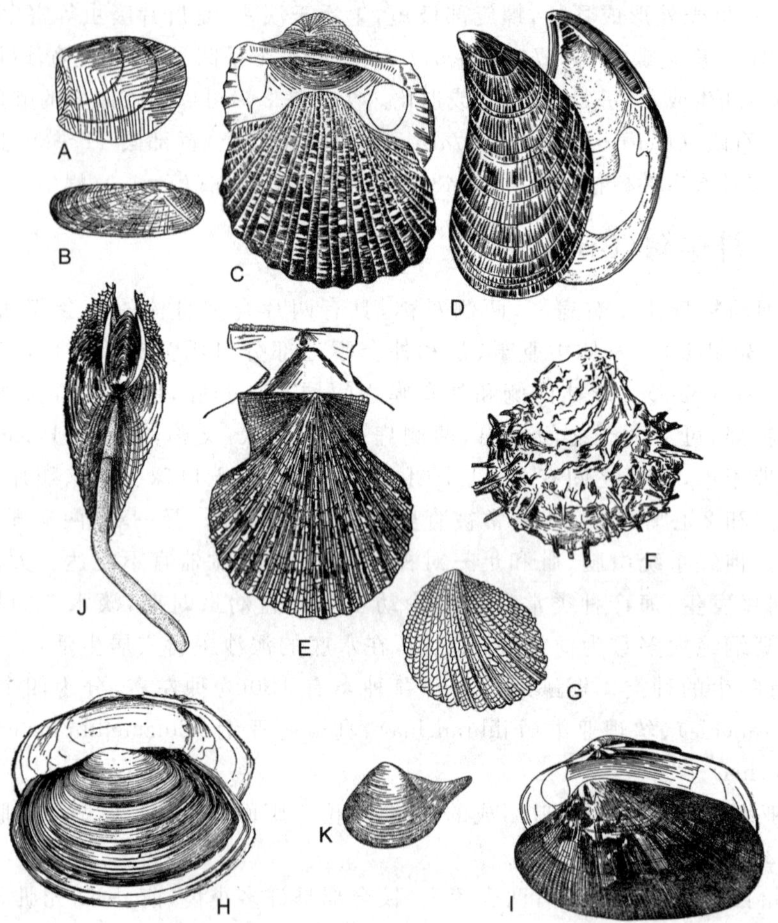

图 8-49 瓣鳃纲代表种类(仿各家)

A. 奇异湾锦蛤;B. 蛏螂;C. 泥蚶;D. 条纹隔贻贝;E. 栉孔扇贝;F. 棘刺牡蛎;G. 三角蛤;H. 蚶形无齿蚌;I. 菲律宾蛤仔;J. 大沽全海笋;K. 中国杓蛤

肋数目多,肋上具棘刺(图 8-49E)。棘刺牡蛎(*Ostrea echinata*),贝壳小型,由鳞片卷曲形成的管状棘密布壳面(图 8-49F)。美丽珍珠贝(*Pteria Formosa*),贝壳呈飞燕状,耳呈翼状,前耳长大,后耳较小。

真瓣鳃亚纲:栉鳃扩大、呈瓣鳃状,鳃丝间及鳃小瓣间均有纤毛、以结缔组织和血管相连,全部为过滤取食。海水或淡水生活。分为 4 个目。

三角蛤目(Trigoniida):贝壳近似三角形,两壳相等,壳面有肋和沟,内面具珍珠光泽,铰合部具 2～3 个裂齿(Schizodont teeth),前闭壳肌小于后闭壳肌,无水管,足大而无足丝。如三角蛤(*Trigonia margaritacea*)能用足跳跃(图 8-49G)。

蚌目(Unionida):两壳相等、角质层和珍珠层均发达,铰合齿为裂齿或退化,外韧带,前、后闭壳肌等大,心室被直肠穿过,侧神经节和脑神经节愈合,具育儿囊。蚶形无齿蚌(*Anodonta arcaeformis*),贝壳成蚶形,是产量较高的一种食用蚌类(图 8-49H)。

帘蛤目(Venerida):两壳相等,有 2 种类型的铰合齿(主齿及侧齿),前、后闭壳肌等大,外套膜腹面未全部愈合,一般有水管。青蛤(*Cyclina sinensis*),贝壳近圆形,壳表极凸出,青黑色。菲律宾蛤仔(*Ruditapes Philippinarum*),体面有细密的放射肋,具有带状花纹或褐色斑点(图 8-49I)。缢蛏(*Sinonovacula constricta*),贝壳长方形,壳的中央稍靠前方具一条自壳顶向腹面边缘微凹的斜沟。

海螂目(Myida):两壳薄、不等大,铰合部有几个异形齿(heterodont teeth)或无,韧带退化或位于壳顶内方的匙状槽内,前闭壳肌退化,外套膜腹缘愈合、只留足孔,水管长、不能收缩。光滑河篮蛤(*Potamocorbula laevis*),贝壳小,略呈三角形,左壳小,右壳略膨大。大沽全海笋(*Barnea davidi*),两壳合抱呈长卵圆形,水管发达、长为贝壳长度的 1～1.5 倍(图 8-49J)。

隔鳃亚纲:栉鳃退化,鳃的位置出现肌质隔板(muscular septa),板上有小孔。由外套膜进行呼吸、外套缘三点愈合、全部深海生活。

孔螂目(poromuida):两壳稍不等,雌雄同体。如中国杓蛤(*Cuspidaria chinensis*)(图8-49K)。

3.6　掘足纲(Scaphopoda)

掘足纲动物具有一个长圆锥形而稍弯曲的管状贝壳,又称为管壳纲(Siphonoconchae)。贝壳两端开口,壳的直径由后向前逐渐加大,并向腹面弯曲,因此呈牛角状或象牙形(图 8-2)。前端壳口较大,为头足孔,是水流流入的通道,头与足由此孔伸出壳外,并倾斜埋于泥沙中;后端的壳口较小,为肛门孔,一般露出沙外,是水流流出的通道。贝壳浅黄、浅灰,个别种呈绿色。壳面光滑或具纵肋、生长线。雌雄异体,生殖腺一个,位于身体后端,生殖细胞经过右侧肾管排到外套腔中,再由肛门孔单行排到体外。卵在海水中受精,其发育相似于海产的双壳纲动物,具自由生活的担轮幼虫与面盘幼虫。掘足纲动物全部是海产泥沙中穴居的一类小型软体动物,有现生种 350 种左右,我国有数十种。如大角贝(*Fissidentalium vernedei*),贝壳大型,象牙状(图 8-50A)。

3.7　头足纲(Cephalopoda)

头足纲动物身体左右对称,包括头部、足部和胴部三部分(图 8-4)。以有口的一端为前面,反口的一端为后面,无漏斗的一面为背面,有漏斗的一面为腹面。头部和胴部都很发达,头部两侧各有一个发达的眼睛。口的周围有口膜(buccal membrane),口球内具颚片和齿舌,齿式一般为 3·1·3。原始种类具有外壳,高等种类具内壳或消失。心脏具 2 个心室和 4 个心耳,与羽状鳃的数目一致。多数种类在内脏的腹侧具有墨囊。雌雄异体,体内受精,盘状卵裂,直接发育,无幼虫期。全部海洋生活,为游泳或底栖的肉食性种类。现存种类仅 650 种左右,我国已报道 80 余种。分为 2 个亚纲:鹦鹉螺亚纲(Nautiloidea)和蛸亚纲(Coleoidea)。

鹦鹉螺亚纲:成体具多室且平面盘旋的外壳,具无吸盘的口腕 8～90 个,雄性有 4 个腕特化为茎化腕,漏斗两叶状、未形成完整的管子。栉鳃、心耳、肾均为 4 个,又称四鳃亚纲(Tetrabranchia)。无墨囊,眼无晶体或无角膜。除了鹦鹉螺(*Nautilus*)一属为现存种类之外,其他都为化石种类。

蛸亚纲:具内壳或退化或无壳,壳为钙质或角质。有 8 个或 10 个具吸盘的腕,漏斗为完整的管子。鳃、心耳、肾均为 2 个,也称为二鳃亚纲(Dibranchia),眼有角膜和晶体。分为 4 个目。

乌贼目(Sepioida):躯体短宽,钙质内壳,具侧鳍,10 腕,触腕具吸盘、可缩入腕囊中。金乌贼(*Sepia esculenta*)身体卵圆形,个体中型,内壳发达、后端具骨针,为重要经济种类(图8-50B)。

枪乌贼目(Teuthoida):躯体长纺锤形,角质内壳,具侧鳍,10 腕,触腕不能缩入腕囊。日本枪乌贼(*Loligo japonica*)两鳍相接近似菱形,为近海种类(图 8-50C)。

八腕目(Octopoda):体常呈球形,无壳,具 8 个腕,吸盘无角质环,也无鳍,雌体不具缠卵腺,底栖生活。长蛸(*Octopus variabilis*)身体长椭圆形,腕均较长,其中第 1 对腕为第 4 对腕长的 2 倍(图 8-50D)。

幽灵蛸目(Vampyromorpha):躯体肥短,壳叶状、薄透明,8 个腕的腕间膜发达,口腕具一行吸盘,具 1~2 对大型鳍,为远洋深海种类。如黑瓦达蛸(*Watasella nigra*)(图 8-50E)。

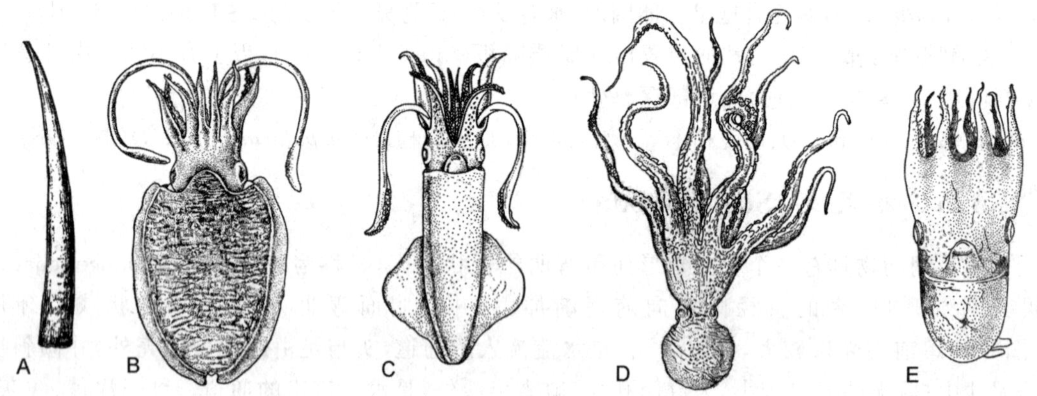

图 8-50 掘足纲和头足纲的代表种类(仿各家)

A. 大角贝;B. 金乌贼;C. 日本枪乌贼;D. 长蛸;E. 黑瓦达蛸

4 软体动物的系统发生

软体动物海产种类的个体发生经过螺旋卵裂、担轮幼虫,成体具有体腔和后肾管,这些特征与环节动物尤其是多毛类相似。故推测软体动物与环节动物是从身体不分节、无体腔的类似扁虫的共同祖先演化而来。在进化过程中,环节动物向适应活动生活方式演化,通过身体的延长而形成了体节、疣足和头部等适应穴居生活的结构;而软体动物则向适应于比较不活动的生活方式演化,形成了贝壳这一保护性的结构,而体腔、运动器官、神经系统和感觉器官趋于退化,并产生了特殊的器官:肌肉质的足和外套膜。

但自从生活的单板纲动物新蝶贝被发现以后,有人对软体动物与环节动物的进化关系提出了不同的看法。某些动物学家认为新蝶贝的内部结构表现出器官的直线性重复排列,例如有 8 对收缩肌、5 对鳃、6 对肾、2 对心耳,这种重复排列是原始的软体动物出现的分节现象(segmentation),因而主张软体动物起源于环节动物。但多数动物学家认为新蝶贝的某些器官的重复排列不是软体动物的原始分节特征。首先新蝶贝只有一个无任何分节遗迹的壳,其次重复排列的器官彼此在数目上相差甚大,而其他各纲的鳃、心耳与肾在数目上都是一致的。因此,认为软体动物起源于环节动物的结论是不能成立的。

根据现存种类的比较形态学和胚胎学研究以及对化石种类的古生物学研究,推断假想的软体动物祖先模式结构为:生活在前寒武纪的浅海,身体呈卵圆形,两侧对称,头位于前端、具一对触角,触角基部有眼;身体腹面有适合于爬行的肌肉质足;身体背面覆盖有一盾形外凸的贝壳;贝壳下面是由体壁向腹面延伸形成的外套膜;外套膜下遮盖着内脏囊;外套腔中有许多成对的栉鳃,肛门开口在外套腔后端;心脏包括前端的一个心室及后端的一对心耳;排泄器官为 1 对后肾,一端开口于围心腔,一端开口于外套腔;雌雄异体,生殖系统包括一对生殖腺,没有生殖导管;个体发育仅经过担轮幼虫。虽然现代生活的软体动物中并没有完全符合假想原始软体动物的种类,但无板纲、多板纲和单板纲最为原始,次生体腔发达,近似梯形的神经系统,其中无板纲体呈蠕虫状、无壳,多板纲的壳板、肌肉、血管和神经均保留分节现象,而单板纲的神经、肌肉、血管的分节现象比多板纲更明显,因而认为这三纲最接近假想的原始软体动物,各自独立发展成一支。

头足纲是一类古老的类群,化石种类多。它们的生殖腔与围心腔相通,似无板纲;生殖导管来源于体腔导管,相似于多板纲;胚胎发育早期无肾,类似无板纲和多板纲。但是头足纲的身体结构复杂,有发达的头部和运动器官;神经系统高度集中,且为软骨包围,眼的结构复杂;近似闭管式循环系统;直接发育,无幼虫期。由此可见,头足纲既具有原始软体动物的特点,又具有高度进化的特点。因此推测头足纲是很早就分化出来的一支类群,和软体动物其他各纲一开始就沿着不同的方向演化,头足纲朝着自由游泳的习性发展;无板纲、单板纲和多板纲沿着匍匐爬行的方向发展。

瓣鳃纲、掘足纲和腹足纲共同起源于原始腹足类祖先。原始腹足类相似于多板纲,身体左右对称,心耳、鳃、肾等器官左右成对排列,口在前端,肛门位于身体末端,背侧有一腕形的贝壳,腹面具足,沿着较不活跃的生活方式演化。腹足纲较为原始,生活方式比较活跃,头部和感觉器官发达,其演化方向是:本鳃由楯状演化为栉状,或本鳃退化,然后出现次生性鳃,最后鳃被肺囊取代;心耳由 2 个演化为 1 个;神经由分散演化为侧脏神经节连索交叉成“8”字形。瓣鳃纲活动较少,无头,感觉器官不发达,但原始种类具楯鳃,足部具跖面,接近于腹足纲。瓣鳃纲的演化方向为:鳃由原始的栉鳃演化为丝鳃,再发展为鳃丝间由血管联系的真瓣鳃;铰合齿由齿形一致、排列成行演化到齿数少、齿形复杂;足由足底扁平演化到呈斧状。掘足纲头不明显,外套膜在胚胎时为 2 片,成体愈合成套筒状,肾成对,脑神经节与侧神经节分开,接近于原始的瓣鳃纲。但掘足纲无鳃、无心脏,贝壳筒形,显示与其他纲动物的亲缘关系较远,可能是比较早就分化出来的一支。

5　软体动物小结

软体动物身体柔软而不分节,体制左右对称或次生性不对称,三胚层,真体腔退化,只残余围心腔、肾及生殖腺腔;身体不分节,一般分为头、足、内脏团三部分,其中头部的发达程度与活动方式有关;身体通常被外套膜包裹,并分泌钙质的贝壳,以保护柔软的身体,大多数为 1～2 个,最多为 8 个贝壳,其形态随种类而异;足肌肉质,具各种形状,适应爬行、挖掘、捕食或用于游泳;消化管完全,并具发达的消化腺,大多数种类的口腔内壁具有颚片和齿舌;绝大多数软体动物的循环系统为开管式循环系统,由心脏、血管、血窦组成,血液中多为含有变形虫状的血细胞以及血蓝蛋白;呼吸作用借鳃、外套膜或外套膜形成的肺囊以及其他部分的体表进行;排泄器官主要为 1～2 对后肾;神经系统一般由脑、侧、足、脏 4 对神经节和其间的连接神经所组成;多数雌雄异体,少数雌雄同体。生殖系统由生殖腺、生殖管道、交接器和附属的腺体组成;卵裂形式多数为完全不均等卵裂,其中许多呈螺旋型卵裂。直接或间接发育,后者通常具担轮幼虫和面盘幼虫期。软体动物种类繁多,与人类关系密切,分为 7 个纲,淡水、海洋和陆地均有分布,其中海产种类最多。

第 9 章　节肢动物门(Arthropoda)

1　节肢动物的主要特征

节肢动物是动物界中种类最多、数量最大、分布最广的一类动物,有 90 万余种。常见的虾、蟹、蜘蛛、蜈蚣、蝗虫、蝴蝶等都属于节肢动物。节肢动物的活动能力非常强,海水、淡水、地面、土壤、空中以及动植物体内、外都可以见到它的踪迹。一些昆虫由于其生理功能的差异,组成了昆虫的社会生活,群体中的个体有严格的"劳动"分工。虽然节肢动物种类多,生活环境复杂,个体形态差异显著,但都具有一些共同的特征(图 9-1)。

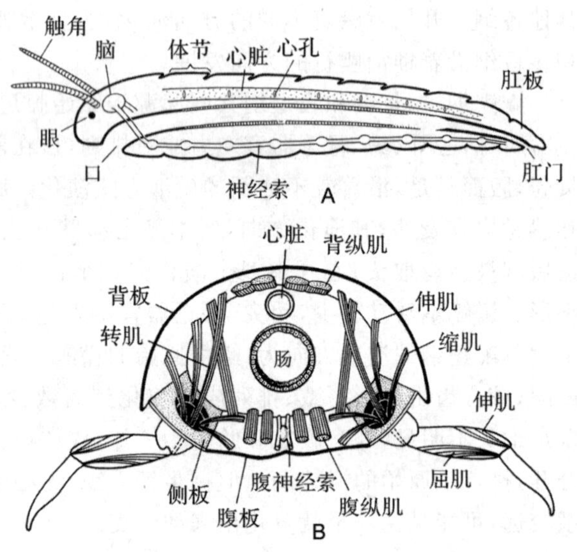

图 9-1　节肢动物体制模式图(仿 Weber)
A. 侧面观;B. 横切面观

身体异律分节,体节常愈合,一般分为头、胸、腹 3 部分,或头部与胸部愈合为头胸部,或胸部与腹部愈合为躯干部,每一体节上具一对分节的附肢;体外覆盖有几丁质一蛋白质组成的外骨骼,并需周期性蜕皮;肌肉为横纹肌,附着在外骨骼上;体壁与消化道之间为混合体腔,成体的真体腔仅残留为生殖腔和排泄腔;开管式循环系统,其复杂程度与呼吸器官的类型有关;水生种类的呼吸器官为鳃或书鳃,陆生种类为气管或书肺或两者兼有,小型节肢动物靠体表进行交换气体;排泄器官为绿腺、马氏管等,前者属后肾管型,后者为新发生,既非原肾管,也不是后肾管类型。神经系统仍为链状,但感觉器官发达,复眼由小眼组成,能感知外界物体的运动和形状,能适应光线强弱和辨别颜色。多数节肢动物雌雄异体。

2　节肢动物的生物学

2.1　外部形态

节肢动物成功登陆以后,几乎占据了地球上所有的生境,适应能力之强,在动物界首屈一指。节肢动物为了增强运动、顺应多变的陆地环境，一方面发展原有的器官系统，另一方面又产生适应陆地生活的新结构。节肢动物身体左右对称，自前向后分为许多体节，而且具有分节的附肢，对增加运动能力和灵活性具有重要的作用。虽然环节动物的身体也分节，但绝大多数为同律分节(homonomous segmentation)，而节肢动物却是异律分节(heteronomous segmentation)，即体节发生进一步的分化，各个体节的形态结构发生明显差别，内脏器官也集中于一定体节中，身体不同部位的体节完成不同功能。身体最前一节称为顶节(acron)，相当于环节动物的口前叶(preoral lobe)；最末一节称为尾节(telson)，又称为肛节(anal segment)，肛门就位于其腹面或末端。这两节很小，且都没有附肢，不是由胚带分节形成，因此均不是真正的体节；两节之间的才是真正的体节，每一体节常有一对分节的附肢。

节肢动物的体节数较多，数目随种类不同而变化，如昆虫为 20 个体节，甲壳纲背甲目可超过 40 个体节，十足目为 20 个体节。具有相同形态结构和功能的体节常组合在一起，形成体部(tagmata)。通常节肢动物身体的体节分别组成头(head)、胸(thorax)和腹(abdomen)三部分，如昆虫(图 9-2)。但有的头部和胸部愈合为头胸部(cephalothorax)，如虾、蟹、鲎和蜘蛛；又有的胸部与腹部愈合为躯干部(trunk)，如蜈蚣。这样随着身体的分部，器官趋于集中，机能也有所分化，增加了动物的运动能力，从而提高了动物对环境的适应性，如头部趋于感觉和摄食，胸部趋于运动和支持，腹部趋于营养和生殖。

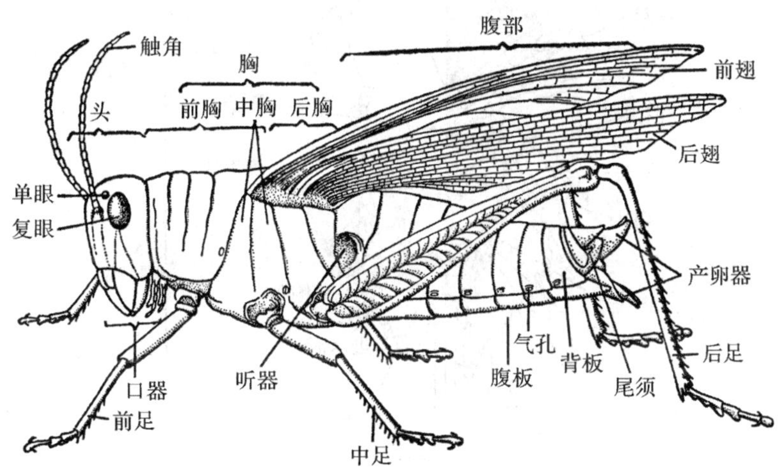

图 9-2　棉蝗的外形(仿江静波)

2.2 附　肢

节肢动物不仅身体分节，而且附肢也分节，因此称为节肢动物。节肢动物的附肢是成对的腹侧体壁外突，具有各种形态结构和功能，但其基本结构可以分为两种，即双肢型(biramous)和单肢型(uniramous)。双肢型附肢比较原始，由着生于体壁的原肢(protopodit)和其上的内肢(endopodit)、外肢(exopodit)构成(图 9-3A)。原肢通常由 2～3 节组成，分别为前基节(praecoxa)、基节(coxopodit)和底节(basipodit)，前基节常与体壁愈合而不明显，因而成为 2 节，原肢内、外两侧常具有突起，分别称为内叶(endite)和外叶(exite)；内肢由原肢顶端的内侧发出，一般具有 5 节，分别为座节(ischium)、长节(merus)、腕节(carpus)、掌节(propodus)和指节(dactylus)；外肢由原肢顶端的外侧发出，一般节数较多(图 9-3B)。单肢型附肢由双肢型附肢演变而来,其外肢完全退化,只保留原肢和内肢(图 9-3C)。如甲壳动物的附肢为双肢型附肢,而多足纲和昆虫纲的附肢为单肢型附肢。附肢各节之间以及附肢和身体之间都有可动的关节,从而加强了身体和附肢的灵活性,增加了动物的运动能力(图 9-1)。

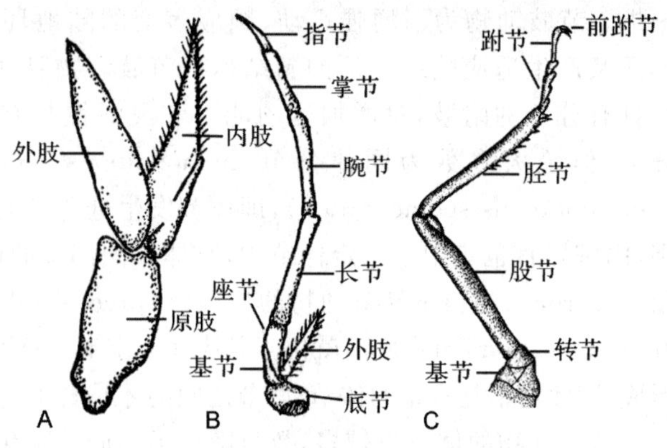

图 9-3 附肢的类型(仿各家)
A、B. 双肢型;C. 单肢型

在附肢的基本类型外,不少节肢动物的附肢已逐步特化,发生了形态结构的变异,以适应各种生理活动的需要,如运动、抱握、搬运、捕食、咀嚼以及呼吸等等,有的还具感觉器官和交配器官的作用,使动物能够进一步适应复杂、多变的环境。

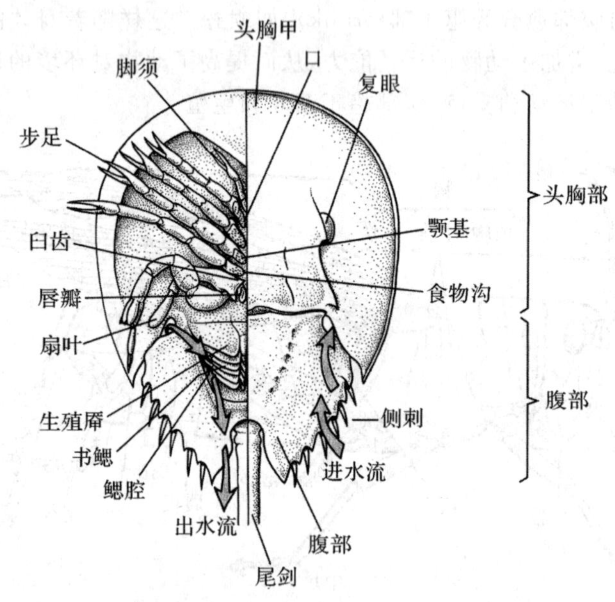

图 9-4 鲎的腹面观(左)和背面观(右)(仿 Ruptter)

鲎(肢口纲)的头胸部有 6 对圆柱形附肢,位于口的周围(图 9-4)。第 1 对为螯肢,由 3 或 4 节构成,位于口的前方。第 2 至第 6 对为较大的步足,其中第 2 至第 5 步足具有 6 个肢节,末端为钳状,基节内侧生有小刺,特称为颚基(gnathobase)。第 5 步足较长,分为 7 节,基节除具有颚基外,还具有上肢,称为扇叶(flabellum)。第 5 步足的跗节具有 4 个叶状突出物,末端不具螯。第 5 步足的作用在泥沙中钻穴和清洁身体等,其扇叶具有激动呼吸水流的作用。腹部第 1 节与头胸部愈合,具有 1 对退化的附肢,位于第 5 步足的内侧,称为唇状瓣(chilarium)。腹部体节愈合或分离,一般为 5、6 节或更多节不等。腹部具有 6 对附肢。第 1 腹肢(在第 8 体节上)为生殖厣(genital operculum),其下为生殖孔;其余 5 对腹肢扁平,双肢型,原肢短,内肢小,外肢宽阔,内侧具书鳃(book gill)。

日本沼虾(甲壳纲)共有 19 对附肢,其中第 1 对附肢为单肢型,其余都为双肢型。这些附肢具有不同的结构和功能：第 1 触角(antenna)具有感觉和平衡功能，第 2 触角具有感觉功能，大颚(mandibula)咀嚼食物，第 1 小颚(maxilla)摄食和感觉，第 2 小颚摄食和激动呼吸水流，第 1 至 3 颚足(gnathopoda)感觉和摄食，第 1 步足(pereopod)取食和清洁身体，第 2 步足取食、攻击和防卫，第 3 至 5 步足步行，第 1 至 5 腹肢(pleopod)游泳，尾肢(pygopod)和尾节(teison)一起作快速运动，雌性个体的腹肢还具有携卵的功能(图 9-5)。河蟹的第 1 步足演化为大螯，具有防卫功能，其雄性个体的第 1 和第 2 腹肢演化为交接器(copulatory organ)。卤虫胸部附肢由原肢外侧突起形成的上肢具有呼吸功能。

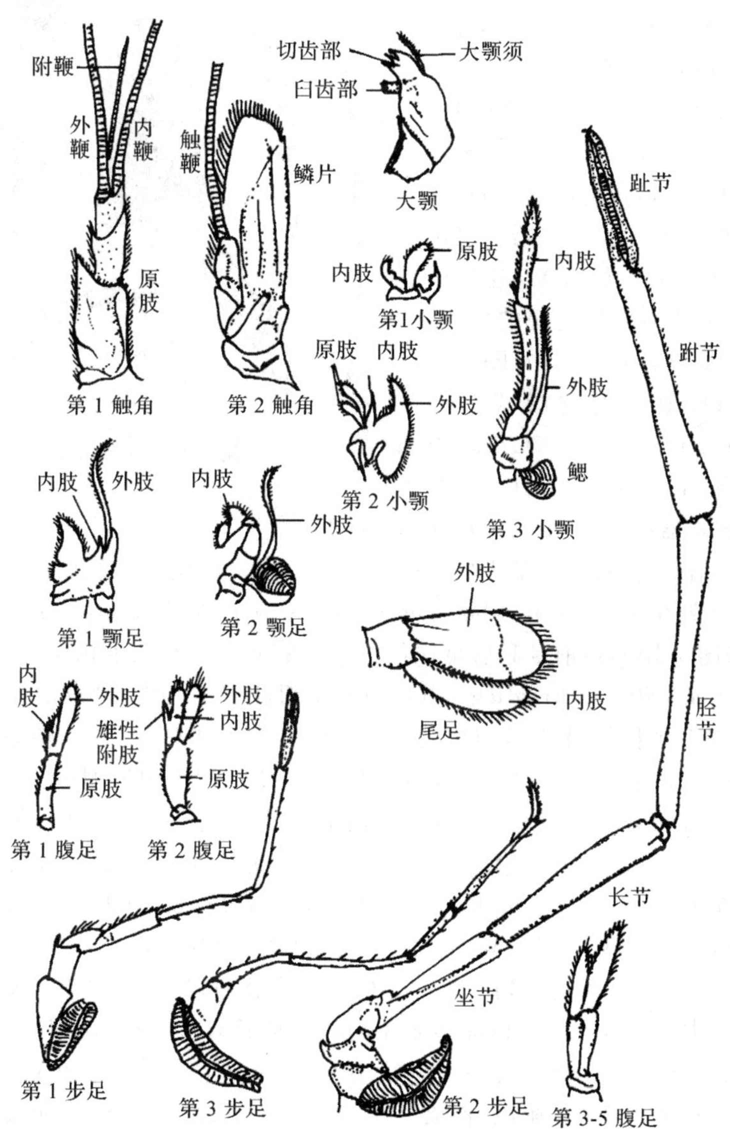

图 9-5　日本沼虾的附肢

昆虫附肢数目相对较少，头部仅保留 4 对附肢。第 1 对附肢为触角，是感觉器官。触角一般由柄节(scape)、梗节(pedicel)及鞭节(flagellum)组成(图 9-6)。柄节为基部第 1 节，一般短粗；梗节为第 2 节；鞭节是触角的端节，通常分成许多亚节。但在不同种类中，触角的大小、形态和结构十分多样，如刚毛状（蜻蜓、蝉）（图 9-6A）、丝状（蝗虫、蟋蟀）（图 9-6B）、念珠状（白蚁）（图9-6C）、棍棒状（蝶类）（图 9-6D）、锤状（郭公虫）（图 9-6E）、锯齿状（叩头甲）（图9-6F）、栉状（雄性豆象）（图 9-6G）、羽状（雄蚕蛾）（图 9-6H）、膝状（蜜蜂）（图9-6I）、环毛状（雄蚊）（图 9-6J）、具芒状（蝇）（图 9-6K）、鳃叶状（金龟子）（图 9-6L）等。头部后 3 对附肢演变成 3 对口肢，即一对大颚、一对小颚和一对下唇（labium）。各种昆虫随着食性的不同，口器发生很大的变化，如蝗虫的口器为咀嚼式口器（chewing type）（图9-7A）；这种口器最原始，由此演变出其他类型的口器，如蜜蜂的嚼吸式口器（chewing-lapping type）（图 9-7B）、蚊子的刺吸式口器（piercing-suching type）（图 9-7C）、蝶类的吮吸式口器（siphoning type）（图9-7D）和蝇类的舐吸式口器（sponging type）等（图 9-7E）。

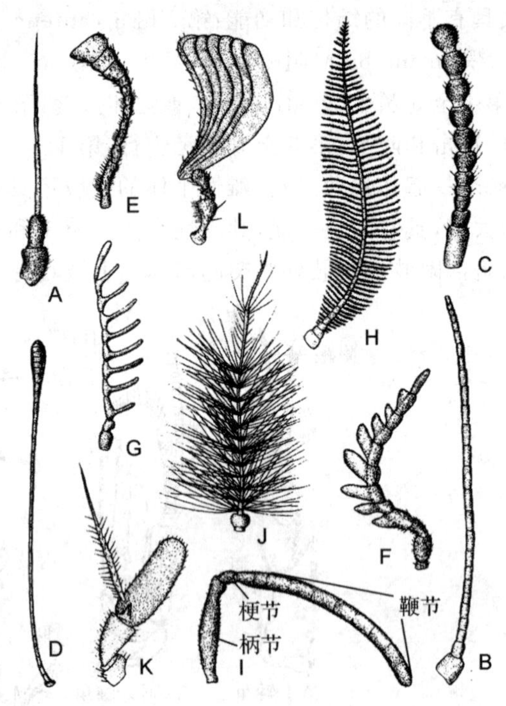

图 9-6　昆虫的各种触角类型（仿各家）

昆虫胸部具有 3 对附肢，都是步足，用于爬行。步足一般由 7 节组成：基节（coxa）、转节（trochanter）、腿节（femur）、胫节（tibia）、跗节（tarsus）和前跗节（pretarsus）（图 9-8）。步足主要用来步行（图 9-8A），但前足和后足往往由于功能的变化而发生相应的形态变化，如蝗虫和蚤的后足变成跳跃足（spring leg），其腿节特别粗壮（图 9-8B）；螳螂的前足变成捕捉足（gasping leg），基节延长，腿节腹面有槽，胫节可回折嵌入其中（图 9-8C）；蝼蛄的前足特化为开掘足（digging leg），足粗短，胫节扁宽，前缘有齿，适于在泥土中挖掘（图 9-8D）；龙虱的后足特化为游泳足（swimming leg），胫节和跗节扁平，边缘有长毛（图 9-8E）；雄龙虱的前足特化为抱握足（clasping leg），前 3 个跗节膨大成吸盘状，交配时用来抱雌体（图 9-8F）；蜜蜂的后足特化成携粉足（pollen carrying leg），胫节扁宽，且两边有长毛（图 9-8G）；人虱的足特化为攀缘足（clinging leg），跗节仅一节，前跗节为 1 大型的爪（图 9-8H）。

昆虫的腹部附肢可分为与生殖无关的非生殖型附肢，和与交配或产卵等生殖活动有关的生殖型附肢两类。大多数昆虫的非生殖型附肢一般只有位于第 11 腹节的尾须（cerci）。尾须的形态、结构变化较大，通常是一种触觉器官，但有时也成为雌性生殖器官的一部分。一般雌虫的第 8 和第 9 腹节的附肢，构成产卵器（ovipositor）（图 9-9A）；而雄虫仅是第 9 腹节的附肢构成交配器（copulatory organ）（图 9-9B）。产卵器和交配器又统称为昆虫的外生殖器（genitalia）。典型的昆虫产卵器由 3 对叶片组成，即第 1、第 2、第 3 产卵瓣（valvulae）。蝗虫的产卵器由 2 对产卵瓣组成，即背、腹产卵瓣。

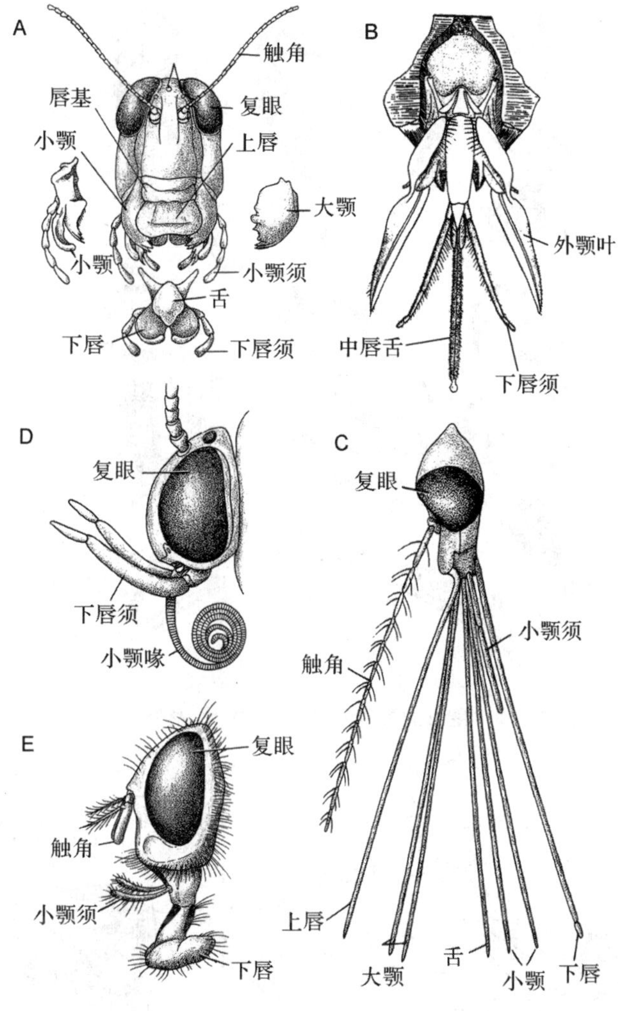

图 9-7 昆虫的各种口器类型(仿各家)

2.3 体 壁

节肢动物的体壁由角质膜(cuticle)、上皮细胞层(epithelium)和底膜(basement membrane)三部分组成(图 9-10)。角质膜包被在整个身体的表面,坚硬厚实,具有保护身体、防止体内水分蒸发和接受刺激的功能,也称为外骨骼(exoskeleton)。角质膜可以分为三层:上表皮(上角质膜)(epicuticle)、外表皮(外角质层)(exocuticle)和内角质膜(内表皮)(endocuticle)。角质膜的主要成分为几丁质(chitin)和蛋白质。几丁质是复杂的含氮多糖类物质,分子式为$(C_{32}H_{54}N_4O_{21})_n$;节肢蛋白(arthropodin)沉积在几丁质之间,使体壁变硬;而甲壳动物还在角质膜内沉积有磷酸钙。体壁和体壁向体内延伸的部位成为肌肉附着的位点。

节肢动物的角质膜形成并硬化以后,便不能继续增大,因而限制了身体的生长。于是,节肢动物在生长过程中就需要蜕皮(ecdysis)(图 9-11)。蜕皮时,上皮细胞分泌含有几丁质酶和蛋白酶的蜕皮液(moulting fluid),将旧的外骨骼逐渐溶化,并吸收其降解物;同时开始分泌形成新的外骨骼;待角质层变软而破裂时,动物通过运动从旧皮中钻出来。接着动物吸

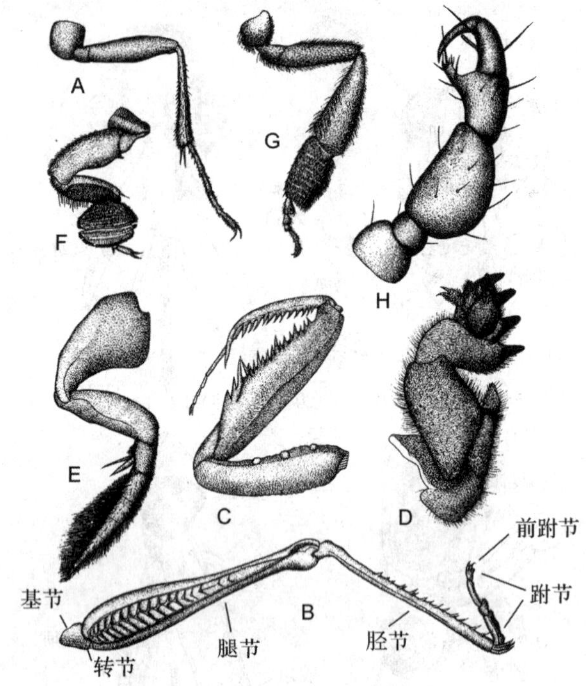

图 9-8 昆虫的各种足类型(仿周尧、彩万志等)

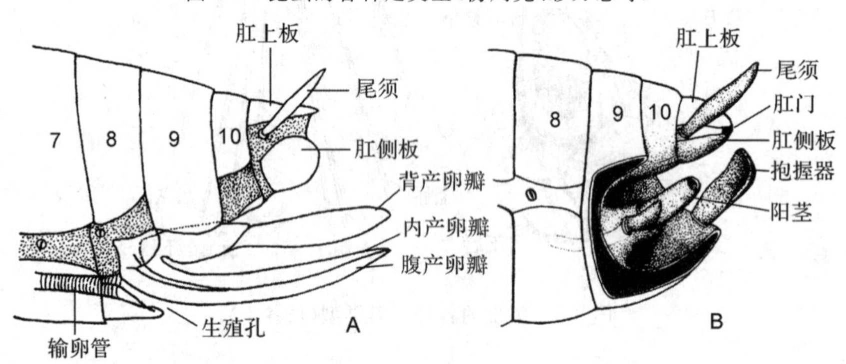

图 9-9 昆虫的外生殖器(仿各家)

A. 产卵器;B. 交配器

收水分、空气或肌肉伸张使身体体积增大,然后新的外骨骼逐渐硬化,身体体积的生长停止。因此,节肢动物身体体积和重量的生长是不连续的过程,而身体内的有机物质成分还是连续增加的。昆虫变态为成虫后绝大多数不再蜕皮,而甲壳动物等却可以终身蜕皮。

昆虫的翅是中胸和后胸背板向体壁外扩张形成,发展过程中上下两层体壁紧贴,表皮细胞逐渐消失而形成,其中有气管、血管和神经的管状部分体壁加厚,称为翅脉(vein)(图 9-12)。原始种类的翅不能折叠,翅脉多呈网状,如蜻蜓、蜉蝣。较高等种类的翅静止时折叠在背部,翅脉数逐渐减少。翅中翅脉的分布和数目称为脉相(veination)。昆虫翅的变异包括翅的有无或退化、形状的特化和质地的变化三个方面。如根据翅的质地和被覆物不同可以分为:薄膜状的膜翅(membranous wing)(图 9-13A);膜翅上覆有毛的毛翅(piliferous wing)(图 9-13B);膜翅上覆有鳞片的鳞翅(lepidotic wing)(图 9-13C);膜翅边缘长有缨状毛

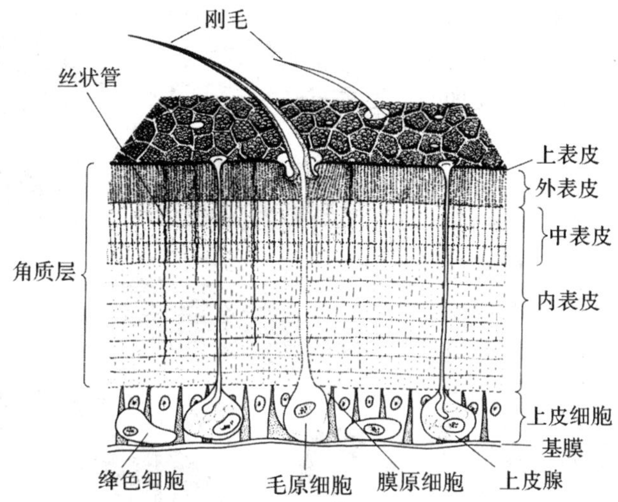

图 9-10　节肢动物体壁结构(仿 Hackman)

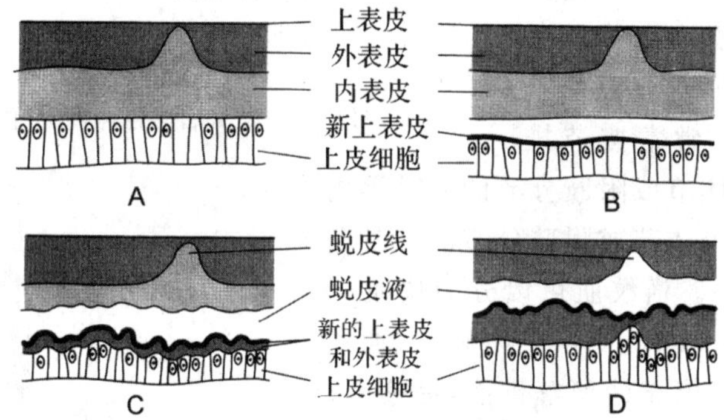

图 9-11　节肢动物的蜕皮过程(仿 Ruppert)

A. 蜕皮间期充分发育的外骨骼；B. 上皮细胞层分泌蜕皮液并开始形成新的上皮层；C. 老的内表皮消化，继续分泌新的上表皮；D. 蜕皮前，新老外骨骼同时存在

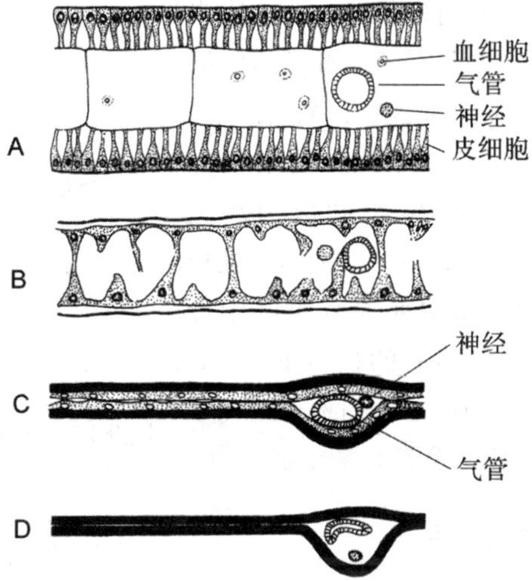

图 9-12　昆虫翅的发育过程(仿 Weber)

的缨翅(fringed wing)(图 9-13D);臀前区革质,其余部分膜质的半复翅(hemitegmen)(图 9-13E);革质的复翅(tegmen)(图 9-13F);基部角质、端部膜质的半鞘翅(hemielytron)(图 9-13G);角质的鞘翅(elytrion)(图 9-13H);双翅目昆虫的后翅退化成小棍棒状,在飞行时具有保持平衡的作用,称为平衡棒(halter)(图 9-13I)。

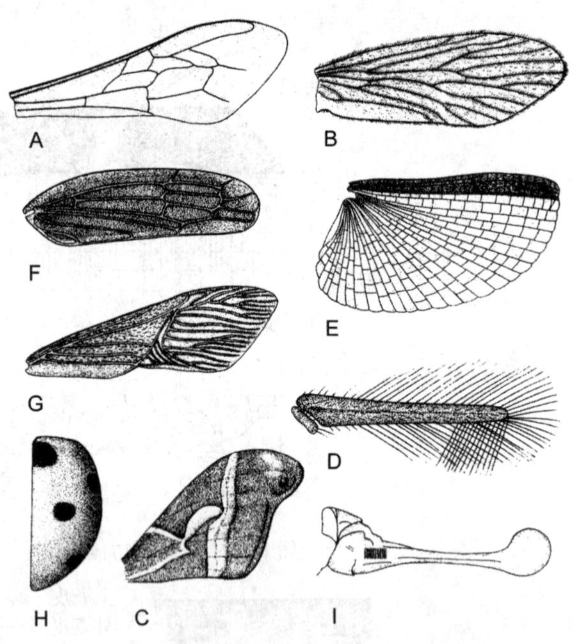

图 9-13　昆虫翅的各种类型(仿彩万志等)

2.4 肌肉系统

节肢动物的肌肉系统都由横纹肌(striated muscle)组成,包括体壁肌、心脏及消化道等的内脏肌肉。由肌纤维成束排列形成的肌肉附着在外骨骼上,常常按节排列,一般起始于一个体节或附肢分节的外骨骼内表面或内突,终于下一个体节或附肢分节的外骨骼内表面或内突(图9-14)。横纹肌可以分为快肌(fast muscle)和慢肌(slow muscle)两种类型。快肌肌节短,收缩力量强,主要依靠糖酵解供能,易疲劳;慢肌肌节长,收缩力量小,但氧化能力高,耐疲劳。如中国明对虾的肌肉可以分为两种类型的快肌和一种慢肌。中国明对虾的快肌Ⅱ具有肌节短,Z线细,细/粗肌丝比率低(3∶1),肌质网较发达,二联体丰富,线粒体较少,ATP酶活性高等特征,如腹部的第三腹屈肌;慢肌的结构特征则与此相反,如第五步足座节后移肌。而中国明对虾的快肌Ⅰ则是一类强氧化性快肌,含有丰富的线粒体,氧化能力高又耐疲劳,如尾肢内肢内收肌(图 9-15)。中国明对虾的腹部肌肉中快肌比例较大,而胸部附肢肌肉中慢肌成分较多。每一条肌肉都有相应的拮抗肌,即曲肌和伸肌成对排列。因此,当肌肉收缩时,就会牵引外骨骼弯曲或伸直,从而完成敏捷而精细的动作。

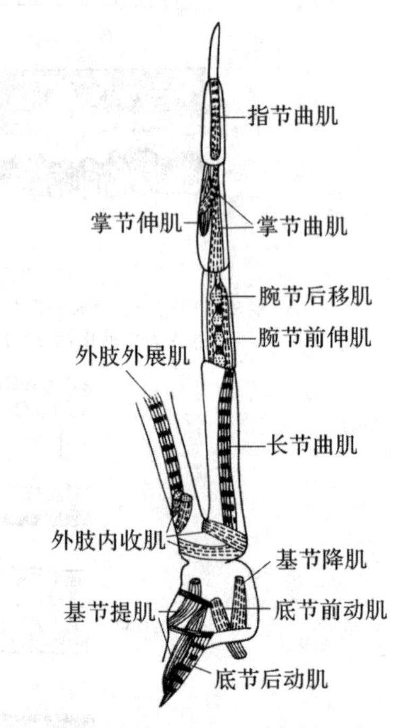

图 9-14　中国明对虾的第三颚足肌肉(作者)

2.5 体腔和循环系统

节肢动物在胚胎发育早期具有按节排列的体腔囊(coelomic sac),但孵化后真体腔退化,仅保留生殖器官和排泄器官的内腔。此时,消化道与体壁之间的空腔是由真体腔(次生体腔)和囊胚腔(原体腔)混合形成,称为混合体腔(mixocoel),因其中充满血液,也称为血腔或血窦(haemocoel)。循环系统模式为开管式循环,心脏和背血管位于消化管的背面(图 9-1)。血液循环的基本途径为:血液由心脏从后向前,经前大动脉流入血窦;血液在血窦中由前向后流动,汇入围心窦,再由心孔流回心脏。由于开管式循环,节肢动物的血压低于大气压,因而体壁破裂或附肢断裂后,体内的血液不会大量流到体外,这对节肢动物的生存十分有利。

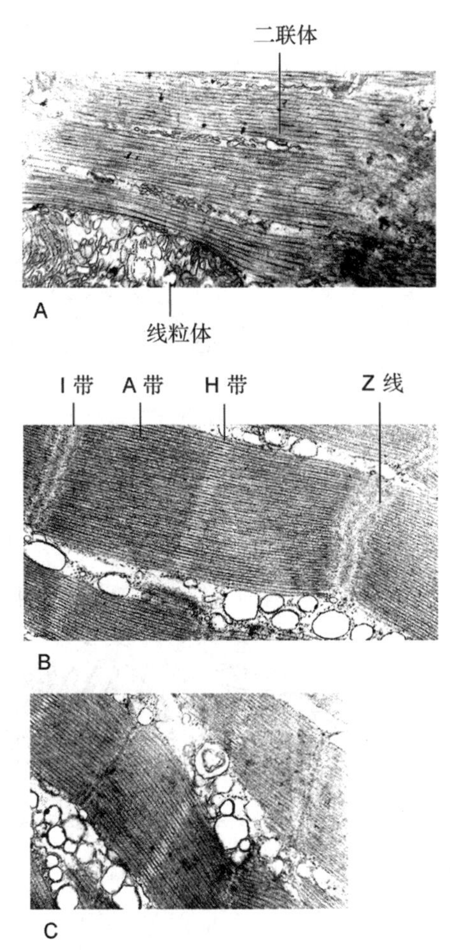

图 9-15　中国明对虾的肌肉超微结构(作者)

A. 第五步足座节后移肌;B. 第三腹屈肌;C. 尾肢内肢内收肌

节肢动物循环系统的复杂程度与呼吸系统有密切的关系。昆虫等用遍布于全身的气管呼吸的种类,循环系统简单,仅具管状的心脏,而血管基本消失;在心脏和辅博器(accessory pulsatile organ)的搏动以及隔膜和肌肉的运动下,血液循环完全在血窦内进行(图 9-16)。这一类动物的血液缺少运输氧气和二氧化碳等气体的能力,主要运输营养、激素和代谢废物等物质,也具有止血、免疫、解毒、防卫和提供机械力等作用。虾等用局限于身体一部分的鳃呼吸的种类,循环系统复杂,具有发达的肌肉质的心脏和复杂的血管(图 9-17)。虾类血液由血浆和血细胞组成,血浆中含有血清蛋白,血细胞通常分为透明细胞(hyaline hemocyte)、半(小)颗粒细胞(semigranular hemocyte)和(大)颗粒细胞(granular hemocyte)。鲎用书鳃呼吸,其开管式循环系统也发达(图 9-18)。鲎的血液呈蓝色,具有血青素(haemocyanin)和变形细胞。用鲎的血液制成的鲎试剂,可以快速检测革兰氏阴性细菌;鲎素(limulin)为血液中的一种外源凝集素,具有抗癌作用。靠体表进行呼吸的小型节肢动物中,没有循环系统,或仅具心脏而没有血管,如剑水蚤、恙螨、蚜虫等。

2.6　消化系统

节肢动物的消化系统,为一条两端开口的直管,由前肠、中肠和后肠三部分组成。前肠和后肠均由外胚层向内凹陷形成,因此内壁具有几丁质的外骨骼。蜕皮时,这些外骨骼也同时脱落,然后再重新分泌形成。前肠的主要功能是取食、研磨、储存及机械消化;中肠由内胚层形成,常突出形成盲囊,其内具消化腺,分泌消化酶,并增大消化面积,是消化吸收的地方;后肠的主要功能是离子及水分的重吸收,以及暂时储存粪便。

节肢动物种类繁多,在不同种类中消化系统有所不同:

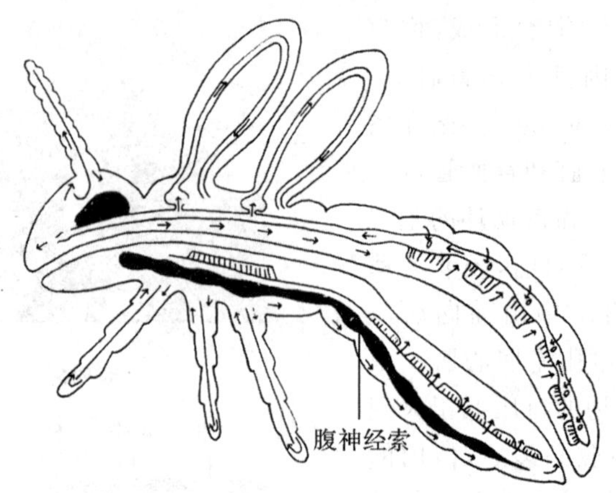

图 9-16 昆虫血液循环示意图(仿堵南山)

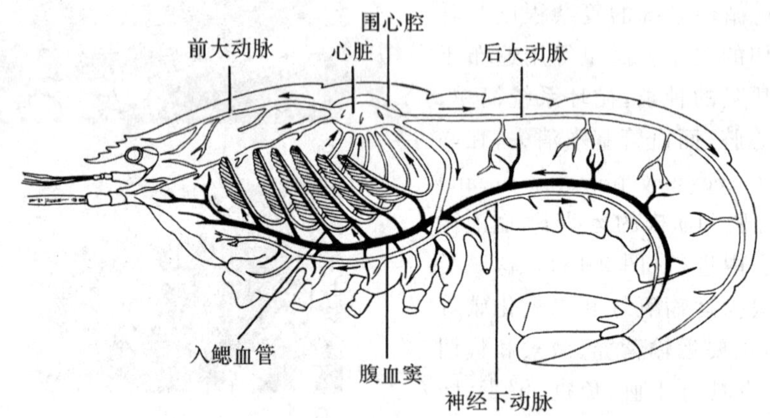

图 9-17 虾类的循环系统模式图(仿 Gegenbaur)

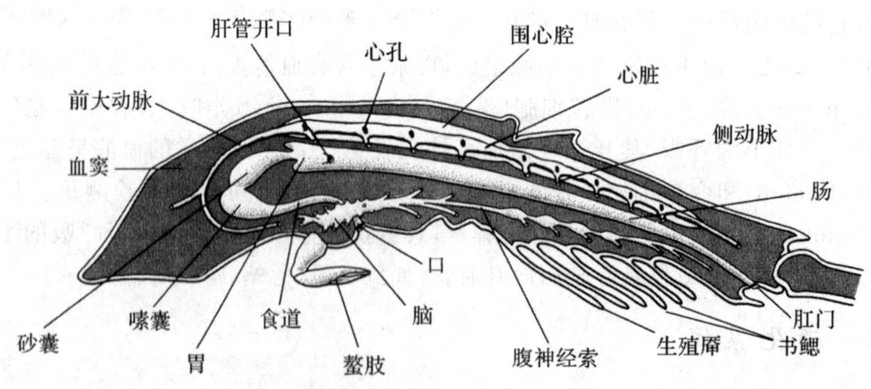

图 9-18 鲎的内部结构(仿 Ruppert)

肢口纲鲎的消化系统包括:口、食道、膨大的嗉囊(crop)、肌肉壁发达的肠盲囊(gizzard)、中肠(胃和肠)、直肠和肛门(图 9-18)。胃两侧各具有 1 个肝盲囊(hepatic caecum),具有分泌消化酶和吸收营养的功能。鲎杂食性,以小型动物和底栖海藻为食。

在甲壳动物中,前肠包括口腔、食道和胃,食道短,胃很大,可分为贲门胃(cardiac

stomach)和幽门胃(pyloric stomach)(图 9-19)。贲门胃的内壁具有几丁质外骨骼突起形成胃磨(gastric mill),上有细齿,用来碾磨食物。幽门胃的内壁也具有几丁质的刚毛状结构,具有过滤食物进入中肠的作用。中肠是一条直管,较短,其周围和幽门胃一起被肝胰腺(hepatopancreas)包围,是吸收营养的地方。后肠较长,贯穿整个腹部,其末端开口于尾节腹面,形成裂缝状肛门。肝胰腺是一对大型消化腺,常愈合成一个,由许多分支的肝管(盲管)组成,这些肝管汇合成 2 条主肝管,通到中肠前端。肝胰腺不仅分泌消化液,消化分解食物,还吸收和储存食物。

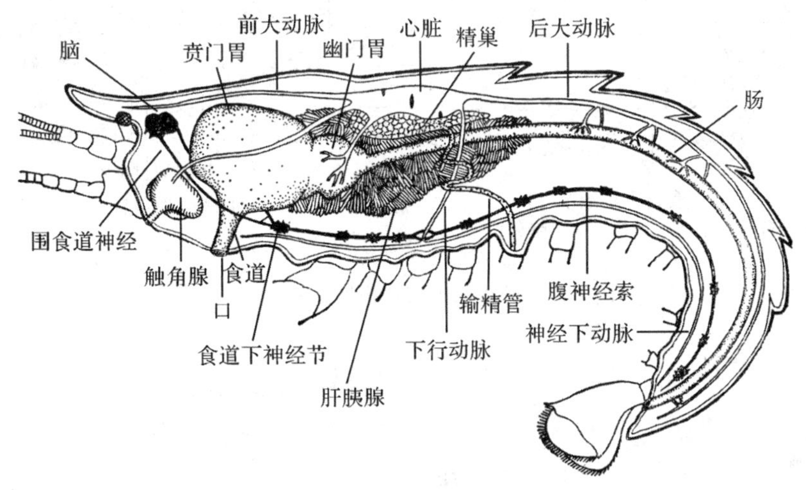

图 9-19　沼虾内部结构模式图(仿堵南山)

蛛形纲的消化道也分为前肠、中肠和后肠。蜘蛛的前肠包括口、食道和吸胃(sucking stomach),吸胃的胃壁以强大的肌肉附着在背板上,有很大的吮吸能力,用以吮吸小动物的体液(图 9-20)。在吸胃之后,中肠分出 1 对盲管,沿吸胃两侧前行,并分出 4 个侧盲管,侧盲管一直伸入到步足基部内,用来储存食物液汁。中肠本身在腹部十分发达,并发出许多消化腺。消化腺很发达,几乎占满整个腹部,既分泌消化液,也用来储存食物液汁。后肠短,背侧

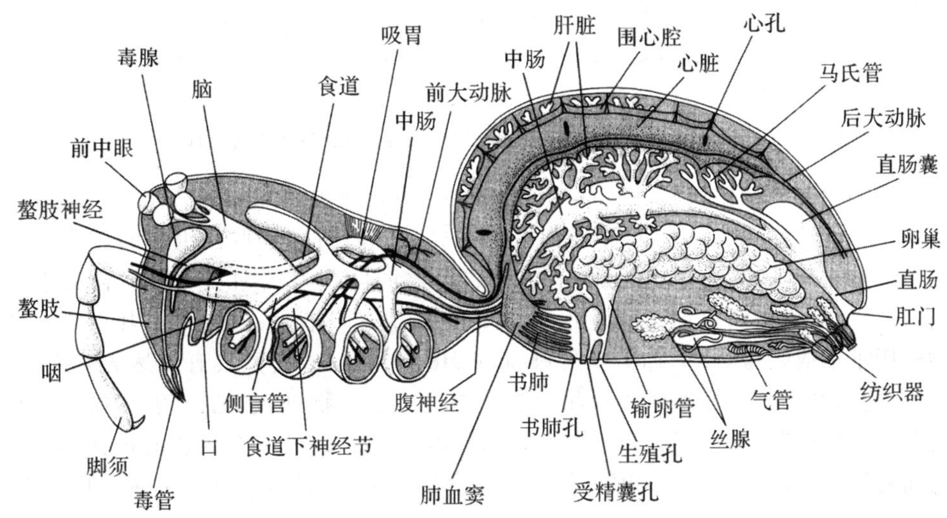

图 9-20　蜘蛛的内部结构图(仿 Comstock)

有一直肠囊(rectal sac),或称为粪袋(sterocoral pocket)可以暂时储存粪便。蜱螨类中营动物体外寄生的种类,以吸取寄主的血液为食,肠也有大量的分支,用来储存血液。这些种类吸食一次以后,可以忍饥很长时间。

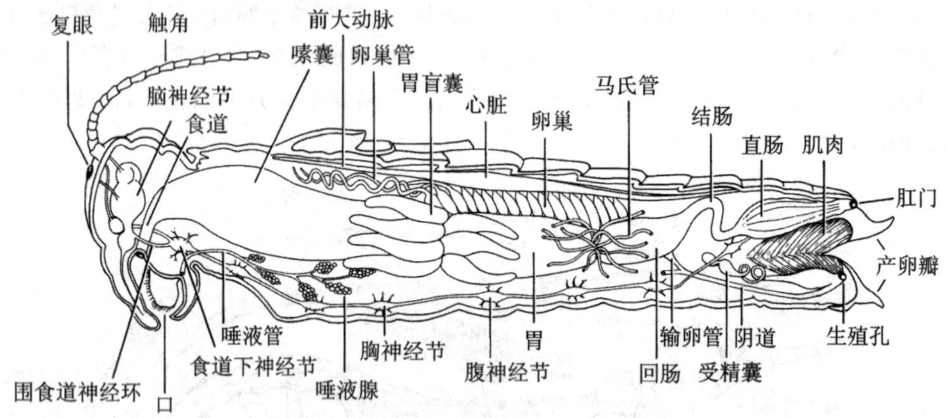

图 9-21 蝗虫的内部结构模式图(仿 Root)

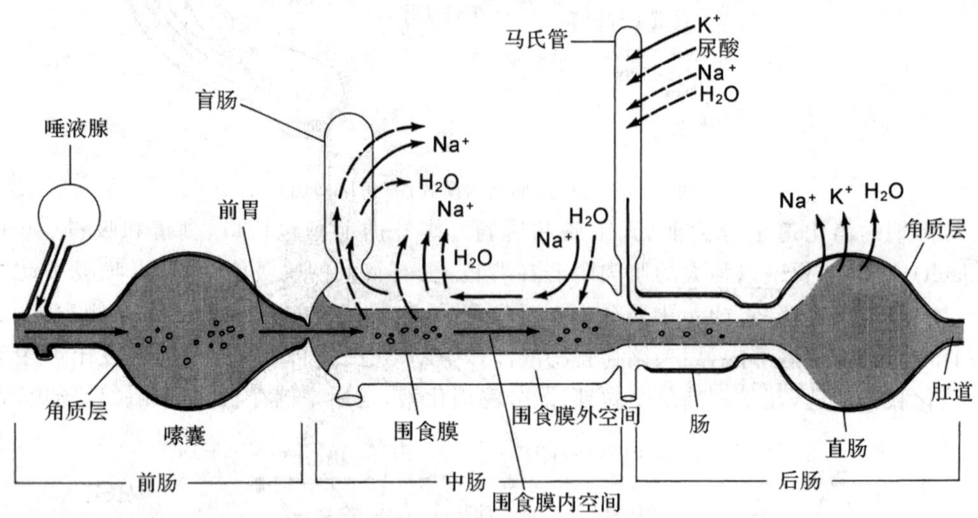

图 9-22 昆虫的消化吸收和马氏管分泌示意图(仿 Ruppert)

昆虫的消化道包括由口腔、咽、食道、嗉囊(craw)和前胃(砂囊,gizzard)组成的前肠,由胃和胃盲囊(gastric caeca)组成的中肠以及由回肠、结肠、直肠和肛门组成的后肠(图 9-21, 9-22)。前肠是储存和研磨食物的地方,刺吸式口器的昆虫,口、咽和口器组合成连续的管道,即食物管。嗉囊是储存食物的地方,而蜜蜂的嗉囊还具有特殊的作用,其中的花蜜在消化酶的作用下酿成蜂蜜,故又称为蜜胃(honey stomach)。砂囊壁具有发达的肌肉,内壁具有几丁质的齿状突起,也能够研磨食物和阻止未磨碎的食物进入中肠。大多数昆虫在前肠附近具有一对唾液腺,唾液管开口于口腔,唾液含有淀粉酶,可以润湿和消化食物。中肠与前肠之间有胃瓣(gastric valve)相隔,摄食固体食物的昆虫,肠内壁具有很薄的几丁质薄膜,称为围食膜(peritrophic membrane),它能将食物和肠壁隔开,以防止食物颗粒磨损中肠上皮细胞。中肠细胞能吸收通过围食膜的营养物质,围食膜内的食物残渣每隔一段时间通过后肠由肛门排至体外。中肠结构简单，前端具有数条胃盲囊，其大小和数量因种类而不同，主要用于增加消化和吸收面积。后肠的小肠部分又可以分为回肠和结肠，具有吸收水分的作用。水生的蜻蜓稚虫，在直肠内还具有鳃突，称为直肠鳃(rectal gill)。

2.7　呼吸系统

小型节肢动物没有专门的呼吸器官，以全身体表直接进行呼吸，如水生的剑水蚤，陆生的蚜虫或恙螨。体表呼吸的陆生种类，也通过体表的水分进行气体交换，因而其体表必须保持一定的潮湿状态。绝大多数节肢动物具有外胚层形成的呼吸器官进行气体交换。水生种类用鳃(如虾、蟹)或书鳃(如鲎)呼吸，陆生种类用气管(如昆虫)或书肺(如蜘蛛)呼吸。

鳃是体壁向外的突起，在鳃上的皮肤很薄，其内具有鳃血管，便于血液与外界进行气体交换。甲壳动物鳃的结构可以分为三类(图 9-23)：枝状鳃(dendrobranchiate)，由鳃轴向两侧伸出侧支，侧支再分支长出许多平行的鳃丝，如对虾；丝状鳃(trichobranchiate)，围绕鳃轴长出的鳃丝呈丝状或毛状，如克氏原螯虾；叶状鳃(phyllobranchiate)，沿鳃轴两侧伸出叶片状鳃叶，如日本沼虾。甲壳动物的鳃具有呼吸、调节渗透压和排泄等功能，由三种类型的细胞组成：上皮细胞(epithelium)、颗粒细胞(granular cell)和肾原细胞(nephrocyte)。鳃的肾原细胞同甲壳动物其他组织的足细胞(podocyte)、昆虫血窦中的足细胞及脊椎动物肾脏肾小球的足细胞结构类似，是一种具有排泄功能的细胞。甲壳动物胸肢的上肢(epipod)具有辅助呼吸的功能，称为肢鳃(mastigobranchia)；等足目的腹肢发达，同时具有呼吸和游泳的功能，如海蟑螂。书鳃(book gill)是腹部附肢体壁的书页状突起。鲎腹部第 2 至第 6 对附肢的上肢内侧具有许多书页状的鳃瓣(lamella)，每个上肢的鳃瓣数量可达 150～200 个，这种书页状的呼吸器官称为书鳃(图 9-24)。气管是由体壁内陷而成的管状构造，管壁由螺旋型几丁质薄膜组成(图 9-25)。昆虫的气管系统包括可以自由关闭的气门(spiracle)，以及不同大小的气管(trachea)；两条纵走的主气管把全身的气管联系起来，然后各个气管连续分支，最后形成微气管(tracheole)，进入组织和细胞之间。书肺(book lung)是腹部

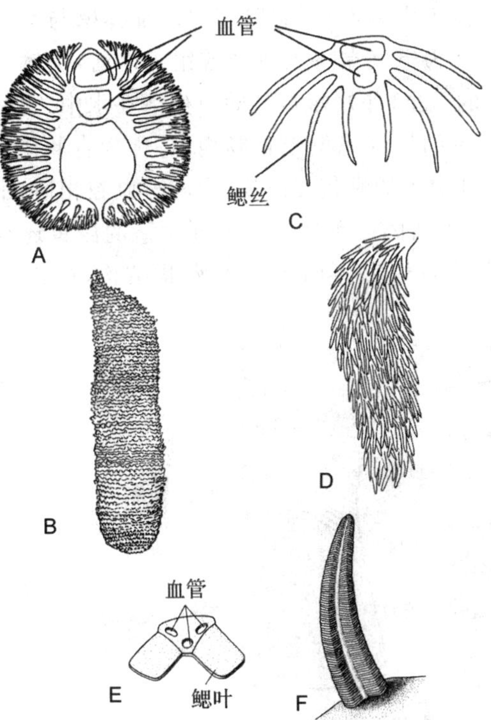

图 9-23　甲壳动物十足目鳃的类型(仿 Calman)
A、B. 枝鳃；C、D. 毛鳃；E、F. 叶鳃

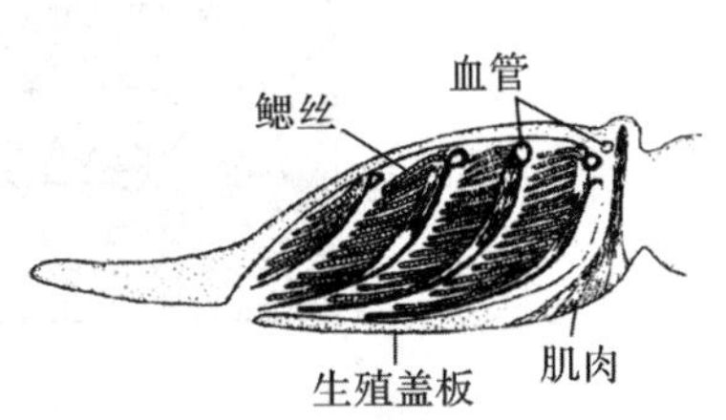

图 9-24　鲎的书鳃结构(仿 Ruppert)

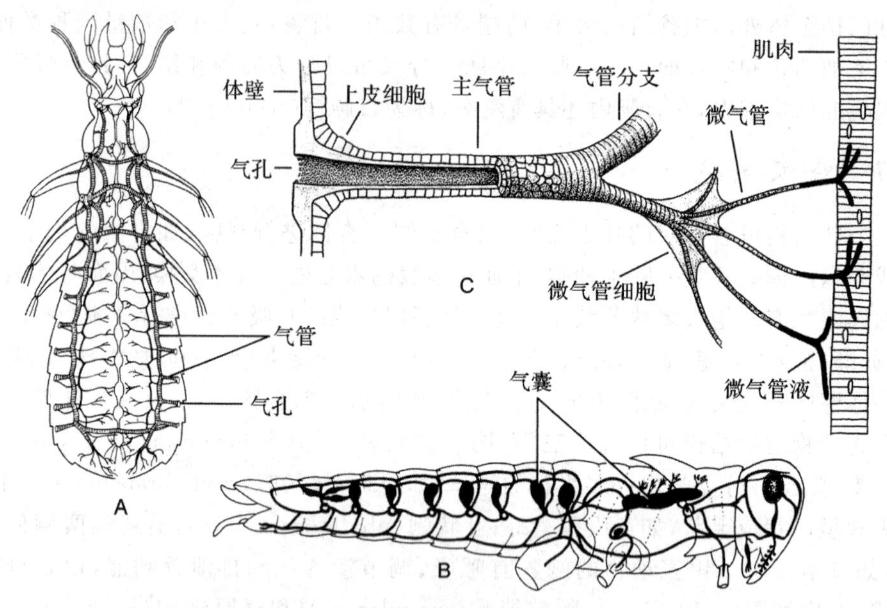

图 9-25 昆虫的气管系统(仿各家)

A. 同翅目;B. 直翅目;C. 气管结构

体表内陷的囊状结构,内有很薄的书页状突起,起源于书鳃(图 9-20,9-26)。由此可见,在水中的呼吸器官不论是鳃还是书鳃都是体表外突而成,以便增加和水的接触面积。在陆上生活种类的呼吸器官不论是气管还是书肺都是体表内陷而成,它除了可增加体壁与空气的接触面积之外,还可使体壁上的水分不易蒸发,因为空气在进入血液或组织以前,仍然是先溶解在体壁表面的一薄层水膜中。有一些陆生的昆虫(如蜉蝣),其幼虫生活在水中,它具气管鳃(tracheal gill),即鳃中含有气管;而蜻蜓稚虫的气管鳃位于直肠内,特称为直肠鳃(rectal gill)(图 9-27);或血鳃(blood gill),即体壁向外突出的囊状突出物,内腔与血腔相通,水中的氧气直接可以扩散到血液中;这是昆虫对水生生活的一种适应。海洋生活的昆虫还具有特化的气门鳃(spiracular gill),即由气门处体壁向外突出而形成的囊状结构,向内与气管相通。

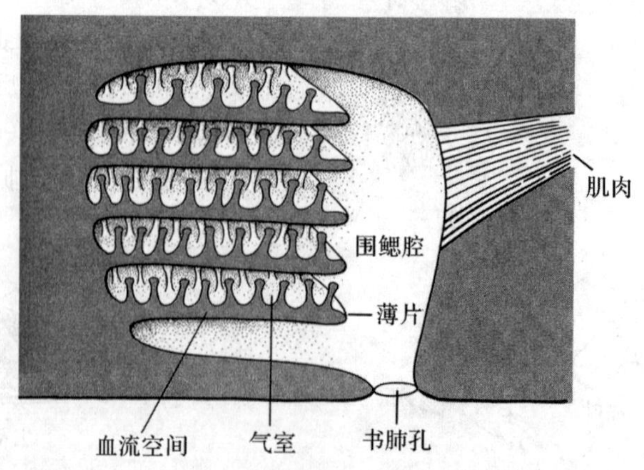

图 9-26 蜘蛛的书肺(仿 Ruppert)

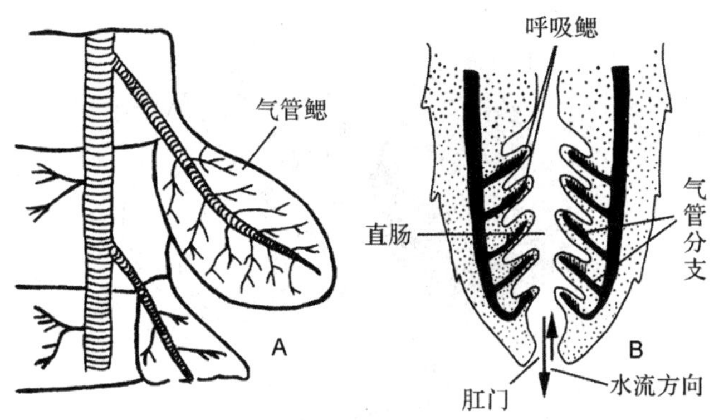

图 9-27 稚虫的呼吸器官

A. 蜉蝣的气管鳃(仿 Vayssiera);B. 蜻蜓的直肠鳃(仿 Wigglesworth)

2.8 排泄系统和渗透调节

低等节肢动物没有排泄系统,其代谢废物通过蜕皮排出。大多数节肢动物具有两种结构和起源不同的排泄器官,或其中的一种。一种是由肾管演变而成的,如肢口纲和蛛形纲的基节腺(coxal gland),甲壳纲的触角腺(antennal gland,或称绿腺)和颚腺(maxilla gland),都属这种类型。它们的末端有端囊(saccus terminalis),另一端通过排泄管与体外相通,分别起源于退化的体腔囊(coelomic sac)与体腔管(coelomoduct)。如鲎的排泄器官为位于第 2 至第 5 步足的 4 对基节腺,通过共用的排泄管和膀胱,开口于第 5 步足的同一个排泄孔(图 9-28)。

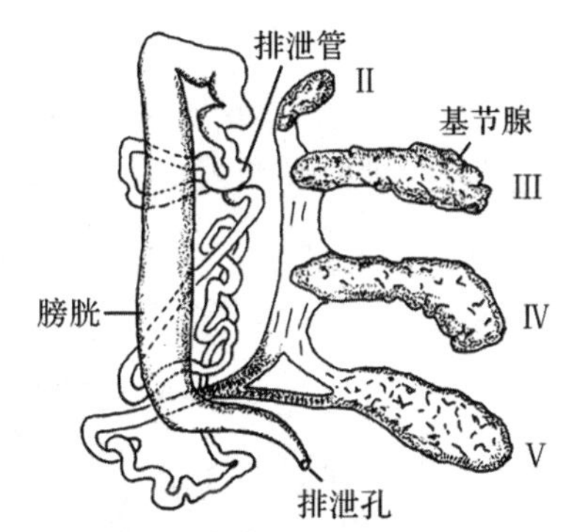

图 9-28 鲎的排泄器官(仿 Patten & Hazen)

日本沼虾的触角腺外形为椭球形,由体腔囊、迷路(labyrinth)、原肾管(protonephridium)和膀胱(bladder)等部分所组成,它们是一条连续的管道,经尿道(urethra)从第 2 触角基部的排泄孔排出体外(图 9-29)。日本沼虾的体腔囊具有过滤血液并形成原尿的功能,迷路进行水分和离子的重吸收及通过内吞泡重吸收蛋白质,原肾管也有重吸收离子的功能,膀胱则储存尿液。电镜下观察发现,体腔囊的上皮由足细胞(podocyte)组成。足细胞基部伸出二、三级足状突起,它们与裂隙膜(slit membrane)和基底膜(basal membrane)相连。基底膜外侧为内皮细胞和开放式血腔(blood space),体腔囊的内腔即为尿隙(urinary space),足细胞的突起可插入其中。各种突起相互穿插镶嵌,相互间形成精细的过滤裂隙,内皮细胞头部在裂隙膜切面上呈明显的串珠状,形成窗孔(window pore)(图 9-30);迷路占整个腺体的 4/5,其细胞顶部具有发达的微绒毛(microvilli),且基部质膜内陷;原肾管细胞的微绒毛短而不规则,而基部质膜内陷十分发达(图 9-30);膀胱细胞基部质膜也有内陷但无微绒毛。这些细胞结构是触角腺具有排泄和渗透压调节功能的基础。不同甲壳动物中触角腺的结构有所变化,有的缺原肾管,有的则无膀胱。触角腺虽是甲壳动物的排泄器官,但是大多数含氮废物通过鳃或体壁的扩散作用排到体外,其中鳃轴处的肾细胞也有摄取并储存尿酸颗粒的

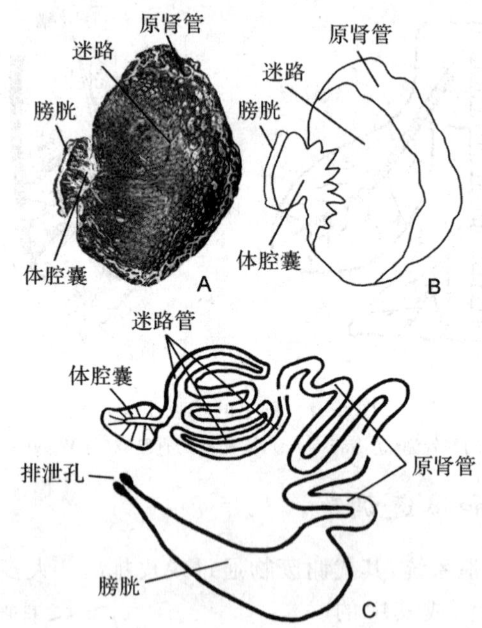

图 9-29 日本沼虾的触角腺(仿姜乃澄)

A. 矢状切面显微结构；B. 各结构分布区域；C. 已分离出的触角腺，示各部结构

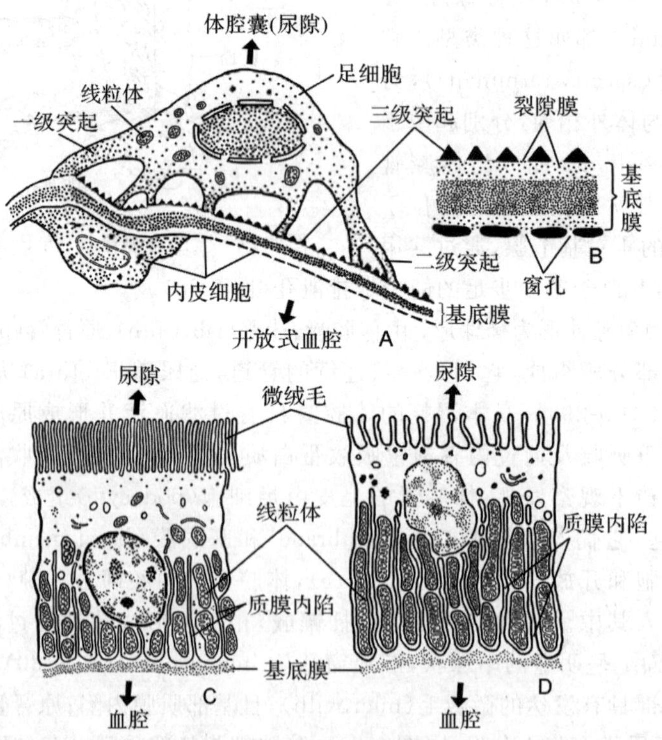

图 9-30 触角腺的超微结构示意图(仿姜乃澄)

A. 体腔囊；B. 基底膜放大；C. 迷路管；D. 原肾管

功能。而甲壳动物触角腺的主要功能是维持及调节体内离子浓度及液体压力的平衡。例如,有一种滨蟹(Carcinus)生活在盐度为 34‰的海水中时,每天排出相当于 3.6%体重的尿;而生活在盐度为 14‰的咸淡水中时,排尿量为体重的 1/3。大多数十足目甲壳动物所产生的尿与血液是等渗的,而且是能调节盐度的,因为它们的鳃可以由水中摄取离子以补偿由尿中失去的离子。

另一种排泄器官为马氏管(Malpighian tubules),它是由中肠与后肠交界处的内胚层(蜘蛛)或外胚层(昆虫)肠壁细胞向外突起形成的单层细胞的盲管,游离在血腔中(图9-21)。马氏管浸润在等渗的血液中,主动向管内分泌 K^+、Na^+、Cl^- 等离子,使马氏管内的 K^+ 浓度为血液的 6～30 倍,K^+ 浓度的差异使水流随之流入马氏管,同时尿酸氢钾或尿酸氢钠也随水流进入马氏管,从而形成等渗的尿。然后尿液中的水和有用的 K^+、Na^+ 等离子被马氏管基部和直肠重吸收,尿液 pH 值也下降,使尿酸沉积下来,并随粪便排出体外(图 9-31)。昆虫的排泄过程与其体内的水分和养分平衡密切相关。如黄粉甲(*Tenebrio molitor*)生活在面粉中,需要的水分来自代谢过程。它的 6 条马氏管的顶端部分与直肠紧密联结在一起,并包在围肾膜内,与直肠以直肠周隙(perirectal space)相隔,组成隐肾管复合体(cryptonephridial complex)(图 9-32)。直肠周隙维持很高的渗透压,可将直肠粪便中的水分和 K^+ 等离子重吸收到血液中。但有一些食物中水分含量较多的昆虫能分泌利尿激素,加速排水速率。没有马氏管的昆虫能够利用消化道、下唇肾(labial kidney)、脂肪体(fat body)和围心细胞(pericardial cell)储存、积累或排泄代谢废物。

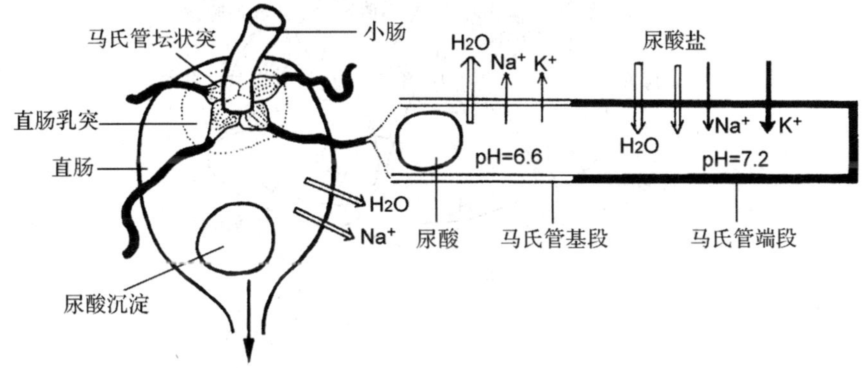

图 9-31　马氏管与直肠的排泄与渗透加调节功能(仿 Chapman 等)

节肢动物的排泄产物因种而不同,如水生昆虫以排氨为主,大多数陆生昆虫排出尿酸,也有些排出尿酸和部分尿素;甲壳动物的代谢产物主要是氨和少量的尿酸;多足纲蜈蚣的排泄产物也以氨为主。

蜘蛛的丝腺由腹部的基节腺转变而成,丝腺分泌物通过身体后端纺织器上的纺管抽出,并立即凝结成细丝(图 9-20,9-33)。每个纺管抽出的丝十分细,同一纺织器上的细丝可愈合成一条较粗的丝,有时不同纺织器上的丝也可合成一条更粗的丝。如网蛛织网时,牵引丝用 8～9 股丝合成,框丝用 6～8 股合成,经丝仅 2 股丝合成。蛛丝可以分为黏性丝(viscid silk)和非黏性丝(nonvisicid silk),主要成分都是一种骨蛋白(scleroprotein)。蛛网上的螺旋丝为黏性丝,其余均为非黏性丝。蛛丝十分坚韧,比同样直径的钢丝耐拉力高 9 倍左右。很多蜘蛛织网捕食昆虫,有些蜘蛛借助蛛丝飞行,水生蜘蛛能借助在小的蛛网形成的气泡在水中呼吸。

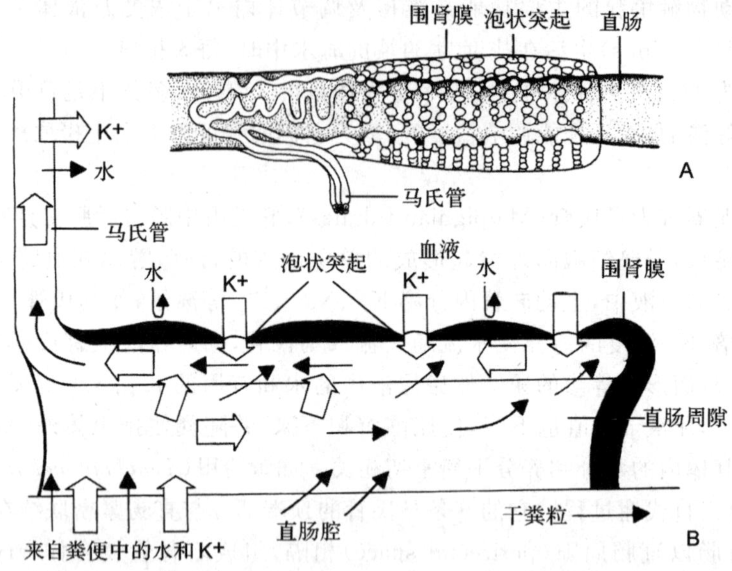

图 9-32 黄粉甲的隐肾管系统(A)及其 K^+ 的运输(B)(仿 Riegel)

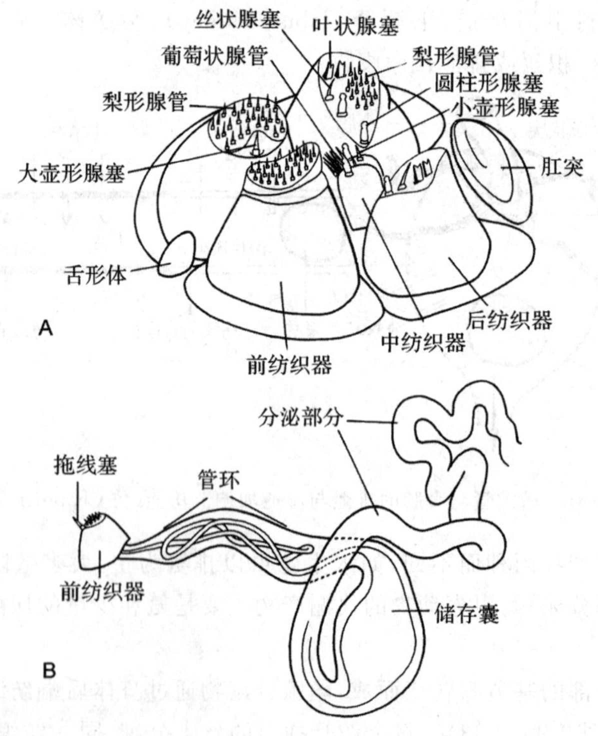

图 9-33 蜘蛛的纺织器(仿 Wilson)

A. 外形;B. 前纺织器与丝腺

2.9 神经系统和感觉器官

节肢动物的神经系统类似于环节动物,为链状神经系统。但由于节肢动物身体为异律分节，且体节常愈合，因而其神经节也常常愈合。节肢动物神经节愈合的情况与身体外部分节的消失是密切相关的。如蜘蛛体外分节不明显，其神经节也都集中在食道的背方和腹方，形成了很大的神经团。神经节的愈合提高了神经系统传导刺激、整合信息和指令运动的能力，有利于适应复杂的环境。节肢动物头部内位于消化道上方的 3 对神经节常愈合成 1 对脑神经节，分别为前脑(protocerebrum)、中脑(deutocerebrum)和后脑(tritocerebrum)3 个部分；消化道下方的头部后 3 对神经节也愈合成一对食道下神经节(或咽下神经节)；胸部和腹部为一条腹神经索，位于消化道腹面，其上的神经节也有向前端愈合的趋势。如沼虾的神经系统成链状，由脑神经节、围食道神经环、食道下神经节和腹神经索组成，其中腹神经索含有 3 个胸神经节和 5 个腹神经节(图 9-19)。而蟹类腹神经索上的神经节(包括食道下神经节)全部愈合成一个大的神经团(图 9-34)。鲎的神经系统高度愈合，食道下神经节由 7 个神经节愈合形成(图 9-18)。蜘蛛的神经系统同样高度集中，神经节集中在食道的四周，背面部分为脑，腹面部分为胸、腹神经节和食道下神经节愈合而成的一个大神经团(图 9-20)。昆虫的神经系统分为中枢神经系统(central nervous system)、周边神经系统(peripheral nervous system)和交感神经系统(sympathetic nervous system)。其中枢神经系统与沼虾的中枢神经系统相似，同为链状神经系统(图 9-35)。周边神经系统位于体壁下，由脑、食道下神经节以及腹神经链上各神经节发出的神经构成。交感神经系统也是由脑和腹部末端发出的神经组成，支配内脏的活动和气孔的开闭。

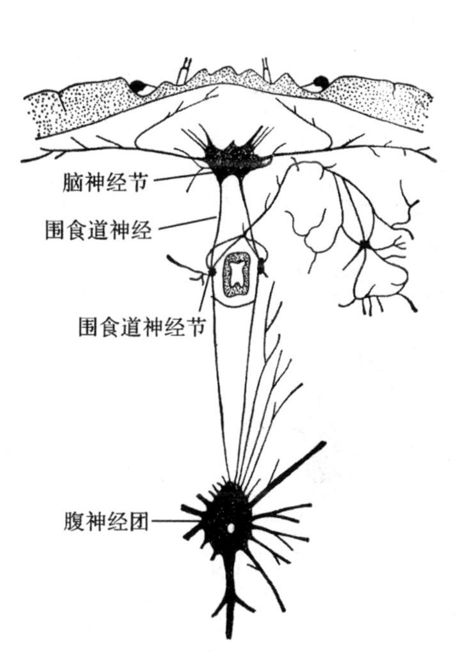

图 9-34　黄道蟹的神经系统(仿堵南山)

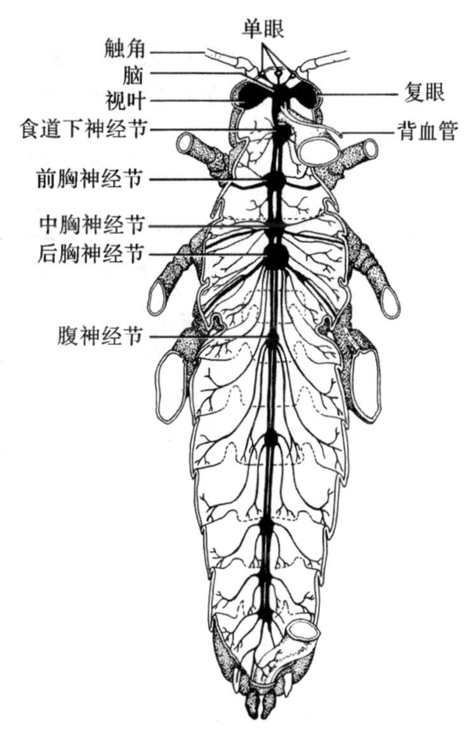

图 9-35　蝗虫的神经系统(仿 Snodgrass)

节肢动物的感觉器官相当复杂，有司平衡、触觉、视觉、味觉、嗅觉和听觉的感觉器官。

复眼(compound eye)：复眼由许多结构相同的小眼(ommatidium)作扇形紧密排列而成，可以成像(图 9-36)。如家蝇的一个复眼有 4000 个小眼，蜻蜓的一个复眼有 20000 个小眼组成。每个小眼的组成为:角膜(corneum)、2 个角膜细胞、4 个晶锥细胞(crystal cone cell)、7 个或 8 个小网膜细胞(retinula cell)及由其由微绒毛组成的视杆(rhabdom)(图 9-37)。小网膜细胞形成轴索,末端与视神经相连。小眼外边还具有 2 组色素细胞调节进入小网膜的光量,即虹膜色素细胞(iris pigment cell)和网膜色素细胞(retinal pigment cell)。

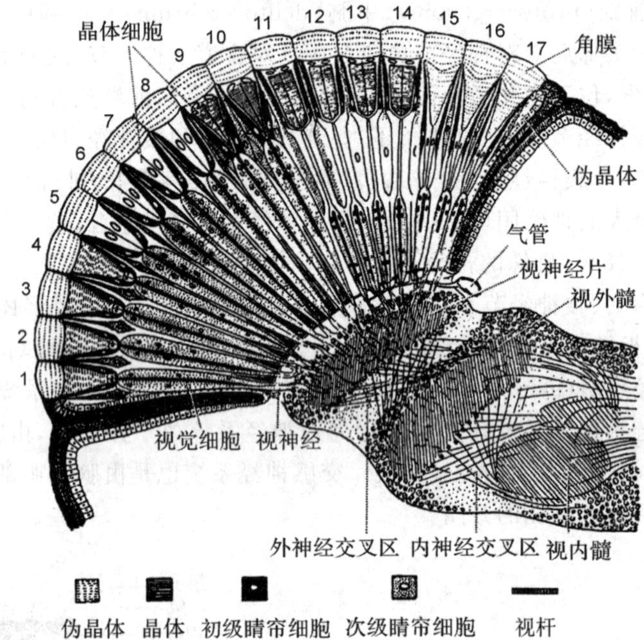

图 9-36 昆虫复眼纵切面模式图(仿 Weber)

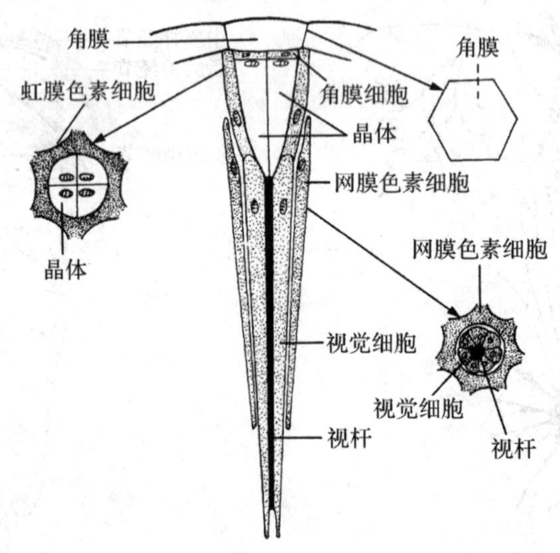

图 9-37 昆虫的一个小眼纵切面(仿 Imms)

单眼(ocellus):具有感光能力,但不能成像。单眼的结构比较简单,一般由角膜、角膜细胞、由视觉细胞构成的小网膜以及色素细胞组成(图 9-38)。

听觉器(phonoreceptor):昆虫的鼓膜听器能够感受微弱的声音信号,如蝗虫第一腹节、蟋蟀前足胫节上的听器(图 9-2)。

平衡囊(statocyst):中国明对虾具一对平衡囊,位于第一触角原肢第一节中央,由 1 小囊、平衡石(statolith)和感觉刚毛组成(图 9-39)。

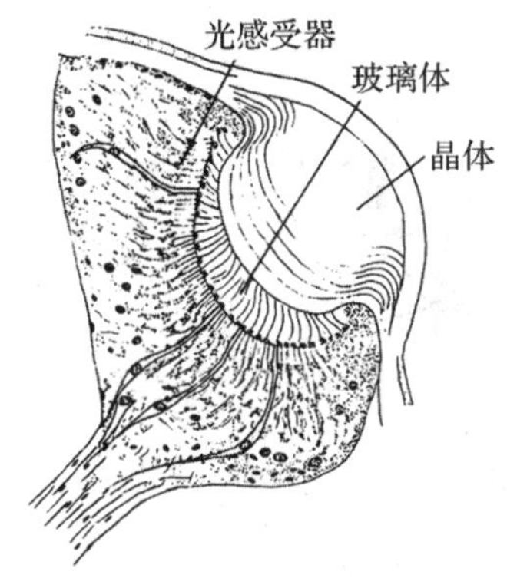

图 9-38　蜘蛛的单眼(仿 Homann)

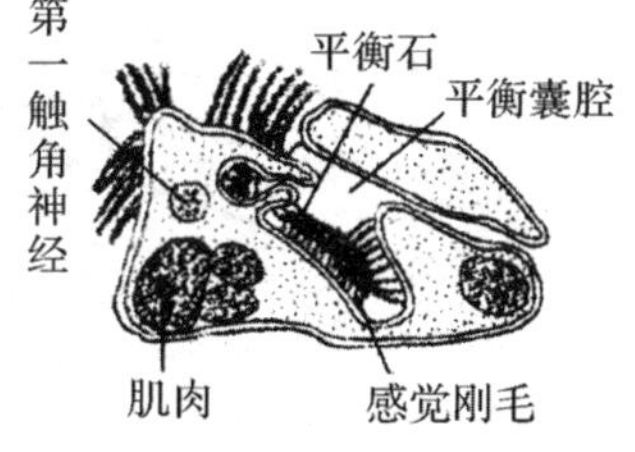

图 9-39　中国对虾的平衡囊(仿陈宽智)

化学感受器(chemoreceptor)(图 9-40A):分为嗅觉感受器(olfactory organ)和味觉感受器(gustatory organ)。嗅觉感受器主要分布于触角(嗅毛,aesthetase),而味觉感受器分布于口器。嗅毛非常灵敏,如雄蛾可以闻到 3000 米以外尚未交配过的雌蛾所发出的气味(信息素)。

机械感受器(mechanoreceptor):结构简单,分布于身体及附肢各处。如毛状感受器(trichoid sensilla)由 1 个毛原细胞(trichagen)、1 个膜原细胞(tormogen cell)和几个感觉细胞组成,分布于口器、触角和附肢等处表皮上(图 9-40B)。

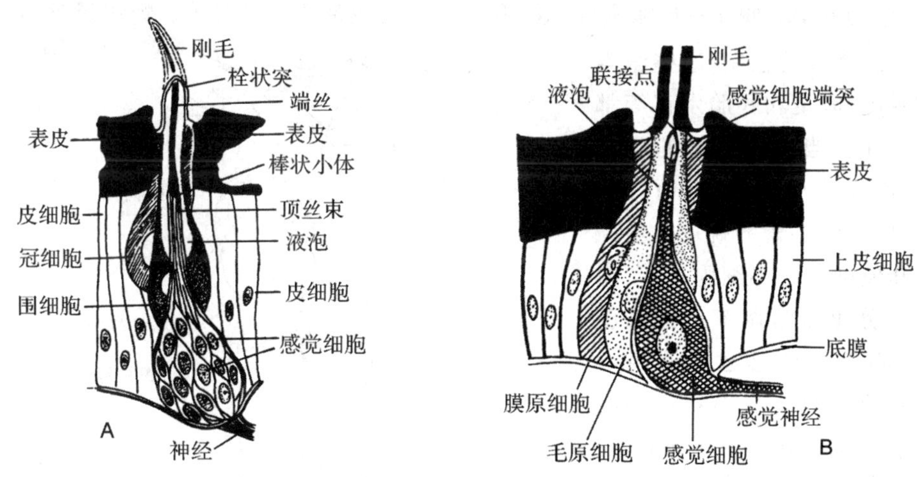

图 9-40　昆虫的感觉器官(仿各家)

A. 化学感受器;B. 毛状感受器

2.9　内分泌系统

节肢动物个体的生长、发育和繁殖受到其自身内分泌腺(endocrine gland)产生的激素(hormone)调控。内分泌腺为无管腺,其分泌物直接进入血液。甲壳动物和昆虫的内分泌系统研究得比较清楚。

甲壳动物的视神经节自上而下由外髓(medulla externa,ME)、内髓(medulla interna,MI)和端髓(medulla termini,MT)3部分组成,其内分布有神经内分泌细胞群(X-器官)和由

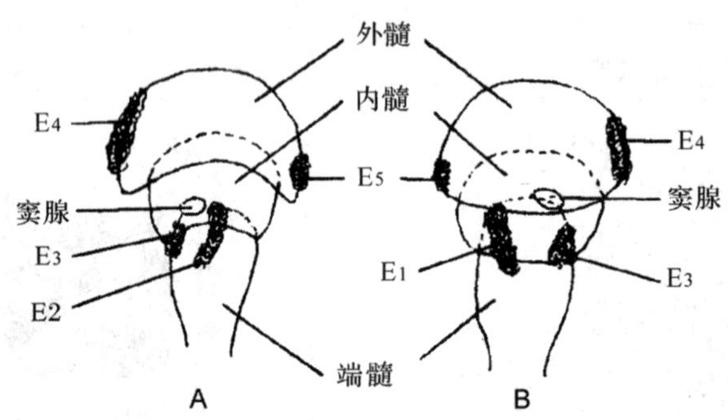

图 9-41　中国明对虾的X-器官和窦腺(仿 Oka)

A. 腹面观;B. 背面观;E1—E5. 神经内分泌细胞群(X-器官)

神经内分泌细胞轴突末梢聚集形成的窦腺(图 9-41)。X-器官窦腺复合体(X-organ-sinus gland)是甲壳动物的内分泌调控中心,主要分泌高血糖激素(hyperglycemic hormone,CHH)、蜕皮抑制激素(molt-inhibiting hormone,MIH)、性腺发育抑制激素(gonad-inhibiting hormone,GIH)和大颚器官抑制激素(mandibular organ-inhibiting hormone,MOIH)等多种神经肽类激素,参与调节甲壳动物的生殖、发育和蜕皮等重要生理过程。X-器官神经元末梢分泌的激素运送至窦腺储存,然后由窦腺释放而作用于受体靶器官Y-器官。甲壳动物的Y-器官位于头胸部,合成并分泌蜕皮甾类到血液中,主要蜕皮甾类有:蜕皮激素(ecdysone),25-脱氧蜕皮激素(25dE)和3-脱氢蜕皮激素(3DE)等。蜕皮甾类的合成受到蜕皮抑制激素的控制,这些激素对动物蜕皮、卵巢和胚胎发育等都有调控作用。当摘除虾蟹的眼柄后,虾蟹的蜕皮周期缩短;而移去Y-器官,则抑制虾蟹的蜕皮。甲壳动物的其他神经分泌细胞还有:后联合器官分泌激素调节色素细胞活动;围心腔腺分泌激素调控心率。甲壳动物的内分泌器官还有促雄性素腺(androgenic gland),位于输精管末端附近,其分泌物促进精巢发育和维持第二性征;卵巢,分泌卵巢激素(ovarian hormone),促进卵巢发育和维持第二性征。光照长度、温度等外界因素刺激甲壳动物的中枢神经系统,从而引起激素分泌的变化。

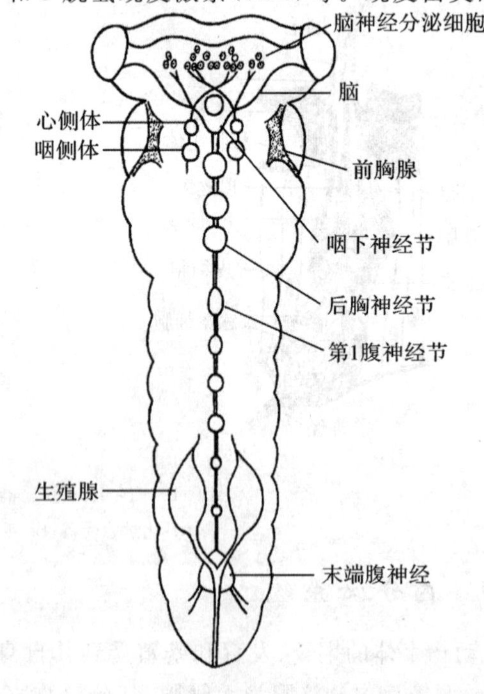

图 9-42　昆虫内分泌系统模式图(仿郭郛)

昆虫的主要内分泌器官有很多种，主要位于头部，包括咽侧体(corpus allatum)、前胸腺(prothoracic glands)、心侧体(corpus cardiacum)、生殖腺、脑神经(内)分泌细胞、食管下神经节分泌细胞等(图 9-42)。它们分泌的激素有 20 余种，共同调节、控制昆虫的代谢、生长、发育、变态、滞育、生殖等生理过程。这些激素从化学性质上可分为三种类型：肽类，如脑激素(brain hormone，BH)、滞育激素(diapause hormone，DH)、激脂激素等；甾醇类，如蜕皮激素；萜烯烯类，如保幼激素(juvenile hormone，JH)等。脑激素一蜕皮激素一保幼激素调节系统共同控制昆虫的生长和蜕皮过程(图 9-43)。昆虫脑神经分泌细胞分泌脑激素(亦称活化激素)。心侧体和咽侧体位于脑后咽的背方。心侧体有贮存和释放激素的功能。咽侧体受脑激素的刺激后分泌保幼激素，抑制昆虫的变态，使虫体保持幼期状态。保幼激素也有刺激前胸腺的作用，即在昆虫幼期保幼激素存在的情况下，前胸腺不会退化。前胸腺在脑激素的激发下分泌蜕皮激素，促进昆虫蜕皮、变态。在幼虫期，高浓度的保幼激素和蜕皮激素共同作用，使幼虫蜕皮后继续保持幼虫状态。在末龄幼龄期，保幼激素浓度下降，蜕皮激素继续分泌使幼虫发生变态蜕皮，进入蛹期。在蛹期，保幼激素停止分泌，而蜕皮激素继续分泌，蛹蜕皮后变态为成虫。

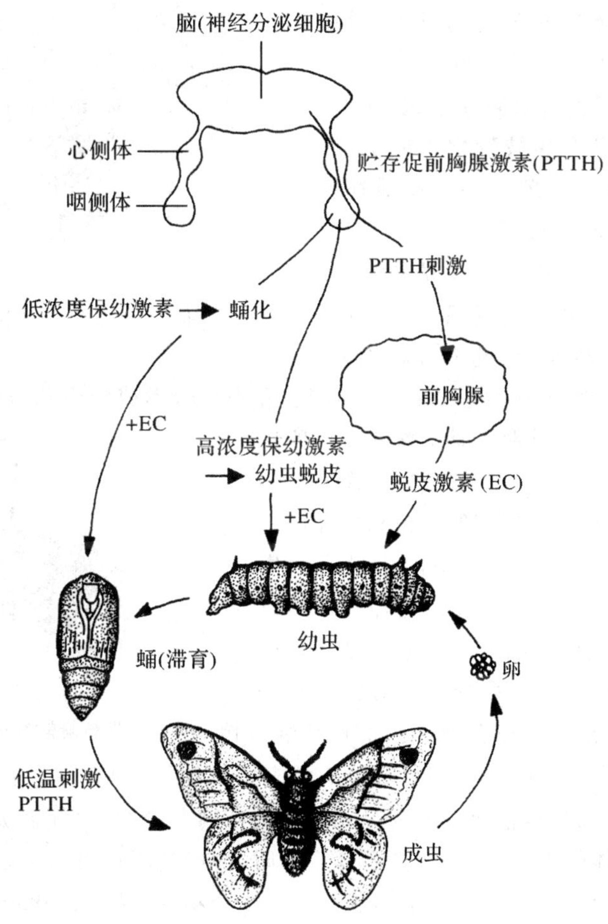

图 9-43　昆虫变态的激素调节(仿 Spratt)

2.11 生殖系统

大多数节肢动物雌雄异体，少数节肢动物雌雄同体（如藤壶）。生殖腺来自残留的体腔囊，生殖导管来自体腔管，有些种类由附肢形成外生殖器。

沼虾（甲壳纲）雌雄异体，异形。雄性生殖系统包括精巢（testes）与输精管（vas deferens），精巢一对，位于心脏的前下方，前部分离，后部愈合。一对输精管沿胸部后端侧面延伸至第5步足基部内侧，开口于雄性生殖孔（gonopore）（图 9-19）。雌性生殖系统包括一对卵巢（ovary）和输卵管（oviduct），卵巢也位于心脏前下方，大部分愈合。一对输卵管分别开口于第3步足基部内侧的雌性生殖孔。交配时，雄虾把精荚放到刚蜕皮的雌虾胸部腹面第4、5步足附近中央凹陷处；雌虾产卵后，卵子移动到腹部腹面中与精子相遇从而受精。甲壳动物的有些种类雄性个体成熟时间远早于雌性个体，在雌性生殖孔后缘附近具有纳精囊，雌雄交配后，精荚暂时储存于此，而雄性个体的第1及第2腹肢特化形成交接器，用于交配时传送精荚，如中国明对虾、中华绒螯蟹和克氏原螯虾等。

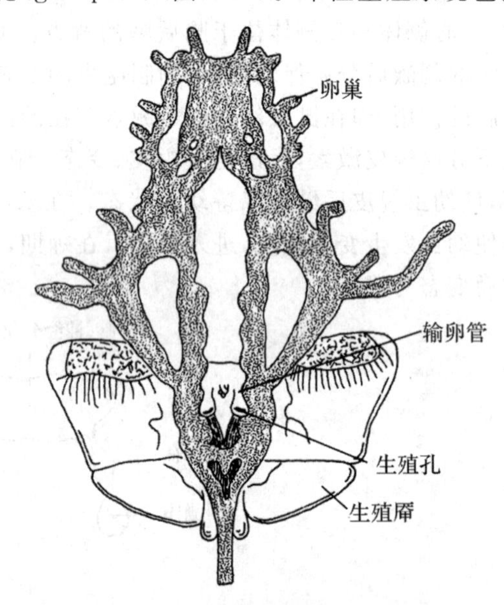

图 9-44 鲎的生殖系统（仿 Owen）

肢口纲鲎雌雄异体，雌雄生殖系统结构相似（图 9-44）。单个生殖腺位于肠道两侧，延伸到肠道腹面，经过一对短的生殖管道分别开口于腹中线附近；由第一对腹肢左右愈合形成的生殖盖板覆盖在生殖孔上。

蛛形纲雌雄异体，异形。雌蜘蛛的一对卵巢位于腹部消化道的腹面，常左右愈合（图 9-20）。一对输卵管愈合成单一的阴道（vagina），开口于生殖沟（epigastric furrow）正中的生殖孔。生殖孔常被一块生殖魇（epigynum）盖住。常具有一对纳精囊，纳精囊管与阴道相连或独立开口于生殖孔附近。雄性生殖系统为一对精巢和一对输精管，左右输精管常愈合成一短的储精囊，开口于生殖沟正中。雄蜘蛛的脚须末端还形成了交配器，内有储存精子的囊（图 9-45）。雄蜘蛛先于雌蜘蛛性成熟，精液先排到预先织好的精网上，然后交配器吸入精液；交配时，把精液输送到雌性个体的纳精囊内；雌性个体产卵时，卵经过阴道时与来自纳精囊的精子结合。

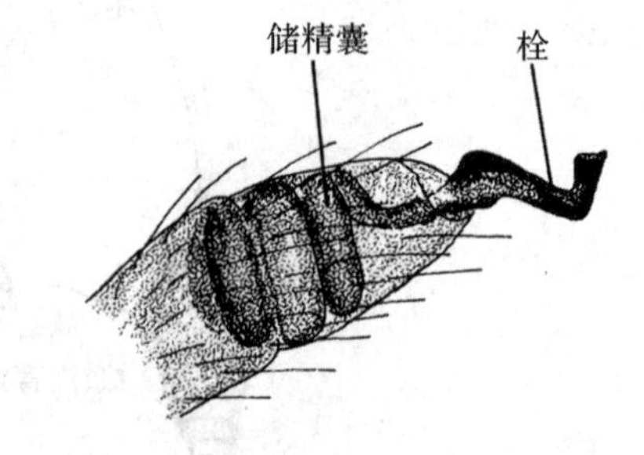

图 9-45 雄性蜘蛛脚须中的交配器（仿 Comstock）

多足纲唇足亚纲的蜈蚣雄性个体具有1～24个精巢，位于消化道的背面，每个精巢有2条输精小管，输精小管都汇入一条输精管内，输精管通过射精管开口于位于身体末端第2节（生殖节）腹面的生殖孔；另有1对附性腺和1对储精囊与射精管相连（图 9-46）。雌性个体在肠道的背部具有1个卵巢，后连1条输卵管，输卵管分成2支后包围肠道，在肠道的腹面又会合成 1 支,开口于生殖节腹面的雌性生殖孔。雌性个体还具有 1 对附性腺和 1 对纳精囊,均与输卵管末端相连。然而倍足亚纲马陆的生殖腺位于消化道腹面,生殖孔开口于躯干部第 3 或第 4 节腹面,雄性个体第 7 节的第 1 对或 2 对附肢特化形成生殖肢(gonopods)。

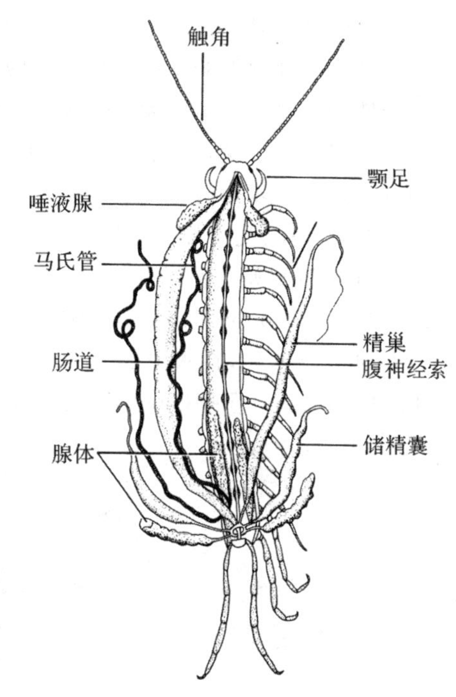

图 9-46　雄蜈蚣的内部结构图(仿 Sedgwick)

昆虫的雌性生殖系统(图 9-47A)包括 1 对卵巢,卵巢有许多卵巢管(ovarian tube)组成,位于消化道背面;卵巢后端连有 1 对侧输卵管(oviductus lateralis),其前端称为卵萼(calyx),是产卵时暂时储存卵的地方;两条输卵管在消化道的腹面愈合成一条总输卵管,经阴道开口于腹部第 7～9 节腹面的外生殖孔;在阴道的背方具有一条受精囊管,其末端为受精囊。雄性生殖系统(图 9-47B)为一对位于消化道背方的精巢,两条输精管基部膨大形成储精囊(seminal vesicle),然后愈合形成一条射精管(ejaculatory duct),雄性生殖孔开口于阴茎(penis)的末端。

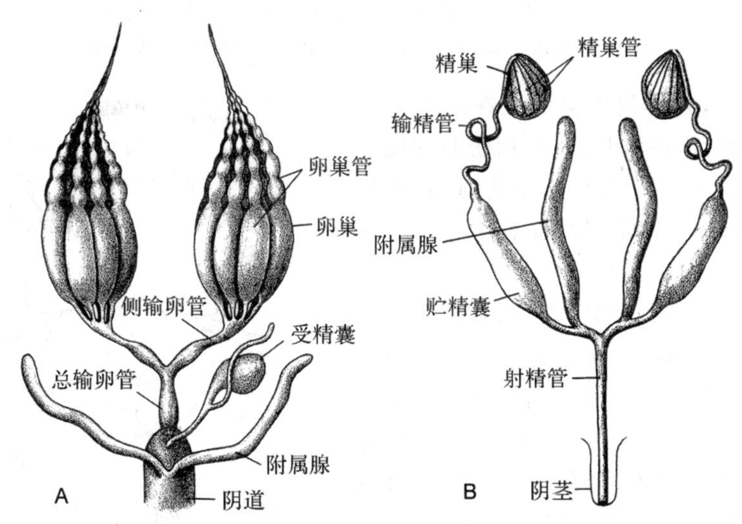

图 9-47　昆虫的生殖系统(仿 Snodgrass)
A. 雌性生殖系统;B. 雄性生殖系统

2.12　发　育

节肢动物多数体内受精,有些体外受精;卵裂方式与卵黄的含量有关,多数为表面卵裂;直接发育或间接发育;直接发育的种类具 1 个以上的幼虫期。另有一些节肢动物营孤雌生殖,如水蚤、卤虫、蚜虫等。

甲壳动物中,部分种类的受精卵黏附在腹部附肢上发育,部分种类把受精卵排放到水中发育,另有一些种类将卵贮存在孵卵室内发育(如溞、鼠妇、海蟑螂等)。一般排到水中的卵通常体积较小,卵黄含量少,孵化时间短,但产卵量大,幼虫发育的期数多;抱卵种类的卵一般体积较大,卵黄含量多,孵化时间长,但产卵量小,幼虫发育的期数少。如日本沼虾为抱卵种类,一次产卵数万粒,受精卵完全卵裂,在水温 25℃时约经 20 天孵化,孵出的幼虫为溞状幼体(zoea)。中华绒螯蟹也为抱卵种类,受精卵完全卵裂(不等螺旋型卵裂),发育经过溞状幼体和大眼幼体(megalopa)时期。中国明对虾的卵直接产到海水中,一次产卵数可以达到 90 万粒,受精卵完全卵裂,在水温 20℃时经一昼夜孵化出无节幼体(nauplius),此后经溞状幼体、糠虾幼体(mysis)、仔虾(post larva)期,发育为成虾(图 9-48)。

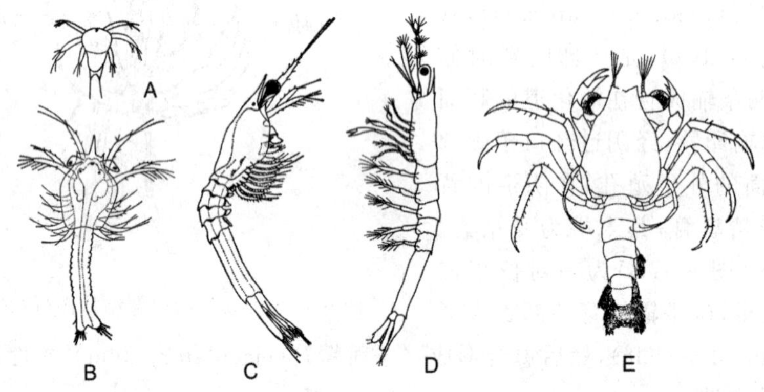

图 9-48 中国明对虾(A—D)和中华绒螯蟹(E)的幼体(仿各家)

A. 无节幼体;B. 溞状幼体;C. 糠虾幼体;D. 仔虾;E. 大眼幼体

肢口纲的鲎,每年夏天会聚集在潮间带高潮区,雄鲎以脚须抱住雌鲎,雌鲎用附肢挖坑产卵,每次产 200～300 粒,雄鲎在边上排精,体外受精。受精卵经完全卵裂,发育为三叶幼体(trilobite larva)(图 9-49)。

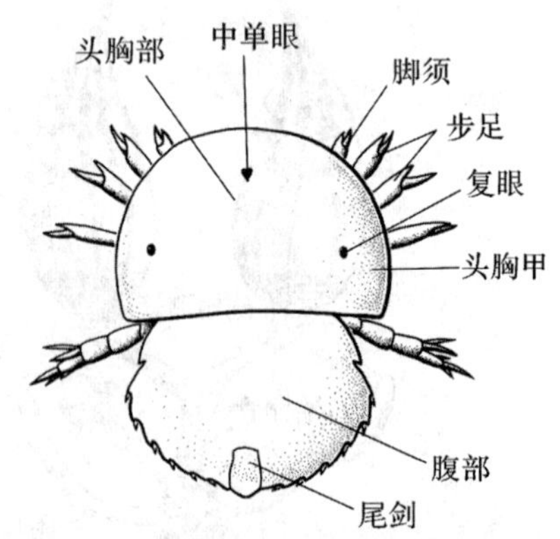

图 9-49 鲎的三叶幼虫(仿 Ruppert)

除蜱螨目的发育须经卵、幼螨、若螨和成螨 4 个时期,为间接发育外,其他蛛形纲动物均为直接发育;多足纲为间接发育,若孵化后的幼体与成体相似,体节数也相同,则称为整形发育(epimorphic),如巨蜈蚣;孵化后的幼体仅有成体的一部分体节,称为异形发育(anamorphic),如蚰蜒。

昆虫纲除弹尾目为完全卵裂外,其余均为表面卵裂。幼虫期一般需蜕皮(ecdysis, moulting)5～6 次,两次蜕皮之间称为龄期(stadium),每蜕皮一次幼虫(larva)便增加一龄。低等昆虫由幼虫直接发育为成虫,而高等昆虫幼虫先发育为蛹(pupa),再由蛹蜕皮变为成虫(adult)。这种从卵到成虫形态和机能的变化称为变态(metamorphosis)。昆虫的变态类型根据不同分类方式可以分为很多种,主要有以下几种:

表变态(epimetabola):比较原始的变态类型,如弹尾目、缨尾目和双尾目昆虫。刚孵化的幼虫已经基本上具备了成虫的特征,仅在个体增大、性器官成熟、触角和尾须节数的增多、鳞片和刚毛的增长等方面有些变化;成虫期需要继续蜕皮。

增节变态(anamorpha):刚孵化的幼虫的体节数还不完全(比成虫少),需要在胚后发育中逐渐增加,如原尾目昆虫、马陆和蜈蚣等。

原变态(prometamorphosis):有翅亚纲最原始的变态类型,为蜉蝣目昆虫独有。从幼虫到成虫需要经过一个亚成虫(subimago)时期,亚成虫与成虫完全相似,呈静止状态,存在时间很短,蜕皮后发育为成虫。蜉蝣的幼虫称为稚虫(naiad)。

不完全变态(heterometabola):幼虫的形态特征和生活习性与成虫有所不同,而没有蛹期,多见于低等有翅昆虫。又可以分为三种类型:渐变态(paurometabola)、半变态(hemimetabola)和过渐变态(hyperaurometabola)。如果幼虫与成虫的形态与生活环境基本相似,只是幼虫具翅芽,生殖腺未成熟,而成虫具翅,生殖腺成熟,则称为渐变态,如蝗虫,渐变态的幼虫称为若虫(nymphs)(图 9-50);如果幼虫和成虫在形态和生活习性上完全不同,幼虫水栖,成虫陆栖,则称为半变态,如蜻蜓,半变态的幼虫称为稚虫。过渐变态:是介于渐变态和完全变态之间的类型。幼虫和成虫的特征相似,但中间具有一个外生翅芽的前蛹期和一个静止的蛹期,如缨翅目昆虫(图 9-51)。

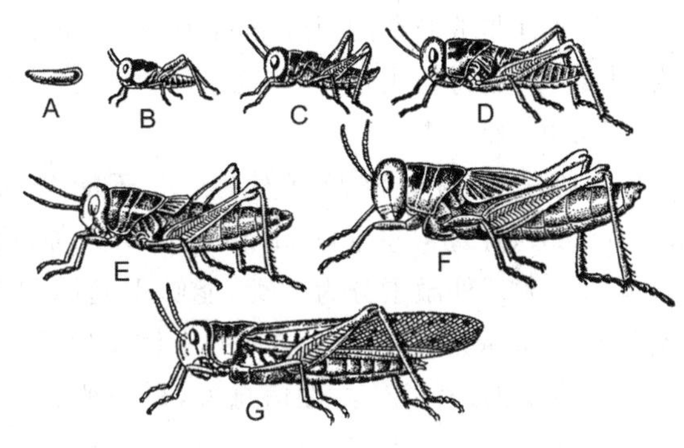

图 9-50　蝗虫的渐变态(仿黄可训)

A. 卵;B～F. 1～5 龄若虫;G. 成虫

完全变态(holometabola):从幼虫到成虫之间具有蛹期;幼虫具有各种不同的形态,与蛹和成虫的形态显著不同,如蚊子、蝶、蚕等(图 9-52)。

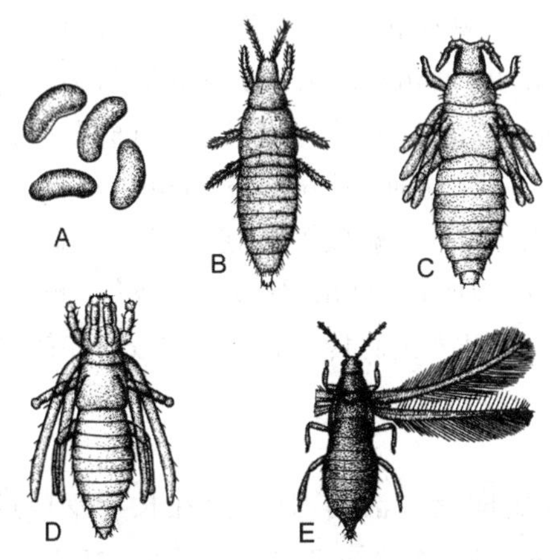

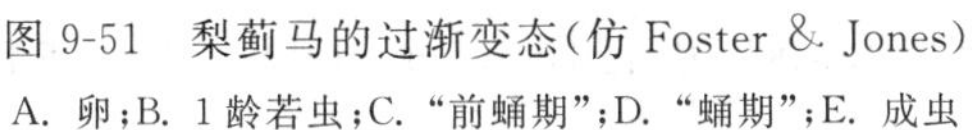

图 9-51　梨蓟马的过渐变态(仿 Foster & Jones)

A. 卵;B. 1 龄若虫;C. "前蛹期";D. "蛹期";E. 成虫

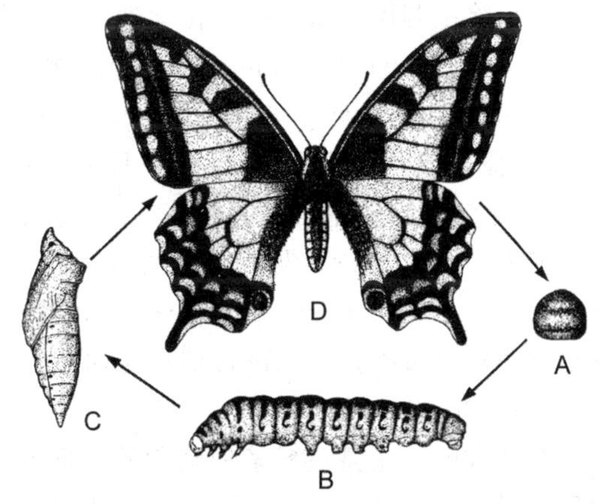

图 9-52　金凤蝶的完全变态(仿周尧)

A. 卵;B. 幼虫;C. 蛹;D. 成虫

在个体发育的一定阶段,昆虫常出现形态或生理机能上的相对静止的状态,这种现象可以分为两种类型,即休眠和滞育。休眠(dormancy)是昆虫在不良环境下临时停止发育的状态，当不良环境消除后，就可恢复生长发育。如在夏季或冬季停止发育，则分别叫夏蛰(aestivation)和冬蛰(hibernation)。有些昆虫在生活史中的某一虫态，不论环境条件适宜与否，都要停止生长发育或生殖，必须经过一段时间或遭受某种刺激后，才重新恢复发育。这种有规律地发生在某一世代的某一虫态的发育停滞状态叫做滞育(diapause)。如家蚕有一化性、二化性和多化性品种。滞育受到昆虫内分泌激素——滞育激素(diapause hormone)的调控。

2.13 昆虫的习性和行为

昆虫的习性(habits)是指昆虫种或种群具有的生物学特性，具有种和种群的特异性，但也存在某些习性为某一类昆虫共有的现象，如夜蛾科昆虫一般都有晚上出来活动的习性。行为(behavior)是昆虫的感觉器官接受刺激后通过神经系统的综合而使效应器官产生的反应。昆虫具有非常复杂的习性和行为，除了下面叙述的习性和行为外，还存在：食性和取食行为，集群、扩散与迁飞行为，拟态、伪装与假死行为，交配行为及学习行为等。

2.13.1 外激素

昆虫除分泌内分泌激素外，昆虫还能分泌外激素(pheromone)，如性信息素(sex pheromones)、踪迹信息素(trail pheromone)等，用于传递信息给同种其他个体，可以影响其他个体的行为。外激素分为2类，能够引起同种内不同个体产生反应的外激素称为种内信息素(pheromone)，而引起不同种的个体发生反应的称为种间信息素(allelochemics)。

昆虫重要的外激素有：性信息素，是一种引起性活动的激素，多由成熟的雌虫产生，用来吸引异性前来交配。聚集信息素(aggregation pheromones)，是吸引同种个体聚集并参加活动的一种激素，如取食、交配、越冬等。踪迹信息素，是社会性昆虫标记踪迹的一种激素，如蚂蚁找到食物后，在食源和归途中释放的激素。报警信息素(alarm pheromone)，主要存在于社会性昆虫中，如蚂蚁的蚁巢受到攻击时，释放这种激素，招引外出的兵蚁回巢参加战斗。

2.13.2 昆虫的通讯

昆虫除了利用外激素进行化学通讯外，还可以利用视觉和听觉等进行个体间的信息交流。视觉通讯(visual communication)的例子有：萤火虫(Lampyris)在腹部末端两侧具有发光器，可以产生不同频率的光闪烁，作为性别间的通讯联系。另外，一些昆虫的拟态或保护色，具有保护或警示的作用，也是一种视觉信息交流。听觉通讯(auditory communication)的例子很多，如蟋蟀等雄虫的摩擦发声、雄蝉的鼓膜振动发声、雌蚊的振翅声、蝗虫和白蚁的兵蚁撞击地面或木头而发声。昆虫发声也有多种功能，如招引、求爱、交配、聚集、警戒等。触角通讯(tactile communication)指昆虫通过身体的互相接触而传递信息的方式，如蚂蚁在觅食过程中通过拍打触角进行信息传递。

2.13.3 趋性

趋性(taxis)是昆虫对某种刺激的趋向和背向的定向反应活动，是昆虫在长期发展过程中形成的，有利于昆虫的生存。根据刺激物的种类，趋性可以分为多种，如趋光性(phototaxis)、趋热性(thermotaxis)、趋湿性(hydrotaxis)、趋化性(chemotaxis)及趋触性(sterotropism)等。

2.13.4 昆虫活动的昼夜节律

绝大多数昆虫的活动，如飞翔、取食、交配以及孵化、羽化等，均有自己的昼夜节律

(circadian rhythm)。只在白昼活动的昆虫称为日出性昆虫(diurnal insect),夜间活动的昆虫称为夜出性昆虫(nocturnal insect),而在弱光下活动的昆虫称为弱光性昆虫(crepuscular insect)。

2.13.5　社会性昆虫

社会性昆虫是指个体间有相互的通讯及协作,组成一个有组织的群体的那些昆虫。群体中的成员从几百个到几十万个不等,至少具有两个重叠的世代,个体间在形态上有分化,机能上互相依存。社会性昆虫仅存在于等翅目和膜翅目的一些种类中。社会性昆虫一般具有某种程度的多态现象,群体中具有不同等级的个体。如一个大的白蚁蚁群有几十万个以上的成员,这些成员可以分为两大类型,即生殖蚁和非生殖蚁。生殖蚁包括蚁后和蚁王,蚁后一般个体巨大,蚁王个体可能极小,具有生殖能力,有一对复眼和两对充分发育的翅。非生殖蚁包括工蚁和兵蚁,有雌雄两种类型,但都无生殖能力,缺少翅。工蚁一般具有 2 态或 3 态,即分为小型、中型及大型三种个体。兵蚁也有小型、中型及大型三种个体。

2.14　节肢动物与人类的关系

节肢动物种类繁多、数量庞大、分布广泛、生活方式多样,与人类的关系十分密切。这种关系主要体现在有利和有害两个方面,而这种划分是相对的,与人类认识的主观性有关。

节肢动物对人类的益处是多方面的,主要有以下各个方面:①供人类食用,如甲壳纲的各种虾蟹,昆虫的有些种类或其产物如蜂蜜。②作为药用原材料,如蜂王浆、地鳖虫、冬虫夏草等。③作为工业原材料,如蚕丝、白蜡虫分泌的白蜡、紫胶虫分泌的紫胶等。④其他动物的饵料,如小型甲壳动物是鱼类的饵料,昆虫是鸟类的饵料。⑤昆虫的传粉作用,许多蔬菜、果树都依靠昆虫传粉。⑥生防作用,许多昆虫是农林业害虫或有害植物的天敌,如寄生蜂等。⑦清除腐生物,如屎壳郎清除动物粪便。

节肢动物对人类也有很多不利的地方,主要有:①传播疾病,危害人类健康。如蚊、虱等吸食人体的血液;蚊、蝇、蚤等吸食畜禽的血液;蚊等传播疾病,如疟疾等。②危害农作物,如很多昆虫以农作物为食,并且传播植物病害。③危害建筑物和储存物,如白蚁危害房屋和堤坝,衣鱼噬书。

3　节肢动物的分类

关于节肢动物的分类目前有很多不同的看法,还没有形成统一的观点。如有人将节肢动物分为三个亚门,即已灭绝的三叶虫亚门;没有触角、口后第一对附肢为螯肢的有螯肢亚门;以及有触角、口后第一对附肢为大颚的有颚亚门。有人认为把甲壳纲与昆虫纲合在一个有颚亚门内并不适当,因为甲壳纲动物的附肢为双肢型,而昆虫的附肢为单肢型,因而将有颚亚门进一步分为 2 个亚门:甲壳亚门和单肢亚门。本书的分类以触角、附肢的类型为依据,采用 3 个亚门的分类法,即三叶虫亚门(三叶虫纲)、有螯肢亚门(肢口纲、蛛形纲)和有颚亚门(甲壳纲、多足纲和昆虫纲),各纲比较见表 9-1。

表 9-1 节肢动物各纲的比较

特征	三叶虫纲	甲壳纲	肢口纲	蛛形纲	多足纲	昆虫纲
躯体分部	头、胸、尾	头胸部、腹部	头胸部、腹部和尾剑	头胸部、腹部	头部、躯干部	头、胸、腹部
触角	1 对	2 对	无	无	1 对	1 对
口器	3～4 对，双肢型	大颚 1 对，小颚 2 对，颚足数对	螯肢、脚须各 1 对	螯肢、脚须各 1 对	大颚 1 对，小颚 1～2 对	大颚 1 对，小颚 2 对
足	每体节 1 对	每体节 1 对	头胸部 4 对	头胸部 4 对	每体节 1～2 对	胸部 3 对
呼吸器官	鳃	鳃	书鳃	气管和书肺	气管	气管
排泄器官		绿腺或颚腺	基节腺	马氏管和基节腺	马氏管	马氏管
生殖孔		1 对，在胸部后方	1 个，在腹部前方	1 个，在腹部前方	1 个，在腹部前方或后方	1 个，在腹部后端
发育	有幼虫时期	有幼虫时期	有幼虫时期	有幼虫时期	无幼虫时期	有幼虫时期
主要生活环境	海洋	海洋、淡水、陆地	海洋	陆地	陆地	陆地、淡水

3.1 三叶虫纲(Trilobitomorpha)

三叶虫纲是已经灭绝的最原始的节肢动物，生活于寒武纪早期(5.4 亿年前)到二叠纪末期(2.6 亿年前)的海洋中。三叶虫呈卵圆形，背腹扁平，多数体长在 3～9 厘米之间，个体最小的为 0.5 厘米，个体大的达到 70 厘米(图 9-53)。身体分为头、胸和尾部三个部分，背部

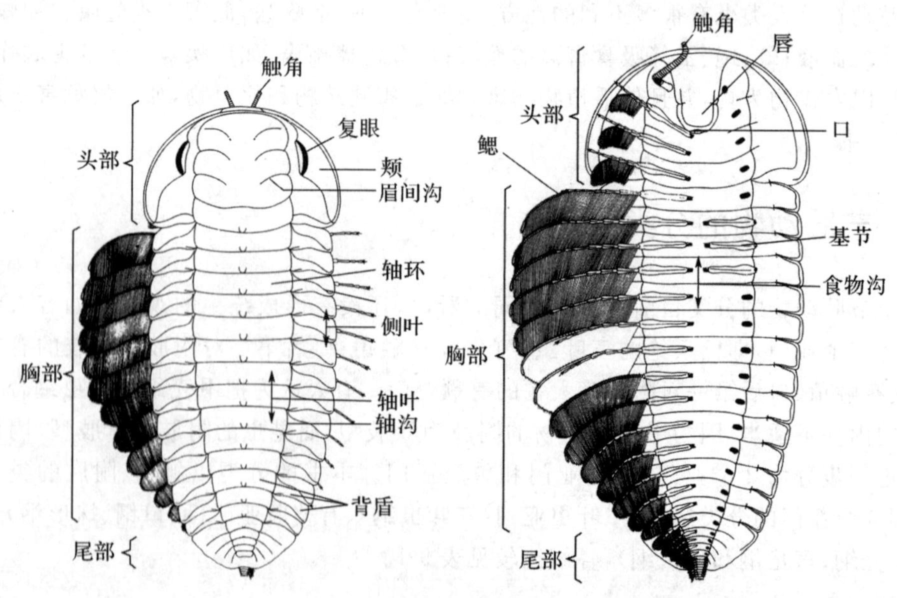

图 9-53 三叶虫的外形图(仿 Cisne)

A. 背面观；B. 腹面观

中央隆起，两侧扁平，外形呈三叶虫状。头部由 4 个体节组成，具有 4 对附肢。第一对附肢为单肢型的触角，其余附肢为双肢型，位于口的周围。头部背面两侧具有一对复眼，腹面中央具有口。胸部和腹部每一体节(除最后一个体节外)具有一对双肢型附肢，内肢分为 7 节，用于爬行；外肢不分节而具有刚毛，用于呼吸。

三叶虫为雌雄异体，卵生，个体发育过程中，形态变化很大，一般划分为 3 期：三叶幼虫(protaspis larva)、中三叶幼虫(meraspis larva)、全三叶幼虫(holaspis larva)(图 9-54)。早期的幼虫仅具有头部，为一个发达的背甲包盖；中期幼虫出现了胸节，但胸尾部尚未分化；后期幼虫出现尾部，体节数逐渐增加，附肢出现。在发育过程中和成体后，三叶虫需要继续蜕皮并生长。

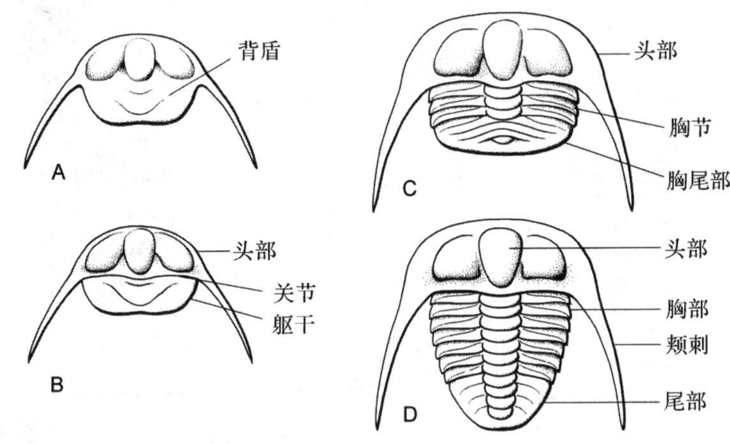

图 9-54　三叶虫的幼虫(仿 Ruppert)

A. 三叶幼虫；B. 中三叶幼虫；C、D. 全三叶幼虫

3.2　甲壳纲(Crustacea)

甲壳纲动物绝大多数生活在水中。身体分为头、胸、腹三部分，或头部和躯干部，或头胸部和腹部。具头甲或头胸甲，外骨骼钙化。头部具 5 对附肢，分别为 2 对触角、1 对大颚和 2 对小颚；胸部具 8 对附肢；腹部附肢或有或退化。排泄器官为触角腺或颚腺，多用鳃呼吸。甲壳纲是节肢动物的第 3 大纲，共约有 35000 种，一般分为 8 个亚纲。

头虾亚纲(Cephalocarida)：海洋底栖生活。身体细长，长约 3 毫米。分为头、胸、腹三部分，体节数多。无眼。2 对触角短小，第 1 对触角单肢型，鞭细长；第 2 对触角双肢型，内肢细小，外肢粗大，长约 18 节。胸部 9 节，各具 1 对附肢。腹部无附肢。尾节具一对尾叉，左右尾叉末端各具 2 刺，其中 1 刺的长度超过体长的一半。如长嵴头虾(*Hutchinosoniella macracantha*)(图 9-55A)。

鳃足亚纲(Brachiopoda)：绝大多数淡水生活。个体小，具有背甲、介甲或无甲。身体分为头和躯干部两部分，头部不与胸部愈合，躯干部不能清楚区分胸部和腹部。胸肢扁平，双肢型，原肢外侧有外叶与上肢，上肢膨大，有呼吸机能。卤虫(*Artemia salina*)(图 9-55B)，没有头胸甲，属于无甲目(Anostraca)，生活于内陆高盐湖泊，也生活于沿海盐场和泻湖中，但不生活于海洋中，滤食性。分布于亚洲、欧洲和美洲，我国西藏高原湖泊以及沿海盐场中都有发现。卤虫可以分为两性生殖和孤雌生殖二大类。在夏天卤虫可以不经受精产卵(夏卵)，卵直接在孵育囊内孵化；秋天卤虫产冬卵(休眠卵)。蟹形鲎虫(*Triops canariformis*)

(图 9-55C),属于背甲目(Notostraca),头胸甲宽大,覆盖头部、胸部和部分腹部,多出现在间隙性小水域中。蚌虫(*Cyzicus tetracerus*)(图 9-55D),属于介甲目(Conchostraca),头胸甲在背中线处向下弯曲,形成左右两片,介甲包围整个身体,具有生长线。蚤状溞(*Daphnia pulex*)(图9-55E),属于肢角目(Cladocera),身体侧扁,壳瓣(头胸甲)大,包被躯干部,仅头部裸露在外,复眼大。

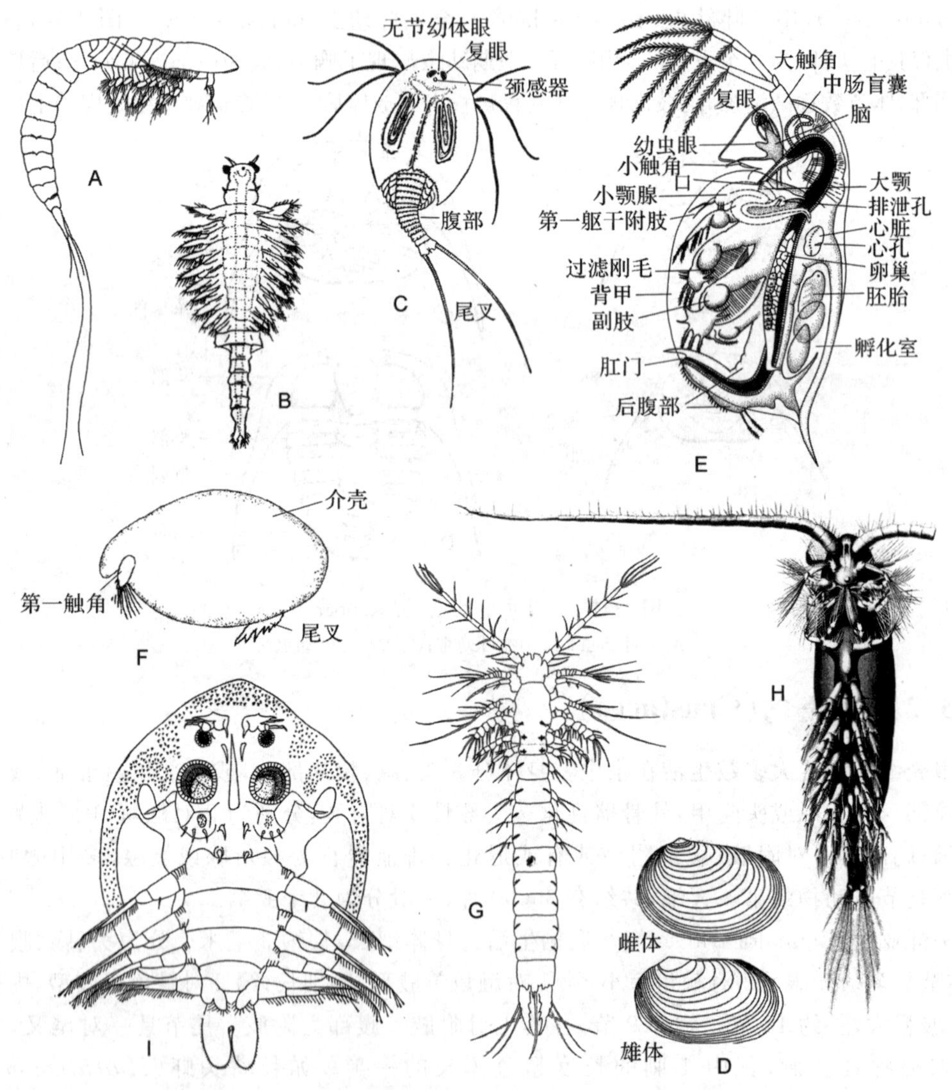

图 9-55　甲壳纲代表动物(仿各家)

A. 长崤头虾;B. 卤虫;C. 蟹形鲎虫;D. 蚌虫;E. 蚤状溞;F. 海萤;G. 勒氏长唇虾;H. 哲水蚤(腹面观);I. 鲤鳋(腹面观)

介形亚纲(Ostracoda):小型个体,体长 0.1～23.0 毫米,整个身体包被在钙化的壳瓣(头胸甲)内,壳板表面没有头胸甲。左右壳瓣不对称,背部铰合,有些具铰合齿。身体分为头和躯干部两部分,躯干部不分节,附肢最多 7 对。如海萤(*Cypridina*)(图 9-55F)。

须虾亚纲(Mystacocarida):体小,圆柱形,体长不超过 0.5 毫米,由头部与 11 个游离体节组成。触角发达。胸肢 5 对,第一对形成颚足,其余 4 对很短,不分节。如勒氏长唇虾(*Derocheilocaris remanei*)(图 9-55G),生活于潮间带沙粒中。

桡足亚纲(Copepoda):个体较小,一般长 0.5～9 毫米,圆柱形,身体明显分为具有附肢而较肥大的前体部,以及没有附肢或只有 1 个附肢的而较瘦小的后体部。无头胸甲;第一胸肢变成颚足;尾节末端具一对尾叉。雌体具有卵囊,发育经过桡足幼虫。自由生活或寄生。哲水蚤(*Calanus*)(图 9-55H),属于哲水蚤目(*Calanoida*),浮游生活,小触角长,第 5 胸节与第 1 腹节之间有 1 可动关节。

鳃尾亚纲(Branchiura):寄生在海洋或淡水鱼的鳃和皮肤以及两栖类的皮肤身上,身体扁平。头胸甲盾状,复眼无眼柄,2 对触角短小,触角上具有钩、刺、爪等结构,第一小颚变成吸盘或钳器。胸肢 4 对,双肢型。腹部短小,不分节,双叶状,无附肢。鲤鲺(*Argulus foliaceus*)(图 9-55I),属于鲺目(Arguloida)。大颚藏于上、下唇构成的口管内,可从口管内伸出,口管前方具有 1 长刺,称为口前刺(preoral sting),唾液腺(毒腺)开口于口前刺的末端。

蔓足亚纲(Cirripedia):生活于海洋,绝大多数种类成体营固着生活,少数寄生。身体分节不明显,外包有外套膜(mantle),外套膜外一般覆有石灰质壳板(calcareous plate)。第一触角细小,第二触角退化。胸肢 6 对,双肢型,内、外肢向前卷曲,都有刚毛和刺,用于摄食,称为蔓足(cirri)。大多数雌雄同体,异体受精。胚后发育经过无节幼体和腺介幼体。茗荷(*Lepas anatifera*)(图 9-56A),属于围胸目(Thoracica),身体分头状部与柄部,头状部扁平,近三角形,外被 5 片白色壳板,以柄部附于漂浮物上,为漂浮性种类。日本笠藤壶(*Tetraclita japonica*)(图 9-56B),属于围胸目,外壳圆锥形,由 4 片壳板组成,内多中空小管,楯板(scutum)内面紫红色,固着于开敞性海岸的岩石上。网纹蟹奴(*Sacculina confragosa*)(图9-56C),属于根头目(Rhizocephala),寄生于蟹体内,无附肢,无消化道,柄形成根状的细管,吸收宿主营养,孵育囊露于体外。

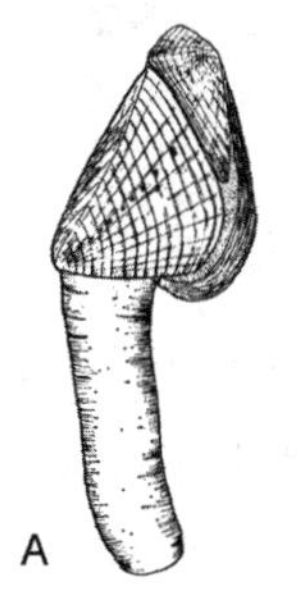

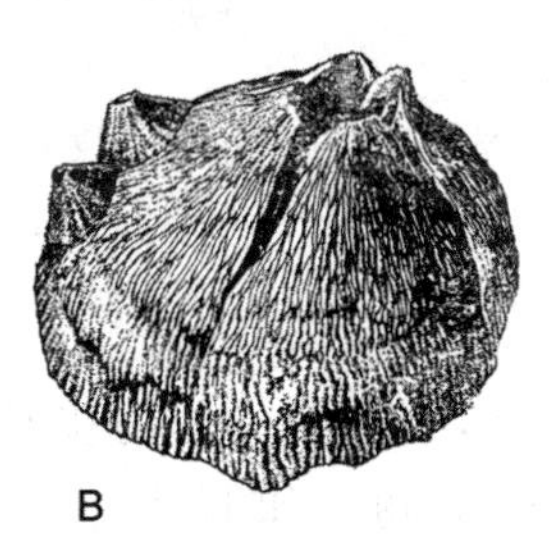

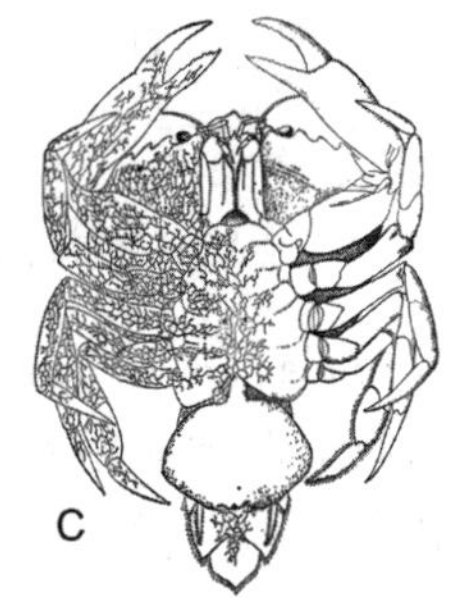

图 9-56　蔓足亚纲动物(仿各家)

A. 茗荷;B. 日本笠藤壶;C. 网纹蟹奴

软甲亚纲(Malacostraca):为较高等的和大型、中型的甲壳动物,身体一般 20～21 节,头部 6 节,胸部 8 节,腹部 6 节或 7 节。头部与胸部或胸部的一部分合成头胸部,头胸甲有或无。除腹部最后一节外,通常每节具 1 对附肢,共 19 对附肢。复眼一对或退化。多数为雌雄异体,雌性生殖孔位于第 6 胸节,雄性生殖孔位于第 8 胸节。有 18000 多种。

糠虾目(Mysidacea):背甲覆盖头胸部的大部分,但不与胸部末 4 节愈合。胸部附肢通常为双肢形。如糠虾(*Mysis*)(图 9-57A)。

等足目(Isopoda):多数海洋生活。身体通常扁平,无头胸甲,胸部发达,腹部短、部分或全部愈合,腹肢双肢型。如海蟑螂(*Ligia exotica*),又称为海岸水虱,体呈长椭圆形,背腹扁平,成群生活于潮间带高潮区岩石间(图 9-57B)。

端足目(Amphipoda):多数海洋生活。体多侧扁,无头胸甲,前 3 对附肢多分节,后 3 对附肢极少分节。如麦秆虫(Caprella)(图 9-57C)。

磷虾目(Euphausiacea):远洋生活的小型虾类,鳃裸露,8 对胸肢形态相似,均为双肢型,未分化为颚足,具有发光器(photophora)。如大夜明磷虾(*Meganyctiphanes*),是海洋鱼类和鲸的重要食物来源(图 9-57D)。

口足目(Stomatopoda):海洋生活。头胸部较短,头胸甲不能完全掩盖胸部,前 5 对胸肢(颚足)发达,指节转向前方,尤以第 2 节胸肢特别强大,后 3 对胸肢呈叉状步足。如口虾蛄(*Oratosquilla oratoria*)(图 9-57E)。

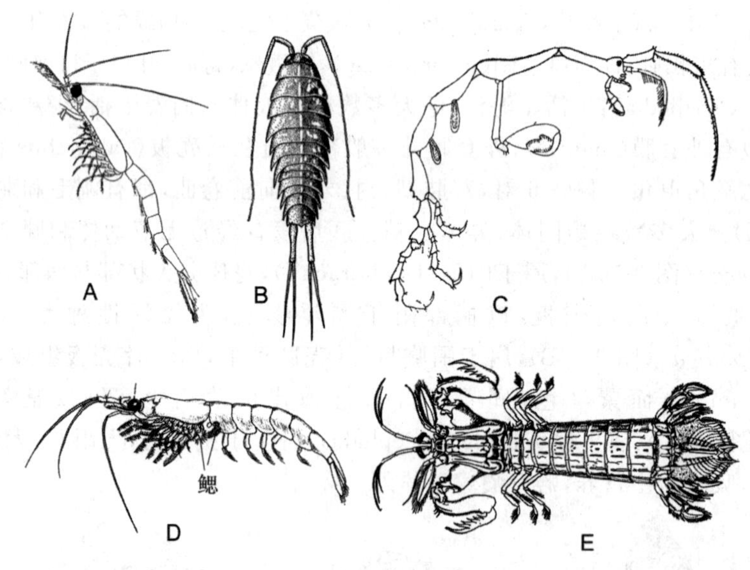

图 9-57 软甲亚纲动物(仿各家)

A. 糠虾;B. 海蟑螂;C. 麦秆虫;D. 大夜明磷虾;E. 口虾蛄

十足目(Decapoda):多数海洋生活,少数淡水或陆生。体型大,头胸部 13 节(头部 5 节和胸部 8 节),胸部前 3 对附肢为颚足,后 5 对附肢为步足,其中至少 1 对步足为钳状。有 1 万多种,很多是重要的食用甲壳动物。如日本沼虾(*Macrobrachium nipponense*)(图 9-58A),又称为青虾、河虾,生活于淡水和河口咸淡水,是国内主要的淡水虾类。体长 40~80 毫米,体表具青绿色或棕色斑纹,头胸部较粗大,额剑上缘平直。罗氏沼虾(*Macrobrachium rosenbergii*),原产于东南亚,是我国淡水虾类养殖的主要种类。成体生活于淡水或咸淡水,幼体在咸淡水中发育。个体大,体长可达 320 毫米,体重可达 600 克以上,额剑上缘基部有显著的鸡冠状隆起。中国明对虾(*Fenneropenaeus chinensis*)(图 9-58B),为我国北方养殖的重要海水虾类。个体大,雌虾体长可达 240 毫米,雄虾可达 170 毫米。甲壳薄而透明,雌性青蓝色,雄性棕黄色;雌性具纳精囊,雄性具交接器。中国明对虾具有洄游习性,每年 3 月自黄海南部的越冬场向渤海湾及辽东湾作索饵和生殖洄游,冬季又沿着与北上时相近的途径,游向黄海南部的深水处,躲避严寒,作越冬洄游。克氏原螯虾(*Procambarus clarkii*),原产北美,由日本传入我国。前 3 对步足为钳状,以第 1 对最发达。中国龙虾

(*Panulirus stimpsoni*)(图9-58C)仅产于我国东海和南海浅海区域,头胸甲呈圆筒形,无额剑,第2触角鞭粗大,步足皆不呈钳状。中华绒螯蟹(*Eriocheir sinensis*)(图9-58D),又称为河蟹、毛蟹,是我国的淡水蟹类养殖种类。头胸甲成圆方形,雄螯比雌螯大,掌节与指节基部的内外面均密生绒毛。中华绒螯蟹成体一般栖息于淡水,秋季洄游到近海河口交配产卵,翌年春季孵化,幼体变态为大眼幼体、幼蟹后,溯江而上,回到淡水中生长。三疣梭子蟹(*Portunus trituberculatus*)(图9-58E),又称枪蟹,是一种重要的海洋经济蟹类。头胸甲横宽,呈菱形,侧缘具有9枚刺,以第9刺最长,第5步足呈游泳足。

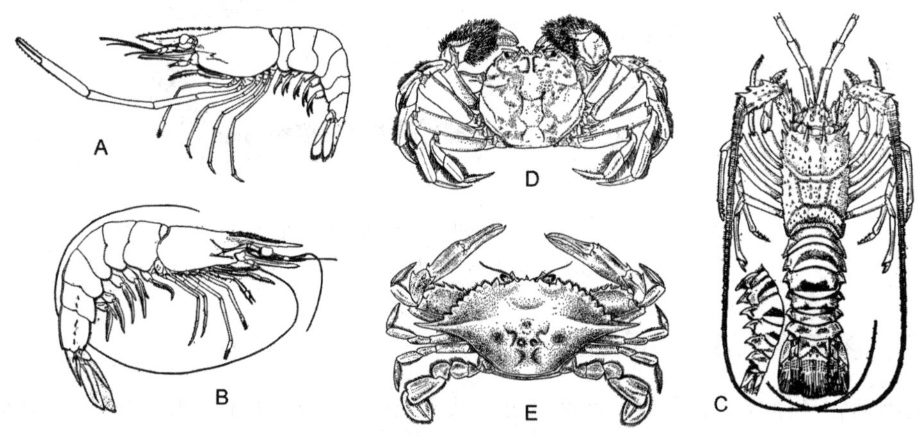

图9-58 软甲亚纲十足目动物(仿各家)

A. 日本沼虾;B. 中国明对虾;C. 中国龙虾;D. 中华绒螯蟹;E. 三疣梭子蟹

3.3 肢口纲(Merostomata)

身体分头胸部和腹部两个部分(图9-4)。头胸部也称为前体部(prosoma),背面被以半圆形马蹄状头胸甲;腹部的末端具有一细长的剑形尾刺(tail spine),故又称为剑尾类。头胸甲背面具一条中央嵴和一对侧嵴。中央嵴前端两侧有一对中央眼(单眼),左右侧嵴两侧各具1个较大的复眼。头胸部有6对圆柱形附肢,位于口的周围。腹部体节愈合或分离,一般为5、6节或更多节不等,具有6对附肢。雌雄异形。肢口纲大多数种类为化石,现存种类仅3属4种,属于剑尾目(Xiphosurida)鲎科(Limulidae),都生活于浅海沙质海底,具有钻入表层泥沙中生活的习性。中国鲎(*Tachypleus tridentatus*)分布于浙江舟山以南沿海;圆尾鲎(*Carcinoscorpius rotundicauda*)分布于南海北部湾和东南亚。

3.4 蛛形纲(Arachnida)

蛛形纲动物身体分为头胸部和腹部,或愈合。无触角。头胸部具1对螯肢(chelicera)、1对脚须(pedipalp)和4对步足。腹部无运动附肢。马氏管起源于中肠。蛛形纲动物绝大多数适应陆地生活,少数生活于淡水或海洋中。陆生种类通常隐蔽生活,昼伏夜出,多生活于土壤、森林、草丛及各种缝隙中。陆生的蜘蛛能纺丝,有些种类织网并栖息在空中。蛛形纲已知种类约有70000种,是节肢动物的第二大纲。东亚钳蝎(*Buthus martensi*)(图9-59A),属于蝎目(Scorpiones),是一种重要的中药。体长形,螯肢较小,末端钳状;脚须很大,末端钳状,用于捕食。大腹圆蛛(*Araneus ventricosus*)(图9-59B),属于蜘蛛目

(Araneida),头胸部和腹部有腹柄相连,螯肢具毒腺,腹部具纺器;常在庭院织网,网呈车轮状。棉红蜘蛛(*Tetranychus telarius*)(图 9-59C),属于蜱螨目(Acarina),个体小,圆形,头胸部与腹部愈合,不分节;危害棉花等农作物。

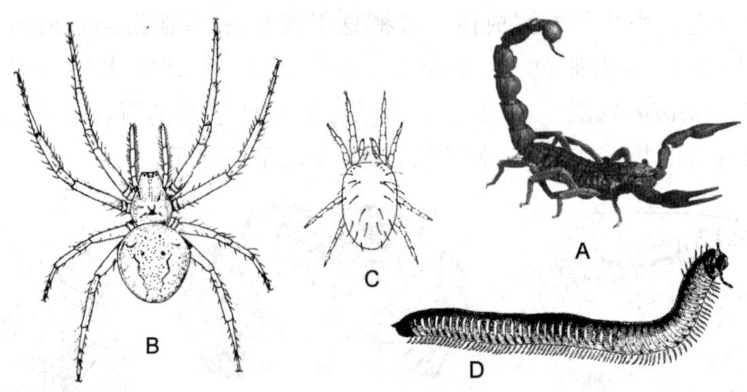

图 9-59 肢口纲、蛛形纲和多足纲代表(仿各家)

A. 东亚钳蝎;B. 大腹圆蛛;C. 棉红蜘蛛;D. 马陆

3.5 多足纲(Myriapoda)

多足纲动物身体分头部和躯干部两部分。头部具有 1 对触角、1 对大颚和 1~2 对小颚。躯干部每一体节具有 1~2 对附肢。陆生,隐居于泥缝、石隙和落叶间,夜出活动,捕食蚯蚓、昆虫等小动物(蜈蚣)或摄取植物(马陆)。我国的现存种类分属于 2 个亚纲,即唇足亚纲(Chilopoda)和倍足亚纲(Diplopoda)。

唇足亚纲动物体型扁平,身体分头和躯干部,口器具 1 对大颚和 2 对小颚,躯干部每节具 1 对足,第 1 对特化为毒颚,生殖腺位于消化管背方,生殖孔开口于身体末端第 2 节。如分布长江以南的石蜈蚣(*Lithobius*)(图 9-46)。倍足亚纲动物体型圆筒形,躯干部可以分为短的胸部和很长的腹部。口器具 1 对大颚和 1 对小颚。胸部第 1 节没有附肢,第 2~4 节具 1 对附肢,以后各节具有 2 对附肢,无毒颚。生殖腺位于消化管腹方,生殖孔开口于头后第三节。如马陆(*Julus*)(图 9-59D)。

3.6 昆虫纲(Insecta, Hexapoda)

昆虫纲是动物界中最大的一个纲,已描述的种数约 90 万种,占节肢动物门种数的 94%以上,也占整个动物界种数的 80%以上。昆虫是陆地、淡水或寄生生活的小型动物,身体分为头(head)、胸(thorax)和腹(abdomen)三部分(图 9-2)。头部是昆虫的摄食和感觉中心,具有 1 对触角,1 对复眼及 3 对附肢构成的口器。胸部是运动中心,由 3 个体节组成,具有 3 对足和 2 对翅。腹部是代谢及繁殖中心,一般具有 11 个体节,无运动用的附肢,但在 8~9 节常具有附肢特化形成的交尾或产卵的结构。昆虫的分目,由于强调的分类特征不同,存在着不同的分类系统。现国内一般根据翅的有无、口器类型、变态类型及翅的类型等特征将昆虫分为两个亚纲(无翅亚纲和有翅亚纲)和 34 个目,各目成虫主要特征如表 9-2 所示。

表 9-2　昆虫纲各目的比较

目	口器	翅		变态	其他特征
		前	后		
原尾目	咀嚼	无		增节变态	无复眼,上颚针状
缨尾目	咀嚼	无		表变态	体有鳞片,尾须长,常有中尾丝
双尾目	咀嚼	无		表变态	尾须管状
弹尾目	咀嚼或刺吸	无		表变态	无复眼,第 4 或第 5 节有弹器
直翅目	咀嚼	革质,复翅	膜质,扇形	渐变态	后足适于跳跃或前足适于开掘
蛩蠊目	咀嚼	无		渐变态	尾须长
蜚蠊目	咀嚼	革质	膜质	渐变态	前胸背板大,足适于疾走
竹节虫目	咀嚼	无或有		渐变态	触角、中后胸及足细长,拟态
螳螂目	咀嚼	革质	膜质	渐变态	前足适于捕捉
革翅目	咀嚼	鞘质,短	膜质,扇形	渐变态	尾须特化为尾铗
重舌目	咀嚼	无		渐变态	尾须不分节,胎生,寄生于鼠体上
襀翅目	咀嚼	膜质,狭长	膜质,宽大	渐变态	触角和尾须细长
等翅目	咀嚼	有或无,膜质,2 翅相同		渐变态	复眼退化,触角念珠状,社会性昆虫
缺翅目	咀嚼	有或无		渐变态	无翅者无复眼,触角小球状
纺足目	咀嚼	膜质	膜质	渐变态	前足具纺器、翅脉简单
啮虫目	咀嚼	有或无		渐变态	下颚内颚叶针状
食毛目	咀嚼	无		渐变态	复眼退化,多寄生于鸟类体外
虱目	刺吸	无		渐变态	足具爪,适于握发,寄生于哺乳动物体表
蜉蝣目	咀嚼,极退化	膜质,大	膜质,很小	原变态	2～3 条长丝状尾须
蜻蜓目	咀嚼	膜质,大	膜质,很小	半变态	眼大,触角短小
缨翅目	锉吸	有或无,膜质,具缘毛		过渐变态	翅脉极少,具蛹期特征
半翅目	刺吸	半鞘翅	膜质	渐变态	口器在头前端伸出
同翅目	刺吸	有或无,膜质,前翅大		渐变态	后口式
广翅目	咀嚼	膜质,前后翅相似		完全变态	幼虫水生,前胸正方形
脉翅目	咀嚼	膜质,翅脉网状		完全变态	捕食性益虫
蛇蛉目	咀嚼	膜质,前后翅翅脉相同		完全变态	前胸细长如颈
长翅目	咀嚼	膜质,前后翅相似		完全变态	口器延长成喙状
毛翅目	咀嚼,不发达	膜质,翅面具毛		完全变态	口器仅适于舐吸液体食物
鳞翅目	虹吸	鳞翅		完全变态	复眼大,触角多样
鞘翅目	咀嚼	鞘翅	膜翅	完全变态	前胸大,中胸小
撚翅目	退化	棒状	膜质,扇形	完全变态	雄成虫为甲虫型,雌成虫为幼虫性
膜翅目	咀嚼或嚼吸	膜质,2 对或无		完全变态	腹部第 2 节形成细腰
双翅目	刺吸或舐吸	膜质	平衡棒	完全变态	中胸特别发达
蚤目	刺吸	无		完全变态	眼不发达或无,足适于跳跃

无翅亚纲(Apterygota):原始无翅,体型微小,均在 2.5 厘米以下。无明显变态。胸足发达,腹部一般有 9~12 个环节,各节有附肢的痕迹,第 11 节常具尾须(cerci)。多陆栖,喜潮湿。已知种类在 3 万种以上,包括原尾目、缨尾目、双尾目和弹尾目 4 个目。

原尾目(Protura):昆虫纲中最原始的类群。个体微小,体长 0.6~1.5 毫米。原始无翅,无眼,无触角,具拟单眼(pseudocelli)1 对,口器细长针状,3 对胸足,前足长过头部。增节变态。如普通古蚖(*Eosentomon communis*)(图 9-60A)。

缨尾目(Thysanura):个体小型,体长可达 30 毫米,被有鳞片。无翅,丝状触角,30 节以上,具复眼和单眼,触角丝状,30 节以上,尾端具 1 对细长的尾须和 1 条中尾丝(median caudal filament)。变态极微,称为表变态(epimetabola)。如多毛栉衣鱼(*Ctenolepisma villosa*)(图 9-60B),啮咬衣服和书籍。

双尾目(Diplura):个体小,体长 8~9 毫米。无翅,无眼,咀嚼式口器,触角长,尾端有 1 对管状尾须或尾铗,无中尾丝。如毛双尾虫(*Lepidocampa weberi*)(图 9-60C)。

弹尾目(Collembola):个体小,体长 0.2~3 毫米,最长可达 9 毫米。无翅,无复眼,但有 8 个或以下的离小眼(ommata)群,口器咀嚼式或刺吸式,触角 4~6 节。腹部第 1 节腹面具腹管突(黏管),第 3 节腹面具握弹器(tenaculum),第 4 或第 5 节腹面有 1 分叉的弹器。如绿圆跳虫(*Seminthurus viridis*)(图 9-60D)。

有翅亚纲(Pterygota):原始有翅,少数翅退化。腹部除尾须和产卵器外无其他附肢。胚后发育有变态。已知种类在 8 万种以上,分属于以下 30 个目。

直翅目(Orthoptera):中型或大型个体。咀嚼式口器。前翅革质,为复翅(tegmina);后翅膜质,折于前翅之下。后足适于跳跃或前足适于开掘。渐变态。种类较多,约有 12000 种。如东亚飞蝗(*Locusta migratoria*)(图 9-60E)、中华稻蝗(*Oxya chinensis*),听器位于第 1 腹节左右两侧,雄虫以同侧的前翅和后足摩擦发声;蟋蟀(*Gryllulus chinensis*)、纺织娘(*Mecopoda elongata*),听器位于前足胫节,雄虫以左右前翅摩擦而发生。

蛩蠊目(Grylloblattodea):个体小,细长,体长 12~30mm,苍白色,无翅,形似大型双尾目动物。如 1985 年发现于长白山区的中华蛩蠊(*Galloisiana sinensis*)(图 9-60F);

蜚蠊目(Blattaria):俗称蟑螂。体阔而扁,头小,前胸背板发达,盖于头上,触角长丝状。前翅牛皮纸状,后翅膜质;足适于疾走。如蜚蠊(*Blatta*)(图 9-60G)。

竹节虫目(Phasmida):中型或大型昆虫,躯体延长成棒状或阔叶状,最长可达 26~33 厘米,体表无毛。头小,丝状触角细长;足细长,翅退化。雄虫稀少,常行孤雌生殖。善拟态。如棉秆竹节虫(*Sipyloidea sipylus*)(图 9-60H)。

螳螂目(Mantodea):中型或大型昆虫,细长,一般绿色。头三角形,复眼突出,丝状触角细长,咀嚼式口器;前胸甚长,前足为捕捉足(raptorial leg)。如中华大刀螳螂(*Tenodera sinensis*)(图 9-61A),捕食其他昆虫。

革翅目(Dermaptera):俗称蠼螋。前翅革质,极短而后端平截;腹端多具由尾须特化的钳状尾铗(forceps)。全世界已知约 1200 种,中国已知 70 余种。如欧洲蠼螋(*Forficula auricularia*)(图 9-61B)。

重舌目(Diploglossata):本目昆虫又名鼠螋。体小,长 8~9mm,扁平,眼退化,触角丝状多节,但不长,咀嚼式口器,无翅,有一对长而不分节的尾须。寄生在鼠体上,如 *Hemimerus talpoides*(图 9-61C)。国内尚无记载。

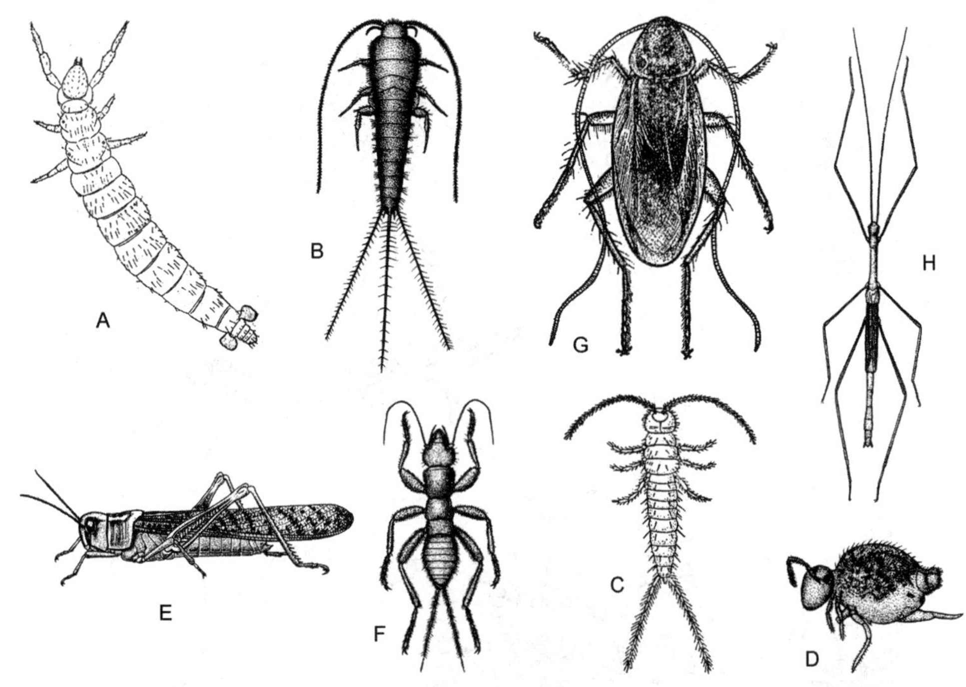

图9-60　昆虫纲代表动物Ⅰ(仿各家)

A. 普通古蚖;B. 多毛栉衣鱼;C. 毛双尾虫;D. 绿圆跳虫;E. 东亚飞蝗;F. 中华蛩蠊;G. 蜚蠊;H. 棉秆竹节虫

襀翅目(Plecoptera):俗称石蝇。体中型或大型,细长、柔软。头阔,丝状触角长,复眼小,单眼3个。翅膜质,前翅狭长,后翅臀区大。如襀翅虫(Kiotina)(图9-61D)。

等翅目(Isoptera):俗称白蚁(*termites*)。个体中等大小,社会性昆虫。触角念珠状,眼退化,咀嚼式口器,有翅者前后者大小、翅脉相等。如散白蚁(*Reticulitermes*)(图9-61E),啃食木材。

缺翅目(Zoraptera):稀见昆虫,体型微小,体长不超过3毫米。体色苍白,外形极似缩小的白蚁。全世界已知种类不足30种;中国已知2种,分布在西藏自治区东南部。如中华缺翅虫(*Zorotypus sinensis*)(图9-61F)。

纺足目(Embioptera):俗称丝蚁。微小、细长的双尾虫型昆虫。体色多暗色、黑色,有的有金属光泽,前足第1跗节有纺丝器(spinning organ)。已知140种,中国已有记录的共5种。如等尾丝蚁(*Oligotoma saundersii*)(图9-61G)。

啮虫目(Corrodentia):小型个体,长1～7毫米,体多褐色,口器的下颚内颚叶为针状,唇舌有1对分为2叶的纺丝器。如书虱(*Liposcelis divinatorius*)(图9-61H),啮食动植物尸体。

食毛目(Mallophaga):又称鸟虱目,体外寄生性昆虫。个体微小,长0.5～6毫米,扁平,体壁骨化程度极高。如鸡虱(*Menopon gallinae*)(图9-62A)。

虱目(Anoplura):俗称虱子。体小,长0.35～6.5毫米,背腹扁平,灰白色,头小,触角短,复眼退化,无单眼,刺吸式口器,无翅。如人虱(*Pediculus humanus*),吸食人血,传播斑疹伤寒(图9-62B)。

蜉蝣目(Ephemerida):是最原始的有翅昆虫,稚虫水生,成虫生活时间极短。体小至中型,长形,雄性复眼常分为两个部分,腹部末端具1对长尾须,有的种还具1条中尾丝。稚虫

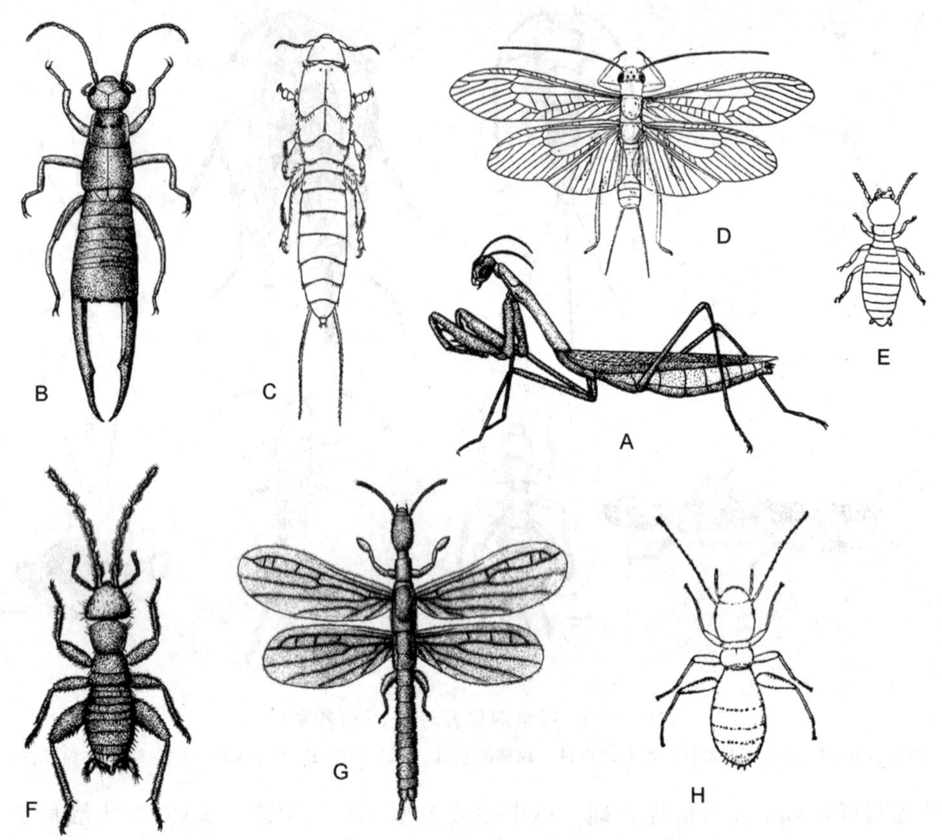

图 9-61 昆虫纲代表动物Ⅱ(仿各家)

A. 中华大刀螳螂;B. 欧洲蠼螋;C. 重舌虫;D. 襀翅虫;E. 散白蚁的工蚁;F. 中华缺翅虫;G. 等尾丝蚁;H. 书虱

具有片状或丝状气管鳃。如短丝蜉(*Siphlonurus*),日落后常在水边群舞、交配(图 9-62C)。

蜻蜓目(Odonata):多数为大、中型昆虫。头大且活动自如,复眼大,触角细小。两对翅均为膜质、坚硬,网状翅脉,翅前缘近翅顶处常有翅痣(pterosigma)。如蜻蜓(*Aeschna*),静止时两翅平伸。豆娘(*Archilestes*),静止时两翅竖起(图 9-62D)。

缨翅目(Thysanoptera):通称蓟马。体细长,略扁,长 0.5～14 毫米。触角念珠状,锉吸式口器,翅脉少或无,翅缘具长毛。世界已知 4500 余种,中国已知 90 余种,危害农作物。如横纹蓟马(*Aeolothrips fasiatus*)(图 9-62E)。

半翅目(Hemiptera):通称为蝽类(true bugs)。前翅基部革质,端部膜质。后胸具臭腺。中国已记录有 2000 多种。如温带臭虫(*Cimex lectularius*),半鞘翅成为短板状,无后翅,夜出吸食人血。三点盲蝽(*Adelphocoris taeniophous*),对华北、西北的棉花危害严重(图 9-62F)。

同翅目(Homoptera):个体大小、形态变化较大。刺吸式口器在头部腹面靠近胸部的地方伸出。翅 2 对,膜质;前翅质地稍加厚,休息时叠翅于背上,呈屋脊状。少数种类无翅。如棉蚜(*Aphis gossypii*),大青叶蝉(*Cicadella viridis*)(图 9-62G),吸食植物汁液,严重危害农作物。

广翅目(Megaloptera):个体中大型,前胸短,呈方形;翅 2 对,较大,膜质,前后翅大小及结构相似。如东方巨齿蛉(*Acanthacorydalis orientalis*)(图 9-62H)。

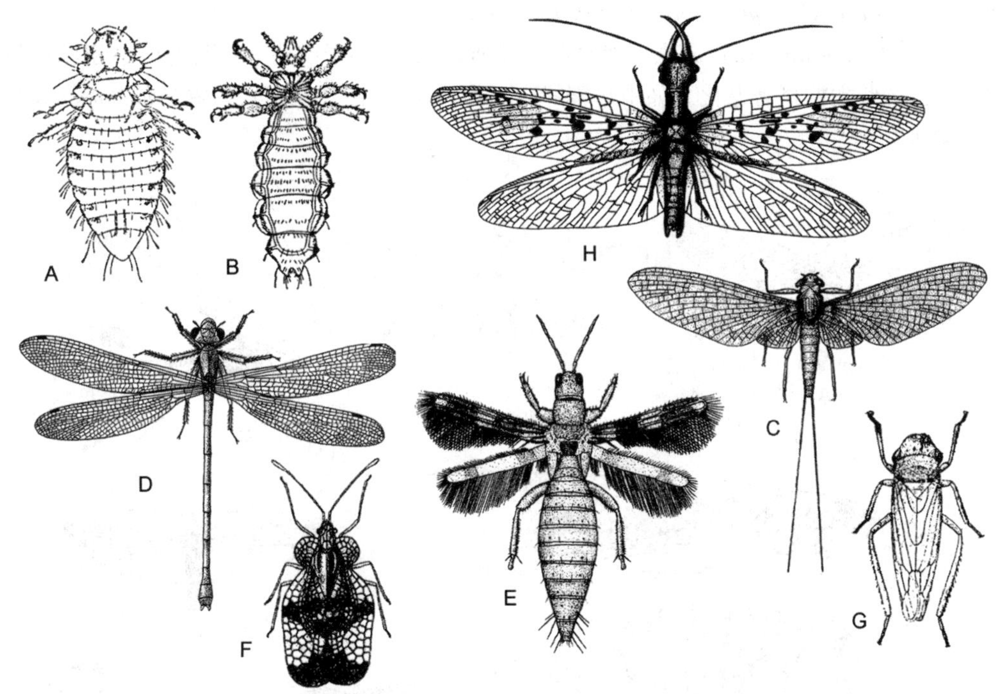

图 9-62　昆虫纲动物Ⅲ(仿各家)

A. 鸡虱；B. 人虱；C. 短丝蜉；D. 豆娘；E. 横纹蓟马；F. 三点盲蝽；G. 大青叶蝉；H. 东方巨齿蛉

脉翅目(Neuroptera)：通称蛉，为捕食性益虫。中小型昆虫，前胸短，不呈方形。2 对膜质翅，大小与翅脉均相似。如草蛉(*Chrysopa*)(图 9-63A)，捕食蚜虫。

蛇蛉目(Raphidiodea)：前胸细长如颈，前后翅相似，膜质，横脉多，具翅痣。幼虫树栖，为捕食性昆虫。如西岳蛇蛉(*Agulla xiyue*)，分布于华山(图 9-63B)。

长翅目(Mecoptera)：小型或中型昆虫，体细长。头部延长，复眼大，咀嚼式口器，足细长。如蝎蛉(*Panorpa*)(图 9-63C)。

毛翅目(Trichoptera)：幼虫俗称石蚕，成虫称为石蛾。中小型昆虫，外形似鳞翅目蛾类，多毛，颜色一般为保护色，丝状触角，咀嚼式口器。如石蛾(*Stenopsyche*)(图 9-63D)。

鳞翅目(Lepidoptera)：个体小型至大型。头发达，具有大的复眼，触角多羽状，成虫口器虹吸式或退化。2 对膜质翅，表面具鳞片。本目已报道有 14 万多种的蝶类和蛾类。如苹果透翅蛾(*Conopta hector*)(图 9-63E)、橘黄粉蝶(*Papilio xuthus*)，以植物为食；家蚕(*Bombyx mori*)，丝腺由唾液腺特化形成，我国在 3 千年前就开始饲养。

鞘翅目(Coleoptera)：俗称甲虫，是昆虫纲中最大的一个目，种类数超过 33 万种，约占昆虫纲种类数的 40%。前翅角质，坚硬，无翅脉；后翅膜质。少数水生，如龙虱(*Cybister japonicus*)；大多数陆生，如铜绿金龟(*Anomala corpulenta*)、独角仙(*Xylotrupes dichotomus*)和星天牛(*Anoplophora chinensis*)等以植物或植物液汁为食，又如七星瓢虫(*Coccinella septen*)(图 9-63F)，捕食蚜虫。

捻翅目(Strepsiptera)：微型昆虫，寄生于其他昆虫。雌雄异型，雄成虫为甲虫状，长 1.5～4毫米；雌性成虫为幼虫型，多为蛆状。雄虫前翅退缩为假平衡棒(pesudohalters)。如拟蚤蝼蝙(*Tridactyloxemos coniferus*)(图 9-63G)。

膜翅目(Hymenoptera):成虫一般具两对膜质翅,后翅小于前翅,以翅钩连锁;翅脉比较复杂,变化大,有些类群显著退化。如中华蜜蜂(*Apis cerana*)(图 9-63H)、蚂蚁(*Monomorium*),为社会性昆虫。

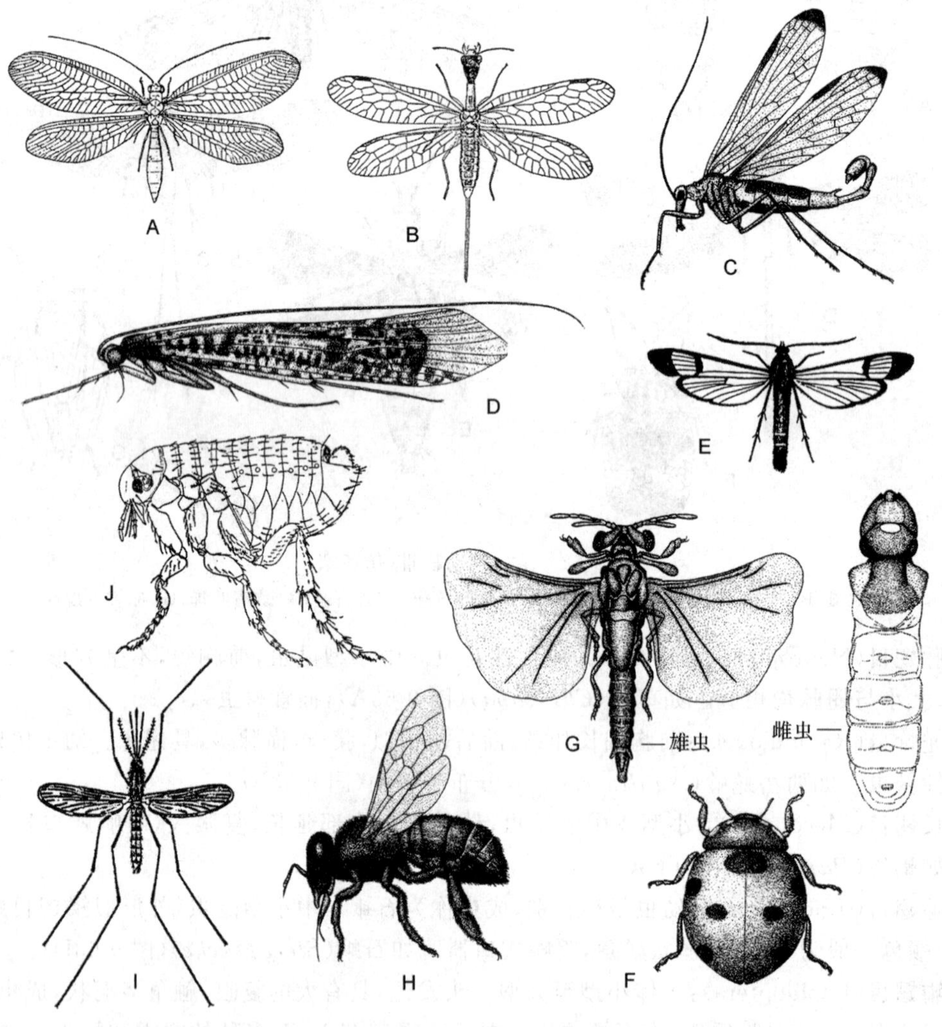

图 9-63 昆虫纲动物代表Ⅳ(仿各家)

A. 草蛉;B. 西岳蛇蛉;C. 蝎蛉;D. 石蛾;E. 苹果透翅蛾;F. 七星瓢虫;
G. 拟蚤蝼蝙;H. 中华蜜蜂;I. 中华按蚊;J. 人蚤

双翅目(Diptera):体微小至中型。头发达,复眼很大,刺吸式口器或舐吸式口器,后翅退化为平衡棒。分为蚊和蝇两类,蚊类腿细长,蝇类身体粗短。如家蝇(*Musca domestica*),一只家蝇可带菌 5 亿个,传播肠胃传染病菌等病原菌;库蚊(*Cluex*)、按蚊(*Anopheles*)(图 9-63I)和伊蚊(*Aedes*)等,吸食人血,传播疾病。

蚤目(Siphonaptera):体外寄生型昆虫。体微小,左右侧扁,棕黑色。无翅,足长而善于跳跃。人蚤(*Pulex irritans*)(图 9-63J),多寄生于人和狗,体长 2 毫米,可跳高 200 毫米,跳远 330 毫米。

4　节肢动物的系统发生

多数学者认为节肢动物是由环节动物或类似于环节动物的祖先进化而来。理由是两者在构造上有相似性:①身体都具体节。②神经系统基本上是相同的,都由分叶的脑、围食道神经环,食道下神经节和腹神经索组成。③发育过程中都具有体节数增加的现象,而且新增体节都在尾节前形成。④节肢动物的有些排泄器官(如绿腺和基节腺)与环节动物的体腔管(后肾管)同源。⑤循环系统都位于消化管的背方。⑥节肢动物叶状附肢的构造与多毛纲的疣足相似。而古生物学研究证据表明节肢动物和环节动物在前寒武纪(Precambrian)就已经出现了,说明这是两个古老而又紧密联系的动物类群。

但是关于节肢动物内各类群之间的起源问题上各学者间存在多种意见。一种意见认为节肢动物起源于一个共同的环节动物祖先,即一元论(monophyletic theory)。先由环节动物的祖先进化成类似三叶虫的原始节肢动物,再由此分成两支,一支演化为甲壳纲、多足纲和昆虫纲,另一支演化为肢口纲和蛛形纲。还有一些学者认为节肢动物是一个多系群(polyphyly),是宗谱线上的一个级别而不是一个分支,因此提出了二元论和多元论。二元论(diphyletic theory)认为节肢动物是由不同的两个似环节动物的祖先沿着两条不同的进化路线发展起来的。其一是:有爪动物(见附章)→多足纲→昆虫纲,这个进化方向显示了动物由海栖到陆栖的发展。其二是,三叶虫纲→甲壳纲→肢口纲→蛛形纲,这是一个海洋起源的进化路线。多元论(polyphyletic theory)认为节肢动物由多个不同的环节动物祖先进化而来。如伊万诺夫(Ivanov)认为节肢动物具有三个不同的起源:一是甲壳纲,其幼虫具有 3 个体节;二是三叶虫纲、肢口纲和蛛形纲,其幼虫具有 4 个体节;三是有爪动物、多足纲、昆虫纲,其幼虫期具更多个体节。这三类各有不同的环节动物祖先进化而来。

有爪动物和缓步动物(见附章)也起源于原始的环节动物祖先,与节肢动物的起源具有密切的关系。一个共同的类似于环节动物的祖先(同律分节、混合体腔、叶状附肢和周期性蜕皮),首先在前寒武纪分化形成第一个分支,即有爪动物;接着缓步动物和节肢动物的共同祖先(肌肉束、步足、成对的肾消失)继续分化形成第二个分支缓步动物;然后节肢动物的祖先开始节肢化,出现原节肢动物(proarthropod)(外骨骼由具关节的骨片组成、附肢具关节、附肢内出现内生肌肉束)。由原节肢动物继续分化成现有的各个纲。三叶虫纲的身体分化比较简单,除触角外的附肢都为双肢型,因而比较原始。三叶虫和肢口纲的幼虫非常相似,一般认为两者也具有较近的亲缘关系。蛛形纲和肢口纲的结构特征相似,如身体分为头胸部和腹部两部分,头胸部附肢的分化情况相似,书肺和书鳃同源,说明两者的亲缘关系密切,都起源于海洋,适应水陆不同生活环境的结果。而三叶虫水生,用鳃呼吸,和低等的甲壳动物很相近。甲壳纲与多足纲、昆虫纲都具有大颚,具有明显的亲缘关系。多足纲和昆虫纲都以气管呼吸、具 1 对触角、大颚起源于第 4 头节和具外胚层起源的马氏管,因而认为昆虫纲是从多足纲进化而来的。

5 节肢动物小节

节肢动物身体两侧对称，异律分节，体节常愈合；身体可分为头、胸、腹三部分，或头部与胸部愈合为头胸部，或胸部与腹部愈合为躯干部；分节的附肢可以分为双肢型和单肢型，特化的附肢的形态结构变化大，执行各种不同的活动；节肢动物的体壁由外骨骼（角质膜）、上皮细胞层和底膜三部分组成。外骨骼由几丁质—蛋白质组成，具有周期性蜕皮现象；肌肉为横纹肌，附着在外骨骼上；混合体腔，开管式循环系统；成体的真体腔仅残留在生殖腔和排泄腔；具有完全的消化系统，包括前肠、中肠和后肠三部分；水生种类的呼吸器官为鳃或书鳃，陆生种类为气管或书肺或两者兼有，小型节肢动物靠体表交换气体；具有两种结构和起源不同的排泄器官：由肾管演变而成的绿腺、颚腺、基节腺等，和消化管突出形成的马氏管；链状神经系统，神经节趋于愈合，感觉器官发达，复眼由大量小眼组成；具有复杂的内分泌系统，由其分泌的激素调控生长和发育；大多数雌雄异体，少数雌雄同体，多数为体内受精，表面卵裂，直接发育或间接发育，其中昆虫具有复杂的变态过程。根据触角、附肢的类型，节肢动物可以分为 3 个亚门 6 个纲，即三叶虫亚门（三叶虫纲）、有螯肢亚门（肢口纲、蛛形纲）和有颚亚门（甲壳纲、多足纲和昆虫纲）。

第 10 章　棘皮动物门(Echinodermata)

1　棘皮动物的主要特征

棘皮动物是动物界唯一一类幼体两侧对称、成体却以五出辐射对称(pentamerous radial symmetry)为主的动物,与该动物成体不太活动或固着生活有关;具有中胚层起源的内骨骼,这些由石灰质组成的小骨片,包被在表皮之下,常向外突出形成棘(papilla)或刺(spine),使动物皮肤显得十分粗糙,故名棘皮动物;具有广阔的次生体腔,并具特殊的水管系统(water vascular system)、围血系统(perihemal system),这些系统都是次生体腔特化的一部分,担任着重要的生理机能;棘皮动物无心脏或类似心脏的器官,其血系统(hemal system)大多不明显,包在围血系统空隙中。由于活动迟缓,故棘皮动物感觉器官不发达,而且神经系统缺乏神经节;绝大多数雌雄异体,产均黄卵,辐射型卵裂,以内陷法形成原肠胚,以肠腔法形成中胚层和体腔(见第 2 章),个体发育中有各型幼虫;棘皮动物的胚胎在发育到原肠胚时,在原口(胚孔 blastopore)相反的一端形成一个新的开口,称为后口,而原口则成为肛门,以这种方式形成口的动物,统称为后口动物(deuterostome)。除棘皮动物外,毛颚动物、须腕动物、半索动物和脊索动物在演化均属于后口动物。

棘皮动物全部海生,大小从几毫米到几十厘米不等,广泛分布在从浅海到数千米的深海。

2　棘皮动物的生物学

2.1　外形特征

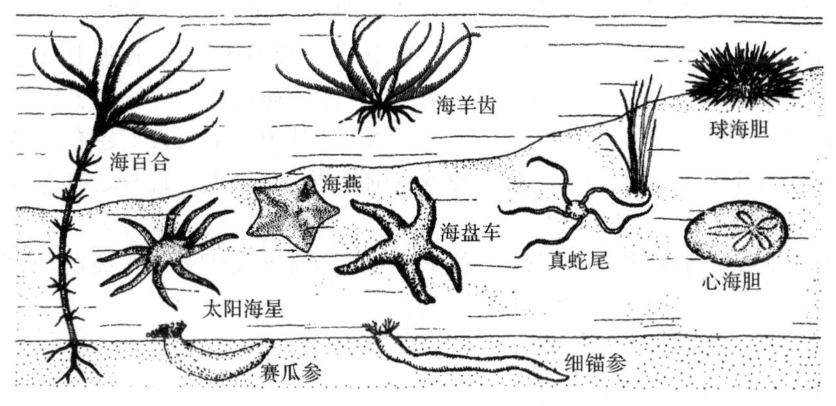

图 10-1　常见棘皮动物的各种体形(仿 Jessop)

棘皮动物成体的体形多样，有星形、球形、圆柱形或树状分支形等（图 10-1），但基本上都属于辐射对称，而且主要是五辐射对称，但它们的幼虫及部分化石种类是两侧对称，因此，棘皮动物成体的辐射对称是次生性的，可能与原始种类的固着生活相关，这与刺胞动物原始的辐射对称形式完全不同。

尽管棘皮动物的体形有很大差别，但其构造基本一致。以海盘车为例，棘皮动物的身体由体盘（central disc）和腕（arm 或 ray）构成，身体中央部分称为体盘（或中央盘），通常由体盘伸出 5 个放射状突起——腕。身体有口的一面平坦称口面（oral surface），没有口的一面略凸，称反口面（aboral surface），中央有肛门。口面从口周围开始，沿腕的中线发出 5 条纵沟，直达腕的末端，称为步带沟（ambulacral groove），沟内有管足（tube food）。根据管足的有无，身体可区分为有管足的步带区（ambulacral area）和无管足的间步带区（interambulacral area）。在反口面的间步带区有一圆形多孔的筛板（madreporite）。各腕的基部两侧各具一对生殖孔，腕的顶端下方有眼点。体表粗糙，由内骨骼向外突起形成棘、刺和叉棘（pedicellaria）等，还有薄膜状的泡状突起，称皮鳃（papula），内与体腔相通，司呼吸和排泄（图 10-2）。

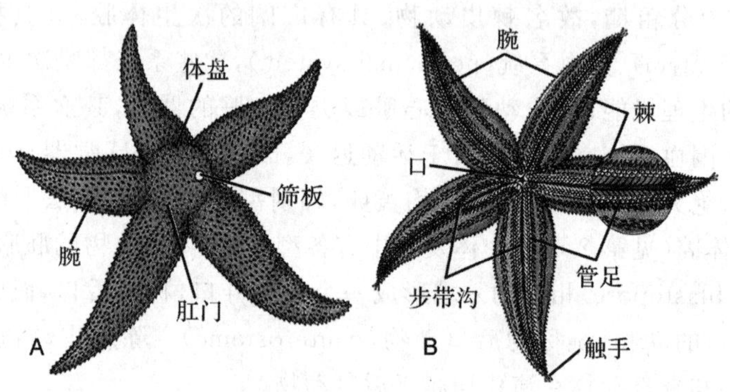

图 10-2 海盘车的外形（仿 Hickman）

A. 反口面观；B. 口面观

蛇尾类呈星形，上下扁平，体轴很短，口面朝下，管足沿着腕作放射状排列，海百合类口面向上，反口面具长柄或卷枝供附着用（图 10-1）。

海胆的 5 腕翻向反口面，而且相互愈合，故无外伸的腕而呈球形，但也有少数为扁平循形或心形。内骨骼愈合，形成 1 个坚固的壳。表面骨板互相嵌合成“壳”区，共有 10 个区，5 个较狭者为步带区，5 个较宽者为间步带区，步带区的步带沟闭合，但骨板上有许多小孔，管足从孔伸出，管足具吸盘及坛囊。体表上的棘刺极长，活动自如。肛门位于反口面，围肛膜的中央，周围有 5 个生殖板（genital plate）和 5 个眼板，其中 1 生殖板上还有许多小孔，是由生殖板与筛板愈合而成的。口位于口面，周围有围口膜（图 10-3）。此外还有许多棘钳，可帮助捕食。

海参类体轴延长，腕部和体盘部愈合，体呈球形或圆筒形，管足作子午线排列（图 10-3）。

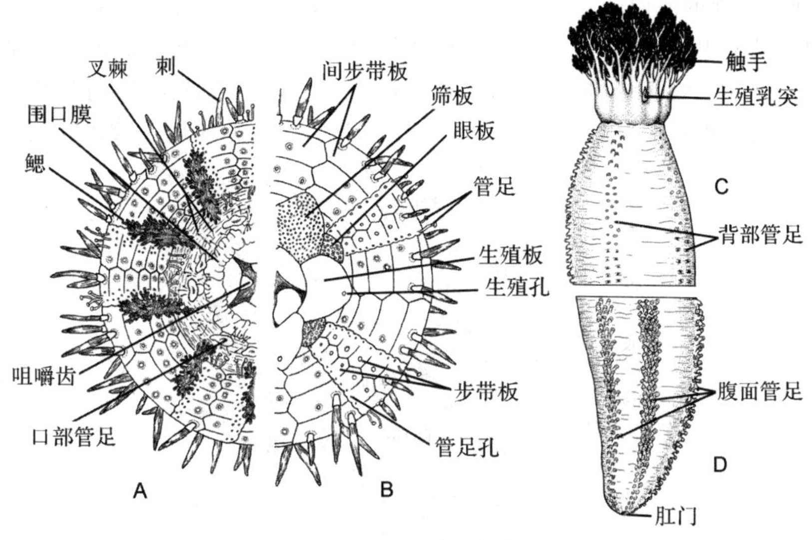

图 10-3　海胆和海参的外形(仿各家)

A. 海胆口面观；B. 海胆反口面观；C. 海参背面观；D. 海参腹面观

2.2　体　壁

棘皮动物的体壁通常由表皮和真皮构成(图 10-4)。表皮由外胚层发育而来的单层纤毛柱状上皮细胞(monociliated columnar epidermis)和其外一薄的角质层组成。在上皮细胞中夹杂着神经感觉细胞及腺细胞,腺细胞的分泌物可黏着落于体表的沉渣,再由纤毛清除。表皮下为一层神经细胞及纤维层,构成棘皮动物表皮下神经丛。真皮较厚,包括外侧的结缔组织和内侧的肌肉层。前者能分泌钙质骨片(ossicle)。肌肉分为外层环肌和内层纵肌,其中反口面纵肌发达,收缩时可引起腕的弯曲。肌层之内即为一层体腔膜(peritoneum),体腔上皮具纤毛。

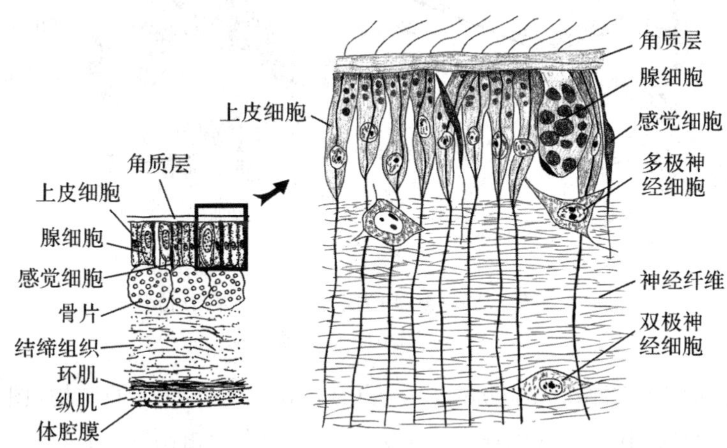

图 10-4　棘皮动物(海盘车)的体壁及局部放大(据各家修改)

棘皮动物的骨片与其他无脊椎动物的外骨骼不同,但与脊索动物的内骨骼相似,均来源于中胚层。这种骨片可以形成刺、棘和叉棘,并突出于体表。叉棘由小骨板组成,呈钳状或剪刀状,借助于基部的肌肉的牵引控制钳的开闭,用以防卫及清除体表的沉积物(图 10-5)。各骨片之间以结缔组织与肌肉相连,有一定的排列方式,腕中骨板间有活动关节,故腕可灵活运动。棘皮动物中海胆骨骼最为发达,骨板愈合成1个完整的外壳,有发达的棘。海星、蛇尾和海百合的腕骨板成椎骨状。海参骨骼最不发达,变为微小的分散骨针或骨片。

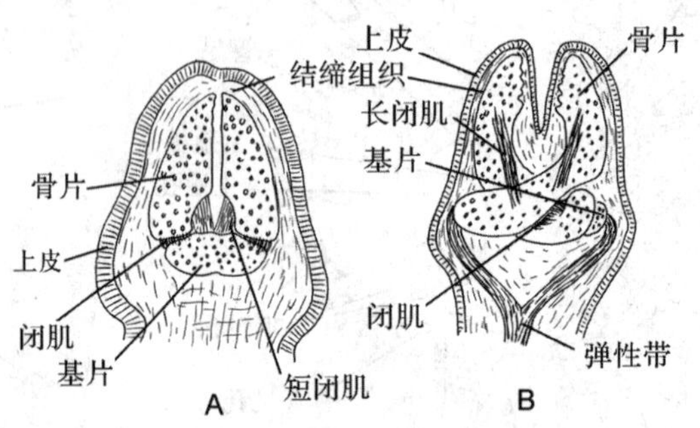

图 10-5 棘皮动物的棘钳的形态(仿 Hyman)

A. 钳状叉棘;B. 剪状叉棘

2.3 体腔及其特化

棘皮动物的次生体腔发达,除围绕内部器官的围脏腔外,体腔的一部分还形成棘皮动物独有的水管系统和围血系统。体腔内壁上有许多纤毛,借纤毛的打动,可使体腔液在腔内不断流动,因此体腔液主要承担着运输的功能。

2.3.1 水管系统

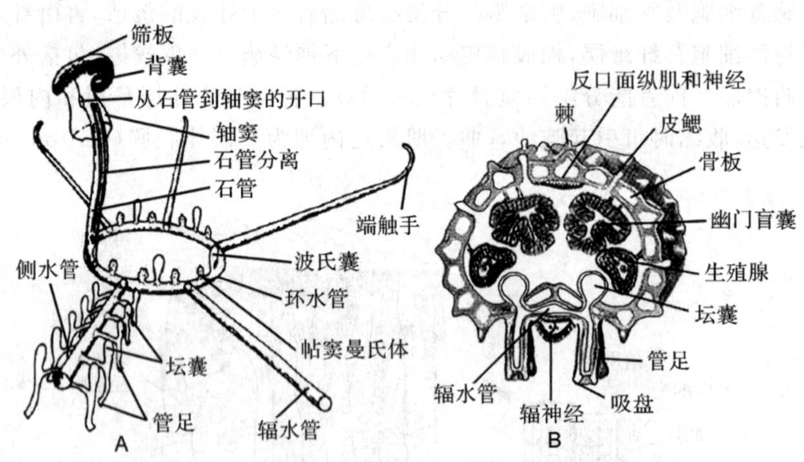

图 10-6 棘皮动物(海星)的水管系统示意图(仿各家)

A. 水管系统整体;B. 腕横切面

水管系统也称步管系统(ambulacral system)是棘皮动物特有的结构(图 10-6),它是由一部分体腔演化而成,其主要的生理功能是运动。水管系统由筛板、石管(stone canal)、环水管(circular canal)、辐水管(radial canal)、侧水管(lateral canal)、管足(podium)和坛囊(ampulla)相互连接而成。筛板上有很多细孔,是海水出入的通道口,筛板下连石管,石管与环水管相连。环水管又发出辐水管,辐水管两侧发出侧水管,侧水管末端接管足,上有吸盘。管足与侧水管连接处有瓣膜,管足的一端是盲囊状的坛,当坛收缩时,瓣膜关闭,水被压入管足,使之伸长,反之,管足缩短。坛节律性的收缩与扩张,引起管足相应的伸长与缩短,牵引身体运动。管足除运动功能外,一般还有呼吸和排泄功能。但蛇尾类等棘皮动物管足退化,无运动功能,只司呼吸、排泄和感觉。海参水管系统发达,但筛板开口于体腔内。

海星在环水管上具有 9～10 个帖窦曼氏体(Tiedmann's body),其产生的变形细胞有吸收、吞食或排除外来可溶性物质的作用。此外,有些种类,如海胆的环水管上还具波里氏囊(Polian's vesicle),有调节体内水压的功能(图 10-6)。

2.3.2　围血系统

棘皮动物的围血系统也由一部分体腔演变而成,其排列似水管系统,由于包围在相应的血系统外,因而称围血系统。围血系统由口面和反口面的环围血窦、辐围血窦、生殖窦、生殖窦分支,以及连通它们的轴窦(axial sinus)组成。轴腺和轴窦合成轴器(axial organ),包围在轴腺、轴窦和石管外面的称轴体,是连接口面和反口面的水管系统、围血系统等的桥梁(图 10-7)。

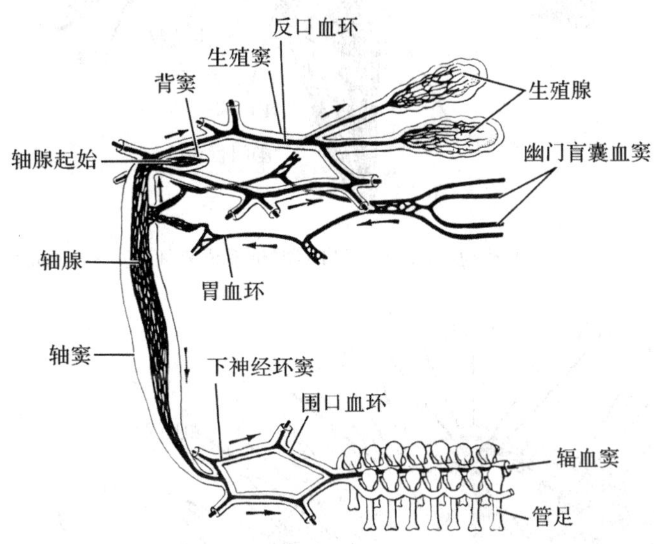

图 10-7　棘皮动物(海盘车)的血系统和围血系统(仿 Ubaghs)
箭头所指为血液流动方向

2.4　血系统

棘皮动物由于体腔上皮的纤毛拨动可使体腔液流动,因而次生体腔代替了部分循环系统的功能,故棘皮动物的循环系统——血系统非常退化。整个血系统由口面的围口血环、辐血管,反口面的反口血环、生殖血管及连通它们的轴腺(axial gland)组成,轴腺通常是一种褐色海绵状组织的腺体,它可能有一定的搏动能力。

海胆和海参的血系统很发达,其他种类常退化而不明显,只有在切片上方可看清。

2.5　消化系统

棘皮动物的消化系统一般由口、食道、胃、肠和肛门组成。消化系统的形状因种类不同而异,可分为两种类型:一种为管型,呈长管状,并在体腔内盘曲,具肛门,其口附近还常有收集食物的器官,如海参的触手和海胆的咀嚼器,即亚里士多德提灯(Aristotle's lantern);另一种为囊型,呈囊状,消化管没有肛门(如蛇尾)或有肛门但弃而不用(如海星),因而消化后剩余的残渣仍由口吐出(图 10-8、9)。

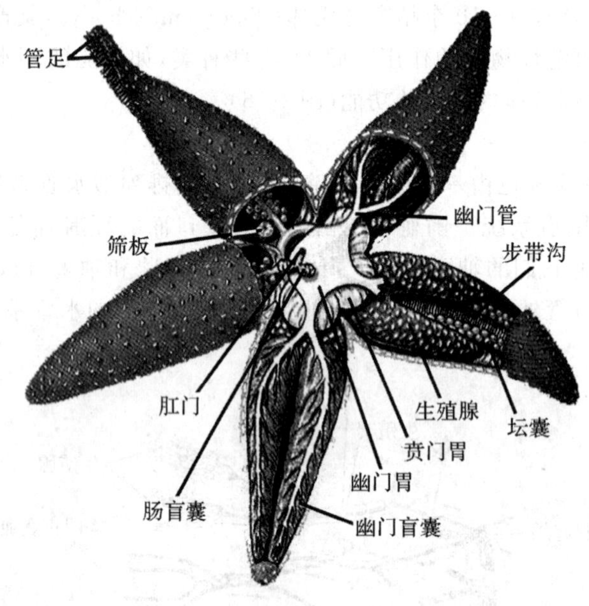

图 10-8 棘皮动物(海盘车)反口面消化系统解剖(仿 Hickman)

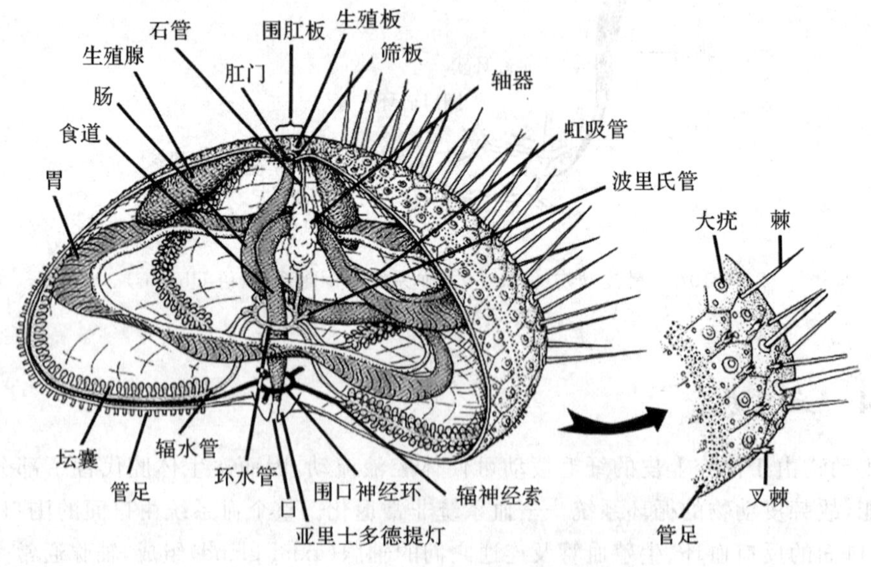

图 10-9 海胆的内部结构(仿 Hickman)

海星的胃发出 5 对幽门盲囊(pyloric caeca),伸入到各腕内,能分泌消化液注入胃中,并有储存养分的功能,肠也具 5 对肠盲囊(intestinal caeca)(图 10-8)。海胆壳上具许多棘钳,可帮助捕食,口腔内有构造复杂的可咀嚼食物的亚里士多德提灯上有齿,可以切碎食物(图 10-9)。海参消化管甚长,后端有一膨大的排泄腔,腔壁向体腔突出 2 支树枝状的管，称为呼吸树(respiratory tree)或水肺(图 10-10)。

棘皮动物是肉食性、植食性和腐食性动物，海盘车一般捕食甲壳动物、软体动物和多毛类。取食双壳类时，可用腕上的吸盘将贝壳吸住并拉开，然后贲门胃翻出，包住食物，先初步进行体外消化，再吞咽到体内，消化的营养物质由幽门盲囊吸收贮存；蛇尾类的胃是简单的囊，没有盲囊，且不能由口翻出，并且无肛门，以微生物(硅藻等)和有机碎屑为食；海胆既可取食小动物，也可取食植物；海参都在海中营底栖生活，一般埋在泥沙中，两端露在外面，用触手捕捉泥沙中小的有机物为食；海百合纲动物营固着生活，以步带沟内纤毛的打动获得食物。

图 10-10　海参的内部结构

2.6　呼吸与排泄

棘皮动物的气体交换主要通过皮鳃(papula)(图 10-11)、管足及体表进行，皮鳃是体壁的内外两层上皮细胞向外突出的瘤状结构，与体腔相通，体腔液也流入其中。皮鳃内的体腔上皮的纤毛运动使体腔液在其中流动，皮鳃外层的纤毛上皮造成体表的水流动，气体交换便在纤毛不断摆动中进行着。管足在气体交换中也起着重要作用，尤其在皮鳃不甚发达的种类。蛇尾类的盲囊由口面体壁内陷形成，共 10 个，与胃壁褶皱形成的胃盲囊相间排列，成为其呼吸器官，囊表面也具纤毛上皮，通过纤毛的打动或反口面体壁的升降引起水的进出，以完成呼吸作用；海参的直肠壁向内突起呈树枝状，具排泄和呼吸的双重功能，称之为呼吸树(图 10-10)，海水可从其肛门进入排泄腔，当腔收缩时将海水压入呼吸树，经管壁进行气体交换。海参体腔液具变形细胞，能收集代谢产物，穿过呼吸树的管壁而进入排泄腔，最后经肛门排泄，因此呼吸树还兼有排泄的作用。

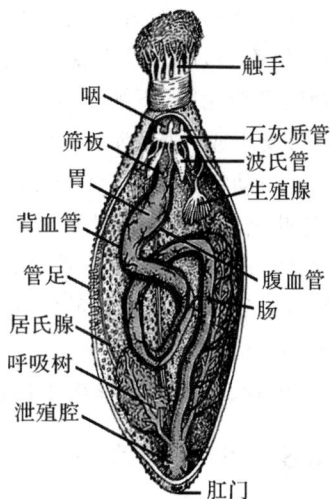

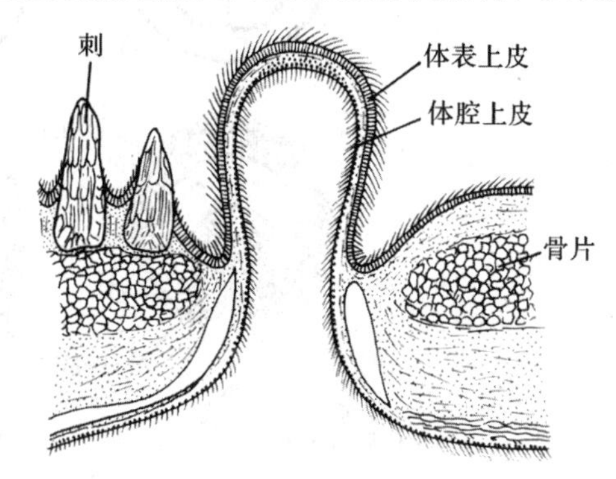

图 10-11　皮鳃的横切(仿 Cuénot)

总之，棘皮动物排泄作用主要靠体腔上皮产生的变形细胞，收集体腔液中的代谢废物，移行到体表，或穿过皮鳃、管足、呼吸树等体壁较薄处，将废物排出体外，也可通过体表直接扩散到体外，代谢废物主要是氨。

2.7　神经系统

棘皮动物的神经系统较为简单。网状神经纤维构成的神经丛，位于表皮内和表皮下，且在某些部位特别加厚而显著，形成神经索，但与一般无脊椎动物的神经索不同，主要是一层神经纤维，尚未形成神经节，只有分散于表皮细胞之间的双极或多极神经细胞(图 10-4)。本门动物的成体有 3 个神经系统：外神经系统(ectoneural system)即口神经系统(oral neural system)、下神经系统(hyponeural system)和内神经系统(endoneural system)即反口面神经系统(aboral neural system)。其中外神经系统来源于外胚层,位于围血系统的下方,由围口神经环和5条辐神经索及其分支组成(图10-9),为现代棘皮动物的主要神经,外神经系统司感觉,各纲都有,而且多半发达(海百合纲除外);下神经系统位于围血系统的管壁上,其组成与外神经系统相同,下神经系统司运动;内神经系统位于反口面的体壁上,无神经环,由辐神经干及其分支组成,司运动。下神经系统和内神经系统都起源于中胚层。中胚层细胞形成神经系统为本门动物所独有。3个神经系统的分布都与水管系统相平行,都与所在部位的上皮细胞相连,这些上皮细胞有传导刺激的作用。一般是外神经系统较发达,其他两个神经系统的发达程度因种类而异。如海百合类的内神经系统特别发达,而海参类却全无内神经系统。

棘皮动物的感觉器官不发达,仅海星和海胆有眼点,由一群感光细胞和色素细胞所组成。此外,棘皮动物整个表皮中有大量感觉细胞(图10-4),尤其在腕的上皮和步带内特别密集,对于触觉、温度和化学物质都能作出反应。少数海参有平衡囊,可能与定位有关。

2.8 生殖和发育

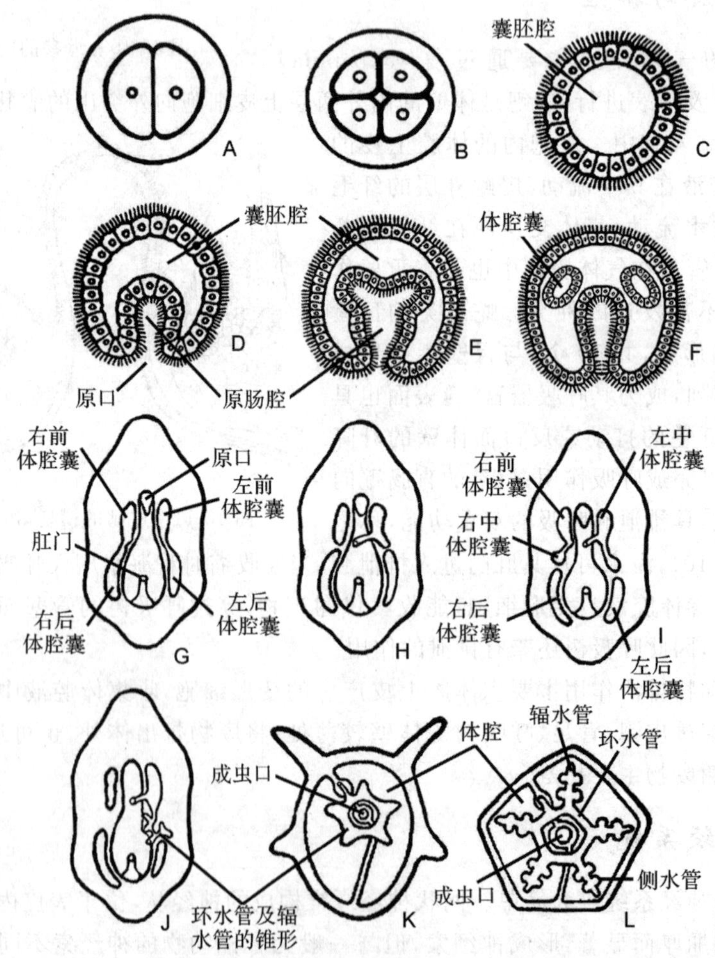

图10-12 棘皮动物的胚胎发育(据各家稍改)

A. 2细胞期;B. 4细胞期;C. 囊胚期;D. 原肠期;E、F. 体腔囊的形成;G~I. 成对体腔囊再分成3对体腔囊;J. 左中体腔囊可见5个芽状突起,为辐水管雏形;K. 左后与右后的体腔囊形成体腔;L. 环水管和辐水管形成

棘皮动物的生殖腺由体腔上皮形成，位于间步带区。一般有 5 对或 5 的倍数的生殖腺，每个生殖腺有 1 条生殖管，并开口于两腕间的反口面。卵巢黄色，精巢白色。某些棘皮动物(海盘车)可以行无性生殖，即通过中央盘的分裂，1 个海星可以变成 2 个。棘皮动物中，绝大多数都是雌雄异体(少数海参和蛇尾雌雄同体)，雌、雄个体在外形上常难区别。生殖腺成熟时常充满体腔，成熟的生殖细胞经生殖管由反口面排出体外，在水中受精。受精卵通常进行等裂，经桑椹期到囊胚期。由内陷法形成原肠，再由肠腔法(体腔囊法)形成中胚层和 3 对体腔囊。在变态过程中，左中体腔囊形成环水管，后又分出 5 条辐水管，再进一步分成侧水管和管足；左后体腔囊分出一部分形成围血系统；左前体腔囊形成了中轴体。最后一对体腔囊形成了动物成体的次生体腔，其他的都退化了(图 10-12)。胚胎的肛门由原肠胚的原口发育而来，而口则由与原口相对一端的外胚层内陷并与原肠接通而成，因此棘皮动物属于后口动物。

棘皮动物幼虫两侧对称，营浮游生活。幼虫体表具不同数目的纤毛带或腕，体具完整的、有纤毛的消化道。经变态，发育为辐射对称的成虫，因此棘皮动物的体制为次生性辐射对称。棘皮动物的幼虫分为以下五种类型(图 10-13)：

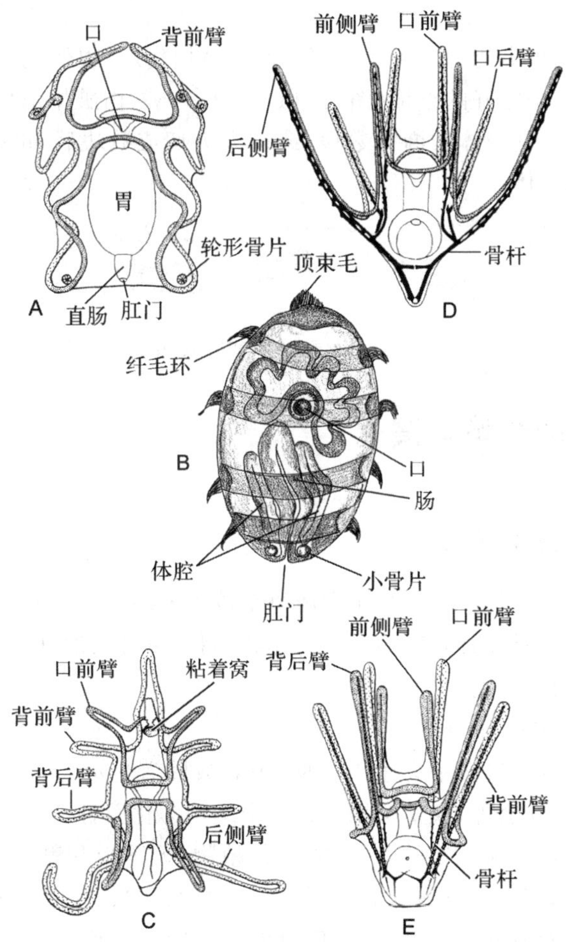

图 10-13　棘皮动物的各种幼虫形态(据各家稍改)

A. 耳状幼虫；B. 桶状幼虫；C 羽腕幼虫；D. 蛇尾幼虫；E. 海胆幼虫

羽腕幼虫(bipinnaria),为海星类幼体。体前部的纤毛带不连续,并与其他纤毛带分开,无石灰质骨片。

短腕幼虫(branchialaria),又称耳状幼虫(auricularia),为海参类幼体。体前部的纤毛带连续,不与其他纤毛带分开,只有轮形或星形石灰质骨片,没有其他骨骼。

海胆幼虫(echinopluteus),为海胆类幼体。后侧臂不发达或不存在,仅有很短的向后或水平位置的后侧突起,体内有发达的、不对称的石灰质骨骼。

蛇尾幼虫(ophiopluteus),为蛇尾类幼体。后侧臂强大,向上方伸展,体内具发达的、两侧对称的石灰质骨骼。

樽形幼虫(doliolaria),体形多桶状,故又称桶状幼虫,为海百合类的幼体。纤毛带不连续,为分离的环状。这种幼虫早期即用前端附着,以后在附着处长出长柄,成为永久固着的种类(图 10-13)。

海参纲的短腕幼虫与半索动物中肠鳃类的柱头幼虫(tornaria)十分相似,说明棘皮动物与半索动物关系密切,是无脊椎动物中最高等的类群。

2.9 再 生

本门动物具很强的再生能力。身体任何一部分被损伤后,很快就会再生出来,如一条海星的腕也能再生成为一个完好的整体(图 10-14)。海参类的内脏排出后也能再生,有些种类的海参受到强烈的刺激,其身体常断为数段,或被人为切成数块后,也多半能恢复其失掉的部分,成为一个完整的个体。

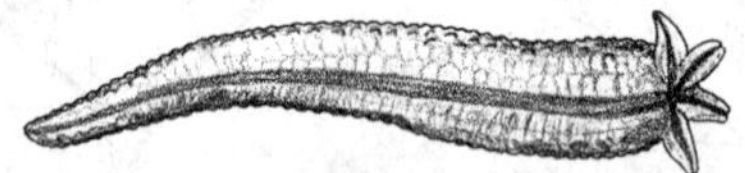

图 10-14 海星的再生(仿 Hyman)

3 棘皮动物的分类与演化

3.1 棘皮动物的分类

棘皮动物全部是海洋底栖生活,分布在浅海至数千米的深海,现存 6000 多种,我国已记录 300 多种。根据棘皮动物的体形,如腕的有无和形状、步带沟的开合、骨骼的形状等,可将现存种类分为 2 个亚门 5 个纲。

3.1.1 有柄亚门(Pelmatozoa)

口面向上,通常有从反口面中央生出一柄,附着或固着生活,生活史中至少有一个时期具固着用的柄。现存 650 余种,仅 1 个纲。另 4 个纲均为化石种类。

海百合纲(Crinoidea),最原始的棘皮动物,似植物、无筛板和棘刺。现存该纲动物有两种体型,一种终生以柄固着生活(海百合),另一种无柄,营自由生活(海羊齿)。海百合 5 个腕的基部多分支,身体看似杯状,但口面、反口面均在同一个面。个体发育中经樽形幼虫。代表种类为海百合(*Metaerinus*),具长柄,我国南海有分布,生活在水深 200m 处,营固着生活。海羊齿(*Antedoms*),无柄,营自由生活(图 10-15)。

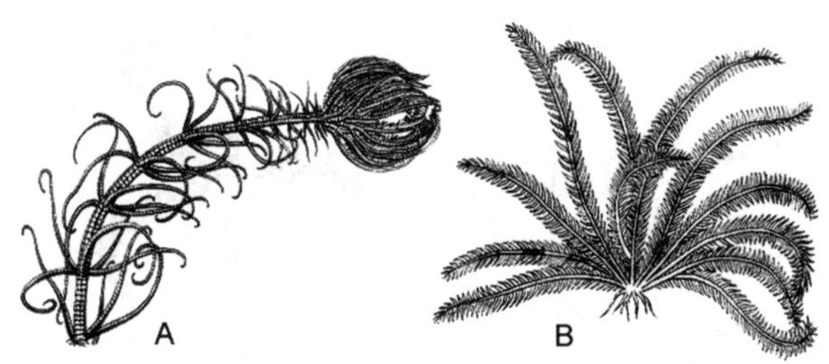

图 10-15　海百合纲常见种类(仿堵南山)

A. 海百合;B. 海羊齿

3.1.2　游移亚门(Eleutherozoa)

所有种类不附着在柄上,口面向下或侧面,不再向上。自由生活,生活史中没有固着用的柄。现存种类约 5500 种,分为 4 个纲。

海星纲(Asteroidea),身体星形或五角形,腕数多为 5 或 5 的倍数,多时可达 50 条。各腕能伸缩弯曲,与体盘无明显的分界。骨板稍能活动,在腕的腹面排列整齐。各腕腹面中央有步带沟,内有 2～4 列具吸盘的管足。肛门在反口面正中,其旁有筛板。本纲约有 1600 种。代表种类有罗氏海盘车(*Asterias rollestoni*)、镶边海星(*Craspidaster*)、海燕(*Asterina*)、砂海星(*luidia*)、太阳海星(*Solaster*)、瘤海星(*Protoreaster*)等(图 10-16)。

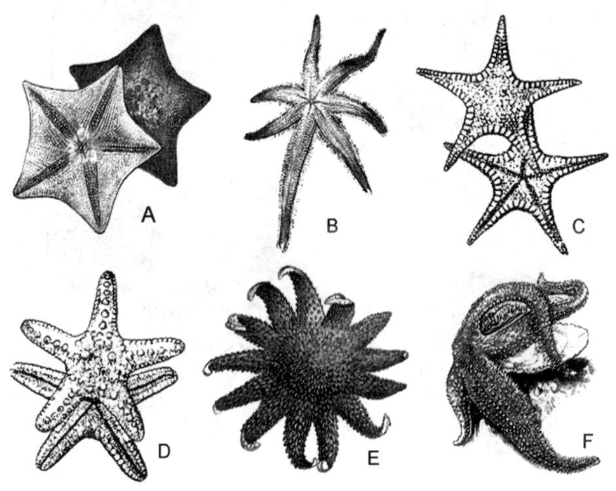

图 10-16　常见海星纲的种类(仿各家)

A. 海燕;B. 砂海星;C. 镶边海星;D. 瘤海星;E. 太阳海星;F. 正在吞食贝类的罗氏海盘车

蛇尾纲(Ophiuroidea),身体多为扁平星状,体盘与各腕区分极为明显。腕细长,可弯曲。无步带沟,管足 2 列,不具吸盘及坛囊。各腕由 4 列骨板包围,在腕中央还有 1 列互相紧接的骨板,为脊骨(vertebrate)。故腕几乎为实心,但其内肌肉十分发达,因而活动自如。筛板位于口面。无肛门,胃囊简单,为盲囊。本纲为棘皮动物中最大的一纲,现存约 2000 种,分布极广。代表种类有滩栖阳遂足(*Amphiura vadicola*)、真蛇尾(*Ophiura*)、刺蛇尾(*Ophiothrix*)、筐蛇尾(*Gorgonocephalus*)等(图 10-17)。

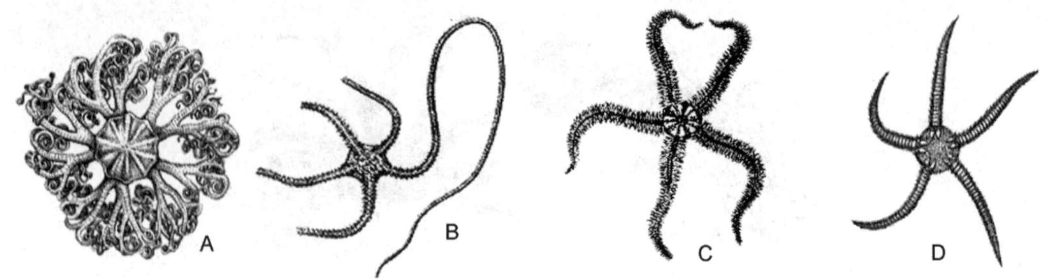

图 10-17　常见蛇尾纲的种类(仿各家)

A. 筐蛇尾;B. 滩栖阳隧足;C. 刺蛇尾;D. 真蛇尾

海胆纲(Echinoidea),体呈球形、半球形、心形或扁平盘状。石灰质板极发达,5 腕翻向反口面,而且相互愈合,形成 1 个坚固的壳。表面骨板互相嵌合成“壳”区,共有 10 个区,体表上的棘刺极长,有肌肉和关节与骨板上的瘤状突起相连,故活动自如。现存约 900 种。代表种类有马粪海胆(*Hemicentrotus pulcherrimus*)、紫海胆(*Anthocidaris crassispina*)、细雕刻肋海胆(*Temnopleurus toreumaticus*)、石笔海胆(*Heterocentrotus mammillatus*)、球海胆(*Strongylocentrotus*)、心海胆(*Echinocardium*)等(图 10-18)。

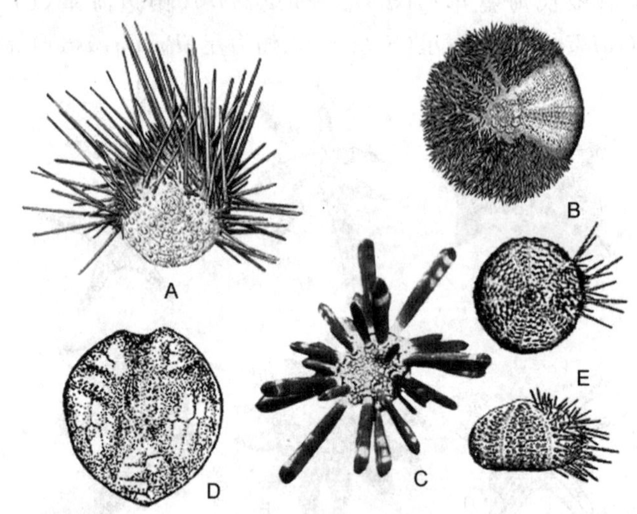

图 10-18　常见海胆纲的种类(仿各家)

A. 紫海胆; B. 马粪海胆; C. 石笔海胆; D. 心海胆;E. 细雕刻肋海胆口面观和侧面观

海参纲(Holothurioidea),海参为长筒形,有前、后和背、腹之分,口在前端,肛门在后端,出现次生性的两侧对称。海参无腕,也无棘刺及棘钳。骨板微小,埋于体壁组织之中。步带区 5 个,2 个在背面,3 个在腹面。背面步带区管足退化,变为圆锥状肉质突起。腹面 3 步带区有管足,但排列不规则。口周围的管足变为围在口边的 20 个触手。身体前端背面有生殖孔。海参肌肉发达,有环肌及纵肌。现存约 1000 多种。代表种类有刺参(*Stichopus japonicus*)、梅花参(*Thelenota ananas*)、棘刺锚参(*Protankyra bidentata*)、海棒槌(*Paracaudina chilensis ransonnetii*)(俗称海老鼠)、海地瓜(*Aphelodactyla hyaloeides*)等(图 10-19)。

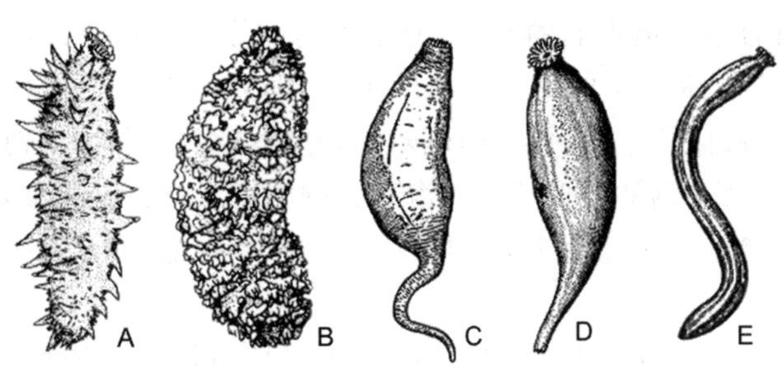

图 10-19　常见海参纲的种类(仿各家)

A. 刺参;B. 梅花参;C. 海棒槌;D. 海地瓜; E. 棘刺锚参

3.2　棘皮动物的演化

在现存动物中,尚未发现与棘皮动物有直接联系的类群。因为棘皮动物的幼虫都是两侧对称,在已绝灭的化石种类中,也发现有两侧对称的类型,故一般认为棘皮动物很可能从两侧对称的祖先起源,因受固着生活或不太活动的生活方式的长期影响而演化成次生性辐射对称的体制。

关于棘皮动物的祖先主要有 2 种主张:一种观点认为棘皮动物的祖先为两侧对称体形的对称幼虫(dipleurula),具有 3 对体腔囊,与现在生存的棘皮动物幼虫形态相似(图10-20),如巴瑟(Bather,1900)认为棘皮动物的想象祖先是两侧对称、身体柔软、自由生活的对称幼体;另一种观点认为五触手幼虫(pentactula)是棘皮动物的祖先。它也是两侧对称,具 3 对体腔囊和围绕口的 5 条中空触手。5 条触手为体腔囊的延伸,是形成水管系统的基础。五触手幼虫由于进化为固着生活,其体形逐渐转化为辐射对称(图 10-20),如塞蒙(Semon,1888)认为棘皮动物的想象祖先是两侧对称、围绕口部有 5 个触手的五触手动物。

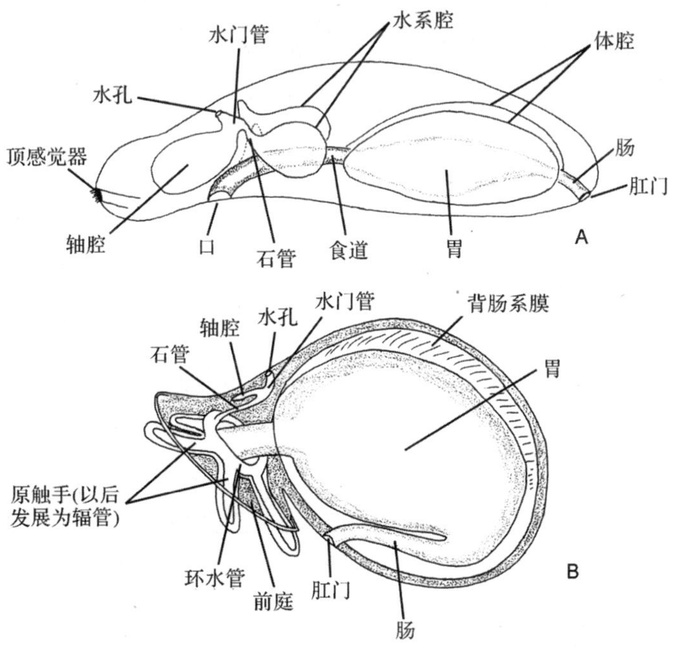

图 10-20　假设的棘皮动物祖先(仿 Hyman)

A. 两侧对称祖先; B. 五触手祖先

棘皮动物中海百合纲是最古老的类群;海星纲与蛇尾纲体形一致,均为辐射对称,这两者的演化关系较为接近;海胆纲与蛇尾纲的幼虫均具长臂,在结构上相似,二者关系较近。但海胆纲心形目动物,肛门位于体后端,两侧对称,与海参纲相同,因此海胆纲是介于蛇尾纲和海参纲之间的类群;海参纲的樽形幼虫与海百合纲的樽形幼虫很相似,故与海百合纲有着较近的亲缘关系。海参只有一个生殖腺,是较原始的性状,它可能是在演化中较早分出的一支。

棘皮动物与脊索动物同属于后口动物,次生体腔均由体腔囊法形成,中胚层产生内骨骼,其海参纲的短腕幼虫与半索动物的柱头幼虫很相似,因此认为棘皮动物与脊索动物可能来自共同的祖先。

4 棘皮动物小结

棘皮动物是动物界唯一一类幼体两侧对称、成体却以五出辐射对称为主的动物;具有中胚层起源的钙化内骨骼——骨片,成体身体表面有棘和刺突出体壁外;棘皮动物是辐射型卵裂,以内陷法形成原肠腔,以肠腔法形成中胚层和真体腔,原胚孔最终形成了成体的肛门,成体的口在原肠孔相对的一端另外形成,属于最原始的后口动物;次生体腔发达,其中一部分形成特殊的水管系统和围血系统;具3个神经系统,其中下神经系统和内神经系统都起源于中胚层为棘皮动物所独有,神经系统的分布都与水管系统相平行,由于活动能力不强,感觉器官不发达。多为雌雄异体,生殖细胞释放到海水中受精,再生能力很强。全部营海洋底栖生活。

附章　其他无脊椎动物门类

无脊椎动物门类繁多，现将一些小的门类简要介绍如下。

1　中生动物门(Mesonzoa)

中生动物是结构最简单得多细胞动物，虫体呈蠕虫状，体长在0.7～7mm，结构简单，体外为一层具纤毛和营养功能的体细胞层，其数量一定；体内层为一个大而细长的轴细胞(axial cell)，其内含有许多生殖细胞，具繁殖功能(附图-1)。中生动物的内、外两层细胞与二胚层或三胚层动物胚胎期的内、外胚层细胞并非同源，仅为初步的体细胞与生殖细胞的分化，而无其他组织、器官和系统形成。这类动物身体构造虽简单，但生活史却很复杂，具无性和有性生殖的世代交替。一般情况下，生殖细胞通过复分裂产生许多蠕虫状幼虫(vermiform larva)，幼虫离开母体后，在宿主体内生活一段时间后，发育为成虫。当宿主体内的虫体数量过多时，中生动物就进行有性生殖，此时轴细胞变成产生精子和卵的生殖腺，并在体内受精，发育成具纤毛的幼虫。幼虫离开母体进入海水中，当被新的宿主吞食后，便发育为成虫。经生化研究表明，中生动物的细胞核的DNA包含23%的鸟嘌呤与胞嘧啶，与原生动物的纤毛虫类所含的量相近，而低于其他多细胞动物，如扁形动物的DNA中鸟嘌呤与胞嘧啶含量为35%～50%，因此，中生动物更可能是原始的多细胞动物，是介于原生动物和后生动物之间的过渡类型。中生动物寄生于海洋扁形动物、环节动物和软体动物体内，目前已发现50余种，分为直泳虫(Orthonectida)和二胚虫(Dicyemida)两个目。

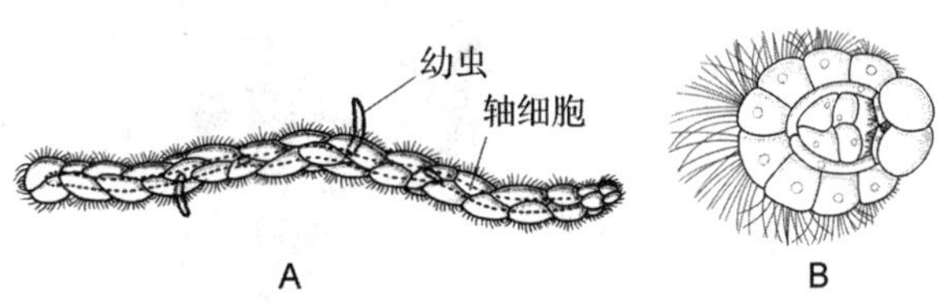

附图-1　二胚虫的成虫及幼虫(仿各家)
A. 成虫；B. 滴虫形幼虫

2　侧生动物(Parazoa)

侧生动物除海绵动物外，还有扁盘动物门(Placozoa)。

该门动物生活于海洋，目前仅有丝盘虫(*Trichoplax adhaerens*)一个种(附图-2)。扁盘动物身体扁而薄，通常不超过4mm，虫体边缘不规则，无前、

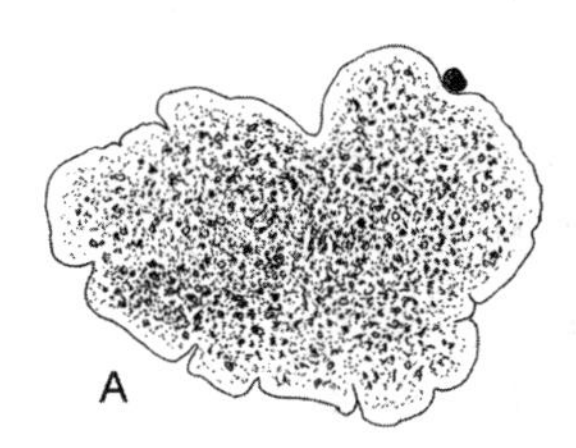

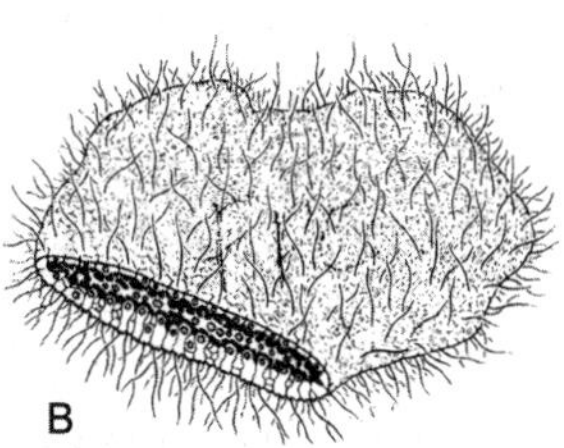

附图-2　丝盘虫(仿各家)
A. 腹面观；B. 立体观

后之分，也缺乏对称。体表为具纤毛的上皮细胞，其中背侧细胞稍扁平，腹侧细胞呈柱状，背腹上皮细胞之间为来源于腹面上皮的实质组织，内具许多变形细胞。扁盘动物无任何器官，连口也不存在。无性生殖为出芽生殖，有性生殖过程及其胚胎发育尚不够了解。扁盘动物1971年由德国学者Grell建立，其分类地位较能为多数学者接受的一种观点是丝盘虫与吞噬虫相似，两者都具变形细胞（吞噬细胞），因而与梅契尼柯夫多细胞动物起源学说的后生动物祖先十分相似。

3 两胚层、辐射对称动物

两胚层、辐射对称的动物除刺胞动物门以外，尚有栉水母动物门（Ctenophora）。

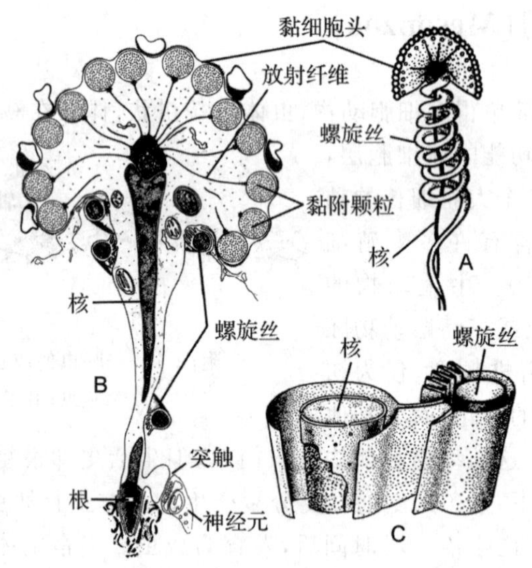

附图-3 黏细胞结构（据各家修改）

A. 光镜结构；B. 电镜纵切；C. 电镜下局部立体结构

该门动物生活于海洋，体两辐射对称，中胶层发达，身体透明，呈球形、卵圆形等等。体壁结构与钵水母相似，体内虽无刺细胞，但有黏细胞（colloblast），其内侧具螺旋状丝（附图-3），以帮助捕食。

栉水母动物的神经系统较为集中，外胚层基部具有神经网，并向8列栉板集中，形成8条辐射神经索，感觉器官也是平衡囊，结构较复杂（附图-4），囊中由4条平衡纤毛束支持一钙质的平衡石（statolith），纤毛束基部具纤毛沟（ciliated groove）与8列纵行的栉板（comb plate）相连，栉板具纤毛。栉水母动物的胃环流腔较钵水母类更为复杂，由口经过细长的咽进入中央的胃，胃向反口极伸出一反口极水管（aboral canal），向口极伸出两个咽管（pharyngeal canal）以及两个触手管

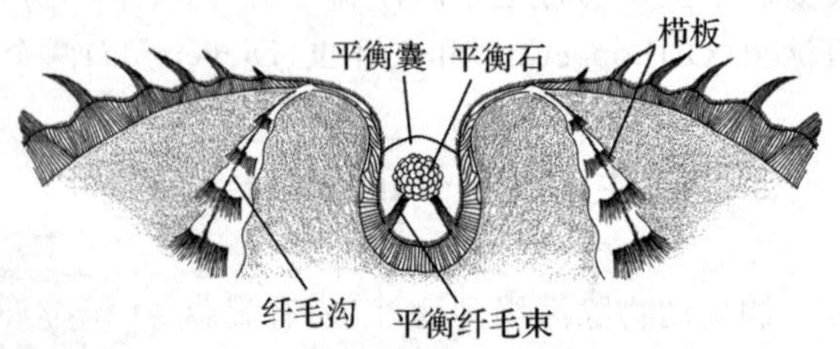

附图-4 栉水母的感觉器（据Horridge重绘）

(tentacular canal),并向两侧伸出两个主辐管。每个主辐管分出 2 个子午线方向排列的子午管(meridional canal)位于栉带之下。栉水母动物用触手捕食,食物进入胃之后行细胞外消化,再由管道内壁细胞行细胞内消化,不能消化的食物仍经口排出(附图-5)。栉水母雌雄同体,生殖腺位于消化循环腔内,精子和卵经口排到海水中受精。栉水母动物全部为海洋漂浮生活,现存种类约 90 余种,通常分为触手亚纲(Tentaculata)和无触手亚纲(Nuda),前者如球栉水母(*Hormiphora*)、侧腕水母(*Pleurobrachia*)、带栉水母(*Cestum*),后者如瓜栉水母(*Beroë*)(附图-6)。栉水母动物在进化上属于特殊的类群,与刺胞动物接近,但略为高等。一般认为栉水母动物在进化上属于一盲端类群,与高等动物无直接关系。

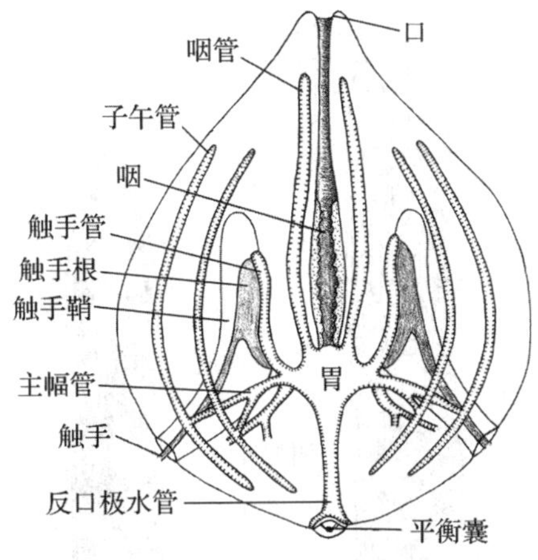

附图-5　栉水母动物的胃腔结构示意图(仿 Horridge)

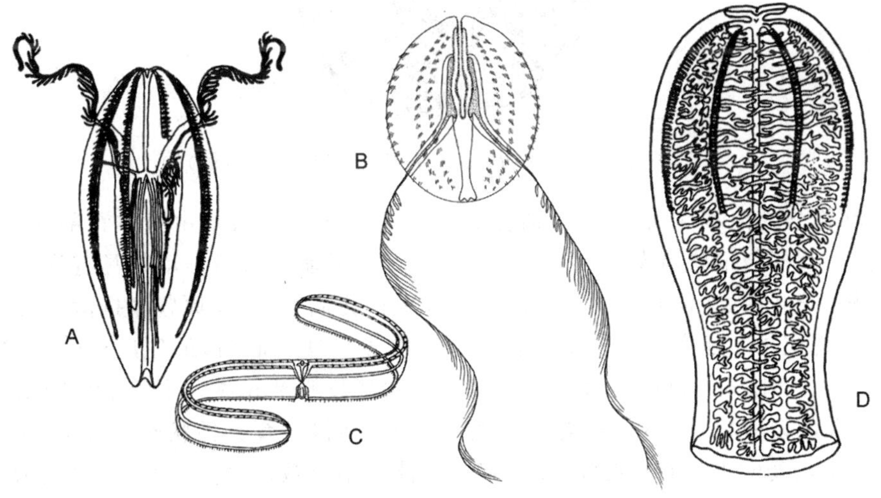

附图-6　栉水母动物代表种类(仿各家)

A. 球栉水母;B. 侧腕水母; C. 带栉水母;D. 瓜栉水母

4 三胚层、无体腔动物

三胚层、无体腔动物除扁形动物门以外，还有纽形动物和颚口动物两个门：

4.1 纽形动物门(Nemertinea)

绝大多数为海洋底栖生活，极少数种类生活于淡水和潮湿的土壤中，体较长，多数种类体长小于20cm，身体扁平呈带形(附图-7)，生活时常扭曲成团，故名。

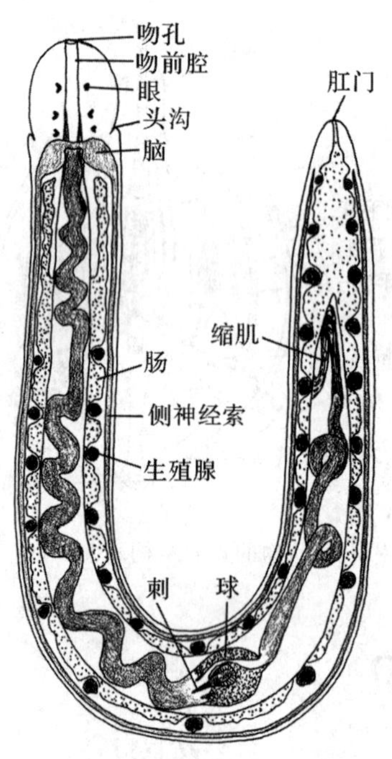

附图-7 小体纽虫(*Prostoma*)基本构造(仿 Hyman)

纽形动物均为肉食性动物，用以捕食的器官是吻(proboscis)，由身体背部体壁内陷形成的盲管，不直接与消化道发生联系(附图-7、8)。纽形动物与扁形动物具有许多相似性，如两侧对称、三胚层、无体腔、体表具有纤毛、体壁内充满实质、具原肾型排泄系统等，但纽形动物在动物演化中还产生一些新的构造。如首先出现了肛门，最先出现闭管式循环系统等(附图-9)，远比扁形动物进步。纽形动物绝大多数雌雄异体。生殖系统的结构简单，体外受精，螺旋型卵裂，大部分种类直接发育，少数间接发育具帽状幼虫(pilidium)期(附图-10)。纽形动物的再生能力很强，在一定季节能自割成数段，每一段均可再生为一成虫。其帽状幼虫与环节动物的担轮幼虫在形态上相似，说明与环节动物也有一定的亲缘关系，因此其分类地位介于扁形动物与环节动物之间。

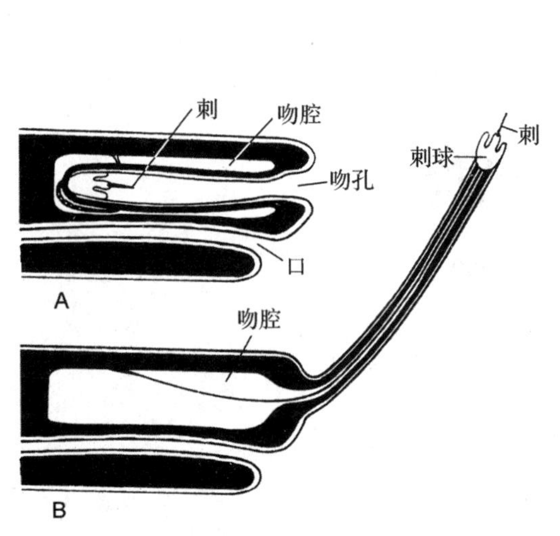

附图-8　纽形动物的吻的伸缩示意图(仿 Hyman)
A. 吻缩回时状态;B. 吻伸出时状态

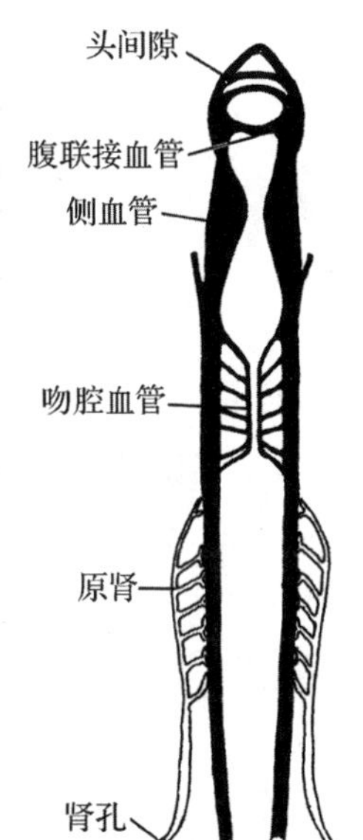

附图-9　纽形动物循环和排泄系统(仿 Hyman)

纽形动物现存种类 700 余种,分为无刺亚纲(Anopla)和有刺亚纲(Enopla),前者如管居纽虫(*Tubulanus capistratus*)(附图-11),后者如小体纽虫(附图-7)。

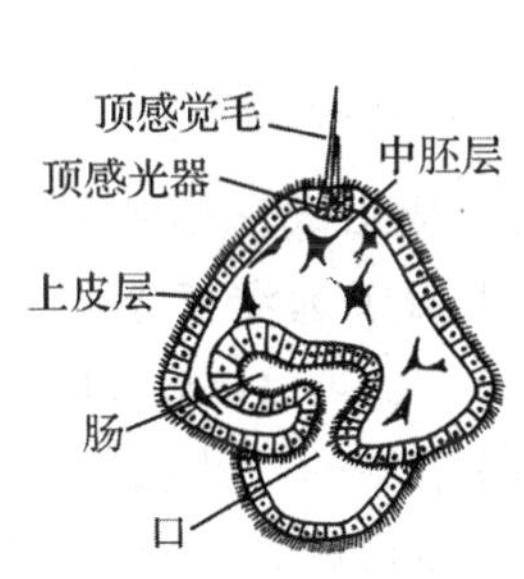

附图-10　帽状幼虫(仿 Brusca)

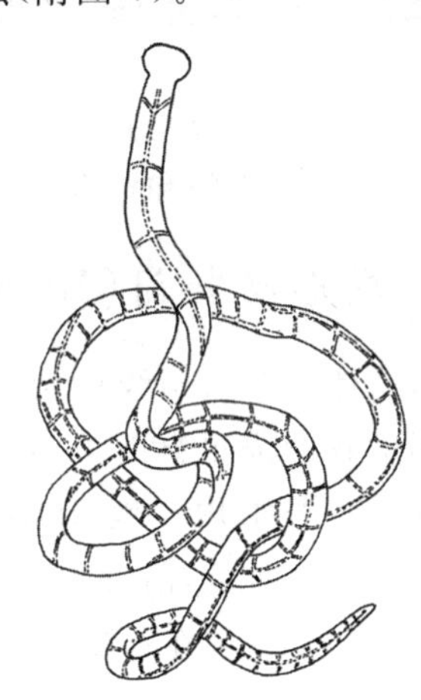

附图-11　管居纽虫(仿 Hyman)

4.2　颚口动物门(Gnathostomulida)

颚口动物体型微小,仅 0.5～1mm,生活于浅海细砂间。身体呈长柱形、半透明,由头、躯干和尖细的尾三部分组成。因口腔中具有梳状的板和齿状侧颚,用以刮食,故名(附图-12)。颚口动物约 100 余种,其分类地位尚难于最后确定,有些构造与扁形动物相似,如无体腔,消化道不完整,多数雌雄同体等。另有一些特征,如上皮细胞只具单根纤毛与腹毛动物相似、侧颚结构与轮形动物咀嚼器构造接近,因而颚口动物可能是介于扁形动物与腹毛动物、轮形动物之间的一类动物。

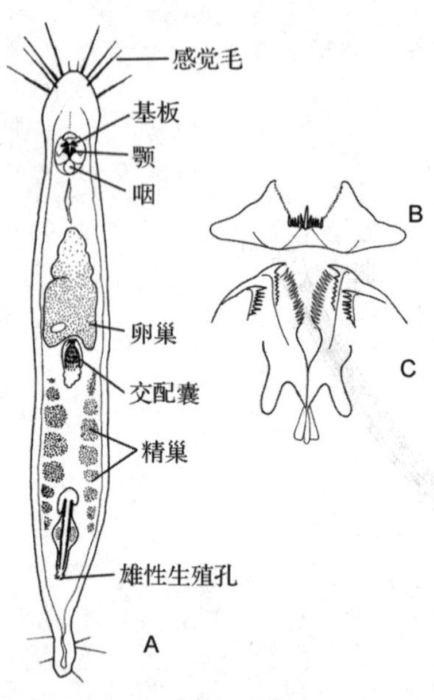

附图-12 颚口动物(仿 Sterrer)

A. 颚口虫；B. 基板；C. 颚

5 三胚层、原体腔动物

原体腔动物除线虫动物门、腹毛动物门和轮形动物门外，还有线形动物门、动吻动物门、棘头动物门、内肛动物门和铠甲动物门。

5.1 线形动物门(Nematomorpha)

线形动物体壁构造与线虫相似，但上皮细胞分界清晰。成虫缺乏排泄器官，消化道也退化。线形动物的成虫自由生活于淡水、潮湿的土壤，或生活于远洋营浮游生活，幼虫则寄生于节肢动物体内。线形动物约 250 余种，分为铁线虫(Gordioidea)和游线虫(Nectonematoidea)两目，前者生活于淡水及潮湿土壤，如最常见的铁线虫(*Gordius*)，体长约 90cm，体径约 1mm，雌虫尾端不分叉，雄虫为两叶(附图-13)，后者为远洋浮游生活。

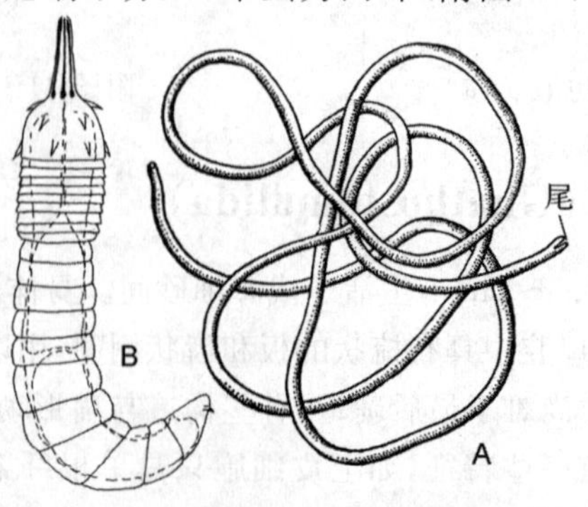

附图-13 铁线虫成虫和幼虫(仿各家)

A. 成虫；B. 幼虫

5.2　动吻动物门(Kinorhyncha)

动吻动物通常体长不超过 1mm,生活于海洋底部泥沙中,如刺节虫(*Echinoderes*)(附图-14)。该动物无纤毛,体表具 13 个节带(zonite),第 1 节为头节,上具几圈长刺,其顶端具口;第 2 节为颈节,周围有一层角质板,头节可缩入其中,其余的体节组成躯干。体壁由角质膜、合胞体上皮及肌肉层组成,体壁之内为假体腔,充满体腔液及变形细胞。动吻动物消化系统中有唾液腺及消化腺开口于食道内;排泄器官为具一条鞭毛的焰茎球,排泄孔位于第 11 节带两侧,雌雄异体。

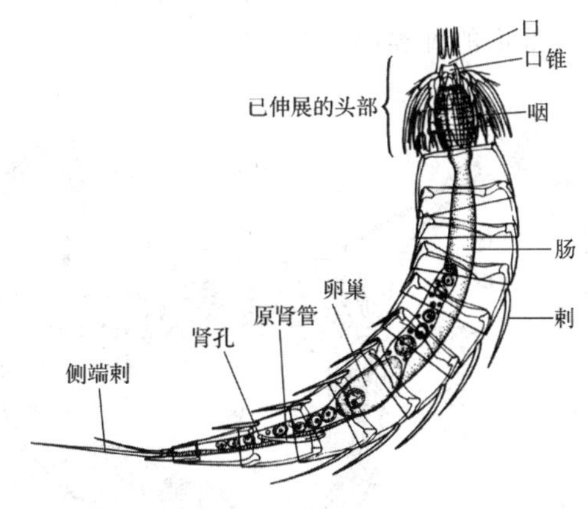

附图-14　刺节虫(仿 Higgins)

5.3　棘头动物门(Acanthocephala)

棘头动物呈长柱形,由吻、颈和躯干 3 部分组成。吻位于虫体前端,吻上具锐利的小钩刺或棘,因其吻的外形似头状并具棘,故名。成虫及幼虫均营寄生生活,前者寄生于脊椎动物的消化道,后者寄生于昆虫或甲壳动物体内。棘头动物的体壁也由角质膜、上皮细胞及肌肉层组成。上皮细胞亦为合胞体,细胞核大;肌肉层分为外层的环肌和内层的纵肌;体壁之内为发达的假体腔。无消化系统,食物直接由体壁吸收。无呼吸和循环器官,具原肾管型排泄系统,雌雄异体(附图-15)。

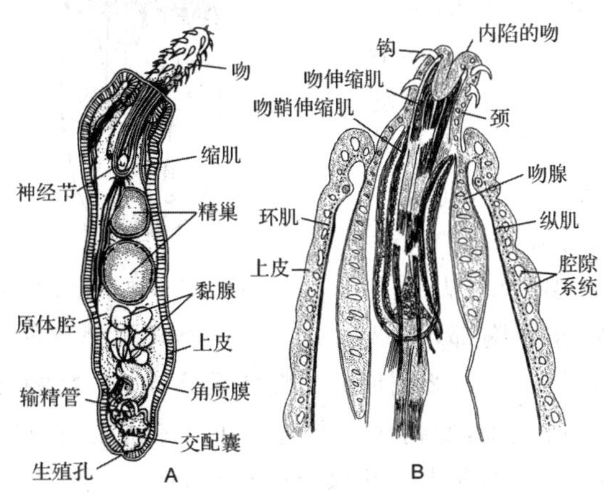

附图-15　棘头动物(仿各家)

A. 内部结构;B. 体前端纵切面

5.4 内肛动物门(Entoprocta)

内肛动物身体由萼部(calyx)、柄部(stalk)和附着盘(attachment disk)组成(附图-16)。萼部通常球形,其顶端边缘具一圈触手,形成触手冠(tentacular crown),触手内面具纤毛。原体腔发达,可伸入到触手、柄、茎内。体壁由角质层、上皮层及肌肉层组成,上皮细胞界限清楚,肌肉呈纵行排列,为平滑肌;内肛动物为滤食性动物,其消化道完整,为"U"状管,因肛门位于触手冠之内,故名。绝大多数种类为雌雄异体。群体生活的种类以有性生殖产生新个体,以无性生殖形成或增加群体。绝大多数为海产种类,固着于浅海底部的岩石或动物外壳上,营单体或群体生活,已报道的种类约为 90 种。

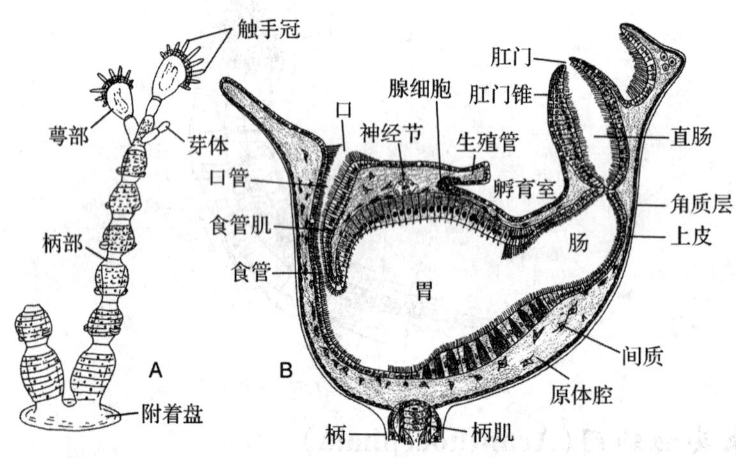

附图-16 内肛动物(仿各家)

A. 细糊萼虫(*Urnatella gracilis*)整体;B. 柄萼虫(*Pedicellina*)萼部中央矢状切面

5.5 铠甲动物门(Loricifera)

铠甲动物是一类两侧对称的小型海产动物,1983 年由美国学者克里斯坦森(R. M. Kristensen)发现并命名。该门的第一个种是神秘矮铠甲虫(*Nanalaricus mysticus*)(附图-17)。成虫两侧对称,具发达的原体腔。体长不足 0.5mm,体前端为口锥具 8 根口针,其基部分叉,前端有单独的开口,肌肉收缩时可从各自的孔中伸出或缩入体内。口锥前端为口,头部的翻吻具 9 列棘。翻吻后方为胸部,共 2 节,其中第 1 节无附属物,第二节具 2 列齿板。腹部无分节,被 6 块板组成的兜甲包围,肛门开于末端。体后具一对尾肢或趾,能朝任何方向转动。神秘矮铠甲虫生活在大西洋海底有贝壳的沙砾中,幼体自由生活,称耿则士幼虫(Higgins larva)(附图-17),成体可能在小型底栖生物上外寄生或共生。铠甲动物门兼有轮形动物门、线形动物门、动吻动物门、缓步动物门和鳃曳动物门的部分特征,在动物系统发生中的地位尚未最后确定。

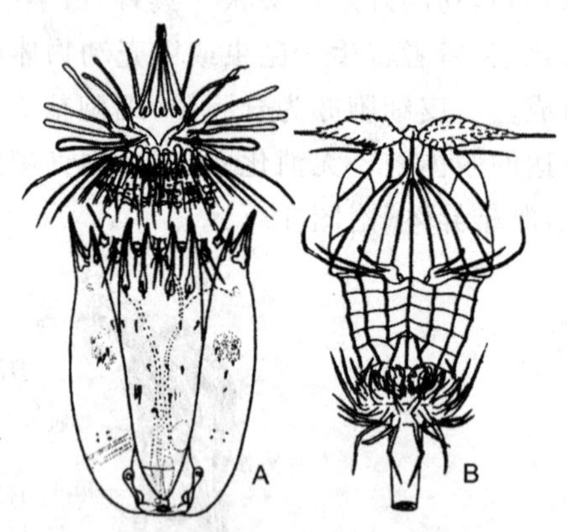

附图-17 神秘矮铠甲虫(仿 Kristensen)

A. 成虫;B. 耿则士幼虫腹面观

6　三胚层、裂体腔动物

三胚层、裂体腔动物除环节动物门、软体动物门和节肢动物门外，还有以下10个门。

6.1　螠虫动物门(Echiura)

螠虫动物是海洋穴居动物，共约200种。虫体呈蠕虫状，体长通常在15～500mm之间。螠虫动物体不分节，体前端具不能伸缩的吻，用以辅助摄食(附图-18)。吻后端通常具一对腹刚毛，消化道完整，肛门周围通常具1～2圈尾刚毛。真体腔发达；神经系统主要为腹神经索，进入吻后形成环状，无脑。闭管式循环系统，后肾管型排泄系统，肾管兼作生殖导管；雌雄异体，螺旋型卵裂，间接发育，幼虫与担轮幼虫相似，其体后端具分节现象，至成体时分节消失。叉螠(*Bonellia*)的雄虫体长只有1～3mm，体表被纤毛，无吻、消化和循环系统，生活在雌虫的肾囊或体腔中，雌虫体长可达8cm(附图-18)。螠虫在动物进化上可能是原始多毛类在演化过程中较早分出的一支。

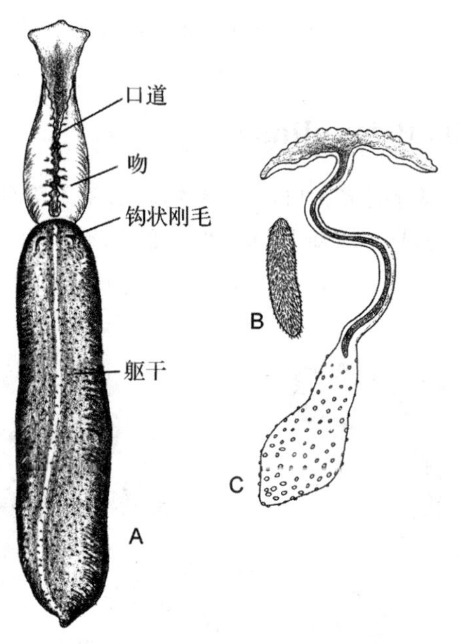

附图-18　螠虫(仿 Dawydoff)

A. 螠(*Echiurus*)外部形态；B. 叉螠雄虫；C. 叉螠雌虫

6.2　星虫动物门(Sipuncula)

星虫动物是海洋底栖动物，其分布、生活环境及生活方式与螠虫相类似，已报道的大约有300种。星虫体呈圆柱形，不分节，前端具一能伸缩的吻，称为翻吻(proboscis)，其前端为口，由许多触手围绕。触手伸展时如星状，故称为星虫。消化道完整，呈"U"形，肛门位于虫体前端背侧。后肾管1对，肾管兼作生殖导管。次生体腔发达，雌雄异体，螺旋型卵裂，发育具似担轮幼虫时期，幼虫无分节现象。如光裸星虫(*Sipunculus nudus*)(附图-19)。

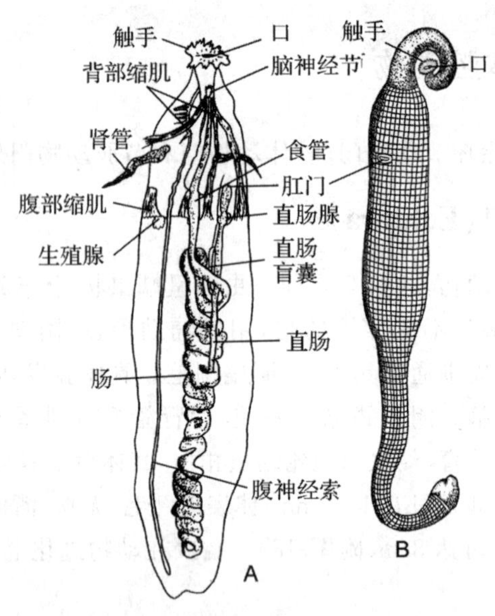

附图-19　光裸星虫(仿各家)

A. 内部结构；B. 外形

6.3　鳃曳动物门(Priapulida)

鳃曳动物由吻和躯干 2 部分组成。口位于吻的顶端，躯干部外有许多体环和瘤状突起(附图-20)，真体腔发达，体腔膜很薄。雌雄异体，体外受精，辐射卵裂，幼虫躯干部具角质层包围，形成兜甲状物，类似轮虫，经多次蜕皮发育为成虫，成虫期也需蜕皮。鳃曳动物全部为海洋底栖生活。

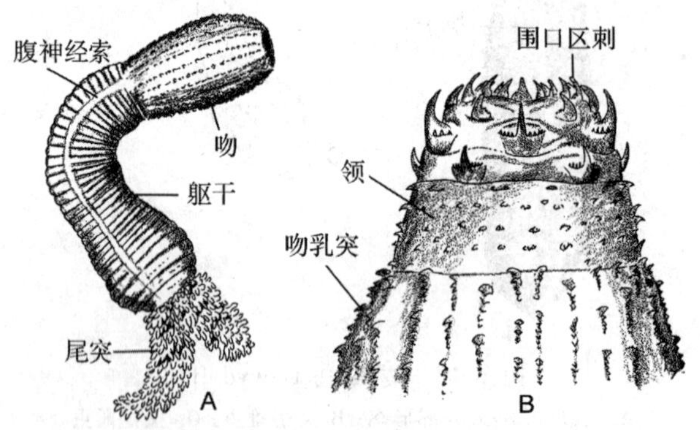

附图-20　鳃曳动物(仿 Hyman)

A. 双尾尾曳鳃虫(*Priapulus bicaudatus*)腹面观；B. 尾曳鳃虫(*Priapulus* sp.)口区前端外形

6.4　须腕动物门(Pogonophora)

须腕动物体呈蠕虫状，最长可达 36cm，全部海洋生活，且主要生活于 150～1500m 深处，我国东海也有发现。须腕动物整个身体由前体部(forepart)、躯干部(trunk)和后体部(opisthosoma)三部分组成(附图-21)。前体部腹面具1～250 根很长的触手(tentacle)，触手数量因种而异。触手是须腕动物消化吸收的主要器官，触手表面具多列突起，称为毛枝

(pinnule),有激动水流和呼吸的功能,毛枝基部的单细胞腺分泌消化酶,将食物进行细胞外消化,然后再由毛枝吸收。前体部背面具一圆形或三角形的头叶(cephalic lobe),其中具脑。躯干部腹面具腹沟,沟两侧有2排乳突(papillae),能分泌黏液以固着身体,体末端呈分节状,并具刚毛。须腕动物的真体腔发达,并与相应的体部对应。循环系统为闭管式,无呼吸器官,物体交换在毛枝内进行。雌雄异体,生殖腺位于后体部,受精和孵化都在几丁质管中进行,幼虫营自由生活,然后再筑管固着于海底软泥中(附图-21)。

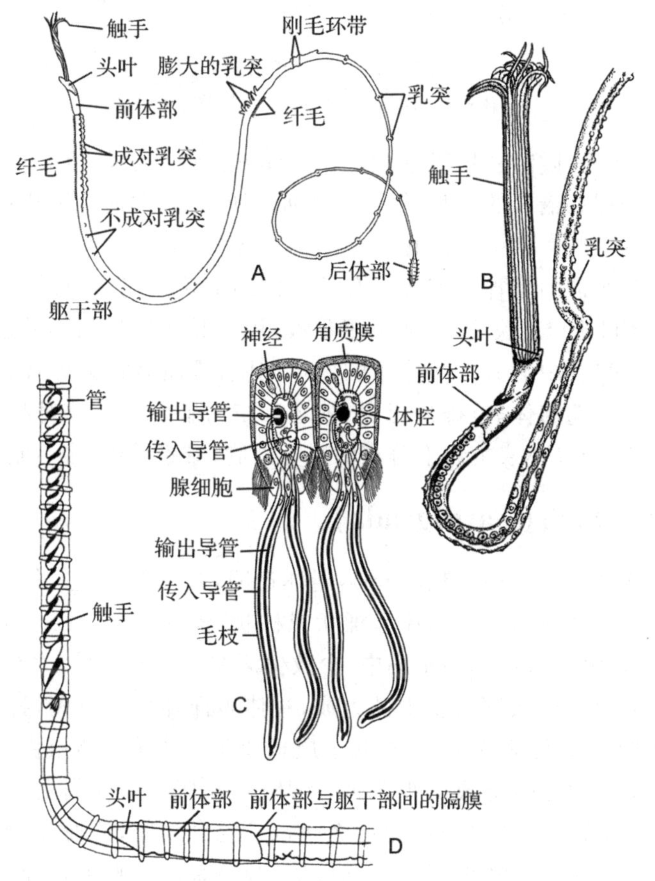

附图-21　须腕动物(仿各家)

A. 须腕动物外形; B. 前体部和躯干前端放大;C. 触手横切面; D. 西伯达虫栖居于管内的情况(示前体部局部)

6.5　有爪动物门(Onychophora)

有爪动物目前已近灭绝,现存种类约为70种,全部陆生,多孤立分布于非洲中部、亚洲南部的马来半岛、美洲中部,我国西藏地区也曾有分布。有爪动物的形态介于环节动物门与节肢动物门之间,身体呈蠕虫,或长圆柱形,体长1.5～15cm,体不分节,体表密布环纹,代表种类为栉蚕(*Peripatus*),身体由头部和躯干部组成(附图-22)。头部不明显,前端具口前触角1对,触角上也有许多环纹,触角下方有1对钝形的口乳突(oral papillae)。头前端腹面具口腔,周围有口膜,口内具镰刀状大颚1对,每一大颚的末端具角质钩1对。躯干部腹面两侧有14～43对足,呈圆柱状,为体壁的突起,不分节,也具环纹,足的末端具爪,故而命名。

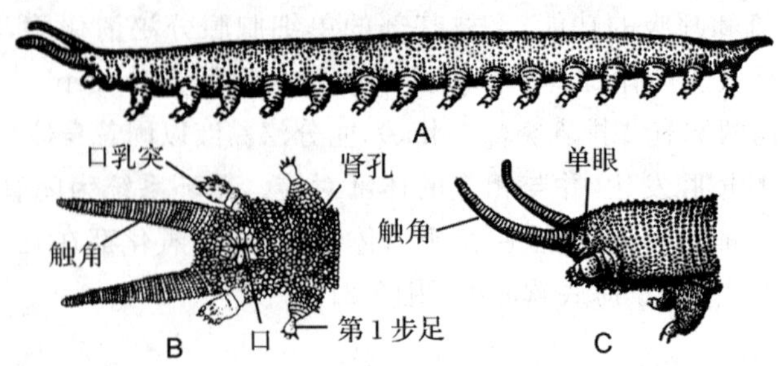

附图-22 栉蚕(仿各家)

A. 整体外形；B. 体前部腹面观；C. 体前部侧面观

身体表面具节结，其表面具纤毛，用以感觉。栉蚕体壁由最外层很薄的几丁质角质层、中间的单层柱状上皮细胞层和最内的环肌、斜肌与纵肌层所组成，共同构成皮肌囊。真体腔退化为生殖腺及肾脏内的空腔。体壁与消化道之间为血腔(hemocoel)，并被隔膜分成背面的围心窦、中间的围脏窦、腹面的围神经窦等。有爪动物的消化道完整，身体前端具1对黏液腺(adhesive gland)，开口于口乳突上，它可分泌黏液，用以黏住捕获物然后进食；开管式循环，具管状心脏，血液无色，其中含有吞噬作用的变形细胞；排泄器官为后肾管；以气管呼吸，气孔的数目多达1500个，遍布体表，排列无定；神经系统为脑发出的1对腹神经索，感觉器官包括1对头部的单眼，以及体表突起上分布的感觉细胞；雌雄异体，多为胎生，直接发育。

6.6 缓步动物门(Tardigrada)

缓步动物体形细小，大部分不超过1mm，通体透明，或无色、黄色、棕色、深红色或绿色，其体色主要由摄食的食物所造成。虫体呈桶状或柱状，俗称熊虫(bear worm)，主要生活在淡水的沉渣、潮湿土壤及苔藓植物的水膜中，少数生活在海洋潮间带，大约750种，其中许多为世界广布种。缓步动物由头部与躯干部组成，身体腹面伸出4对短粗的足，其末端钝圆，并具4～8个爪(附图-23)，体表光滑，或有几丁质板或刺。体壁角质层由几丁质与黏多糖组成，表皮细胞数目恒定，其下为分离的纵肌带，无环肌，靠肌肉带控制足和躯干部的运动，由于行动缓慢，故名缓步动物。体壁与消化道之间也是混合体腔，即血腔，真体腔退化为生殖腺的内腔；无呼吸及循环器官；排泄器官为马氏管；神经系统为咽下神经节向后发出的2条腹神经索，躯干部具4个神经节，感觉器官为1对眼点，仅由单个色素细胞组成。雌雄异体，交配与产卵多发生在蜕皮时，直接发育。

缓步动物体形虽小，但对不良环境有很强的抵抗力，具有全部四种隐生(Cryptobiosis)，即低湿隐生(Anhydrobiosis)、低温隐生(Cryobiosis)、变渗隐生(Osmobiosis)及缺氧隐生(Anoxybiosis)，能够在恶劣环境下停止所有新陈代谢。缓步动物也因此被认为是生命力最强的动物。在隐生的情况下，一般可以在高温(151℃)、绝对零度(－272.8℃)、高辐射、真空或高压的环境下生存数分钟至数日不等。曾经有缓步动物隐生超过120年的记录。

缓步动物的体壁结构、表皮细胞数目恒定、蜕皮等特征与腹毛动物相似，但其真体腔的存在、血腔的出现、足端具爪、马氏管和神经系统等特征又与节肢动物相似，因此它的进化地位尚有待进一步研究。

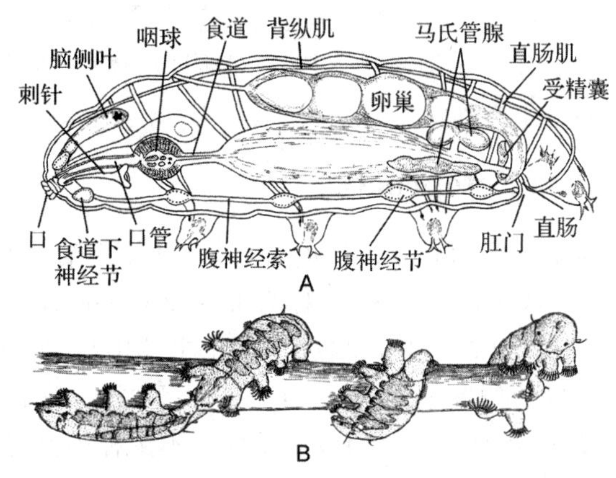

附图-23　缓步动物(仿各家)

A. 大熊虫(*Macrobiotus*)内部结构;B. 多刺虫(*Echiniscoides*)外形

6.7　舌形动物门(Pentastoma)

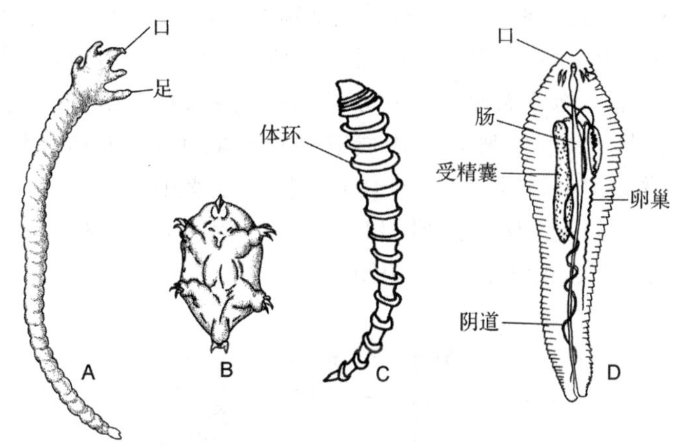

附图-24　舌形动物(仿各家)

A. 头走虫;B. 孔头虫幼虫; C. 蛇舌形虫外形; D. 蛇舌形虫内部解剖

舌形动物又称五口动物(Pentastomida),为肉食性脊椎动物体内寄生虫,其终宿主有蛇、鳄鱼以及两栖类,甚至还有鸟类和哺乳类。多寄生在宿主的肺、鼻、咽等呼吸道内,中间宿主有鱼类、两栖类、爬行类及啮齿类等,人也能作为中间宿主被感染。已报道的有 90 种。舌形动物成虫呈蠕虫状,体软,体长 2～13cm,无色,透明,无足,体表角质层厚,分近百个清晰的节段,但内部并不分节,体壁与消化道之间为血腔;身体前端具 5 个突起,其中 4 个呈腿状附肢,且末端具爪(附图-24);消化道简单,呈一直管,前端口部突出,呈椭圆形,周围有钩 2 对,可伸缩,用以附着在寄主组织上及吸血;无呼吸系统、排泄系统和循环系统;神经系统与环节动物及节肢动物相似,腹神经索上有 3 对神经节;雌雄异体,生殖系统发达,体内受精。卵通过宿主粪便,或宿主的口、鼻黏液排到体外,被中间宿主吞食,幼虫在中间宿主体内发育需蜕皮数次,幼虫具 4～6 个腿状附肢。当中间宿主被终宿主摄食后,幼虫通过食道、气管或鼻、咽和呼吸道进入肺或鼻道中寄生。常见种类有如蛇舌形虫(*Armillifer*),头走虫(*Cephalobaena*)、孔头虫(*Porocephalus*)(附图-24)等。人感染蛇舌形虫通常是由于生饮有虫卵污染的新鲜蛇血酒、蛇血饮料或生水；或生食、未煮熟或未将充满虫卵的肺除去、或未洗净的蛇肉所致。舌形动物的分类地位尚难以确定，但附肢、体腔、神经及幼虫特征是介于环节动物和节肢动物之间的寄生类动物。

6.8 外肛动物门(Ectoprocta)

外肛动物在海洋及淡水水体均有较广泛的分布，以群体生活。群体中的个体体长通常小于 0.5mm，个体外有角质或钙质的保护壳，称为虫室(Zooecium)。触手冠(lophophore)呈环状或马蹄状，消化道"V"形，食道细长，胃较大，位于虫体中央，胃壁下具肌索和虫体壁相连，直肠折向上方，肛门与口的位置很靠近，但开口于触手冠外，故名外肛动物。无呼吸、循环和排泄器官。真体腔发达，可伸入触手冠及触手内。不少种类具有多态性，群体中的一些个体能正常取食消化，称为独立个虫(autozooid)，是群体的主干；另一部分个体形状改变，失去独立的营养机能而具其他机能，如鸟头体(avicularia)是一种退化的虫体，形如乌喙，故名，其内脏器官消失，但牵引颚的肌肉发达，能使颚开启，故具防卫及清除体表附着物的功能。外肛动物现存种类约 4000 种，其中淡水种类仅 50 种左右。分为被唇纲(Phlactolaemata)和裸唇纲(Gymnolaemata)，前者淡水生活，触手冠马蹄形，口上具上唇盖，体壁具肌肉，虫室角质或胶质，不钙化，群体无多态；后者海洋生活，触手冠环状，无上唇盖，体壁无肌肉层，虫室角质或钙质，群体常多态。海洋常见种类有草苔虫(*Bugula*)，群体直立，鸟头体具柄，可弯曲和转动。虫室轻微钙化，个体彼此相连成双列树枝状生长，群体呈海藻状；裂孔苔虫(*Schizoporella*)，群体被覆型，单层，每一个体直接附着于水中物体上，腹面游离，鸟头体无柄；藻苔虫(*Flustra*)，群体呈双层排列，相互以背面附着，形成叶片状群体；克神苔虫(*Crisia*)，群体直立，树枝状，虫室呈管状(附图-25)。

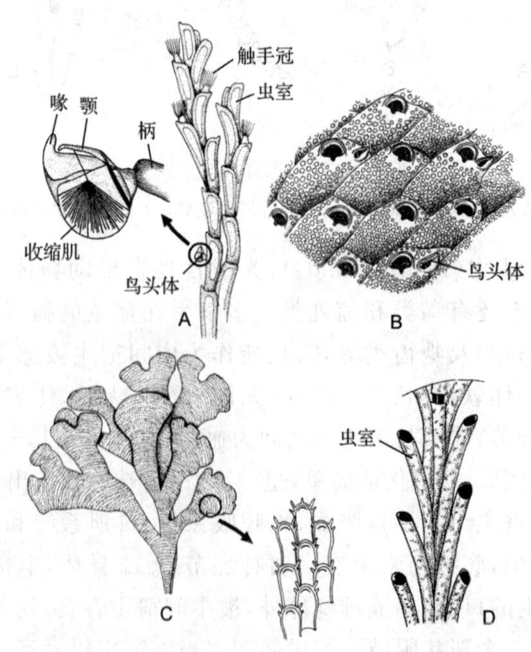

附图-25 外肛动物(据各家稍改)

A. 草苔虫群体及鸟头体放大；B. 裂孔苔虫；C. 藻苔虫群体及部分放大；D. 克神苔虫群体

6.9　帚虫动物门(Phoronida)

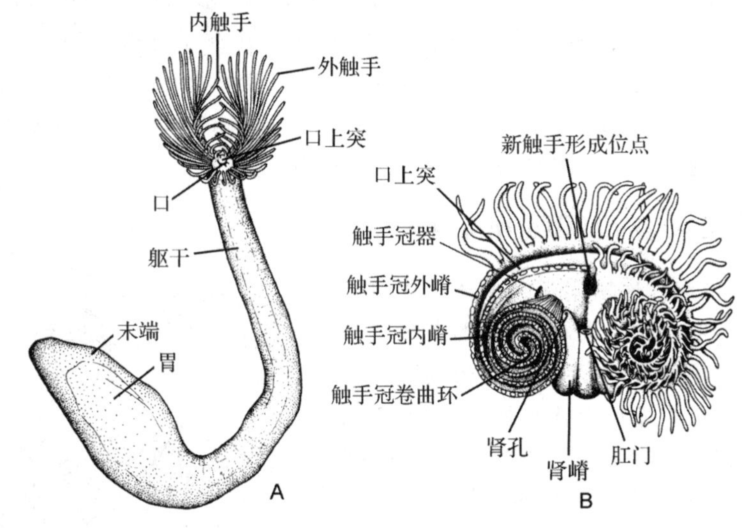

附图-26　帚虫动物(仿各家)

A. 外形(已去管)；B. 触手冠正面观

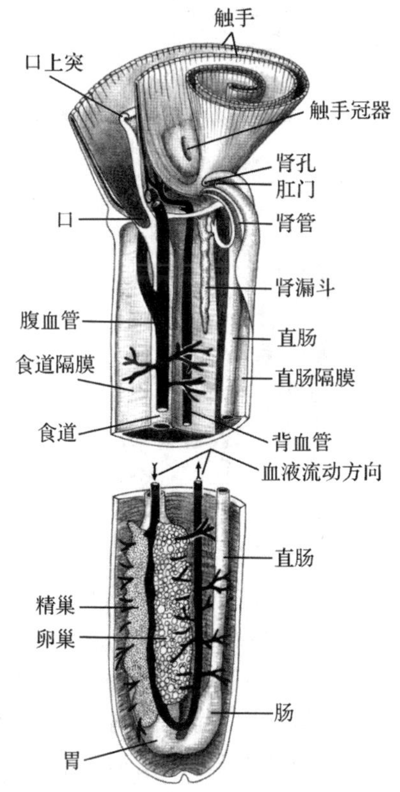

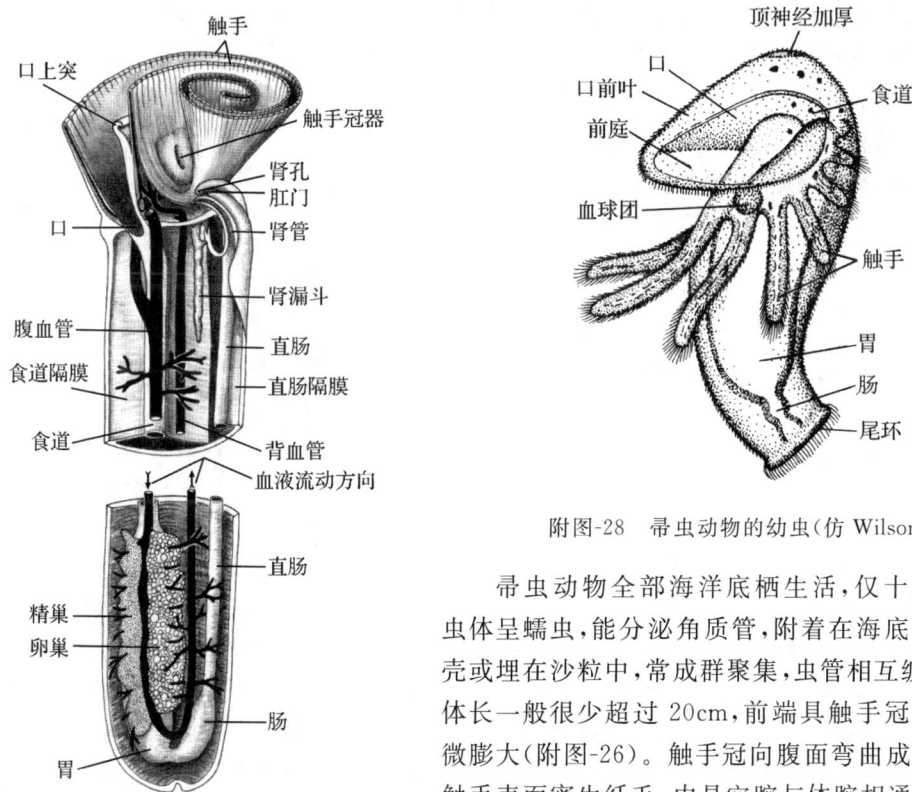

附图-27　帚虫动物内部结构(仿 Benham)

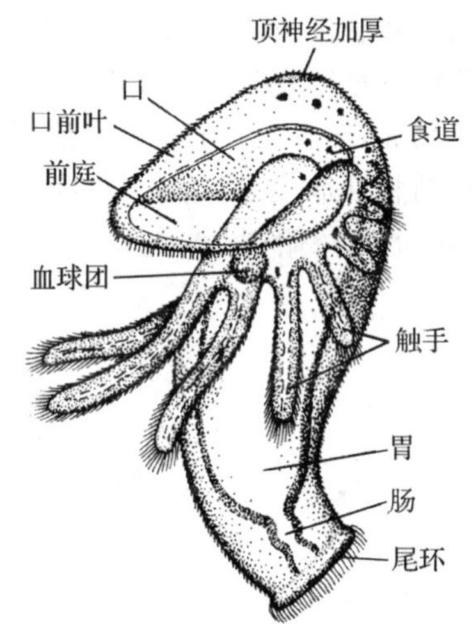

附图-28　帚虫动物的幼虫(仿 Wilson)

帚虫动物全部海洋底栖生活，仅十几个种。虫体呈蠕虫，能分泌角质管，附着在海底岩石、贝壳或埋在沙粒中，常成群聚集，虫管相互缠绕。虫体长一般很少超过 20cm，前端具触手冠，后端略微膨大(附图-26)。触手冠向腹面弯曲成蜷曲状，触手表面密生纤毛，内具空腔与体腔相通，并有体腔膜围绕。体壁由单层上皮细胞，以及下面很薄的一层环肌、很厚的一层纵肌和体腔膜组成，真体腔发达。帚虫动物的消化道呈“U”形，包括口、口腔、食道、胃、肠及肛门。循环系统发达，但无心脏，依靠血管壁肌肉的收缩推动血液的流动，血液呈红色，血球中含有血红蛋白。排泄器官为1对“U”形的后肾，内有纤毛，肾口与体腔相通，肾孔开口于肛门两侧，肾管除排泄功能外，还兼作配子外排的通道(附图-27)。大多数雌雄同体，体外受精。胚胎发育具后口动物特征，受精卵经放射卵裂、肠腔法形成中胚层及体腔，原肠以后发育成为一具纤毛的辐轮幼虫(actinotroch)(附图-28)，经数周自由生活后，该幼虫迅速变态沉入水底，并分泌虫管发育为成体。

6.10 腕足动物门(Brachiopoda)

腕足动物全部海洋底栖生活。虫体具背、腹两枚壳；身体前端体壁延伸形成触手冠，形态多样，或盘形，或多叶状或马蹄形，触手上纤毛密集；开放式循环系统，包括一可收缩的囊状心脏，血液无色，其中有体腔细胞，担任物质的输送功能。无特殊的呼吸器官，触手冠及外套叶是主要的气体交换场所。排泄器官为1～2对后肾，位于消化道两侧；体腔发达，可伸入到触手冠和触手中(附图-29)。通常雌雄异体，生殖腺来自后体腔的体腔上皮细胞，成熟的配子通过肾管排至体外，绝大多数种类在海水中受精。胚胎发育经放射卵裂形成有腔囊胚，以内陷法形成原肠胚，经肠腔法形成中胚层和真体腔等一系列后口动物胚胎发育特征。经自由游泳的幼虫期，最终成为成体(附图-30)。

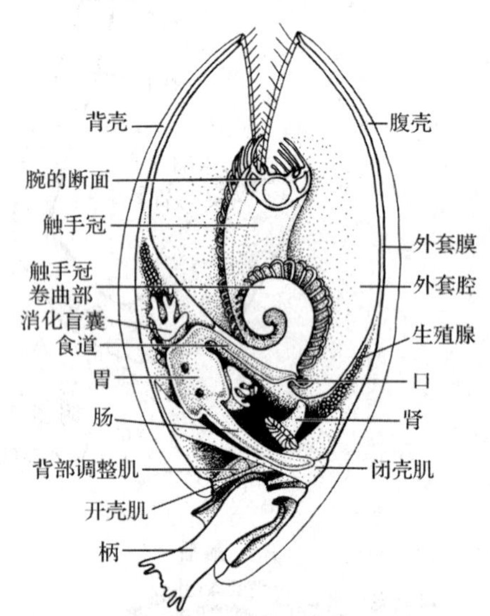

附图-29 腕足动物内部结构(仿 Williams)

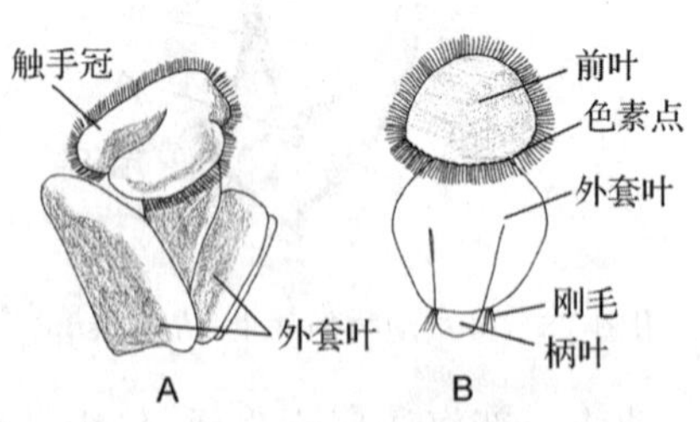

附图-30 腕足动物幼虫(仿 Hyman)

A. 海豆芽；B. 酸酱贝

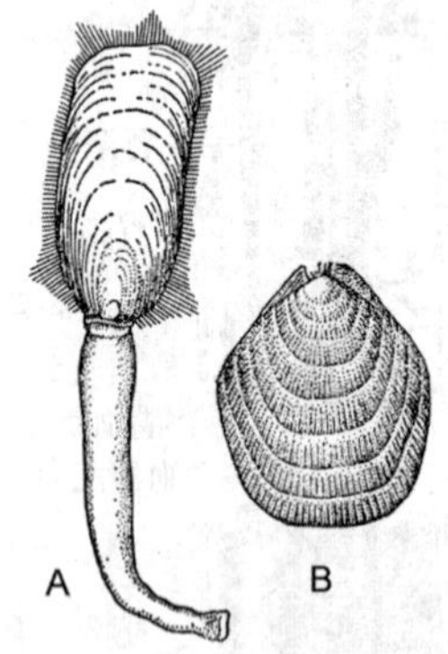

附图-31 腕足动物代表种类(仿各家)

A. 海豆芽；B. 酸酱贝

腕足动物现存种类不足300种，是一类很古老的动物。最常见的代表种类(附图-31)为海豆芽(*Lingula*)，具磷酸钙质外壳，柄经过两壳仅被肌肉连接，其之间的凹陷连到腹瓣上，触手冠内不具骨骼，有肛门。酸酱贝(*Terebratella*)，外壳呈卵圆形，背壳较小而平，腹壳较大且体外凸，两壳有绞合齿相连，触手冠内有骨骼支持，无肛门。

7　三胚层、肠体腔动物

三胚层、肠体腔动物,共有4个门类,其中无脊椎动物中除棘皮动物门外,还有毛颚动物门和半索动物门。

7.1　毛颚动物门(Chaetognatha)

毛颚动物全部海洋生活,绝大多数是小型浮游动物,虽只有50余种,但它们在海洋中分布广泛,数量大,在海洋浮游生物中占重要地位。毛颚动物外形很似鱼雷,体长0.5～10cm,一般为2～3cm。身体透明,分为头、躯干及尾部。因头部具非几丁质的小刺和前、后牙,均用以捕食和切碎食物,因而称为毛颚动物。头部背面还具1对眼点。躯干部两侧具1～2对水平侧鳍。尾部有一匙状尾鳍。体壁最外层为很薄的角质层,其下为多层上皮细胞,上皮细胞基部为基膜,在鳍基部的基膜则加厚,在两层上皮细胞之间形成放射状支持物,头部的基膜加厚为支持板。由多层上皮细胞组成表皮的,在无脊椎动物中仅此一类。毛颚动物的体腔分别位于头部、躯干部和尾部,各体腔之间有隔膜分隔开,这些体腔均缺乏体腔膜,非常特殊。消化道结构简单,包括口、咽、肠,最后以肛门开口在尾前的腹面,食物在肠内行细胞外消化。体表进行呼吸,由体腔液完成循环及排泄机能。雌雄同体,卵巢和精巢各1对,均有生殖导管与其相连,异体受精,卵多在输卵管内受精,或附着在亲体表处受精。卵裂方式为均等放射卵裂,此后形成有腔囊胚,内陷法形成原肠胚,由肠腔法形成中胚层及体腔,然后直接发育为成体。

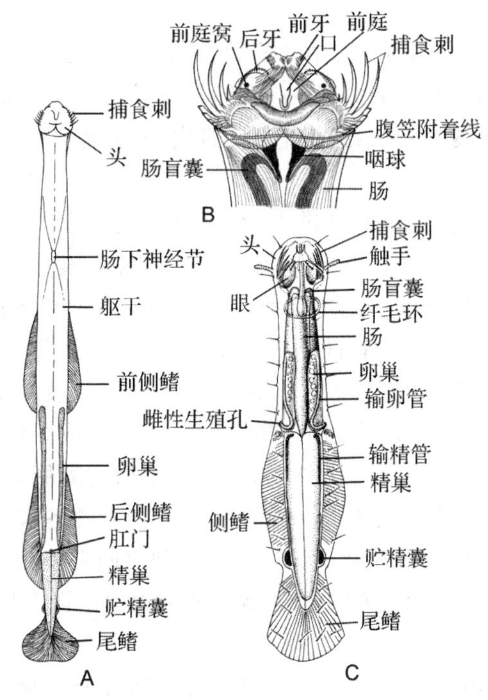

附图-32　毛颚动物(仿各家)

A. 秀箭虫(*Sagitta elegans*)整体腹面观; B. 秀箭虫头部腹面观; C. 锄虫整体背面观

毛颚动物的代表种类为箭虫(*Sagitta*)、锄虫(*Spadella*)(附图-32),都是海洋浮游动物的重要类群,肉食性,捕食甲壳类、多毛类幼体,甚至小的鱼类,每一个体每天可捕食相当于自身体重40%的食物。毛颚动物本身又是其他海洋动物的饵料。

7.2 半索动物门(Hemichordata)

半索动物身体多为蠕虫状,全部海洋底栖生活。代表种类为柱头虫(*Balanoglossus*),体呈圆柱形,由吻、领及躯干三部分组成(附图-33)。吻短,近似于圆柱形。吻后以一细柄与领相连。领向前突出可以包被柄及吻的后部,领的前端腹面具口。躯干部细长,前端背中线两侧各有一行鳃裂(gill slits)的开口——鳃裂孔,其数量及大小随种而异。躯干前半部两侧向外延伸形成翼状板,内有生殖腺,因而也称生殖翼(genital wing)。躯干后端无特殊分化,其末端为肛门。

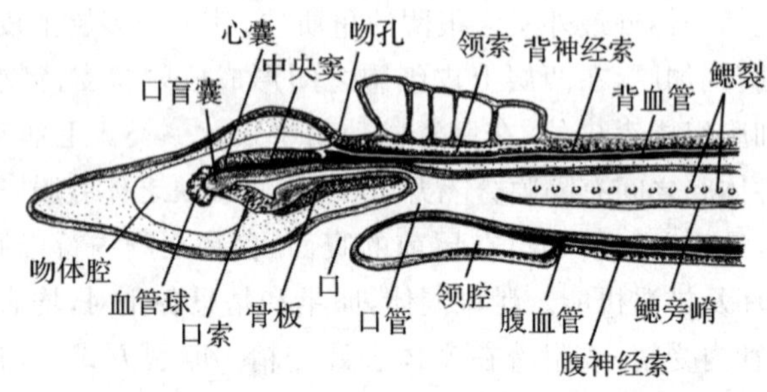

附图-33 柱头虫体前端纵切(仿 Hickman)

半索动物体表为单层上皮细胞,其中含有许多腺细胞,无角质层,因而身体十分脆弱。在领及躯干部,体壁上皮细胞基部具发达的神经层,与棘皮动物类似。体腔上皮很特殊,没有体腔膜结构,而在体腔上皮处形成结缔组织及肌肉,并充满体腔的大部分,这在很大程度上替代了体壁肌肉层。

半索动物的消化道为一直管。由口进入,在领内形成口管。由口管向前伸出一盲囊至吻内,形成一细长的口盲囊(buccal diverticulum),也称为口索(stomochord)。以前一直把口索视为脊索,但近年来依据组织学与胚胎学研究发现,口索与脊索既不同功、又非同源器官。由口管向后进入咽。咽占据整个躯干部前端的鳃裂区,咽背侧有鳃裂及鳃孔与外界相通,咽的腹面即作为消化道部分,咽后顺序联结食道、肠、直肠最后以肛门开口于身体末端,其中有的种类食道上也有小孔与外界相通,肠的前端呈褐色或绿色,此处有大量腺细胞,称为肝区(hepatic division),在此进行消化与吸收,肝区之后为直肠。咽背面的鳃结构是其气体交换的主要器官,鳃的数目从几个到100多个。咽壁两背侧各有一列U形鳃裂,它不直接开口到体外,而是通过鳃囊再以鳃孔开口到外界。鳃裂之间有隔板及骨棒支持,鳃裂的隔板处以及两U形管之间具有纤毛及由腹血管来源的血管丛,由于纤毛的摆动,水由口进入咽,经咽裂、鳃囊、鳃孔流到体外,完成气体交换。

半索动物为开放式循环,血液无色,其中很少有细胞成分。神经系统既原始又特殊,表皮细胞基部有一层神经纤维网,但在背、腹中线处神经层加厚,形成神经索(nerve cord),背、腹神经索在躯干的前端由一神经环相连。中背神经索在领内形成领索(collar cord),中腹神经索终止于领,领索可能是其神经中枢,其中含有巨大神经细胞。某些种类领索还是中空的，神经已离开表皮进入体腔内。领索可能是其神经中枢，但切断神经索后，其上皮神经丛仍可传导。

半索动物雌雄异体，生殖腺呈囊状，纵行排列于躯干部前端两侧鳃区的体腔中。雄性个体在卵的刺激下排精，卵在体外受精。受精卵经均等辐射卵裂、内陷法形成原肠胚，经肠腔法形成中胚层和体腔，体腔亦是三分体腔，分别位于吻、领和躯干。幼虫自由生活，称为柱头幼虫(tornaria)，与海星的幼虫相似，先自由游泳，最后沉入水底变态为成虫；有的种类无柱头幼虫期，经具纤毛的原肠胚直接发育为成体。

除柱头虫外，还有管栖的种类，群体或聚集生活，如杆壁虫(*Rhabdopleura*)，群体生活，具匍匐管使个体相连(附图-34)，每个虫体外均有虫管，身体亦分为吻、领及躯干三部分。吻楯形，领背面伸出两个腕，两侧为密生纤毛的触手，体腔伸入腕和触手中。一般无鳃裂，最多也只1对。

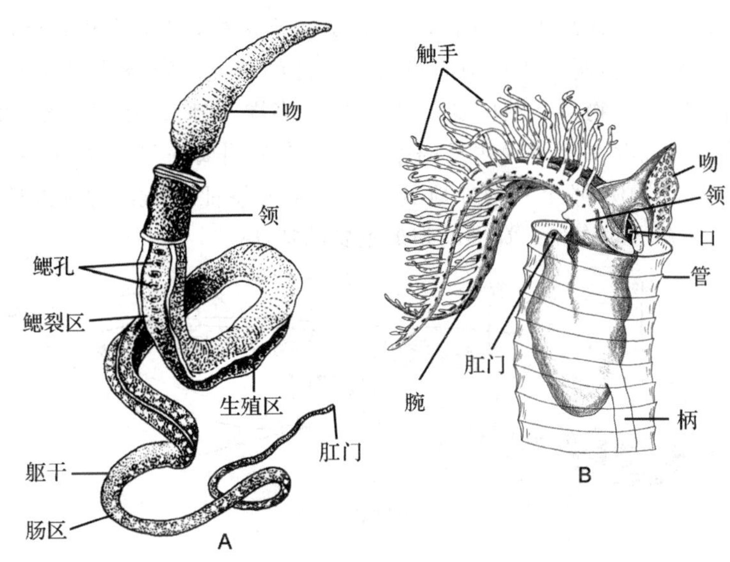

附图-34　半索动物代表种类(仿各家)

A. 柱头虫；B. 杆壁虫局部

半索动物的胚胎发育与棘皮动物非常相似，因而它们之间有着共同的起源。又因具鳃裂及中空的神经，与脊索动物相似，故半索动物与棘皮动物及脊椎动物均有某种亲缘关系。

第 11 章　脊索动物门(Chordata)

1　脊索动物的基本特征

脊索动物是动物界中最高等的一个类群，种类丰富多样，与人类关系十分密切，并且由于这个门包含了脊椎动物，所以人们对它进行了广泛的研究。脊索动物分布在海洋、淡水、湿地和陆生环境。脊索动物形态结构复杂，生活方式多样，它们在外部形态、内部结构、生理功能及生活方式等方面存在着极为明显的差异。但作为同属一门的动物，在其个体发育的某一时期或整个生活史中，都无一例外地具有三大主要特征：脊索、背神经管和咽鳃裂(图 11-1)。它们是区别脊索动物和无脊椎动物最主要的特征。

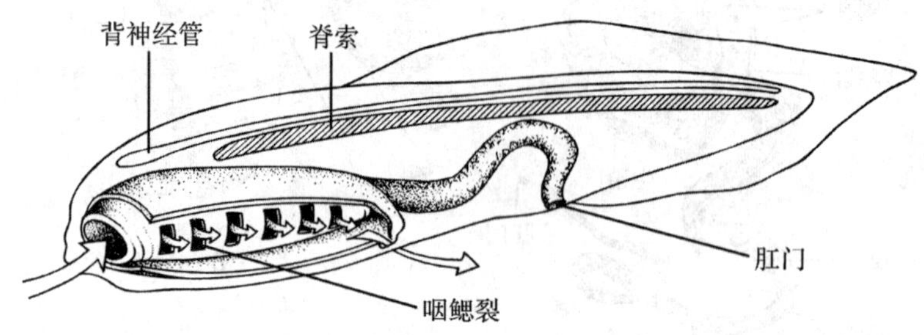

图 11-1　脊索动物的三大特征(仿 Kardong)

1.1　脊索(notochord)

脊索是位于消化道和背神经管之间起支持体轴作用的一条棒状结构。由胚胎时期的原肠背壁发育而成。脊索由富含液泡的脊索细胞组成，脊索外面围有结缔组织构成的脊索鞘，使整条脊索既具弹性，又有硬度，从而起到支持身体的作用(图 11-2)。所有脊索动物的胚胎时期均具脊索，低等脊索动物的脊索终生保留，高等脊索动物的脊索仅见于胚胎时期或幼体

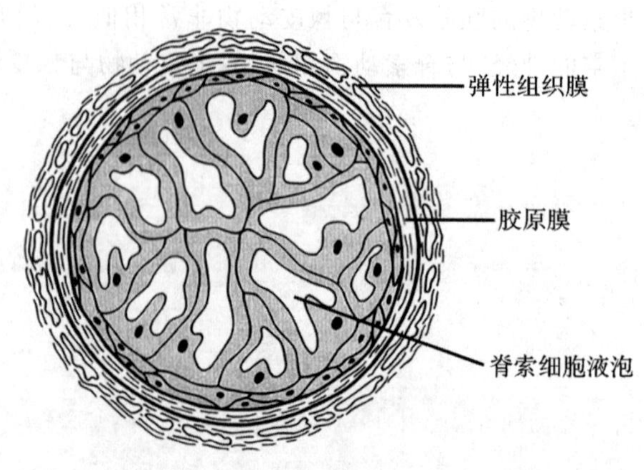

图 11-2　脊索横切面积(仿 Kardong)

时期，发育完全时即被分节的骨质脊柱(vertebral column)所取代。组成脊索或脊柱等内骨骼(endoskeleton)的细胞，都能随同动物个体发育而不断生长，无脊椎动物则缺乏脊索或脊柱等内骨骼，通常仅身体表面被有几丁质等外骨骼(exoskeleton)。

脊索的出现在动物演化史上具有十分重要的意义，这一先驱结构在脊椎动物中得到更为完善的发展，主要表现在：脊索(或脊柱)构成支撑躯体的主梁，是体重的承受者，也使内脏器官得到有力的支持和保护；运动肌肉获得坚强的支点，在运动时不致由于肌肉的收缩而使躯体缩短或变形，因而有可能向"大型化"发展。同时，脊索的中轴支撑作用也能使动物体更有效地完成定向运动，进而使主动捕食及逃避敌害更为准确、迅速；脊椎动物头骨的形成、颌的出现以及椎管对中枢神经的保护，都是在此基础上进一步完善化的发展。总之，脊索的出现使脊索动物成为在动物界中占统治地位的一个类群。

1.2　背神经管(dorsal tubular nervecord)

背神经管位于脊索背面，中空管状，为脊索动物神经系统的中枢部分。由胚胎时期的外胚层发育而成。背神经管在高等种类中分别分化为前面的脑和后面的脊髓。背神经管的腔(neurocoele)在脑内形成脑室(cerebral ventricle)，在脊髓中形成中央管(central canal)。而无脊椎动物神经系统的中枢部分为一条实心的腹神经索(ventral nerve cord)，位于消化道的腹面。

1.3　咽鳃裂(pharyngeal gill slits)

脊索动物消化道咽部两侧有一系列左右成对排列的裂缝，即咽鳃裂，其数目因不同种类而异。它们直接开口于体表(如软骨鱼类)或以一个共同的开口间接地与外界相通(如硬骨鱼类)。低等、水生脊索动物的咽鳃裂终生存在并附生着布满血管的鳃，作为呼吸器官；高等、陆生脊索动物仅在胚胎时期或幼体时期(如两栖纲的蝌蚪)具有咽鳃裂，随着发育成长最终完全消失，而以肺作为呼吸器官。无脊椎动物的鳃不位于咽部，用作呼吸的器官有软体动物的栉鳃以及节肢动物的肢鳃、尾鳃、气管等。应当指出的是：某些无脊椎动物虽然也有鳃，但是没有鳃裂。

此外，脊索动物还具有一些次要特征，如具有肛后尾(post-anal tail)，绝大多数脊索动物于肛门后方有肌肉质的肛后尾。无脊椎动物的肛孔常开口在躯干部的末端；心脏及主动脉位于消化道的腹面，循环系统大多为闭管式。无脊椎动物的心脏及主动脉在消化道的背面，循环系统大多为开管式。三胚层、后口、次生体腔、两侧对称、身体和某些器官的分节现象等特征也见于高等无脊椎动物，这表明脊索动物是由无脊椎动物进化而来的。

脊索动物与无脊椎动物结构比较见图 11-3。

2　脊索动物的分类概述

现存的脊索动物有 41000 多种，根据脊索终生存在与否、背神经管的分化及咽鳃裂的形态结构与分化情况等，可分为 2 大类群 3 个亚门，即原索动物(Protochordata，包括尾索动物亚门和头索动物亚门)和脊椎动物(包括脊椎动物亚门)。原索动物是脊索动物中最低等的类群。

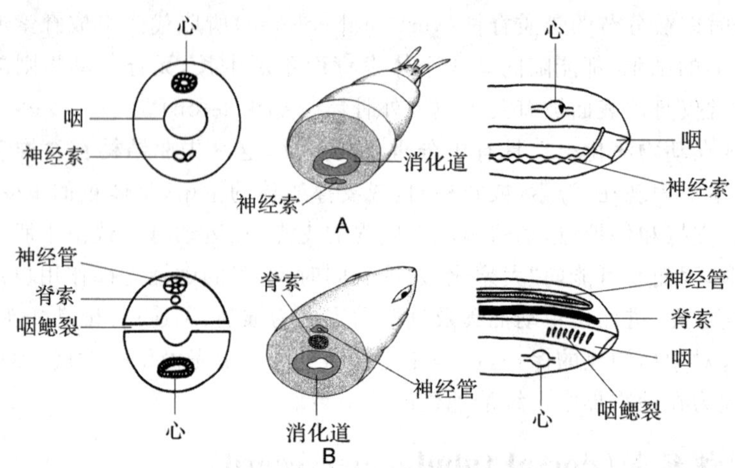

图 11-3 脊索动物与无脊椎动物结构比较(仿各家)

A. 无脊椎动物；B. 脊索动物

2.1 尾索动物亚门(Subphylum Urochordata)

2.1.1 尾索动物的主要特征

尾索动物是一群构造特殊、分布广泛的海栖动物。本亚门种类不多,全世界约有 1370 种,但生活方式差异很大,有单体,也有群体,营自由生活或固着生活,因此形态差异较大,但尾索动物具有以下共同特征:

幼体营自由生活,具脊索动物的三大特征,但脊索仅存于尾部,故称为尾索动物。脊索和背神经管在少数种类终生存在,大多数只在胚胎时期和幼体时期出现,变态后尾消失,其中的脊索退化或消失,背神经管退化成神经节;幼体、成体都具咽鳃裂,其数目因不同种类而异;身体外面由被囊(tunic)包裹着,故又称为被囊动物。被囊由体壁分泌的被囊素(tunicin)构成。被囊素的化学成分类似于植物纤维素。在整个动物界中,体壁能分泌被囊素的动物极为罕见,至今仅发现于尾索动物和少数原生动物,此为原始特征。单体或群体,体表有入水管孔(incurrent siphon)和出水管孔(excurrent siphon),咽外围有宽大的围鳃腔(peribranchial cavity),与出水管孔相通;营自由生活或固着生活,绝大多数无尾种类只在幼体时期自由生活,成体于浅海潮间带营底栖固着生活,少数终生有尾种类在洋面上营漂浮式的游泳生活;一般为雌雄同体(hermaphroditism),异体受精。由于卵和精子并不同时成熟,所以避免了自体受精。营有性生殖,也营无性的出芽生殖,有些种类如樽海鞘的生活史中甚至还有复杂的世代交替现象。除个别种类外,受精卵都先发育成善于游泳的蝌蚪状幼体,再行变态发育。

2.1.2 尾索动物的生物学

2.1.2.1 外形

海鞘是尾索动物亚门中最普遍和最主要的类群,约占全部种类的 90%以上。海鞘成体有椭圆形、袋形、壶形及桶形或樽形等,基部附生在海底或被海水淹没的物体上,另一端有 2 个相距不远的孔,均与外界相通:顶端的一个是入水管孔,孔内通消化管而中间有一片筛状的缘膜,其作用是滤去粗大的物体,只容许水流和微小食物进入消化道;位置略低的一个是出水管孔,水流、生殖细胞、代谢废物和食物残渣等从此孔排出。从胚胎发生和幼体变态的过程来看,两孔之间的部分是海鞘的背部,对应的一侧为腹部。

2.1.2.2　内部构造

体壁　海鞘的体壁为包藏内部器官的外套膜(mantle),外套膜除了表面一层外胚层的上皮细胞外,还掺杂着来源于中胚层的肌肉纤维,以支配身体及出、入水管孔的伸缩和开闭。体壁分泌被囊素形成被囊。外套膜在入水管孔和出水管孔的边缘处与被囊汇合,汇合处有环形括约肌控制管孔的开闭。内部器官中只有咽的上缘及腹面的一部分与外套膜愈合。

口和咽　海鞘的入水管是一短小的管子,管子下面即为口,口四周长有触手的缘膜,缘膜下就是宽大的咽,咽约占身体的 3/4。

咽鳃裂　咽壁上的开孔,即形成许多成对的鳃裂,由此显示出脊索动物的特征,这是成体海鞘显示脊索动物三大特征中的唯一特征。

围鳃腔　在咽的外围,或者说是鳃的外围有一个大的腔即围鳃腔,它包围着鳃,并以出水管孔通体外。围鳃腔在胚胎发生上,是由身体表面陷入内部所形成的空腔,因此,围鳃腔来自外胚层。因其不断扩大,从而将身体前部原有的体腔逐渐挤小,最终在咽部完全消失。围鳃腔与海鞘的消化、呼吸、排泄、生殖四大生理功能的进行均有关系。

消化与摄食方法　消化系统由口、咽、食道、胃、肠、肛门组成。由于成体海鞘营固着生活,不能主动地去捕获食物,而是依靠水流带进食物。因此,海鞘借助于巨大的咽部和沟系,以及消化器官在内的一系列特殊构造,形成了独特的被动摄食方式。缘膜:在入水管与口交界处,有若干触手状突起的缘膜,这些触手状的突起伸展成筛子状,可以阻止砂石等粗大物体进入咽内,只容许水流和微小的食物进入。咽腔内壁纤毛:咽腔的内壁生有纤毛,纤毛可以摆动,激动水流及其中食物颗粒,使水流做定向流动。咽壁内侧沟系:咽壁背、腹侧的中央各有一沟状结构,分别称为背板(dorsal lamina,或称咽上沟,epipharyngeal groove)和内柱(endostyle),由纤毛上皮组成,背板和内柱上下相对,在咽的前端以围咽沟(peripharyngeal groove)相连,沟内有腺细胞和纤毛细胞;腺细胞能分泌黏液,使沉入内柱的食物黏聚成团,由沟内的纤毛摆动,将食物团从内柱推向前行,经围咽沟沿背板往后导入食道、胃及肠内进行消化,消化管的末端肛门开口于围鳃腔,不能消化的残渣通过围鳃腔,随水流经出水管孔排出体外。

呼吸　从口进入咽内的水流经过咽鳃裂,到达围鳃腔中,然后经出水管孔排出。咽鳃裂周围的咽壁上有丰富的毛细血管,当水流携带着食物微粒通过咽鳃裂时就能进行气体交换,完成呼吸过程:当水流经鳃裂时,水中的氧气即扩散入血液中,而血液中的二氧化碳即排入水中,水流入围鳃腔,然后经出水管孔排出体外。

循环系统和循环方式　心脏位于身体腹面靠近胃部的围心腔(pericardial cavity)内,呈纺锤形,外包围心膜,借围心膜的伸缩而搏动。心脏前后各发出一条血管,向前的为鳃血管,其分支分布于鳃裂间的咽壁;向后的为肠血管,发出分支分布于胃肠等各内脏器官并注血进入器官组织的血窦之间,所以是开管式的血液循环。海鞘具有特殊的可逆式血液循环,即心脏收缩有周期性间歇,当它的前端连续搏动时,血液不断地由鳃血管压出至鳃部,接着心脏有短暂的停歇,使鳃部的血液流回心脏,然后其后端开始搏动,将血液注入肠血管而分布到内脏器官的组织间。因此,同一条血管可以轮流充当动脉和静脉,血液也不沿固定的方向流动,而是定期地改变方向。这一独特的血液循环方式在动物界中是绝无仅有的。

排泄器官　海鞘无专门集中的排泄器官,仅在肠弯附近有一团具排泄机能的细胞,称为小肾囊(renal vesicles),代谢产生的排泄物常含尿酸结晶颗粒,先排入围鳃腔,然后借水流经出水管排出体外。

神经和感觉器官　海鞘的成体营固着生活,神经系统和感觉器官均退化,与典型的脊索动物完全不同,无神经管,中枢神经仅为一个位于两水管孔之间的外套膜壁内、没有内腔的神经节(nervus ganglion),圆而坚硬,形如小瘤,由此分出若干神经分支,分布到身体各部,神经节旁有一无色透明而略为膨大的神经腺(neural gland,相当高等动物的脑下腺 hypophysis)。无专门的感觉器官,仅于入水管孔、出水管孔的缘膜和外套膜上有少量散在的感觉细胞。

生殖　雌雄同体,但卵子、精子不同时成熟,通常不会进行自体受精。生殖腺位于肠曲处和体壁的外套膜内壁上。精巢大,呈分支状,为乳白色颗粒状小块;卵巢长管状,呈淡黄色,内含许多圆形的卵细胞;生殖导管开口于围鳃腔内。精巢、卵巢两者紧贴重叠,分别以单根生殖导管(gonoduct)将成熟的性细胞输入围鳃腔,然后经出水管孔排至体外,进行体外受精;或在围鳃腔内与另一海鞘的生殖细胞相遇,受精作用在围鳃腔中进行,受精卵再通过出水管孔排出体外,体外发育。除有性生殖外,海鞘也进行出芽生殖。

海鞘的内部结构见图 11-4。

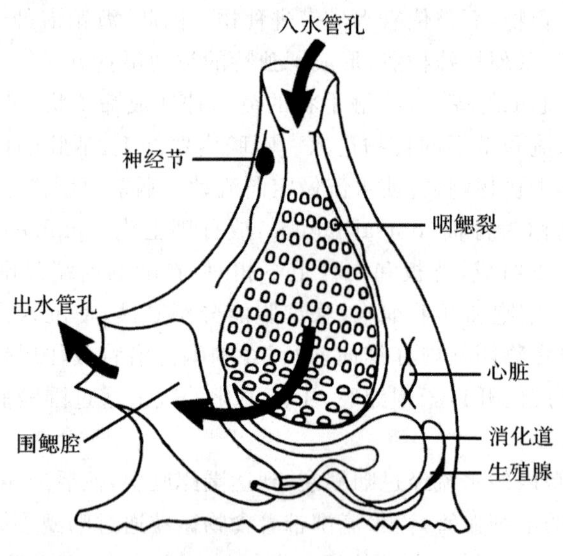

图 11-4　海鞘的内部结构(仿 Jurd)

2.1.2.3　幼体及变态

幼体　海鞘成体的形态结构与典型的脊索动物有很大差异。然而,它的幼体外形酷似蝌蚪并具有脊索动物的三大特征。幼体长 0.5～5mm 不等,尾部发达,其中有一条典型的、同样发达的脊索(尾索),脊索背方有一条直达身体前端呈中空的背神经管,神经管的前端甚至还膨大成脑泡(cerebral vesicle),内含眼点和平衡器官等;消化道前段分化成咽,有少量成对的鳃裂(图 11-5)。由此,可毫无疑义地确立海鞘的脊索动物地位。另外,幼体的身体腹侧还具心脏。

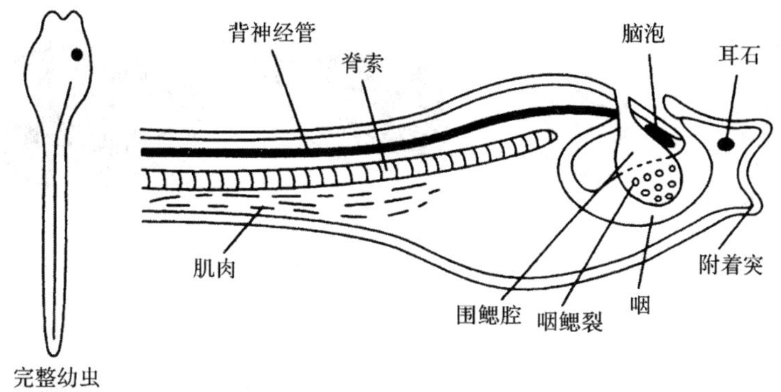

图 11-5　海鞘的幼体(仿 Jurd)

变态　幼虫借尾的摆动在水中游泳,经过几小时的自由生活后,就用身体前端的附着突起(adhesive papillae,来源于外胚层),黏着在其他物体上,开始固着变态。在变态过程中,幼体的尾连同内部的脊索和尾肌逐渐萎缩,并被吸收而消失,背神经管也退化为一残存的神经节,感觉器官则完全消失。与此相反,咽部却大为扩张,咽鳃裂急剧增多,同时形成围绕咽部的围鳃腔;附着突起也为海鞘的柄所替代。因附着突起的背面生长迅速,把口孔的位置推移到另一端(背部),于是使内部器官的位置也随之转动了 90°～180°。最后,由体壁分泌被囊素构成保护身体的被囊,使它从自由生活的幼体变为营固着生活的成体(图 11-6)。消化管呈 U 形弯曲,口孔和肛门向上方转移,这是由于口孔和附着突起之间部分生长特别快,而背侧其他部分生长滞缓,其结果是使身体各部位的相对位置起了变化。

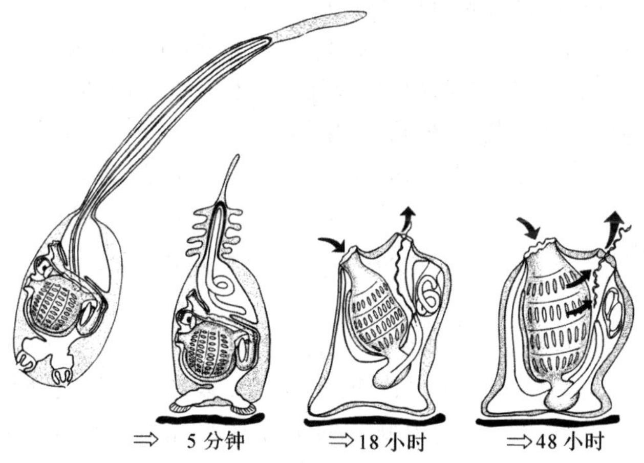

图 11-6　海鞘的变态(仿 Cloney)

海鞘经过变态,失去了一些重要的构造,形体变得更为简单,这种变态称为逆行变态(retrogressive metamorphosis)。与幼体相比,成体的生活方式完全改变。由于动物体形态结构与生活方式是相互适应的,因而也就不难理解海鞘的此种变态。

2.1.3　*尾索动物分类*

本亚门是脊索动物中最低等的类群,均为海产,遍布世界各个海洋,约 1370 种,分属于 3 纲:尾海鞘纲(Appendiculariae)、海鞘纲(Ascidiacea)、樽海鞘纲(Thaliacea)(图 11-7)。常见种类有各种海鞘和住囊虫。我国已知有 14 种。

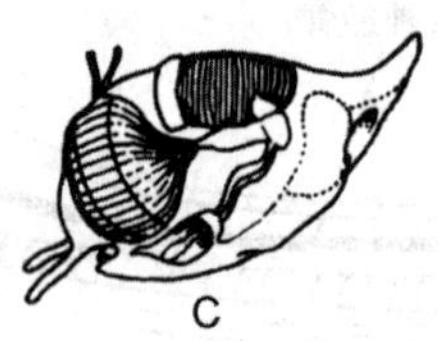
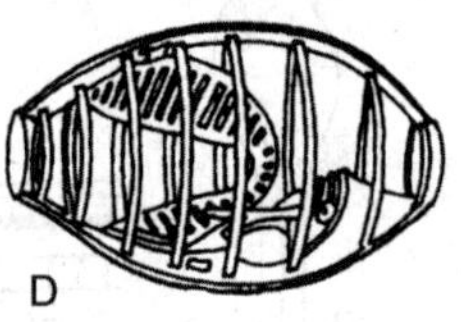

图 11-7 海鞘的类群(仿各家)

A. 柄海鞘；B. 菊海鞘；C. 住囊虫；D. 樽海鞘

2.1.3.1 尾海鞘纲

本纲是尾索动物中的原始类型,约有 60 种。代表动物为住囊虫(*Oikopleura*)和巨尾虫(*Megalocercus huxleyi*)等。主要特征为:体长数毫米至 20mm,体外无被囊,脊索和背神经管终生存在,咽鳃裂 1 对,直接开口体外而缺乏围鳃腔。大多在沿岸浅海中营自由游泳生活。终生保持着带有长尾的幼体状态(neotonous),生长发育过程中无逆行变态,故又名幼形纲(Larvacea)。

我国至今尚未发现本纲动物。

2.1.3.2 海鞘纲

本纲种类繁多,约有 1250 种,代表动物为柄海鞘(*Styela clava*)(单体)和菊海鞘(群体)等。主要特征为:包括单体和群体两种类型,附着于水下物体或营水底固定生活。成体无尾,被囊厚,多鳃裂。单体型种类的最大体长可达 200mm,群体的全长可超过 0.5m 以上。群体型种类的许多个体都以柄相连,并被包围在一个共同的被囊内,但分别以各自的入水孔进水,有共同的排水口,如群体海鞘(*Diplosoma*)。

柄海鞘是海鞘类中的优势种,经常与盘管虫(Hydroides)、藤壶(Balanus)及苔藓虫(Bugula)等附着在一起,柄海鞘的身体构造及变态过程在本亚门动物中具有一定的代表性。

广布于我国的海鞘纲动物有米氏小叶鞘(*Leptoclinum mitsukurii*)、星座美洲海鞘(*Amaroucium constellatum*)、长纹海鞘(*Ascidia longistriata*)、玻璃海鞘(*Ciona intestinalis*)、3 种菊海鞘(*Botryllus* ssp.)、瘤海鞘(*Styela canops*)、乳突皮海鞘(*Molgula manhattensis*)、龟甲海鞘(*Chelyosoma*)、西门登拟菊海鞘(*Botrylloides simodensis*)等。

2.1.3.3 樽海鞘纲

樽海鞘纲约有 65 种,代表动物有樽海鞘(*Doliolum deuticulatum*,单体)和磷海鞘(*Pyrosoma atlanticum*,群体)等。主要特征为:大多为营自由游泳生活的漂浮型海鞘,体呈桶形或樽形,被囊薄而透明,囊外有环状排列的肌肉带,咽壁有 2 个或更多的咽鳃裂,成体无尾。入水管孔和出水管孔分别位于身体的前、后端,环形肌肉带从前到后依次收缩,迫使流进入水管孔的水流从体内通过出水管孔冲出,以此推动身体向前移动,并在此过程中完成摄食和呼吸作用。生活史较复杂,存在有性与无性的世代交替。

我国厦门沿海曾发现过小海樽(*Dolioletta natilnalis*)。

2.1.4 尾索动物的演化

我国科学家舒德干教授等发现了距今 5.3 亿年前的尾索动物——“始祖长江海鞘”的化石,其整个身体全部包裹在一个结实的被囊之中,构造同现存的海鞘极为相似。长江海鞘的躯体基本结构具有明显的两重性或演化性状上的“镶嵌性”:既有尾索动物的过滤取食系统,同时还残留着其祖先的取食触手,这对于进一步探寻脊索动物起源具有十分重要的意义。

尾索动物是最低等的脊索动物，与高等脊索动物存在着演化上的亲缘关系，两者可能都是从类似海鞘幼体型营自由生活的共同祖先——原始无头类动物演化而来。这类原始无头类动物不但将幼体时期的尾和自由游泳的生活方式保留到成体，甚至还消失了生活史中营固着生活的阶段，并通过幼态滞留及幼体性成熟途径发展为头索动物和脊椎动物。尾索动物是在进化过程中适应特殊生活方式的一个退化分支，除保留滤食的咽及营呼吸作用的咽鳃裂外，大多数种类已在变态中失去所有的进步特征，并向固着生活的方向发展。

2.2 头索动物亚门(Subphylum Cephalochordata)

2.2.1 头索动物的主要特征

头索动物均为海产，广泛分布于各大洋底、中纬度海域的近岸浅水区，其中在北纬 48°至南纬 40°之间的沿海地区数量较多。它们对底质要求比较严格，通常仅局限在“文昌鱼砂”这一沉积环境中，即在有机质含量低的纯净粗砂和中砂中大量出现。生活时身体埋入砂中，仅前端外露，用以进行呼吸和滤食水体中的硅藻。

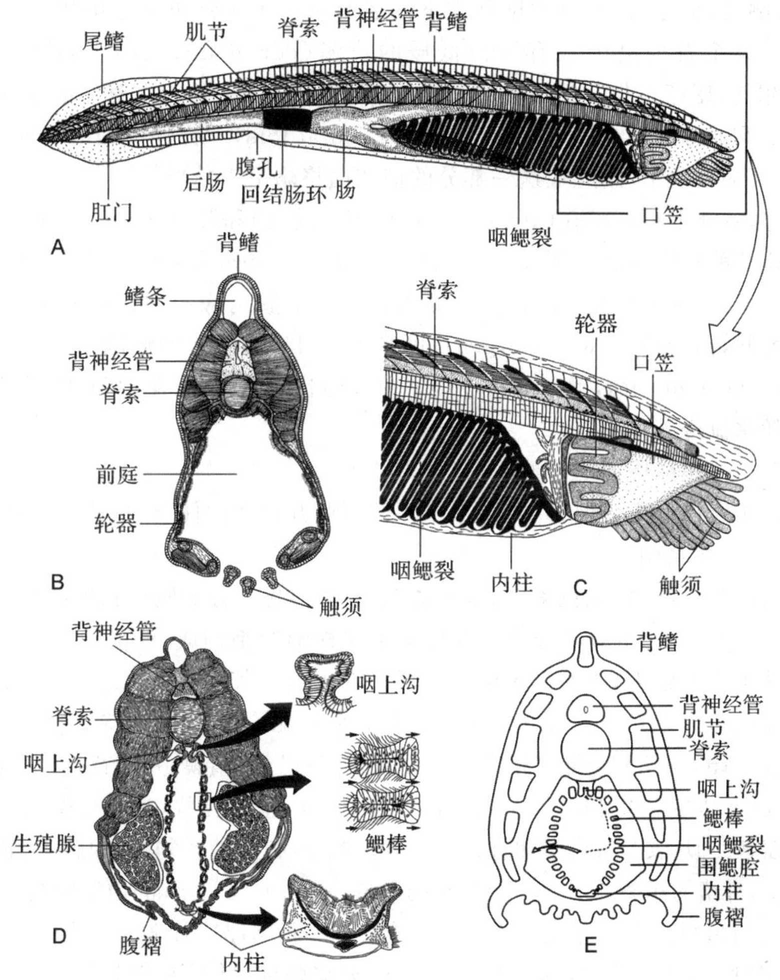

图 11-8 文昌鱼的形态与内部构造(仿各家)

A. 侧面观；B. 过口笠横切；C. 前端放大；D. 过咽部横切；E. 过咽部横切模式图

头索动物是一类终生具有三大特征的无头鱼形脊索动物，其主要特征为：身体分节明显，表皮只有一层细胞，生殖腺数目众多。脊索和神经管纵贯于全身的背部，其中脊索超过了神经管，一直达到身体最前端，故称为头索动物。咽部两侧有众多的咽鳃裂。它们的头均无明显分化，与体躯不能截然分开，缺乏真正的头、脑和感官，故又名无头类（Acrania），通称文昌鱼（非鱼类）。这些基本特征在高等脊索动物中只存在于胚胎时期或幼体时期，在成体一般消失或分化为更高级的器官。此外，头索动物与脊椎动物相似的特征是：具肌节、有奇鳍、肛后尾、闭管式循环系统、胚胎发育和三个胚层的分化方式；比脊椎动物原始的特征是：无头、无骨骼、无心脏、排泄器官为肾管；比无脊椎动物进化的特征是：躯体两侧有 1 对腹褶，为脊椎动物成对附肢的雏形（图 11-8）。

2.2.2 头索动物的生物学

2.2.2.1 外形

形态 体形略似小鱼，一般体长 50mm 左右，产于北美圣地亚哥湾的加州文昌鱼（*Branchiostoma californiense*）可长达 100mm，是已知的体形最大者。身体两端尖，无明显的头部，左右侧扁，半透明，可隐约见到皮下的肌节（myomere）和腹侧块状的生殖腺。无偶鳍，只有奇鳍，整个背面沿中线有一条低矮的背鳍（dorsal fin），往后与高而绕尾的尾鳍（caudal fin）相连，尾鳍再与肛门之前的臀前鳍（preanal fin）相连。在身体前部的腹面两侧各有一条由皮肤下垂形成的纵褶，称为腹褶（metapleural fold）。在臀前鳍的前面，身体的腹部比较扁平，而背部较狭窄，因此在这一部分的横切面将略呈三角形。

除口以外，身体上还有腹孔（atriopore，或称围鳃腔孔）和肛门（anus）与外界相通。

口 身体的前端腹面有一漏斗形的结构，称为口笠（oral hood）。口笠内的空腔称为前庭（vestibule），前庭的深处引向口孔。口周围有一环形膜为缘膜（velum），其边缘有触手向前伸出指状突起，称为轮器（wheel organ），可搅水。口笠和缘膜的周围分别环生触须（cirri）及缘膜触手（velar tentacle），触须向口笠内弯曲成筛状器官，具有保护和过滤作用，可防止粗物如大沙粒随水流进入体内。

肛门 开口于尾鳍腹面的左侧，离身体末端不远。

腹孔 位于腹褶和臀前鳍的交界处，围鳃腔以此开口通向体外，也称为围鳃腔孔。

2.2.2.2 内部结构

皮肤 文昌鱼皮肤薄、无色素，而呈半透明，可以透见下方的肌节和生殖腺等。皮肤有表皮（epidermis）和真皮（dermis）的分化。表皮由单层柱形细胞构成，外覆一层角质层（cuticle）。表皮外在幼体期生有纤毛，成长后则消失殆尽。真皮由一薄层冻胶状结缔组织构成。

骨骼 文昌鱼尚未形成骨质的骨骼，以纵贯全身的脊索作为支持动物体的中轴支架。脊索直达身体前端，与其前端掘沙相适应。脊索外围有脊索鞘膜，并与背神经管的外膜、肌节之间的肌隔、皮下结缔组织等连续。脊索细胞较为特殊，呈扁盘状，其超显微结构与双壳类软体动物的肌细胞类似，收缩时可增加脊索的硬度。此外，在口笠触须、缘膜触手、轮器内部也都有角质物支持，奇鳍的鳍条（fin rays）及鳃裂的鳃条（gill bar，又称鳃隔）由结缔组织支持。

肌肉 文昌鱼肌肉大部分集中在背部两侧，背部肌肉厚实而腹部比较单薄。肌肉分节明显，即 60 多对按节排列于体侧的“〈”形肌节，尖端朝前，前后相继排列，为一种原始的排列，无任何分化。肌节间被结缔组织的肌隔（myocomma）所分开，并使每个肌节的肌纤维前后端都附着于肌隔。两侧的肌节互不对称，而是交错排列，即一侧的一个肌节对应于对侧两个肌节之间的一个肌隔，这样的排列便于文昌鱼在水平方向作弯曲运动。此外，还有分布在围鳃腔腹面的横肌和口缘膜上的括约肌等，控制围鳃腔的排水及口孔的大小。文昌鱼肌节数目因种而异，可作为分类依据之一。

消化和呼吸　消化系统由消化管和消化腺组成，消化管包括前庭、口、咽、肠、肛门，消化腺为肝盲囊。

文昌鱼的口是一套特化的取食和滤食器官，形成被动滤食的摄食方法。文昌鱼靠轮器和咽部纤毛的摆动，使带有食物微粒的水流经口入咽，食物被滤下留在咽内，而水则通过咽壁的咽鳃裂至围鳃腔，然后由腹孔排出体外。作为收集食物和呼吸场所的咽部极度扩大变长，几乎占据身体全长的 1/2，咽腔内的构造与尾索动物相似，也具有内柱、背板(咽上沟)和围咽沟等。文昌鱼幼体的鳃裂直接开口于体表，以后形成围鳃腔，以腹孔作为咽部鳃裂的总出水口。

咽内的食物微粒被内柱细胞的分泌物黏结成团，再由纤毛运动使它从后向前流动，经围咽沟转到咽上沟，往后推送进入肠内。肠为一直管，向前伸出一个盲囊，伸向咽的右侧，称为肝盲囊(hepatic diverticulum)，能分泌消化液，与脊椎动物的肝脏为同源器官。食物团中的小微粒可进入肝盲囊，被肝盲囊细胞所吞噬，营细胞内消化，大微粒在肠内分解成小微粒后，也转到肝盲囊中进行细胞内消化，未消化的物质由肝盲囊重返肠中，在后肠部进行消化和吸收。肛门开口于身体左侧。

咽腔是文昌鱼完成呼吸作用的部位。咽壁两侧有 60 多对鳃裂，彼此以鳃条分开，鳃裂内壁布有纤毛上皮细胞和毛细血管。水流进入口和咽时，借纤毛上皮细胞的纤毛运动，通过鳃裂，并使之与血管内的血液进行气体交换，最后，水再由围鳃腔经腹孔排出体外。另外，有人认为文昌鱼纤薄的皮肤也具有直接从水中摄取氧气的能力。

文昌鱼的消化和呼吸过程相似于尾索动物。

循环　文昌鱼血液循环系统为闭管式，即血液完全在血管内流动，流动方向在腹面是从后向前，在背面是从前向后。这种情形与脊椎动物基本相同，已具有脊椎动物血液循环的基本模式。无心脏，但具能搏动的腹大动脉(ventral aorta)，因而被称为狭心动物。腹大动脉位于咽的腹面，含缺氧血，腹大动脉往左右两侧发出许多成对的入鳃动脉(branchial arteries)直接进入鳃间隔后不再分为毛细血管，在完成气体交换后于咽鳃裂背部汇成左、右 2 条背大动脉根，向前将新鲜血液供给身体前端，向后合并成背大动脉，再由此发出血管到身体各个部分。

动脉中的血液通过组织间隙再进入静脉。从身体前端返回的血液通过体壁静脉(parietal vein)注入左、右 2 条前主静脉(anterior cardinal vein)；尾的腹面有一条尾静脉(caudal vein)，收集一部分身体后部回来的血液，进入肠下静脉(subintestinal vein)，大部分血液则流进左、右 2 条后主静脉(posterior cardinal vein)。2 条前主静脉和 2 条后主静脉的血液全部汇流至 1 对横形的总主静脉(common cardinal vein)，或称古维尔氏管(ductus Cuvieri)。左、右总主静脉会合处为静脉窦(venous sinus)，然后通入腹大动脉。从肠壁返回的血液由毛细血管网集合成肠下静脉，尾静脉的部分血液也注入其中；肠下静脉前行至肝盲囊处血管又形成毛细管网，由于这条静脉的两端在肝盲囊区都形成毛细血管，因此称作肝门静脉(hepatic portal vein)。由肝门静脉的毛细血管再一次合成肝静脉(hepatic vein)并将血液汇入静脉窦内。

血液无色,也没有血细胞和呼吸色素,氧气通过渗透进入血液。

排泄器官　文昌鱼没有集中的肾脏,排泄器官由一组位于咽壁背方两侧按节排列的肾管(nephridium)组成,约有 90～100 对,肾管的结构和机能与扁形动物及环节动物的原肾比较近似。每个肾管是一短而弯曲的小管,其腹侧一端以肾孔(nephrostome)开口于围鳃腔,背侧一端则连接着 5～6 束与肾管相通的管细胞(solenoeytes)。管细胞由体腔上皮细胞特化而成,紧贴体腔中特殊的血管,其远端呈盲端膨大,细胞具细的内管道,内有一长鞭毛。代谢废物通过体腔液渗透进入管细胞,经鞭毛的摆动到达肾管,再由肾孔送至围鳃腔,随水流经腹孔排出体外(图 11-9)。此外,在咽部后端背部的左右,各有一个称为褐色漏斗(brown funnel)的盲囊,有人认为有排泄功能,但也有人推测可能是一种感受器。

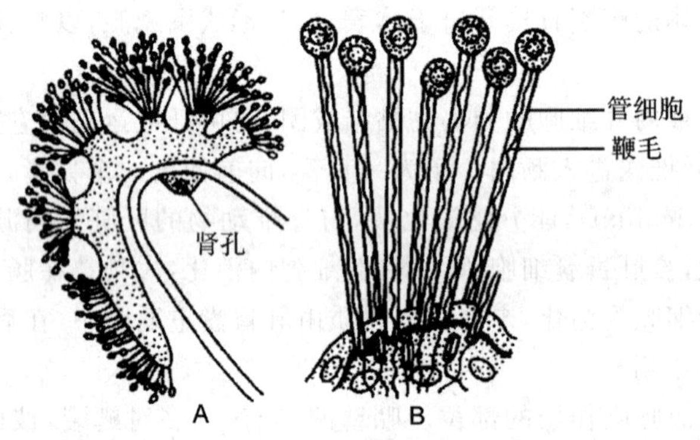

图 11-9　文昌鱼的肾管(仿赵肯堂)

A. 肾管；B. 肾管壁的一部分,示管细胞及鞭毛

神经和感觉器官　文昌鱼的中枢神经是一条纵行于脊索背面的背神经管,几乎无脑和脊髓的分化,前端内腔略为膨大,称为脑泡。幼体的脑泡顶部有神经孔与外界相通,长成后完全封闭。但神经管的背面尚未完全愈合,留有一条裂隙,称为背裂(dorsal fissure)。

周围神经包括由脑泡发出的 2 对"脑神经"和自背神经管两侧发出的成对的脊神经。背神经管在与每个肌节相对应的部位,分别由背、腹发出一对背神经根及几条腹神经根,或简称背根(dorsal root)和腹根(ventral root)。背根和腹根在身体两侧的排列形式与肌节一致,左右交错而互不对称,且其背根和腹根之间也不像脊椎动物那样联结成一条脊神经。背根是兼有感觉和运动机能的混合性神经,接受皮肤感觉和支配肠壁肌肉运动;腹根专管运动,分布在肌肉上。

与文昌鱼少动生活方式相联系的是感觉器官很不发达,许多位于背神经管两侧的黑色小点是文昌鱼的光线感受器,称为脑眼(ocelli)。每个脑眼由一个感光细胞和一个色素细胞构成,可通过半透明的体壁,起到感光作用。背神经管的前端有单个大于脑眼的色素点(pigment spot),又称眼点(eyespot),但无视觉作用,有人认为是退化的平衡器官,有人则认为有遮挡阳光使脑眼免受阳光直射的作用。此外,全身皮肤中还散布着零星的感觉细胞,其中尤以口笠、触须和缘膜触手等处较多。

生殖　文昌鱼雌雄异体。生殖腺约有 26 对,壁厚,呈矩形,按体节附生于围鳃腔两侧的内壁上,无生殖管道。性成熟时,精巢为白色,卵巢为淡黄色,以此可进行雌雄性别鉴别。成熟生殖细胞穿过生殖腺壁、体腔壁和围鳃腔壁进入围鳃腔,再随同水流由腹孔排出,在海水中完成体外受精和发育。

2.2.2.3　胚胎发育和变态

文昌鱼是以简单而典型的形式代表着脊椎动物的发育。同时,文昌鱼的早期发育又与棘皮动物很相似,由个体发育可以看到它与棘皮动物的关系。因此,研究文昌鱼的胚胎发育具有重要的意义。柯瓦列夫斯基正是基于对文昌鱼胚胎发育的研究才说明了文昌鱼在动物界的真正地位。

受精、卵裂及原肠胚的形成　文昌鱼发育所经历的主要阶段如下:受精卵－桑椹胚－囊胚－原肠胚－神经胚－幼体－成体。

文昌鱼在每年 6～7 月份产卵,产卵和受精通常在傍晚进行。卵小而含卵黄少,为均黄卵(isolecithal egg),卵径 0.1～0.2mm。卵受精不久即开始分裂,卵裂为几乎均等的全分裂(holoblastic)。第一次和第二次分裂皆为垂直分裂,分成四个细胞,第三次分裂为横分裂,分成上下八个细胞,经过多次细胞分裂后,许多细胞结成一个实心的圆球,称桑椹胚(morula)。

桑椹胚一方面继续分裂,一方面中心的细胞渐向表面迁移,因而变成一个空心的圆球,此时期的胚胎称囊胚(blastula),中间的空腔内充满胶状液体,称囊胚腔(blastocoel)。囊胚上端的细胞略小,称动物极(animal pole),下端的细胞较大,称植物极(vegetative pole)。接着囊胚植物极的大细胞以内陷的方式向囊胚腔陷入,像一个漏了气的皮球,以致和上部动物极的细胞互相紧贴,囊胚腔被挤压而消失,进而形成一个新的腔,称为原肠腔(archenteron)。原肠腔以植物极细胞内陷处的胚孔(或称原口,blastopore)与外界相通,此时胚胎具备内外两层细胞,贴着原肠腔的一层细胞,称内胚层(endoderm),与外界相接触的一层细胞,称为外胚层(ectoderm),胚胎发育到这个阶段称原肠胚(gastrula)。原肠胚的后期开始胚体逐渐延长,胚层进一步分化及各器官系统形成,原口逐渐缩小,此时胚胎的前、后、背、腹已能区别。有原口的一端相当于胚体的后端(后口动物的特点),相对的另一端为胚体的前端,平坦的一面相当于背面,其对面稍凸出的一侧即为腹面。此时,胚胎表面已具纤毛,能在胚膜中回旋运动。

器官的发生　原肠胚期结束后,开始产生中枢神经系统,并形成中胚层,三个胚层进一步分化成不同的器官系统:

中枢神经的形成:胚胎背面沿中线的外胚层细胞下陷,形成神经板(neural plate)。胚层同神经板脱离,互相靠拢而完全愈合,是将来的表皮部。下陷到表皮内的神经板两侧的外胚层细胞首先往上隆起形成一对神经褶(neural fold),其后两侧的神经褶逐渐靠拢,除前端形成神经孔的一小部分外,完全愈合于中线。同时下陷到表皮内的神经板的两侧向上弯曲,最后两边缘在背面闭合,形成背面有一缝隙的神经管(neural tube),管中央的腔隙,称神经管腔,在前端以神经孔(neuropore)和外界相通,后端经胚孔与原肠相通成神经肠管(neurentericcanal)。到成体时,该孔关闭,成为嗅窝,而神经肠管也闭塞不通并在胚孔部形成肛门。神经肠管消失以后,神经管和原肠就互不相通了。此时期的胚胎称为神经胚(neurula)。

脊索的形成:在背神经管形成的同时,脊索和中胚层也在形成。在原肠的背面中央出现一条纵行隆起,即脊索中胚层,以后这条隆起从原肠分离而形成脊索。最初脊索的长度比神经管还要短些,后来脊索向前延伸至神经管的前方。

中胚层的发生与器官的分化:在形成脊索的同时,在原肠靠背方两侧出现一系列彼此相连接、按节分布的肠体腔囊(enterocoelic pouch),其后与原肠分离,肠体腔囊壁就是新发生的中胚层，肠体腔囊中的每个空腔即体腔(coelom)。文昌鱼前部的中胚层以肠体腔囊方式形成，中胚层的这种形成方式与棘皮动物、半索动物是一致的，反映了它们在系统发生上的亲缘关系；但在14对体节以后，身体后部的中胚层脱离了原肠，从一条独立的细胞带发生，中胚层的这种发生方式是与脊椎动物一致的。

随着每个肠体腔囊的发育，每一肠体腔囊扩展增大，占据了肠管、脊索与外胚层间的空隙。此时每一肠体腔囊又分化成上下的背、腹两部分。背部称体节(somite)，腹部称侧板(lateral plate)，体节中的空腔以后自行消失，而侧板的内腔即为体腔。文昌鱼最初的体腔因肠体腔囊分节而彼此独立存在，以后肠体腔囊壁前后打通，形成左右两条体腔，再后，腹肠系膜也打通，左右侧体腔在肠管下汇合沟通，形成成体完整的体腔，这种体腔叫做次级体腔，是真正由中胚层所构成的体腔。

体节进一步分化为三部分：一是生骨节(sclerotome)，为体节的内侧部分，将来形成脊索鞘和神经管外面的结缔组织以及肌膈等；二是生肌节(myotome)，为体节中间部分，将来形成肌节；三是生皮节(dermatome)，为体节的外侧部分，将来形成表皮下面的结缔组织，即真皮。

侧板的外层为体壁中胚层(somatic mesoderm)，将来发育成为腹腔衬里的腹膜或体腔膜(peritoneum)，内层为脏壁中胚层(splanchnic mesoderm)，将来形成肠管外围的组织。脏壁中胚层在肠管前段的背侧发生出分节排列的指状突起，即未来的肾管。体壁与侧板交界处的体腔壁上也发生突起，称为生殖节(gonotome)，以后自此发育出文昌鱼的生殖腺。

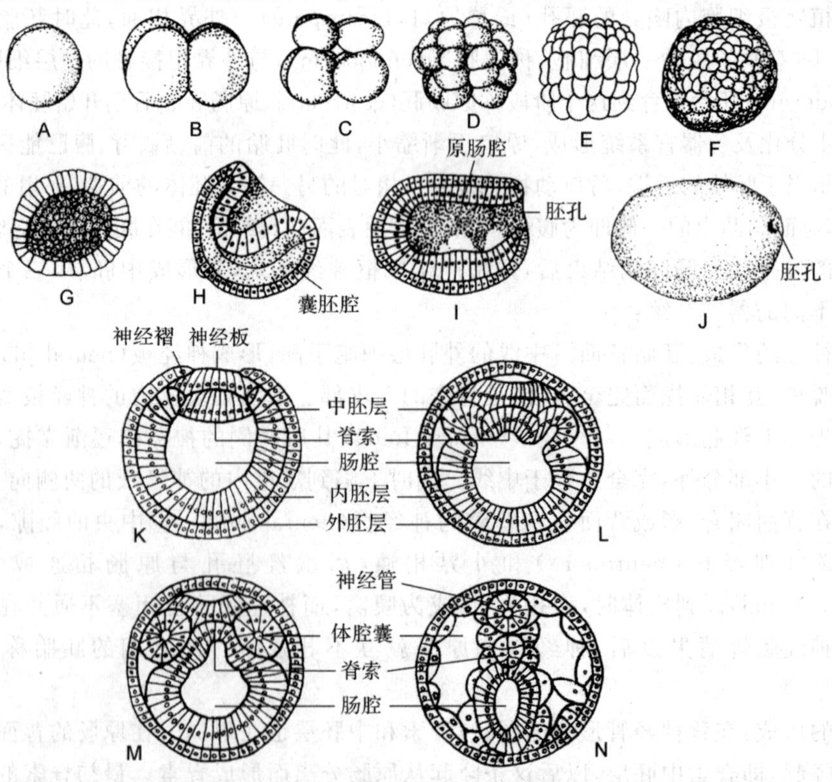

图 11-10 文昌鱼的胚胎发育(仿 Romer)

A—D. 卵裂期；E. 桑葚期；F—G. 囊胚及其剖视；H—I. 原肠期的剖视；J. 原肠胚后期外观；K—N. 神经期及胚层分化各阶段的剖视

内胚层形成原肠及其衍生物。在身体前端(与原口相对的一端)原肠向外突出,与外胚层的内陷相遇穿孔形成口,即后口,或次口(deuterostome)。口不在中央而是偏左侧,在后端形成肛门,也是偏左侧。文昌鱼的胚胎发育见图 11-10。

文昌鱼的胚胎发育进行很快,傍晚受精卵开始分裂,至次日早晨,文昌鱼的胚胎发育就基本结束。此时胚胎突破卵膜,成为全身被有纤毛的幼体,在海水表层自由游泳,这一时期文昌鱼有白天游至海底夜间升至海面进行垂直洄游的生活规律。以后沉落到海底进行变态。幼体在发育过程中,体形逐渐增大并延长,出现前庭,鳃裂的数目因发生次生鳃条而由少增多,由不对称到对称,口由偏左侧移向腹侧,鳃裂由直接开口体外到通入新形成的围鳃腔中。围鳃腔的形成过程是:在身体腹侧出现一对纵行的腹褶,腹褶从两侧向中间延伸,最后彼此愈合,将外界空间包进形成一个管状腔,这就是围鳃腔的开始。围鳃腔逐渐扩大,从腹面和两侧包围咽部,从而将体腔推挤到咽的背面两侧,成为一对纵行的体腔管。此外,在内柱的腹侧也留有一狭窄的体腔,被包围在围鳃腔壁里面。体腔的壁是由体腔上皮细胞所范围,属于中胚层细胞,而围鳃腔的壁属于外胚层细胞。围鳃腔形成后,鳃裂即不再直接开口于体外,而是通入围鳃腔了。最初形成的围鳃腔前后两端都有开口,后来前端的开口关闭,仅保留后端的开口,这就是围鳃腔通体外的腹孔。

幼体期约 3 个月,在 6 个月内体长可达到 18mm 左右。一龄的文昌鱼体长约 40mm,这时性腺已发育成熟,可参与当年的繁殖。

2.2.3　头索动物的分类

头索动物亚门种类较少,约 30 种,只有一纲,即头索纲(Cephalochorda,又名狭心纲 Leptocardii),一科,即鳃口科(Branchiostomidae),包括两属:文昌鱼属(*Branchiostom*,其生殖腺左右对称排列于腹部两侧)和偏文昌鱼属(*Asymmecron*,其生殖腺不对称,只见于腹部的右侧)2 个属。

中国近海已发现 3 种:白氏文昌鱼(*Branchiostoma belcheri*)广泛分布于渤、黄、东、南海的浅水区,在厦门和青岛等沿海较为常见;短刀偏文昌鱼产于南海和北部湾;芦卡偏文昌鱼发现于中国台湾南端的南湾水域。

2.2.4　头索动物在动物进化中的意义

头索动物几乎没有留下化石。在加拿大不列颠哥伦比亚著名的布尔吉斯页岩中发现的一种寒武纪中期动物化石,命名为 *Pikaia gracilens*(皮克鱼),鱼形,约 5cm,具有脊索和"〈"形分节肌节,与文昌鱼很相似。毫无疑问这是一种脊索动物,比最早的脊椎动物化石还早几百万年。1999 年 11 月《Nature》杂志上发表了舒德干等人在 5.3 亿年前澄江动物群化石中发现的"华夏鳗(*Cathaymyrus*)"的文章,"华夏鳗"十分像现代的文昌鱼。澄江动物群比皮克鱼早 1000 万年。但在缺乏其他的相关化石的情况下,不大可能决定它与最早的脊椎动物的关系。推测:

(1)祖先可能是原始的无头类,与无脊椎动物有共同祖先。

(2)头索动物是当前脊椎动物的原始类群,是脊椎动物的姐妹群。头索动物的身体构造虽然比较简单,但已充分显示出是典型脊索动物的简化缩影。头索动物的祖先似乎是一类身体非左右对称、无围鳃腔、鳃裂较少而直通体外、营自由游泳生活的动物。

(3)原始无头类在进化中由于适应不同生活方式而演变为两支,一支改进和发展了适于自由游泳生活的体制结构,演变为原始有头类,导向脊椎动物进化之路;另一支往少动和底栖钻沙的生活方式发展,特化为旁支,演变成头索动物的鳃口科动物。

文昌鱼在形态结构上,既有脊椎动物的一些进步性特征,如终生具有脊索、背神经管和咽鳃裂等,且是以最简单的形式表现出来;又有一些无脊椎动物的原始性特征,如不具脊椎骨、无头无脑、无成对的附肢、无心脏、表皮仅由单层细胞构成、终生保持原始分节排列的肌节、排泄系统还没有集中的肾脏而只是分节排列的肾管,而且排泄与生殖器官彼此无联系。从胚胎发育上来看,文昌鱼一方面以简单的形式近似于脊椎动物的发育,如中胚层及体腔的形成过程;另一方面,其早期发育又与棘皮动物、半索动物很相似。所以从比较解剖学和胚胎发育上来看,文昌鱼是介于无脊椎动物与脊椎动物之间的过渡类型,为动物发展史上的一个联系环节,这在动物学的一些基础理论研究方面,可以提供许多有价值的材料,因此对它的研究,在动物分类学和动物进化上都有重要的意义。

2.3 脊椎动物亚门(Subphylum Vertebrata)

2.3.1 脊椎动物亚门的特征

脊椎动物是脊索动物门中数量最多、结构最复杂、进化地位最高的1个亚门,是动物界中最进步的类群,并与人类的物质生活、文化生活等有着直接的关系。人类在自然界的位置正是处在脊椎动物之中,因而脊椎动物还可为人类了解其自身提供许多宝贵的科学资料。与低等脊索动物(尾索动物、头索动物)相比较,脊椎动物在生活方式上和形态结构上都有显著的不同。低等脊索动物营少动或固着的生活方式,整个的形态结构和生活机能都处于较低级的水平;而脊椎动物却相反,沿着积极主动的生活方式进化,发展出来更为高级的形态结构。

本亚门动物尽管所处的环境不同、形态结构彼此悬殊、生活方式千差万别,然而高度的多样化并不能掩盖它们所具有的共性,即在生命史的某个阶段均具有脊索、神经管和咽鳃裂等脊索动物的鉴别特征(图11-11),此外还具以下进步性特征:

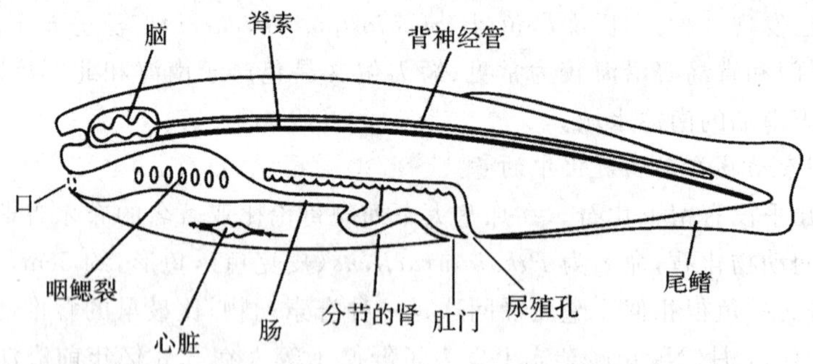

图11-11 假想的原始有头类动物(脊椎动物)(仿Jurd)

(1)神经系统发达,出现了明显的头部。

背神经管的前端分化成具有复杂结构的脑,并进一步分化为大脑、间脑、中脑、小脑和延脑等五部分;后端分化成脊髓。同时头部出现了集中的嗅、视、听等感觉器官,愈益发达和集中的中枢神经是脊椎动物重要的特点。有了脑和感官,再加上保护它们的头骨,形成了明显的头部,这就大大加强了动物个体对外界刺激的感应能力。由于头部的出现,脊椎动物又有"有头类"(Craniata)之称。

(2)脊柱(vertebral column)代替了脊索。

低等脊椎动物的脊索仍为主要支持结构,终生保留;但在较高等脊椎动物中脊索只见于发育的早期,之后或仅留残余或完全退化,或多或少地被脊柱所替代,脊柱成为身体新的主要支持结构。脊索是脊柱的前驱,脊柱是脊索的承替,在胚胎发生过程中是如此,在脊索动物的系统进化历史上也是如此。脊柱由单个的脊椎骨(vertebra)连接组成,脊椎动物就是因为具有脊椎而得名。脊柱进化的趋势,一方面是增加坚固性,另一方面是增加灵活性,由分化少到分化为颈椎、胸椎、腰椎、荐椎和尾椎等 5 部分。脊柱保护着脊髓,其前端发展出头骨保护着脑。脊柱和头骨是脊椎动物特有的内骨骼的重要组成部分,它们和其他骨骼一起,共同构成骨骼系统以支持身体和保护体内器官。

(3)出现肺呼吸。

原生的水生种类咽鳃裂终生存在,用鳃作为呼吸器官;陆生和次生的水生种类只在胚胎期间或幼体时期出现咽鳃裂,成体则用肺呼吸。

(4)绝大多数都具备了上、下颌(jaw)。

出现了完善的捕取食物的口,除圆口类之外,多数脊椎动物出现了能动的上下颌,加强了动物主动摄食的能力。颌的作用在于支持口部,而以下颌上举使口闭合的方式为脊椎动物所特有。同时消化道进一步分化,有了独立的消化腺,加强了动物消化的能力。

(5)有收缩功能的心脏代替了腹大动脉,循环系统进一步完善。

心脏代替了腹大动脉,心肌发达,能进行强而有力的收缩,有效地促进了血液循环,有利于生理机能的提高。大多数脊椎动物血液中具有红细胞,其中的血红蛋白是高效能的氧气运载者。在高等的种类(鸟类和哺乳类)中,心脏中的多氧血与缺氧血完全分开,使机体得到多氧血的供应,并保持旺盛的代谢活动。而代谢率的进一步提高,使动物体温的恒定成为可能,进而形成脊椎动物中所特有的恒温动物(温血动物)。

(6)集中的肾脏代替了肾管,能更有效地排出新陈代谢产生的废物。

集中的、构造复杂的肾脏代替了简单的分节排列的肾管,极大地提高了排泄系统的机能,使新陈代谢所产生的大量废物更有效地排出体外。多数脊椎动物的排泄系统和生殖系统在发生上和结构上都有着密切的联系,因此有时把这两个系统合并成一个系统,称泄殖系统。

(7)绝大多数都具成对的附肢(paired appendases)。

作为专门的运动器官,成对附肢(圆口类除外)的出现大大加强了动物在水中和陆地的活动能力和生活范围,提高了取食、求偶和避敌的能力。成对的附肢包括水生种类的鳍(fin)和陆生种类的肢(limb)。这种成对的附肢,在整个脊椎动物中,数量不超过两对。所以,作为成对的鳍,只有胸鳍和腹鳍;作为成对的肢,也只有前肢和后肢。有少数种类失去了一对附肢(如河鲀没有腹鳍,鳗螈没有后肢)或甚至两对附肢都全部失去(如黄鳝、蛇)。这是一种次生现象,因为在它们的身上还不同程度地留有附肢的痕迹,说明它们是从有成对附肢的祖先演变而来的。

2.3.2　脊椎动物的分类概述

本亚门现存约 39000 种,分属于 6 纲,即圆口纲(Cyclostomata)、鱼纲(Pisces)、两栖纲(Amphibia)、爬行纲(Reptilia)、鸟纲(Aves)和哺乳纲(Mammalia),以上各纲的特征虽然有显著差别,但组成躯体的器官系统及其功能基本一致。根据功能的不同,脊椎动物的器官系统一般可分为：皮肤系统、骨骼系统、肌肉系统、消化系统、呼吸系统、循环系统、排泄系统、泄殖系统、内分泌系统、神经系统和感觉器官。鱼纲、两栖纲、爬行纲、鸟纲和哺乳纲 5 纲动物的形态和生物学特征将另列单章予以详细介绍。

2.4 圆口纲(Cyclostomata)

圆口纲又称无颌类，是现存脊椎动物中最原始的 1 个纲，无上下颌，无成对附肢。本纲的种类不多，主要包括七鳃鳗(Petromyzon)和盲鳗(Myzine)两类。生活于海洋或淡水中，营寄生半寄生生活，以大型鱼类及海龟类为寄主。有些种类具有洄游现象。

2.4.1 圆口纲的基本特征

本纲动物的特征一方面表现了它们在脊椎动物中的原始性，另一方面又显示出与寄生半寄生生活方式有关的特化性。

圆口纲的原始性特征主要体现在：无上下颌；无成对附肢，只有奇鳍；终生保留脊索，无真正的脊椎骨；头骨不完整，还未形成顶部；无真正的齿，只有表皮形成的角质齿；肌肉分化少，仍保持原始的肌节排列；脑发达程度较低，内耳中只有 1 个(盲鳗)或 2 个(七鳃鳗)半规管。

由于圆口纲动物过着寄生和半寄生生活，与此相适应的特征表现为：具有吸附功能但不能启闭的圆形口漏斗，口漏斗与寄生生活密切相关；皮肤无鳞，富有黏液腺，体表黏滑；具呼吸管，鳃位于特殊的鳃囊中；鼻孔只有一个——“单鼻类”；具 1 对“唾液腺”，其分泌物含抗凝血剂。

2.4.2 圆口纲的结构与功能概述

2.4.2.1 外形

体呈鳗形，分头、躯体和尾三部分，尾侧扁。体长随种类不同而异，从不足 20 mm 到长达 1000mm 左右，七鳃鳗体长约 300mm。只有奇鳍(2 个背鳍，1 个尾鳍)，无偶鳍。皮肤柔软、裸露无鳞，富含黏液腺，体表黏滑。头部腹面具有吸附型的漏斗(buccal funnel)，盲鳗的口不形成口漏斗。眼 1 对，无眼睑(eye lid)，位于头两侧、鳃囊开口之前。两眼之间头顶中央具单鼻孔(nostril)，鼻孔后方皮内具圆口纲特有的松果眼(pineal eye)。体侧和头部腹面有感觉小窝，小窝排列成行，也称侧线(lateral line)。肛门位于尾的基部，其后为泄殖乳突(urogenital papilla)(图 11-12)。鳃裂 7 对，故名，曾有人把鳃裂误认为眼，故曾称“八目鳗”。

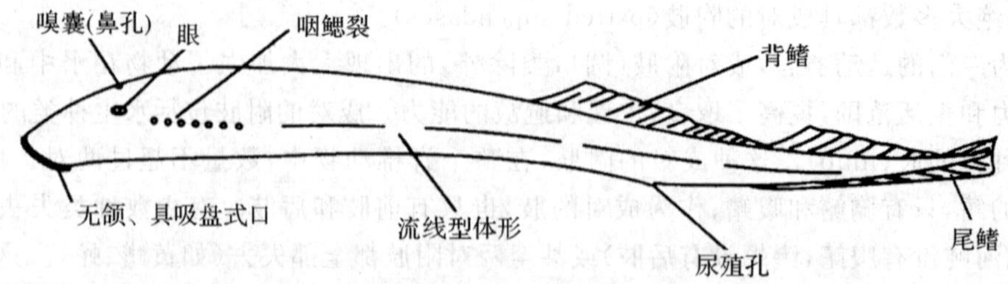

图 11-12 圆口类动物的外形(仿 Jurd)

2.4.2.2 内部结构

皮肤 表皮由多层上皮细胞组成，表皮内有许多单细胞黏液腺。真皮包括胶原弹性纤维，内有色素细胞。

骨骼 全为软骨，无硬骨。终生保留脊索，用于支持体轴。出现脊椎骨的雏形，即脊索背方的脊髓两侧有按体节成对排列的软骨弧片(arcualia),但尚未形成椎体(centrum)。出现了保护脑和感觉器官的头骨,但仍很原始,完整的软骨脑颅(neurocranium)尚未形成,只是在腹面和侧面包裹着脑,主要由脑下的软骨底盘、嗅软骨囊、耳囊软骨(otic capsule)及支持口漏斗和舌的一些软骨所构成。头骨的顶部尚未形成,仅仅覆盖着纤维组织膜。具有支持鳃囊的鳃笼(branchial basket),由9对垂直排列的弯曲弧形软骨和4对纵走的软骨条相互连接而成,支持着鳃囊,故称鳃笼。最后的一对弧形软骨呈杯形,包护心脏,称围心软骨。整个鳃笼紧贴皮下,包在鳃囊的外面,不分节。支持奇鳍的是不分节的辐鳍软骨(radialia cartilage)。尾鳍为内部支持骨及外部背、腹叶完全对称的原型尾(protocercal),这是水栖无羊膜动物中最原始的尾型。

肌肉　躯体肌肉和尾部肌肉分节明显,为一系列按节排列的"Σ"形肌节,排列较文昌鱼的"〈"形为复杂,肌节前后为肌膈。肌节间尚无水平膈,故不分为轴上肌和轴下肌。但口漏斗部分的肌肉稍有分化,分别支配漏斗和舌的活动。

消化　缺乏用作主动捕食的上、下颌。七鳃鳗用吸盘式的口漏斗(周边附生着细小的穗状皮褶)吸附在鱼类和海龟体上,以漏斗壁和舌上的黄色角质齿锉破鱼体,从而吸食寄主的血肉(图11-13)。角质齿损伤脱落后可再生。口漏斗的底部为口,舌位于口底,由环肌和纵肌构成,能作活塞样的活动。盲鳗则能从鱼鳃部钻入寄主体内。胃未分化,肠管内有许多纵行的黏膜褶及一条纵行的螺旋瓣(spiral valve),或称盲沟(typhlosole),是增加吸收养料面积的结构。七鳃鳗在眼眶下的口腔后有1对能分泌抗凝血剂的"唾液腺",以细管通至舌下,使其在吸血时能阻止寄主创口血液的凝固。

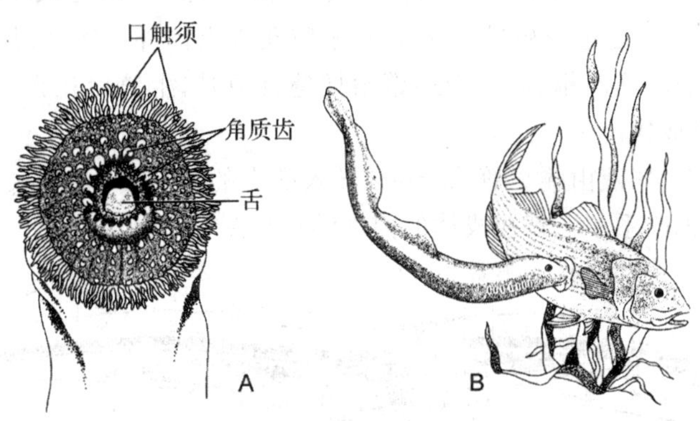

图11-13　七鳃鳗的口漏斗和寄生状态(仿程红)

A. 口漏斗；B. 吸附鱼体时

呼吸　七鳃鳗成体的口咽腔后部有1支向腹面分出的盲管,称为呼吸管(respiratory tube)。呼吸管口有5～7个触手,相当于头索动物的缘膜,当食物进入咽部时,缘膜即将呼吸管挡住,防止食物进入呼吸管。管的两侧各有内鳃孔7个(不同种类有1～16个),每个内鳃孔通入一个球形的鳃囊(gill pouch),因此每个鳃囊有2个孔,即内鳃孔(通呼吸管)和外鳃孔(通体外)。鳃囊的背、腹及侧壁都长有来源于内胚层的鳃丝,其上有丰富的毛细血管,构成呼吸器官的主体。盲鳗无呼吸管,内鳃孔直接开口于咽部,各鳃囊不直接从外鳃孔通向外界而是分别由出鳃管往后汇总到一条总鳃管(common branchial tube)内,在远离头部的后方开口于体外,所以体外只能见到一对鳃孔。圆口纲动物的鳃孔周围有强大的括约肌和缩肌，控制鳃孔的启闭，水可以从外鳃孔流入，在鳃囊交换气体后，仍由外鳃孔流出，即肌肉收缩时水流出，鳃囊弹性复位时水流入，以适应它们吸附在寄主体表或头部钻入鱼体内部时，无法从口中进水进行呼吸作用的半寄生生活。七鳃鳗的幼体营自由生活，呼吸方式由口腔进水，经内鳃孔于囊鳃完成气体交换后，从外鳃孔出水。

循环　开始出现由一静脉窦、一心房(atrium)和一心室(ventricle)组成的心脏，位于鳃囊后面的围心囊内。除无肾门静脉和总主静脉外，循环系统及血液循环方式均与文昌鱼十分相似：静脉窦→心房→心室→腹大动脉→入鳃动脉→鳃→出鳃动脉→背动脉根→身体各处→静脉。

神经和感官　五部脑排列在同一平面上，无任何脑曲，脑发达程度很低。中脑未形成二叠体。小脑还没有与延脑分离，仅为一狭窄的横带。有脑神经 10 对，视神经(optic nerve)在间脑腹面不形成视交叉，舌咽神经(glossopharyngeal nerve)和迷走神经(vagus nerve)因脑颅的枕骨区不发达，所以是由头骨之外的延脑两侧分出的。脊神经根若干对，脊神经的背根和腹根互不相连成混合神经。内耳 1 对，内耳平衡器只有 1 或 2 个半规管(semicircular canal)。眼 1 对，已具备脊椎动物眼的基本模式，具晶体(lens)和视网膜(retina)，无眼睑，盲鳗的眼萎缩，埋在皮下，无晶体。鼻孔 1 个，下方有松果眼，松果眼的腹面还有一个更小的顶体(parietal body)，这两个构造可能是退化了的感光器官。咽部有味蕾。体外和头腹面有感觉小窝，小窝排列成行，也成侧线。

泄殖　雌雄异体(七鳃鳗)或同体(盲鳗)，生殖腺单个(发育初期成对)，无生殖导管。性成熟后生殖腺在繁殖季节表面破裂，释出精子或卵，由腹腔经生殖孔(genital pore)进入尿殖窦(urogenital sinus)，再通过尿殖乳突末端的尿殖孔排出体外。繁殖时亲鳗选有粗沙砾石的河床及水质清澈的环境产精、卵。亲鳗繁殖期绝食数月，生殖后死亡。幼体称为沙隐虫，经 3～7 年后变态成成体。

集中的肾脏 1 对，尿液由输尿管(ureter)导入膨大的尿殖窦，也经尿殖孔排至体外。排泄系统与生殖系统无联系。七鳃鳗成体的内部结构见图 11-14。

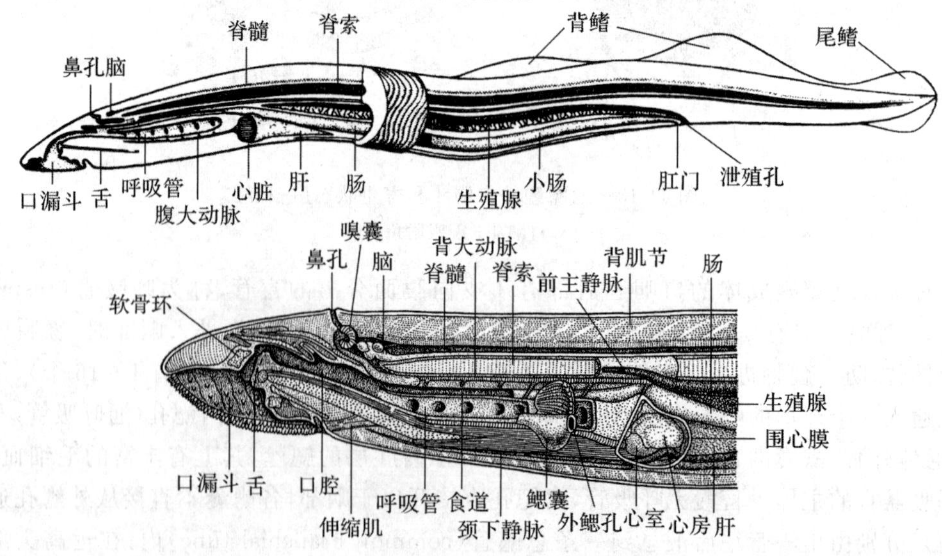

图 11-14　七鳃鳗成体的内部解剖(仿各家)

2.4.3　圆口纲的分类和演化

本纲现存种类不多,已知约70种,分属于2个目。

2.4.3.1　七鳃鳗目(Petromyzoniformes)

有吸附型的口漏斗和角质齿,口位于漏斗底部;鼻孔在两眼中间的稍前方;脑垂体囊(pituitary sac)为盲管,不与咽部相通;鳃囊7对,分别向体外开口,鳃笼发达。内耳有2个半规管。卵小,发育有变态。大多数种类的成鳗营半寄生生活,常用口吸盘吸附在鱼类身上,吸食鱼的血肉,给渔业造成危害。少数非寄生种类的角质齿退化消失,无特殊的呼吸管。分布于江河和海洋。

常见种类有东北七鳃鳗(*Lampetra morii*)、日本七鳃鳗(*L. japonicus*)和雷氏七鳃鳗(又名溪七鳃鳗)(*L. reissneri*)等。

2.4.3.2　盲鳗目(Myxiniformes)

营寄生生活,无背鳍和口漏斗,口位于身体最前端,有4对口缘触须;脑垂体囊与咽相通,鼻孔开口于吻端;眼退化,隐于皮下;鳃孔1～16对,随不同种类而异,鳃笼不发达。内耳仅1个半规管。雌雄同体,但雄性先成熟;卵大,包在角质卵壳中,受精卵直接发育成小鳗,无变态。海栖。

常见种类有:分布在大西洋的盲鳗(*Myxine glutinosa*)、太平洋和印度洋的黏盲鳗(*Bdellostoma slouti*)以及产于日本海和我国南方沿海的蒲氏黏盲鳗(*Eptatretus burgeri*)、杨氏拟盲鳗(*Paramyxine yangi*)等。

2.4.3.3　起源和演化

至今尚未找到圆口纲两个目的化石,但在奥陶纪和志留纪的地层中,发现了甲胄鱼化石,其演化历史已有5亿多年,是迄今所知地层中最早出现和最原始的脊椎动物。

甲胄鱼与现存圆口纲类的共同特征是:无上下颌;无成对附肢;有鳃笼;单鼻孔;内耳有2个半规管等。故两者有一定的亲缘关系,其理由是:

(1)甲胄鱼是迄今为止得到的最早的脊椎动物化石,圆口纲可能是甲胄鱼类的后裔。

(2)甲胄鱼体被骨甲,运动不灵便,适于少动的水底生活。而圆口纲则运动灵便,半寄生或寄生生活,所以两者不一定有直接的亲缘关系,而是来自共同的无颌类祖先,后分别发展,甲胄鱼到泥盆纪即告灭绝,圆口纲则留存至今,相隔四亿多年之久。

(3)据甲胄鱼所在的地层分析,五亿年前这些动物栖息于淡水,由淡水移居海洋是在泥盆纪中期以后,所以更多的人认为脊椎动物起源于淡水。

第 12 章　鱼纲(Pisces)

1　鱼类的主要特征

鱼类是终生在水中生活、用鳃呼吸、用鳍辅助运动与维持身体平衡，大多体被鳞片的变温脊椎动物。与圆口纲相比，它们有了更加完善的骨骼、神经、感觉等器官系统。鱼类适应水中生活的特征表现为：身体分为头、躯干和尾三部分，头部与躯干部缺少颈部相连，因而头部不能灵活转动；体形通常呈梭形或纺锤形，体表多被鳞片，以减少在水中运动时的阻力；以鳃呼吸；血液循环是单循环，心脏只有一心房一心室；出现了成对的附肢，即胸鳍和腹鳍。偶鳍的出现，大大提高了动物的活动能力，为鱼类在生存斗争中取得优势，不断扩大分布区提供有力的保证。

2　鱼类的生物学

2.1　外形特征

鱼类生活在水中，由于水环境极其复杂，且各种水体环境彼此不尽相同，鱼类在这些环境的长期影响下，形成了与其生活环境相适应的形态特征。

鱼类的身体可以清晰地划分成头部、躯干部和尾部三个部分。头部和躯干部的分界在板鳃类等没有鳃盖的种类中为最后一对鳃孔，而在具有鳃盖的硬骨鱼类，则为鳃盖骨的后缘；躯干部和尾部的分界一般以肛门或尿殖孔的后缘为限，对少数肛门特别前移的种类，以体腔末端或最前一枚具脉弓的椎骨为界。鱼类的身体与其他脊椎动物一样，也是左右对称，并具有三个体轴，即头尾轴——由头至尾纵贯体中央；背腹轴——与头尾轴垂直而通过身体中心点，横贯背腹；左右轴——横贯身体中心，与头尾轴、背腹轴垂直。由于生活习性和栖息环境不同，鱼类分化成不同的体形，如纺锤形、侧扁形、平扁形、鳗鲡形、不对称形以及其他特殊体形，如带形、箱形、球形、海马形等等。

纺锤形　是最常见的一种体形。体呈纺锤状，中段肥大，头尾稍尖细，从体轴看，头尾轴最长，背腹轴较短，左右轴最短。大部分行动迅速的鱼类多属于这种体形。例如鲻鱼、梭鱼、鲐鱼等。这样的体形可将水的阻力减至最低限度，以耗费最小的能量获得较大的游泳速度，有利于觅取食物和躲避敌害。有些高速游泳的鱼类，如金枪鱼、鲭的体型完全呈典型的流线形，以保证它们达到最快的游泳速度。

侧扁形　其头尾轴缩短，背腹轴相对延长，而左右轴仍为最短。这种体形在硬骨鱼类中较为普遍，多栖息于水流较缓的水域，运动不甚敏捷，较少作长距离洄游。有些种类还具有坚硬的鳍棘，利于避敌侵袭，如乌鲳、绿鳍马面鲀、鲳、团头鲂等。

平扁形　当鱼体背腹轴缩短，左右轴特别发达的时候，即成为背腹扁平、左右宽阔的平扁形。如硬骨鱼类中的黄鮟鱇，软骨鱼类中常见的如鳐、魟、鲼、蝠鲼等，它们大部分栖息于水底，运动较迟缓。但鲼及蝠鲼等，其体形虽属平扁，而其胸鳍十分发达，形如鸟翼状，这就使得它们有时还能活跃于水体的中上层。

鳗鲡形　鱼体头尾轴特别延长，背腹轴和左右轴特别缩小，形如一根棍棒。如鳗鲡、黄鳝、海鳗、烟管鱼等。这种体形适于穴居或穿绕水底礁石岩缝间，但行动不甚敏捷，腹鳍及胸鳍常退化或消失不见。

不对称形　两眼位于头部一侧，口、齿、体色均不对称。如鲽，牙鲆等。

其他特殊体形如带形的带鱼；箱形的箱鲀；球形的东方鲀，遇危险时吞气、水，膨胀成球状；海马形的海马等等。

2.2　皮肤及其衍生物

鱼类皮肤的结构由表皮和真皮两层组成，还有黏液腺、毒腺、发光器、鳞片和色素细胞等皮肤衍生物及附属结构(图 12-1)。皮肤包被在鱼体的外面，保护鱼体免受机械、化学物质的损伤和病菌的侵袭，也有呼吸、排泄、渗透调节和感受外界刺激的作用。

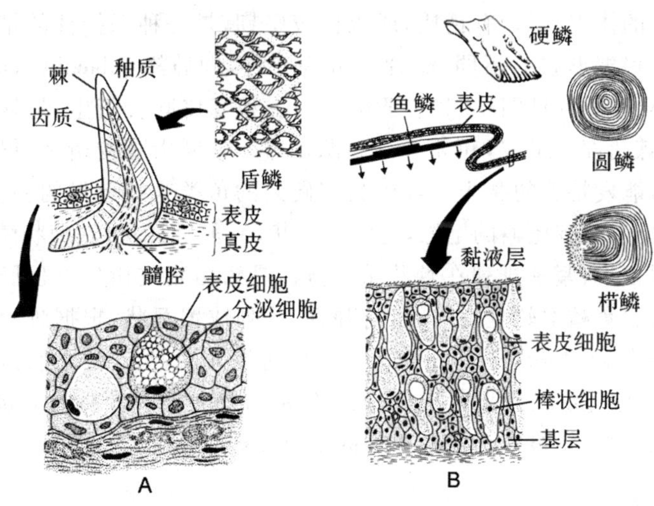

图 12-1　鱼的皮肤结构和鳞片(仿各家)

A. 软骨鱼；B. 硬骨鱼

表皮包在鱼体最外层，由上皮细胞构成，可以分为生发层和腺层两部分：生发层由一层柱状细胞构成，细胞具有分生能力，分裂出的新细胞，用来补充表层损伤脱落的上皮细胞；腺层含有各种单腺细胞。真皮位于表皮之下，主要由纤维结缔组织构成，同时分布有丰富的血管、神经、皮肤感受器，也是鳞片生成的场所。真皮从外至内分为外膜层(membrana externus)、疏松层(stratum spongiosum)和致密层(stratum compectum)。真皮下层还含有各种色素细胞(chromatophore)、脂肪细胞和供应皮肤营养的毛细血管。

色素细胞有 4 种：黑色素细胞、红色素细胞、黄色素细胞(大多见于热带鱼类)和虹彩细胞(或称反光体)。虹彩细胞在鱼体中很多,特别在鱼体腹部最多,能反射出一种闪光的银白色彩,所以鱼体腹部常呈银白色。鱼类丰富多彩的体色就是各种色素细胞互相配合而成的。体色具有保护自己不被敌害发现的作用,还可以利用其体色隐蔽自己而达到攻击其他鱼类取食的目的。

鱼类的皮肤腺由表皮衍生,主要有黏液腺和毒腺(venomous gland)。黏液腺是表皮腺层内的各种单细胞腺体,具有分泌黏液的功能。常见的腺细胞有以下三种:杯状细胞,也叫做黏液细胞,是鱼类最常见的一种腺细胞,细胞一般呈杯状,但也有少数呈球形或管状;棒状细胞,细胞呈长棒状或长瓶状;浆液细胞,细胞呈球形或卵圆形,鲨类及一般硬骨鱼类都具有,鳐类则无。除上述几种常见的单细胞腺体外,鱼体两侧的表皮中,有些鱼还有一种多细胞腺体,也能分泌黏液,所以鱼类分泌黏液的能力特别强。黏液可以保护鱼体,减少病菌、寄生虫和其他微小有机体的侵害;保持身体润滑,减低游泳阻力和增加体表光滑,不易被敌害捕捉,或捕捉后易于滑逃;黏液也有助于调节鱼体的渗透压,使鱼体中保持适当浓度的盐类;黏液也有澄清水中污物的作用,对生活在浑浊度大的水域中的鱼类有重要意义。毒腺由表皮细胞衍生而成,鱼类的毒腺由一团腺细胞组成,位于棘刺的一侧,或包在棘刺的周围,或埋于棘刺的基部。软骨鱼类中具有毒腺的鱼类有虎鲨、角鲨等;硬骨鱼类中有毒鲉、黄颡鱼等,毒液可通过棘沟或棘管注入其他动物体内,以达到自卫、攻击或捕食的目的。发光器也是一种腺细胞,由变形的黏液腺所形成。

鳞片被覆在鱼的体表,因含有钙质,所以比较坚韧,是一种保护性的结构。现存鱼类绝大多数都有鳞片。根据形状的不同,鳞片可分为三种,即盾鳞(placoid scale)、硬鳞(ganoid scale)和骨鳞(bony scale)(见图 12-1)。盾鳞由表皮和真皮联合衍生,是软骨鱼类所特有的鳞片,由基板和鳞棘两部分组成,和牙齿是同源器官。硬鳞由真皮衍生,仅见于低等硬骨鱼类,外表含硬鳞质,能发特殊的亮光。我国具有硬鳞的鱼类为鲟形目的种类,但其硬鳞很不发达,真正的硬鳞已退化到尾鳍的上缘,有两种形状,一种呈叉状,做棘状鳞,位于上叶边缘;另一种呈针状或斜方形,紧密排列在棘状鳞下方。骨鳞由真皮衍生,仅见于硬骨鱼类,也是最常见的一种鱼鳞。骨鳞柔软且扁薄,富有弹性,排列成覆瓦状,根据骨鳞后区边缘的形状又可将骨鳞分为两大类:圆鳞(cycloid scale),后区边缘光滑,见于鲱形目、鲤形目等鱼类;栉鳞(ctenoid scale)后区边缘具细齿或小棘,见于鲈形目等鱼类。骨鳞的形状、排列、数目等在一定范围内都是固定的,常被作为鉴别鱼类的主要依据,以鳞式来表示。

2.3 骨 骼

鱼类已有发达的内骨骼系统,按其功能和所在部位,可以分为中轴骨骼和附肢骨骼两大部分;按其性质可分为软骨和硬骨。软骨鱼类具有软骨质的骨骼系统,它由生骨区的软骨细胞形成,并终生保持软骨阶段;硬骨鱼类的硬骨有两种形成途径,即硬骨细胞侵入软骨区域内,经骨化作用而成的软骨化骨(cartilagobone)及由真皮、结缔组织等直接骨化而成的膜骨(membrane bone,或膜成骨)。

2.3.1 中轴骨骼(axial skeleton)

中轴骨骼包括头骨(图 12-2)和脊柱。头骨可分为包藏脑及视、听、嗅等感觉器官的脑颅和左右两边包合消化管前段的咽颅(splanchnocranium 或 visceral skeleton)两部分。鱼类具有完整的脑颅,构成脑颅的骨块数多于脊椎动物中的任何一纲,这些骨块分别位于脑颅的鼻区(olfactory region)、蝶区(orbital region)、耳区(otic region)、枕区 (occipital region)以及脑颅的背、腹和侧面。咽颅位于头骨下方,支持口、舌及鳃片,共 7 对。第一对为颌弓(mandibular arch),在软骨鱼类中构成上、下颌,为脊椎动物最早出现和原始型的颌,称作初生颌(primary jaw);硬骨鱼类和其他脊椎动物的上、下颌分别被前颌骨(premaxilla)、上颌骨(maxilla)和齿骨(dentary)等膜骨构成的次生颌(secondary jaw)所代替,原来组成初生颌的骨块退居口盖部或转化为听骨。颌弓与鱼类的摄食有关。第二对为舌弓(hyoid arch),包括背面一对舌颌骨(hyomandibular)、中部的一对角舌骨和位于腹面连接左、右角舌骨的单块基舌骨,从而把脑颅与下颌骨关联。第三至第七对是支持鳃的鳃弓(branchial arch),均为软骨化骨。其中第五对鳃弓特化成一对下咽骨(hypopharyngeal bone),下咽骨上无鳃,其内侧着生咽齿。不同鱼类,咽齿的数目、形状和排列方式各异,常用于鲤科鱼类分类的依据。

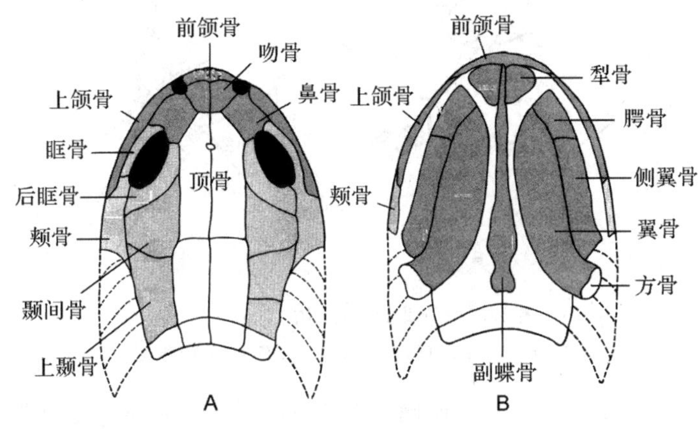

图 12-2　辐鳍亚纲鱼的头骨(仿 Kardong)

A. 背面；B. 腹面

脊柱紧接于脑颅之后,由一连串软骨或硬骨的椎骨关联而成,从头后至尾按节排列,取代了脊索的地位,成为对体轴强有力的支持及保护脊髓、主要血管的结构。鱼类的椎骨完整,为脊椎动物中最原始的双凹型椎体。相邻的两个椎骨间由前、后关节突(zygapophysis)关联,加强了椎骨的坚韧性和活动性。两个椎骨间的球形腔内留有残存的脊索,并通过椎体正中的小孔道,使整条脊索串成念珠状。

鱼类脊柱的分化程度低(图 12-3),按其着生部位和形态不同可以分为躯椎和尾椎两部分。一个典型躯椎由椎体、椎弓(neural arch,或称髓弓)、髓棘(neural spine 或称棘突)、椎管、椎体横突(parapophysis)关节突构成;一个典型尾椎包括椎体、髓弓、髓棘、椎管、脉弓(haemal arch)和脉棘(haemal spine)等。两者在椎体上方的构造完全相同,但躯椎有肋骨。硬骨鱼类的肋骨还从两侧包围体腔,起着保护内脏的作用;椎弓是容纳脊髓通过的管道。

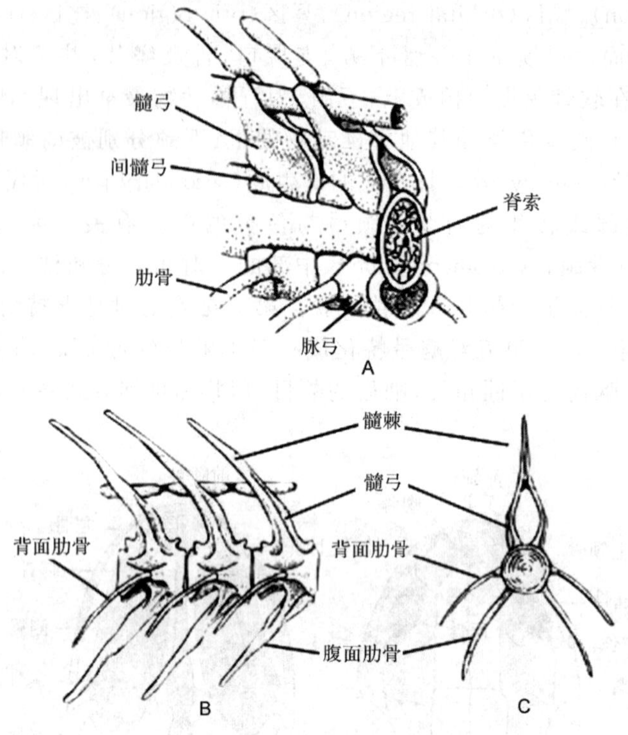

图 12-3 鱼类的脊柱(仿 Kardong)

A. 鲟鱼(侧面观); B. 硬骨鱼(侧面观); C. 硬骨鱼(纵面观)

硬骨鱼类鲤形总目第 1～3 椎体的两侧有 4 对小骨,由前向后依次称为带状骨、舶状骨、间插骨、三脚骨,这四块骨骼称为韦伯氏器(Weberian apparatus)(图 12-4)。它将鳔与内耳球形囊联结起来,三脚骨后端与鳔相接,而带状骨及覆盖其上的舶状骨紧贴在外枕骨围成的外枕基枕骨小孔,此小孔通内耳的围淋巴腔,腔内有淋巴液,当鳔中气体的增减及外来声音传导鱼体,又经鳔加强声波振幅之后,通过三脚骨、韧带,经间插骨、舶状骨、带状骨将振动传导至内耳,再经听神经传达到脑。韦伯氏器在分类上是鲤形总目区别于其他总目鱼类的主要特征。

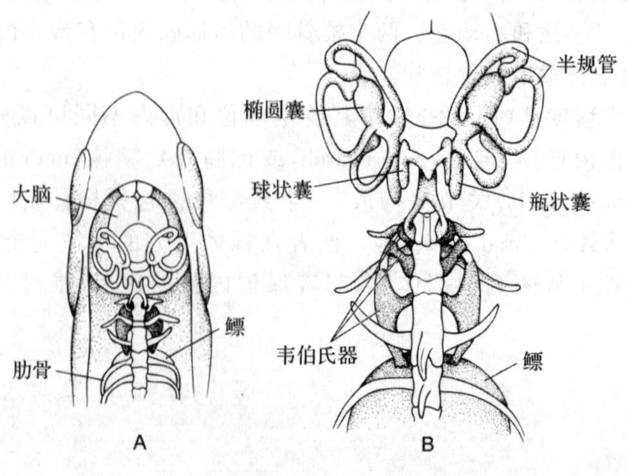

图 12-4 韦伯氏器和内耳(仿各家)

2.3.2　附肢骨骼(appendicular skeleton)

附肢骨骼包括奇鳍骨和偶鳍骨。奇鳍骨包括背鳍、臀鳍和尾鳍的骨骼。背鳍、臀鳍虽着生部位不同，但其骨骼构造组成却比较相似，都由支鳍骨(鳍担)、鳍条组成。鱼类背、臀鳍鳍条的基部一般有 1～3 节支鳍骨支持。尾鳍骨骼根据椎骨末端位置及尾鳍分叶对称与否，可分为(图 12-5)：

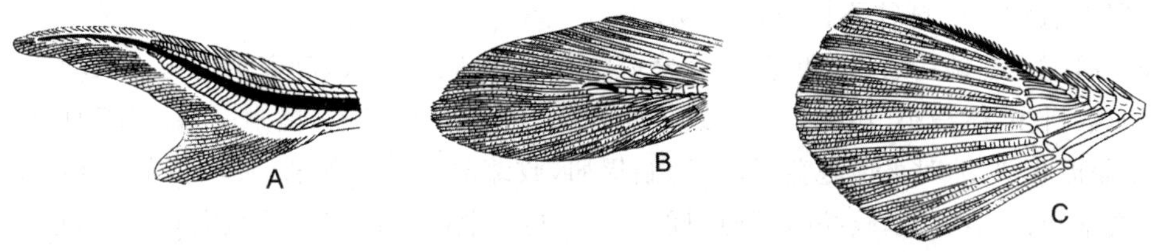

图 12-5　鱼类尾鳍基本类型(仿 Kardong)
A. 歪型尾；B. 原型尾；C. 正型尾

原型尾　脊柱后端平直地伸入尾鳍中央，将尾鳍分为完全相等的上下两叶。外部形态和内部结构都是上下对称的。这是最原始的一种类型，多见于古代鱼类中。

歪型尾　脊椎骨后端向上翘起，将尾鳍分为上下不相等的两叶。尾鳍支鳍骨仅见于上叶，下叶无支鳍骨，由脉弓支持鳍条。板鳃鱼类及鲟鱼类为典型的歪型尾。

正型尾　尾鳍在外观上是上下对称的，但内部结构上，脊椎骨末端上翘，尾鳍上叶的支鳍骨大部分退化。

矛型尾　具中央叶，呈矛形，外表与内部都对称，如矛尾鱼。

偶鳍骨包括胸鳍和腹鳍骨骼，由支鳍骨、鳍条和带骨组成。带骨分为肩带(pectoral girdle)和腰带(pelvic girdle)(图 12-6)。连接胸鳍的为肩带，连接腹鳍的为腰带。软骨鱼类的肩带和腰带都埋藏在肌中，不直接与脊椎相连。硬骨鱼类的肩带一般每侧由上匙骨(supracleithrum)、匙骨(cleithrum)、后匙骨(postcleithrum)、肩胛骨(scapule)、乌喙骨(coracoid)等组成。胸鳍内的支鳍骨，在硬骨鱼类中数目甚少，一般不超过五枚，直接与肩带相连。而腰带的结构非常简单。

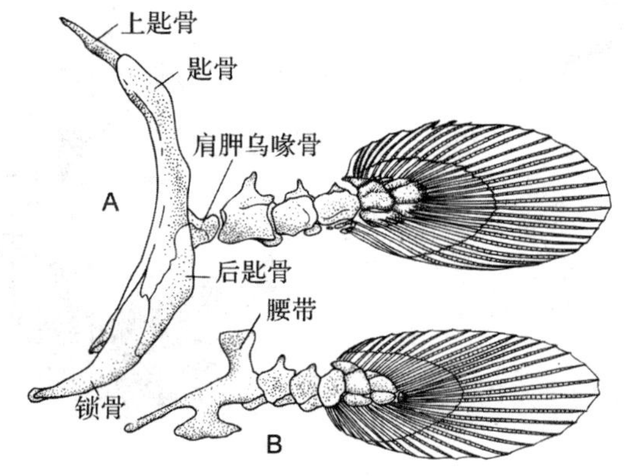

图 12-6　矛尾鱼的肩带和腰带(仿 Millot 和 Anthony)
A. 肩带；B. 腰带

2.4 肌 肉

鱼类肌肉分头部肌肉、躯干肌和附肢肌，有些鱼类还有由肌细胞特化而成的发电器官。

头部肌肉主要包括由脑神经控制活动的眼肌(extrinsic eyeball muscles)和鳃节肌(branchiomeric muscles)。每个眼球上附有6条眼肌(上/下斜肌，上/下直肌，及内/外直肌)，眼肌的收缩使眼球往不同方向转动。

鳃节肌附生在颌弓、舌弓和鳃弓上，分别控制上、下颌的开关、鳃盖活动和呼吸动作。鱼类的鳃节肌数目多、体积小、功能复杂。如与鳃盖启闭有关的肌肉有：鳃盖开肌，收缩时可使鳃盖张开；鳃盖提肌，收缩时可使鳃盖提起；舌颌提肌，收缩时牵动舌颌骨，使与舌颌骨相关联的鳃盖骨随之张开；鳃盖收肌，收缩时可使鳃盖关闭。与口咽腔活动有关的肌肉有：下颌收肌，收缩时使下颌向上，口则关闭；咬肌，又称下颌收肌，收缩时使口关闭；舌颌收肌，收缩时使口角提起；颏舌肌，收缩时使下颌低落，口即张开；胸舌肌，收缩时使鳃腔底壁下落，内部体积增大。

躯干肌分为大侧肌(m. lateralis)和棱肌(carinate muscle)两部分。大侧肌是鱼体上最大、最重要的肌肉，位于躯体两侧，由一系列按节排列，呈锯齿状的肌节组成，肌节间有结缔组织的肌膈分开，是游泳前进的主要动力。每个肌节以套叠形式配置，形成同心圈的锥状构造。同时体侧中央的水平骨隔将大侧肌分成上部的轴上肌(m. epaxialis)和下部的轴下肌(m. hypaxialis)，轴上肌丰厚结实，轴下肌肌层较薄，无斜肌分化。棱肌是一些支配奇鳍升降的纵形肌肉，如背鳍和臀鳍前、后的牵引肌和牵缩肌。软骨鱼类没有棱肌。

附肢肌包括在胸鳍、腹鳍处由大侧肌分化而来的展肌(m. abductor)、伸肌(m. extensor)和收肌(m. adductor)，支配偶鳍的向外伸展或内收。尾鳍肌比较复杂，每侧有6块肌肉，主

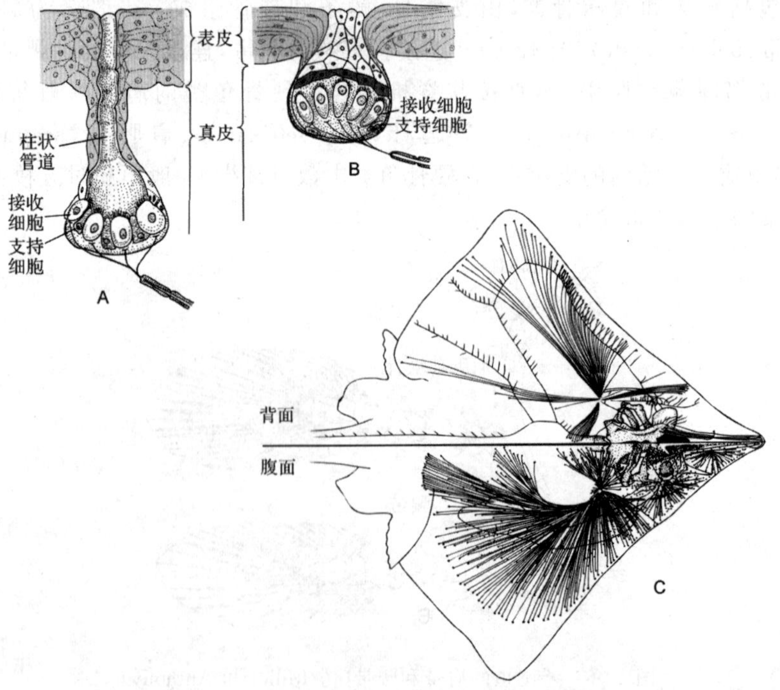

图12-7 鱼类的发电器官(仿 Rasch)

A. 柱状接收器；B. 块状接收器；C. 发电器官在莱氏鳐(*Raja laevis*)中的分布(黑圆点表示)

要在鱼类游泳时起推进运动。

有些鱼类，如鳐科、电鳐科、裸臀鱼科、电鳗科、瞻星鱼科等具有发电器官(electric organ)(图 12-7)。绝大多数的发电器官由横纹肌特化而成，发电器官的形状、大小、位置以及放电的强弱，因种而异。例如电瞻星鱼，发电器官起源于眼肌，其放电电压通常在 10V 以下，最高可达 50V。电鳐科鱼类，全部是电鱼，发电器官起源于鳃肌，放电电压一般是 20～80V。电鳗科、鳐科和裸臀鱼科，发电器官由尾部肌肉演变而来，其中电鳗放电能力是现在知道最强的一种，最高电压可达 600～800V。但也有发电器官不是肌肉变成的，如电鲇，它的发电器官是由真皮腺体组织特化而成的。鱼类放电有多种作用，主要利用放电进行猎取食物和防御敌害，探测水下目标，以及作为它和同伴间的联系。

2.5 循　环

鱼类的血液循环功能与其他的脊椎动物一样，把外界吸收来的养料和氧气输送到体内各个组织和器官内，并把机体生命活动所产生的代谢产物运送到排泄器官。它由液体与管道两部分组成，液体主要指血液和淋巴液，管道为血管和淋巴管。

2.5.1 血　液

为一种不透明的带黏稠性的液体，红色或暗红色。由液体的血浆(plasma)和悬浮在其中的血细胞(erythrocyte)组成。鱼类的血液总量比一般脊椎动物少，如软骨鱼类约占体重的 5%，硬骨鱼类仅为 1.5%～3.0%。血液总量不仅因鱼种不同而异，同一种鱼由于发育阶段和生理状态不同也有差异。红细胞是血液有形部分的主要成分，内含血红蛋白，是鱼类运输氧气和二氧化碳的载体，鱼类的红细胞具有一个细胞核，这是与哺乳类红细胞的最大区别。

血浆主要由水组成，约占其比重的 80%～90%，内含有各种蛋白质(白蛋白、球蛋白、纤维蛋白)、营养物质(如糖类、氨基酸、脂肪酸等及氧气)、无机盐类、各种代谢产物(如二氧化碳、尿素、尿酸等)及各种内分泌激素和酶类。

2.5.2 心脏与血管

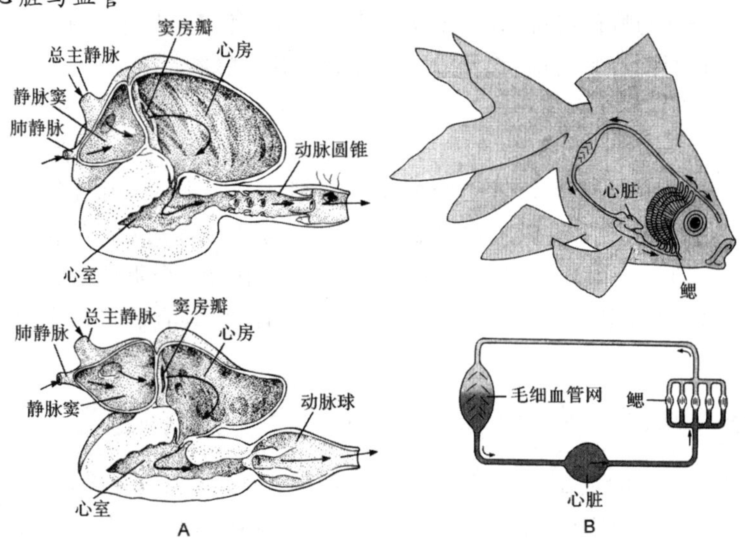

图 12-8　鱼类的心脏和血液循环(仿各家)

A. 上图为软骨鱼类的心脏，下图为硬骨鱼类的心脏；B. 血液循环鱼类的心脏位于身体腹面前方、鳃弓后下方的围心腔内，围心腔与腹腔之间有结缔组织的横膈(septum transversum)。鱼类的心脏由静脉窦、心房、心室组成(图 12-8)。软骨鱼类中在心室的前方有一稍膨大的动脉圆锥(bulbus conus)，能随心室的节律自动收缩，属于心脏的组成部分；而硬骨鱼类的动脉圆锥退化，只有腹大动脉血管基部扩大而成的动脉球(bulbus arteriosus)，无搏动能力，故不属于心脏的一部分。在心脏的各个组成部分之间有瓣膜控制血流方向。

鱼类的心脏比重相对较小，大多数种类在 1%左右，如鲤鱼的心脏仅为体重的 1.11%～1.23%；血量比重也少，一般为 1.5%～3%。

鱼类的心血管系统为闭管式，单循环，血液在整个鱼体内循环一周，只经过心脏一次。由心脏泵出的血液经过鳃部时进行气体交换，然后将多氧血直接进入体循环，供给氧和各种必需的物质；离开器官组织的少氧血，又带着代谢废物或营养物质回流汇至心脏内，然后再开始新的一轮血流循环。血液单循环方式是与鱼类的心脏构造简单及用鳃呼吸密切相关的。

血液由心脏泵出，经腹大动脉(aorta ventralis)，往前到两侧 4～5 对入鳃动脉(arteria branchialis afferens)。入鳃动脉进一步分支成鳃丝动脉，鳃小片动脉，并形成鳃微血管网，气体交换就在微血管网进行。随后，微血管依次汇合成出鳃小片动脉、出鳃丝动脉和出鳃动脉 (a. branchialis efferens)。每侧的多条出鳃动脉先汇集成鳃上动脉，两侧的鳃上动脉再汇集成背大动脉。背大动脉到达体腔时，再分出多条分支，主要有锁下动脉、体腔肠系膜动脉、背鳍动脉、肾动脉、生殖腺动脉及臀鳍动脉等，将血液分流到鱼体各部。背大动脉出体腔后进入尾椎的脉弓中成为尾动脉。尾动脉经过毛细血管折入尾静脉(vena caudalis)。大多数静脉都与动脉相伴分布。尾静脉紧贴于尾动脉腹面，向前进入体腔后分为左右两条后主静脉(vena cardinalis posterior)，沿途收集部分内脏器官的静脉血。后主静脉在心腹隔膜附近，与来自头部的前主静脉(vena cardinalis anterior)会合，共同组成一粗大的总主静脉(vena cardinalis communis)，即古维尔氏管(Cuvier's duct)，开口于静脉窦，进入心脏。另一部分内脏器官的静脉与肝门静脉(vena portae hepaticus)联系，由肝静脉注入心脏。大多数鱼类的静脉血液在回到心脏之前，都经过肾门静脉或肝门静脉系统。

2.5.3 淋 巴

鱼类的淋巴系统不发达，主要的机能是协助静脉系统带走多余的细胞间液，清除代谢废物和促进受伤组织的再生等。淋巴液的组成一般与血液相似，由血浆及各种白细胞组成，但无红细胞，含有淋巴球及其他白细胞。淋巴管与外界不通，是盲端，管径越来越粗，最后注入静脉，参加血液循环。脾(spleen)是循环系统中的一个重要器官，是造血、过滤血液和破坏衰老红细胞的中心场所，一些硬骨鱼类的头肾，也具有制造白血球与毁灭陈旧红血球的功用。

2.6 呼 吸

鳃是鱼类进行呼吸的主要器官，位于口咽腔两侧，对称排列。除鳃以外，有些鱼类用辅助呼吸器官(accessory air-breathing organs)进行空气呼吸，如变态的鳔、消化道的一部分、咽腔、口腔、皮肤等等；而进行空气呼吸的气鳔，其结构和肺相似，其中以肺鱼的空气呼吸最为发达。此外，鳃还有排泄氮代谢废物及参与鱼体内、外环境的渗透调节等机能。

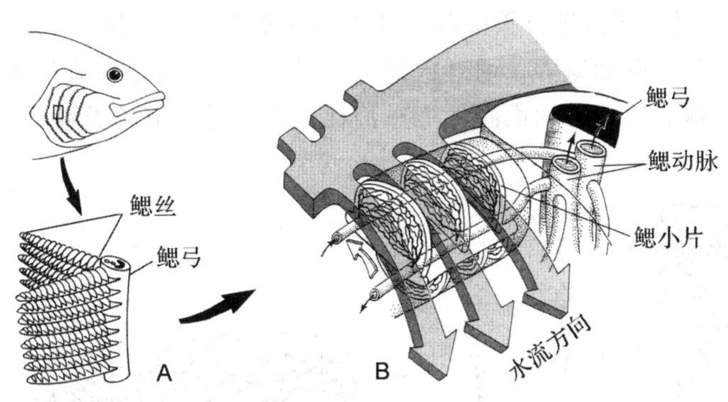

图 12-9　鱼鳃结构和气体交换(仿 Kardong)

A. 鳃；B. 气体交换

鱼类的鳃呈筛网状，一般都具有 5 对鳃弓，前 4 对鳃弓的内缘着生鳃耙，最后一对特化成咽下骨，外凸面上长有 2 个并列的薄片状鳃片，每个鳃片叫做半鳃，长在同一鳃弓上的两个鳃片合称为全鳃，它们的基部彼此相连(图 12-9)。软骨鱼类全鳃的 2 个鳃片之间有发达的鳃间隔(gill septum)，但在硬骨鱼类中已退化消失。鳃弓之间形成 5 对鳃裂(gill cleft)，鳃裂内、外分别开口于咽部及鳃腔(软骨鱼类直接开口于体表)，硬骨鱼类的鳃腔外覆有鳃盖骨(内缘附有鳃盖膜)，以一总的鳃孔(gill opening)通向体外。鳃片由无数鳃丝(gill filament)排列组成，每一条鳃丝的两侧又生出许多突起——鳃小片(gill lamella)，鳃小片由两层细胞组成，中间分布着丰富的微血管，是血液与外界水环境交换气体的场所。相邻鳃丝的鳃小片互相嵌合，呈交错排列，这种排列再加上水流经鳃部和血液灌注鳃部的反向对流配置，最大限度地提高了气体交换效率。

鱼类的呼吸运动是一连续的过程，它主要通过口腔和鳃腔的连续、协调的收缩与扩张运动，形成连续不断的水流通过鳃腔和鳃片。鱼类吸水过程开始于鳃盖膜紧紧关闭的一瞬间。鱼口张开，接着鳃条骨展开并向下沉落，口咽腔容积扩大，内部压力低于外界，水进入口咽腔。此时，鳃盖的前部向外方扩展，增大了鳃的容积，内压降低，因而水进入鳃腔。当水流过鳃区进入鳃腔时，口腔瓣已关闭。口咽腔在肌肉收缩的压力下，逐渐缩小，并往后波及鳃盖部，造成鳃盖有力地向体侧收拢，使鳃腔内的压力增大，流入和积贮于鳃腔内的水便冲开紧贴在体表的鳃膜，从鳃孔流出体外。软骨鱼类虽然没有鳃盖，但呼吸运动与上述相似，它有许多鳃间隔的皮褶，每一鳃间隔掩盖住了后一鳃裂。一些快速游泳的鱼类，如金枪鱼，主要进行的是冲压呼吸(ram ventilate)而很少进行正常的呼吸动作。它们在前行时就把口张开，由于口腔外水的压力大，无需呼吸动作水流就可以灌入口腔和鳃腔进行呼吸。

绝大多数鱼类都有鳔(gas bladder 或 air bladder)(图 12-10)。硬骨鱼类的鳔用来增加身体的浮力，有些鱼利用鳔进行空气呼吸，或者辅助声音的发生和感受；但少数种类，如板鳃鱼类，金枪鱼和马鲛鱼没有鳔。鳔通常只占鱼体体积的 5%左右。它由消化道前部发展而成，许多鱼类还保留和消化道联系的鳔管。有鳔管的鱼类称为开鳔鱼类(physostomous，或称管鳔类)，如鲱形目、鲤形目；而鳔管已退化消失的鱼类称为闭鳔鱼类(physoclistous)，如鲈形目。开鳔鱼类(如大麻哈鱼)可以在水表面吞入空气，通过鳔管把空气送入鳔内，也可以通过鳔周围肌肉的收缩经鳔管把空气排出。闭鳔鱼类(如鲈鱼)，通过特殊的气腺(gas gland)，使鳔充满气体，而鳔背侧的卵圆窗(oval)将气体重吸收而移走，有些鱼还形成由隔膜分隔的气鳔后室，专门对气体进行重吸收。鳔内的气体都来自水中，经过血液循环进入鳔内，其成分主要是氧、二氧化碳和氮等。通过放气和吸气，鱼类利用鳔调节鱼体密度，使鱼体悬浮在限定的水层中，以减少鳍的运动而降低能量消耗。当然鳔调节鱼类浮力的作用受到自主神经系统的控制。

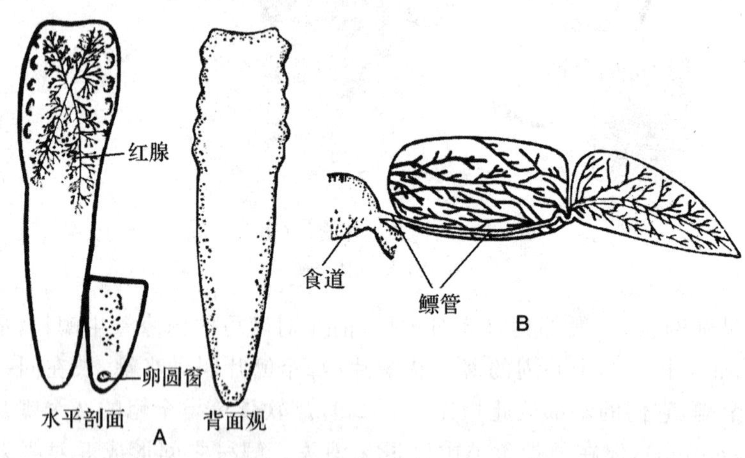

图 12-10 鲈鱼和鲤鱼的鳔(仿各家)

A. 鲈鱼的鳔；B. 鲤鱼的鳔

鳔也能辅助鱼类感受声波和发声。它是声波有效的共鸣器。骨鳔鱼类有连接鳔和内耳的韦伯氏器，使鳔产生共鸣的声波经过韦伯氏器传到内耳，明显提高听觉的敏感性。有些鱼类在鳔收缩使气体由鳔管释放时，产生声音。

2.7 消 化

鱼类的食性一般有植食性、杂食性和肉食性三类，针对这些不同的摄食习性，鱼类的消化器官(消化道和消化腺)有着结构和生理上的适应性。消化道是一肌肉质的管道，它包括口腔、咽、食道、胃、肠和肛门；消化腺主要是肝脏和胰脏。

鱼类的口和咽没有明显的界限，一般合称为口咽腔，腔内的齿、舌和鳃耙都因食性不同而异。鱼类的牙齿变化比其他脊椎动物更明显，除了着生在腭上的腭齿(palatine teeth)外，有的鱼也有上下颌的颌齿(jaw teeth)、舌上的舌齿(tongue teeth)、犁骨上的犁齿(vomerine teeth)或下咽骨的咽齿(pharyngeal teeth)；有的鱼类无齿。大多数硬骨鱼类的颌齿与咽齿的发展程度成反相关的互补作用，即颌齿强大者，则咽齿不发达或退化，反之亦然。一般肉食性鱼类牙齿尖利，植食性鱼类牙齿多为咀嚼型，而以取食浮游生物为主的鱼类牙齿弱小。不同鱼的齿的数目、排列方式不一样，因此齿式也是鱼类分类的依据。如鲤科鱼类中鲤鱼的齿式为 1.1.3/3.1.1，这个式子表示，左右两边第五鳃弓上各有三列齿，其外列，中列都是 1 个，内列都是 3 个；草鱼的齿式为 2.5/4.2，这个式表示左右两边第五对鳃弓上各有两列齿，左边鳃弓外列是 2 个，内列 5 个，右边鳃弓外列为 2 个，内列为 4 个；鲢、鳙的齿式均为 4/4。

鱼类的舌一般不发达，着生于口咽腔底部，没有弹性，不能活动，肌肉不发达，仅为基舌骨向口腔前部突出，外覆以黏膜而成。有鱼类的舌具有味蕾，起味觉作用。此外，舌上有齿的鱼可依靠舌的活动，帮助将食物推向食道。

鳃耙(gill rakers)是滤食器官，为着生于鳃弓内侧两排并列的突起，植食性和肉食性鱼类的鳃耙短而稀疏，以浮游生物为主的鱼类，鳃耙长而细密，数量多且结构复杂。鳃耙亦有保护鳃丝的作用。

食道紧接在口咽腔后面，大多数鱼类的食道短，环肌发达，壁厚，壁内具黏膜褶，以扩大食道容积，其黏膜层有丰富的黏液分泌细胞，能分泌黏液以助食物吞咽，有的还有味蕾。

胃是消化管最膨大的部分，其大小与其食性有关，前后分别以贲门(cardia)和幽门(pylorus)与食道和肠相通，也有的鱼类没有胃，如金鱼。从外形上，胃一般可分为三种类型：直筒形胃，形直，呈圆柱状，中央略膨大，贲门部和幽门部界限不明显，如银鱼、狗鱼等；弯曲形胃，形弯曲，呈"V"或"U"形，这种胃以弯曲处为界，可明显分辨贲门部和幽门部，如鲨、香鱼、鲥鱼等；盲囊形胃，形似弯曲形，但在弯曲处突出一盲囊，如鲈、斑鳜等。鱼胃的组织结构与其他脊椎动物相似：从内向外依次为黏膜(mucosa)、黏膜下层(submucosa)、肌层(muscularis)和浆膜(serosa)。黏膜上有分泌黏液、胃蛋白酶和盐酸的各种细胞。分泌细胞多聚集在贲门部。鱼类因食性各样，其胃液中所含的消化酶组成也有差异。一般肉食性鱼类胃蛋白酶活性高，非肉食性的胃蛋白酶少，但淀粉酶，麦芽糖酶等含量较多，而捕食甲壳类和浮游动物的鱼类，胃内有较强分解几丁质的几丁质分解酶。

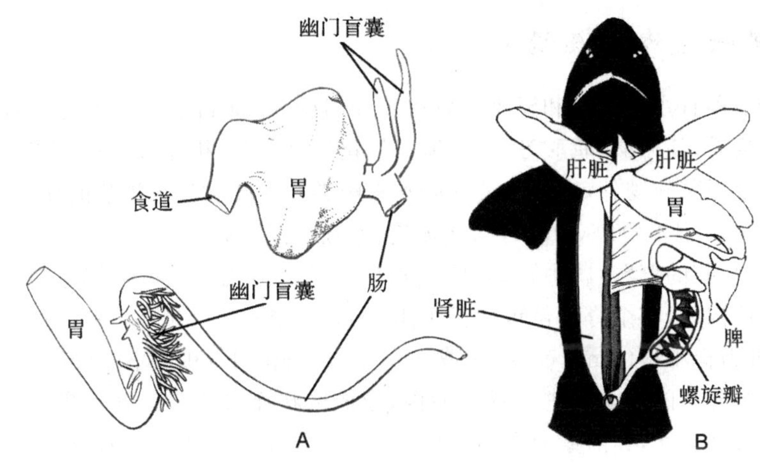

图 12-11　鱼的幽门盲囊和螺旋瓣(仿各家)

A. 幽门盲囊；B. 螺旋瓣

肠是消化和吸收的重要部位。板鳃亚纲的肠可分出小肠和大肠，但硬骨鱼类的肠管分化不明显。肠的长度与食性有关。植食性的鱼类肠很长，如草鱼的肠长度可达体长的 2.29～2.54 倍，而肉食性鱼类的肠较短，如鳡鱼的肠仅为体长的 0.54～0.63 倍，杂食性鱼类的肠管长度介于两者之间。肠壁构造和胃壁相似，也分为黏膜、黏膜下层、肌层和浆膜。大部分硬骨鱼类在肠开始处有许多指状盲囊突起，称为幽门垂(或幽门盲囊，pyloric caecum)(图 12-11)。幽门垂的组织结构与肠壁组织相似，其作用一般认为是用来扩充肠子的吸收面积，同时又能分泌与肠壁相同的分泌物。有些鱼类幽门垂数目较多，如脂眼鲱约 1000 条，银鲳约 600 条；有些种类的数量较少，如鲻鱼 2 条，玉筋鱼 1 条，鲷科及大多数鲟科鱼为 4 条；有些硬骨鱼没有幽门垂，如银鱼科、鲤科、鲶科、鳅科、鳗鲡科、鲻科、鲀科等；幽门垂均开口于小肠。软骨鱼类的肠壁有呈螺旋状的皱褶，称为螺旋瓣(见图 12-11)，肠的后段通常为较宽的类似直肠的构造，板鳃类还有直肠腺，以分泌 Na^+ 和 Cl^- 离子以调节渗透压平衡，软骨鱼和肺鱼的肠开口于泄殖腔。硬骨鱼则有独立的肛门,位于泄殖孔之前。

鱼类一般并无真正的肠腺(鲟科鱼类肠内具肠腺),只是肠黏膜上的杯状细胞分泌一些酶类,而进行肠内消化的消化腺主要是肝脏和胰脏。

肝脏是鱼体内最大的消化腺,它由胚胎期消化道的上皮突起发展而来的。大多数鱼类的肝脏分为两叶,有些硬骨鱼类的肝呈三叶,如金枪鱼科,有的则为多叶,如玉筋鱼。鲤科鱼类的肝脏呈弥散状分散在肠管之间的肠系膜上,因混杂有胰细胞而称肝胰脏(heptopancreas)。肝细胞能分泌胆汁,通过肝管进入胆囊内贮存,再经胆管输入肠内。胆囊呈椭圆形,大部分埋在肝脏内,因贮存胆汁而呈深色。多数鱼的胆汁中不含消化酶,仅是有机盐和无机盐的混合液,它能促进脂肪分解,乳化脂肪酸、胆固醇和脂溶性维生素等,以利吸收。胰脏是鱼类重要的消化腺。软骨鱼类的胰脏非常发达,是一独立的致密型器官;硬骨鱼类的胰脏通常是弥散型的,只有少数硬骨鱼类(如鳗鲡和鲶鱼等)具有致密型胰脏。胰脏能分泌胰液,直接分泌至消化管中,其中含有多种蛋白酶、脂肪酶、糖类酶(如淀粉酶、麦芽糖酶),能分别分解蛋白质、脂肪、糖类。胰脏的消化酶需要在碱性环境中才能起作用,而肠道内通常是碱性的。

2.8 排泄与渗透压调节

鱼类的排泄器官主要是鳃和肾脏。肾脏主要排泄水、无机盐以及氮化合物分解产物中比较难扩散的物质,如尿酸、肌酸等;鳃排泄二氧化碳、水和无机盐以及易扩散的含氮物质如氨和尿素。除了肾脏和鳃外,有些鱼类的肠和板鳃类的直肠腺具有泌盐的功能。

鱼类的泌尿器官由肾脏(kidney)、输尿管、膀胱、尿道等部分组成。肾是鱼类主要的泌尿器官,紧贴于腹腔的背壁,属中肾,有些硬骨鱼类的肾前端还具有无泌尿机能的头肾。肾脏有许多肾单位构成,每个肾单位包括肾小体(renal corpuscle)和肾小管(renal tubule)两部分;肾小体又分为肾小囊(renal capsule 或 Bowman's capsule)和肾小球(glomerulus)。肾小球是由背大动脉分支的肾动脉进入肾小囊内,形成网状血管小球。肾小囊(或肾球囊)是中肾小管前端扩大呈球状,其前壁向内凹入形成具有单层细胞的中空的环状凹囊构造,把肾小球包入其中。肾小囊内外两层囊壁间有一狭小腔隙,称为肾囊腔,与肾小管相通。有些海洋真骨鱼类的肾小球退化消失,肾小管缩短,如海龙、海马、杜父鱼和鲀科鱼类等。肾小球内的血液在毛细血管的高压作用下,除去大分子蛋白质及血红细胞,经肾小球过滤到肾小囊内,然后渗透过单层细胞的肾小囊壁进入肾小管内形成原尿。原尿经过肾小管时,其中的水分和各种溶质全部或部分被其管壁细胞重吸收,被重吸收的物质有水、尿素,也有葡萄糖、氨基酸、Na^+、K^+等;同时肾小管又把从血液中带来的一些离子与代谢产物,如尿素、肌酸、尿酸等主动分泌到滤液中去。通过肾小管的重吸收和分泌作用形成的尿液汇集到总的输尿管,最后流入膀胱(urinary bladder)暂时贮存(软骨鱼类无膀胱),当积聚到一定量时,经泌尿孔(urinary pore)一次性排出体外。鱼类的尿液是透明无色或黄色的液体。

无论是淡水鱼还是海水鱼,氮的代谢产物主要以氨的形式通过鳃上皮(gill epithelium)排出体外。鳃上皮包括鳃丝上皮(filament epithelium)和鳃小片上皮(lamelae epithelium),是鳃与外界环境进行气体交换、排泄和渗透压调节的部位。其中鳃丝上皮中的氯细胞(chloride cell)在鱼类鳃的离子交换和渗透压调节中起重要作用。海水鱼类或适应于海水的广盐性鱼类的氯细胞比淡水鱼类的体积大,数量多,内含丰富的线粒体,且每一氯细胞旁紧挨一个辅助细胞(accessory cell),这对 NaCl 的排出起重要作用。

生活在淡水或海水中的各种鱼类,它们体液的渗透浓度是比较接近和稳定的,但它们所生活的外界水环境盐度却相差很大。淡水硬骨鱼类的体液相对周围水环境是一高渗溶液。尽管体表对水的可渗透性不强,但水还是不断地通过摄食以及半渗透性的鳃和口腔黏膜等渗入体内。为了维持体内高的渗透压,淡水硬骨鱼类在尿液的形成过程中,肾小管对各种离子大量重吸收,尤其是对 Na^+ 和 Cl^- 完全重吸收,从而能及时排出浓度极低几乎等于清水的大量稀薄尿,以保持体内水分恒定。因此,淡水鱼类肾脏内的肾小球数量明显多于海洋鱼类。同时,淡水硬骨鱼类的鳃是主动吸收 Na^+ 和 Cl^- 的部位,用以补偿肾脏的 NaCl 流失。相反,海水硬骨鱼类的体液相对周围水环境是一低渗溶液,因此若不调节,体内水分就会通过鳃和体表不断地渗到海水中去,最终会大量失水而死亡。为了维持体内低渗透压,海水硬骨鱼类大量吞饮海水,并从食物中获取水分,同时从海水中吸收的 NaCl 和各种二价离子通过鳃丝上皮的氯细胞和辅助细胞排出体外。

2.9　神经和感觉器官

鱼类的神经系统由三部分组成:中枢神经系统、外周神经系统和植物性神经系统。

2.9.1　中枢神经系统(central nervous system)

由脑和脊髓共同组成,并分别包藏在软骨或硬骨质的脑颅及椎骨的髓弓内。

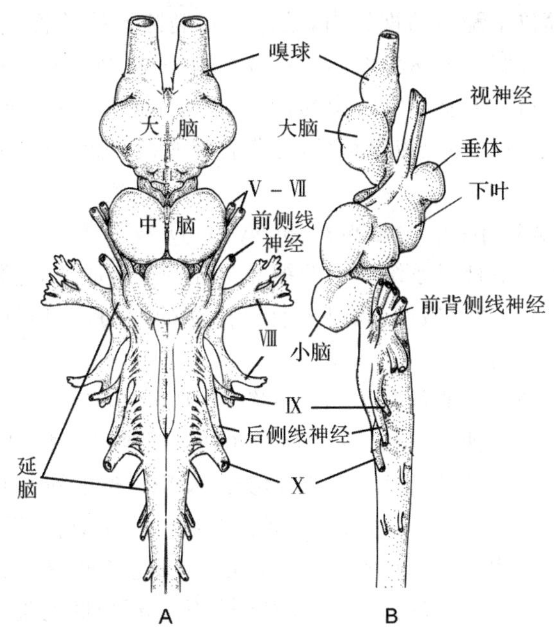

图 12-12　硬骨鱼的脑和脑神经(仿 Kardong)

A. 背面观; B. 侧面观

脑　鱼类的脑分化为端脑、间脑、中脑、小脑和延脑五部分(图 12-12),但结构简单,脑的体积也比其他脊椎动物小得多,如鳗鲡的脑仅占体重的 0.005%,而多数鸟类和哺乳类动物则为 0.5%～2.0%。

端脑(telencephalon)由嗅脑(rhinencephalon)及大脑(cerebrum)两部分组成。端脑的中央有一浅纵行沟,将其分为左右两部分,内侧各有一侧脑腔,左侧为第一脑室,右侧为第二脑室；腹面有一对大的神经节，称为纹状体(corpus striatum)。软骨鱼类的嗅脑都可分为三个部分，即由嗅球(olfactory bulb)、嗅束(olfactory tract)及嗅叶(olfactory lobe)组成。硬骨鱼类的嗅脑结构大致有两种情况：由嗅球及嗅束组成，如鲤形目鱼类梭鱼；嗅脑仅为一圆球状的嗅叶，如鲈形目鱼类。端脑是鱼类的嗅觉和运动调节中枢。

间脑(diencephalon)较小，位于大脑后方，内有第三脑室。间脑背面中央突出一条细长线状构造，即松果体（脑上腺）；间脑的左右侧脑壁很发达，称为丘脑或视丘（thalamus opticus）；腹方是发达的下丘脑(hypothalamus)，其底部的漏斗腺(infundibulum)和脑垂体相连；其后有富含血管的血管囊(saccus vasculosus)；漏斗腺的前方伸出视神经的基部，并形成视交叉(optic chiasma)。

中脑(mesencephalon)是间脑上方的一对椭圆形球体，又名视叶，是所有脊椎动物的视觉中心。硬骨鱼类的中脑内有空腔，称中脑腔，或称视叶腔，它前后与第三、第四脑室相沟通。中脑不仅是视觉中枢，而且也与鱼体的运动和平衡控制有关。

小脑(cerebellum)位于中脑后方，为单个的圆形体或椭圆形体，是鱼体活动的主要协调中枢，也是听觉和侧线感觉中枢。

延脑(medulla oblongata)是脑的最后部分，它的后部通出枕骨大孔后即为脊髓，两者无明显的分界。延脑极其重要，具有味觉中枢、听觉、侧线感觉中枢、呼吸中枢、色素调节中枢、皮肤感觉中枢，并对消化和循环等内脏器官有协调作用。

脊髓　鱼类的脊髓位于髓弓的椎管内，是一条扁椭圆形的长管，前端跟脑连接，向后延伸至最后一椎骨。鱼类脊髓的发达程度不尽一致。板鳃类的脊髓较发达，灰、白质已明显分化，有背、腹中沟。硬骨鱼类的脊髓有背中沟，但腹中沟不明显，灰质向中心管集中。鱼类脊髓是简单反射中枢，同时也是神经传导路径，为各脊神经及交感神经系与脑之间起传导和联络作用。

2.9.2　外周神经系统(peripheral nervous system)

外周神经系统是由中枢神经系统发出的神经与神经节组成的，它包括脑神经和脊神经。其作用是通过外周神经将皮肤、肌肉、内脏器官所感受的冲动传递到中枢神经，或由中枢神经向这些部位传导运动冲动。

脑神经　鱼类的脑神经一般都有10对（见图12-12）：嗅神经（Ⅰ）、视神经（Ⅱ）、动眼神经（Ⅲ）、滑车神经（Ⅳ）、三叉神经（Ⅴ）、外展神经（Ⅵ）、面神经（Ⅶ）、听神经（Ⅷ）、舌咽神经（Ⅸ）、迷走神经（Ⅹ）。在非洲肺鱼及其他一些鱼类还发现一条端神经或称零对神经。

脊神经　按体节排列，左右成对。每条脊神经包括一支由脊髓背面发出的背根，和一支由脊髓腹面发出的腹根。背根连于脊髓灰质的背角，主要包括感觉神经纤维，负责传导周围部分的刺激到中枢神经系统，还有内脏的运动神经纤维。近脊髓的地方，各有膨大的背根神经节一个。腹根发自脊髓灰质的腹角，包括运动神经纤维。腹根的神经纤维分布到肌肉及腺体上，传导中枢神经发出的冲动到外围各反应器。脊神经通出椎骨后，随即又分为三支：分布到身体背部的肌肉和皮肤上的背支；分布到身体背部的肌肉和皮肤上的腹支及分布到肠胃和血管等内脏器官上的内脏支。

2.9.3　植物性神经系统(vegetative nervous system)

植物性神经系统是一类专门管理平滑肌、心脏肌、内分泌腺和血管扩张收缩等活动的神经，与内脏的生理活动、新陈代谢有密切关系。植物性神经系统的传出神经纤维由脑及脊髓发出后,不直接到达所支配的器官,中途必须经过神经节交换神经元后才到各器官。植物性神经系统分为交感神经系统和副交感神经系统。硬骨鱼类交感神经系的主要结构是分布于脊柱两侧的两条交感神经干。交感神经干在有的鱼类始终为两条,如鲤鱼、白鲢;有的则在躯干前部是两条,而在两肾之间愈合成一条简单的股索,进入脉弓又分为两条,如瞻星鱼及大多数硬骨鱼类。硬骨鱼类的副交感神经系统是由动眼神经及迷走神经所分支的。交感神经和副交感神经往往同时分布到同一器官上,产生拮抗作用,即一类发生兴奋,另一类起阻遏作用,从而保证器官机能的协调。

2.9.4　感觉器官(sensory organ)

鱼类的感觉器官主要包括皮肤感受器、侧线感受器、听觉器官、视觉器官、嗅觉器官和味觉器官。

皮肤感受器　由感觉细胞和支持细胞组成。感觉细胞呈梨形,在感觉器的中央,具有感觉毛。支持细胞为柱状,包围着感觉细胞的基部。当水流冲击鱼体时,引起感觉器胶质顶的倾斜,感觉细胞所接受的刺激通过神经纤维传递到神经中枢、感觉芽、丘状感觉器和侧线器官等。感觉芽是构造最简单的皮肤感觉器,分散在表皮细胞之间,在真骨鱼类常不规则地分布在身上、鳍上、唇上、须上及口中,具有触觉及感觉水流的作用。丘状感觉器又称陷器,是中凹的小丘状构造。陷器能感觉水流和水压。栖息于水底的鱼类陷器比较发达。

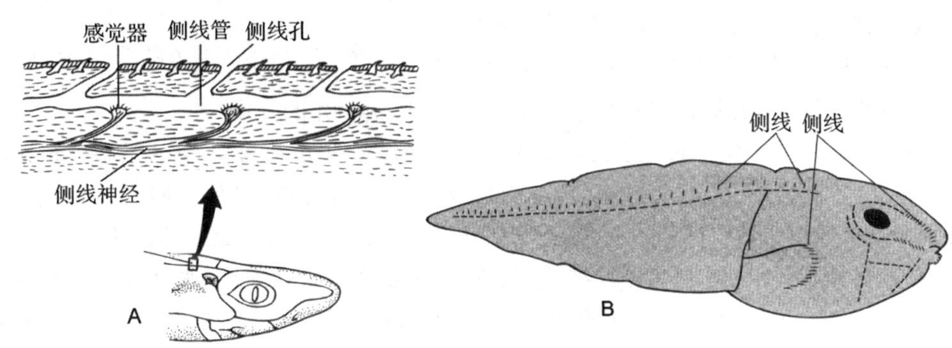

图 12-13　鱼的侧线器官及其分布(仿 Kardong)

A. 侧线；B. 侧线分布

侧线器官(lateral line system)　是鱼类及水生两栖类所特有的皮肤感觉器(图 12-13)。软骨鱼类的侧线器官呈沟状或管状。硬骨鱼类则一般为管状,埋于皮下,叫做侧线管,侧线管内充满黏液,管壁上有呈节状的感觉器,其构造与感觉芽相似,整个感觉器浸润在黏液内。埋在皮下的侧线管,分出许多小管与外界相通,管内充满黏液。管壁上分布有感觉器,其感觉细胞上的神经末梢通过侧线神经而联于延脑发出的迷走神经。水流和水压由侧线支管的开口处作用于管中的黏液,再由黏液传递到感觉器,引起感觉顶发生偏斜,感觉细胞获得刺激,刺激通过感觉神经纤维,经侧线神经传递到延脑。因此侧线具有感觉水流、确定方位、辅助趋流性定向和感受低频率声波的作用。一般鱼类的体侧两侧各有侧线一条,有些具二条或三条甚至更多,但鲱科鱼类无侧线。头部侧线在头部分成若干分支,分布较复杂,受面神经的分支或舌咽神经所支配。

软骨鱼类除侧线外,在吻部还有一特殊的皮肤感受器——罗伦氏壶腹(ampulla of Lorenzini),由罗伦瓮、罗伦管和管孔组成。基本上与侧线器官相同,但反应比较慢,具有感压、感温的功能，并且是一种电感受器。

听觉器官(auditory organ)　鱼类的听觉器是内耳，而侧线器官和气鳔也参与或辅助内耳的听觉作用。内耳也是身体平衡的器官。

内耳又称为迷路(labyrinthus)(见图 12-4)，包括膜迷路(labyrinthus membranaceus)和骨迷路(labyrinthus osseus)，是侧线系统前部扩大发展而形成的，位于眼睛的后方，埋藏在脑颅的耳囊内，在外形上可分为球状囊(sacculus)、椭圆囊(utriculus)、半规管和耳石(otolith)。椭圆囊和半规管相连，膜质半规管内充满内淋巴(endolymph)，其成分与细胞内液相近。每一个半规管的一端均膨大成球形的壶腹(ampulla)，其内感觉毛细胞顶部的纤毛可随着半规管内淋巴液的流动而偏斜，从而引发一些平衡反应。由钙盐组成的耳石通常有三块，耳石通过胶质固着在感觉毛细胞上方，当鱼体位置发生变化时，就会影响到毛细胞纤毛上方的胶质顶器，从而引起平衡反应。利用鱼类的听觉，在捕鱼业和养鱼中可应用声音来诱集或驱赶鱼群。总体来说，鱼类的侧线器官主要是近处声波感受器，而内耳与气鳔组成远处声波感受器，且内耳的平衡反射受内耳半规管和椭圆囊的调控。

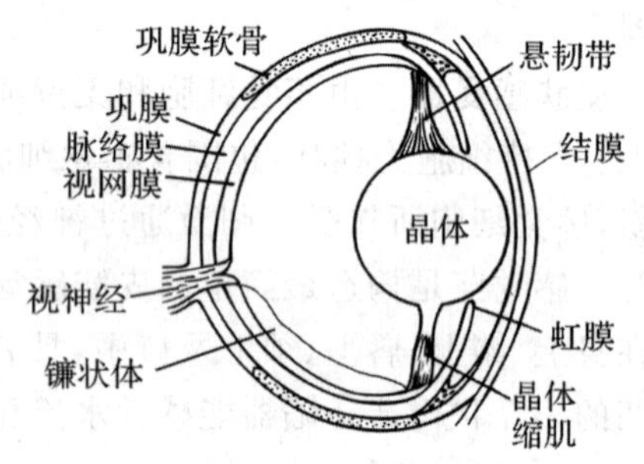

图 12-14　硬骨鱼的眼球(仿 Walls)

视觉器官(optic organ)　鱼类的视觉器官是眼，位于脑颅两侧的眼眶内(图 12-14)。鱼的眼睛由被膜和调节器组成，主要的功能是感觉颜色、物体形状和光的强度。

鱼类没有眼睑，但有些板鳃鱼类(真鲨、猫鲨等)眼前方有可活动的瞬膜(nictitating membrance)，许多快速游泳的鱼类具有透明的流线型的脂肪睑，以保护眼睛。鱼类眼球多呈椭圆形，其被膜由巩膜(sclera)、脉络膜(choroid)及视网膜三层组成。巩膜为眼球最外层，软骨鱼类为软骨质，硬骨鱼类多为纤维质，其作用是保护眼球，巩膜在眼球前方形成透明而扁平的角膜(cornea)，许多鱼类的角膜含有色素，可滤过紫外线以提高视觉敏感力。脉络膜为紧贴在巩膜内的一层，自外向内由三层组成：银膜(argentea)——为鱼类所特有，由数层含有针状鸟粪素结晶的扁平细胞组成，使眼球具有特殊的不透明的光泽，可将射入眼球的微弱光线反射到视网膜上；血管膜(vascular coat)——紧贴银膜内侧，含有丰富的血管，供给眼球营养；色素膜(uvea)——内含色素细胞，呈黑色。脉络膜向前延伸成虹膜(iris)，虹膜中央的孔即是瞳孔(pupil)。在眼球的最内层是视网膜，它由感光的视锥细胞(cone cell)和视杆细胞(rod cell)组成。大多数板鳃鱼类的视网膜只有视杆细胞，许多深海鱼类的视网膜完全没有视锥细胞，而星鲨、鼠鲨、扁鲨、铰口鲨等和硬骨鱼类一样都有视锥和视杆细胞。

眼睛视力的调节依靠晶体(crystalline lens)等的移动和调节。晶体圆而大，无色透明，内无神经及血管。它的上方挂着悬韧带(suspensory ligament)，下方接着强大的铃状体(campanula halleri，或称晶体缩肌，m. retractor lentis)，可调节晶体向后移动。调节晶体移动的还有富于血管和色素的镰状体(falciform process，或称镰状突)，镰状体是硬骨鱼类调节视距的特有结构。镰状体一端附着在视神经通出(称盲点，blind point)，另一端以韧带与晶体缩肌相连。

角膜与晶体之间的空腔称为眼前房，内充满的液体为水状液(aqueous humor)，透明而流动性大，具有反光作用；晶体与视网膜之间有一个大的空腔叫眼后房，内充满的液体为玻璃液

(vetreous humor),是黏性很强的胶状物,能固定视网膜的位置,使透过它的光线落到视网膜上。

嗅觉器官(olfactory organ)　鱼类的嗅觉器官为一对凹陷的嗅囊。它由一些多褶的嗅觉上皮组成。嗅觉上皮的细胞分化为支持细胞和感觉细胞两种。支持细胞形状特别粗壮,感觉细胞为线状或杆状,其游离一端有纤毛,基部有神经通到端脑的嗅叶上。软骨鱼类嗅囊位于吻的腹面,口的前方两侧;硬骨鱼类则在头的背部,眼的前方。嗅囊向外的开孔即鼻孔,具有辨别水质、感觉气味的功能。

味觉器官(gustatory organ)　鱼类的味觉器官是味蕾。味蕾由一组细胞集合而成,分感觉细胞和支持细胞。口腔的味蕾由第Ⅴ及第Ⅶ对脑神经支配;咽部由第Ⅸ对脑神经支配;躯干部味蕾受第Ⅶ或第Ⅴ对脑神经支配。味蕾分布很广,在口腔、舌、鳃弓、鳃耙、体表皮肤、触须及鳍上都有分布。各种鱼味蕾的分布区域及分布密度是不大一致的,一般味蕾在口唇及口盖部位分布较密。鱼类经过训练能区别甜物、酸物、咸物及苦物的味道。

2.10　内分泌

鱼类的内分泌腺体与其他脊椎动物一样有三个来源:(1)起源于神经组织,如肾上腺髓质;(2)起源于神经分泌组织,包括下丘脑、神经垂体、松果体和尾垂体(urophysis);(3)起源于非神经组织,如腺垂体、甲状腺、鳃后体(ultimobranchial gland)、胰岛、斯氏小囊(corpuscle of stannius)和性腺等等。其中尾垂体和斯氏小囊是鱼类特有的(图 12-15)。但由于鱼类是低等的脊椎动物,有些内分泌腺的构造还处于比较原始的阶段,如甲状腺和肾上腺髓质。以下介绍几种重要的内分泌腺及其激素。

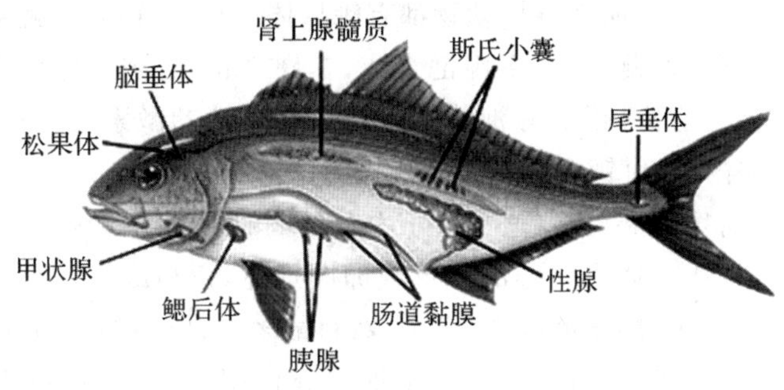

图 12-15　鱼的内分泌腺体(仿 Miller 和 Harley)

脑垂体　是最重要的内分泌腺,位于间脑腹面,视神经交叉后面的正中线上,常嵌在前耳骨的凹窝里。板鳃类脑垂体的形状是叶片状,硬骨鱼类垂体的形状有半球状、卵圆形,也有心形,甚至纺锤形。鱼类脑垂体的构造跟其他脊椎动物基本相同,包括神经垂体(neurohypophysis,或称为垂体神经部)和腺垂体(adenohypophysis)两部分。

神经垂体主要由神经分泌细胞的轴突和它们的神经末梢组成。神经垂体的分泌末梢主要释放两类激素:后叶加压素(vasopressin),又称抗利尿激素(antidiuretic hormone,ADH),能促使血管收缩,血压升高,促进肾小管更好地重吸收水分,以维持盐水平衡;催产素(oxytocin),能促进排卵。各个类群脊椎动物神经垂体分泌的这两类激素的分子结构有所不同。

腺垂体可分为三部分:前腺垂体、中腺垂体和后腺垂体。前腺垂体主要含有催乳激素分泌细胞和促肾上腺皮质激素分泌细胞;中腺垂体含有生长激素分泌细胞、促甲状腺激素分泌细胞和促性腺激素分泌细胞;后腺垂体主要含有黑色素细胞刺激素分泌细胞。鱼类腺垂体分泌的六种多肽激素，其靶组织和生理机能见表 12-1。

表 12-1 腺垂体分泌的激素及其生理机能

激 素	靶组织	生理机能
促肾上腺皮质激素(ACTH)	肾上腺皮质	增强肾上腺皮质类固醇类激素的生成与分泌
促甲状腺激素(TSH)	甲状腺	增加甲状腺激素的合成与分泌
促性腺激素(GTH)	精巢和卵巢	增加性腺类固醇激素的生成与分泌；促进配子生成，性腺发育成熟和排精排卵
生长激素(GH)	所有组织	促进组织生长，增加 RNA 合成，蛋白质合成，葡萄糖与氨基酸运输；促进脂解与抗体形成等
催乳激素(PRL)	鳃、肾脏	渗透压调节和水盐代谢
促黑激素(MSH)	黑色素细胞	促进黑色素细胞的黑色素合成及其在细胞内散布

甲状腺 鱼类的甲状腺激素结构与其他脊椎动物的一样，是一含有卤族元素的激素。鱼类的甲状腺素对代谢活动、生长、渗透压调节、生殖等方面都可能有影响。如硬骨鱼类处于渗透压变化的环境中，甲状腺素能促使进行渗透压调节所需的能量代谢增强；也有研究表明用甲状腺素处理鱼受精卵和鱼苗能明显提高孵化率和成活率，在生产中很有应用价值；虽然在高等脊椎动物中甲状腺素对呼吸活动有明显的促进作用，但它对硬骨鱼类的耗氧量没有一致的影响。

鳃后体 除圆口类以外，所有脊椎动物都有鳃后体。在软骨鱼类，鳃后体位于围心膜和咽与食道连接腹面之间的左侧，由许多腺泡组成；在硬骨鱼类，鳃后体位于腹腔与静脉窦之间的横膈上，正好在食道腹方，没有腺泡构造。鳃后体分泌的激素是降钙素(calcitonin)，能促进 Ca^{2+} 沉积在骨骼内，使血钙含量降低维持血钙的动态平衡。

斯氏小体 由肾管壁发展而来，通常位于中肾后端的背侧或腹侧，也有附在中肾管或埋藏在中肾的后部的。斯氏小体为实心的球形或卵圆形体，色粉红，多数鱼类为 2 个，有些种类如鰕虎鱼、鲴鱼仅有 1 个，胡子鲶有 3～7 个，数目最多的是弓鳍鱼，有 40～50 个。软骨硬鳞类和鲑科鱼类中尚未发现有斯氏小体。早期研究证明，在斯氏小体中分离出一种糖蛋白——teleocalcin，它与血浆中的钙含量有关，但与肾上腺或肾间腺没有联系。

尾垂体 是鱼类所特有的内分泌腺，是位于脊髓后部的神经分泌器官，又称尾神经分泌系统(caudal neurosecretory system)，是脊髓运动神经元演变而成的神经内分泌细胞，分泌物集中在轴突的膨大部分。它在硬骨鱼类内很发达，但比较原始的硬骨鱼类如鲱形目和较高等的硬骨鱼类如合鳃目等，通常只具有弥散的尾垂体区，在外形上很难辨别。已知尾垂体至少产生两种激素，即尾紧张素(urotensin)Ⅰ(u-Ⅰ)和Ⅱ(u-Ⅱ)，已有研究证明，尾垂体与鱼类的渗透压调节有密切关系。

胰岛 一般胰岛组织有一个或几个较大的主岛，附着在胆囊上或位于胆囊附近，另有许多沙粒状小岛分布于肠系膜上。板鳃类的胰岛埋藏在结实的胰脏组织内，胰岛细胞包围在胰小管的外面。硬骨鱼类的胰岛分布于胆囊、脾脏、幽门垂及小肠周围。胰岛分泌胰岛素，调节碳水化合物、脂肪和蛋白质的新陈代谢；增进机体对葡萄糖的利用，缓和肝的血糖生成，维持正常的血糖含量；分泌胰高血糖素，促进糖原分解、脂肪分解和尿素生成。

2.11　生　殖

大多数鱼类的生殖活动都有季节性，只有少数鱼类可常年连续产卵。一般在季节性生殖的鱼类中，温带鱼类在春、夏季产卵；冷水性的鲑鳟鱼类在秋季产卵；热带地区的许多鱼类在雨季产卵。鱼类的生殖活动主要受光周期和温度的季节变化所调节，盐度对于洄游性鱼类和咸淡水鱼类的性成熟也有重要影响。

2.11.1　鱼类的性别

鱼类的性别决定方式是脊椎动物中最为多样的一个类群。与高等脊椎动物一样，鱼类性别决定的基础仍然是遗传基因。但少数鱼类的性别更明显地表现为双向潜力：某些外部环境因素能在不同程度上影响鱼类的性别分化。如黄鳝、剑尾鱼、红鲷鱼和石斑鱼有性逆转现象。一般鱼类都是雌雄异体(gonochorism)，但鲱鱼、鳕鱼、黄鲷等都发现有雌雄同体现象。鱼类的雌雄从外表上一般很难区别，但有些种类可从外形上辨别，如软骨鱼类雄鱼的腹鳍内侧有鳍脚，食蚊鱼雄鱼臀鳍鳍骨特化成交配器(clasper)，雌性鳑鲏鱼类在生殖孔处有伸出体外的产卵管等。鱼类表现两性异型的第二性征是多方面的，既有雌鱼体大于异性10～30倍以上的角鮟鱇和康吉鳗，也有雄鱼体略大于雌性的黄颡鱼和棒花鱼等；雄性马口鱼的前部臀鳍条显著延长；雄泥鳅的胸鳍约与头长相等，而雌性则短小；雌、雄鳜鱼的生殖孔分别为横形和圆形。很多鱼类进入生殖期时，雄鱼常出现某些与繁殖活动相关的第二性征，如婚姻色(nuptial color)、珠星(nuptial organ)等，待生殖结束后特征消失或复原。

通常情况下鱼群的性比大体上接近1∶1。有些鱼类的性比则有很大的差距，如鲫鱼群雌雄比可达10∶1，河鲈和食蚊鱼也有这种现象。在生殖时，产卵鱼的性比有不同的情况。团头鲂产卵鱼群中雌雄比是(8～9)∶1。这种情况说明雄鱼可以多次排精。许多筑巢产卵的鱼类，如乌鳢、斗鱼产卵时，都是一雌一雄。产黏性卵的鲤、鲫、麦穗鱼等在产卵时也是成对地追逐。

2.11.2　生殖器官

鱼类的生殖系统由生殖腺(精巢、卵巢)和生殖导管(输卵管、输精管)组成。雄性生殖腺为精巢(图12-16)，成熟后一般呈乳白色(未成熟时一般呈淡红色)，成熟的精子可从精巢的背面或底部的输出管进入输精管(spermaductus)。输精管是脊椎动物中自鱼类才开始出现的生殖导管。软骨鱼类板鳃类以中肾管作为输精管，输精管的前方多迂曲，向后方则渐变直，并扩大成贮精囊(seminal vesicle)，其末端又突出一对长的盲囊，称精囊，系退化了的牟勒氏管的远端部分。贮精囊通入尿殖窦，再经尿殖乳头开口于泄殖腔。硬骨鱼类的输精管与肾管无关，由腹膜褶联结形成的管道作为输精管。体内受精的鱼类，雄性多具有交接器。板鳃类、全头类雄性的交接器(鳍脚)内具有软骨，沿交接器的全长有沟或管，精液可顺此流出。硬骨鱼类一般无交接器，但鳉科鱼类多数为体内受精，形成比较简单的交接器，有的是生殖管或尿殖乳突向外延长而成的管状突起，有的是臀鳍前方几个鳍条扩大形成沟管连接到生殖孔。

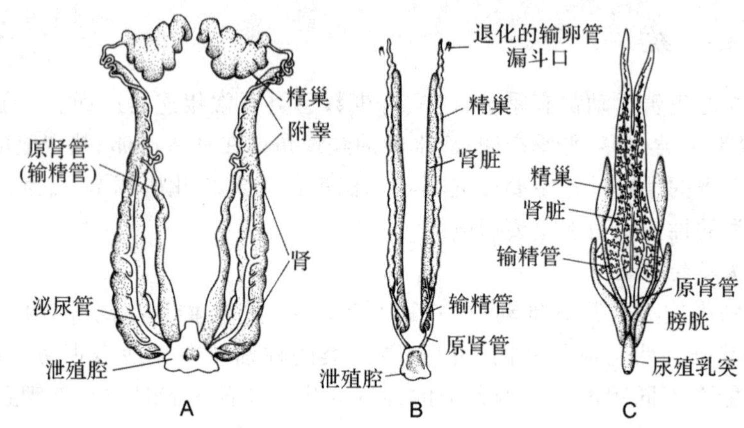

图 12-16 鱼类的雄性泄殖系统(仿 Romer 和 Parsons)

A. 软骨鱼(*Torpedo*); B. 肺鱼(*Protopterus*); C. 硬骨鱼(*Hippocampus*)

卵巢有两种类型,游离卵巢和封闭卵巢(图 12-17)。游离卵巢(裸卵巢):卵巢裸露在外,不为腹膜形成的卵巢膜(或称卵囊)包围,卵子成熟时,自卵巢上脱落到腹腔,经输卵管排出体外。软骨鱼类和肺鱼类的卵巢均属于此类型。硬骨鱼类为封闭卵巢(被卵巢),卵巢不裸露在外,而为腹膜所形成的卵巢膜包围,成熟的卵子不落在腹腔而落于卵巢腔中,经输卵管输出体外。鱼类的卵子为端黄卵,卵黄丰富,原生质少,是分极分布的。原生质偏于动物极,卵黄偏于植物极。大多数已成熟的和在水中膨胀的卵子呈圆球状,有的呈梨形。

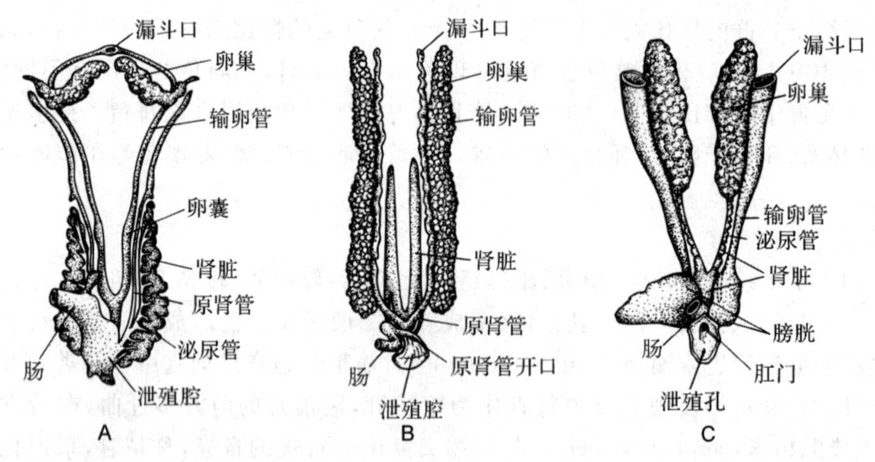

图 12-17 鱼类的雌性泄殖系统(仿 Romer 和 Parsons)

A. 软骨鱼(*Torpedo*); B. 肺鱼(*Protopterus*); C. 淡水硬骨鱼(*Amia*)

鱼类的生殖方式有卵生、卵胎生和胎生三种类型。绝大多数鱼类的生殖方式为卵生,卵生可分为两种情况:一种是体外受精的鱼类,将成熟卵产至体外,在体外受精和发育;另一种是体内受精,受精卵排出体外,在水中发育。胚胎发育过程中完全依靠卵内的营养物质。板鳃鱼类也有很多是卵生,但它们进行体内受精,卵多有角质外壳保护,产卵少。也有很多板鳃鱼类的繁殖方式为卵胎生,如真鲨科、猫鲨科、鲼科等。硬骨鱼类的海鲫也是卵胎生:受精卵在雌体生殖道内发育,发育中主要依靠卵黄营养,与母体没有营养关系,或母体生殖道主要只提供水分和矿物质,最终由母体产出仔稚鱼。一些板鳃鱼类的胚体与母体有血液循环上的联系，胚胎发育所需的营养不仅靠本身的卵黄，而且也依靠母体来供给。胚胎发育所在的输卵管壁上有一些突起与胚体连接，形成类似胎盘的构造，母体就是通过这一构造将营养送给胚体，如灰星鲨。

排卵过程中体内受精的鱼类，雌、雄进行交尾；体外受精的鱼类，有的也出现类似交尾的动作，体外受精的鱼类有的一雌一雄追逐嬉戏，有的雌、雄成群追逐，直至产卵排精，完成生殖。自然情况下，鱼类性腺发育成熟及一系列生殖行为都与脑下垂体分泌的促性腺激素的调节有关。

3　鱼类的分类与演化

目前已知世界上约有鱼类 24000 余种，分属软骨鱼类(Chondrichthyes)和硬骨鱼类(Osteichthyes)两大类群。我国已记录有鱼类 2900 余种，包括海水鱼类 2100 多种，淡水鱼类 800 多种。

3.1　软骨鱼类

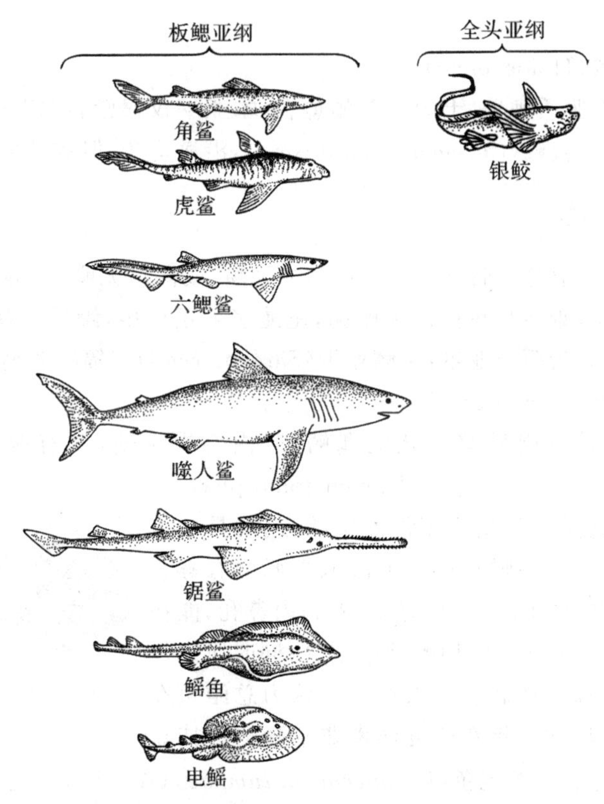

图 12-18　几种软骨鱼种类(仿 Young)

软骨鱼主要适应于海洋生活，内骨骼全为软骨，体被盾鳞或光滑无鳞，鳃孔 5～7 对，分别开口于体外，银鲛例外，具膜状鳃盖和一对外鳃孔，无鳔，雄性的腹鳍内侧有一鳍脚演化的交配器，体内受精，卵生、卵胎生或胎生，多为歪形尾，肠短，内具螺旋瓣。全世界已知的现存种有 800 种，广泛分布于印度洋、太平洋和大西洋，只有少数种类进入河口低盐度海区。我国的软骨鱼类已知有 200 余种，多数是肉食性，绝大多数种类属热带和亚热带性，缺乏寒带性种类，分属两个亚纲(图 12-18)。

3.1.1 板鳃亚纲(Elasmobranchii)

体呈梭形或盘形，头侧各具 5～7 个鳃裂，分别开孔于体外；上颌不与脑颅愈合。具泄殖腔。有两个总目：

(1)鲨形总目(Selachomorpha)，又称侧孔总目(Pleurotremata) 鳃裂位于头部两侧；体多为纺锤形，胸鳍前缘游离，不与吻或体侧愈合。常见的有六鳃鲨(*Hexanchus griseus*)，宽纹虎鲨(*Heterodontus japonicus*)，狭纹虎鲨(*Heterodontus zebra*)，噬人鲨(*Carcharodon carcharias*)，鲸鲨(*Rhincodon typus*)，短吻角鲨(*Squalus brevirostris*)，日本锯鲨(*Pristiophorus Japonicus*)，日本扁鲨(*Squatina japonica*)等。

(2)鳐形总目(Batomorpha)，又称下孔总目(Hypotremata) 体平扁，近菱形或亚圆形的体盘，胸鳍前缘与头侧相连，鳃孔 5 对位于腹面；无臀鳍，背鳍无棘，喷水孔在背面，适于底层生活。我国沿海常见的有尖齿锯鳐(*Pristis cuspidatus*)，许氏犁头鳐(*Rhinobatos sehlegeli*)，中国团扇鳐(*Platyrhina sinensis*)，孔鳐(*Raja porosa*)，黑斑双鳍电鳐(*Narcine meculata*)，赤魟(*Dasyatis akajei*)。

3.1.2 全头亚纲(Holocephali)

头侧鳃裂 4 个，有膜质鳃盖，上颌与脑颅愈合，本亚纲仅银鲛目(Chimaeriformes)一目，我国分布较广的是黑线银鲛(*Chimaera phantasma*)，沿海均产，但数量少，经济价值不大。

3.2 硬骨鱼类

硬骨鱼类的骨骼一般是硬骨，体外被骨鳞，或硬鳞，或裸露无鳞，鳃裂外方覆以有骨片支持的鳃盖，鳃间隔退化，雄性腹鳍内侧无鳍脚，尾鳍多为正形尾，鳔通常存在，大多数种类肠内无螺旋瓣。本纲可分为两个亚纲：肉鳍亚纲(Sarcopterygii)和辐鳍亚纲(Actinopterygii)。

3.2.1 肉鳍亚纲(Sarcopterygii)

身体结构原始，具有肉质桨叶状的偶鳍，肠内有螺旋瓣，共有两个总目：总鳍总目(Crossopterygiomorpha)和肺鱼总目(Dipneustomorpha)。

(1)总鳍总目 这是一类出现于泥盆纪的古鱼，具一条纵行脊索，无椎体，颏下有一喉板(gular plate)，肠内有螺旋瓣。早期总鳍鱼类都栖居于淡水中，有鳃、鳔和内鼻孔，能在气候干燥和水域周期性缺氧期间用鳔呼吸空气；同时肌肉发达的肉叶状偶鳍能支撑鱼体爬行。人们一直认为总鳍鱼在白垩纪时已绝灭了，但 1938 年在印度洋南非哈隆河口捕获一现存的总鳍鱼，并定名为矛尾鱼(*Latimeria chalumnae*)(图 12-19)，这是目前为止总鳍鱼类唯一现存的残留种，隶属于腔棘鱼目(Coelacanthiformes)，矛尾鱼科(Latimeriidae)。

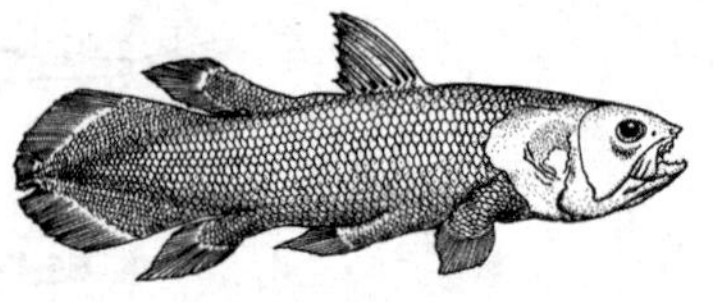
图 12-19 矛尾鱼(仿 Millot)

(2)肺鱼总目 这是与古总鳍鱼类同时代的一支淡水鱼，也具有一些原始特征：如具终生保留的脊索，肠内有螺旋瓣，心脏有动脉圆锥，具内鼻孔，但偶鳍是双列式排列的鳍骨。同时又有一些高度特化的特征，以适应缺氧及干涸的热带水域环境，如鳔有鳔管与食道相连，并能执行肺的功能，循环系统与呼吸系统相适应，出现原始的双循环。目前仅存有三属肺鱼，分别是单鳔肺鱼目(Ceratodiformes)的澳洲肺鱼(*Neoceratodus forteri*)，以及双鳔肺鱼目(Lepidosireniformes)的非洲肺鱼(*Protopterus annectens*)和美洲肺鱼(*Lepidosiren paradoxa*)(图 12-20)。

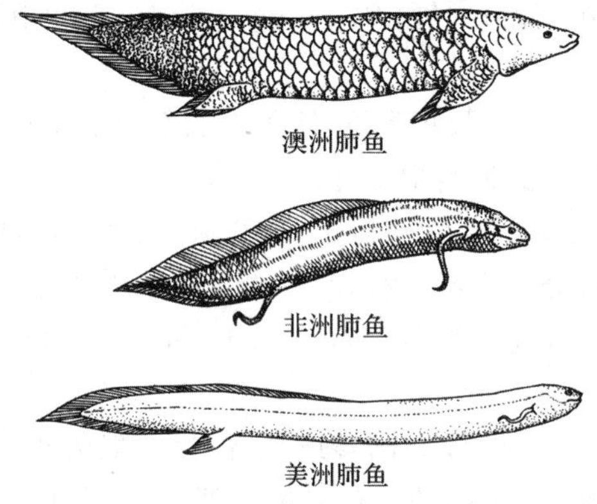

图 12-20　三种肺鱼(仿 Kardong)

3.2.2　辐鳍亚纲(Actinopterygii)

辐鳍亚纲又称真口亚纲(Teleostomi)，是现代鱼类中种类最多的一个亚纲，占现存鱼种类的 90%以上，共分 9 总目 36 目，产于我国的有 8 总目 26 目。主要特征为体被硬鳞、圆鳞或栉鳞，没有内鼻孔，各鳍均由真皮性辐射状鳍条支持，肛门与泄殖孔分开，一般生殖导管由生殖腺壁延伸而成。

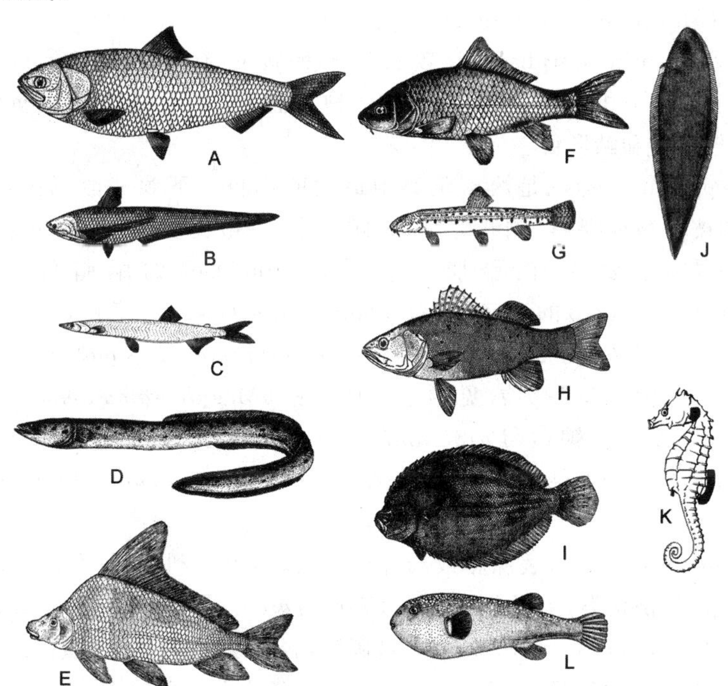

图 12-21　辐鳍亚纲的部分代表鱼类(仿各家)

A. 鲥鱼；B. 刀鲚；C. 大银鱼；D. 鳗鲡；E. 胭脂鱼；F. 鲤鱼；G. 中华花鳅；H. 鲈鱼；I. 中华花布鲆；J. 舌鳎；K. 海马；L. 虫纹东方鲀

(1)硬鳞总目(Ganoidomorpha) 该总目是古老类群的残余种,保留了一些原始性状:体被硬鳞,心脏具动脉圆锥,肠内有螺旋瓣,歪型尾。常见的有:中华鲟(*Acipenser sinensis*),分布于我国沿海和长江干流,金沙江等,每年上溯到长江上游产卵,是大型经济鱼类;长江鲟(*A. dabryanus*),分布于长江中下游;白鲟(*Psephurus gladius*),我国特有的大型珍稀鱼类,产于长江和钱塘江。

(2)鲱形总目(Clupeomorpha) 腹鳍腹位,鳍条一般不少于6枚,胸鳍基部位置低,接近腹缘,鳍无棘,圆鳞。有经济价值的种类主要有:

鲱形目(Clupeiformws) 鳍无棘,背鳍1个,被圆鳞,正尾形,有肌间骨,鳔有鳔管,无侧线;真骨鱼类中较为原始类群,分布广泛,我国产量约为世界产量的30%,海、淡水均有,也有溯河种类。如鲱鱼(*Cuvier pallasi*)、鲥鱼(*Macrura reeuesi*)、鳓鱼(*Ilisha elongata*)、凤鲚(*Coilia mystus*)和刀鲚(*C. ectenes*)等。

鲑形目(Salmoniformes) 体被栉鳞、圆鳞或裸露;尾一般为正型尾;鳔存在时具鳔管;各鳍无棘,背鳍1个,常有脂鳍;腹鳍腹位,有些种类偶鳍基部有腋鳞,有侧线;海水、淡水均有分布,一些种类溯河回游。有些种类是重要的经济鱼类,商品价值较高,有许多名贵种类。如大麻哈鱼(*Oncorhynchus keta*),大银鱼(*Protosalanx hyalocranius*)和太湖新银鱼(*Neosalanx taihuensis*)等。

(3)鳗鲡总目(Anguillomorpha) 体呈鳗形,现存种类一般无腹鳍,背鳍和臀鳍基底很长,且与尾鳍相连,分布于热带和亚热带水域,极少数进入高纬度,多为海产,可进入淡水索饵,多为肉食性;个体发育有变态,主要种类为鳗鲡目(Anguilliformes),如鳗鲡(*Anguilla japonica*),海鳗(*Muraenesox cinereus*)。

(4)鲤形总目(Cyprinomorpha) 比较低等,腹鳍腹位,有些种类(鲶形目)有脂鳍,有韦伯氏器,有鳔管且与食道相连,分布广泛,大部分种类生活于淡水,包括许多重要的经济鱼类和养殖鱼类,分鲤形目和鲇形目。

鲤形目(Cypriniformes) 是淡水鱼类中最大的一目。下颌一般无齿,犁骨无齿,下咽骨具咽齿;体被圆鳞或裸露,侧线完全;背鳍1个,一般无硬棘(若有为假棘)。我国有6科600种左右,重要的有:胭脂鱼科(Catostomidae)的胭脂鱼(*Myxocyprinus asiaticus*);鲤科(Cyprinidae)的青鱼(*Mylopharygodon piceus*)、草鱼(*Ctenopharyngodon idellus*)、鳙鱼(*Aristichthys nobilis*)和鲢鱼(*Hypophthalmichthys molitrix*),以上4种为我国传统养殖的"四大家鱼";另常见的还有团头鲂(*Megalobrama amblycephala*)、东方墨头鱼(*Garra orientalis*)、鳊鱼(*Parabramis pekinensis*)、鲤鱼(*Cyprinus carpio*)和鲫鱼(*Carassius auratus*)等;鳅科(Cobitidae)的花鳅(*Cobitis taenia*)和泥鳅(*Misgurnus anguillicadatus*)。

鲇形目(Siluriformes) 体表裸露或局部被骨板,口大齿利,咽骨有细齿,通常有尾鳍;包括许多肉食性的经济鱼类,主要有胡子鲇(*Claris fuscus*)和鲇(*Silurus asotus*)等。

(5)银汉鱼总目(Atherinomorpha) 体被圆鳞,腹鳍腹位,背鳍与臀鳍对生,主要种类有青鳉(*Oryzias latipes*)、食蚊鱼(*Gambusia affinis*)、尖头燕鳐鱼(*Cypselurus oxycephalus*)和扁颌针鱼(*Ablennes anastomella*)。

(6)鲑鲈总目(Parapercomorpha) 体被圆鳞或皮肤裸露,许多种类颌部有一小须,背鳍1～3个,臀鳍1～2个。常见的有江鳕(*Lota lota*)和大头鳕(*Gadus macrocephalus*)等。

(7)鲈形总目(Percomorpha)　胸鳍大多为胸位或喉位，鳍常有鳍棘，体常被栉鳞，偶有骨板或皮肤裸露的情况，本总目大多数为海鱼，是硬骨鱼类最多的类群，全世界有8000多种，共10目，常见的有：

刺鱼目(Gasterosteiformes)　腹鳍胸位或全无，背鳍1～2个，吻延长或管状，体被骨板或裸露。常见的有中华多刺鱼(*Pungitis sinensis*)、海龙(*Syngnathus* sp.)和海马(*Hippocampus* sp.)等。海龙与海马的干制品是传统中药材。

鲻形目(Mugiliformes)　背鳍2个，前后分离，第一背鳍由鳍棘组成，腹鳍腹位或亚胸位，常见为鲻鱼(*Mugil cephalus*)，其脂眼睑发达，口下位，是我国港养的主要对象。

合鳃目(Synbranchiformes)　分为两个亚目，我国仅合鳃亚目。只有1科1属1种，即合鳃科(Synbranchidae)黄鳝属黄鳝(*Monopterus albus*)，为底栖性鱼类，能用咽腔和表皮直接呼吸空气，以肉食性为主。

鲈形目(Perciformes)　又名棘鳍目(Acanthopterygii)，本目是种类最多的一个，包括许多重要的经济鱼类，多为海产。鳞多数为栉鳞，有2个背鳍，分离或相连，分别由鳍条和棘组成，鳔无鳔管。重要的海产经济鱼类有鲈鱼(*Lateolabrax japonicus*)、蓝圆鲹(*Decapterus maruadsi*)、竹夹鱼(*Trachurus japonicus*)、青石斑鱼(*Epinephelus awoara*)、大黄鱼(*Pseudosciaena crocea*)、小黄鱼(*Pseudosciaena polyactis*)、黄姑鱼(*Nibea albiflora*)、梅童鱼(*Collichthys lucidus*)、带鱼(*Trichiurus haumela*)、真鲷(*Chrysophrys major*)、黑鲷(*Sparus macrocephalus*)、鲐鱼(*Pnematophorus japonicus*)、银鲳(*Stromateoides argenteus*)、金枪鱼(*Thunnus tonggol*)，其中大黄鱼、小黄鱼和带鱼是我国三大海产鱼；另生活于淡水中的常见种类有鳜鱼(*Siniperca chuatsi*)和乌鳢(*Ophicephalus argus*)。

鲽形目(Pleuronectiformes)　常称作比目鱼或偏口鱼。体形侧扁，成鱼的眼、鼻、口等不对称，有眼侧朝上，体色深；无眼侧，体色浅。无鳔，产浮性卵。常见的有牙鲆(*Paralichthys olivaceus*)、木叶鲽(*Pleuronichthys cornutus*)、条鲽(*Zebria zebra*)、斑头舌鳎(*Cynoglossus puncticeps*)和半滑舌鳎(*Cynoglossus semilaevis*)等。

鲀形目(Tetrodontiformes)　体短粗，体表裸露，或有粒鳞、骨板、刺等。上颌骨常与前颌骨愈合，齿锥形或门齿状，或愈合为喙状齿板，鳃孔小，腹鳍胸位或连同腰带一起消失，有些种类具气囊，能使胸腹部充气或膨胀，用以自卫或漂浮水面。大多为海产。我国产5科，其中以革鲀科(Aluteridae)为主，如绿鳍马面鲀(*Navodon septentrionalis*)；鲀科的虫纹东方鲀(*Fugu Vermicularis*)等，虽肉味鲜美，但内脏和血液有剧毒，食前必须妥善处理。

(8)蟾鱼总目(Batrachoidomorpha)　体形平扁或侧扁，皮肤裸露，有小刺或小骨板，腹鳍胸位或喉位，均为底栖的肉食性鱼类，常见的有黄鮟鱇(*Lophius litulon*)、黑鮟鱇(*Lophius setigerus*)和裸躄鱼(*Histrio histrio*)。

3.3　鱼类的演化

根据头索类动物与脊椎动物基因相似性分析的分子证据，推测脊椎动物的祖先可以追溯到7.5亿年前，但是这一数据缺乏化石证据。一般认为鱼类到泥盆纪已演化出四大类：棘鱼类(Acanthodii)、盾皮鱼类(Placoderma)、软骨鱼类(Chondrichthyes)和硬骨鱼类(Osteichthyes)。

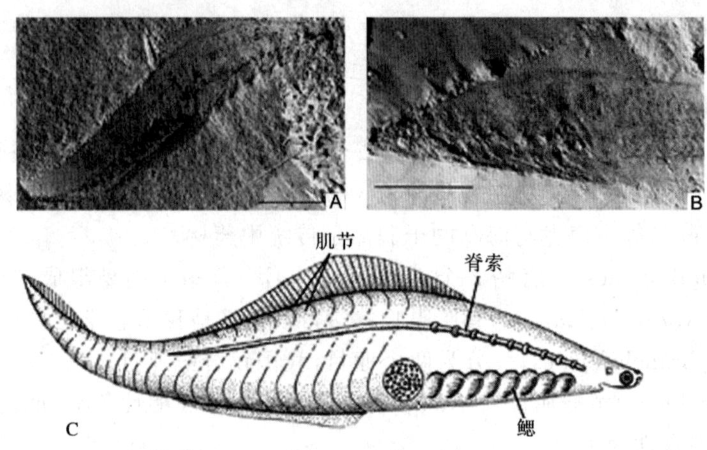

图 12-22 昆明鱼和海口鱼化石及海口鱼模式图(仿舒德干等)

A. 昆明鱼；B. 海口鱼；C. 海口鱼模式图

长期以来人们认为鱼类开始出现于距今约 4 亿年的古生代中期的棘鱼(Acanthodii)，最早出现的有颌类化石是志留纪的盾皮鱼(Placodermi)，因此盾皮鱼也被认为是现代鱼类的祖先。其中棘鱼类已在石炭纪绝灭，盾皮鱼类也仅存化石，鱼类发展到新生代达到全盛时期，成为脊椎动物中的最大类群。20 世纪 90 年代末，随着中国古生物学家在云南澄山发现大量的动物化石，尤其是昆明鱼(*Myllokunmingia*)、海口鱼(*Hailouichthys*)化石的发现(图 12-22)，使鱼类的祖先又向前追溯到 5.3 亿年前的早寒武纪。而在硬骨鱼类起源与早期演化的研究工作中，斑鳞鱼(*Psarolepis*)和无孔鱼(*Achoania*)化石的发现填补了肉鳍鱼类和辐鳍鱼类之间存在着的某些形态鸿沟，其中斑鳞鱼是迄今所知最早的具有完整的头颅和肩带遗骸的硬骨鱼类。

4 鱼类小结

生命起源于水，许多生命组织也主要由水组成，可以说水是生命最容易维持的介质。作为一种有浮力的介质，水能使温度保持相对稳定，并占据了地球上大约 70%面积，因此除极少数地区外，鱼类几乎分布了世界各个水域，也是脊椎动物中种类最多的一个类群，约有 24000 余种，是其他各纲脊椎动物的总和。鱼类分为软骨鱼类和硬骨鱼类两大类，生活在海洋中的鱼类约占全部总和的 60%，栖息于淡水中的鱼类约占 40%。

鱼类是适应水生生活的典型脊椎动物，因此出现了一系列适应水环境的特征，如：上下颌的出现，能主动捕食和防御敌害；出现了成对附肢——偶鳍，并能用鳍帮助运动与维持身体的平衡，使鱼类在水中的运动更迅速和敏捷；大多数鱼类体被鳞片；发达的鳃可保证在水中生活获得氧气；具有鳔这一特殊结构，来调节身体比重；终生在水中生活。可活动的上下颌的出现是动物进化史上的一大飞跃。同圆口纲相比，它们有了更加完善的器官系统，如与积极主动生活方式相联系的骨骼、神经、感觉等器官系统。但鱼类身体仅分头、躯干和尾，无颈部，使头部不能灵活转动；无眼睑；单循环的血液循环系统；大多体外受精的生殖方式；简单的大脑结构等等也显示了它低等脊椎动物的系统演化地位。

由于生物技术的发展及化石的发现，新的鱼类物种正充实完善着整个鱼类的演化体系。

第13章　两栖纲(Amphibia)

1　两栖类的主要特征

两栖类是由水生到陆生的过渡类群。作为首次登陆的脊椎动物，两栖类已对陆地环境初步适应，获得了陆栖脊椎动物的一些进步特征，但尚具原始性和不完善性，主要表现在：两栖动物成体虽以肺作为呼吸的主要器官，但两栖类的肺并不发达，结构也简单，呼吸功能并不强大，仍以皮肤作为主要的辅助呼吸器官；随着肺的出现，循环系统也发生了相应的改变，由单循环演化为不完全的双循环，心脏由二心房一心室组成；出现了五趾型附肢(pantadactyle limb)，不仅能承受体重，且能推动身体沿地面爬行，是对陆地上支撑起身体并快速运动的一种适应，但和高等陆栖脊椎动物相比，两栖类的附肢还处于比较原始的状态，四肢还不能将躯干抬离地面，因而两栖类还不能快速奔跑；脊柱进一步分化为颈椎、躯椎、荐椎和尾椎，其中，颈椎和荐椎是首次出现，但由于只有1枚颈椎，头部尚不能灵活转动；两栖类表皮细胞的角质化，虽可防止体内水分过快蒸发，但表皮角质化仅涉及表层的1～2层细胞，程度不深，故不能有效控制体内水分的蒸发，因而还离不开潮湿的环境，必须生活在临近水的地方；两栖动物面对复杂的陆地环境条件，脑和感觉器官也产生了适应性进化，其大脑两半球已完全分开，大脑顶壁已有分散的神经细胞，感觉器官也适应于陆栖生活，如有可动的眼睑，出现了中耳(鼓膜及听小骨)，能把声波扩大后再传导到内耳，产生了听觉。

两栖类在获得了一系列适应陆地生活特征的同时，也还保留着水栖祖先的原始性状，如还不能在陆地上繁殖，受精、胚胎和幼体发育均在水中进行，幼体离不开水环境，用鳃呼吸，有侧线；幼体经过变态(metamorphosis)，发育为成体，开始登陆生活。因此，两栖动物的生物学特性兼具水生和陆生动物的一些特征。两栖类仍是变温动物，其生活受周围环境温度的制约，现存两栖类动物大多生活在热带、亚热带以及潮湿的环境中，温带较少，寒带、沙漠或高山地区则更少。

2　两栖类的生物学

2.1　外形特征

两栖动物由头、躯干、尾和四肢组成，根据体型不同可分为蠕虫型、蝾螈型和蛙型。蠕虫型的种类营穴居生活，眼和四肢退化，足短而不显，以屈曲身体的方式蜿蜒前进，代表动物有鱼螈。蝾螈型的种类四肢短小，尾发达，终生水栖或繁殖期营水生生活，爬行时，四肢、身体及尾的动作基本上与鱼的游泳姿势相同。代表动物有小鲵、大鲵、蝾螈。蛙型种类体形短宽,无尾,前肢短小,后肢特别发达,是适于陆栖爬行和跳跃生活的特化分支,也是两栖动物中发展最繁盛和种类最多的类群,代表动物为各种蛙类和蟾蜍。

两栖动物头形扁平,吻端略尖,可减少游泳时来自水的阻力,口裂宽阔。吻端两侧有一对外鼻孔。外鼻孔具瓣膜,可开闭控制气体吸入和呼出,外鼻孔内为鼻腔,其内开口为位于口腔前部的内鼻孔。眼有上下眼睑,可活动,下眼睑的上方有一层半透明的瞬膜。在动物潜水时,瞬膜可以上移遮盖眼球,起到保护作用。蛙类两眼的后方有明显的圆形鼓膜(tympanic membrance)(图 13-1)。一些蛙类的雄体口角处具有一对外声囊(external vocal sac),如黑斑侧褶蛙(*Pelophylax nigromaculata*)、虎纹蛙(*Hoplobatrachus rugulosus*)和泽陆蛙(*Fejervarya limnocharis*)等。当蛙鸣叫时,嘴和鼻孔闭合,挤压肺内空气进入外声囊,使之鼓起产生共鸣,扩大发声。还有一些雄蛙在咽部有 1～2 个内声囊,如棘胸蛙(*Paa spinosa*)、中国林蛙(*Rana chensinensis*)、金线侧褶蛙(*Pelophylax plancyi*)和花背蟾蜍(*Bufo raddei*)等。内声囊位于咽喉腹面,由该处肌肉皱褶向外突出形成。有些蛙类缺乏声囊,但可发出包含超声成分的叫声,如凹耳湍蛙(*Amolops tormotus*)。

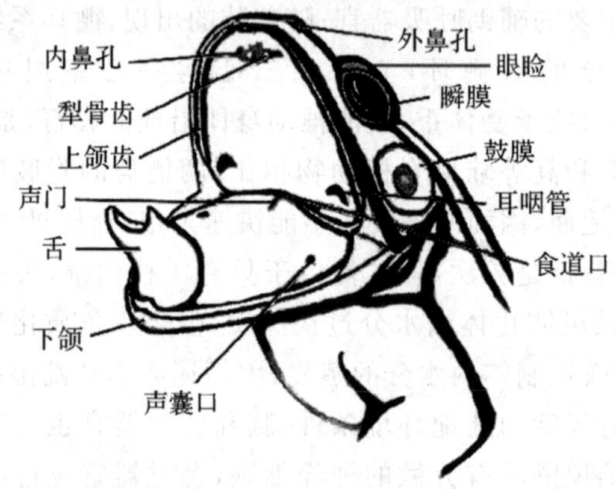

图 13-1 两栖类的头部和咽腔

2.2 皮肤及其衍生物

皮肤由表皮和真皮组成(图 13-2)。表皮是皮肤的外层,由多层细胞组成,最内层柱状细胞称生发层(stratum germinativum),生发层细胞有分生的能力,能不断地产生新细胞向上顶替外层细胞。生发层上面的外层细胞呈宽扁形,为复层扁平上皮,最外 1～2 层细胞有不同程度的角质化,称为角质层(stratum corneum)。两栖动物角质层细胞仅呈轻微角质化,仍是活细胞,具细胞核,细胞的界限也依然明显,与真正陆生脊椎动物高度角质化的死细胞不同。因此,两栖动物皮肤防止体内水分蒸发的功能并不完善,限制动物生活于潮湿或靠近水源的区域。两栖动物皮肤角质化程度存在种类间差异,譬如,蟾蜍类动物表皮角质化程度大于蛙类,能拓展到较干燥的生存环境。皮肤角质化程度在两栖类身体的一些部位较明显,如蟾蜍背上的角质突起或疣粒,髭蟾上唇边缘的角刺,棘蛙胸部的角质刺团等。两栖类开始出现蜕皮现象(moulting),即角质层细胞从皮肤表面脱落。蜕皮定期发生,受脑下垂体和甲状腺分泌的激素调控。

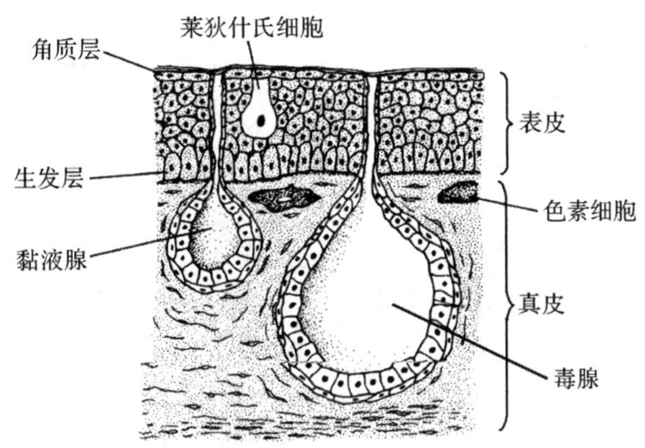

图 13-2　两栖类的皮肤结构(仿 Kardong)

真皮厚而致密,分为 2 层。外层为疏松结缔组织构成,称海绵层(stratum spongiosum),分布有多细胞腺、神经末梢、色素细胞和丰富的血管;内层由致密结缔组织构成,称致密层(stratum compactum)。

皮肤衍生物包括腺体和色素细胞。表皮中含丰富的黏液腺(mucous glands),为多细胞泡状腺。黏液腺是由表皮所衍生,腺体的分泌部下沉至真皮层,经管道通至皮肤表面,所分泌的黏液使皮肤经常保持湿润,有利于皮肤呼吸。毒腺(poison glands)是存在于两栖类皮肤中的另一种多细胞腺体。毒腺是一种保护性的腺体,多分布在背部,其分泌物呈乳白色,具有毒性。譬如,蟾蜍(*Bufo marinus*)入侵澳大利亚,当地一些蛇在捕食蟾蜍后中毒死亡。产于中美洲和南美洲丛林中的箭毒蛙(*Dendrabates*),其皮肤腺内含有剧毒的蛙毒素,曾被土著居民提取涂在箭头上,用作自卫和狩猎美洲虎等大型兽类。根据毒性测定,0.00001g 的蛙毒素,就足以致一个成人于死地。因此,毒腺在一定程度上保护两栖动物免遭食肉动物吞食。

表皮和真皮层内还分布有各类色素细胞,使得两栖动物表现出多彩的体色。同时,色素细胞在光、温度等作用下,可发生扩展或聚合变化,引起体色改变。生活于丛林中的树蛙体色鲜绿,具备保护色和良好的体色改变能力。蛙体的绿色由排列成三层的色素细胞所形成。底层是黑色素细胞,其指状突起可以扩展到上面两层色素细胞之间;中间层是虹膜细胞,对光有反射和散射的作用,衍射产生蓝一绿色,上层是黄色素细胞,由它滤去蓝色,最后使皮肤呈现出绿色。

蛙类的皮肤并非全部固着在肌肉上,而是呈网点状与肌肉结合,在固着区域之间的空隙为皮下淋巴间隙,因此,蛙的皮肤易于剥离,而且剥离时有淋巴液流出。

2.3　骨　骼

两栖类是一类由水生向陆生过渡的脊椎动物,其骨骼系统亦相应发生了较大的变化(图 13-3),有更大的坚韧性和灵活性。两栖类的骨骼多数为硬骨,但保留较多的软骨,特别是在脑颅部分。

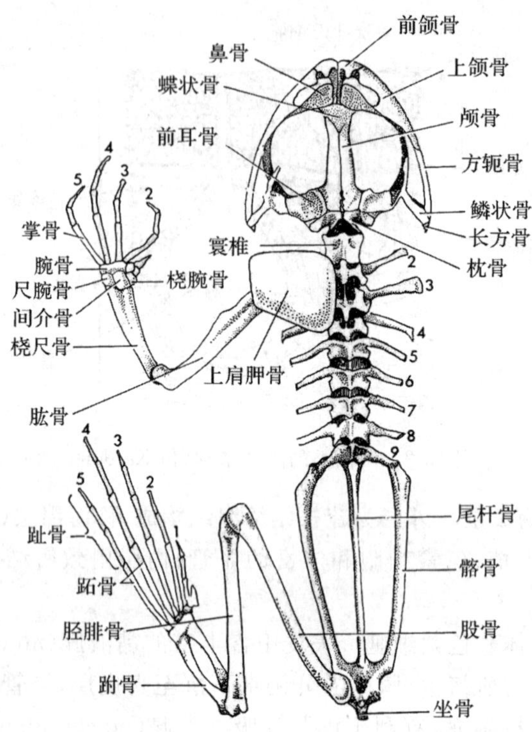

图 13-3 两栖类的骨骼系统(仿 Chapman 等)

2.3.1 头 骨

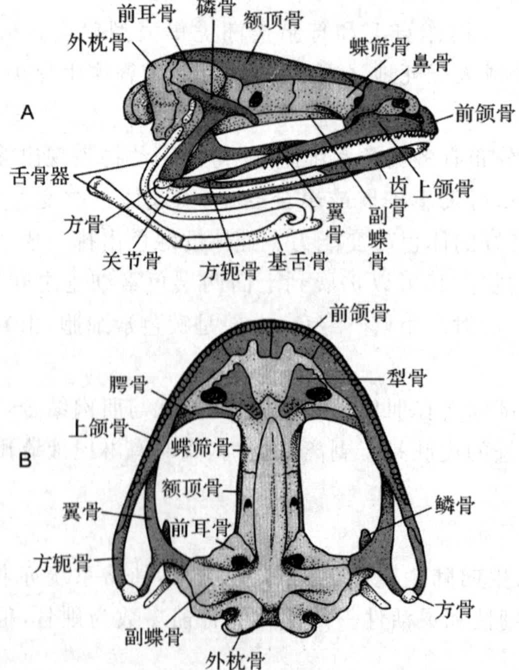

图 13-4 两栖类的头骨(仿 Marshall)

A. 侧面；B. 腹面

两栖类头骨极为特化，主要有以下特征：

(1)头骨扁而宽，脑腔狭小，无眶间隔，脑颅属于平颅型(platybasic type)。

(2)头骨的骨化程度不高，骨片数量较鱼类头骨大大减少。脑颅一部分仍为软骨，如枕骨区的外枕骨、听囊区的前耳骨，眼眶区前方的蝶筛骨。头骨的膜性硬骨多愈合，数量少。膜性硬骨只有颅骨背面成对排列的鼻骨、额骨和顶骨，颅侧的一块鳞骨，以及颅底的单块副蝶骨和一对犁骨。

(3)颌弓与脑颅的连接属于自接型(autostylic)，即颅骨通过方骨(quadrate)与下颌连接，为陆生脊椎动物的共同特征。

(4)初生颌(腭方软骨和麦氏软骨)趋于退化，上颌的腭方软骨由其外包的膜性硬骨(前颌骨和上颌骨)代替，下颌的麦氏软骨被膜性硬骨(齿骨和隅骨)覆盖，共同组成次生颌，执行上、下颌的功能。

(5)舌弓的舌颌骨失去了连接颌弓和颅骨的作用，而进入中耳，形成传导声波的耳柱骨(columella)。

(6)成体蛙随着鳃的消失，鳃弓大部分退化，仅一小部分演变为支持喉头的杓状软骨和环状软骨以及支持气管的软骨环。

2.3.2　脊　柱

两栖类的脊柱分为颈椎(cervical vertebra)、躯椎、荐椎(sacral vertebra)和尾椎。首次出现的颈椎和荐椎是两栖类开始适应陆地生活的产物。颈椎一枚，形状似环，又称寰椎(atlas)，椎体前有一突起与枕骨大孔的腹面连接，突起的两侧有一对关节窝与颅骨后缘的两个枕髁关节，使头部能活动。荐椎一枚，横突发达，外端与腰带的髂骨连接，使后肢获得较为稳固的支持。与真正的陆栖脊椎动物相比，因其颈椎和荐椎的数目较少，所以在增加头部运动及支持后肢的功能方面还处于不完善的初级阶段。

躯椎的数目在不同种类之间存在着很大差异(7～200 枚)。水栖蛇螈类的躯椎 12～16 枚，尾椎数大多在 20 枚以上；蛙类的躯椎 7 枚，尾椎骨愈合成一根棒状的尾杆骨(urostyle)，蛙类躯干缩短，是对陆上跳跃生活的适应。两栖类椎体类型的变化较大，是分类上的重要依据。低等有尾两栖类的椎体仍是双凹型，蛙的椎体不尽相同，第 1 至第 7 个椎骨的椎体为前凹型(procoelous)，第 8 个椎骨的椎体为双凹型(opithoceolous)。蟾蜍的躯椎都是前凹型。盘舌蟾科动物的椎体为后凹型。躯椎椎体背面有椎弓，包围脊髓，椎弓的上端有棘突，基部有前关节突(prezygapophysis)和后关节突(postzygapophysis)。前后椎体的后关节突与前关节突相关联，加强了脊柱的牢固性和灵活性。躯椎椎体的两侧各有横突。

2.3.3　带骨与肢骨

肩带　硬骨鱼的肩带与头骨相连，两栖类的肩带则脱离了头骨，增加了前肢活动的自由度。两栖类在进化过程中，肩带骨片逐渐减少，现代两栖类肩带主要由肩胛骨、乌喙骨和前乌喙骨(precoracoid)三部分组成。游离的前肢骨联结在这三部分相接处的凹陷处，即肩臼(glenoid fossa)。无尾两栖类的肩带背面为肩胛骨和上肩胛骨，通过肌肉与脊柱相连，腹面为乌喙骨及其向前延伸出的前乌喙骨。蟾蜍两侧的前乌喙骨彼此重叠，成弧胸型(arciferous)肩带；蛙两侧的前乌喙骨相互平行愈合，成固胸型(firmisternous)肩带。

胸骨　两栖类开始出现胸骨，为陆生四足类所特有的结构。蛙的胸骨自上而下由肩胸骨、上胸骨、中胸骨和剑胸骨组成。两栖类无明显的肋骨，因而未形成胸廓。

腰带 通过荐椎和脊柱相连，成为脊柱与后肢之间的桥梁，使得后肢能承担负荷身体重量的作用。腰带由髂骨(ilium)、坐骨(ischium)和耻骨(pubis)三块骨组成。有尾两栖类的腰带大部分尚未骨化，耻骨的前端为上耻骨。上耻骨的形态是重要的分类指标，如中国大鲵上耻骨的前端呈U形，日本大鲵则呈V形。蛙的髂骨特别长，髂骨和荐椎之间的关节可动，有助于跳跃时的推拉移动。

肢骨 两栖类首次登陆生活，发展了陆生五趾型附肢。典型陆生五趾型附肢由五部分组成，前肢包括上臂(brachium)、前臂(antebrachium)，腕(wrist)、掌(palm)和指(digits)，相对应的前肢骨为肱骨(humerus)、桡骨(radius)、尺骨(ulna)、腕骨(carpals)、掌骨(metacarpals)和指骨(phalanges)；后肢的五部分分别由股骨(femur)、胫骨(tibia)、腓骨(fibula)、跗骨(tarsals)、跖骨(metatarsals)及趾骨(phalanges)组成。

2.4 肌肉

两栖类适应陆地生活，运动形式多样化，相应的肌肉也得到了发展，具有以下的特点(图13-5)：

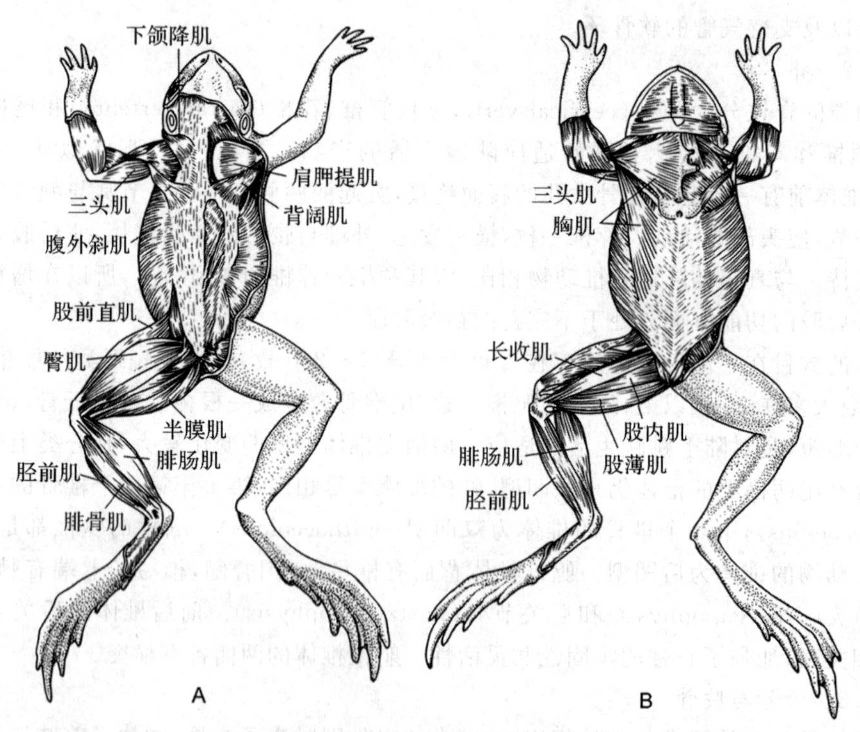

图13-5 蛙的肌肉系统(仿 Young)
A. 背面；B. 腹面

(1)肌肉原始分节现象不明显，大部分肌节均愈合形成块状肌肉，只在腹直肌可见横行的腱划，为肌节的遗迹。

(2)由于水平骨隔的位置上移，两栖类轴上肌不发达，占躯干肌的比例小。鲵螈类的轴上肌尚有原始分节现象。蛙类背部躯干肌为背最长肌，使脊柱向背方弯曲；轴下肌分化为三层，腹外斜肌(musculus obliquus abdominis externus)、腹内斜肌(musculus obliquus abdominis internus)和腹横肌(musculus rectus abdominis)。腹外斜肌呈薄片状,起自背侧往后下方走向,覆盖着整个腹腔的后半部,最终止于腹直肌的内缘;腹内斜肌藏于外斜肌下,肌纤维方向与腹外斜肌相反。这些肌肉支持腹壁,参与呼吸运动。腹横肌位于腹壁的最内层,肌纤维呈背腹走向,由耻骨伸往胸骨,保护腹壁,并牵拉腰带向前,适应陆地运动。

(3)随着五趾型附肢的出现,在附肢上发展了复杂的附肢肌。除了如鱼类的外生肌(肌肉的起点在躯干,止点在附肢骨上)外,还发展了内生肌(肌肉起于带骨或附肢骨近端部,止点在附肢骨上),使得附肢的各部分能彼此作相对应的局部运动。

(4)随着成体时鳃的消失,鳃弓转化为支持喉头、舌的软骨,而鳃肌则大多退化,一部分演变为调节咽喉部和舌活动的肌肉。

2.5 循　环

两栖类由水生过渡到陆生,出现肺呼吸,循环系统也随之改变,心脏由一心房一心室而演变为二心房一心室,循环模式由单循环演变为不完全的双循环。

2.5.1 心　脏

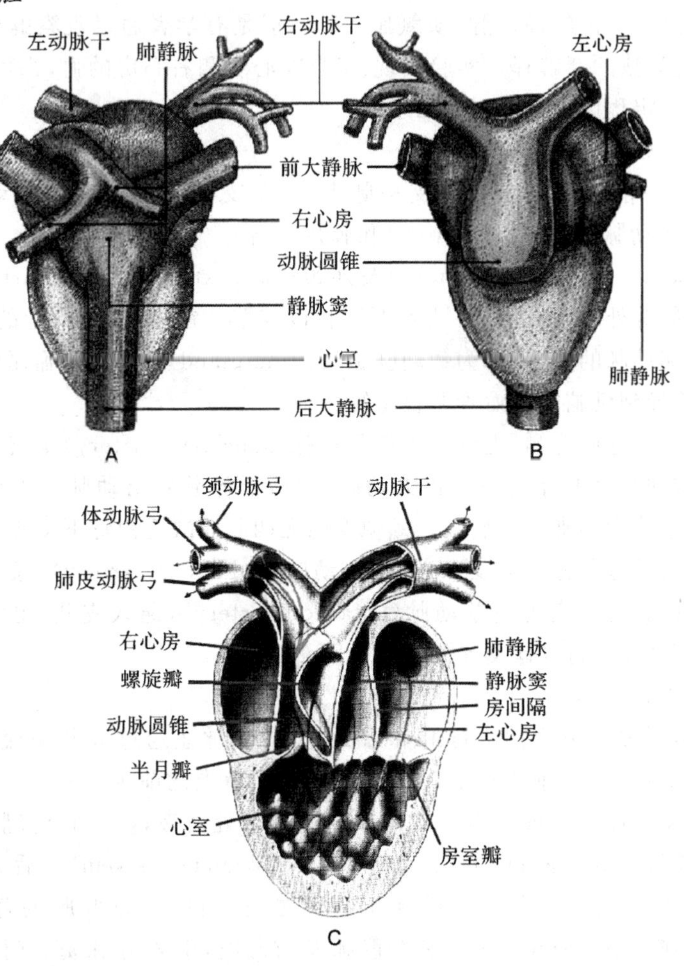

图 13-6　蛙的心脏(仿周本湘)

A. 背面观; B. 腹面观; C. 内部结构

两栖类幼体的心脏是一心房一心室。成体的心脏(图 13-6)位于体腔前部的围心腔内，由静脉窦、心房和心室三部分组成，心房分为左心房和右心房。静脉窦呈三角形，位于心脏的背曲，前面两角分别连接左、右前大静脉，后面一角连后大静脉，汇集由身体前后部回来的缺氧血，送回右心房。心房分左右两半，中间有房间隔。左心房接受由肺静脉返回的多氧血；右心房接受由体静脉运回的缺氧血。心室具有肌肉质的厚壁，壁上由肌肉质网状皱褶。由于分别来自左、右心房的多氧血与缺氧血汇集到一个共同的心室，心室壁上的肌肉质皱褶有利于减少多氧血与缺氧血的混合。

在心室腹面，仍保留有较发达的动脉圆锥，在与心室相接处，有 3 个半月瓣(semilunar valve)，防止从心室内压出的血液回流。动脉圆锥的前段为腹大动脉，是动脉系统的起点。动脉圆锥内还有一纵行的螺旋瓣，能随动脉圆锥的收缩而转动。螺旋瓣的作用在于将心脏发出的含氧量不等的血液分配到不同的血管中。动脉圆锥从心室右侧发出，心室右侧的缺氧血首先被压入动脉圆锥，由于肺皮动脉出口最低，阻力也最小，缺氧血首先进入肺皮动脉。然后，心室中部的混合血进入动脉圆锥，动脉圆锥收缩，其中的螺旋瓣向左偏而关住肺皮动脉孔，混合血则主要进入体动脉。最后心室左侧的多氧血进入尚未充满血液的颈动脉。这样，使得多氧血进入头部的颈动脉，缺氧血入肺。但是有学者通过观察蛙血液循环，提出了不同于上述传统说法的新解释。实验发现：来自左心房和右心房的血，都可以流到心室的各部分，并没有在一定程度上不相混合的现象。

2.5.2 动 脉

由腹大动脉往前延伸出左右 2 支动脉干，每 1 支动脉干分出 3 对动脉弓：颈动脉弓(carotid arch)、体动脉弓(systemic arch)和肺皮动脉弓(pulmocutaneous arch)。颈动脉弓再分为内颈动脉(internal carotid artery)及外颈动脉(external carotid artery)，前者运送血液至脑、眼及上颌等处，后者运送血液到下颌和口腔壁。在内、外颈动脉的分叉处有一个压力感受器，可监测动脉的血压，称为颈动脉腺(carotid gland)。当动脉血压降低时，颈动脉腺就能发出兴奋传导到延脑的心血管调整系统。

左、右体动脉弓弯向背侧，先分出锁骨下动脉(subclavian artery)至肩部、前肢及食道等处，然后，两大体动脉弓汇合成一条背大动脉，往后延伸并发出动脉分支到内脏各器官，最后，背大动脉主干分为两支进入后肢。蚓螈类因无四肢而缺乏锁骨下动脉及髂动脉。

左、右肺皮动脉弓各分为 2 支，一支是肺动脉(pulmonary artery)，通至肺脏，在肺壁上分散成毛细血管网，另一支为皮肤动脉(cutaneous artery)，通入皮肤，也散成毛细血管网。肺和皮肤是两栖动物进行气体交换的重要场所。

2.5.3 静 脉

两栖类体静脉系统分为前大静脉和后大静脉，静脉血通过静脉窦流回右心房。肺静脉则经左心房通入心室。前大静脉(precava)代替了鱼类的前主静脉，分为下列三支静脉：(1)外颈静脉(external jugular vein)，收集来自头部等处血液；(2)内颈静脉(internal jugular vein)，收集来自前肢的血液；(3)肌皮静脉(musculocutaneous vein)。后大静脉(postcava)一条，代替了鱼类的后主静脉。后端起于两肾之间，向前越过肝脏的背面，接受肾静脉(renal vein)、生殖静脉(genital vein)和肝静脉来的血液，汇入静脉窦。门静脉系统包活肝门静脉和肾门静脉。肝门静脉收集来自消化道(胃、肠)及胰、脾等处的血液，与腹静脉连接合流进入肝脏，经肝脏后汇集成肝静脉，通入后大静脉。肾门静脉(renal portal vein)接受由后肢回心的两支血管：臀静脉(sciatic vein)和位于大腿外侧的股静脉(femoral vein)两支静脉汇合后进入肾脏，在肾脏散成毛细血管，然后汇集成肾静脉，通入后大静脉。左右后肢股静脉分出的骨盆静脉，在腹中线处汇合，形成腹静脉(abdominal vein)，代替了鱼类的侧腹静脉。肺静脉(pulmonary vein)一对，汇集来自肺气体交换后的血液，左右肺静脉合并通入左心房。

2.5.4　淋　巴

两栖类开始出现比较完整的淋巴系统，包括淋巴管(lymphatic vessels)、淋巴腔和淋巴心等结构。淋巴系统几乎遍布皮下组织，有助于保持皮肤湿润和进行皮肤呼吸。

淋巴系统是血液循环系统的一个辅助系统。血液在毛细血管内流动时，血液的部分血浆透过血管壁到组织间隙去，这种渗出的无色透明的水样液称为淋巴液(lymph)。淋巴液可以供给组织营养，组织内的代谢废物也可进入淋巴液。淋巴管则是输送淋巴液的管道，淋巴液经淋巴管再流回血管。两栖动物有发达的淋巴心以助淋巴液回心，蛙蟾类通常有淋巴心 2 对，鲵螈类约 16 对，蚓螈类可多达百余对。在身体某些部位，淋巴管膨大成为淋巴窦(lymphsinuses)，如蛙的皮下有许多大的淋巴窦。

2.6　呼　吸

两栖类开始适应陆地生活，但又离不开水环境，其幼体阶段和成体阶段生活在不同的环境介质中，呼吸方式也多样并存，有鳃呼吸、皮肤呼吸、口咽腔呼吸和肺呼吸。

两栖动物的幼体和鱼类一样，营鳃呼吸，血液循环方式也一致。幼体的头部具有 3 对羽状外鳃(external gill)，是其呼吸器官，外鳃随同幼体发育而被鳃盖遮掩而逐渐消失，或被内鳃(internal gill)所代替。变态登陆后则由咽部长出一对肺，代替原有鳃的呼吸机能。但个别种类，如泥螈，则终生保留着外鳃(图 13-7)。

图 13-7　外鳃(仿 Miller 和 Harley)

成体的呼吸系统包括鼻、口腔、喉气管室(laryngo-tracheal chamber)和肺等(图 13-8)。肺是一对结构简单的薄壁盲囊，位于心和肝的背侧。呼吸道极短，喉头和气管的分化不明显，为喉气管室。肺囊内壁呈蜂窝状，被分隔成许多小室，称为肺泡(alveolus)，用以增加与空气接触的面积，囊壁具丰富的毛细血管，可开展气体交换。两栖类肺的表面积还不大，肺的表面积与皮肤表面积的比例远低于高等脊椎动物。因此，两栖类的肺呼吸并不完善，还需要皮肤呼吸等辅助呼吸方式。皮肤呼吸在特定种类或特定生理状况下，可成为两栖类的主要呼吸方式。如美洲和地中海地区无肺螈科(Pleurodontidae)的树螈(*Aneides lugubris*)既没有鳃，又缺乏肺脏，完全凭借分布在皮肤和口腔黏膜下的大量血管进行呼吸。

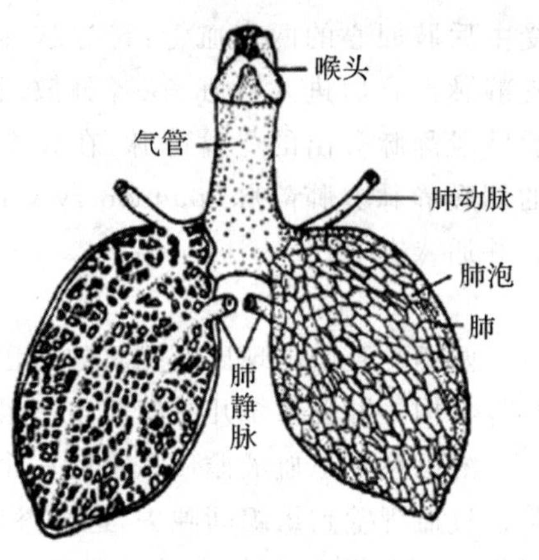

图 13-8 蛙的呼吸器官

两栖类的呼吸动作借助于口咽腔底部的上下颤动来完成，称为咽式呼吸。首先，外鼻孔张开，喉门紧闭，口底下降，由外鼻孔吸入空气，进入口腔。然后，口底上升，将空气经原路由外鼻孔呼出，此时由于喉门紧闭，无气体进入肺，只是在口咽腔黏膜进行气体交换，称为口咽腔呼吸(buccopharyngeal respiration)。经过口底多次升降颤动后，外鼻孔关闭，口底上升，喉门开启，使得空气从口腔进入肺脏，肺壁上充满毛细血管，可完成气体交换，即肺呼吸(pulmonary respiration)。空气从肺内再呼出，是靠着口底下降，腹壁肌肉收缩和肺脏本身的弹性复原来完成的(图 13-9)。

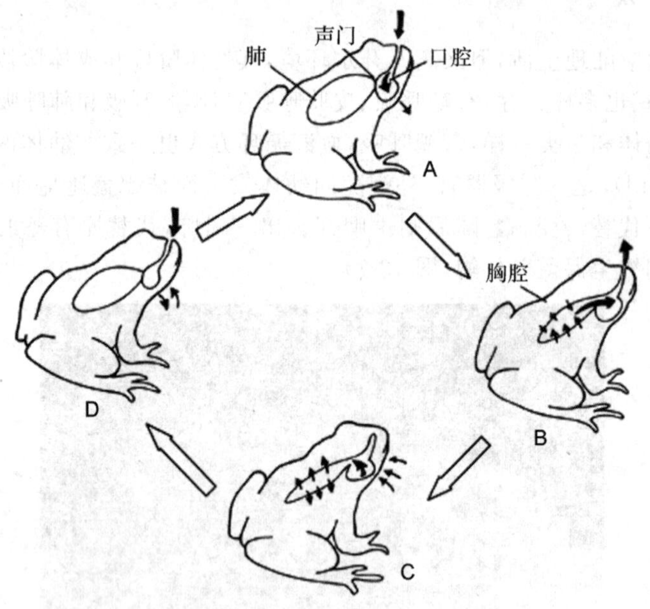

图 13-9 蛙的呼吸动作(仿 Gans 等)

2.7 消 化

两栖类的消化道包括口、口咽腔、食道、胃、小肠、大肠和泄殖腔(图 13-10)。口咽腔的结构比较复杂，除具有牙齿、舌、唾液腺外，还有内鼻孔、耳咽管孔、喉门和食道的开口，分别通向鼻腔、中耳、呼吸道和消化道。鲵螈类和鱼螈类的颌缘有 1～2 排单尖形的颌齿，蛙类则无颌齿或仅有上颌齿；在口腔顶壁犁骨上也有两簇细齿，称犁骨齿。这些牙齿容易断裂，也容易生长补充，故称为多出性的同型齿(homodont)。两栖类的牙齿只能帮助咬住食物，防止其滑脱，并无咀嚼功能。舌位于口腔底部，鲵螈类的舌活动性不强，蛙类的舌呈肌肉质，固着在口腔底部的前端，舌尖分叉或不分叉(蟾蜍)，伸向后方。多数蛙类舌的活动性强，捕食时，舌尖能突然翻出，将飞虫等食物黏住。蛙的口腔内有分泌黏液的颌间腺(intermaxillary gland)，位于口腔顶壁的前颌骨和鼻囊间，该腺体的分泌物中不含有酶，因而不具备初步消化食物的机能，只是用来湿润食物。蛙的眼球与口腔间没有骨片相隔，当吞咽食物时，由于眼肌收缩可使眼球向口腔内压入，帮助推动食物下咽。

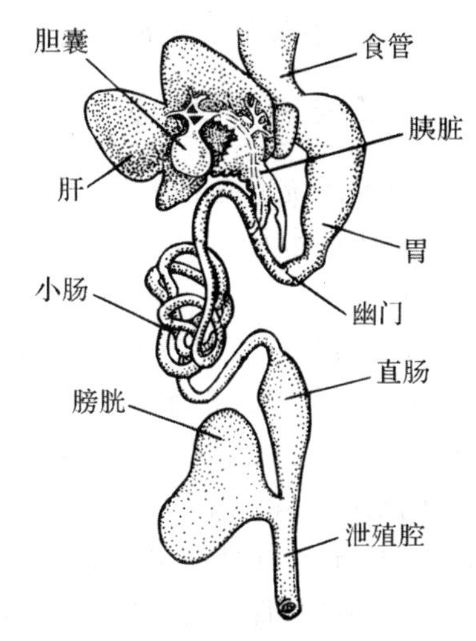

图 13-10　蛙的消化系统(仿 Romer 和 Parsons)

内鼻孔(choana)位于口腔顶部，是紧靠犁骨外侧的一对小孔。内鼻孔的出现，使鼻腔不仅是嗅觉器官，而且成为呼吸的通路。耳咽管孔 (opening of eustachian tube)位于口腔顶部两侧接近口角处，与中耳腔相通。在口腔的后端有两个开口：前面的开口为一条纵裂，向下通入气管，为喉门(glottis)；后面一个为食道开口。

食物通过口咽腔及其后较短的食道，进入胃。胃位于体腔左侧，其连食道的一端，称贲门，连十二指肠的一端，称幽门，有括约肌控制幽门的启闭。胃壁黏膜层里含有大量管状的胃腺，分泌的胃液里含有盐酸和胃蛋白酶。肠分为小肠和大肠两部分。小肠的主要功能是消化食物和吸收营养，起于幽门的前面一段，称十二指肠(duodenum)，其后盘旋的一段为回肠(ileum)。大肠粗短，又称直肠(rectum)，通入泄殖腔，以泄殖腔孔通向体外。肠的长度和食性有关，植食性动物肠道的总长度比肉食性动物长。

两栖类的消化腺主要为肝脏和胰脏。肝脏位于体腔前端，分为 2～3 叶。在两叶肝之间，有一绿色圆形的胆囊。通过几根胆囊管与胆总管相连。胰脏位于十二指肠和胃之间的系膜上，为一不规则分支状的器官，通过胰管和胆总管相连。这样，胰细胞分泌的胰液经过胰管而入胆总管，和胆汁混合流入十二指肠，帮助消化食物。

2.8　排　泄

两栖动物的主要排泄器官是肾脏(中肾)和皮肤等。肾脏是最重要的排泄器官。蚓螈类的肾脏是一对长扁形器官，蛙蟾类是一对椭圆形分叶器官。肾脏的外缘连接一条输尿管，即中肾管，通入泄殖腔的背壁。雌体的肾脏及输尿管只有泌尿和输尿作用。而雄体肾脏的一些肾小管与精细管相连通，可运送精子，兼有输尿和输精的作用。蛙蟾类有一个薄壁膀胱，由泄殖腔的腹壁突出所形成，故称泄殖腔膀胱(cloacal bladder)。尿液经输尿管先送入泄殖腔，因括约肌收缩，泄殖腔孔平时为关闭状态，尿液便由泄殖腔流入膀胱。当膀胱内充满尿液时，膀胱肌收缩，泄殖腔孔张开，将尿液排出体外

除泌尿功能外，肾脏还有调节体内水分和维持渗透压的作用。生活于淡水中的两栖类，由于外界水的渗透压低，大量水分可不断通过皮肤渗入体内，因而，须通过肾脏泌尿，排除血液中的过量水，以维持动物体内的水分平衡。当环境水源中盐分过高时，外界盐分便可经皮

肤进入体内,进而改变体液的正常浓度。

2.9 神经与感觉器官

两栖类的神经系统适应陆地上的复杂环境条件,较鱼类有了一些进步,但在陆生脊椎动物中还处于较低级的水平。

2.9.1 脑

大脑体积增大,往前延伸成两个嗅叶(lobus olfactorius),为两大脑半球向前延伸的部分,两嗅叶在正中线处左右相连。大脑半球之间以矢状裂相隔,位于脑内的左、右侧脑室已完全分开,称为第一、第二脑室,左右脑室通过室间孔相通,而且,侧脑室向前一直伸展到嗅叶中,往后与间脑内的第三脑室相通。大脑半球不仅在腹部和侧面保留着神经细胞构成的古脑皮(paleopallium),并且在顶部也有一些神经细胞,称为原脑皮(archipallium),其作用主要是管理嗅觉。间脑顶部呈薄膜状,有一个不发达的松果体,松果体的内腔与间脑中的第三脑室相通。间脑背侧部的壁厚,称为视丘或丘脑。下丘脑位于视丘的前下方,由视交叉、脑漏斗及脑垂体等组成。中脑顶部为一对圆形的视叶,腹面增厚为大脑脚(crus cerebri),是两栖动物的视觉中心和神经系统的最高中枢。两栖类的小脑不发达,仅是一横褶,位于第四脑室的前缘。小脑不发达与其活动范围狭窄、运动方式简单相关。延脑中有一个三角形的第四脑室。延脑后面和脊髓相连(图 13-11)。

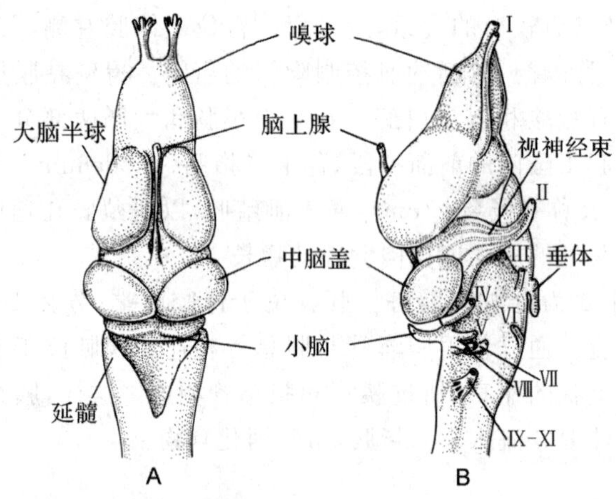

图 13-11 蛙蟾类的脑(仿 Romer 和 Parsons)

A. 背面;B. 侧面

2.9.2 脊 髓

除有背正中沟外,还首次出现了腹正中裂。脊髓在颈部和腰部有两个膨大部分,分别为颈膨大和腰膨大。

2.9.3 脑神经和脊神经

脑神经 10 对。脊神经对数因动物类别不同而有很大差异。第一对脊神经由寰椎和第二椎骨之间的椎间孔穿出,分布到舌肌及部分肩肌上。有些脊神经集合成臂神经丛和腰荐神经丛,分别进入前、后肢。蛙类已经有了发育完备的植物性神经系统。在脊柱两侧有一对纵行的交感神经干,连接着许多交感神经节,由神经节上发出神经与脊神经相连或分布到内脏各器官。

2.9.4 感觉器官

两栖类的许多感受器广泛分布于皮肤各处,有些感受器只是裸露的神经末梢,对热、冷、痛有反应。

侧线器官 两栖动物的幼体都具侧线,由感觉细胞形成的神经丛所组成,能感知水压的变化,其结构与功能近似于鱼类的侧线器官。两栖类幼体变态后,侧线消失,但水生鲵螈类终生保留有侧线。

视觉器官 视觉器官已具备与陆栖生活方式相适应的特征。蛙蟾类的眼位于头背,具有较为广阔的视觉范围。具有能活动的眼睑和瞬膜,眼球角膜凸出,晶体近似圆球而稍扁平,晶体和角膜的间距较鱼类远,因而适于观看远处的物体。蛙的上眼睑不能活动,眼的闭合靠眼球的下陷,下眼睑上推盖住眼球,而不是靠上眼睑下垂。两栖类有泪腺(lachrymal gland)和哈氏腺(Harderion gland),其分泌物能润泽眼球和瞬膜,防止干燥,有利于陆地生活。鲵螈类的眼小,其角膜与皮肤愈合,眼睑不能活动,也无泪腺。晶体的腹面(鲵螈类)或背阴面(蛙蟾类)有一块小形的晶体牵引肌,该肌收缩时能改变晶体的位置和弧度,调整视觉的成像焦距,使之既能近视又能远观。此外,在脉络膜和晶体之间还有一些辐射状排列的脉络膜张肌,可协助水晶体牵引肌调节视觉。脉络膜张肌可能相当于陆生脊椎动物的睫状肌(ciliary muscle)(图 13-12)。

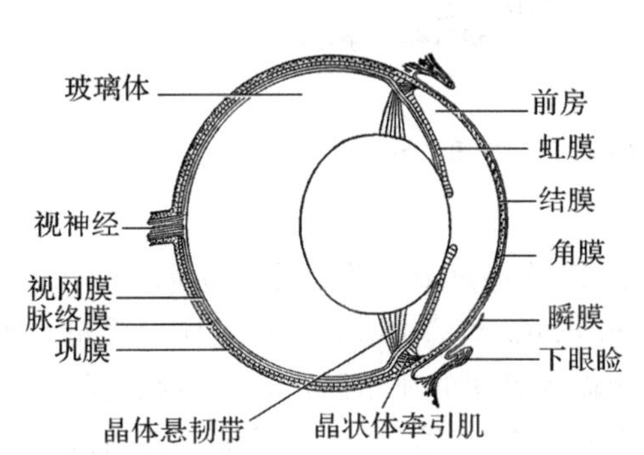

图 13-12 蛙眼的结构(仿 Chapman 等)

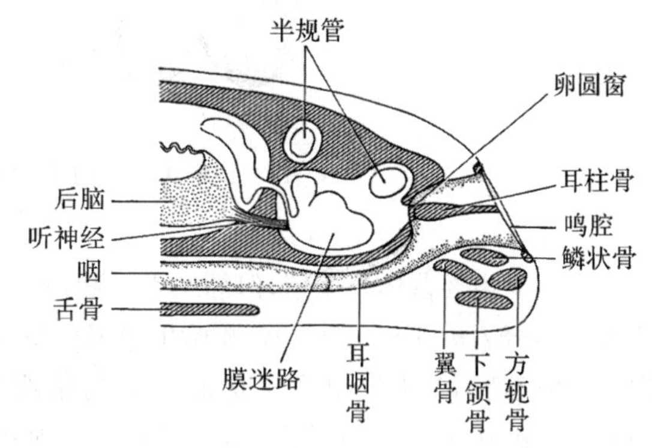

图 13-13 蛙耳的结构(仿 Chapman 等)

听觉器官 脊椎动物由水生到陆生,听觉器官适应陆地环境,发生了深刻的变化。两栖类的内耳结构与鱼近似,但球状囊的后壁已开始分化出雏形的瓶状囊(听壶,lagena),有感受声波的作用。因此,两栖动物的内耳除有平衡感觉外,还具有听觉功能。两栖类适应在陆地上感受声波,还首次出现了中耳(middle ear)(图 13-13),又名鼓室(tympanic cavity),由胚胎的第一对咽囊演变而来。中耳腔内有一枚棒状的耳柱骨,外端连接鼓膜内面的中央,内端紧贴内耳外壁的椭圆窗,将鼓膜所感受的声波传入内耳,通过听神经传导到达脑,产生听觉。中耳腔以一对耳咽管(eustachian tube)与口咽腔相通,这样,空气可以进入中耳,使得鼓膜内外压力平衡,可以防止鼓膜因受剧烈的声波冲击而导致破裂。鲵螈类和蚓螈类有发达的耳柱骨,但无中耳腔。耳柱骨外端与鳞骨相关节,通过颌骨可将声波的振动传送到内耳。此外,椭圆窗外还有一块平板状的盖骨,通过盖骨肌连接肩带,地面的振动可通过附肢、盖骨肌和盖骨而达到内耳。

嗅觉器官 两栖动物的鼻腔内壁有皱褶状的嗅黏膜(olfactory mucous membrance),嗅黏膜上的嗅神经可通至嗅叶,产生嗅觉。

2.10 生 殖

两栖类精巢位于肾脏之内侧(图 13-14),其形态各异,蛙精巢为卵圆形,蟾蜍精巢为长柱形,而蝾螈则呈分叶状。精巢发出输精小管(vasa efferenria)与肾脏前部的肾小管连通,再经输尿管进入泄殖腔而排出体外,因此,两栖类的中肾管兼作输尿和输精之用。蛙蟾类在繁殖期间,输精尿管的末端膨大成贮精囊,用于贮存精液,繁殖季节结束后恢复正常。此外,雄性仍保留着细小而明显的输卵管,为退化的牟勒氏管。

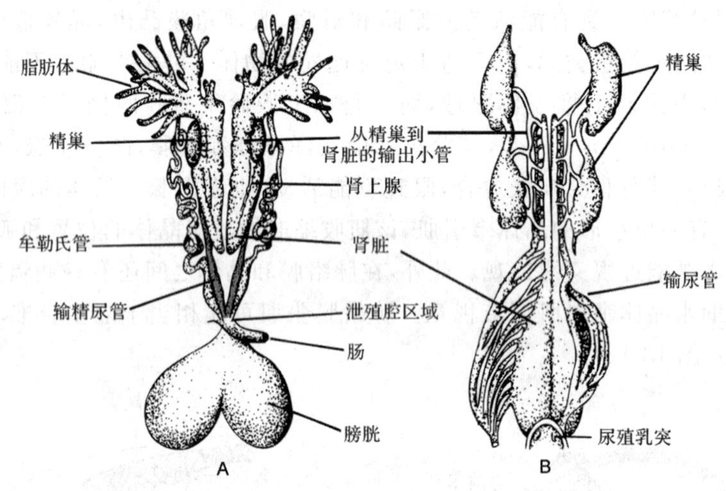

图 13-14 两栖类雄性的泄殖系统(仿 Romer 和 Parsons)

A. 蛙; B. 蝾螈

两栖类主要营体外受精,但蚓螈类、蝾螈科、尾蟾属(*Ascaphus*)、墨蟾属(*Mertensophryne*)、卵齿蟾属(*Eleutherodactylus*)及胎生蟾属(*Nectophrynoides*)的少数种类可行体内受精。蚓螈类的泄殖腔长,能突出体外成插入器,将精液直接输入雌体的泄殖腔内。生活在美国西北部流水中的尾蟾具有一尾状突起,其末端是泄殖腔孔,在繁殖季节,雄性尾状突起插入雌性泄殖腔内,保证精子与卵相遇。

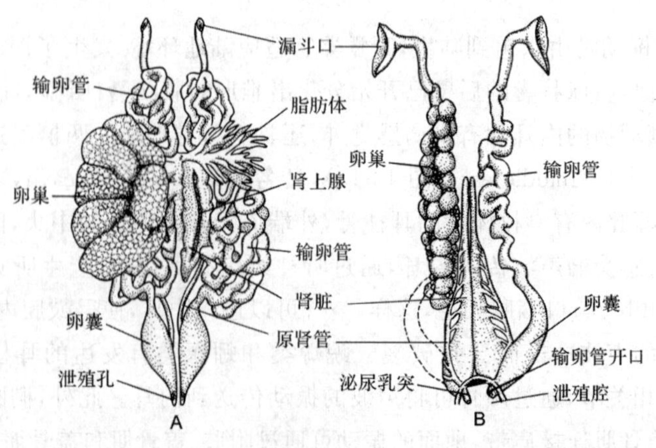

图 13-15 两栖类雌性的泄殖系统(仿 Romer 和 Parsons)

A. 蛙; B. 蝾螈

两栖类卵巢一对，其形状和大小存在季节变异(图 13-15)。在生殖时期，卵巢内卵增大、数量增加，导致卵巢胀大，繁殖期结束，卵排出，卵巢缩小。输卵管一对，位于体腔两侧，向前可追溯至胸腔，向后开口于泄殖腔。卵成熟后穿破卵巢壁进入腹腔，通过腹肌的收缩以及腹腔膜上纤毛的活动，使卵子进入输卵管的前部，卵沿输卵管下行，包裹上输卵管壁上腺体分泌的胶状物质，形成卵胶膜，然后到达子宫内暂时贮存。等到交配时，排出体外。蛙蟾类生殖腺前有一对黄色指状的突起物，内含大量脂肪，为贮存营养的结构，称脂肪体(fat bodies)。脂肪体的大小随季节而变化。在冬眠前，两栖动物在体内储存能量，脂肪体较大。到繁殖季节，脂肪体被消耗用于生殖细胞的增长发育，开始变小。此外，蟾蜍属和南美洲的短头蟾科种类的生殖腺前缘有一个毕特氏器(Bidder's organ)，由蝌蚪生殖腺前部膨大部分经变态后形成，相当于退化卵巢的残余部分，内含尚未分化或发育不完全的卵细胞。摘除蟾蜍的精巢，可使毕特氏器发育成卵巢，具有产卵功能。

两栖动物存在两性异形现象，主要有以下三种类型：(1)雌性成体大于雄性成体；(2)雄性成体大于雌性成体；(3)雄体的头显著大于雌体。第一种类型较为普遍，如常见的黑斑侧褶蛙、金线侧褶蛙等。此外，不少种类的雄性出现各种形式的副性征，峨嵋髭蟾、棘腹蛙等的前肢因加强抱雌能力变得粗壮而有力。前肢内侧第一、第二指的基部局部隆起成婚垫(nuptial pad)。髭蟾上颌背缘的黑色角刺、棘蛙类胸腹部的腺体及棘刺、隆肛蛙肛部皮肤的方形囊状突起，以及旗螈(*Triturutus cristatus*)背面的帆形肤褶，也为雄性两栖类的特征。

两栖类的繁殖期主要集中于春夏季节。一些种类则在其他季节产卵，如中国林蛙(3 月)、崇安髭蟾(11 月)。两栖类求偶、交配行为各异。在求偶和配偶选择过程中，声音、视觉、触觉和化学信号发挥了重要作用。抱对是蛙蟾类繁殖的一个重要行为，雄性可通过鸣叫来吸引雌体，当追逐到雌体后，雄蛙则停止鸣叫，用前肢紧紧抱住异性(图 13-16)。抱对可持续 6～8 小时，甚至可达数日，其生物学意义是刺激两性同步排精产卵和提高受精率。雄性蝾螈在觅偶时，常围绕雌螈游动，以吻触及雌螈肛部，尾部向前弯曲急速抖动，如此反复多次，可持续数小时。当雄螈排出乳白色精包，雌螈紧随雄螈前进，用泄殖腔将精包的精子慢慢纳入泄殖腔内。

图 13-16　蛙蟾的抱对(仿 Zug 等)

两栖类的主要繁殖方式为卵生，但泳蟾、尾蟾和几种蝾螈营卵胎生。通常雌体一次性将所怀的成熟卵全部产出。一些蛙类在繁殖季节可多次产卵，而东方蝾螈在整个繁殖期内每天产一枚受精卵。卵的大小、颜色和形状因动物种类而异，如大鲵的卵带成念珠状，小鲵为圆筒状，蟾蜍的卵成长条状，青蛙的卵聚成团块状，锄足蟾则集成片状。两栖动物的卵为多黄卵。卵黄集中在卵的下部，呈黄白色，为植物极，另一端表层内有黑色素微粒，呈深褐色或黑色，为动物极，有利于吸收日光辐射热，促进卵的发育。动物极细胞分裂快，细胞小；植物极细胞分裂慢，细胞大。

两栖类卵外包裹有 2～3 层胶质膜。胶质膜遇水膨胀，且彼此相连，结成大团的卵块，漂浮水面，有利于聚集阳光的热量，提高了卵孵化温度。胶质膜也能起到保护卵的作用。柔韧的胶质膜能缓冲机械性刺激，免遭污染以及避免被动物吞食。因此，胶质膜是一种适应于水中生殖的进步性结构(图 13-17)。

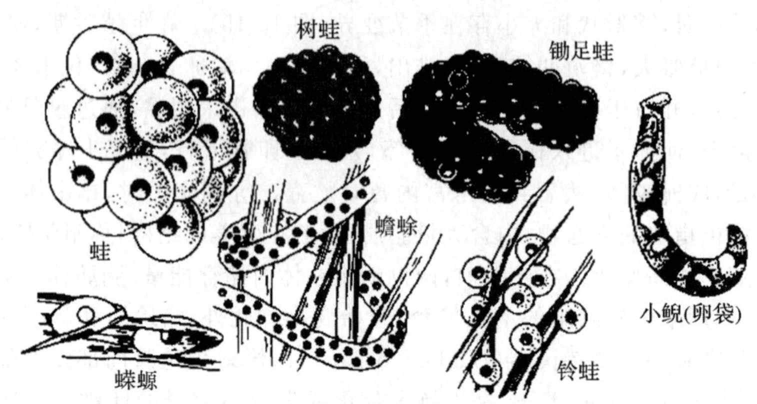

图 13-17 两栖类的卵及卵块(仿各家)

卵在受精后 2～4 小时便开始分裂。由于卵黄分布不均匀，其卵裂为不完全卵裂。卵裂初期形成内含囊胚腔的囊胚。然后，由于动物极细胞分裂快，逐渐将植物极细胞包入，同时植物极的大细胞内陷，外包与内陷相结合，形成原肠胚。原肠腔逐渐代替了囊胚腔。原肠胚发展到后期，在胚胎的背面开始形成神经管，该时期的胚胎称为神经胚。神经胚继续发育，出现外鳃、口、尾鳍、心脏等时，即冲破胶质膜孵出成为独立生活的蝌蚪。

蛙蟾类卵从受精到发育成幼体约经过 4～5 天，极北小鲵则需要 17～19 天。刚孵出的蝌蚪口后有一吸盘，可吸附在水草上，随后即能在水中自由游泳。蝌蚪有一条侧扁的长尾作为运动器官，也有与鱼类相似的侧线器官。头的两侧最初具有羽状外鳃，随后外鳃消失，在外鳃的前方产生内鳃，被鳃盖褶包起，通过一个鳃孔通向体外，作为呼吸器官。

蝌蚪从外形到内部结构和鱼近似：流线体型，无四肢，用尾游泳，有侧线，用鳃呼吸，心脏只有一心房一心室，血液循环为单循环。蝌蚪主要吃植物性食物，如矽藻、绿藻等。蝌蚪的上下颌具有角质结构，上下唇皆生有细齿，其数目和排列方式，随种类而异，是其分类的一个标准。齿的主要功能是帮助摄食。此外，唇的边缘另具多数小乳突，可能为味觉感受器。在变态期，内、外部各器官由适应水栖转变为适应陆栖。尾部逐渐萎缩、消失，成对附肢出现。在内脏各器官中，以呼吸器官的改变最早，当蝌蚪尚用鳃呼吸时，咽部就生出两个分离的盲囊，向腹面突出，成为肺芽。肺芽逐渐扩大，形成左右肺。肺呼吸的出现促使其循环系统改造成为不完全的双循环。心脏逐渐发展成为两心房一心室。排泄系统出现了中肾。变态后的幼蛙以动物性食物为食，消化道由原先螺旋状弯曲的肠管转变成为粗短的肠管(图 13-18)。

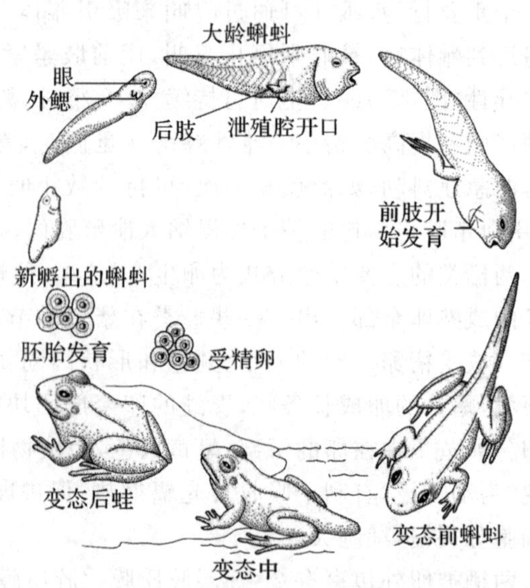

图 13-18 蛙的生活史(仿 Richard)

有些鲵螈类，在性成熟和具有生殖能力时，仍保留着幼体时期的某些特征，这种现象称为幼态持续(neoteny)。例如，巴尔干半岛地下水中的洞螈、北美的泥螈、中国的山溪鲵等。而分布在墨西哥的虎螈幼体——美西螈(Asolote)即能进行繁殖，此种处于幼态时期的动物就能进行生殖的现象，叫做幼体生殖(paedosensis)。美西螈栖于水域，用外鳃交换气体，若环境适宜，能进行变态，失去外鳃到陆地上生活。

3　两栖类的分类与演化

全世界现存两栖类 4000 余种，隶属 3 个目，约 40 科，400 属。中国两栖动物大约有 300 种。分为 3 个目：蚓螈目(Caeciliformes)、蝾螈目(Salamandriformes)和蛙形目(Raniformes)。

3.1　蚓螈目(Caeciliformes)(无足目 Apoda，裸蛇目 Gymnophiona)

蚓螈目动物为两栖类中的原始种类，同时又是极端特化的一类。此类动物外形似蚯蚓，尾短或无尾，无四肢及带骨退化。皮肤裸露，有许多皮肤褶形成的环状皱纹，富黏液腺。分泌物能减少身体水分散失，在运动过程中起润滑作用。眼睛退化，隐于皮下，实际上为盲目。在眼和外鼻孔之间的一个特殊凹陷中有一能收缩的触角，触角伸长可达 2～3mm，感觉灵敏，有助于钻穴活动。听觉器官中没有鼓膜，听神经退化，但嗅觉发达。体内受精，雄性的泄殖腔能向外突出，起交配器的作用，将精液输入雌体内。脊椎骨的数目很多，多达 250 块。这些特化的构造与它们营地下穴居的生活方式密切相关。

蚓螈目动物除具有上述的特化性特征外，还具有一系列原始性特征。真皮中有退化的骨质鳞，可视为古代坚头类体表鳞甲的遗迹。椎骨为双凹型，无胸骨和荐椎，头骨膜原骨非常发达。房间隔发育不完全。

本目共 6 科，分别为蚓螈科(Caeciliidae)、鱼螈科(Ichthyophiidae)、莱因螈科(Rhinatrematidae)、蠕蚓科(Scolecomorphidae)、盲游蚓科(Typhlonectidae)、盲尾蚓科(Uraeotyphlidae)。本目动物广泛分布于除马达加斯加和澳大利亚外的全世界热带地区。尽管分布广泛，但物种数量并不多，只有约 160 种。中国仅产一种版纳鱼螈(*Ichthyophis bannanicus*)，属鱼螈科(Ichthyophis)(图 13-19)。

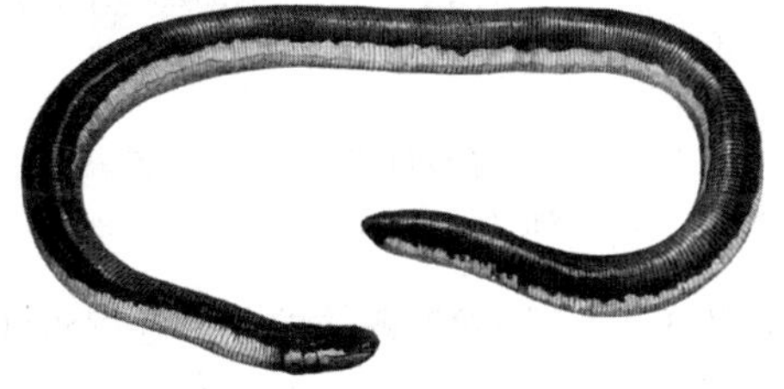

图 13-19　版纳鱼螈(仿费梁等)

3.2　蝾螈目(Salamandriformes)(有尾目 Caudata)

本目动物体长，终生有较长的尾，多数具四肢，少数种类仅具前肢。皮肤裸露无鳞片，表皮角质层定期蜕皮。皮肤富含皮肤腺，可保持皮肤湿润。水栖的种类眼睛小，无活动的眼睑。脊椎骨数量多，有些种类可多达 100 块。低等种类(小鲵科、隐鳃鲵科)的椎体为双凹型,高等种类(蝾螈科)则为后凹型,躯椎具不发达的肋骨。有些种类尚没有荐椎的分化。幼体用鳃呼吸,成体用肺呼吸,也有些种类终生具鳃。肺不发达或无,皮肤呼吸和口咽腔呼吸仍发挥重要作用。循环系统比较原始,无肺的低等种类,心房尚未分隔。多数种类的心房间隔有孔,使左右心房相通。绝大多数为卵生,少数卵胎生。雄性无交配器,体外或体内受精,体外受精由两性个体同时将卵子和精液排入水中而完成受精;体内受精,雄性先排出内含精子的胶质精包(spermatophore),精包被雌体纳入其泄殖腔中,然后其外胶质被吞噬细胞破坏而释放出精子,精子在输卵管内与卵子完成受精作用。多数种类成体营半水栖生活,也有些种类终生生活于水中,或变态后(鳃裂封闭为主要标志)离水而栖于湿地。因此,蝾螈目动物主要生活于潮湿森林,及河流、湖泊、溪沟等水域中。大多数种类分布在北半球的亚热带和温带地区,少数种类(无肺螈,*Plethodontids*)分布于热带美洲。

本目在全世界有 9 科,60 余属,350 余种,中国产 3 科 14 属 38 种,即隐鳃鲵科(Cryptobranchidae)、小鲵科(Hynobiidae)和蝾螈科(Salamandridae)(图 13-20)。其他 6 科分别为洞螈科(Proteidae)、鳗螈科(Sirenidae)、两栖鲵科(Amphiumldae)、无肺螈科(Plethodontidae)、钝口螈科(Ambystomidae)、双曲齿螈科(Dicamptodontidae)。

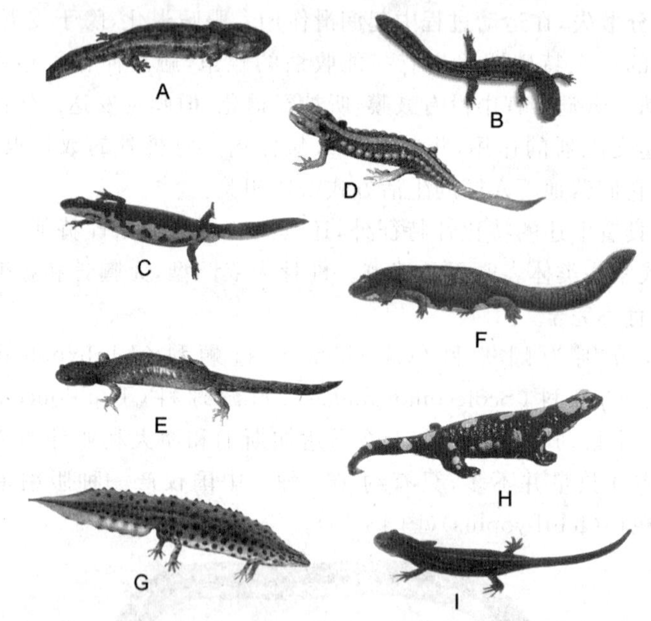

图 13-20 蝾螈目代表动物(仿各家)

A. 中国大鲵;B. 山溪鲵;C. 东方蝾螈;D. 红瘰疣螈;E. 东北小鲵;F. 无斑肥螈;G. 普通欧螈;H. 真螈;I. 镇海棘螈

隐鳃鲵科 隐鳃鲵科有 2 属 3 种,即隐鳃鲵属的美洲隐鳃鲵(*Cryptobranchus alleganiensis*)及大鲵属的中国大鲵(*Andrias davidianus*)和日本大鲵(*Andrias japonicus*)。本科包括现代两栖类中体型最大的种类,中国大鲵身长可达 1.8 米,终生生活在活水中,成体仍然保持有鳃裂,体侧有皮肤褶皱以增加皮肤面积用于在水中呼吸,前肢 4 趾后肢 5 趾。

小鲵科 现有 8 属 30 余种,主要分布于东亚,包括小鲵属、山溪鲵属、北鲵属、极北鲵属、爪鲵属、副趾鲵属、拟小鲵属和肥鲵属。中国已知 7 属 18 种。小鲵科动物体较小,全长不超过 300mm,具活动性眼睑,皮肤光滑无疣粒。犁骨齿呈 U 形,排列成左右两短列。椎体双凹型,体侧有肋沟,体外受精。小鲵属、拟小鲵属、极北鲵属和爪鲵属等属种类以陆栖为主，生活于林间潮湿的草丛、苔藓、洞穴中，繁殖季节进入溪流、溪沟等处配对产卵；肥鲵属、北鲵属、山溪鲵属和副趾鲵属等属动物水栖为主，生活于水质清澈的山溪内，卵产在流水中的石下。代表种类有东北小鲵（*Hynobius leechii*）和山溪鲵（*Batrachuperus pinchonii*）等。

蝾螈科　约有 16 属 50 余种。广布于北非、欧洲、亚洲东部及北美东部和南部。在中国主要分布于秦岭以南。现有 6 属 18 种(亚种)，包括疣螈属 6 种，蝾螈属 4 种，瘰螈属 4 种，肥螈属 2 种，棘螈属和滇螈属各有 1 种。蝾螈全长一般不超过 230 毫米，头躯略扁平，皮肤光滑或有瘰疣，肋沟不明显，犁骨齿两长列，呈“∧”形，椎体多为后凹型，体内受精，雌螈将雄螈排出的精包纳入泄殖腔。代表种类有东方蝾螈（*Cynops orientalis*）、普通欧螈（*Triturus vulgris*）、真螈（*Salamandra salamandra*）、无斑肥螈（*Pachytriton cabiatus*）和镇海棘螈（*Echinotriton chinhaiensis*）等。

3.3　蛙形目(Raniformes)(无尾目 Anura)

蛙形目是现存两栖动物中最高等、种类最多且分布最广的类群。体形宽短，四肢发达，后肢尤为强健，适于跳跃。成体无尾，故又名无尾目。皮肤裸露，富含黏液腺，有些种类具有发达的毒腺。具有可活动的下眼睑及瞬膜。中耳完备，多数种类鼓膜明显。头骨的额骨和顶骨愈合成额顶骨(frontoparietal)。椎体呈前凹型或后凹型。胸骨发达，但一般不具肋骨。肩带分为弧胸型(蟾)和固胸型(蛙)。桡骨与尺骨愈合成桡尺骨，胫骨与腓骨愈合成胫腓骨。幼体经变态进入成体阶段，成体以肺呼吸，无外鳃，营水陆两栖生活。通常为体外受精，繁殖离不开水。

本目现有 20 科、300 余属、约 3500 种，中国有 7 科 41 属 250 余种。蛙蟾类广泛分布除南极洲外的各大洲，在美洲、非洲的热带和亚热带种类最多，个别种类分布在北极圈南缘(图 13-21)。

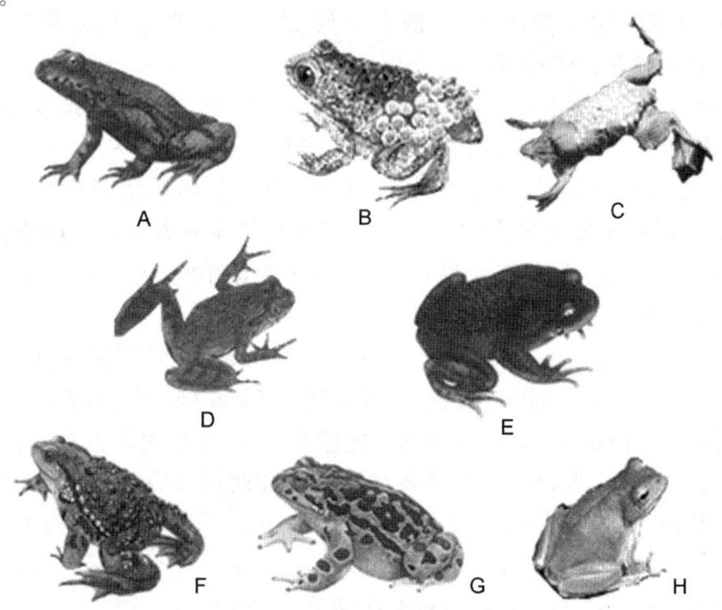

图 13-21　蛙形目代表动物(一)(仿各家)

A. 东方铃蟾；B. 产婆蟾；C. 负子蟾；D. 小角蟾；E. 崇安髭蟾；F. 中华大蟾蜍；G. 花背蟾蜍；H. 中国雨蛙

盘舌蟾科(Discoglossidae) 其舌为圆盘状,尖端不分叉,舌与口腔黏膜相连而不能伸出。下颌无齿,2～4 椎骨,具有肋骨,椎体属于后凹型,肩带为弧胸型。雄性无声囊。盘舌蟾科有 4 属 10 余种,盘舌蟾属(*Discoglossus*)分布于欧洲、北非和中东,色彩比较鲜艳。铃蟾属(*Bombina*)分布于欧洲到东亚一带,有毒,腹部颜色鲜艳。产婆蟾属(*Alytes*)分布于欧洲和北非,主要生活于陆地上,因为有将卵背在身后的习性而得名。巴蟾属(*Barbourina*)分布于菲律宾南部和婆罗洲。盘舌蟾科有时被分为盘舌蟾科和铃蟾科两个独立的科。代表种类有东方铃蟾(*Bombina orientalis*)和产婆蟾 (*Alytes obstetrican Laurenti*)等。

负子蟾科(Pipidae) 无舌。椎体属于后凹型,有肋骨。水栖,后肢强劲而有发达的蹼,雌蟾背部皮肤在繁殖期形成莲蓬状孔,卵在背部的小囊孔中孵化,完成变态或接近完成变态时离开母体。负子蟾科共有 5 属 30 种,产于南美洲和非洲。代表种类有负子蟾(*Pipa pipa*)。

锄足蟾科(Pelobatidae) 上颌一般具齿。舌端游离,微有缺刻。椎体前凹型,无肋骨,肩带为弧胸型,荐椎横突特别宽而长大。一般分为锄足蟾亚科和角蟾亚科,本科 12～14 属 80 余种,分布于欧洲、非洲西北部、亚洲和北美洲。中国产 8 属 60 余种,生活于南方山区的溪流内,主要有角蟾类(*Magophrys*)、髭蟾类(*Vibrissaphora*)、齿蟾类(*Oreolalax*)和齿突蟾类(*Scutiger*)等。代表种类有宽头大角蟾(*Magophrys carinensis*)、小角蟾(*Magophrys minor*)、崇安髭蟾(*Vibrissaphora liui*)、红点齿蟾(*Oreolalax rhodostigmatus*)和疣刺齿蟾(*Oreolalax rugosus*)等。

蟾蜍科(Bufonidae) 身体宽短粗壮。皮肤粗糙且高度角质化,使得蟾蜍有较强的耐旱能力。头顶两侧有椭圆形的耳后腺,能分泌毒素,可以加工成药材——蟾酥。鼓膜明显。上下颌及犁骨上皆无齿。舌端不分叉,能自由翻出口外。弧胸型肩带,椎体属于前凹型,无肋骨。荐椎的横突扁平而膨大。蟾蜍科现有 26 属 350 种左右,分布广泛,生活于密林、高山、草原、甚至荒漠,行动缓慢不擅跳跃,中国有 2 属 17 种(亚种)。代表种类有中华大蟾蜍(*Bufo gargarizans*)和花背蟾蜍(*Bufo raddei*)等。

雨蛙科(Bufonidae) 身体较小,背面皮肤光滑,无疣粒。肩带弧胸型,椎体为前凹型。指、趾末端膨大成吸盘,适于吸附在植物叶片上。雨蛙多生活在灌丛、农作物、杂草等处,白天匍匐在叶片上,晨昏活动频繁,以昆虫为食。鸣叫声响亮,雨后特别频繁。世界雨蛙分 37 属 630 余种,其中,雨蛙属种类最多约 250 种。雨蛙在美洲种类最多,而在欧洲、亚洲、北非种类则相对较少。中国的雨蛙仅有 9 种,代表种类有中国雨蛙(*Hyla chinensis*)和无斑雨蛙(*Hyla immaculata*)等。

蛙科(Ranidae) 肩带固胸型,荐椎横突柱状;指趾末端两骨节间没有间介软骨。上颌具牙齿、且有犁齿。舌端分叉,能自由活动。该科现有 50 属 650 余种,蛙科的分布比其他两栖动物都要广泛,分布于除澳洲和南极以外的地球各大陆,现在澳洲也有蛙科引进种。中国现有 7 属 90 余种。蛙科体形、生态、习性各异。有水陆两栖、陆栖、穴居、树栖、水栖等种类(图 13-22)。代表种类有黑斑侧褶蛙(*Pelophylax nigromaculata*)、金线侧褶蛙(*Rana plancyi*)、中国林蛙(*Rana chensinensis*)、泽陆蛙(*Fejervarya limnocharis*)、虎纹蛙(*Rana tigrina*)、凹耳湍蛙(*Amolops tormotus*)和牛蛙(*Rana catasbeiana*)等。

图 13-22　蛙形目代表动物(二)(仿各家)

A. 黑斑侧褶蛙；B. 金线侧褶蛙；C. 中国林蛙；D. 虎纹蛙；E. 牛蛙；F. 泽陆蛙；G. 凹耳湍蛙；H. 北方狭口蛙

树蛙科(Rhacophoridae)　树蛙科外形与雨蛙非常相似，但和雨蛙的亲缘关系并非很近。本科原属蛙科，后来分出来单独成为一科。树蛙指趾末端膨大成为很大的吸盘，指趾末两节间有指间软骨；指趾间具半蹼。树蛙卵常黏附在水边草上或树枝叶上。树蛙科有 10～12 属 200～300 种，分布于亚洲和非洲的热带和亚热带地区。在中国仅包括 2 属，约 40 余种。国内主要分布于西南各省，云南南部种类最多。代表种类有斑腿树蛙(*Rhacophorus megacephalus*)和大树蛙(*Rhacophorus dennysi*)等(图 13-23)。

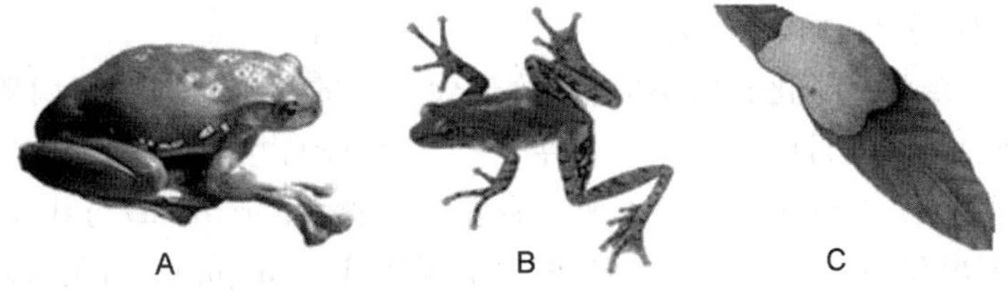

图 13-23　树蛙及其卵(仿各家)

A. 大树蛙；B. 斑腿树蛙；C. 树蛙卵

姬蛙科(Microhylidae) 口狭小,头狭而短,身体也比较小。无犁骨齿。舌卵圆形不分叉。肩带固胸型,胸骨很小。全世界姬蛙分为 60 属 300 种左右。多数营陆地生活,少数穴居或营水栖生活。中国产 4 属 14 种。代表种类有饰纹姬蛙(*Microhyla ornata*)和北方狭口蛙(*Kaloula borealis*)等。

3.4 两栖纲的起源和进化

两栖类的起源可追溯到距今 3.5 亿年至 4 亿年的泥盆纪,泥盆纪末期,地面上气候潮湿而温热,出现了真陆生植物,生长在池沼和河岸边。大量植物的枝叶和残体落入水中并腐烂,导致水中氧气不足。海平面下降和陆地干燥,使得一些河流与湖泊周期性地干旱。这样,生活在淡水里的鱼类就面临着缺氧和干旱的影响。大量的鱼类不能适应环境变化而死亡,而具有肺呼吸和偶鳍,能在陆上爬行的古总鳍鱼类,则可通过迁移找到有水的适宜环境中继续生存。经过长期的适应与进化,适应于陆地的爬行,使得鳍演变成足,肺呼吸逐渐代替鳃呼吸。适应于水中生活的古总鳍鱼逐渐演化成最早的两栖动物。

在格林兰和北美的泥盆纪晚期地层里,发现了迄今最早的两栖类化石——鱼头螈(或鱼石螈)(Ichthyostega)。鱼头螈身长约 1m,头骨全被膜原骨的硬骨所覆盖,骨片的数目和排列与古总鳍鱼极为近似,具有迷路齿(labyrinthodont tooth),其珐琅质深入到齿质中形成复杂的迷路样式。鱼头螈已具有五趾型附肢,其四肢骨的骨片与古总鳍鱼基本相似。此外,鱼头螈脊椎骨上具有陆生脊椎动物的前、后关节突,脊柱椎弓之间的连接加强了,有利于脊柱的各种弯曲动作,肩带与头骨不直接连接,头部已能活动。鱼头螈与鱼类具有相似特征,同时具备适应陆地生活的进步性特征,表明其起源于鱼类,并已进入了两栖动物的范畴。

到石炭纪,气候潮湿炎热,环境适宜,古两栖类迅速发展。石炭纪中蕨类植物极为繁盛,甚至形成广阔的森林,昆虫等无脊椎动物种类繁多,为两栖类的发展创造了良好的条件。石炭纪及其后的二叠纪是两栖类最为繁盛的时代,因而被称为两栖类时代。到三叠纪末,侏罗纪初,两栖类开始衰退,许多种类绝灭。

鱼头螈分化出来的古生代两栖类,其头骨皆为膜原骨形成的完整骨板所覆盖,故总称为坚头类(Stegocephalia)。在石炭纪和二叠纪,坚头类迅速辐射适应,大量发展,形成了各种各样的类群。可分为两大类:迷齿类(Labyrinthodontia)和壳椎类(Lepospondyli)。鱼头螈是迷齿类中最早的代表。迷齿类是古生代两栖类的系统演化的主干,其脊椎骨的形成经历软骨阶段,为软骨性硬骨,椎体由前面的间椎体及后面侧椎体两部分组成。四足脊椎动物是由迷齿类演化而来。壳椎类的脊椎骨和迷齿类不同,其椎体是由造骨组织围绕脊索直接骨化形成的,为膜原骨,没有间椎体和侧椎体之分。壳椎类是两栖类进化过程中的一个分支,出现于石炭纪早期,绝灭于早二叠纪。

由于中生代时期两栖类化石的不完善,故现代生存的 3 个目与古代两栖类的系统演化与分类尚不十分确定。但目前一般认为现存 3 个目两栖动物有共同起源。因为它们有共同的特征:皮肤裸露无甲,中耳中有第二块听小骨——盖骨(operculum)与耳柱骨相连,牙齿也相似等。因此,把现存的 3 目合为一亚纲,称无甲亚纲(Lissamphibia),化石两栖类则分为迷齿亚纲(Labyrinthodontia)和壳椎亚纲(Lepospondyli)。

4　两栖类小结

在脊椎动物进化史上，从水栖转变到陆栖是一个巨大的飞跃。两栖类是由水生到陆生的过渡类群。大多数两栖动物幼体水生，以鳃呼吸；成体水陆两栖，以肺呼吸，但肺的呼吸功能并不强大，还以皮肤作为辅助呼吸器官。循环系统为不完全的双循环；心脏为二心房一心室。两栖类出现五趾型附肢，不仅能承受体重，并且能在陆地上快速运动。两栖类脊柱分化为颈椎、躯椎、荐椎和尾椎，其中，颈椎和荐椎是首次出现。表皮发生轻度角质化，以防止体内水分过快蒸发，但并不能有效控制体内水分的蒸发，因此，两栖类还离不开潮湿的环境。适应复杂的陆地环境条件，两栖类大脑两半球已完全分开，大脑顶部也有了神经细胞。出现了中耳(鼓膜及听小骨)，把声波扩大后再传导到内耳，产生了听觉。两栖类也还保留着水栖祖先的原始性状，如卵在体外受精，不能在陆地上繁殖，卵受精、卵发育、幼体发育均在水中进行。两栖类仍是变温动物，还受周围环境的温度条件的制约，这决定了两栖类的分布，在热带、亚热带以及潮湿的环境里两栖类特别多，温带较少，寒带、沙漠或高山地区则更少。

第 14 章　爬行纲(Reptilia)

1　爬行类的主要特征

爬行类在中生代曾经盛极一时，种类繁多。现存爬行类包括龟鳖、蜥蜴、蛇、鳄等动物。其主要特征有：皮肤角质化程度加深，表皮有角质层的分化，体表被有角质鳞或角质盾片，能有效防止水分的蒸发。皮肤干燥，缺少腺体；骨骼骨化程度较高，坚硬有利于支撑身体，脊柱分化更完备，第一、第二颈椎分别特化为寰椎和枢椎，躯椎有胸椎和腰椎的分化，荐椎数目增多。头骨具单一的枕髁，头骨两侧有颞孔的形成；五趾型附肢及带骨进一步发达和完善，指趾端有角质的爪，适于在陆地上爬行，运动能力得到加强；肺结构更趋复杂，气体交换表面积增大，支气管出现使呼吸道增长，出现胸廓式呼吸，使得肺呼吸功能进一步完善；心脏具二心房一心室，心室中出现了不完全的隔膜(鳄类则有完整的隔膜)。尽管血液循环仍是不完全的双循环，但多氧血与缺氧血更加分清；成体以后肾执行泌尿机能，尿以尿酸为主。

爬行类完全摆脱了对水生环境的依赖，真正适应了陆地生活。最重要的是爬行动物出现陆地繁殖方式，体内受精，产羊膜卵。胚胎发育过程中，产生羊膜、尿囊等胚膜，使胚胎可脱离水域而在陆地的干燥环境下进行发育。这是脊椎动物从水到陆的进化历程中的一次飞跃。

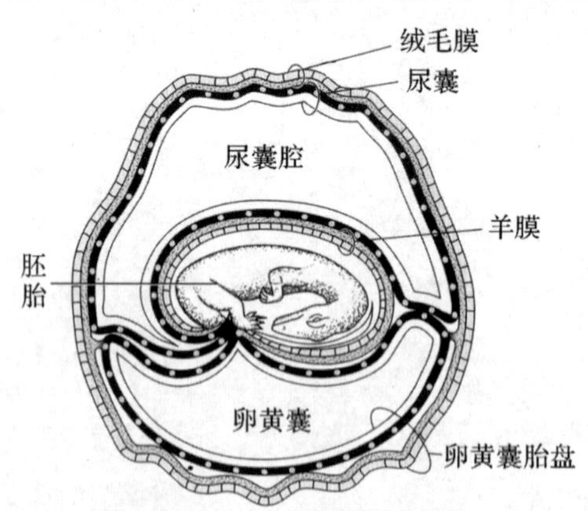

图 14-1　蜥蜴的羊膜卵结构(仿 Kardong)

羊膜卵(amniote egg)为端黄卵(图 14-1)，卵黄被卵黄膜包裹，其外有输卵管壁所分泌形成的蛋白、内外壳膜(shell membrane)和卵壳(shell)。卵壳坚韧，由石灰质或纤维质构成，能维持卵的形状、减少卵内水分蒸发、避免机械损伤和防止病原体侵入。卵壳内钙含量高，卵壳硬，称刚性卵(rigid-shelled egg)，如淡水龟类的卵；卵壳内钙含量低，卵壳呈革质，称柔性卵(pliable-shelled egg),如蛇卵。卵壳表面有许多小孔,通气性良好,可保证胚胎发育时进行气体代谢。胚胎发育所需的营养物质则贮存在卵黄内。受精卵在胚胎发育过程中产生羊膜、绒毛膜(chorion)和尿囊(allantois)。羊膜卵的胚胎发育到原肠期后,外胚层向上隆起,由四周逐渐往中间聚拢,彼此愈合和连通后成为围绕整个胚胎的两层膜,外层叫绒毛膜,内层叫羊膜。羊膜围成一腔,腔中充满羊水,为胚胎发育提供相对稳定、特殊的水环境,可有效防止干燥和外界损伤。尿囊则收容胚胎在卵内排出的废物。此外,尿囊还充当胚胎的呼吸器官,由于尿囊膜上有着丰富的毛细血管,胚胎可以通过多孔的卵膜或卵壳,与外界进行气体交换,并具有防止卵内水分的蒸发和避免机械性损伤的作用。胚胎在卵内直接完成发育,无变态过程。

2　爬行类的生物学

2.1　外形特征

身体形状呈圆筒形,可区分为头、颈、躯干和尾部,四肢发达。全身被角质鳞或硬甲,具五趾型附肢,其指、趾端有爪,利于攀爬、挖掘等活动,在头的两侧有外耳道,鼓膜下陷。泄殖孔纵裂(鳄、龟)、横裂(蜥蜴、蛇)或圆形(龟、鳖);尾基较为粗大,往后逐渐变细。按体形可分为蜥蜴型(楔齿蜥类、蜥蜴类和鳄类)、蛇型(蛇蜥类和蛇类)和龟鳖型(龟和鳖)。

2.2　皮肤及其衍生物

爬行类皮肤(图 14-2)表皮角质化程度深,有鳞类和鳄类动物外被角质鳞,鳞片与鳞片之间以薄的角质层相连,龟类的硬甲则有表皮形成的角质盾和真皮来源的骨板共同愈合而成,鳖类只有真皮的骨板。皮肤干燥,腺体少,有利于防止体内水分的散失。

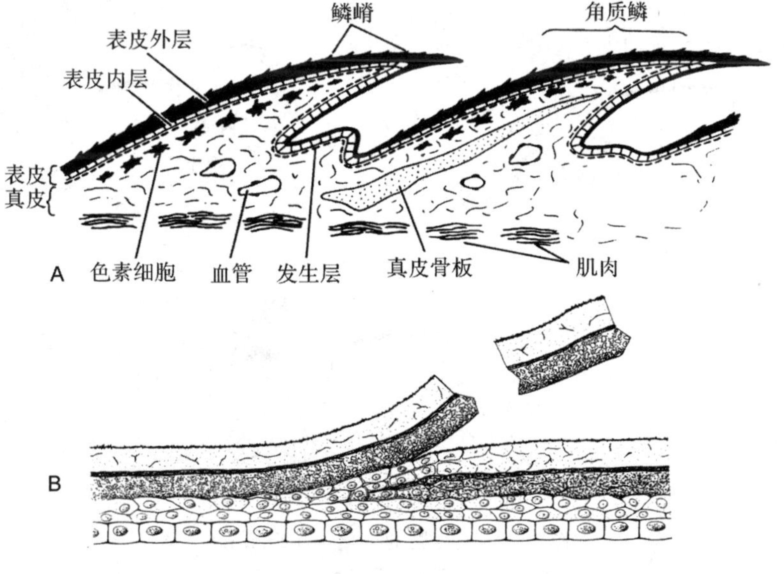

图 14-2　爬行类的皮肤结构与蜕皮(仿各家)

A. 皮肤结构；B. 蜕皮

爬行类指(趾)端皆具爪,由表皮角质层演变而来。爬行类的鳞被能定期更换,存在蜕皮现象(ecdysis)。蜥蜴和蛇具有双层角质层,在蜕皮过程中,在酶的作用下,将外层的表皮细胞层的基部溶解,其外层就定期蜕掉。蛇的外层角质层完整地脱落,蜥蜴则成片地脱落。龟、鳄并不定期蜕皮,而是不断地以新替旧。

爬行类一般缺少皮肤腺。但有些蜥蜴有股腺(femoral gland),位于大腿基部内侧或泄殖孔前,排成一列,其分泌物干后形成临时性的短刺,在交配时有助于把持雌体。有些蛇、龟、鳄的下颌或泄殖腔孔附近有臭腺,分泌物散发气味,吸引异性,为两性化学通讯的重要方式。

真皮薄,由致密的纤维结缔组织构成,其上层内有丰富的色素细胞,因而皮肤具有鲜艳的色彩图案。许多蜥蜴在不同环境条件下具有迅速改变体色的能力。最著名的一个代表是避役(*Chameleon*),被称为变色龙。这种生理性的变色受神经控制,或由内分泌腺所分泌的激素所调节。

2.3 骨 骼

爬行类骨骼的骨化程度高,大多数都是硬骨,分化程度更高。

2.3.1 头 骨

爬行类的头骨具有下列特点:

(1)头骨的骨化更为完全,只在筛区仍保留一些软骨。颅骨形状高而隆起,属于高颅型(tropibasic type),不同于两栖类扁平的平颅型(platybasic type)颅骨。反映了脑腔的扩大和脑容量的增大。

(2)头骨具单一的枕髁,与第一枚颈椎关联。

(3)形成次生腭(secondary palate),由前颌骨、上颌骨、腭骨的腭突和翼骨愈合而成。次生腭使内鼻孔的位置后移,使口腔和鼻腔隔开。鳄类的次生腭完整,其他爬行类的次生腭则不完整(图 14-3)。脑颅底部的副蝶骨消失,为基蝶骨所代替。

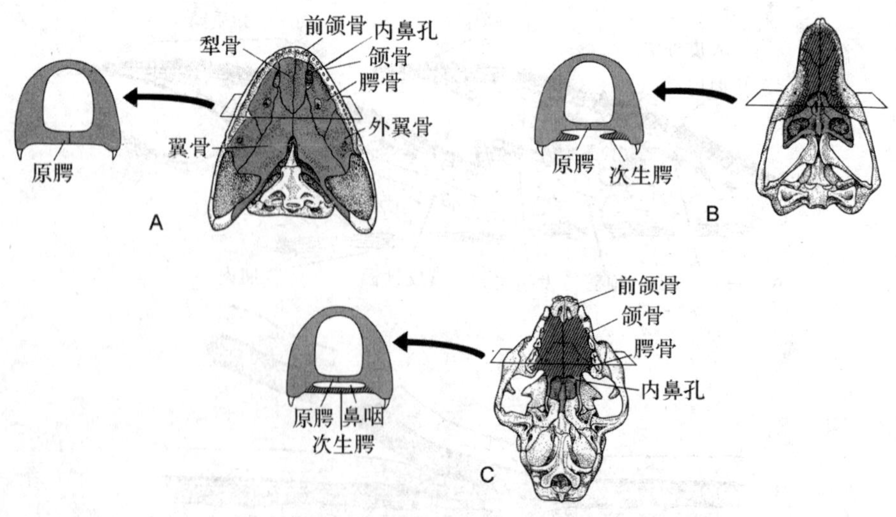

图 14-3 次生腭的进化(仿 Smiths)

A. 早期四足类; B. 兽孔类; C. 哺乳类

(4)头骨两侧眼眶后面的颞部膜性硬骨缩小或消失形成一个或两个孔洞，称为颞孔(temporal fossa)。颞孔是爬行类头骨的一个显著特征，其周围的骨片形成骨弓，即颞弓。颞孔的出现与咬肌的发达密切相关，咬肌收缩时其膨大的肌腹可自颞孔突出，加强了摄食和消化机能。颞孔是爬行类分类的一个重要依据，根据颞孔的有无及其位置，爬行类可分为以下5类：无颞孔类(或无弓类)(Anapsida)，颅骨无颞孔及颞弓。原始的古代爬行类(如杯龙类)属于此类。现代龟鳖类的头骨也不具颞孔，亦属无颞孔类，但其骨片组成有所减少。上颞孔类(或侧弓类)(Parapsida)的颅骨只有单个上颞孔，上颞弓由后额骨和上颞骨构成，鱼龙类(Ichthyosauria)属于上颞孔类。合颞孔类(或合弓类)(Synapsida)，头骨每侧只有一个颞孔，被眶后骨、鳞骨、方颧骨和颧骨所包围，以眶后骨和鳞骨形成上颞弓。古代兽齿类(Theriodont)属于此类型，现代哺乳类是其后代。双颞孔类(或双弓类)(Diapsida)，头骨每侧有两个颞孔：颞上孔和颞下孔。颞上孔位于眶后骨、鳞骨组成的上颞弓之上；颞下孔位于颧骨和方颧骨组成的下颞弓之上。大多数古代与现代的爬行类都属于此类，现代鸟类也是从双颞孔类演化而来的。宽弓类(Euryapsida)具有单个上面的颞窝，但其下界为眶后骨和鳞骨，见于蛇颈龙类(Plesiosauria)。现存爬行类在进化过程中，其双颞孔产生了一些变异。楔齿蜥和鳄类仍属典型的双颞孔类；蜥蜴类无下颞弓，仅保留颞上孔；蛇类上下颞弓全失去，其上下颞孔与眼窝合成一个大孔(图 14-4)。

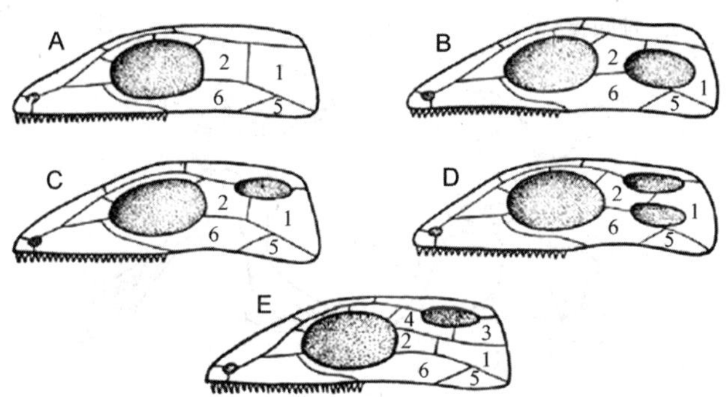

图 14-4　爬行类的颅骨类型及其演变(仿 Romer)

A. 无弓类；B. 合弓类；C. 宽弓类；D. 双弓类；E. 侧弓类

1. 鳞骨 2. 眶后骨 3. 上颞骨 4. 后额骨 5. 方颧骨 6. 颧骨

(5)很多爬行类物种的两眼窝间具软骨或露骨片的眶间隔(interorbital septum)。

(6)除麦氏软骨后端骨化成的关节骨为软骨原骨外，爬行类的下颌骨，如齿骨、夹板骨、隅骨、上隅骨、冠状骨均为膜原骨。关节骨与上颌的方骨构成自接型的颌关节。

2.3.2　脊柱、肋骨和胸骨

脊柱分化为颈椎、胸椎、腰椎、荐椎和尾椎。椎体大多为后凹型或前凹型，低等种类为双凹型。颈椎数目增加，第 1 枚颈椎为寰椎，寰椎下部有一个关节面与头骨单一的枕髁相关节。第 2 枚颈椎称枢椎(axis)。寰椎与枢椎的分化，使得头部能上下及自由转动，灵活性更强。脊椎数量变异较大，如蛇的脊椎骨可多达 500 块。爬行动物的颈椎、胸椎及腰椎两侧皆具肋骨。爬行类荐椎数目增多，并通过宽阔的横突与腰带连接，加强了后肢承受体重的能力。壁虎、石龙子、蜥蜴等种类的尾椎中部有能引起断尾行为的自残部位，是尾椎骨形成过程中前、后两半部未曾愈合而特化的结构。当遭受拉、压、挤等机械刺激时，自残部位前、后的尾肌分别往不同方向收缩，导致尾椎骨在某个自残部位处断裂，进而连同肌肉和皮肤，发生断尾现象。自残部位的细胞具有增殖分化能力，因此，残尾断面可长出再生尾。

除龟鳖类和蛇类外，爬行类具有发达的胸骨(sternum)。胸骨连同胸椎和肋骨组成了羊膜动物所特有的胸廓。胸廓加强了呼吸作用，肋骨上附着有肋间肌，肋间肌的收缩可造成胸廓的扩张与缩小，协助呼吸运动。此外，还有保护内脏的功能。

2.3.3 带骨及附肢骨

爬行动物的肩带包括乌喙骨、前乌喙骨、肩胛骨、上肩胛骨。比两栖类肩带更坚强。大多数爬行类有十字形的上胸骨，又称锁间骨(interclavicle)，将胸骨和锁骨连接起来。爬行类的腰带由髂骨、坐骨、耻骨3骨合成。两栖类的左右耻骨与坐骨全部愈合，而爬行动物的耻骨和坐骨之间分开，形成一个大孔，称耻坐孔(图14-5)。

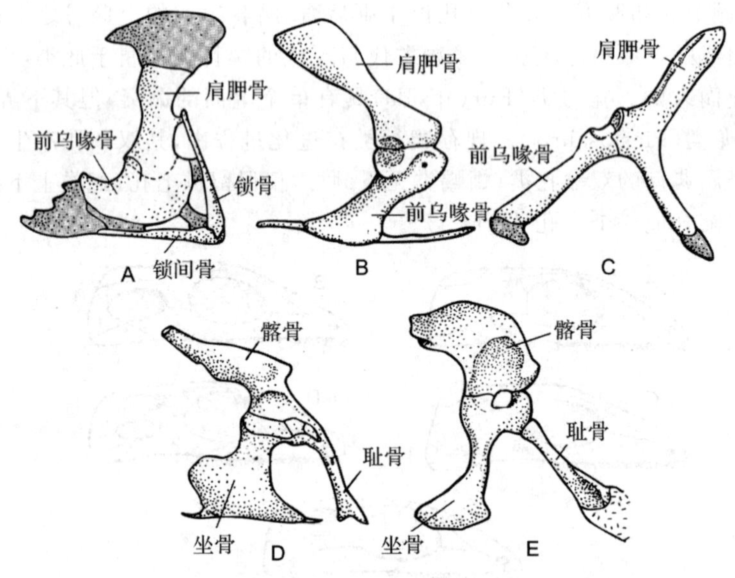

图14-5 爬行动物的肩带与腰带(仿Romer和Parsons)
A～C.肩带；D,E.腰带；A.楔齿蜥；B.鳄鱼；C.龟；D.蜥蜴；E.鳄鱼

爬行类具典型的五趾型四肢，四肢与身体的长轴呈横出的垂直相关节，故只能腹部贴地爬行运动，只有沙蜥等动物的四肢肘(elbow)和膝(knee)以下部位能转向腹部下方，将身体抬离地面，便于疾驰奔跑。爬行类后肢踵关节不在胫、腓骨与附骨之间，而在两列跗骨之间，形成跗间关节(intertarsal joint)。蜥蜴类中的蚓蜥科(Amphisbaenidae)种类，体型似蛇，全无四肢，但具带骨；蛇类四肢退化，无带骨。海龟的四肢变为桨状，指(趾)骨变扁平且延长。

2.4 肌 肉

爬行类肌肉分化更为复杂，分化出了陆栖动物所特有的皮肤肌(skin muscle)和肋间肌(intercostal muscle)。皮肤肌能调节角质鳞的活动，蛇的皮肤肌从肋骨连至皮肤，尤为发达，腹鳞在皮肤肌的调节下不断起伏，改变身体与地面的接触面积，从而完成特殊的蜿蜒运动。肋间肌位于肋骨之间，由胸斜肌分化而来，分为外层的肋间外肌和内层的肋间内肌。它能调节肋骨的升降，改变胸腹腔体积的变化，协同腹壁肌完成呼吸运动。

爬行类的轴上肌由单一的背长肌分化为背最长肌(longissimus dorsi),位于横突的上面。背肌在两侧还分化出一层背髂肋肌(iliocostalis dorsi),止于肋骨的基部。背最长肌和髂肋肌均起自颅骨枕区后缘,肌肉收缩与头、颈部的转动有关。龟鳖类的轴上肌由于甲板的存在而大为退化;蛇的轴上肌较为复杂,由直肌及斜肌引出一些特殊的皮肤肌。轴下肌分层的情况和两栖类相同,即分化为腹外斜肌、腹内斜肌和腹横肌三层。在腹中线两侧还有腹直肌(图 14-6)。

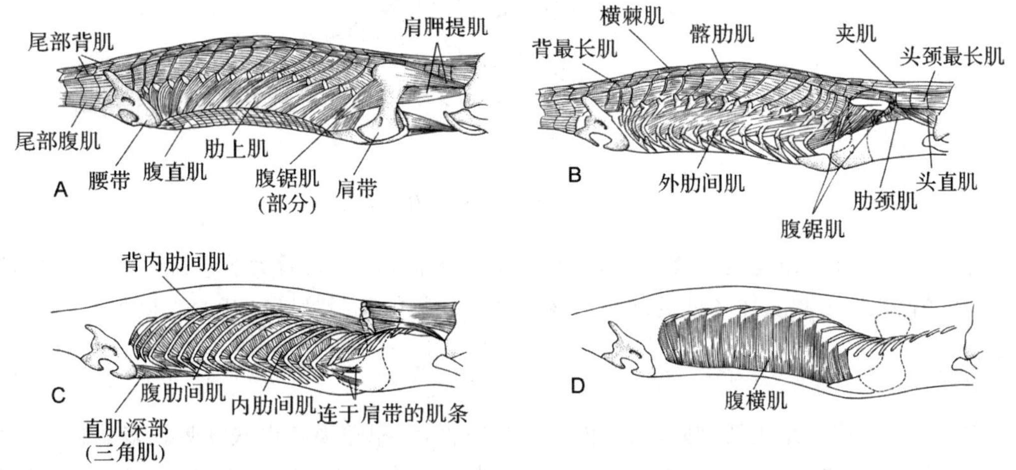

图 14-6　楔齿蜥的躯干肌(仿 Kardong)

A. 浅层; B. 深层; C. 肋间肌; D. 横肌

四肢肌肉发达,适于陆地爬行运动。前臂肌大多起自背部、体侧、肩带,包括背阔肌、三角肌和三头肌等,控制前肢的运动;后肢肌肉有位于腰腿之间的耻坐股肌、髂胫肌,以及腿部的股胫肌和臀部肌肉等,主要功能是控制后肢运动,将动物体抬离地面并往前爬行。

2.5　循　环

爬行类的循环系统为不完全的双循环,但心室内出现了不完全的分隔,其高等种类(鳄类)的心室已分隔为左右两部,血液循环已接近于完全的双循环。

心脏包括二心房一心室,静脉窦退化,动脉圆锥则已消失。心室出现了不完全的室间隔(interventricular septum),使得多氧血和少氧血的分流更完善。鳄的心室间隔比较完全,仅留一潘氏孔(foramen of Panizzae)相通,基本为二心房二心室模式。

爬行动物动脉圆锥已完全消失,肺动脉、左体动脉弓和右体动脉弓 3 个主干分别由心室发出,每个主干的基部皆有半月瓣,其中肺动脉和左体动脉弓由心室右侧和中部发出,右体动脉弓则由心室左侧发出,右体动脉弓的一支通入头部的颈总动脉,另一支和左体动脉弓在背面合成背大动脉,再向后分布。在左、右体动脉弓发出处,即心室在室间隔不完全处形成一个静脉腔,多氧血由肺静脉返回左心房、左心室,并有部分血液通过静脉腔流入右心室内,所以从右心室中部导出的左体动脉弓内,也是多氧血,或混有极少量的少氧血,只有由心室右部发出的肺动脉内是缺氧血(图 14-7)。

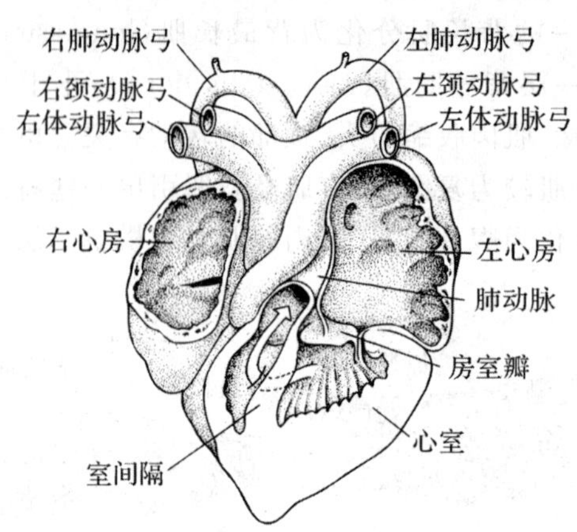

图 14-7 爬行动物心脏结构(仿 Lawson)

爬行类的静脉系统与两栖类相似,包括一对前大静脉、一条后大腔静脉、一条肝门静脉和一对肾门静脉,汇集身体各处的回心血液。爬行动物的肾门静脉已开始退化。

2.6 呼 吸

爬行动物适应陆地生活,肺呼吸功能进一步完善,无鳃呼吸和皮肤呼吸。多数爬行动物具有 1 对肺,在胸腹腔中呈左右对称排列,有些种类的肺则呈不对称的前后排列,或一侧肺退化。例如,蛇蜥和蛇类的左肺大多退化或缺少。爬行动物具有囊状的肺,其内壁有复杂的间隔,把内腔分隔成蜂窝状小室,分布有丰富的肺动脉与静脉血管,与空气接触的表面积扩大。蝮蛇和避役的肺分为前、后两部,前部内壁呈蜂窝状,称呼吸部;后部内壁平滑并且伸出若干个薄壁的气囊,插到内脏之间,分布的血管较少,有贮气的作用,称贮气部。这种贮气结构到鸟类则进一步发展成气囊。

爬行动物的呼吸道分化为气管(trachea)和支气管(bronchi)。支气管在爬行动物中首次出现,气管壁由气管软骨环支持。气管的前端膨大形成喉头(larynx),其壁由环状软骨和 1 对杓状软骨所支持。喉头前面有一纵长的裂缝,称为喉门。气管分成左右两支气管,分别通入左右肺。

爬行类除保留有两栖类的咽式呼吸外,发展了羊膜动物所特有的呼吸方式——胸廓式呼吸,即借助肋间肌和腹壁肌的伸缩使胸廓扩张与缩小,吸入或排出气体。当肋间外肌收缩时,牵引肋骨上提,胸廓扩张,吸入空气;肋间内肌收缩时,牵引肋骨下降,胸廓缩小,呼出空气。水栖的龟鳖类,以咽壁和泄殖腔壁突出两个副膀胱作为呼吸的辅助结构。咽壁和副膀胱壁上分布有丰富的毛细血管,可在水中进行气体交换。

2.7 消 化

爬行类的消化道分化比两栖类复杂,口腔与咽有明显的界限。口腔内具有相对完整的次生骨质腭,内鼻孔后移,将口腔和鼻腔隔开,有效解决了摄食和呼吸相互干扰的矛盾。口腔腺发达(图 14-8),有腭腺(palatine gland)、唇腺(labial gland)、舌腺(lingual gland)和舌下腺(sublingual gland)。这些口腔腺的分泌物具有润湿食物和帮助吞咽的作用。毒蛇和毒蜥的毒腺也是口腔腺的变体。毒蛇的毒腺由唇腺变态而来,腺导管通到毒牙的沟或管中。墨

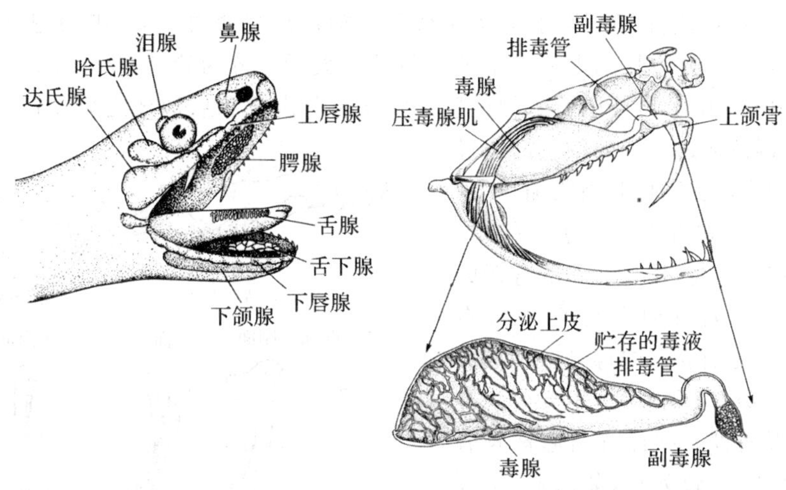

图 14-8　爬行动物口腔腺体与毒腺(仿 Kardong)

西哥的毒蜥(*Heloderma*)是唯一的有毒蜥蜴，其舌下腺变态为毒腺，腺导管通到毒牙的沟中。肌肉质舌发达，一些种类的舌除有吞咽的基本功能外，还具有捕食、感觉、示警等功能。鳄舌厚而宽，龟舌短而宽，都粘连于口底不能伸出口外，蜥蜴类的舌大多平扁而圆。蛇舌形甚细长，前端多分叉，缩藏在舌鞘内。蜥蜴和蛇经常将舌伸出口外，称为吐信(tongue flicking)，舌上缺少味蕾而无味觉作用，但在吐信过程中能吸附空气中的气体分子，并通过特殊的犁鼻器来感知嗅觉。避役类的舌，内为纵肌，外围环肌，顶端膨大而富黏性，平时舌压缩在口中的鞘套里，捕食时因舌内快速充血，环肌强烈收缩，将舌从口中直射出去，黏捕昆虫，舌长可延长至与身体等长。澳洲蓝舌石龙子的舌呈鲜艳的蓝色，当遇到惊扰时，便伸出蓝色舌恐吓对手(图 14-9)。

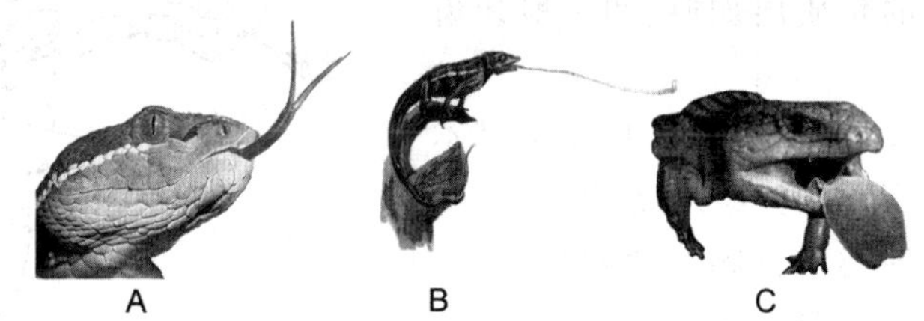

图 14-9　爬行动物舌的作用(仿各家)

A. 吐信；B. 捕食；C. 警示

除龟鳖类外，爬行动物着生有多种类型的牙齿，其齿脱落后可再生。依据着生位置的不同分为端生齿、侧生齿和槽生齿，其中槽生齿最牢固。端生齿着生在颌骨顶面，如沙蜥；侧生齿着生在颌骨边缘内侧，如蜥蜴类和蛇类；槽生齿着生在颌骨齿槽内，如鳄类(图 14-10)。

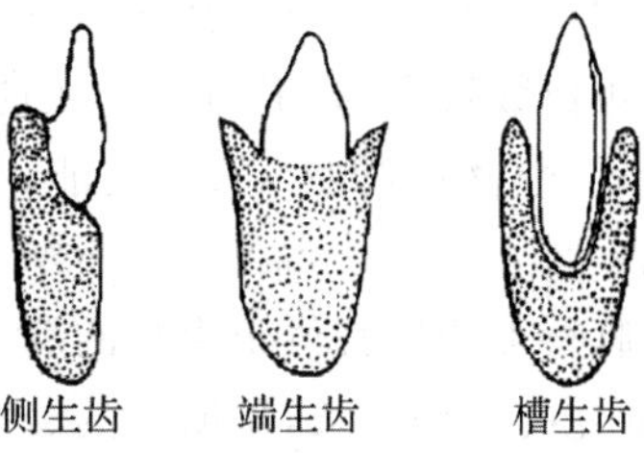

图 14-10　爬行动物的牙齿

爬行动物大多数种类的牙为同型齿，只有鳄类和少数鬣蜥科蜥蜴初步分化为异型齿。同型齿的机能只是咬捕食物而不咀嚼食物,因而,绝大多数爬行动物是把食物整个吞咽下去而并不咀嚼。毒牙(fangs)是毒蛇前颌骨和上颌骨上的少数几枚大牙。分为管牙(canaliculated tooth)和沟牙(grooved tooth)。沟牙因着生的位置不同又有前沟牙和后沟牙之分。管牙中空,沟牙后侧有槽,为毒液通道。毒牙的基部通过导管与毒腺相连,咬噬时,肌肉收缩,压缩毒腺,毒液经导管和毒牙通道进入伤口。毒牙后面常有后备齿,作为前面的毒牙的替补。在闭口时,毒牙向后倒卧;在咬噬时,肌肉收缩使之竖立。蛇毒是一种成分复杂的蛋白质或多肽类物质,主要分为神经毒和血循毒两种。神经毒引起被咬者中枢神经麻痹而导致死亡,如海蛇、金环蛇、银环蛇的蛇毒;血循毒引起被咬者伤口剧痛、红肿、皮下组织出血、组织坏死,最后导致内脏出血、心脏衰竭而死,如蝰蛇、五步蛇的蛇毒;眼镜蛇及蝮蛇的蛇毒则为两种毒的混合(图 14-11)。

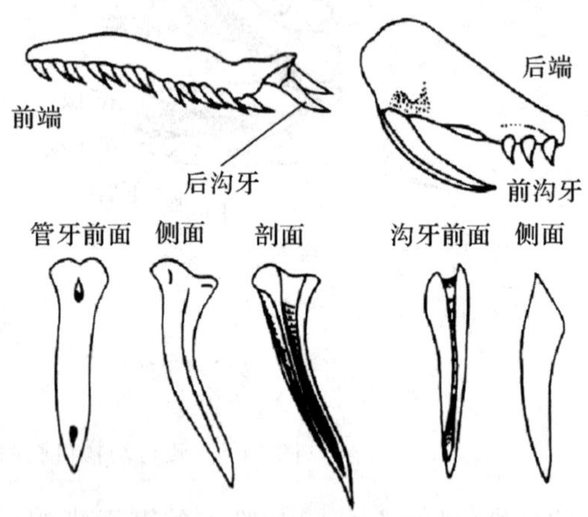

图 14-11 爬行动物的毒牙(仿 Richard)

蜥蜴及一些蛇类的胚胎,有卵齿(egg tooth)着生在上颌的前端,长度超出一般牙齿,为幼仔出壳时啄破卵壳之用。幼体孵出后不久,卵齿就脱落。另外,在楔齿蜥、龟和鳄类,在胚胎的吻端上有角质齿,亦为破卵壳之用,但这种角质齿仅为表皮的角质层加厚,和一般牙齿并不同源。

消化道各部的基本结构和一般四足类基本相同(图 14-12)。从爬行类开始出现盲肠(caecum)。植食性种类的盲肠非常发达,与消化植物纤维有关,如一些陆生龟类。

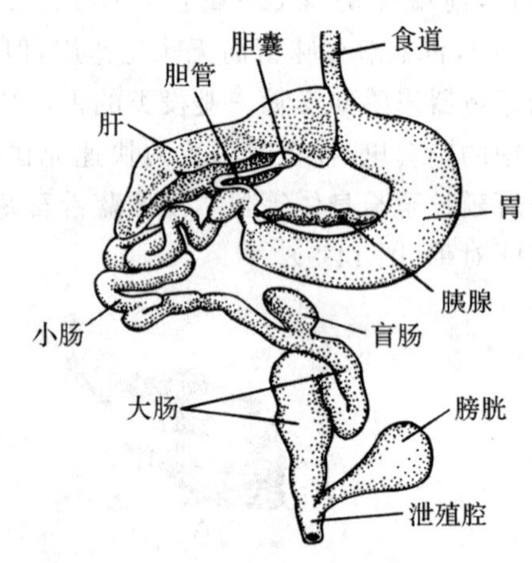

图 14-12 爬行动物的消化系统(蜥蜴)(仿 Romer 和 Parsons)

2.8 排 泄

爬行类开始出现后肾(metanephros),但在胚胎发育中也要经过前肾和中肾阶段,后肾的肾单位数目多,有很强的泌尿能力,并通过后肾管(metanephric duct)输送尿液。后肾发生以后,中肾管失去了输尿机能,雄性的中肾管成为专门的输精管(吴氏管),雌性中肾管则退化。

爬行类的后肾位于腹腔的后半部,紧贴于腰区背壁两侧。肾的形状和排列存在种间差异,如蛇的肾脏很长,呈明显的分叶;而且右肾靠前,左肾在后,两者排列左右不对称。输尿管末端开口于泄殖腔(图 14-13)。

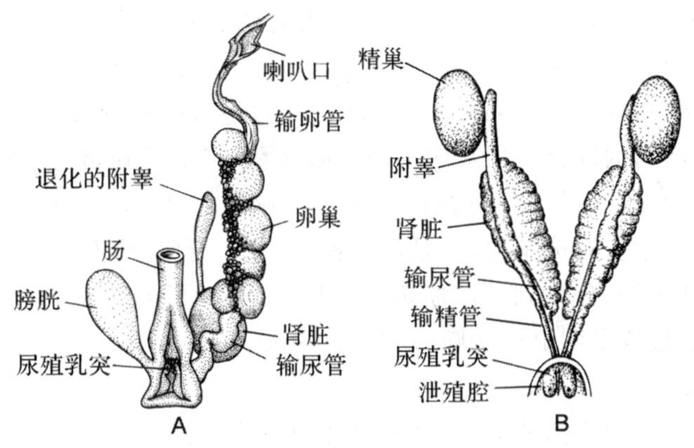

图 14-13　爬行动物的泄殖系统(仿 Romer 和 Parsons)

A. 雌性；B. 雄性

楔齿蜥、大部分蜥蜴类和龟鳖类具有膀胱，开口于泄殖腔腹壁。从个体发生上来看，羊膜类的膀胱是由胚胎期的尿囊基部扩大而形成，称为尿囊膀胱(allantoic bladder)。干旱地区爬行类的膀胱具有回收水分的能力，这对于维持体内的水分，具有十分重要的意义。爬行动物排泄的代谢废物以尿酸(uric acid)为主，这也是一种重要的保水措施。尿酸是一种浆质黏稠的含氮废物，其溶解度比尿素小，故尿中的水分能更多地被肾小管回收。栖息在多盐和干旱条件下的蜥蜴、龟和蛇等，还具有除肾以外排盐的盐腺(salt gland)。盐腺大多位于头部，能排出高浓度的钾、钠和氯。所以，盐腺对维持体内水、盐和酸、碱平衡都有重要意义。

2.9　神经与感觉器官

2.9.1　神经系统

爬行类的大脑半球显著增大(图 14-14)，虽然纹状体仍占大脑的大部分，但大脑表面已开始出现了由灰质构成的大脑皮层(新脑皮层)，并在皮层中第一次出现了锥体细胞。脑的

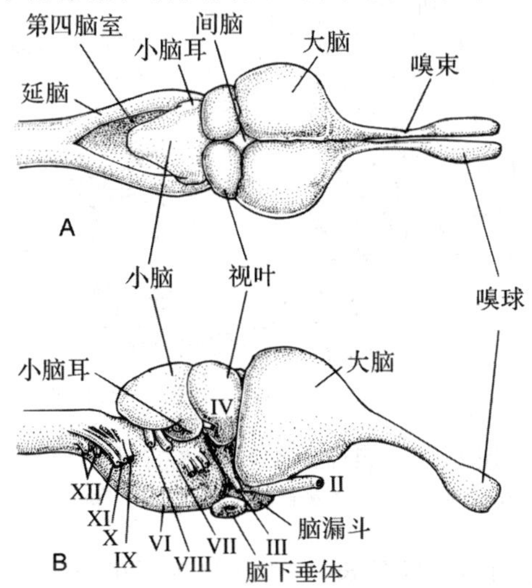

图 14-14　鳄鱼的脑(腹面)(仿 Romer 和 Parsons)

A. 背面观；B. 侧面观

弯曲显著。间脑小，从背面几乎看不到间脑。从间脑背面发出脑上体(epiphysis)和顶器(parietal organ)。中脑背面为一对圆形的视叶，视叶仍为爬行类的高级中枢，蛇类中脑背面已分化为四叠体(corpora quadrigemina)。从爬行类开始，已有少数的神经纤维自丘脑伸至大脑。这是把神经活动的综合作用从中脑向大脑转移、集中的开始。小脑也较两栖类发达，延脑发达，具有作为高级脊椎动物特征的颈弯曲。脑神经 12 对(蜥蜴和蛇为 11 对)，前 10 对与无羊膜类相同。第Ⅺ对称副神经，是运动神经，分布至咽、喉和肩部的肌肉。第Ⅻ对称舌下神经，也是运动神经，分布到颈部肌肉和舌肌。同时脊髓长，达于尾端，在前、后肢基部神经丛相连部分，已形成了明显的胸膨大和腰荐膨大。

2.9.2 感觉器官

听觉 爬行类耳的构造似两栖类，具有内耳和中耳(图 14-15)。蜥蜴鼓膜不像两栖类那样位于表面，而是随中耳稍下陷，出现了雏形的外耳道。在中耳腔的后壁上具卵圆窗(fenestra ovalis)，其下新出现正圆窗(fenestra rotunda)，使内耳中淋巴液的流动有了回旋余地。内耳膜迷路和两栖类基本一致，但司听觉的瓶状囊明显加长，鳄类的瓶状体延长且有卷曲。蛇类适应穴居生活，其鼓膜、中耳和耳咽管退化，不能感受空气中声波的刺激。但其听小骨(耳柱骨)存在，声波沿地面通过方骨、耳柱骨传进内耳，从而产生听觉。如破坏蛇的方骨，则可影响蛇的听觉。爬行动物不同类群接受声音的频率范围不同：鳄类为 20～3000Hz，蜥蜴为 100～10000Hz，龟类为 3000Hz，而蛇类则为 100～700Hz。

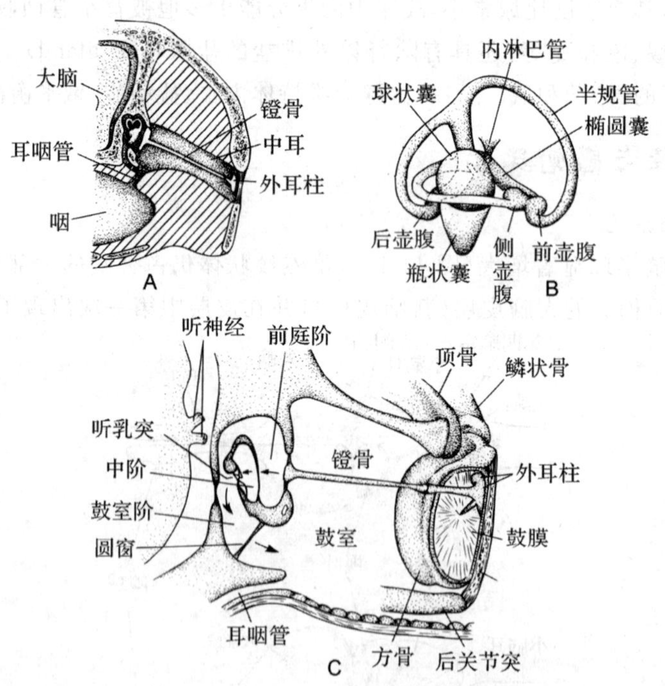

图 14-15 爬行动物的听觉器官(仿各家)

A. 耳的纵切面；B. 蜥蜴的内耳；C. 鬣蜥耳(部分)

嗅觉 爬行类形成次生腭，鼻腔延长，并首次出现了鼻甲骨(turbinal bone)，使鼻黏膜面积扩大。蜥蜴鼻腔可分为上下两部，上部是鼻腔黏膜，具有感觉细胞而能感知嗅觉，下部为呼吸通路，称鼻咽道。蜥蜴和蛇类具有一种十分发达的化学感受器——犁鼻器(或称贾氏器)(vomeronasal organ 或 Jacobson's organ)(图 14-16)。它是开口于口腔顶壁的一对盲囊，其内壁具嗅黏膜，通过嗅神经与脑相连。由于犁鼻器不直接与外界相通，因此，通过舌来完成信息物质的传递。蜥蜴和蛇的舌不停地吞吐，搜集空气中的各种化学物质，舌缩回口腔后，进入犁鼻器的两个囊内，化学物质溶解于嗅黏膜，产生嗅觉。鳄和龟鳖类的犁鼻器退化。

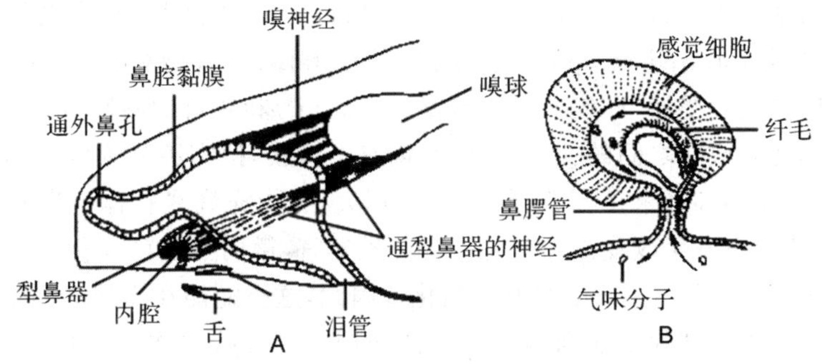

图 14-16　爬行动物的犁鼻器(仿各家)

A. 鼻腔纵切；B. 犁鼻器的结构

视觉　除蚓蜥、壁虎和蛇没有能活动的眼睑外，一般爬行动物具有能活动的上下眼睑和瞬膜。蛇的眼球外覆盖有一层透明的薄膜，由上下眼睑愈合而成，既能让光线透过，又能起到保护眼球的作用。蛇蜕皮时，覆盖眼球的这层薄膜不再透明，并随同全身角质鳞脱落，因此，出现临时目盲。爬行动物出现泪腺，分泌的泪液从鼻泪管经鼻腔排出。楔齿蜥没有泪腺。

爬行类眼的构造与其他脊椎动物无本质的区别。眼球的调节较完善，晶体扁圆形，与睫状体(ciliary body)连接，其内睫状肌为横纹肌。睫状体的伸缩能改变水晶体的凸度及晶体与视网膜的距离，从而有效地调节视力。因此爬行类能看清不同距离的物体，较准确地捕食或避敌，适于陆地生活。

大多数爬行动物的后眼房内，具有由脉络膜突出形成的锥状突(conus papillaris)(图 14-17)，锥状突由结缔组织构成，内具丰富的血管和色素，具有营养眼球的功能。这一结构在鸟类中发展为发达的栉状体(pecten)。爬行类眼睛与鸟类具有一些共同的特点，如栉状体、睫状肌为横纹肌，以及巩膜中有一圈呈覆瓦状排列的环形骨片，即巩膜骨(scleral ossicle)。

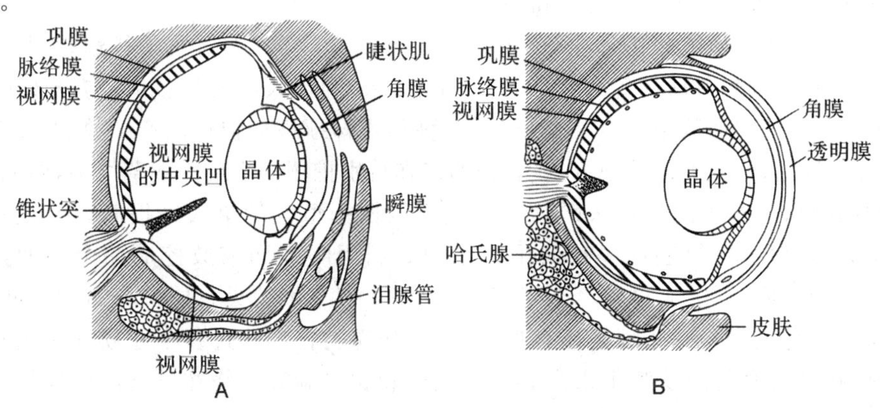

图 14-17　爬行动物的眼(仿 Walls)

A. 蜥蜴；B. 蛇

楔齿蜥和一些蜥蜴类(鬣蜥科、蜥蜴科)在两眼稍后方的头部正中线上仍具有顶眼(parietal eye)。顶眼埋于头顶皮肤下,光线通过颅顶孔透入。顶眼结构和真眼相似,具有晶体、感光细胞和色素细胞,并有特殊的神经和间脑相连接。顶眼不能成像,但有感光作用。蜥蜴类利用顶眼调节在日光下曝晒的时间,对体温调节具有重要作用。此外,顶眼还和动物周期性的生命活动有关。古代爬行类普遍具有顶眼,因此,顶眼是一个古老的器官。

红外线感受器(infrared receptor)是蝮亚科(Crotalinae)及蟒科(Boidae)蛇类中多数种类所具有的特殊热能感受器,即蝮亚科的颊窝(facial pit)和蟒科的唇窝(labial pit)。颊窝是蝮亚科蛇类的鼻孔和眼睛之间的一个陷窝,窝内有一薄膜,把窝腔分为内外两室。薄膜是一层上皮细胞,上面布满神经末梢,其末端呈球形膨大,其内充满线粒体。当神经末梢接受刺激之后,线粒体的形态发生改变。颊窝是一个热敏器官,微弱热能就可使之激活,产生反应,也能在数尺的距离内测知0.001℃的温度变化。因此,这类蛇能在夜间准确地判断附近恒温动物的存在及其位置。现代工业和国防上广泛采用的红外线检测器和自动导引系统,都是从蛇类的红外线感受器上得到启示后研制的。唇窝是位于蟒科蛇类唇鳞处的凹陷,呈裂缝状,其作用和颊窝相同。

2.10 生 殖

体内受精,产羊膜卵是爬行类生殖适应陆栖生活的重要特征。

雄性有精巢1对,精液通过输精管到达泄殖腔(见图14-13)。泄殖腔内具可充血膨大,并能伸出泄殖腔的交配器。蛇和蜥蜴类的半阴茎(hemipenis)为1对,埋藏在泄殖腔后,尾基腹面的2个肌质的阴茎囊中,因此,雄性尾基部比较膨大,可作为区别雌雄的外形特征。阴茎囊由薄层的环肌构成,收缩时能挤压半阴茎而使之翻出泄殖腔外。交配时,2个半阴茎同时翻出,但只有单侧半阴茎插入雌体泄殖腔中;半阴茎的基部与泄殖腔相通,可将精液沿着半阴茎腹面的精沟,注入雌性体内。龟和鳄类的泄殖腔壁形成单个突起的交配器,与哺乳类的交配器同源,称为阴茎(penis),内有海绵体,能充血勃起伸出体外。

雌性具一对卵巢,位于体腔背壁的两侧。输卵管一对,各以裂缝状喇叭口开口于体腔。输卵管中部有分泌蛋白的腺体,称蛋白分泌部,输卵管的下部具有能分泌形成革质(蜥蜴、蛇)或石灰质(龟、鳖)卵壳的腺体,称壳腺部。受精作用在雌性输卵管的上端进行,受精卵沿输卵管下行,陆续被管壁分泌的蛋白和卵壳包裹。

爬行类的主要繁殖方式为卵生(oviparity)。年产单窝卵(如石龙子科蜥蜴、蛇等)或多窝卵(如壁虎科和蜥蜴科动物等),窝卵数(clutch size)和卵大小变异较大,与母体大小呈正相关。少数种类的窝卵数则恒定不变,如壁虎科和鳞脚蜥科动物每次产2枚卵。卵生种类产卵于潮湿、温暖、阳光充足的地方,或者把卵产在特别挖掘的土坑内或草堆中,借阳光的照射或植物腐败后所产生的热量来孵化。龟鳖类能挖掘适宜的巢穴来提高繁殖成功率,鳄类则有筑巢的习性,营巢地点多在向阳的南坡。利用吻部和前肢挖成一个浅凹,内铺杂草、树叶等,产卵后,在上面再盖上杂草等,形成一个似草堆的巢。同域分布的一些龟甚至也将其卵产于鳄巢中。一些种类还有护卵行为,如鳄类在孵化过程中守候在巢附近,待幼鳄孵出时,扒开巢穴帮助幼鳄出来。雌性石龙子和脆蛇蜥等盘绕在自己产的卵周围,起保护和清洁卵的作用。蟒科蛇类则可将1窝卵盘在身体中间,不仅保护卵,而且能利用肌肉收缩产生的热量来孵卵(图14-18)。一些蜥蜴和蛇类具卵胎生(ovoviviparity)或胎生

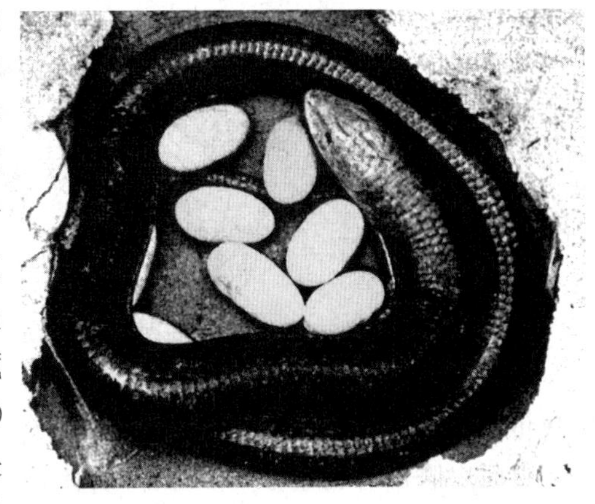

图 14-18　爬行动物的护卵行为(仿 Gans 等)

(viviparity)的生殖方式(图 14-19),即受精卵留在母体的输卵管内发育,直至胚胎完成发育成为幼体时产出。这种生殖方式被认为有利于生活在高山或寒冷地区的种类繁衍后代,进一步提高陆地繁殖后代的成活率。同属中的北方和高山种类以卵胎生为主,温暖地区种类则以卵生为主,甚至在同种中,温暖地区种群是卵生的,而高寒地区种群则是卵胎生的。例如,西藏沙蜥(*Phrynocephllus theobaldi*),分布于 2000 米处种群为卵生,而分布于 4000 米处种群则是卵胎生。一些卵胎生种类的胚胎,不仅能与母体交换水分和气体,还能交换含氮物质,即胚胎发育所需的营养不仅来自受精卵内贮存的卵黄,而且还直接来自母体。有鳞类(蜥蜴和蛇)中卵胎生的种类占总数的约 20%,这些种类中具有 100 多个独立进化起源,而且,一些卵生种类的胚胎在体内滞留,当卵产出时胚胎发育历程已过半,如石龙子属(*Eumeces*)动物和尖吻蝮(*Agkistrodon acutus*)等。因此,有鳞类成为研究脊椎动物繁殖方式进化的一个重要类群,引起科学家的关注。

A　　B

图 14-19　爬行动物的繁殖方式(仿 Shine)

A. 卵生；B. 卵胎生

3　爬行类的分类与演化

世界上现存的爬行类约有 7000 多种,中国约有 380 余种,分为 4 个目,即喙头蜥目、龟鳖目、有鳞目(蜥蜴亚目和蛇亚目)和鳄目。

3.1　喙头蜥目(Rhynchocephaliformes)

本目是爬行类中最古老的类群之一,它们大多生活在下二叠纪和三叠纪,曾经广泛分布于欧、亚、非和拉丁美洲,现仅存留一属一种——楔齿蜥(喙头蜥)(*Sphenodon punctatum*)(图 14-20),楔齿蜥具有一系列古爬行类的原始性特征,因而,在动物学上有"活化石"之称。现存楔齿蜥仅产于新西兰,数量很少,濒临绝灭,是世界上最珍稀的动物之一。

图 14-20 楔齿蜥(仿 Kardong)

楔齿蜥体长 50～76cm,体形与蜥蜴相似,头前端呈鸟喙状,故又称喙头蜥。体外被覆颗粒状角质鳞,背中线有一列棘状鳞,其原始特征体现在:椎体属双凹型,椎体间还保留着脊索。腹面皮肤内有腹壁肌,端生齿,幼体具犁骨齿。头骨具完整的双颞孔,方骨不能活动。顶眼十分发达,具有角膜、晶体、视网膜等结构。不具中耳腔及鼓膜。雄性无交配器官。

3.2 龟鳖目(Testudoformes 或 Chelonia)

本目是爬行类中的特化类群。身体宽短,背腹具甲,躯干被包裹在背腹甲内,头、颈、四肢和尾外露,但多数种类可缩入壳中。甲分为背甲(carapace)和腹甲(plastron),有的种类通过桥甲连接背腹甲,如平胸龟。甲的内层为真皮来源的骨质板,外层为表皮来源的角质板(龟类)或厚的软皮(鳖类)。脊椎骨和肋骨与背甲骨板愈合,但颈椎和尾椎游离;无胸骨,形成不完整的胸廓,不能活动;腹甲主要为真皮来源的厚骨板,间锁骨(上胸骨)和锁骨也参与腹甲的形成。

头骨不具颞孔,不能活动。脊椎骨椎体为双凹型、前凹型或后凹型。上下颌均无齿,但颌缘具角质鞘。舌不能伸出。泄殖腔孔呈圆形或纵裂。卵生,淡水龟鳖和陆龟产刚性卵,而海龟产柔性卵。体内受精,雄性具单个的交配器。多数种类生活于淡水或海水中,少数营陆地生活,但都在陆地上产卵、孵化。龟鳖类的食性为草食性、肉食性或杂食性。陆栖龟类大多为草食性,鳖类大多为肉食性。龟鳖的寿命较长,一般可活数十年,象龟和海龟的最长寿命可达 150～250 年。世界上现存的龟鳖类有 280 余种,分属于 13 个科,分布多在热带和温带地区,中国产 30 余种,但没有侧颈龟类的分布。

鳄龟科(Chelydridae) 头部粗大,上下颌强劲,喙呈钩状,尾长,背甲扁平,腹甲较小,头和四肢不能缩入龟壳内。头骨颞区无凹陷,前颌窝较深。代表种类有平胸龟(*P1atysternon megacephalum*)等。

龟科(Emydidae) 是龟鳖目中种类最多的一个科,有 90 余种。背甲与腹甲直接相连,头较小。背甲明显凸出且有纵棱。颈部、尾部和四肢均可完全缩入甲中。四肢较扁平,指趾间具蹼。营水栖或半水栖生活,卵生。代表种类有乌龟(*Chinemys reevesii*)、黄喉拟水龟(*Mauremys mutica*)、中华花龟(*Ocadia sinensis*)、黄缘闭壳龟(*Cuora flavomarginata*)和巴西彩龟(*Trachemys scripta elegans*)等。

陆龟科(Testudinidae) 龟壳高而圆,头顶有对称排列的大块鳞片,头、四肢和尾能缩入壳中,四肢粗壮呈圆柱状。植食性,可以生活在较干旱的环境中。代表种类有豹龟(*Geochelone pardalis*)和四爪陆龟(*Testudo horsfieldi*)等。

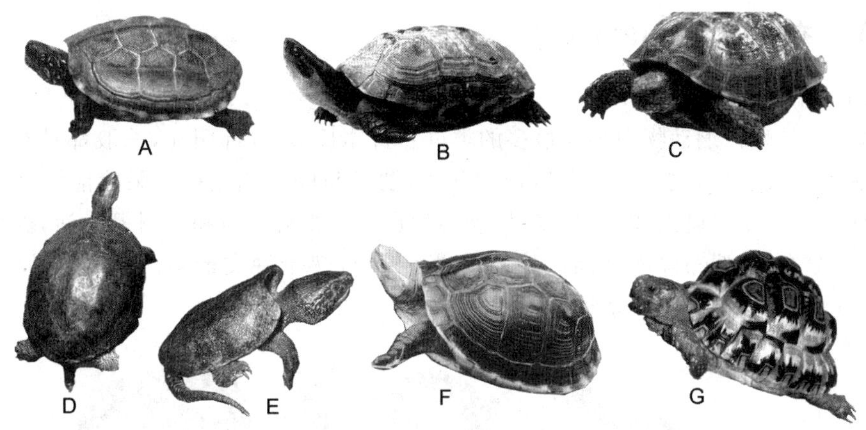

图 14-21　鳄龟科、龟科和陆龟科代表物种(仿各家)

A. 乌龟；B. 黄喉拟水龟；C. 四爪陆龟；D. 中华花龟；E. 平胸龟；F. 黄缘闭壳龟；G. 豹龟

蛇颈龟科(Chelidae)　为淡水龟。颈部不能缩入甲内，S 形弯向一侧。颈椎具发达的横突，腰带与甲壳愈合在一起。分布于南半球的南美洲和澳洲，中国不产。例如，窄胸蛇颈龟(*Chelodina oblonga*)和北澳蛇颈龟(*Chelodina rugosa*)。

棱皮龟科(Dermochelidae)　背甲由许多小的盾片和骨板构成，甲外覆以革质的皮肤。背甲上有 7 条纵棱。四肢呈鳍状，前肢约为后肢长的 2 倍，无爪。仅存 1 种——棱皮龟(*Dermochelys coriacea*)，体型甚大，最大可达 2.5 米，体重达 860 千克，为海龟中最大的种类。

海龟科(Cheloniidae)　甲外被大型的角质盾片，背甲上无纵行棱，四肢呈鳍状，具 1～2 个爪。代表种类有海龟(*Chelonia mydas*)和玳瑁(*Eretmochelys imbricata*)等。

鳖科(Trionychidae)　骨板外没有角质盾甲，覆盖柔软的革质皮肤，背甲边缘为厚实的结缔组织，俗称裙边。腹甲各骨板退化缩小。吻长，突出可动，鼻孔开于吻的尖端。四肢不能缩入壳中，内侧 3 指(趾)具爪。生活在淡水中，分布于非洲、亚洲南部、澳洲及北美等地。代表种类有中华鳖(*Trionyx sinensis*)和佛罗里达鳖(*Apalone ferox*)等。

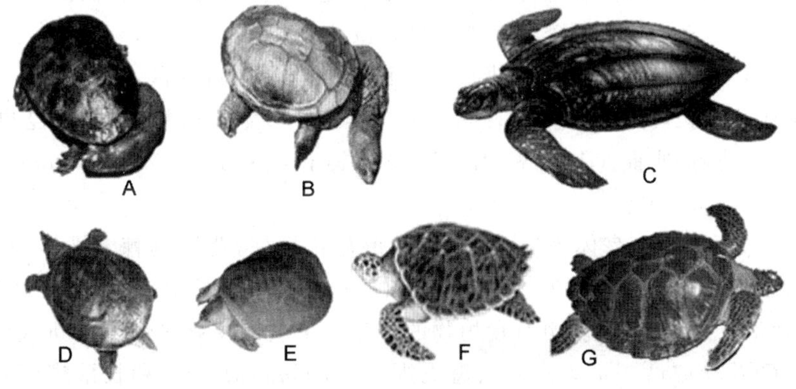

图 14-22　蛇颈龟科、棱皮龟科、海龟科和鳖科代表物种(仿各家)

A. 窄胸蛇颈龟；B. 北澳蛇颈龟；C. 棱皮龟；D. 中华鳖；E. 佛罗里达鳖；F. 玳瑁；G. 海龟

3.3 有鳞目(Squamata)

3.3.1 蜥蜴亚目(Lacertilia)

蜥蜴亚目是爬行纲动物中种类最多的类群。身体长形，颈部明显，一般都具有发达的四肢，少数种类四肢退化，尾长。具有肩带和胸骨，肋骨与胸骨相连接。眼睑能活动。有外耳道，鼓膜明显。主要以昆虫和小型无脊椎动物为食。主要营陆地和半树栖生活，少数种类穴居或水栖。分布广，遍布除南极洲以外的世界各地，以热带种类最多。全世界约 4000 余种蜥蜴，分 16 个科，中国产 150 余种。

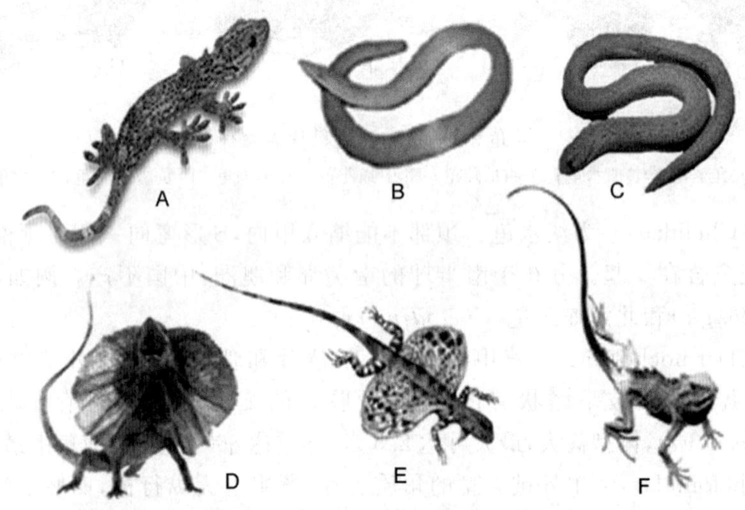

图 14-23 壁虎科、鳞脚蜥科和鬣蜥科的代表物种(仿各家)
A. 大壁虎；B. 澳蛇蜥；C. 鳞脚蜥；D. 澳洲伞蜥；E. 斑飞蜥；F. 长鬣蜥

壁虎科(Gekkonidae) 较原始的蜥蜴种类，体长小至 16mm，大至 370mm。皮肤柔软，具粒鳞。眼大，无活动的眼睑，瞳孔呈垂直状。椎体属双凹型。指趾端具吸盘，吸盘具一列或二列横行排列的趾下瓣，其上着生许多细丝状突起，扩大攀缘的接触面。可以在岩石上、墙壁上爬行，夜间活动。代表种类有大壁虎(*Gekko gecko*)等。

鳞脚蜥科(Pygopodidae) 鳞脚蜥分布于澳大利亚及附近地区，有 38 种。鳞脚蜥无前肢，后肢退化成鳞片状，外形同蛇，但有明显的外耳道。多数鳞脚蜥穴居，以昆虫为食，但澳蛇蜥属(*Lialis*)动物则捕食其他蜥蜴。代表种类有澳蛇蜥(*Lialis burtonis*)和鳞脚蜥(*Pygopus lepidopodus*)等。

鬣蜥科(Agamidae) 身体被覆方形鳞，呈覆瓦状排列，背鳞具棘。椎体为双凹型。颌上生端生齿，眼睑能活动。四肢发达，指(趾)和爪较长。尾细长柔软，无自残断尾功能。营树栖或陆栖生活。以昆虫为食，也有食植物的。分布于热带及亚热带，有 300 余种。代表种类澳洲伞蜥(*Chlamydosaurus kingii*)、斑飞蜥(*Draco maxulatus*)和长鬣蜥(*Physignathus cocincinus*)等。

避役科(Chamaeleonidae) 与鬣蜥亲缘关系较近，适应于树栖生活而高度特化。体小型或中型。本科 4 属 130 余种，主要分布于非洲和马达加斯加，少数种类分布在南欧、印度和斯里兰卡。身体侧扁，被覆粒鳞，背部有脊棱。四肢长，前后肢的 5 指(趾)分为相对的两组，前肢内侧 3 指愈合为一组，外侧的 2 指愈合为另一组；后肢与前肢的情况相反，适于攀登握枝。尾很长，善于缠绕。舌很长，舌端膨大，富有黏液腺。眼的结构特殊，眼大而突出，上下眼睑愈合，仅为中央瞳孔留有一小圆孔，两眼可独立转动，搜索不同方向。能根据环境的不同，调节色素细胞，以迅速改变体色。因此，避役又被称为"变色龙"。

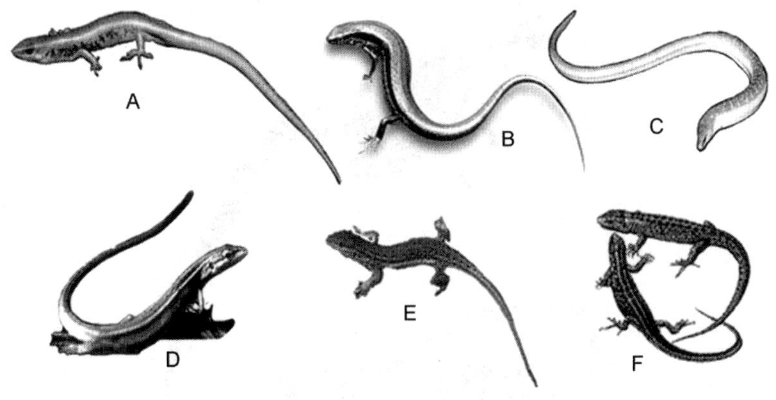

图 14-24　石龙子科、蜥蜴科和蛇蜥科代表物种(仿各家)
A. 中国石龙子；B. 蝘蜓；C. 脆蛇蜥；D. 北草蜥；E. 丽斑麻蜥；F. 胎生蜥蜴

石龙子科(Scincidae)　身体中型或小型，头顶具大型对称的大鳞片，体被光滑圆鳞，角质鳞下有真皮骨板。绝大多数种类具正常的五趾型附肢，少数种类四肢退化，尾长。舌尖分叉，侧生齿。营陆地或地下生活，以昆虫为食。卵生或卵胎生。广泛分布世界各地，有 1200 余种，代表种类有中国石龙子(*Eumeces chinensis*)和蝘蜓(*Sphenomorphus indicus*)等。

蜥蜴科(Lacertidae)　是旧大陆的陆栖蜥蜴类，以地中海地区为分布中心，延伸至亚洲和非洲，全球 220 余种。身体中小型。四肢发达，尾长，能自残断尾。头部具对称大鳞，角质鳞下无骨板，腹部鳞片较大，呈方形，区别于侧鳞。大腿的基部腹侧具股腺或鼠蹊腺。主要为卵生，也有少数为卵胎生。生活在林区草丛、荒漠、平原以及山坡等处。代表种类有北草蜥(*Takydromus septentrionalis*)、丽斑麻蜥(*Eremias argus*)和胎生蜥蜴(*Lacerta vivipara*)等。

蛇蜥科(Anguidae)　四肢消失，身体细长似蛇，但具带骨及胸骨，头顶具对称大鳞，背腹鳞为长方形。尾长易断，能迅速再生。舌前部薄而具伸缩性，后部则厚。具侧生齿。分布于欧洲、美洲热带地区、北非以及南亚等地区。世界上有 50 余种，中国产 4 种，常见的有脆蛇蜥(*Ophisaurus harti*)，体长 200mm 左右，体侧自颈后至肛侧各有纵沟 1 条。体背浅褐色，具蓝黑色斑纹，背中央有清晰纵棱。生活于海拔 500～1500m 的山地土中、石块、树洞等处，产卵 5 枚左右，分布于华东、西南等区。

巨蜥科(Varanidae)　身体粗壮，四肢强大，颌长，体被粒鳞，腹鳞方形，头顶具细鳞，无对称大鳞。舌长而细，分叉，能缩入舌鞘内。侧生齿，大而尖。主要分布于澳洲，也见于非洲和亚洲南部。中国的海南、云南、广东、广西等地有分布。本科多数种类体型巨大，如科莫多巨蜥(*Varanus komodoensis*)，身长可超过 3m；少数种类则小，如澳洲的短尾巨蜥(*Varanus brevicauda*)，体长仅 120mm。中国分布有圆鼻巨蜥(*Varanus salvator*)。

鳄蜥科(Shinisauridae)　包括墨西哥到危地马拉一带的异蜥和中国的鳄蜥，身被大型似鳄的鳞甲,卵胎生。鳄蜥(*Shinisaurus crocodiliris*),俗称雷公蛇。它头似蜥蜴,尾似鳄。体长220~400mm。背部鳞片有棱,体侧棱鳞较大,排列成行。背面橄榄色,背部和四肢有横纹。耳孔不明显,舌前端分叉。以昆虫、蚯蚓、小鱼及蝌蚪等为食。鳄蜥是中国特有的珍稀动物,仅产于广西瑶山、广东等部分地区,已列为国家一级保护动物。

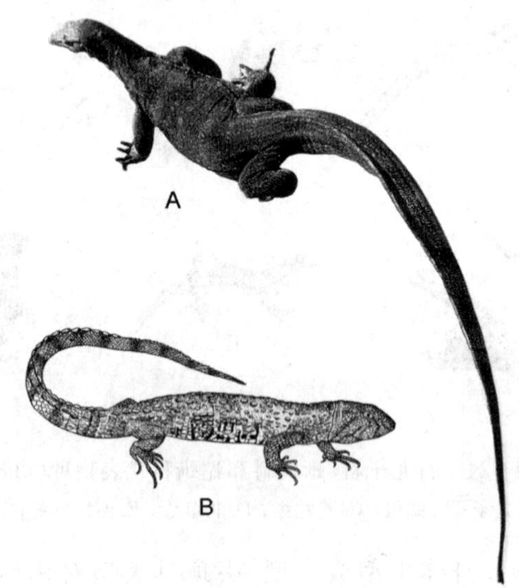

图14-25 巨蜥科和鳄蜥科代表物种(仿各家)
A. 圆鼻巨蜥;B. 鳄蜥

3.3.2 蛇亚目(Serpentes)

适应穴居的特化爬行动物。体呈圆筒形,无四肢,无胸骨,无肩带,但有少数种类尚保存退化的腰带(如盲蛇科)和后肢(如蟒蛇科)。无活动的眼睑,无外耳孔和外耳道。舌细长,尖端分叉。牙齿发达,生长在上、下颌骨、腭骨及翼状骨上。蛇的腭骨、翼状骨、方骨和鳞骨彼此形成能动的关节,因此,口可以开得很大,便于吞食大型食物。前凹型椎体,脊椎骨数目多,但仅分化为尾椎和尾前椎两部分。除寰椎外,尾前椎附有能动的肋骨,肋骨腹端支持腹鳞,在脊柱弯曲和皮下肌的作用下,移动肋骨和腹鳞,蛇便得以贴地爬行。因受体形的限制,成对的内脏器官,或变为前后排列(肾脏和生殖腺),或退化(肺)。雄性有半阴茎一对。大都营陆地生活,也有树栖、水栖(淡水、海水)等类型。卵生为其主要繁殖方式,少数则卵胎生。本亚目在全世界约有2900种,分属于13科,分布广。中国产200余种,隶属于8科,其中毒蛇约50种。

盲蛇科(Typhlopidae) 外形似蚯蚓,体长小于0.5m。全身被光滑圆鳞。头小,左右下颌骨愈合,方骨不能活动,故开口小。眼睛退化,隐于皮肤鳞片之下,故称盲蛇。上颌有齿,下颌无齿。为原始蛇类,后肢仍保留有腰带残迹。穴居,以昆虫为食。卵生或卵胎生。分布于热带和亚热带地区。本科有6属210余种,中国产3种,如钩盲蛇(*Ramphotyphlops braminas*)。

蟒科(Boidae) 体背鳞片小而光滑,腹鳞1列,大而宽。瞳孔竖立,上下颌全具齿。泄殖腔孔两侧有一对角质爪,为后肢的残余。有成对的肺。地栖或树栖,善于攀缘,主要以鸟类和哺乳类等恒温动物为食,以绞杀方式捕食时,即以身体缠绕猎物,使之窒息死亡后吞食。蟒科可分为蟒亚科和蚺亚科。蟒亚科卵生,而蚺亚科是卵胎生。分布于东西半球的热带和亚热带地区，如蟒蛇(*Python molurus*)。

游蛇科(Colubridae)　背鳞小，腹鳞宽大，头顶有对称鳞。多数是无毒蛇，少数有毒。上下颌有齿，毒牙为后沟牙(opisthoglyphic tooth)。营陆栖、树栖、半水栖和水栖等生活方式。卵生或卵胎生。分布几遍及全球，为蛇亚目中数量最多的一个类群，约有 1500 种，中国产 140 余种。代表种类有虎斑颈槽蛇(*Rhabdophis tigrinus*)、赤链蛇(*Dinodon rufozonatum*)、红点锦蛇(*Elaphe rufodorsata*)和乌梢蛇(*Zaocys dhumnades*)等。

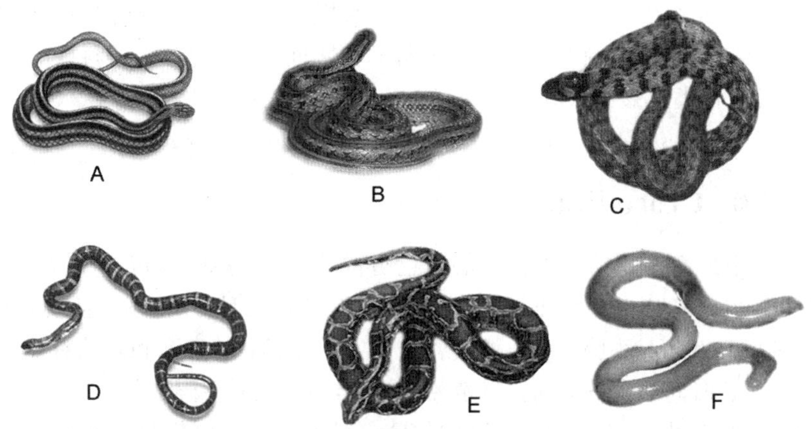

图 14-26　无毒蛇主要代表物种(仿各家)

A. 乌梢蛇；B. 红点锦蛇；C. 虎斑颈槽蛇；D. 赤链蛇；E. 蟒蛇；F. 钩盲蛇

海蛇科(Hydrophiidae)　尾侧扁，具前沟牙。海栖性毒蛇。鼻孔位于吻背，以鼻瓣启闭鼻孔。卵生或卵胎生。本科有 160 余种，分布于印度洋和太平洋的温暖水域。代表种类有长吻海蛇(*Pelamis platurus*)等。

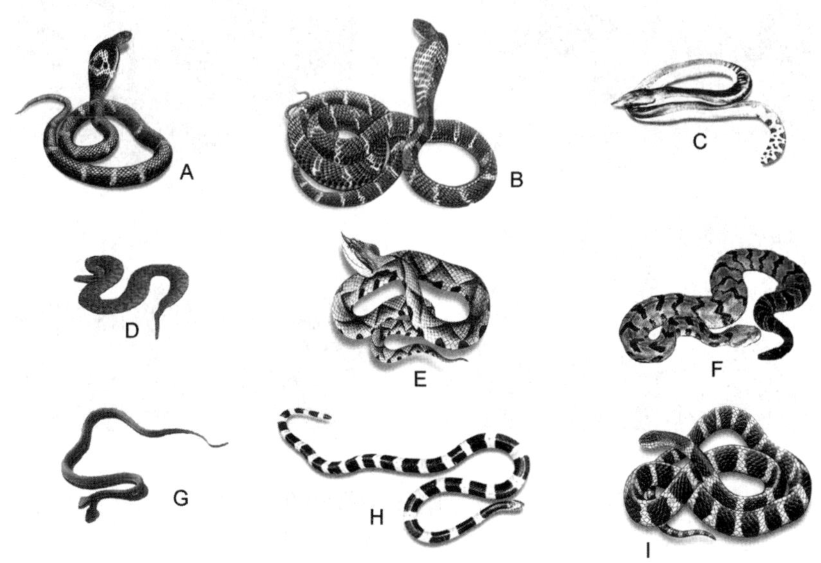

图 14-27　有毒蛇的主要代表物种(仿各家)

A. 眼镜蛇；B. 眼镜王蛇；C. 长吻海蛇；D. 蝮蛇；E. 尖吻蝮；F. 响尾蛇；G. 竹叶青；H. 金环蛇；I. 银环蛇

眼镜蛇科(Elaphidae)　毒牙1对,属前沟牙(proteroglyphic tooth),位于上颌的前部,都为剧毒蛇。尾圆形。绝大多数卵生,少数卵胎生(如 *Hemachatus* 属)。以啮齿类为主要食物。陆生或树栖。本科130余种,分布于亚洲、非洲、美洲等地区。代表种类有眼镜王蛇(*Ophiophagus hannah*)、眼镜蛇(*Naja atra*)、金环蛇(*Bungarus fasciatus*)和银环蛇(*Bungarus multicinctus*)等。

蝰蛇科(Viperidae)　上颌骨宽短,其前部着生管状的大型毒牙,毒牙平时向后倒放于口腔内,张口时直立。卵胎生。包括陆生、树栖、和半水栖种类。分布于欧洲、亚洲、非洲和美洲等地。分为以下两亚科:蝰亚科(Viperinae)眼与鼻孔之间不具颊窝;蝮亚科(Crotalinae),眼鼻之间具颊窝。代表种类有蝮蛇(*Gloydius brevicaudus*)、尖吻蝮(俗名五步蛇)(*Deinagkistrodon acutus*)、竹叶青(*Trimeresurus stejnegeri*)和响尾蛇(*Crotalus horrodus*)等。

3.4　鳄目(Crocodilia)

现代爬行类中最高等的动物类群。心室已分隔为左右两室,仅留1个潘氏孔相通。次生腭完整使得鼻腔与口腔完全分开,具槽生齿。颅骨双颞孔型,方骨不能活动。椎体多为前凹型,具有游离的腹壁肋。小脑发达。鳄类营水栖生活,尾侧扁,鼻孔和耳孔有能关闭的瓣膜。肺大而复杂,适于长时间的水下活动。泄殖腔孔纵裂,体内受精,雄性具单个的交配器。卵生。全世界现存鳄类共23种,分为3个科,即鳄科(Crocodylidae),短吻鳄科(Alligatoridae)、长吻鳄科(Gravialidae)。分布在亚洲、美洲、非洲等热带亚热带地区,代表种类有扬子鳄(*Alligator sonensis*)、密河短吻鳄(*Alligator mississippiensis*)、湾鳄(*Croxodilus porosus*)和长吻鳄(*Gavialis gangeticus*)等(图14-28)。

图14-28　鳄目主要代表物种(仿各家)

A. 扬子鳄; B. 密河短吻鳄; C. 湾鳄; D. 长吻鳄

3.5　爬行类起源与演化

爬行类是从石炭纪末期的古代两栖类(坚头类)进化来的。在石炭纪末期,地壳运动导致陆地上出现了大片的沙漠，原来的温暖而潮湿的地区转变为冬季寒冷，夏季炎热的地区。气候变化导致植被改变，适应干旱的裸子植物逐渐代替了适宜潮湿环境下生存的蕨类植物。因此，古代两栖类的生存受到极大威胁，逐渐绝灭，具有适应陆生生活的身体结构（角质化皮肤、肺）和繁殖方式（体内受精、羊膜卵）的新兴爬行动物，在生存竞争中不断发展壮大，逐渐代替两栖类，在动物界占据主要地位。

杯龙类(*cotylosauria*)是已知最原始的爬行类，发现于古生代石炭纪末期，到二叠纪中期最为繁盛，后期各类爬行动物都是由杯龙类辐射进化而来。到了三叠纪，杯龙类完全绝灭，被其分化出来的后裔所代替。根据颞孔的有无以及颞孔的位置，古今爬行动物共分为 6 个亚纲：(1)无孔亚纲(Anapsida)，无颞窝(缺弓类)，包括杯龙目(Cotylosauria)、中龙目(Mesosauria)和现生的龟鳖目。(2)调孔亚纲(Euryapsida)，头骨侧上方有一个颞孔(宽弓类)，包括鳍龙目(Sauropterygia)，无现生种。(3)上孔亚纲(Parapsida)，或称鱼龙亚纲(Ichthyoptergia)，头骨侧上方有一个颞孔(侧弓类)，如化石种类的鱼龙目(Ichthyosauria)。(4)有鳞亚纲(或称鳞龙亚纲)(Lepidosauria)，具原始的双颞孔(双弓类)，其头骨侧有 2 个颞孔，并以眶后骨和鳞状骨为分界，无眶前孔，包括化石类群的始鳄目(Eosuchia)和由它演化出生存至今的喙头目和有鳞目。(5)初龙亚纲(Archosauria)，具进步的双颞孔(双弓类)，头骨每侧有两个颞孔，亦以眶后骨和鳞骨为界，但通常具眶前孔，包括槽齿目(thecodontia)、翼龙目(Pterosauria)、蜥龙目(Saurischia)、鸟龙目(Ornithischia)和现存的鳄目。(6)下孔亚纲(Synapsida)，头骨侧有 1 个颞孔(合弓类)，包括较原始类群的盘龙目(Pelycosauria)和较进步类群的兽孔目(Therapsida)，后者进化发展为哺乳动物。

中生代是爬行类最为繁盛的时代，种类多，分布广。除了绝大多数生活在陆地上以外，还发展了水栖(鱼龙)和飞翔(翼龙)的种类。个体大小差异也极大，小的如蜥蜴，大的则可长达 30m，重达 50 吨。爬行动物在地球上称霸达一亿年之久，整个中生代被称为“爬行动物的时代”。

中生代后，在地球上占统治地位达一亿多年之久的恐龙类以及其他古爬行动物逐渐衰退，直至白垩纪末期绝灭。只有喙头类、龟鳖类、鳄类、蜥蜴类和蛇类等少数残余种类遗留下来，发展为现代爬行类。导致恐龙等古爬行类绝灭的原因有众多假说，如气候变化假说，太阳黑子假说，彗星碰撞假说，生物竞争假说等。

4　爬行类小结

爬行类是体被角质鳞或硬甲、在陆地繁殖的变温羊膜动物。爬行类在中生代曾经盛极一时，种类繁多。至新生代白垩纪末期，恐龙类及其他绝大部分古爬行动物绝灭了。少数遗留种类发展为龟鳖、蜥蜴、蛇、鳄等现存爬行类动物。爬行动物具角质鳞片保护的皮肤，能有效防止水分蒸发；骨骼较坚硬，骨化程度较高，脊柱分化明显，附肢发达，运动能力加强，具有颞孔和次生腭；出现胸廓，肺呼吸功能进一步完善；心脏由 2 个心房和 1 个心室组成，心室出现不完全分隔，但仍为不完全的双循环；后肾执行泌尿机能，尿以尿酸为主；大脑开始出现新脑皮，纹状体增大而使大脑体积增加，中脑视叶仍为高级中枢，脑神经为 12 对；出现陆地繁殖方式，雄性具交配器，能进行体内受精，卵生或卵胎生，真正摆脱了水环境的束缚。现存 7500 余种爬行动物遍布于世界各地的陆地和水域中。

第15章　鸟纲(Aves)

1　鸟类的主要特征

鸟类是一支适应于陆上和飞翔生活，体表被覆羽毛、恒温、卵生和有翼的高等脊椎动物，羽毛是鸟类最为主要的特征，所有现存动物，只有鸟类体被羽毛。鸟类是种类和数量最多的陆生脊椎动物，全世界约有鸟类9900多种，我国目前已记录到1331种。

鸟类是由爬行类进化而来的，被称为是“美化了的爬行动物”。因此，鸟类具有一些与爬行类相似的特征，如皮肤缺乏皮肤腺、干燥；体表所覆盖的鳞片都是表皮角质化的产物，鸟类羽毛在发生上与角质鳞同源；头骨仅有一个枕髁与第一枚颈椎关联，具单一听骨的中耳，下颌骨(mandibles)由多块骨骼组成，后肢的踵关节位于两列跗骨之间，形成跗间关节；以尿囊作为胚胎的呼吸器官，成体为后肾，尿液的主要成分是尿酸；产大型具壳的羊膜卵，为多黄(polylecithal)、端黄(telolecithal)卵，盘状卵裂，体内受精，体外发育。

当然，鸟类又不同于爬行类。作为高等脊椎动物，鸟类具有一系列比爬行类更高级的进步性特征：

具有高而恒定的体温，其体温可达42～44.6℃。恒温大大提高了鸟类的新陈代谢水平，减少了对外界温度环境的依赖性，不仅提高了它在夜间、寒冷地区的生活能力，而且扩大了其生活和分布范围，在动物界中只鸟类和哺乳类属于恒温(endothermic)动物，恒温标志着动物体的结构与功能已进入更高一级的水平；具有比较完善的循环系统和呼吸系统。心脏分为二心房二心室，血液循环为完全的双循环，多氧血和缺氧血完全分开，使循环效率得到极大提高；肺的结构特殊，并有复杂的气囊系统，构成了鸟类高效的呼吸器官和独特的双重呼吸方式，极大地提高了气体交换的效率；具有发达的神经系统和感官，以支配和协调飞行运动、定向和定位，以及其他各种复杂行为；具有较完善的繁殖方式和营巢、孵卵、育雏等复杂的繁殖行为，保证后代有较高的成活率；具有快速飞翔运动的能力，使鸟类能迅速而安全地寻觅到适宜的栖息地及躲避天敌及不利的自然条件的威胁，并能借主动的迁徙来适应多变的环境。

“飞翔运动”这一独特的运动方式，使鸟类在生物进化的生存竞争中占有优势，从而迅速扩展和占据地球的各个角落，再通过辐射适应而形成许许多多的新种。因此，鸟类的主要特征均与适应飞翔生活相关，其主要的特化性特征有：

身体呈纺锤形，流线型的体形能减少飞行时的空气阻力；前肢特化为翼，后肢支持体重及步行、跳跃，也有较大变形。腿足强健而富弹性使鸟类的脚能在起飞时用力蹬地及降落时缓冲巨大的冲力。扁平型的尾部犹如舵使鸟类在飞行中保持平衡；骨骼轻而多愈合，有气腔，以增加骨骼的支撑强度和减轻身体的重量；有复杂和发达的气囊系统与肺脏相通，这不仅使鸟类在呼气和吸气时均有新鲜气体经过肺，而且还起着减轻身体比重、减少飞行时肌肉间及内脏间的摩擦和调节体温等方面的作用；骨骼肌的肌腹趋于分布于躯体中心，以长的肌腱操纵肢骨的运动，以保持飞行时的重心和稳定，胸部肌肉特别发达使两翅能有力地搧动；以喙取食，牙齿退化，食物的机械消化和化学消化均在胃和小肠中进行。直肠退化，不能大量贮存粪便，以减轻飞行时的负重。

2　鸟类的生物学

2.1　皮肤及其衍生物

2.1.1　皮肤结构

鸟类皮肤的特点是薄、松而且缺乏腺体。薄而松的皮肤便于肌肉剧烈运动；皮肤缺乏腺体与爬行类相似。鸟类皮肤由来源于外胚层的表皮和来源于中胚层的真皮构成(图 15-1)。在真皮之下为疏松结缔组织与脂肪细胞组成的皮下层(subdermis)。

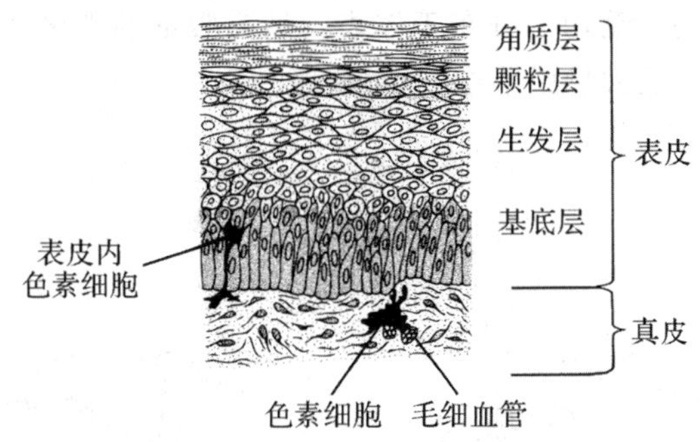

图 15-1　鸟类皮肤切片模式图(仿 Lucas 和 Stettenheim)

表皮为一种复层扁平上皮，分为下层的活细胞和上层的角质化细胞两部分。细胞从深层不断分化而进入上层并逐渐角质化，自深层到浅层可分为基底层、生发层、颗粒层和角质层等。真皮主要为弹性纤维和胶原纤维构成，并有丰富的血管、感觉小体和神经末梢以及平滑肌纤维；真皮的结缔组织纤维分布较均匀。真皮又分为浅层、深层和弹性纤维板层等。

皮下层由疏松结缔组织构成，在纤维之间的网孔空隙处充满脂肪；脂肪有的连成条块状，有的为分散的脂肪小体；许多种类的脂肪在特定部位集聚，一般多分布在羽区、颈、嗉、尾部和腹部，并在迁徙之前有大量的积累。

2.1.2　皮肤的衍生物

鸟类的皮肤衍生物包括皮肤腺、羽毛和角质皮肤衍生物，如鳞片、角质喙和爪等。其中最为重要的皮肤衍生物是羽毛，亦是鸟类特有的结构。

皮肤腺(cutaneous gland)　鸟类皮肤缺乏腺体，除了外耳道的皮下具有能分泌蜡质物和脂肪球（其中含有脱落细胞，desquamated cells）的蜡腺（wax gland）之外，尾脂腺(uropygial gland 或 oil gland)为唯一可见的大型皮肤腺。尾脂腺为一种分支的大型泡状腺，位于尾基背部的皮下，一般分左右两叶，其分泌物主要是油脂。鸟类以喙啄取其所分泌的油脂，涂抹在羽片以及角质鳞片外面以保护羽毛、角质喙及鳞等，并可防水。因而水禽的尾脂腺特别发达。但有些种类并没有尾脂腺,如鸵鸟目、鹤鸵目、鸨科的种类以及一些鸽、鹦鹉和啄木鸟等。某些鸟类(如䴕类和戴胜等)的尾脂腺分泌物有很强烈的刺激性气味,特别是在繁殖孵卵期更为明显,可能起着性引诱及保护的功能。也有一些鸟类尾脂腺分泌物含有维生素D的前体麦角甾醇(ergosterol),当被涂抹到羽片上时,在日光的照射下能转变为维生素D,并在以喙疏理羽毛时吞入。

羽毛　是表皮的角质化衍生物,与爬行类的鳞片同源。羽毛的主要功能是:(1)保护皮肤不受损伤。羽毛的羽色和纹、斑等装饰色还起到保护色的作用,并在个体识别和繁殖期的求偶炫耀方面起着重要作用。(2)在体表形成有效的隔热层,保持体温。在神经系统的控制下,可以通过附于羽根基部的肌肉,改变羽毛的位置和方向而散热,从而调节体温。(3)鸟类飞翔器官重要组成部分——飞羽和尾羽,并通过覆瓦状排列的体羽使整个鸟体的轮廓呈流线型,减少飞行时的阻力。(4)有触觉功能。

绝大多数鸟类的羽毛着生在体表的一定区域内,称为羽区(pteryla)或羽迹(feather tract)。各羽区之间不着生羽毛的地方称为裸区(apterium)(图15-2)。羽毛的这种分布方式有利于剧烈的飞翔运动,不致使肌肉的收缩受到限制。不会飞翔的鸟类(如平胸总目鸟类)无羽区和裸区之分,其羽毛均匀分布于体表。鸟类腹部的裸区还与孵卵有着密切关系,并在孵卵期间通过腹部羽毛大量脱落形成"孵卵斑"。

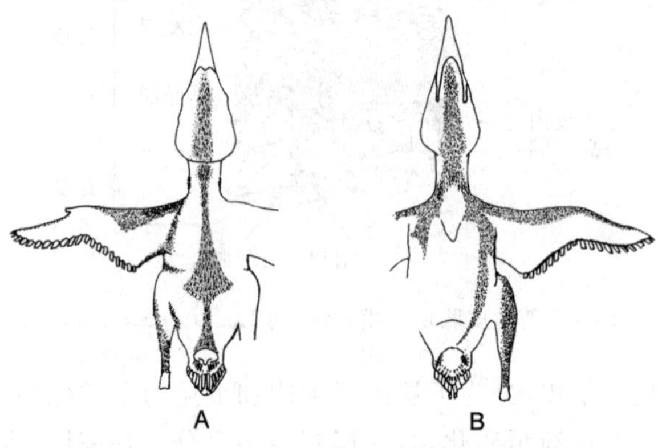

图15-2　鸟类皮肤的羽区和裸区(仿 Van Tyne 和 Berge)

A. 背面观; B. 腹面观

鸟羽的形态多种多样,功能各异。根据羽毛的结构和功能,可分为正羽(pluma 或 contour feather)、绒羽(plumule 或 down feather)和毛羽(filoplume 或 hairlike feather)等三种主要类型(图15-3)。

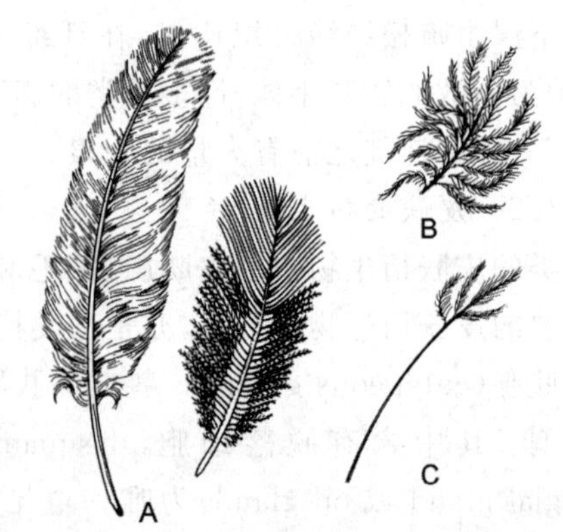

图15-3　鸟类的正羽、绒羽和毛羽(仿各家)

A. 正羽; B. 绒羽; C. 毛羽

正羽是最普遍和主要的羽毛,覆盖于体表的大型羽片,构成了严密的保护层。翼上的正羽称为飞羽(flight feather),对飞翔起着决定性的作用;尾上的正羽又称尾羽(tail feather),在飞翔时相当于舵,对身体平衡起着重要作用。飞羽和尾羽的形状和数目是鸟类分类的重要依据。正羽由羽轴(shaft)及其两侧的羽片(vane)构成。羽轴下段不具羽片的部分称为羽根或羽柄(calamus),其下部深插入皮肤内。羽片分内羽片和外羽片,为许多斜行排列的细长羽枝(ramus 或 barb)所构成。在这些相互平行、彼此紧邻的羽枝两侧,又密生有许多成排的羽小枝(radii 或 barbule)。近端的羽小枝具有凸缘,远端羽小枝上具有羽小钩(hamuli 或 barbicel),相邻的羽小枝互相钩结起来,形成严密、坚实而具有弹性的羽片(图 15-4),以扇动空气。羽片在受到外力作用使羽小枝分离时,鸟类可用喙进行疏理使其重新钩结,并经常啄取尾脂腺所分泌的油脂,涂抹疏理羽毛,使羽片保持完好的结构和功能。当然,上述正羽的典型结构特征主要见于飞羽和尾羽,而大部分体羽的羽片并非如此紧密,一般在羽片的下半部呈绒羽状;在羽尖的游离部也缺乏羽小钩,因而羽缘更为柔韧,有利于保温和保持体廓的流线型。

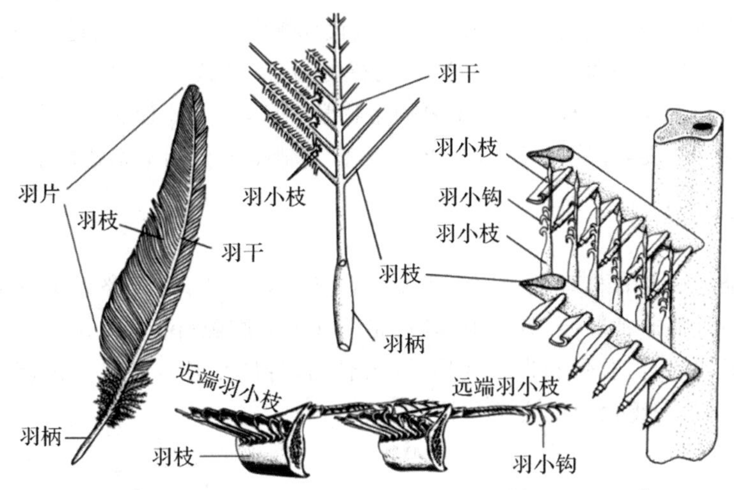

图 15-4　正羽的结构(仿各家)

绒羽分成体绒羽(definitive down)和雏绒羽(natal down 或 nestling down)两种。成体绒羽位于正羽下方,羽干短小或缺失,羽枝成簇地从羽柄顶部伸出,羽小枝上不具羽小钩或很稀少。整个羽毛蓬松柔软呈棉絮状,构成有效的隔热层。雏绒羽为雏鸟破壳之后体外所被覆的绒羽,与成体绒羽的主要区别是其羽小枝上完全不具羽小钩。

毛羽又称纤羽,杂生在正羽和绒羽之间,羽干细长有如毛发,在顶端有少许羽枝及羽小枝。在其羽根的滤泡附近有丰富的触觉神经末梢,因而它的基本功能为触觉,能感知正羽的姿态,控制羽毛的运动。

除了上述主要羽毛类型外,鸟类还有须(bristle)、粉䎃(powder feather)和半绒羽(semiplume)等类型的羽毛。

羽毛发生的早期阶段与爬行类的鳞片发生相似。绒羽发生时,先是真皮间充质细胞大量集聚,形成丘状真皮乳头,连同外覆的表皮,称为羽原基(feather primordium)。随后,羽原基基部的四周出现环状沟,向皮肤内陷入形成杯状构造的滤泡(follicle)。羽原基向上生长,真皮的细胞组织以及血管伸入其中央形成羽髓。羽原基进一步生长最终突出体表形成锥状突起,称为羽锥。羽锥外层为薄的角质层,称为羽鞘,其内表皮细胞逐渐加厚,形成一系列纵行角质羽柱。随着羽毛的继续生长,羽鞘破裂,里面的羽柱向四周展开,形成绒羽的羽枝,每一羽柱形成一个羽枝。

正羽的发生与绒羽相似,但正羽发生时,先在羽原基的基部由表皮生发层形成一个角质的筒，称为羽环(epidermal collar)，再沿羽环四周分生出向上生长的羽柱。随后，其细胞增殖过程不均匀，背面的一支羽柱迅速加厚和生长，将其两侧位于羽环上的羽柱斜行地"拉"到它的两侧，从而形成了羽干和两侧的羽枝。各羽枝上也形成羽小枝，待生长后期羽鞘破裂后展开。

鸟类的羽毛是定期更换的，称为换羽(molt)。鸟类从雏鸟破壳到达性成熟，要经历多次换羽，之后每年仍要规律性地进行换羽。通常一年有两次换羽：在繁殖结束后所换的新羽称冬羽(winter plumage)；冬季及早春所换的新羽称为夏羽(summer plumage)，或称婚羽(nuptial)。通常鸟类的换羽可分为完全换羽(complete molt)和局部换羽(incomplete molt)。前者是指体羽、飞羽和尾羽全部更换，成鸟婚后换羽所换成的冬羽，大多属此类型。局部换羽可在一年中发生一次至多次，大多数情况下为一次，而且多是婚前换羽所换成的夏羽，一般飞羽和尾羽不更换。飞羽和尾羽的更换是左右对称，大多为一枚枚地逐渐更替，使更换过程不影响飞翔。但雁鸭类飞羽更换时同时脱落，在此期间丧失飞行能力，需隐蔽于湖泊草丛中，以减少被天敌发现和捕猎的机会。换羽是鸟类非常重要的生物学现象，换羽能使其长年保持完好的羽饰，以适应飞翔生活的需要，并能修复迁徙、求偶炫耀、育雏等剧烈活动造成的羽毛损伤。

2.2 骨骼

鸟类的骨骼与一般脊椎动物相似，但为了适应飞翔生活，其骨骼系统发生了显著的特化，主要表现在：骨骼非常轻便，骨壁很薄，具充满气体的腔隙(pneumatization)；头骨、脊柱、骨盘和肢骨的骨块愈合，肢骨和带骨变形；承力骨骼，特别是长骨的骨壁内侧常有纵横交错的骨质梁架加固，以获得最大的支撑和抗力(图 15-5)。

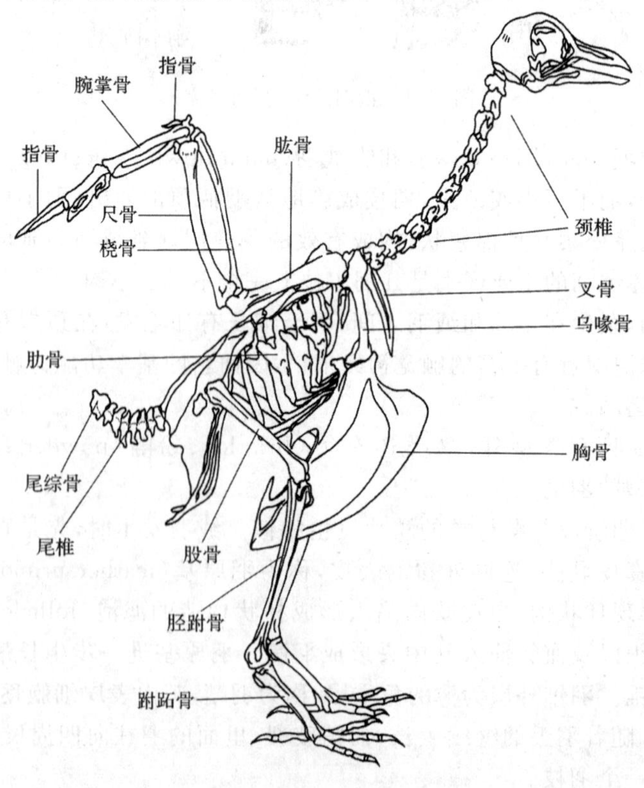

图 15-5 家鸽的骨骼(仿 Wilson)

2.2.1 头 骨

鸟类的头骨具有一些类似于爬行类的结构。例如,软骨脑颅为脊底型,即颅底不似两栖类或哺乳类平坦;具单一枕髁,主要由基枕骨所构成;脑颅借方骨与下颌的关节骨(articular)作关节;方骨可以活动;听骨由单一的耳柱骨所构成。但鸟类头骨为适应飞翔生活,出现了一些非常显著的特化特征:(1)头骨薄而轻,成体的头骨有广泛的愈合现象,骨间的一些骨缝消失,骨内有蜂窝状充气的小腔。(2)前颌骨、颌骨及鼻骨显著前伸,形成鸟喙,鸟喙外具有角质鞘,构成锐利的切缘或钩,是鸟类的取食器官。这是鸟类区别于所有脊椎动物的结构。现代鸟类牙齿退化,是对减轻体重的适应。(3)除方骨可动外,许多鸟类的前颌骨、鼻骨与额骨之间的连接处有一定的可动性,从而使上颌在张口时能够上抬,扩大口裂范围。(4)脑的发达使脑匣后部的侧壁向两侧倾张,头骨呈圆拱形,枕骨大孔移至腹面。眼眶的膨大使这一区域的脑颅侧壁被挤至中央,构成眶间隔。(5)眼球前壁内有环形排列的巩膜骨(sclerotic ring)保护,以抵抗飞翔时气流对眼的压力。

2.2.2 脊柱、肋骨及胸骨

脊柱由颈椎、胸椎、愈合荐骨(synsacrum)、尾椎和尾综骨(pygostyle)五部分组成。颈椎数目变异较大,由小型鸟类的8枚至天鹅的25枚。第一枚颈椎呈环状,称为寰椎,与头骨的单个枕髁相关节;第二枚颈椎称为枢椎,其前腹方有齿状突伸入寰椎下部,上有横韧带加以固位,使寰椎与头骨一起能在枢椎的齿突上转动,产生头部的旋转运动,大大提高了头部的活动范围。颈椎之间的关节面呈马鞍形,称异凹型椎骨(heterocoelous centrum)。这种关节形式使颈椎之间活动范围大而灵活。鸟类颈椎的这种灵活性是对前肢变为翅膀和脊柱的其余部分大多愈合的有效补偿。

胸椎有5~10枚,其中最后2~3枚构成愈合荐骨的前部,前方的胸椎大部分愈合成一整体,借硬骨质的肋骨与胸骨联结,构成牢固的胸廓。许多鸟类的愈合胸椎与其后的愈合荐骨之间常有一枚或更多的可自由活动的胸椎,这可能与起飞及着陆时的缓冲作用有关。

愈合荐骨由一些胸椎、腰椎、荐椎和一些尾椎愈合而成,是鸟类特有的,它进一步与宽大的骨盘(腰带)相愈合,构成了坚实有力的支架。鸟类的尾椎除了有一些加入愈合荐骨之外,尚有5~8枚能自由活动的尾椎,其最后则为一尾综骨。尾综骨是由多枚退化尾椎愈合而成的。尾综骨是鸟类特有的,在其所支持的尾柄上着生扇形的尾羽,在尾综骨的运动下能改变尾羽的方向,在飞行及降落时起着舵的作用。鸟类脊椎骨骼的愈合以及尾骨的退化,使其躯体重心集中在中央,有助于在飞行中保持平衡。

鸟类的肋骨由背侧的椎肋(vertebral rib)和腹侧的胸肋(sternal rib)构成,两者之间有可动关节,且借向后着生的钩突(uncinate process)彼此相关联,以增强胸廓的牢固性。胸骨宽大,为主要的飞翔肌肉胸肌的起点。鸟类胸骨中线处有高耸的发达骨嵴,称为龙骨突(keel),以增大胸肌的固着面。不善于飞行的平胸总目鸟类,胸骨平坦。

2.2.3 带骨及肢骨

鸟类带骨和肢骨有愈合及变形现象,是对飞行生活方式的适应。

肩带由肩胛骨、乌喙骨和锁骨组成。三骨的联结处形成肩臼,为前肢肱骨的关节处。肩胛骨呈长刀状,后伸于胸廓背方,当鸟类扇翅时此骨在背方滑动。善于飞翔的鸟类,肩胛骨更长。乌喙骨粗壮,与胸骨作关节,构成对前肢的有力支持。左右锁骨在腹中线愈合成"V"

形，称为叉骨(furcula)，是鸟类特有的结构。叉骨具有弹性，在鸟翼剧烈搧动时可避免左右肩带碰撞。鸟类的前肢特化为翼，是飞翔的重要器官。前肢的变化主要是表现在手部骨骼(腕骨、掌骨和指骨)的愈合和消失(图 15-6)，使之成为一个整体来扇击空气。前肢骨可分为三大段，静止时，三段折叠成"Z"字形，紧贴胸廓上。第一段是上臂部，由粗大的肱骨组成，以肱骨头与肩臼作关节。第二段为前臂部，由尺骨和桡骨组成，尺骨所生的一列飞羽称为次级飞羽。第三段为手部，包括腕骨、掌骨和指骨。腕骨退化，近端仅留两块独立的骨块，远端腕骨与掌骨愈合，形成腕掌骨(carpometacarpus)；指骨(digit)退化，仅余第 2、3、4 指，各指的节数也大为减少，现代鸟类指末端一般无爪。手部所生的一列飞羽称初级飞羽。

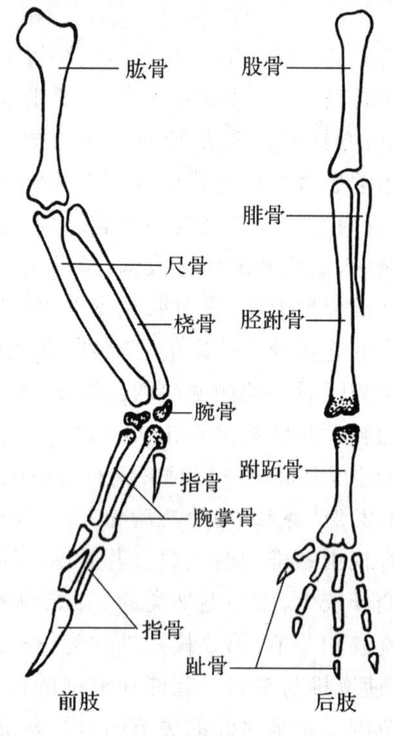

图 15-6 鸟类的肢骨(仿郑光美)

腰带为髂骨、坐骨和耻骨愈合形成的薄而完整的骨架，在三骨间所构成的髋臼与后肢相关节。鸟类的腰带宽大而显著变形，这与后肢负重以及产大型硬壳卵有关。髂骨部分向前后扩展，与愈合荐骨愈合，使后肢得到强有力的支持；大多数鸟类的左、右耻骨与坐骨不在腹中线汇合，而是向体后方向伸展，构成开放式骨盆，使大型硬壳卵在产出时不受阻碍。后肢骨强大，由股骨、胫跗骨(tibiotarsus)、跗跖骨(tarsometatarsus)和趾骨构成(图 15-6)。股骨短而粗壮，在鸟类栖止时常近于水平状态，使脚更接近躯体的重心。腓骨退化成一条不长的细骨，附于胫骨外侧。胫骨与足部的近端跗骨相愈合形成胫跗骨。足部骨骼简化愈合，远端跗骨与跖骨愈合成单一的跗跖骨，形成鸟类特有的跗间关节。鸟类大多为 4 趾，第 5 趾退化，一般拇趾向后，其他三趾向前，以适应于树栖握枝。鸟趾的数目及形态变异是鸟类分类学的重要依据。

2.3 肌 肉

鸟类的肌肉系统与其他脊椎动物一样，由骨骼肌(横纹肌)、平滑肌和心肌组成。鸟类适应于飞翔生活，在骨骼肌的形态结构上发生了显著的变化，其主要特点为：

(1)颈部肌肉发达、背部肌肉退化。由于脊柱的缩短和愈合，尾骨的退化，使中轴肌肉在躯干部的背肌趋于退化。作为对躯干运动性差的补偿，鸟类颈肌复杂，使颈部能在多方向和方位完成精细的动作。

(2)有发达的胸肌和后肢肌肉。胸肌是鸟类最显著的飞翔肌肉，胸肌可分为胸大肌和胸小肌，胸肌约占体重的五分之一，对于善于飞翔的鸟类，其胸肌的重量可占体重的三分之一以上。由于前肢变为翅，体重的支持全由后肢承担，所以鸟类后肢肌肉也十分发达和复杂。此外，鸟类支配四肢的肌肉，其肌体部分均位于腹位并向躯体重心部位集中，以长而有力的肌腱来操纵远端骨骼的运动。这对于飞翔时保持重心的稳定和平衡有着重要意义。

(3)后肢具有适于握紧树枝的肌肉。鸟类后肢的栖肌、贯趾屈肌和腓骨中肌能够借肌腱、肌腱鞘与骨骼关节三者间的巧妙配合,使鸟类栖止于树枝时,由于体重的压迫和腿关节的弯曲,导致与屈趾有关的上述肌肉的肌腱拉紧,足趾自然地随之弯曲而紧紧抓住树枝。加之屈肌足部肌腱均套在坚韧的腱鞘内,腱鞘内壁有大量强韧的横行棱嵴,能与具有粗糙表面的肌腱相扣结,以保证处于收缩状态的肌腱不致滑脱。因此,鸟类在栖树休息时,不需肌肉收缩即可抓持枝干,即使在睡眠状态,也不会松脱,只有抬起身体,跗间关节伸开,才能使紧握的中趾松开(图 15-7)。

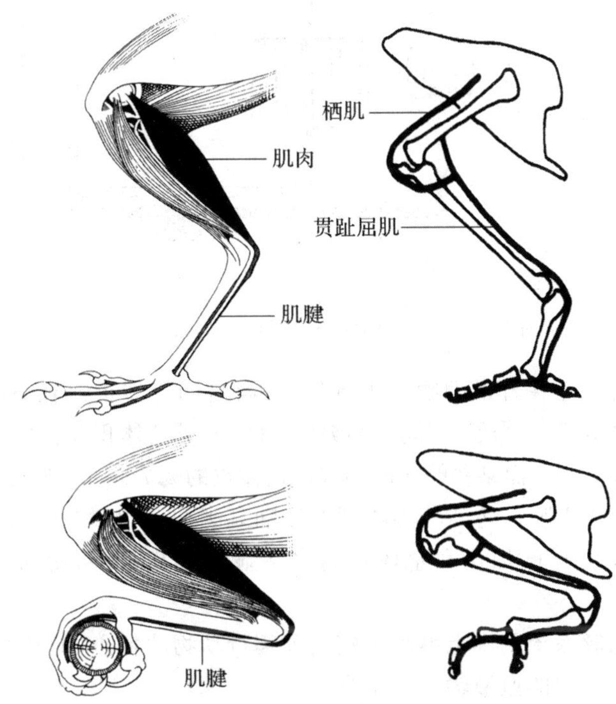

图 15-7　鸟类栖止肌肉节制足趾弯曲模式图(仿各家)

(4)具有特殊的鸣管肌(tracheal muscle),借以调节鸣管(以及鸣膜)的形状和紧张程度,而发出多变的声音。鸣管肌在雀形目鸟类中特别发达。

(5)皮肤肌十分发达,这与羽毛具有复杂的功能有关。皮肤肌是分布于皮下层的一些小的肌肉束,止点在皮下,大部分终止于羽毛的毛囊,主要控制羽毛的运动。皮肤肌的收缩可引起皮肤的抖动,使羽毛竖起。

2.4　循　环

鸟类的循环系统具有心脏发达、分为 4 腔,血液循环为完全双循环,只保留右体动脉弓,心脏容量大、比例大,心跳频率快、动脉压高、血液循环迅速等特征,这是与鸟类飞翔生活所需能量高、耗氧高和新陈代谢旺盛等相适应的。

心脏　鸟类的心脏已分化为 2 心房 2 心室,静脉窦已萎缩而与右心房合并。鸟类的右房室间的房室瓣为肌质结构,它起着括约肌的作用,可防止血液自心室倒流回心房。这是鸟类所特有的类群特征。鸟类的血液循环和哺乳类一样,为完全的双循环(图 15-8)。多氧血和缺氧血不再在心脏内相混,左心房和左心室内完全是多氧血,右心房和右心室内完全是缺氧血。多氧血自左心室压出,经体动脉弓流到身体各部,经过气体交换后,全身各部的缺氧血经体静脉汇集流回右心房,称为体循环(或大循环);缺氧血由右心房入右心室,右心室收缩将血液压入肺动脉而至肺脏,在肺内经过气体交换后形成多氧血,再经肺静脉流回左心房,称为肺循环(或小循环)。体循环与肺循环完全分开,称为完全双循环。

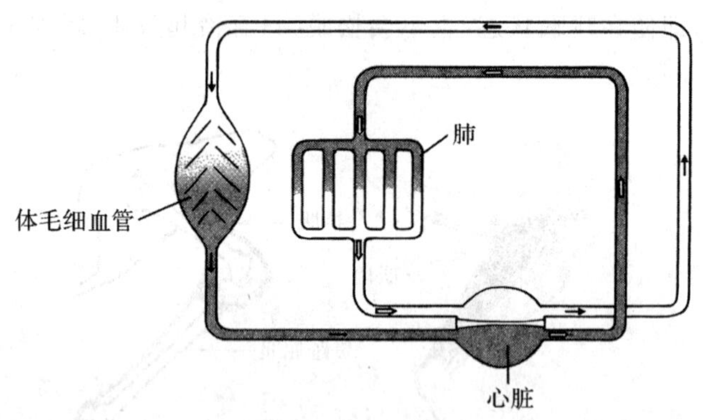

图 15-8 鸟类的完全双循环(仿 Kardong)

鸟类心脏的相对大小在脊椎动物中占首位,一般是同等体重哺乳类心脏的 1.4～2 倍,占体重的 0.95％～2.37％。当然,不同鸟类类群之间,心脏的体积存在较大差异。例如,鸵鸟的心脏只占总体重的 0.1％,而某些蜂鸟的心脏可达体重的 2.7％。一般而言,较小的鸟类比较大的鸟类有相对更大的心脏。鸟类的心跳频率比哺乳类快,一般均在(300～500)次/min 之间;血压亦较高,使血流速度加快和整体代谢水平显著提高,从而使鸟类维持高而恒定的体温。

动脉 鸟类的动脉系统基本上继承了较高等爬行动物的特点,但其左体动脉弓消失,由右体动脉弓将左心室发出的血液输送到全身。

体动脉弓由左心室发出,向右弯曲,绕到心脏的背面成为背大动脉(dorsal aorta)。当动脉弓自心脏发出时,伸出 2 大分支,即无名动脉(innominate artery)。每一支无名动脉分出总颈动脉(common carotid artery)至头部和锁骨下动脉至前肢,以及胸动脉(pectoral artery)至胸肌。背大动脉沿脊柱下行,沿途分出成对的肋间动脉(costal artery)、到体壁的腰动脉(lumbar artery)、到肾脏的肾动脉(renal artery)、至后肢的外髂动脉(external iliac artery)和到泄殖腔及后肢后侧内方的内髂动脉(internal iliac artery)。同时,背大动脉还依次分出下列不成对动脉:腹腔动脉(celiac artery)、前肠系膜动脉(anterior mesenteric artery)和后肠系膜动脉(posterior mesenteric artery)。背大动脉最后形成细小的尾动脉(caudal artery)穿入尾部(图 15-9)。

静脉 同爬行类的静脉基本相同,但肾门静脉趋于退化,并具有鸟类特有的尾肠系膜静脉(coccygeomesenteric vein)。

一对前大静脉(anterior vena cava)汇集由颈静脉(jugular vein)、锁骨下静脉(subclavian vein)和胸静脉(pectoral vein)来的血液,流入右心房。一条后大静脉(posterior vena cava)汇集身体靠后部的髂静脉(iliac vein)来的血液和由肝静脉来的血液,也汇入右心房。来自尾部的血液,只有少数入肾,而多数血液经后大静脉回心,因而肾门静脉趋于退化。另外,尾

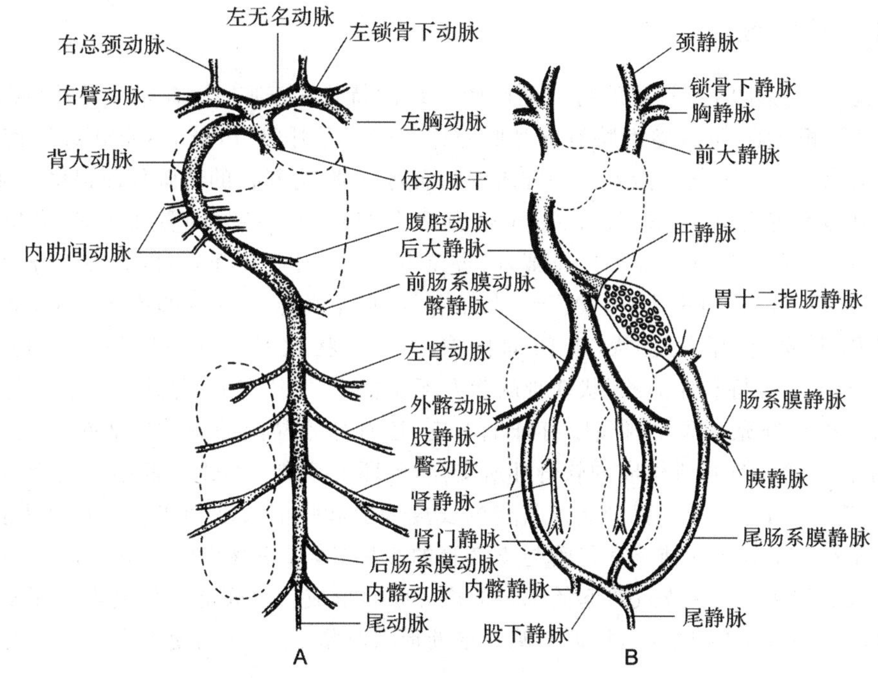

图 15-9　鸟类的循环系统(仿 Marshall)

A. 主要动脉腹面观；B. 主要静脉腹面观

肠系膜静脉可收集内脏血液进入肝门静脉(图 15-9)。

血液与淋巴系统　鸟类血液中的红细胞一般为卵圆形,具细胞核。红细胞的数量高于低等脊椎动物,但低于哺乳类。红细胞的体积比变温动物小,其大小存在种类差异。作为一般规律,进化的、体形较小的鸟比原始种类及体型较大的鸟具有体积更小和数量更多的红细胞;善飞鸟类比大小相似而不善飞的鸟有更小、更多的红细胞。小而多的红细胞带有相对更大的表面积,因而可提供更丰富的血红蛋白。

鸟类的淋巴系统包括淋巴管、淋巴结、腔上囊(cloacal bursa)、胸腺和脾脏等。淋巴管是输送淋巴液的管道,它以盲端起于组织间隙,称为毛细淋巴管,由毛细淋巴管汇合成较大的淋巴管。鸟类的淋巴管比哺乳类的少。淋巴管在体内常与静脉相伴行,最终汇集成1对胸导管(thoracic duct),向前汇入前大静脉。淋巴结位于淋巴管的通路上,起滤过淋巴液、消灭病原体和补充新淋巴细胞的作用,但在鸟类中只有少数水鸟有淋巴结。

腔上囊是鸟类特有的一个中心淋巴器官,为泄殖腔背部的一个盲囊。腔上囊的发育与胸腺密切平行发展,在胚胎时期出现于消化道末端,生长十分迅速,能产生淋巴细胞。幼鸟的腔上囊特别发达,随着性成熟而逐渐退化。胸腺也是鸟类的重要淋巴器官,位于气管两侧。家禽性成熟时的胸腺体积最大,随后便开始萎缩。在野生鸟类中,它可以在第一和第二性周期后再扩大。腔上囊和胸腺被认为是淋巴组织起免疫作用反应的中心,是体内最初的淋巴细胞发育的场所。脾脏为一个近圆球状的器官,紫色,位于腺胃和十二指肠附近,具有吞噬衰老红细胞、产生淋巴细胞和参与免疫等功能。

2.5 呼 吸

鸟类适应飞翔生活最明显的特征是呼吸系统的特化，表现在具有非常发达的气囊(air sac)与肺气管相连通，形成鸟类特有的呼吸方式——双重呼吸(dual respiration)，使呼气和吸气时均有富含氧气的气体沿着单一方向流动而通过肺，为旺盛的新陈代谢提供保证。

鸟类呼吸系统由鼻腔、喉、气管、支气管、肺和气囊构成。鸟类的鼻孔1对，多位于上喙的基部，常有硬须、鼻瓣或鼻盖加以掩蔽，以防异物进入。鼻腔短而狭，以鼻中隔分为左右两半。鼻腔后方的开口(内鼻孔)呈"V"形，与咽相通，咽后为喉。气管的前端为喉，喉通向咽部的开口称为喉门，呈纵裂状；喉门周围有一个环状软骨(cricoid)和一对杓状软骨(arytenoids)加以支持和保护，环状软骨的背方不完整，呈"U"字形，此缺口由一小的前环软骨(procricoid)所补充。喉腔内黏膜有纤毛上皮，还有分泌黏液的腺体。喉头下接气管，呈圆柱形，由许多透明软骨所构成的软骨环所支撑，各环由纤维结缔组织联结。气管内壁为黏膜，具有纤毛上皮，并有黏液腺分布。气管的长度一般和颈的长度相当。气管进入胸腔后，末端分为左右二支气管入肺。在气管与支气管的交接处，有一鸣管(syrinx)(图15-10)。鸣管由气管末端和两个初级支气管起始部位的内外鸣膜形成。鸣膜能因气流震动而发声。鸣管外侧附近有鸣肌，它的收缩可以调节鸣管壁的形状及紧张度，从而使鸣声发生变化。

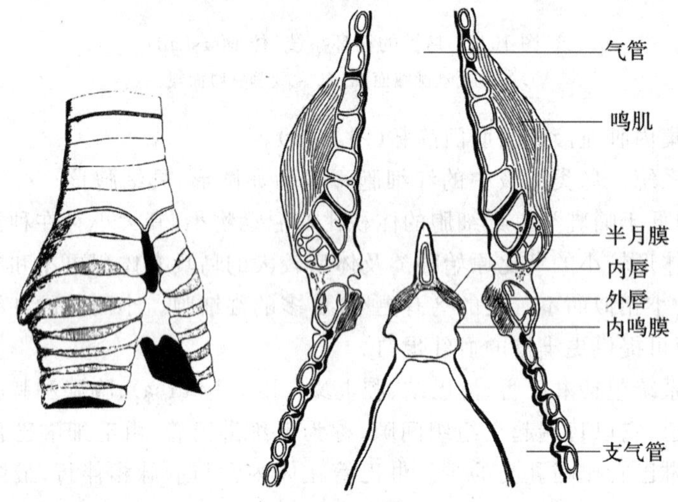

图15-10 鸟类的鸣管(仿Greenewalt)

鸟类的肺与气囊的构造十分复杂。肺呈海绵状，体积较小，是结构紧密、弹性相对较小、高度血管化的器官。进入肺部的支气管主干，失去半软骨环的支持，直至肺的后部与后气囊相通，称初级支气管(primary bronchus)或中支气管(mesobronchus)。初级支气管侧方发出一系列分支，称为次级支气管(secondary bronchi)。次级支气管依其发出的部位不同，可分为腹支气管(ventrobronchi)和背支气管(dersobronchi)，两者之间大量互相平行的分支相联结。次级支气管再经分支形成三级支气管(tertiary bronchi)或平行支气管(parabronchi)。三级支气管数目众多，构成肺组织的主体和功能单位。从三级支气管四周伸出众多的放射状排列的微气管(air capillary)或微呼吸管(respiratory capillary)，其外分布有大量的毛细血管，气体交换即在此处进行(图15-11)。

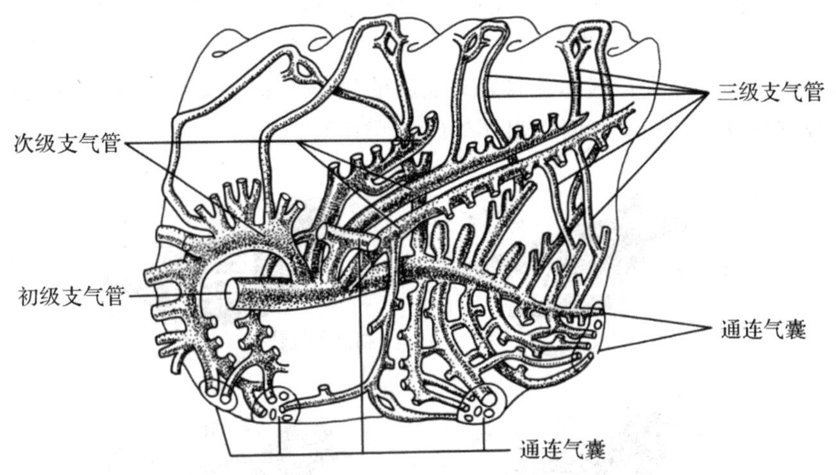

图 15-11 鸟肺的气管系统(仿 Lasiewski)

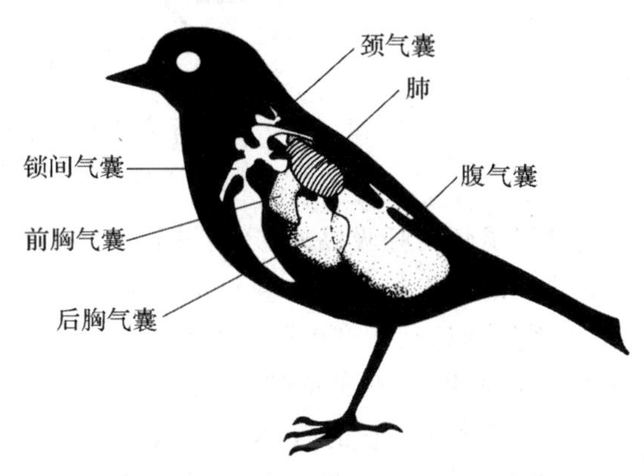

图 15-12 鸟类的气囊系统(仿 Salt)

气囊是鸟类的辅助呼吸系统,遍布于体腔的内脏之间,其分支可进入翅和腿的骨骼甚至颈椎和胸骨以及胸肌之间等。鸟类共有 9 个大气囊,包括 1 对颈气囊(cervical sac)、1 对前胸气囊(anterior sac)、1 个锁间气囊(interclavicular sac)、1 对后胸气囊(posterior thoracic sac)和 1 对腹气囊(abdominal sac)(图 15-12)。其中前三类气囊统称为前气囊(anterior air sac),与次级支气管相通;后二类气囊统称为后气囊(posterior air sac),与中支气管末端相通,直接接受来自气管的新鲜空气。气囊是鸟类特有的结构,主要由单层鳞状上皮细胞构成,有少量的结缔组织和血管分布,它缺乏气体交换的功能。

颈气囊为一对小气囊,由肺脏前缘发出,位于颈基部,锁间气囊的背侧,沿脊柱左右两侧排列;颈气囊邻近的骨片大多是气质骨,骨内气室与气囊相通。锁间气囊为单个呈三角形的气囊,恰位于左右锁骨所形成的夹角之间,由此气囊又分出气囊分支,分别进入肱骨内、腋下和大小胸肌之间。前胸气囊位于胸腔中部、肺的腹面,与肋骨及围心膜相贴近,其腹壁处有斜隔覆盖。后胸气囊位于胸腔后部,前胸气囊的后方。腹气囊容积最大,位于腹腔内脏之间,和腹腔同长,与股骨内气室相通。

在鸟类的呼吸过程中,不论吸气还是呼气,均有富含氧气的气体从肺的功能单位——平行支气管连同微气管中流过,而且气体永远是沿着同一方向流动,称为单向流,这是鸟类呼吸的最基本特征。单向流的途径是从背支气管经平行支气管到腹支气管,最后再排出体外。通常以这三种支气管的英文名词首字母来代表,称为"d-p-v 系统"。显然,这种呼吸方式与其他陆生脊椎动物不同,习惯上称为"双重呼吸"。

当鸟类吸气时,大部分空气直接进入后气囊,还有一部分空气经次级支气管、三级支气管，到达微支气管内进行气体交换；吸气时前气囊也扩张，但它不接受吸进来的空气，而是接受从肺来的气体；呼气时，后气囊中的气体(含有丰富的氧气)排入肺内，经次级支气管入三级支气管，在微支气管外进行气体交换，交换后的气体入前气囊；呼气时，前气囊中的气体排出，经次级支气管入初级支气管排出体外(图 15-13)。

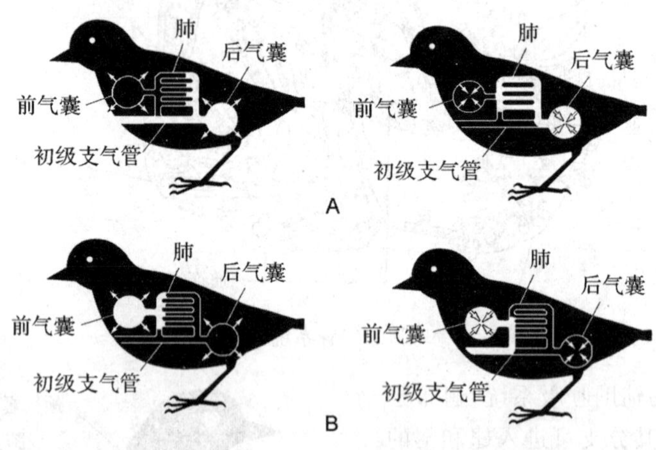

图 15-13 鸟类呼吸时的空气流动(仿 Schmidt-Nielsen)

A. 第Ⅰ周期；B. 第Ⅱ周期

气囊除了辅助呼吸以外，还有减轻身体的比重，减少肌肉间以及内脏间的摩擦和调节飞翔时热能的散失等功能。当鸟类飞翔时，由于剧烈的运动所产生的过高体温，可以由气囊中川流不息的冷空气来调节。鸟类没有汗腺，它的散热主要依靠呼吸，呼吸的频率越快，散失的热量也就越多。

2.6 消 化

鸟类的消化系统包括消化道和消化腺两部分。消化道包括喙、口腔、咽、食道、嗉囊、胃、小肠、盲肠、直肠和泄殖腔。消化腺包括肝脏和胰脏(图 15-14)。鸟类消化系统的主要特点表现为：(1)消化能力强，消化过程迅速；(2)食量大，进食频繁，食物的利用率高。这是与鸟类飞翔生活消耗能量大、代谢水平高相适应的，是鸟类活动性强，新陈代谢旺盛的物质基础。

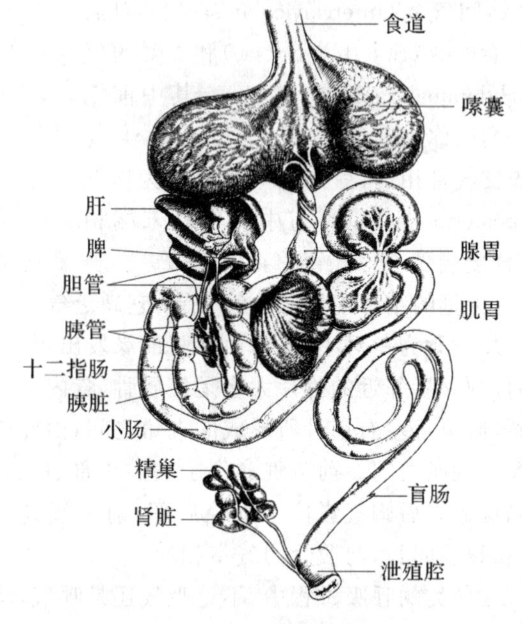

图 15-14 鸽的消化系统(仿 Young)

图15-15　不同形态的鸟喙(仿各家)

喙　鸟类的上下颌骨及鼻骨显著前伸，其外套有致密的角质上皮所构成的喙(bill)，为鸟类的取食器官。现存鸟类无齿。喙在形态结构及功能上因食性差异而有显著的适应性变化(图15-15)。如食肉类猛禽的喙尖锐而钩曲，适合捕捉和撕碎猎物；雁鸭类的喙扁平、具滤水的栉缘；食种子鸟类的喙较粗短并具锐利的切缘，以利于切割和压碎食物；涉禽的喙细长；啄木鸟的喙强直而呈凿状；空中飞捕昆虫的鸟类的喙短，基部宽阔。

口咽腔　鸟类缺少软腭(soft palate)，口腔后部与咽之间没有明显的分界，此共同的腔称口咽腔(oropharynx)。口咽腔的顶壁由硬腭(hard palate)构成，中央有一纵行狭长的裂隙，称腭缝(palatine chink)，内鼻孔即开口于此缝中。口腔底部有一活动的舌，常覆有角质外鞘和纤小乳突，舌内缺少肌肉。舌一般为狭长的三角形，但鸟类食物的多样性使舌在形态和功能上发生各种适应。例如食蜜鸟的舌细长呈管状、半管状或刷状；啄木鸟的舌具倒钩，能把树皮下的虫子钩出；某些啄木鸟和蜂鸟的舌，借特殊的构造而能伸出口外甚远，最长者可达体长的2/3。口咽腔黏膜上有许多唾液腺，其主要分泌物为黏液，仅在食谷的燕雀类唾液腺内含有消化酶。在某些鸟类，特别是水鸟，唾液腺很少甚至缺乏；以干燥食物为食的鸟类唾液腺较为发达，其分泌的黏液起湿润食物、协助吞咽的作用。在鸟类中以雨燕目的唾液腺最发达，其内含有一种黏性糖蛋白(glycoprotein)，它们以唾液将海藻黏合而造巢，其中金丝燕所筑的巢，即为可食用的传统滋补品“燕窝”。

食道　鸟类的食道很长，壁薄并具有伸缩性，内层由具有黏液腺的复层扁平上皮组成，有许多纵向黏膜褶，使食道具有很大的扩张能力。食道黏膜黏液腺所分泌的黏液可进一步润滑食物。食道的直径与鸟类所吞食物的大小有关，某些食虫鸟类在吞咽前有将食物啄碎的习性，其食道也较为狭小；而吞咽大块食物的种类(如猫头鹰和鸬鹚)，食道宽阔且黏膜褶发达，能容纳更大、更多的食物。有些鸟类在其食道的中部或下部具有一个能与食道区分开的膨胀部，即嗉囊(crop)。嗉囊为临时贮存和软化食物的地方，在食谷和食鱼鸟类中最为发达，在食虫和食肉种类中较小，而某些鸟类则没有嗉囊。某些鸠鸽和鹦鹉在繁殖季节，在脑下垂体所分泌的催乳激素(prolactin)作用下，嗉囊可分泌嗉囊乳(crop milk)。嗉囊乳的成分与哺乳类的乳汁成分相似，脂肪和蛋白质含量非常丰富。亲鸟可将嗉囊乳与嗉囊内半消化的食物一同呕吐出来作为雏鸟的养料。

胃　食道的下部接胃，鸟类的胃分为腺胃(glandular stomach)和肌胃(muscular stomach)两部分。腺胃又称前胃(proventriculus)，是一个纺锤形的结构，在外观上与食道没有明显的分界。壁较厚，内层衬以柱状细胞构成的黏膜上皮，没有发达的皱褶。大多数鸟类的胃黏膜表面有许多明显的乳状突伸向胃腔，这些乳突上有前胃腺(proventriculus gland)开口，能分泌大量含有分解蛋白质的胃蛋白酶和盐酸的消化液。腺胃内消化液的分泌受鸟类的生理状态，特别是饥饱状态，以及食物的性质等因素的影响。肌胃又称砂囊(gizzard)，呈卵圆形，中央较厚而边缘较薄，紧接腺胃，两者间仅隔一道缩窄部。肌胃外壁为强大的肌肉层，肌胃外壁肌肉大部分为平滑肌，只是左右中央腱周围的肌肉为横纹肌。肌胃黏膜由柱状上皮构成并具有大量的管状腺，它的分泌物和黏膜上皮在黏膜表面形成一层硬膜，即角质膜(tunica cuticula)(中药"鸡内金")。角质膜的表面由于胃的机械研磨运动而被不断地磨损，并从黏膜上皮重新衍生补充。肌胃的主要功能是机械性地研磨食物并进行酶和酸的水解。食谷鸟类常把沙砾吞咽进肌胃，借肌肉与坚韧的角质膜一道来加强对食物的碾磨。鸟类的这种机能是对缺乏牙齿的一种补偿性适应。砂囊的形态、消化力和肌肉的发达程度受食性的影响而存在很大的差异。例如，食谷鸟类和植食性鸟类的砂囊肌壁极厚；肉食性鸟类的肌胃不发达；食浆果鸟类几乎没有肌胃。

肠道　鸟类的小肠一般都较长，平均长度约为体长的8倍，这与鸟类的活动剧烈、代谢旺盛，所需食物多，肠部吸收面积需相应增大等因素有关。小肠又分为十二指肠、空肠和回肠三部分。十二指肠自肌胃末端起始，呈狭窄的U形弯曲。胰脏即位于十二指肠的肠系膜上，肝、胰管道开口于十二指肠的远侧部位。空肠和回肠之间没有明显的分界，两部分在组织学上与十二指肠无大差别，都借肠系膜悬附于背侧体壁。鸟类小肠的环状肌位于纵肌层之外，这种结构特征类似于爬行类而不同于哺乳类。小肠的肠黏膜厚而柔软，血管丰富，其绒毛由上皮和固有膜所形成，使肠腔的表面积大为扩大。固有膜中具有许多简单盘绕的管状腺，其分泌物中含有多种消化酶，如蛋白胨酶、蔗糖酶和淀粉酶。小肠是化学性消化和吸收营养物质的主要部位，小肠壁的环肌层和纵肌层的交替收缩所产生的蠕动还起着机械性消化的作用。

鸟类的大肠由盲肠和直肠组成。盲肠是一对盲管，为小肠与直肠连接处的一对肠道突起。在低等种类或以植物纤维为主食的种类中，盲肠都很发达。在许多盲肠发达的鸟类中，盲肠内壁突出有螺旋嵴，以增加吸收的表面积。许多食肉和食虫鸟类的盲肠退化甚至完全缺乏或变成一个淋巴组织。盲肠能吸收小肠内多余的水分以及溶解于水中的营养物质，能合成和吸收一些维生素；盲肠内的细菌对植物纤维具有发酵和分解能力。直肠是从盲肠起端处开始一直到泄殖腔的一段肠道。鸟类的直肠短而不能贮存粪便，这是对飞翔时减轻负重的一种适应。

泄殖腔　直肠的末端的膨大部分。它是消化系统、排泄系统和生殖系统共同的通道。鸟类的泄殖腔被其自身突起的环行嵴分成3个明显的部分，即粪道(coprodaeum)、泄殖道(urodaeum)和肛道(proctodaeum)。粪道是直肠的继续，但一般比直肠粗一些，接受来自于消化系统的排出物；泄殖道在粪道之后，输卵管或输精管及输尿管开口于此；肛道是泄殖腔的最后部分。开口于体外的泄殖腔孔(cloacal aperture)由强大的括约肌所控制(图15-16)。

鸟类的直肠和泄殖腔对水分有明显的重吸收能力。此外，鸟类还可能通过直肠的逆蠕动而将输尿管的排出物自泄殖腔移到直肠内，对必要的物质再加以重吸收，以维持机体的水盐平衡。

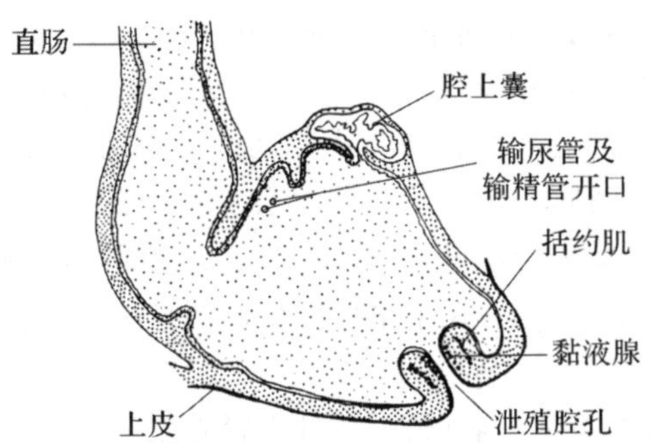

图 15-16　鸟类的泄殖腔纵切面模式(仿 Marshall)

消化腺　鸟类的消化腺很发达，主要是肝脏和胰脏，它们分别分泌胆汁和胰液注入十二指肠。肝脏大，分成两叶，右叶通常都比左叶大。多数鸟类的肝左叶发出一条肝管直接进入十二指肠，右叶的肝管局部地膨大成为一个胆囊，再由它发出胆囊管通入十二指肠。肝脏的功能复杂，其重要作用与消化、代谢、防御和排泄等均有密切关系。胰脏为细长的分叶腺体，有背叶、腹叶和脾叶之分。分泌物质由 2～3 条胰管通入十二指肠。胰脏既是一个分泌胰液与消化有关的腺体，也是一个无导管的内分泌腺体，所分泌的激素参与调节鸟体内的糖代谢。

2.7　排　泄

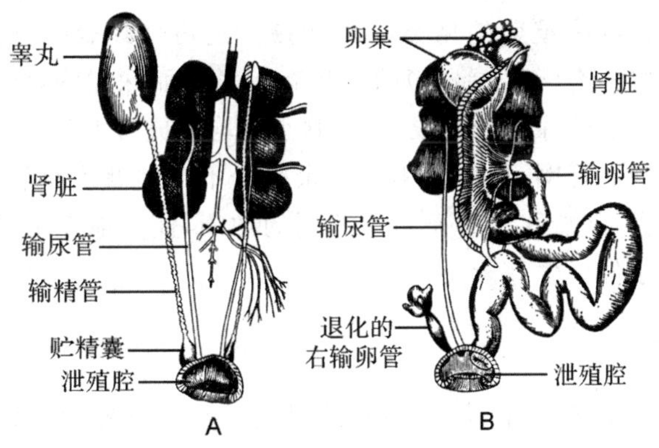

图 15-17　鸟类的泌尿生殖系统(仿黑田长久)

A. 雄性；B. 雌性

鸟类的排泄系统是由肾脏、输尿管和泄殖腔所组成(图 15-17)。肾脏为泌尿场所，经输尿管导尿而达于泄殖腔。绝大多数鸟类不具膀胱，这与其所排泄的产物尿酸是半固体状态，以及对飞翔生活有利于减轻体重有关。一些鸟类，特别是海洋性鸟类，具有发达的盐腺，能将体内多余的盐分排出，属于肾外排泄。

肾脏　鸟类的肾脏与爬行类近似，胚胎期为中肾，成体行使泌尿功能的为后肾。鸟类的肾脏很发达,可占体重的2%以上,在比例上比哺乳类的还要大,肾小球的数目亦比哺乳类多2倍,使鸟类能在旺盛的新陈代谢过程中及时排出所产生的大量废物,以其保持盐水平衡。肾脏1对,紫褐色,位于体腔背侧,深陷于愈合荐骨的凹窝内,又称骨盆肾(pelvic kidney)。肾脏左右对称,形长而扁平,每一肾通常分为前、中、后三叶。每一肾叶由众多的肾小叶组成,每一肾小叶外观呈梨形,其外周环包以肾门静脉发出的小叶间静脉和肾脏的收集管。在肾小叶中央有一中央静脉,借毛细血管网与小叶间静脉相通。肾小叶动脉位于中央静脉附近,其分支形成入肾小球小动脉和出肾小球小动脉。鸟类的肾小叶血管及收集管的分布与哺乳类不同,后者的收集管位于肾小叶内,小动脉在小叶间,可见两者没有同源关系。鸟类肾小叶的数目与生活方式密切相关,在干旱地区生活的鸟类,其肾小叶的数目比湿地鸟类多2～3倍。

输尿管　每一肾脏的腹面有一输尿管,在进入肾脏之前分出一些分支,为初级分支。每一初级分支又分为5～6个次级分支,进入肾脏小叶的髓质区,与众多的收集管通连。输尿管离开肾脏之后,沿体腔背侧后行,最后进入泄殖腔的泄殖道,没有膀胱。

鸟类尿的主要成分是尿酸,这与爬行类相类同,两者均属于排泄尿酸动物(uricotelic animal),即其氮代谢的最终产物是尿酸。排泄尿酸是鸟类对陆生飞翔生活的成功适应。尿酸不易溶于水,常呈半凝固的白色结晶。这对于胚胎在卵壳内发育阶段中不断排除废物和减少水分的散失是有利的。成鸟的肾小管和泄殖腔都具有重吸收水分的功能,所以鸟类排尿失水极少,浓稠的白色尿液随同粪便随时排出体外,而不贮存,通常认为这也是减轻体重的一种适应。

许多海鸟具有肾外排盐结构——盐腺。盐腺是一对大的腺体,它能分泌比尿的浓度大得多的氯化钠,借以把进入体内的海水所带来的盐分排出,以保持体内环境渗透压的稳定。盐腺位于眼眶上部,开口于鼻间隔,通过泌盐管将分泌液排入鼻腔,经鼻孔沿喙尖滴出。一些不具外鼻孔或鼻孔被皮膜覆盖的鸟类(例如鸬鹚、鲣鸟),其盐腺分泌物从内鼻孔流入口腔,再从喙尖滴出;有些种类(例如鹈鹕)的上喙有一对长而深的沟,将盐液导至喙尖。盐腺由许多相互平行的圆柱形的腺小叶构成,每一腺小叶均有成百上千的带有分支的腺小管,在腺小管的周围遍布毛细血管网,将血液中的多余盐分不断地滤入小管内。一些沙漠中生活的鸟类以及隼形目鸟类,其盐腺也有调节渗透压的功能,使之能在缺乏淡水、蒸发失水较高以及食物中盐分高的条件下生存。

2.8　内分泌

鸟类的内分泌腺主要有脑下垂体、甲状腺、甲状旁腺、后鳃腺、肾上腺、胰岛、松果腺和性腺。

脑下垂体　位于间脑腹面,紧贴在视神经交叉之后,由漏斗与间脑相连,可分前叶和后叶两部分,没有中间叶。前叶又称腺垂体,在发生上来源于口腔顶部的上皮;后叶又称神经垂体,由间脑底部隆起形成。腺垂体由结节部和端部构成,其中端部构成垂体前叶的主体,它含有大量分泌细胞,能分泌多种垂体激素,如生长激素、促甲状腺激素、促肾上腺皮质激素和促性腺激素等,这些激素可以调节其他内分泌腺的活动,从而影响机体的生长发育、新陈代谢和生殖活动。神经垂体由正中隆起部、漏斗部和神经部组成,主要成分是神经分泌纤维的轴突及末梢、血管和神经胶质细胞(垂体细胞)。垂体后叶释放加压素和催产素。

加压素在鸟类具有增高血压、提高血糖、抗利尿和刺激输卵管平滑肌收缩的作用，可能有助于产卵。鸟类的催产素的确切作用尚不清楚。实际上，上述两激素并非后叶产生，而是由丘脑下部神经核所产生，并沿丘脑下部垂体束进入后叶，积累于神经末梢处，需要时才释放到血液中。

甲状腺　鸟类甲状腺为一对暗红色的卵圆形腺体，位于颈的基部总颈动脉与锁骨下动脉联结处附近。甲状腺的滤泡由单层鳞状至柱状上皮细胞构成，滤泡之间有小血管及少数神经。甲状腺分泌甲状腺素(thyroxine)和三碘甲状腺素(triiodothyronine)。甲状腺激素作用于肝脏、肾脏、心脏及骨骼肌，能使糖原分解、血糖升高，促进细胞的呼吸、耗氧和代谢，从而调节产热以对环境温度的变化发生反应。甲状腺激素还对调节全身的生长以及生殖腺的发育，以及鸟类的换羽等起着重要的作用。

甲状旁腺　为甲状腺后端的 2 对小球状黄色腺体，有时可愈合为 1 对，由一条条互相吻合的细胞索构成。甲状旁腺分泌甲状旁腺激素，能调节钙和磷酸盐的代谢，使鸟类体内维持一定的血钙和血磷的水平。这对于鸟类骨骼的生长和雌鸟的蛋壳形成有重要意义。

后鳃腺　位于甲状旁腺后侧方的小球状粉色腺体，内含类似于哺乳类甲状腺内的嗜酸性 C 细胞，以及甲状旁腺小节和具有分泌上皮衬里的液泡囊。后鳃腺分泌降钙素，其生理作用在于调节血浆中钙离子的浓度，有抑制动用骨中钙质的作用。

肾上腺　为成对腺体，位于肾脏前方、生殖腺背方，黄褐色或紫红色。雄鸡的肾上腺常与附睾连接，雌鸡则左肾上腺与卵巢连接。肾上腺由皮质部分和髓质部分两类组织构成，在鸟类中两者之间没有明显的界限。肾上腺髓质部的细胞为嗜铬细胞，相当于副交感神经节组织，分泌肾上腺素等，可使机体能在紧急状况下引起“应激”反应并刺激肝脏、骨骼肌及心肌的糖原分解以调动体内的葡萄糖，加速心跳和升高血压。肾上腺皮质部的细胞为肾间细胞，所分泌的激素是醛固酮和皮质酮，对电解质的平衡和碳水化合物代谢有重要影响。

胰岛　胰脏除能分泌胰液，通过胰管送入小肠之外，还有内分泌的机能。胰脏内有散在的细胞团，称胰岛。鸟类的胰腺内有两种类型的胰岛细胞。一种是暗胰岛，又称 α 胰岛；另一种是淡胰岛，又称 β 胰岛。前者分泌胰岛素，促使血中的葡萄糖转化为糖原。后者分泌胰高血糖素，可以促使血糖浓度升高，并可增高自由脂肪酸的浓度，具有脂解作用。

性腺　睾丸和卵巢除能产生精子和卵子外，还具有内分泌的作用。睾丸产生的雄性激素由精小管之间的间质细胞所分泌；卵巢产生的雌性激素由卵泡上皮细胞所分泌。鸟类的第二性征，例如冠的大小、被羽的色泽和结构、鸣声等，都受到性激素的控制。

松果腺　为间脑顶壁发生的一个突起，嵌于大脑与小脑之间的凹窝内。松果腺分泌的激素为褪黑激素(melatonin)，一般在夜间分泌旺盛，它除了能使皮肤的色素细胞收缩、体色变淡以外，还可抑制性腺的发育。一般认为鸟类的光周期活动可能是通过视觉以及松果腺来接受刺激的。

胸腺　鸟类的胸腺主要由淋巴组织构成，也有一些网状和上皮样细胞。后者在一些大型鸟类成为多细胞体，称为哈氏体(Hassall's corpuscle)。鸟类性成熟后，胸腺均退化或消失。胸腺分泌胸腺素，可能与免疫有关。

2.9 神经和感觉器官

2.9.1 神 经

鸟类的神经系统较爬行类更为进步，其主要特点表现为：(1)大脑发达，但大脑皮层不发达，而纹状体高度发达，成为鸟类本能活动和“学习”的中枢；(2)小脑很发达；视叶发达，与鸟类的视觉发达相关；(3)嗅叶很退化。

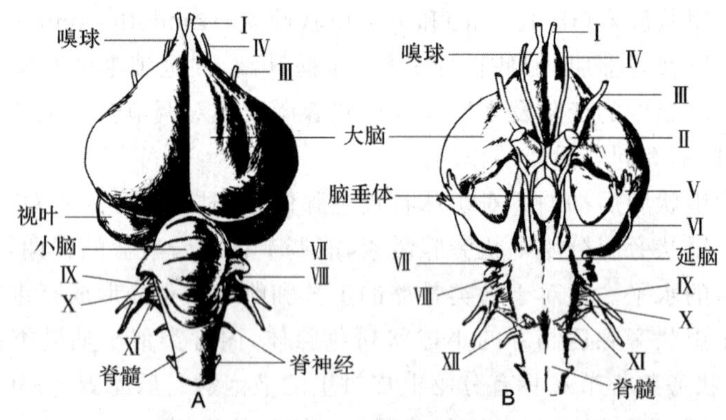

图 15-18 鸟类的脑与脑神经(仿 Nicket 等)

A. 背面观；B. 腹面观

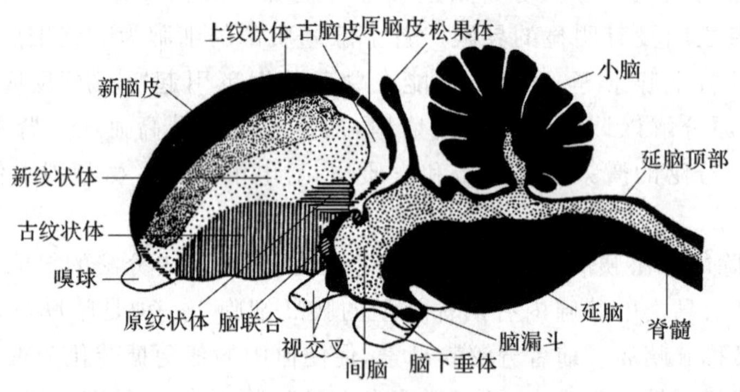

图 15-19 鸟脑矢状切面(仿 Stingelin)

脑 鸟类的脑体积较大，在脊椎动物中仅次于哺乳类，整体上呈短宽而圆的特点。脑弯曲，特别是颈弯曲甚为明显。大脑半球和小脑发达，中脑的顶盖部分是视觉和协调中心，构成视叶(图 15-18、15-19)。与哺乳类相比，鸟脑的后部有较大的相似性，但前部(端脑)差异十分显著。鸟类的嗅觉不发达，脑的嗅叶相应较小。鸟类大脑皮层发育很差，属于原始大脑皮层类型，大脑顶壁很薄，表面光滑，只有 1～2 层，不像哺乳类有许多皱褶(脑沟及脑回)；鸟类大脑顶壁结构异常发达，构成大脑半球的主体，称为纹状体。鸟类纹状体由内、外两大部分构成，内纹状体又称古纹状体(paleostriatum)，位于腹方，与哺乳类的苍白球(globus pallidus)和尾核(caudopatamen)同源。外纹状体构成纹状体的背侧大部分，可明显地分为 4 区，即背方的上纹状体(hyperstriatum)、中区的新纹状体(neostriatum)，以及构成侧部的外纹状体(ectostriatum)和原纹状体(archistriatum)。间脑被大脑半球覆盖，较小，由上丘脑、丘脑和下丘脑组成，它是低级中枢与大脑皮层及纹状体之间的联络站。下丘脑构成间脑的底壁，为体温调节中枢，并对脑下垂体的分泌有直接影响。中脑位于大脑半球的后下方，背面形成一对发达的视叶，是视反射中枢。鸟类飞翔中的定位以及对食物等目标的搜索均主要靠视觉，因而眼球大、视力发达。一些低等的感觉和运动冲动也可通过视叶反射性控制。鸟类的小脑特别发达，分化为中部表面有许多横沟的蚓部与两侧的小脑鬈，构成复杂运动协调和身体平衡的中枢。延脑后与脊髓联结，是脊髓与高级中枢之间的上、下行纤维的必经之路；有许多重要的神经中枢，如呼吸、心搏和分泌神经中枢等。

鸟类脑神经共 12 对，但第 11 对(副神经)不发达。前 10 对脑神经在无羊膜类已介绍过，第 11 对副神经和第 12 对舌下神经是羊膜动物所特有的。

脊髓　鸟类的脊髓几乎与脊柱的椎管等长，不像哺乳类那样缩短，因而在椎管后端的脊髓末端不具马尾(cauda equine)，所有从前到后的脊神经均是向两侧平行地伸出。脊髓具有两个膨大，一个在颈部与胸部之间，叫颈膨大；另一个在腰部，叫腰膨大。颈膨大所发出的神经组成臂丛，腰膨大的神经组成腰荐神经丛。善于飞翔的鸟类颈膨大比腰膨大发达，走禽(如鸵鸟)的腰膨大发达。鸟类脊髓的腰荐区背中线分裂为一椭圆形的隙窝，称菱形窦(rhomboidal sinus)，其内充满胶质体(gelatinous body)，附近的大型神经胶质细胞富含糖原。这一结构为鸟类所特有，但其功能不是很清楚，可能与神经系统的代谢有关。

植物性神经系统　由交感神经和副交感神经组成。其基本结构和功能与脊椎动物，特别是哺乳类十分相似，主要调节内脏活动和新陈代谢过程，以保证体内环境的平衡与稳定。鸟类的交感神经链在头端形成一个大的头颈神经节(cranial cervical ganglion)，位于第 9 和 10 脑神经自脑颅伸出地点的腹中部，借灰交通支与第 7、9、10 脑神经相联络，并与翼腭神经节(pterygopalatine ganglion)相连，有分支到眶上腺和头部大动脉。颈部的交感神经链随椎动脉分布，在相当每一个体节处形成一个椎神经节。此特征与哺乳类不同，哺乳类的椎神经节在成体愈合成 3 个大的神经节。鸟类的副交感神经由头区及荐区的中枢发出。头区由第 3、7、9、10 脑神经的分支组成，分别调节眼的虹彩、眶腺、鼻腔、唾液腺、心脏、肺、消化道等内脏的活动。荐区副交感神经节调节大肠、生殖、泌尿系统及泄殖腔活动。

2.9.2　感觉器官

鸟类的感觉器官中以视觉最为发达，听觉次之，嗅觉最为退化。这些特点均与飞行生活密切相关。

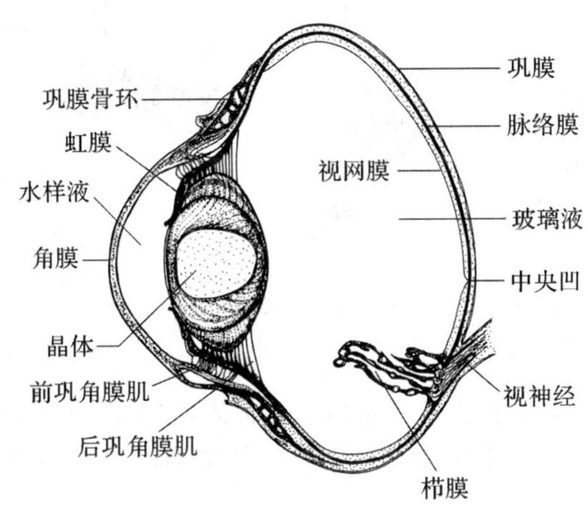

图 15-20　鸟眼矢状切面图(仿 Grasse)

视觉器官　鸟类飞翔生活中的定向、定位，以及觅食、防御等多种活动均首先依靠视觉，因而眼是鸟类极为重要的感官，并结构与功能上均有一系列复杂的适应性特征。鸟类眼睛（图 15-20）的相对大小在脊椎动物中是最大的，一般两眼球的重量超过脑重。大多数鸟类的双眼位于头部两侧，具有较大的视野；少数种类为不同程度的双眼向前。鸟眼的基本结构与一般陆栖脊椎动物相似，大多数种类的眼球平扁或近球形；少数种类近于筒状，如隼形目和鸮形目鸟类。眼球的最外层是坚韧的巩膜，前部连同覆盖的皮肤形成透明的角膜。与爬行动物类似，在鸟类巩膜壁内亦有透明软骨加固。在巩膜与角膜交界处有一圈由 10～18 枚小方形骨片覆瓦状排列构成的巩膜环，可防止鸟类眼球在快速飞行时因受强大的气流压迫而变形，并为眼肌提供坚强的附着点。鸟类的晶体双凸形，比哺乳类更软而富有弹性。

鸟类适应于飞翔生活，其眼球对远视和近视有强大的调节能力。从眼球的一般形态看，平扁的眼球比哺乳类更适于远视，因此鸟类必须具有迅速而精确的调节视力的机制，使其能在瞬间从适于远视调整到适于近视。鸟类眼屈光的调节主要有三种方式：(1)改变晶体屈度；(2)改变角膜屈度；(3)由前两种调节所派生的改变晶体和角膜之间的距离（图 15-21）。其中改变晶体屈度的调节方式是脊椎动物所共有的基本特征，调节角膜屈度的能力为鸟类所特有。因此，鸟类的视觉调节被称为“双重调节”。鸟类的睫状肌类似于爬行类，而有别于其他脊椎动物，为横纹肌，因而能在意识支配下迅速对视力进行调节。鸟类睫状肌对晶体屈度的调节方式也与哺乳类不同，当哺乳类睫状肌收缩时引起晶体悬带松弛，靠晶体自身的弹性回缩而改变其屈度；鸟类则是通过睫状肌的收缩改变角膜的屈度，并压迫晶体变形，从而获得更有效的视力调节。鸟类睫状肌分前部的角膜调节肌（crampton muscle）和后部的睫状肌。角膜调节肌，又称前巩膜角膜肌（anterior sclerocorneal muscle），调节角膜的屈度；后部的睫状肌，又称后巩膜角膜肌（posterior sclerocorneal muscle），能改变晶体的屈度。

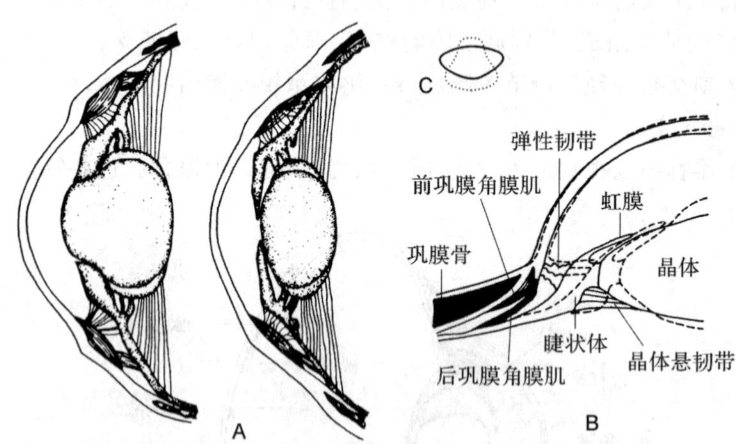

图 15-21　鸟眼的视觉调节模式图（仿 Young）

A. 从近视（左）调至远视（右）；B. 眼球局部切面，示调节肌；C. 晶体调节前、后的形状

在鸟类的后眼房视网膜后壁上有一特殊结构伸入玻璃体（vitreous body）内，称为栉膜。这是一个含有丰富色素细胞和毛细血管的折叠梳状结构，具有营养眼球和调节眼球内部压力的功能。

听觉器官　鸟类的听觉较发达。耳的结构基本上和爬行类近似，由外耳、中耳及内耳构成。外耳收集声波,中耳传导声波并将其放大,由内耳感知声音及平衡。鸟类的外耳与许多爬行动物无异,没有外耳壳,仅为鼓膜陷入而形成的耳孔和短外耳道。底部是鼓膜,为外耳和中耳的分界处,鼓膜的紧张度受耳柱肌(columellar muscle)影响。中耳形成鼓室(tympanum),有耳咽管与咽部通连,以调节中耳与外界气压的平衡。中耳内与鼓膜联结的为单一的听骨(耳柱骨),具有将声波传至内耳的功能。夜间活动的鸟类,其听觉器官尤为发达。

嗅觉器官　鸟类的嗅觉一般退化,这与其飞行生活有关。多数种类的鼻腔略膨大为自前向后的3个腔,腔壁上有不甚发达的鼻甲和黏膜覆盖,嗅上皮就分布在最后一个腔壁上。少数鸟类嗅觉较为发达,如新西兰的几维鸟(Apteryx),该鸟主要在夜间活动,并靠嗅觉觅食,它的鼻孔位于喙端,内鼻孔很大,鼻腔的大部分均覆有嗅上皮,能嗅出地下昆虫或蠕虫而加以捕食。另外,鹱形目鸟类的嗅觉亦相当灵敏,能闻出海面上散布的动物油脂气味。

鸟类的味觉器官不发达。鸟类的味觉感受器类似于哺乳类的纺锤状结构,但不具有哺乳类那种肉眼可见的味蕾。鸟类的味觉感受器由支持细胞和感觉细胞构成,一般分布于舌的两侧、基部和咽的底部,以及软腭表面。鸟类的味觉感受器数量很少,例如在家鸽大约有50～60个"味蕾",鸡为24个;而在人却约有10000个,兔约17000个。

鸟类具有高等脊椎动物所有各种典型的皮肤感受器,由于适应飞翔生活以及体表的羽毛覆盖和躯体结构的变异,鸟类皮肤感受器的分布与灵敏性发生特化。鸟类皮肤所具有的感觉神经末梢能将外界的触、疼、冷、热等刺激传给脑而感知,这种感觉末梢通常在裸羽区最为丰富。痛觉和温度感受器的结构简单,感觉神经穿过皮肤生发层,终端为许多细神经纤维组成的盘状网络。触觉感受器相对复杂,位于真皮等处,由两种感觉小体组成,即格兰氏小体(Grandry corpuscle)和海氏小体(Herbst corpuscle)。

2.10 生　殖

鸟类的生殖腺的活动存在着明显的季节性变化。繁殖期鸟类的生殖腺显著增大,其体积可增大几百倍,甚至近千倍。雌性个体只有左侧卵巢正常发育,而右侧卵巢退化,大型硬壳卵逐个成熟。这些均与减轻体重、适应飞翔生活有关。

2.10.1 雄性生殖系统

鸟类雄性生殖系统由睾丸(精巢)、附睾和输精管构成(图15-17),输精管开口于泄殖腔。睾丸1对,呈卵圆形,位于体腔背侧的肾脏前方,左右对称。睾丸的大小因年龄和性活动的周期变化而有很大差别。在繁殖季节,其曲精细管的长度和管径均增大,间质细胞的数目增多,因而精巢的重量可比非繁殖期重200～500倍。精巢通常为乳白色,繁殖期由于间质细胞的散布和曲精细管的增大而转呈白色。有些种类的精巢呈黑色,进入繁殖期后变为灰色。

鸟类的附睾是一条弯曲的长管,位于睾丸内侧中央部分,被精巢系膜所掩盖,比哺乳类的相对较小而不明显,亦没有头、尾部之分。输精管多弯曲,沿输尿管外侧平行后伸,其末端膨大成贮精囊,直接开口于泄殖腔的泄殖道。鸟类的泄殖腔大体上两性相似,只是开口于其内的生殖导管不同以及某些种类的雄鸟有阴茎。鸟类大都不具交配器官,仅鸵鸟具有能勃起伸出的阴茎。在其他低等鸟类中存有痕迹,例如雁形目雄鸟的泄殖腔腹面有一个具有螺旋沟的阴茎,鸡形目雄鸟有不能勃起的伸出小突起。鸟类借雌雄鸟的泄殖腔口接合而授精,交配后精子沿输卵管上行并在端部与卵细胞会合而受精。

2.10.2 雌性生殖系统

大多数鸟类的雌性生殖器官仅包括左侧的卵巢和输卵管，右侧的卵巢和输卵管在早期胚胎发育过程中虽然也曾经形成，但在发育过程中退化了。通常认为这与产出大型硬壳卵有关。不过右侧发育的卵巢在许多种类尚有遗存。未成熟雌鸟的卵巢很小，呈扁平叶状，紧贴在左肾前叶上；成熟的卵巢，卵细胞突出于卵巢表面，使卵巢呈结节状。卵巢在发育的过程中，皮质区主要为形成滤泡的场所，髓质区为结缔组织、血管和神经分布的地方。性成熟之后性腺季节性活跃时，左侧卵巢急速发育、增大，形成一些大的滤泡及成百上千的小滤泡。

鸟类输卵管由3层组成，外层为浆膜，中层为环行肌及纵行肌所形成的肌层，内层为腺上皮。浆膜在背中线左右汇合形成输卵管系膜，肌层的收缩使输卵管发生蠕动，推动受精卵下行。腺上皮分泌涂布于卵细胞四周的分泌物。整个输卵管可分5部分，即漏斗部、壶腹部(magnum)、峡部(isthmus)、子宫和阴道。漏斗部为输卵管最前端开口于体腔的部分，前端为宽阔的喇叭状开口，其边缘薄而不整齐，形成皱褶；其后紧缩形成壁稍厚、内有许多黏膜的管状区域，称卵带区(chalaziferous region)。卵逐个成熟后，通过输卵管前端的喇叭口进入输卵管，并在此部位受精。蛋白的卵带层为此区的管状腺所分泌，为一紧紧裹在卵细胞四周的薄层浓蛋白。壶腹部为输卵管前端的膨大部分，管壁厚，黏膜褶大而多，有发达的管状腺，是蛋白的分泌部。当卵细胞旋转下行时，即被所分泌的蛋白包裹。紧贴卵细胞的浓蛋白，随着卵细胞的旋转下行而在两端形成卵带。卵带的形成，使卵细胞总是位于蛋的中部，而且由于卵黄重力的作用，又使其胚盘始终朝上，有利于孵化及胚胎发育。峡部是壶腹部后面的变狭窄部分，管壁内的皱褶减少，腺细胞内具有含硫蛋白质，分泌物构成卵细胞的几丁质成分的内、外壳膜。子宫是输卵管下端的膨大部，黏膜形成深褶，肌肉层比较发达。管壁富含壳腺(shell gland)，卵细胞在此吸收大量水分，形成稀蛋白，使蛋白的重量增加1倍。然后由壳腺所分泌的含钙化合物构成蛋的硬壳。子宫壁上还有分布有色素细胞，所分泌的色素形成蛋壳的颜色和斑点或色纹。鸟类蛋壳的颜色及斑纹色彩主要是由两种色素配合而产生的，即蓝色色素和红褐色素，前者一般构成蛋壳的底色，后者则趋于沉淀而形成斑点或条纹。阴道为输卵管的最下端，开口于泄殖腔内的泄殖道。阴道与子宫的交界处有明显的紧缩，整个阴道具有厚层肌肉以及大量的黏液腺，黏液的润滑作用连同肌肉有力的收缩，使蛋能顺利产出(图15-22)。

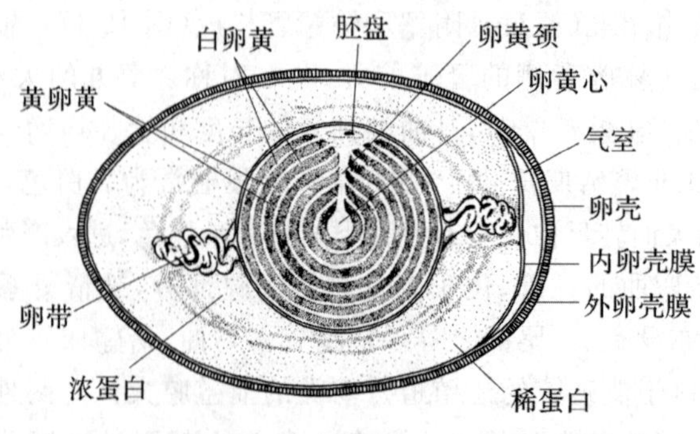

图15-22 鸟蛋的结构模式图(仿郑光美)

鸟类具有筑巢、孵卵和育雏等一系列本能行为，以保证其较高的繁殖成功率和后代存活率。

3　鸟类的分类与演化

3.1　鸟类的分类

世界已知现存鸟类有 9900 多种，其中 90%以上的种类的鸟生活于陆地和淡水。根据对现存鸟类和鸟类化石的综合研究，可以把鸟纲分为古鸟亚纲(Archaeornithes)、反鸟亚纲(Enantiornithes)和今鸟亚纲(Neornithes)三个亚纲。

古鸟亚纲的特点是有由锁骨愈合形成的叉骨，耻骨向后伸长，足具 4 趾，有由多节尾椎组成的长尾，双凹形椎体，胸骨不发达，没有龙骨，骨骼本身没有气窝，颚上有齿，翼的前肢上有 3 个分开的指骨，尖端具爪等。代表类群有始祖鸟(*Archaeopteryx*)和孔子鸟(*Confuciusornis*)等。

反鸟亚纲的最主要特征是其肩胛骨和乌喙骨的关节方式(乌喙骨上的肩胛关节面和肩胛骨上的乌喙骨关节面的形态)和现代鸟类正好相反。此外，反鸟类的特征还表现在：肱骨头平缓，肱骨的内髁不发育；无胫跗骨的骨质腱桥和髁间凹窍，跗跖骨仅近端愈合；胸骨短，其长度和宽度基本相同，龙骨突基本不发育。反鸟亚纲的代表类群有原羽鸟、始反鸟、中国鸟、华夏鸟、长翼鸟等。反鸟亚纲是中生代最重要的陆生鸟类，在早、晚白垩纪呈全球分布，其种类和数量超过同期今鸟亚纲所有成员的总和，鸟类近 1 亿年的进化历史有半数都与这些鸟类有关系。反鸟类是 20 世纪古鸟类的重大发现之一，最早发现于南美阿根廷晚白垩纪层。20 世纪 90 年代以来，在中国发现的早白垩纪鸟类化石中，多数属于这一类鸟类类群。它们不仅保存完整，而且具有其他地区无法相比的、丰富的种类和数量。反鸟类在中国的大量发现，为认识鸟类的起源、鸟类的演化机制等问题提供了重要依据。

今鸟亚纲包括所有现存鸟类和白垩纪以来的一些化石鸟类，其骨骼已具备现代鸟的一般特征：(1)除少数化石种类外，通常无齿而有角质喙；(2)椎体马鞍形(异凹型)，有不同程度的愈合；(3)尾椎不超过 13 枚，最后 5 块愈合成尾综骨，尾羽横列着生在尾综骨上；(4)绝大多数胸骨上有龙骨突，肋骨上有钩状突；(5)前肢具有并合的掌骨，指端无爪(个别种类例外)。化石鸟类均属齿颚总目(Odontognathae)，以黄昏鸟目(Hesperornithiformes)、鱼鸟目(Ichthyornithiformes)、辽宁鸟目(Liaoningornithiformes)、朝阳鸟目(Chaoyangiformes)和燕鸟目(Yanornithiformes)等的种类为代表，它们的骨骼近似现代鸟类，但上、下颌具有槽生齿。

现存今鸟亚纲鸟类可归为 3 个总目，即古颚总目、楔翼总目和今颚总目。

3.1.1　古颚总目(Palaeognathe)

又称平胸总目(Ratitae)，为现存体型最大的鸟类，适于奔走。具有一系列的原始特征：龙骨突不发达或无，锁骨退化或完全消失，肋骨无钩状突起，尾综骨小或不发达；翼退化，无飞翔能力(鹦形目种类除外)；羽毛均匀分布，无羽区及裸区之分，羽枝不具羽小钩，因而不形成羽片；雄鸟具有交配器官。主要分布在非洲、大洋洲和南美洲。现存种类包括 5 目：鸵鸟目(Struthioniformes)、美洲鸵鸟目(Rheiformes)、鹤鸵目(Casuariiformes)、无翼目

(Apterygidae)和䳍形目(Tinamiformes)。代表种类有鸵鸟(*Struthio camelus*)、大美洲鸵鸟(*Rhea americana*)、双垂鹤鸵(*Casuarius casuarius*)、鸸鹋(*Dromaius novaehollandiae*)、褐几维(*Apteryx australis*)和凤头䳍(*Eudromia elegans*)等(图 15-23)。

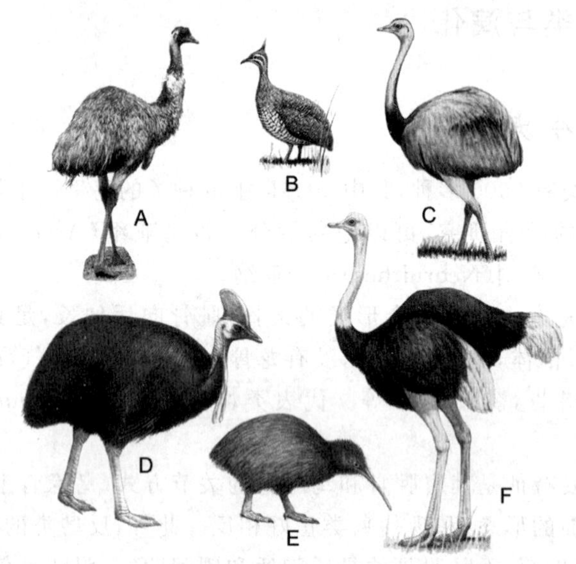

图 15-23　古颚总目的代表种类(仿各家)

A. 鸸鹋；B. 凤头䳍；C. 大美洲鸵鸟；D. 双垂鹤鸵；E. 褐几维；F. 鸵鸟

3.1.2　楔翼总目(Impennes)

又称企鹅总目。全部为海洋鸟类，主要分布在南极洲沿岸，繁殖期深入内陆。身体具有一系列适于潜水生活的特征：前肢变为鳍足，适于水下划行；体羽呈紧密的鳞片状，均匀分布于体表；尾短，后肢短，靠近躯体后方，趾间具蹼，适于游泳；骨骼沉重而不充气，胸骨有发达的龙骨突起，皮下脂肪发达。本总目只有 1 目 1 科，共 17 种。代表种类有王企鹅(*Aptenodytes patagonicus*)、阿德利企鹅(*Pygoscelis adeliae*)和南非企鹅(*Spheniscus demersus*)等(图15-24)。

图 15-24　楔翼总目的代表种类(仿各家)

A. 阿德利企鹅；B. 南非企鹅；C. 王企鹅

3.1.3　今颚总目(Neognathae)

又称突胸总目(Carinatae),为现存鸟类中的最大类群。全为善飞鸟类,翼发达;胸骨具有发达的龙骨突起,骨骼充气,锁骨呈 V 形,肋骨上有钩状突起,具尾综骨;正羽发达,羽小枝上具羽小钩,构成羽片;体表有羽区和裸区之分;雄鸟绝大多数不具交配器官。该总目种类遍布全球,根据其生活方式和结构特征,大致可分为 6 个生态类群,即游禽、涉禽、猛禽、攀禽、陆禽和鸣禽。该总目共有 27 目,我国有 24 目 101 科。现就常见目概述如下:

(1)䴙䴘目(Podicipediformes)　中小型游禽,善于潜水。趾具分离的瓣状蹼,腿短,着生在身体后部;尾短小。在水面以植物编成浮巢。我国有 1 科 5 种,常见种类有小䴙䴘(*Tachybaptus ruficollis*)。

(2)鹱形目(Procellariiformes)　均为海洋性鸟类,体型大、小不等。外形似海鸥,但较粗壮。喙强大具钩,为多块角质片所覆盖;鼻孔呈管状;趾间具蹼,后趾退化或缺如;翼尖长,善于翱翔;具发达的盐腺。在荒岛的地面或土穴内产卵,每窝产卵 1 枚,多集群繁殖;两性孵化。我国有 3 科 13 种,常见的种有短尾信天翁(*Diomedea albatrus*)等。

(3)鹈形目(Pelecaniformes)　大中型游禽。翅长而尖;喙长而末端具钩,适于啄捕鱼类;大多具喉囊;四趾全向前,趾间具完整的蹼膜。我国有 5 科 17 种,代表种有斑嘴鹈鹕(*Pelecanus philippensis*)和普通鸬鹚(*Phalacrocorax carbo*)。

图 15-25　䴙䴘目、鹱形目和鹈形目代表种(仿各家)

A. 短尾信天翁; B. 小䴙䴘; C. 普通鸬鹚; D. 斑嘴鹈鹕

(4)鹳形目(Ciconiiformes)　为大、中型涉禽,栖于水边,喙、颈、腿均长,以适应涉水取食;喙形在不同科中有变异;胫部常部分不被羽,趾细长,趾间基部微具蹼(少数种类蹼发达),4 趾在同一平面上。以鱼类、虾、蛙及其他小型水生生物为食,营巢于高大的树上、苇丛或岩崖和屋顶(少数)。国内分布有 3 科,即鹭科(Ardeidae)、鹳科(Ciconiidae)和鹮科(Threskiornithidae)。

鹭科 23 种,为小型至大型涉禽。喙较细,长而直,末端尖细;中趾爪的内侧具栉缘;其胸腰部侧面长有一种特殊的"粉䎃",能不断地生长并破碎成粉粒状,借以清除食鱼时所黏着的污物;背羽细长下披,称为蓑羽。飞行时颈部呈"S"形弯曲,脚向后直伸。鹭类常多种集群营巢。代表种类有白鹭(*Egretta garzetta*)、苍鹭(*Ardea cinerea*)和夜鹭(*Nycticorax nycticorax*)等。

鹳科 5 种。喙粗壮而直,头部常不完全被羽;中趾爪的内侧不具栉缘,飞翔时颈与脚皆伸直,远望为一直线。代表种类有白鹳(*Ciconia ciconia*)等。

鹮科 6 种。喙细长而下弯(鹮类)或先端扁平如匙状(琵嘴鹭);头部近喙基处有裸皮;一般体羽为纯色。代表种类有朱鹮(*Nipponia nippo*)和白琵鹭(*Platalea leucorodia*)等。

图 15-26 鹳形目代表种(仿各家)

A. 朱鹮;B. 白鹭;C. 苍鹭;D. 夜鹭;E. 白琵鹭;F. 白鹳

(5)雁形目(Anseriformes) 大中型游禽。嘴扁平,边缘具有梳状栉板以滤食,嘴端具加厚的"嘴甲";腿后移,前 3 趾间具蹼,后趾退化;翅部有绿、紫或白色翼镜;雄鸟具交配器;气管基部具膨大的骨质囊,有助于发声时的共鸣。我国有 1 科 50 种,常见的代表种类有绿头鸭(*Anas platyrhynchos*)、斑嘴鸭(*Anas poecilorhyncha*)、鸳鸯(*Aix galericulata*)、白额雁(*Anser albifrons*)、鸿雁(*Anser cygnoides*)、豆雁(*Anser fabalis*)和大天鹅(*Cygnus cygnus*)等(图 15-27)。

图 15-27 雁形目代表种(仿各家)

A. 绿头鸭;B. 白额雁;C. 鸿雁;D. 鸳鸯;E. 斑嘴鸭;F. 大天鹅;G. 豆雁

(6)隼形目(Falconiformes)　为昼行性猛禽。嘴、脚强健并具利钩，适应于抓捕及撕食猎物。喙基具蜡膜；翅强而有力，善疾飞及翱翔，视力敏锐。多以小型至中型脊椎动物为主食。我国隼形目的种类及数量均多，国内有3个科，即鹰科(Accipitridae)、隼科(Falconidae)和鹗科(Pandionidae)，并以前两个科的种类为主。

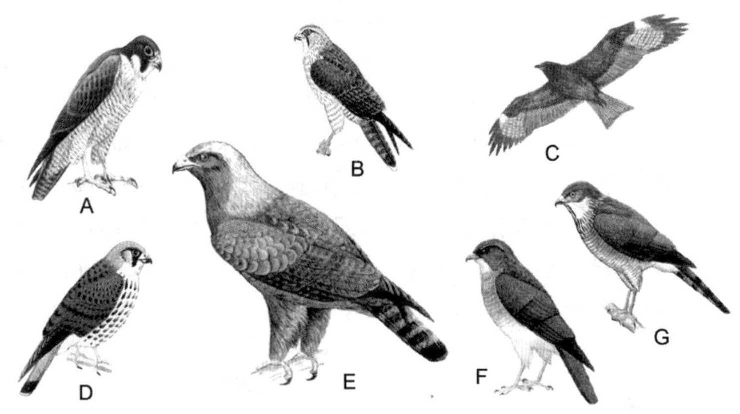

图15-28　隼形目代表种(仿各家)

A.游隼；B.猎隼；C.黑鸢；D.红隼；E.金雕；F.赤腹鹰；G.松雀鹰

鹰科49种，为中、大型猛禽。上喙边缘具弧形垂突，基部具蜡膜；扇翅及翱翔飞行，扇翅节奏较隼科慢；跗跖部大多相对较长，约等于胫部长度。代表种类有黑鸢(*Milvus migrans*)、赤腹鹰(*Accipiter soloensis*)、松雀鹰(*Accipiter virgatus*)和金雕(*Aquila chrysaetos*)等。

隼科13种，为中、小型猛禽。喙较短，侧方有齿突；鼻孔圆形，自鼻孔向内可见一柱状骨棍；翅较狭尖，扇翅节奏快；尾较细长。代表种类有游隼(*Falco peregrinus*)、猎隼(*Falco cherrug*)和红隼(*Falco tinnunculus*)等。

(7)鸡形目(Galliformes)　陆禽，体型大多似鹑或鸡。体强健，喙圆锥状，适于啄食，嗉囊发达；翼短圆，不善远飞；爪钝，适于奔走及挖土寻食；大多雌雄异型，雄鸟跗跖后缘有距。以植物叶、果实、种子为食。本目鸟类大多为留鸟，我国是世界上盛产鸡类的国家，而且特有种很多。国内分布有2科，即松鸡科(Tetraonidae)和雉科(Phasianidae)。

图15-29　鸡形目代表种(仿各家)

A.白腹锦鸡；B.褐马鸡；C.中华鹧鸪；D.灰胸竹鸡；E.原鸡；F.白颈长尾雉；G.环颈雉；H.斑尾榛鸡；I.黄腹角雉

松鸡科 8 种，为中、大型鸡类，喙较短，鼻孔被羽；跗跖全部或局部被羽，雄鸟无距。代表种类有斑尾榛鸡(*Bonasa sewerzowi*)等。

雉科 55 种，为小到大型鸡类，喙粗而强，鼻孔不被羽；跗跖多不被羽，雄鸟多具距。代表种类有中华鹧鸪(*Francolinus pintadeanus*)、灰胸竹鸡(*Bambusicola thoracica*)、黄腹角雉(*Tragopan caboti*)、原鸡(*Gallus gallus*)、褐马鸡(*Crossoptilon mantchuricum*)、白颈长尾雉(*Syrmaticus ellioti*)、白腹锦鸡(*Chrysolophus amherstiae*)和环颈雉(*Phasianus colchicus*)等。

(8)鹤形目(Gruiformes) 体型大小不等的涉禽(少数例外)，与鹳形目相比，亦表现为颈长、喙长和腿长的特点；胫部通常裸露无羽；趾不具蹼或微蹼，后趾形小或退化，并显著地高于前趾，使四趾不在一平面；雌雄羽色相似，多在地面筑巢。该类群鸟类由于适应不同的生活方式，其外观相差甚大。国内分布有 4 科，即三趾鹑科(Turnicidae)、鹤科(Gruidae)、秧鸡科(Rallidae)和鸨科(Otididae)，共计 34 种。代表种类有黄脚三趾鹑(*Turnix tanki*)、普通秧鸡(*Rallus aquaticus*)、丹顶鹤(*Grus japonensis*)、白骨顶(*Fulica atra*)和大鸨(*Otis tarda*)等。

图 15-30 鹤形目代表种(仿各家)

A. 黄脚三趾鹑；B. 白骨顶；C. 普通秧鸡；D. 大鸨；E. 丹顶鹤

(9)鸻形目(Charadriiformes) 中小型涉禽。奔跑快速并善于飞翔，翅狭而长；喙长短不一，嘴形变异较大；四趾以中趾最长，趾间或具微蹼，后趾形小或消失；体背羽色以斑驳的黑、白、褐为主，很少鲜丽，适于隐藏。在水边或浅水啄食小型水生动物，春秋集大群迁徙。本目国内分布有 14 科 126 种，其中种类较多的有鸻科(Charadriidae)、鹬科(Scolopacidae)、鸥科(Laridae)和燕鸥科(Sternidae)。

鸻科 16 种，中、小型涉禽。喙短而直，先端较宽；体色以褐、黑、灰、白为基本色，腹羽白；后趾多缺失。代表种类有凤头麦鸡(*Vanellus vanellus*)和环颈鸻(*Charadrius alexandrinus*)等。

鹬科 49 种，中、小型涉禽。喙形多样，有短直、长直以及长而下弯；体羽大多暗淡或具斑驳，适于隐蔽；多具 4 趾。代表种类有丘鹬(*Scolopax rusticola*)、白腰杓鹬(*Numenius arquata*)、红脚鹬(*Tringa tetanus*)和黑腹滨鹬(*Calidris alpina*)等。

鸥科 19 种，小至大型涉禽，善于游泳。嘴强而侧扁，先端具钩，鼻孔前宽后狭；翅狭长，尾

图 15-31　鸻形目代表种(仿各家)

A. 水雉(*Hydrophasianus chirurgus*)；B. 红脚鹬；C. 黑腹滨鹬；D. 凤头麦鸡；E. 反嘴鹬(*Recurvirostra avosetta*)；F. 环颈鸻；G. 白腰杓鹬；H. 丘鹬；I. 普通燕鸥；J. 白翅浮鸥；K. 银鸥；L. 黑尾鸥

圆形；前 3 趾间具蹼。代表种类有黑尾鸥(*Larus crassirostris*)和银鸥(*Larus argentatus*)等。

燕鸥科 19 种，中、小型涉禽，善于游泳。喙尖而细长，上下喙等长；翅甚尖长，尾叉形；前趾间具蹼。代表种类有普通燕鸥(*Sterna hirundo*)和白翅浮鸥(*Chlidonias leucopterus*)等。

(10)鸽形目(Columbiformes)　中、小型陆禽，体型似鸽。喙短，先端膨大，基部大都柔软并具蜡膜；腿短，脚强健，具钝爪；翅长而尖，飞行迅捷；嗉囊发达，许多种类具有嗉囊腺。国内只 1 科，即鸠鸽科(Columbidae)，共 31 种，代表种有原鸽(*Columba livia*)、山斑鸠(*Streptopelia orientalis*)和珠颈斑鸠(*Streptopelia chinensis*)等。

(11)鹦形目(Psittaciformes)　中、小型攀禽。喙短钝，先端具利钩，上颌与头骨之间有可动关节；腿短，对趾型足，爪强健具钩，攀缘时喙足并用；大多数树洞营巢。国内仅 1 科，即鹦鹉科(Psittacidae)，共 7 种，代表种有绯胸鹦鹉(*Psittacula alexandri*)等。

图 15-32　鸽形目、鹦形目和鹃形目代表种(仿各家)

A. 原鸽；B. 大杜鹃；C. 四声杜鹃；D. 珠颈斑鸠；E. 山斑鸠；F. 绯胸鹦鹉

(12)鹃形目(Cuculiformes) 中型攀禽。喙较纤细,先端微下弯;具适于攀缘的对趾型足或转趾型足;翅尖长,尾长而呈圆形。不少种类有寄生性繁殖习性。国内1科,即杜鹃科(Cuculidae),共20种,代表种类有大杜鹃(*Cuculus canorus*)和四声杜鹃(*Cuculus micropterus*)等。

(13)鸮形目(Strigiformes) 夜行性猛禽。具钩嘴、利爪以抓捕、撕食猎物;嘴基具蜡膜;眼大,双眼向前,眼周多具面盘;足为转趾型,脚腿健壮,常被羽;体羽柔软,飞时无声。大多数为森林鸟类,以昆虫、鼠和小鸟等为食;在树洞或岩洞内筑巢。国内分布有2科,其中草鸮科(Tytonidae)3种、鸱鸮科(Strigidae)28种,代表种类有草鸮(*Tyto capensis*)、雕鸮(*Bubo bubo*)和长耳鸮(*Asio otus*)等(图15-33)。

(14)夜鹰目(Caprimulgiformes) 夜行性攀禽。前趾基部并合(称并趾型),中爪具栉状缘;喙短而宽、口裂极大,有极发达的口须,适应于飞捕昆虫。翅长尖,飞行迅速灵活;羽片柔软,飞时无声。国内分布有蟆口鸱科(Podargidae)和夜鹰科(Caprimulgidae)等2科8种,其中以夜鹰科为主,有7种,代表种类普通夜鹰(*Caprimulgus indicus*)(图15-33)。

图15-33 鸮形目和夜鹰目代表种(仿程学义)

A. 普通夜鹰; B. 草鸮; C. 长耳鸮; D. 雕鸮

(15)雨燕目(Apodiforme) 小型攀禽。体型似燕但尾叉较小;喙短宽似燕,口裂大,适于在空中兜捕飞虫;腿短而弱,跗跖大部被羽,常趾型、前趾型或后趾可以转动;唾液腺发达。国内分布有2科10种,即雨燕科(Apodidae)和凤头雨燕科(Hemiprocnidae),其中雨燕科9种,代表性种类为雨燕(*Apus apus*)和白腰雨燕(*Apus pacificus*)等(图15-34)。

图15-34 雨燕目、佛法僧目和戴胜目代表种(仿程学义)

A. 白腰雨燕; B. 雨燕; C. 戴胜; D. 三宝鸟; E. 普通翠鸟; F. 斑鱼狗; G. 栗喉蜂虎

(16)佛法僧目(Coraciiformes)　小型至大型攀禽。种类较多,体型各异,多为体色鲜丽的森林鸟类。跗跖短,并趾型,即第 2、3 或 3、4 趾基部或全部愈合;翅短圆;营洞巢。国内有 3 科,以翠鸟科(Alcedinidae)为主,有 11 种,其次蜂虎科(Meropidae)6 种,佛法僧科(Coraciidae)最少,只有 3 种。代表种类有普通翠鸟(*Alcedo atthis*)、斑鱼狗(*Ceryle rudis*)、栗喉蜂虎(*Merops philippinus*)和三宝鸟(*Eurystomus orientalis*)等(图 15-34)。

(17)戴胜目(Upupiformes)　中型攀禽。喙细长而尖,先端下弯,第 3、4 趾基部连并;翅中等、宽而圆;头顶具有能不时展开的扇状冠羽;体羽主要为棕色,而翅和尾羽上有明显的黑、白斑。国内仅有戴胜科(Upupidae)1 种,即戴胜(*Upupa epops*)(图 15-34)。

(18)犀鸟目(Bucerotiformes)　中、大型攀禽。喙极大,下弯并有沟纹,常为红色或黄色;喙基顶部常有盔突;趾基部相连;翅大而强健,飞时有声;尾长,多为圆形;在树洞中筑巢,雄鸟以泥土将雌鸟封堵于洞穴内,仅留小孔接受雄鸟饲喂。国内仅 1 科,犀鸟科(Bucerotidae)5 种,代表种有冠斑犀鸟(Anthracoceros albirostris)(图 15-35)。

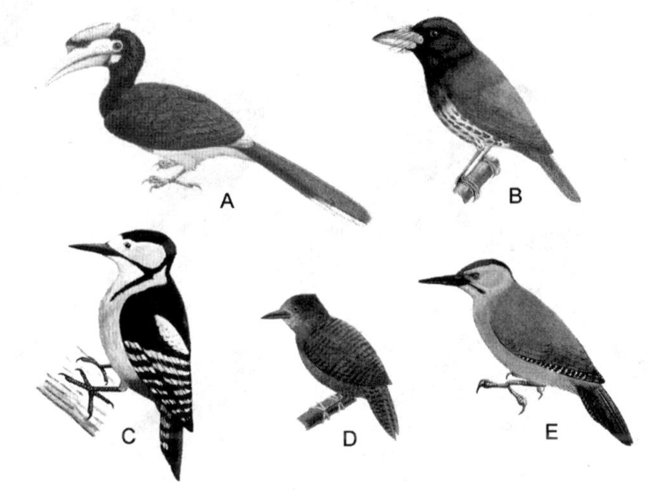

图 15-35　犀鸟目和䴕形目代表种(仿程学义)

A. 冠斑犀鸟; B. 大拟啄木鸟; C. 大斑啄木鸟; D. 栗啄木鸟; E. 灰头绿啄木鸟

(19)䴕形目(Piciformes)　中、小型攀禽。喙粗壮,长直如凿状;舌很长,先端具角质小钩,伸缩自如,并能伸出口外,啄食隐于树皮下或木质中的蛀虫;跗跖短而强,对趾型足;尾羽大多具坚硬的羽干,在啄木时起支撑作用。国内分布有 3 科,即须䴕科(Capitonidae)、响蜜䴕科(Indicatoridae)和啄木鸟科(Picidae),共 39 种,其中种类最多的是啄木鸟科,有 30 种,而响蜜䴕科只有 1 种。代表种类有大拟啄木鸟(*Megalaima virens*)、大斑啄木鸟(*Picoides major*)、栗啄木鸟(*Celeus brachyurus*)和灰头绿啄木鸟(*Picus canus*)等(图 15-35)。

(20)雀形目(Passeriformes)　鸣禽。体形较小,喙形多样,适于多种类型的生活习性;鸣管发达,鸣肌复杂,善于鸣叫;后肢四趾分离,三前一后,后趾与中趾等长;筑巢大都精巧。雀形目是鸟类中最高的类群,种类和数量众多,适应辐射到各种生态环境内,占鸟类的绝大多数,共有 100 个科 5000 多种。其中中国分布有 44 科,代表种类有云雀(*Alauda arvensis*)、家燕(*Hirundo rustica*)、白鹡鸰(*Motacilla alba*)、白头鹎(*Pycnonotus sinensis*)、红尾伯劳(*Lanius cristatus*)、黑枕黄鹂(*Oriolus chinensis*)、黑卷尾(*Dicrurus macrocercus*)、八哥(*Acridotheres cristatellus*)、松鸦(*Garrulus glandarius*)、喜鹊(*Pica pica*)、太平鸟

(*Bombycilla garrulous*)、斑鸫(*Turdus eunomus*)、画眉(*Garrulax canorus*)、黄眉柳莺(*Phylloscopus inornatus*)、银喉长尾山雀(*Aegithalos caudatus*)、大山雀(*Parus major*)、普通鳾(*Sitta europaea*)、麻雀(*Passer montanus*)、燕雀(*Fringilla montifringilla*)和黄胸鹀(*Emberiza aureola*)等(图 15-36)。

图 15-36 雀形目代表种(仿各家)

A. 松鸦; B. 银喉长尾山雀; C. 大山雀; D. 太平鸟; E. 黑枕黄鹂; F. 黄胸鹀; G. 麻雀; H. 斑鸫; I. 燕雀; J. 黄眉柳莺; K. 画眉; L. 白鹡鸰; M. 普通鳾; N. 喜鹊; O. 黑卷尾; P. 红尾伯劳; Q. 白头鹎; R. 云雀; S. 八哥; T. 家燕

3.2 鸟类的起源

鸟类起源研究的历史可追溯到 19 世纪 60 年代初。自 1861 年第一块既有羽毛、又有骨架的始祖鸟(*Archaeopteryx*)化石在德国巴伐利亚省索伦霍附近的晚侏罗纪(距今约 1.45 亿年左右)海相沉积印板石灰岩内发现之后,鸟类的起源就成了古生物学家和生物学家最感兴趣的研究课题之一。

至今始祖鸟化石标本共计 8 块,均发现于德国巴伐利亚省索伦霍附近,其中 1877 年发现的第三块始祖鸟标本保存最精美(图 15-37)。始祖鸟的发现是国际古生物研究历史上的一件大事。从已有的化石标本可知,始祖鸟具有许多介于爬行类和鸟类之间的过渡特征,其中近祖性状主要有:槽生齿;荐椎数目少,有一条由 20 多节尾椎组成的长尾巴;脊椎的椎状双凹型;肢骨的骨壁厚,不充气;跖骨没有愈合成跗跖骨,腓骨与胫骨等长,前肢掌骨没有愈合成腕掌骨;肋骨短小且没有钩状突。当然,始祖鸟的近裔性状也十分明显,如具有与现代鸟类相似的羽毛，且羽毛已分化为初级飞羽、次级飞羽、覆羽和尾羽等；耻骨后向伸展，锁骨愈合成叉骨，第三掌骨已开始与腕骨愈合；拇趾与其他三趾对生等。人们将始祖鸟归于鸟类的原因主要在于其发育了羽毛。假如没有保存羽毛印痕的话，始祖鸟当时很可能不会被归于鸟类。例如，当时就有两个没有保存羽毛的始祖鸟化石就被误定为翼龙的一个新种和一种小型的兽脚类恐龙——美颌龙。

图 15-37　第 3 块始祖鸟标本(仿 Ostrom)

虽然始祖鸟被人们认为是最原始的鸟类已有 100 多年，但有关鸟类的起源问题却一直存在着激烈的争论，并依据各自的见解提出了各种各样有关鸟类起源的假说，如槽齿类起源假说(Thecodong Hypothesis)、鳄类姊妹群起源假说(Crocodile Sister-group Hypothesis)、恐龙姊妹群起源假说(Dinosaur Sister-group Hypothesis)、初龙起源假说(Archosauria Hypothesis)、兽脚类恐龙起源假说(Theropod Hypothesis)和鱼类起源假说(Fish Hypothesis)等。其中主要的假说有槽齿类起源假说、鳄类姊妹群起源假说和兽脚类恐龙起源假说。

(1)槽齿类起源假说(假鳄类起源假说)

槽齿类是爬行动物中最早分异的两大支系之一，最早出现于距今约 23000 万年前的早三叠纪。它们在地史上的时间虽不长(至三叠纪末绝灭)，但在爬行动物进化上有重大意义。最早的槽齿类是被称作古鳄类(Proterosuchia)的一类四足行走的体躯较小的原始爬行动物。它们很快分化，其中的假鳄类(Pseudosuchia)是主干爬行动物(包括恐龙)的早期类型。1913 年，南非古生物学家 Broom 在南非早三叠纪地层中发现了一件个体较小的假鳄类化石，即优帕克鳄(Euparkeria)。优帕克鳄为食肉性动物，嘴里牙齿锐利，两足行走；身体结构轻巧，部分骨骼中空；头骨结构也轻巧，较高而窄，眼眶和颞孔较大，具眶前孔。因此，Broom 认为这种假鳄类不仅是主干爬行动物的祖先，而且也是鸟类的祖先。1926 年，丹麦的 Heilmann 在对优帕克鳄进行详细解剖学研究和描述的基础上，与德国始祖鸟进行了比较，进而认为优帕克鳄是解决鸟类起源的关键，并相信鸟类起源于槽齿类爬行动物。由于假鳄类属于槽齿类，因此槽齿类起源假说又称为假鳄类起源假说。1972年和1977年，Walker依据来自南非晚三叠纪的喙头鳄(*Sphenosuchus*)化石的形态解剖特征，认为三叠纪时鸟类和鳄类起源于一个共同祖先，即比优帕克鳄更为特化一些的假鳄类。

假鳄类起源假说是影响很大的鸟类起源假说之一，长期以来为世界各国凡涉及鸟类起源问题的文章和大、中学教科书所采用。有不少当今国际科学家，如Martin博士和Feduccia博士等为该假说的积极倡导者。

尽管槽齿类起源假说在相当长的时间内影响很大，但其存在明显的自身无法解决的问题。例如出现时间的问题，优帕克鳄或喙头鳄均发现于2亿年前的三叠纪，而始祖鸟发现于约1.5亿年前的晚侏罗纪。显然，在祖先的后裔间存在一段大约5千多万年的时间间隔。而且迄今尚未从晚三叠纪至晚侏罗纪的地层中找到任何可以用来支持槽齿类起源假说的化石证据。

(2)鳄类姊妹群起源假说

有些学者认为鳄类是现存羊膜动物中最接近鸟类的爬行动物。英国学者Walker 1972年首次提出了鳄类姊妹群起源假说，他认为在初龙类中鳄类与鸟类的关系最密切，两者在形态结构上有许多相同或相似之处。这一假说曾得到Martin (1979, 1981, 1983)和Whetstone (1981)等学者的支持。他们认为鳄类和鸟类两者之间存在许多相似的形态结构：槽生齿，齿冠短、钝尖、圆锥形以及齿冠和齿根间压缩；方骨两关节式且充气；具下颌孔；内耳腔的位置相似；头骨里有气窦和气孔构造等。其实，后代部分保留或再现祖先类型的某些结构特征是很常见的。这些相似的结构特征只能说明两者之间可能存在某种亲缘关系，但是它们不可能用来证明两者关系是近祖还是远祖。显然，这种假说仍没有摆脱假鳄类起源或初龙类起源观点的影响，与槽齿类起源假说一样无法解决时间间隔和化石证据等问题。

(3)兽脚类恐龙起源假说(恐龙起源假说)

当鸟类起源的鳄类假说出现之后，有人发现其他初龙类也有与鳄类相似的构造，同样的构造在优帕克鳄中也存在。因此，英国著名科学家Huxley博士于1870年提出了恐龙起源假说，认为鸟类是由小型食肉性恐龙演化而来的，并与兽脚类恐龙有着密切的关系，推测鸟类可能是由恐龙演变而来的。从不断发现的世界恐龙化石可知，鸟类与恐龙在表面形态结构上存在许多相似之处：骨骼中空和构造轻巧；颈椎长，荐椎超过3个；肩胛骨长而窄；腰带各骨伸长；胫骨近端外侧有一嵴与腓骨相连；腓骨比胫骨细长而且远端细小等。

早期的恐龙，依据腰带形态的差异可分成两大类群，即蜥臀目(Saurischia)和鸟臀类(Ornithischia)。鸟臀类是一群高度特化的食草动物，它们已远离爬行动物的主干。蜥臀类恐龙自身分化成植食性和肉食性两支系。植食性者称为蜥脚类(Sauropda)，这类恐龙形态高度特化，喜群居，食量大，有许多成长为巨大的个体，如我国四川的马门溪龙。肉食性恐龙总称为兽脚类(Theropata)，从形态和食性方面又分别向两个支系演化：一个是个体较大，基本为二足行走的食肉龙类(Arnosauia)；另一类群个体小巧，骨骼轻便，二足行走，为向杂食性发展的一个类群，属虚骨龙类(Coelurosauria)。

Heilmann(1926)在其《鸟类起源》一书中认为，从解剖学的角度来看，化石类群中兽脚类恐龙在结构特征上与鸟类最相似，但不容忽视的事实是兽脚类恐龙没有锁骨也没有叉骨，而鸟类具有叉骨。因此，Heilmann的思想否定了恐龙起源假说，并极大地支持了槽齿类起源假说。此后，在相当长的时期内槽齿类起源假说在国际科学界占主导地位。

1970年,美国耶鲁大学著名古生物学家Ostrom博士在对美国蒙大拿州早白垩纪奔龙类的恐爪龙(*Deinonychus*)与德国巴伐利亚州晚侏罗纪美颌龙(*Compsognathus*)和始祖鸟进行比较解剖学研究后,明确提出鸟类与兽脚类恐龙关系最密切,而且鸟类是兽脚类恐龙的后代。同时,他还对鸟类的起源和演化提出了一种假设:三叠纪的假鳄类一晚三叠纪至早侏罗纪的虚骨龙类一晚侏罗世的始祖鸟一后期的高等鸟类。此后,世界各国越来越多的古生物学家、生物学家和演化生物学家接受了他的观点,相信鸟类是由兽脚类恐龙演变而来的。

自20世纪70年代Ostrom(1973,1976)率先复兴了鸟类起源于恐龙的假说以来,鸟类的起源问题便一直成为人们争执的焦点。尽管越来越多的证据表明,鸟类和恐龙的关系最为接近,但持不同观点的学者仍提出了许多疑问。其主要原因是在虚骨龙类与始祖鸟之间仍存在一个很大的时间和演化间隔,必须寻找新的化石证据来消除这种间隔,以证明恐龙与鸟类之间存在的系统关系,否则难以令人信服。

为此,能否找到从虚骨龙类到始祖鸟之间的带羽毛的恐龙成为鸟类起源于恐龙假说的关键所在。中华龙鸟(*Sinosauropteryx*)的发现(季强和姬书安,1996)使得人们第一次看到了带羽毛恐龙的希望。之后发现的原始祖鸟(*Protarchaeopteryx*)和尾羽鸟(*Caudipteryx*)已具备了真正的羽毛,即包括羽轴和羽枝。它们的出现证明真正意义上带羽毛的恐龙确实存在。随后北票龙(*Peipiaosaurus*)和中国鸟龙(*Sinornithosaurus*)等化石的发现进一步说明在由恐龙向鸟类演化的过程中确实出现过带羽毛恐龙。近年来出现的许多化石新材料,在为鸟类起源于恐龙的假说不断提供新的证据的同时,还逐步填补了鸟类和小型兽脚类恐龙之间许多过去被认为缺失的环节。例如,近年来的发现表明,锁骨不仅在很多恐龙中存在,而且还在不少的恐龙中愈合为与鸟类相似的叉骨。这些恐龙包括窃蛋龙(*Oviraptor*)(Barsbold,1983),疾走龙(*Velociraptor*)(Norell et al., 1997)和中国鸟龙(Xu et al., 1999)等。因此,以往人们认为的始祖鸟具有的羽毛和叉骨两点鸟类特征,现在看来都不再为鸟类所特有。

由于中国辽西中华龙鸟、原始祖鸟、尾羽鸟等珍稀化石的发现,不仅使越来越多的人相信鸟类是由恐龙演变而来的,而且也向人们揭示了这样一个事实:恐龙并没有完全绝灭,现代的鸟类就是恐龙的后代,就是现生的长羽毛的恐龙。

虽然随着新化石的涌现和研究的不断深入,鸟类起源于恐龙的假说已得到国际上绝大多数学者的认同。但与此同时,还有不少古鸟类学家及生理学家仍然持相反的意见。其中主要的代表性人物包括美国的Feduccia,Martin和Ruben等人。Feduecia(1999)认为,中华龙鸟的毛状物为皮下结缔组织纤维,而并非皮肤衍生物;原始祖鸟和尾羽鸟不仅带有真正的羽毛,而且是中生代的“几维鸟”,已属于真正的鸟类,只不过次生性地失去了飞行的能力,而并非什么带羽毛的恐龙。而对鸟类起源于恐龙假说的最大挑战,可能来自关于鸟类和恐龙前肢手指同源关系的争论。古生物学家普遍认为,在兽脚类恐龙的演化过程中,手指的退化是从外侧开始,逐渐向内侧进行的。换句话说,在最原始的兽脚类前肢仍保持五个手指,其中第四和第五指已明显减小;之后是前肢剩下四个手指,第五指已经完全消失。而在许多其他小型的兽脚类恐龙,包括原始祖鸟、尾羽鸟、北票龙和中国鸟龙等,第四指也已消失,前肢只剩下三个手指,即相当于原始的兽脚类恐龙的第一、二、三指。由于鸟类来自恐龙,因而鸟类所具有的三个手指,也应当相当于恐龙祖先类型的第一、二、三指。然而,胚胎学的研究却表明，现代鸟类前肢的三个手指，应该是第二、三、四指。如果古生物学家的结论和胚胎学家的结果都成立的话，那么，恐龙还可能是鸟类的直接祖先吗？

4 鸟类小结

鸟类是全身被有羽毛、前肢变为翼、产大型羊膜卵的恒温脊椎动物，亦是一类对陆生环境高度适应的脊椎动物。根据现有的化石证据和研究结果，它是从初龙类爬行动物进化而来的，与中生代的兽脚类恐龙最接近。目前已知的最原始的鸟类化石有来自侏罗纪的始祖鸟化石和孔子鸟化石等，它们均具有许多爬行动物的特征。近年来，中国古生物学家发现的中华龙鸟、原始祖鸟和尾羽鸟等对于探索鸟类的起源起着极为重要的作用，并有力地支持了鸟类起源的恐龙起源假说。

鸟类的形态千差万别，但鸟类的特征大都与适应飞翔生活相关，并主要表现在减轻体重和加强飞翔的力量两个方面。鸟类最重要的特征是具有羽毛，羽毛是从爬行类角质鳞片演变而来的，轻而坚韧，对维持体温和飞行起着极为重要的作用。它们体内有发达的与肺气管相通的气囊，这不仅使鸟类在呼气和吸气时均有新鲜气体经过肺，而且还起着减轻身体比重、减少飞行时肌肉及内脏间摩擦和调节体温等方面的作用。骨骼高度愈合，且为气质骨，轻便的角质喙代替了爬行动物沉重的牙齿和颌骨，内脏结构简化，一侧卵巢退化，无膀胱等均为鸟类减轻身体重量的重要适应特征。同时，发达的胸部和腿部肌肉，高效的双重呼吸系统和血液完全双循环，高新陈代谢和高恒定体温，均与鸟类适应飞翔生活密切相关。此外，鸟类所具有的敏锐视觉、良好的听觉和发达的小脑对其飞行运动的协调起着重要的作用。

鸟类具有复杂的繁殖行为，以保证和提高其繁殖的成功率和后代的存活率。

鸟纲分为古鸟亚纲、反鸟亚纲和今鸟亚纲 3 个亚纲，其中前两个亚纲均为化石种类，今鸟亚纲的部分种类为化石鸟类。现存今鸟亚纲鸟类可归为 3 个总目，即古颚总目、楔翼总目和今颚总目。目前，有世界上约有 9900 多种鸟，我国有 1331 种鸟。

第 16 章 哺乳纲(Mammalia)

1 哺乳类的主要特征

哺乳动物是脊椎动物中结构最完善、功能和行为最复杂、适应能力最强、演化地位最高的类群。它们具有全身被毛、运动快速、恒温、胎生、哺乳等许多进步的特征，特别是脑的高度发达，能够适应各种复杂的生活环境，成为现存动物界中的优势动物类群。哺乳动物的主要特征有：有高度发达的神经系统和感觉器官，其大脑和小脑的体积增大，大脑皮层加厚形成发达的新脑皮，表面有非常明显的沟回结构，使大脑皮层的表面积大大增加，成为高级神经活动的中枢；感觉器官完善，表现在嗅觉器官鼻腔内有复杂的鼻甲骨和较大的嗅囊；听觉器官内耳的耳蜗延长卷曲成螺旋状，中耳有 3 块传导灵敏的听小骨，有外耳道和外耳壳。因此，哺乳动物可以获得更多信息，协调复杂的机能活动和适应多变的环境条件。哺乳动物出现了口腔消化，口腔中出现了异型齿和含消化酶的唾液腺，通过口腔咀嚼，在口腔内能对食物进行初步机械消化和化学消化，从而大大提高了对营养物质的摄取能力。哺乳动物的肺由大量肺泡组成，肌质横膈膜参与了呼吸运动，提高了呼吸效能；心脏 4 室，为完全的双循环，使代谢水平大为提高；体表被毛，皮下有发达的脂肪层，形成了良好的隔热保温装置；中枢神经系统有完善的体温调节能力，从而保证了哺乳动物有较高而恒定的体温。哺乳动物四肢垂直着生在躯体的腹面，支承力量强，骨骼和肌肉发育完善，骨与骨连接灵活而牢固，可作多种方式活动，保证了哺乳动物具有陆地快速运动能力。哺乳动物产羊膜卵，体内受精，胚胎在母体子宫内发育，通过胎盘可从母体内获得充足的营养和氧气，顺利地排出代谢废物和 CO_2，保证了胚胎的正常发育。胎儿在母体内完成胚胎发育过程——妊娠而成为幼儿时才产出。母体以营养丰富、易于消化的乳汁哺育幼仔，并保护幼仔不受各种敌害的侵袭，使哺乳类后代的成活率大大提高。因此，哺乳动物通过胎生和哺乳，进一步完善了脊椎动物的陆上繁殖的能力。

由于哺乳动物躯体结构的高等和完善的神经活动，故在新生代初便排斥了爬行类而占领了一切重要生活环境。哺乳动物中不但有地栖和树栖的种类，并且还有飞行、掘土和次生的水栖种类。

2 哺乳类的生物学

2.1 外形特征

哺乳动物大多全身被毛,明显分为头、颈、躯干、四肢和尾五部分。有肉质的唇,唇边有触毛。眼有眼睑、瞬膜;有长的外耳壳,一般都能转动。尾为运动的平衡器官,大都趋于退化。四肢着生在躯干腹面两侧,和地面垂直,从而把躯体高高举起,抬离了地面。又因前肢肘关节转向后,后肢膝关节转向前,增强了杠杆作用,提高了支撑与弹跳力,适应于在陆上行走、快速奔跑、跳跃;前后肢也有了分工,前肢主要是把身体向前拉,后肢主要是把身体向前推,从而结束了低等脊椎动物如爬行类那样四肢由两侧伸出,用腹部贴地,以尾作为运动辅助器官在地面爬行的状态(图 16-1)。尾起平衡作用,牛和马的尾可驱赶昆虫,袋鼠的尾可撑地。

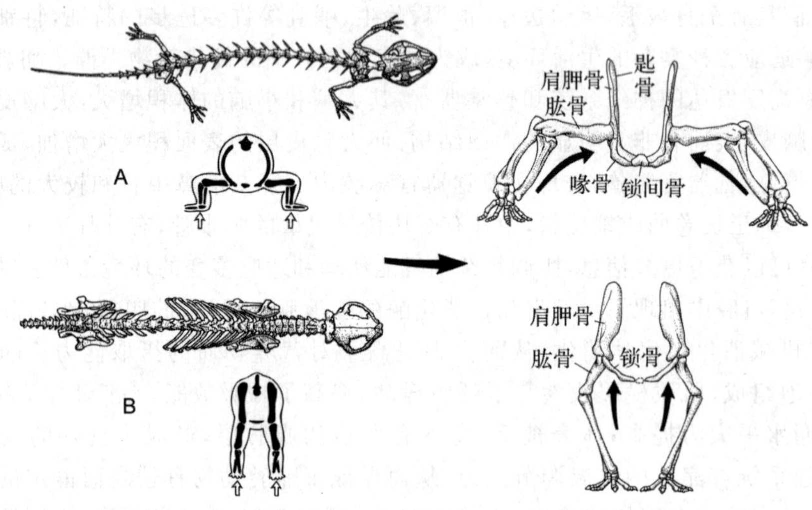

图 16-1 哺乳类与低等陆栖脊椎动物的四肢比较(仿 Kardong)
A. 低等陆栖脊椎动物; B. 哺乳类

适应于不同生活方式的哺乳类,在形态上有较大改变,水栖种类(如鲸)体呈鱼形,附肢退化呈桨状;飞翔种类(翼手类)前肢特化,具有翼膜;穴居种类(如鼹鼠)躯体粗短,前肢特化如铲状,适于掘土;陆生种类则呈兽形,躯体均衡,四肢发达,适应奔跑。

2.2 皮肤及衍生物

2.2.1 皮肤结构

皮肤由表皮层和真皮层组成(图 16-2)。表皮层又分为角质层和生发层。角质层发达,由角质化的细胞所组成,能防止体内水分散失。生发层为单层柱状上皮,与真皮相接,能不断分裂增生,老的细胞角质化后形成角质层,以“皮屑”形式脱落。表皮内无血管,营养靠真皮渗透供给。真皮很厚,由致密纤维结缔组织构成。在与表皮接壤的部分形成若干突起(真皮乳突)嵌入表皮内。真皮内富含血管、神经末梢、感受器和皮肤腺等。真皮下面由蜂窝组织构成了皮下层,是真皮和肌肉之间的联系组织,内含大量脂肪细胞。皮下脂肪有贮藏营养、保温、隔热的作用。在水栖的哺乳动物(鲸、海豹),由于皮毛的退化及水生环境的特点,它们的皮下脂肪特别发达。还有冬眠的种类(如黄鼬、刺猬、土拨鼠等)也贮藏大量的脂肪,作为冬季的营养。故皮肤不仅有良好的抗透水、抗张力和抗菌性,而且有感觉、排泄和调节体温的功能。

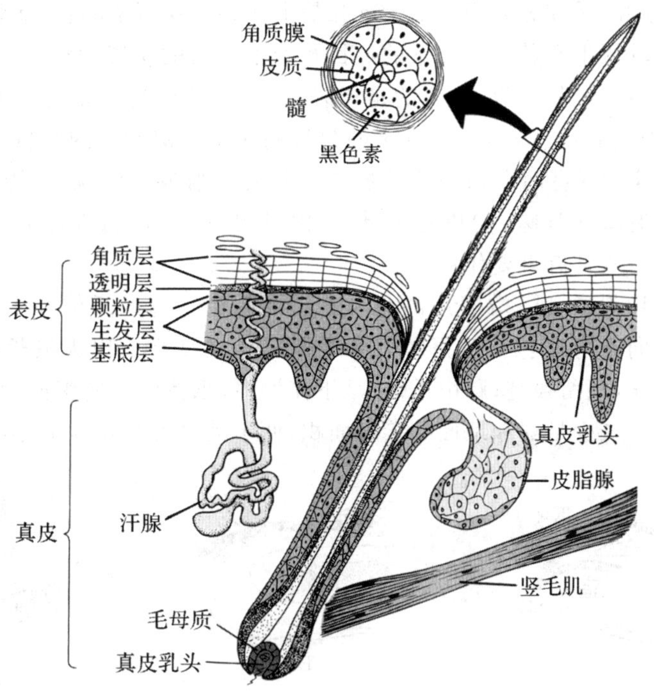

图 16-2 哺乳动物皮肤模式图(仿 Kardong)

2.2.2 皮肤衍生物

哺乳动物的皮肤衍生物有毛(hair)、皮脂腺(sebaceous gland)、汗腺(sweat gland)、乳腺(mammary gland)、味(臭)腺(scent gland)及爪(claw)、甲(nail)、蹄(hoof)、角(horn)等。

毛 几乎所有的哺乳动物都有毛。只有极少数的鲸类(白鲸等)无毛,而其他鲸类至少在唇边有几对毛(有的在胚胎时期有毛)。毛为表皮角质化的产物,由裸露的毛干和埋在皮肤内的毛根组成。毛干中央的髓质部通常含有空气,其周围的皮质部内常具色素。毛根末端膨大部分为毛球,毛球能不断进行细胞分裂,使毛随之增长。毛球基部凹陷,内有真皮构成的毛乳头,具丰富的血管供给毛球的营养。围于毛根外的组织叫毛囊,其内有皮脂腺的开口。毛囊基部有竖毛肌附着,竖毛肌另一端终止于真皮乳头,收缩时可使毛竖立。

根据毛的结构可分为针毛、绒毛和触毛。针毛长而坚韧,具一定的毛向,耐摩擦,有保护功能。绒毛位于针毛下层,短而密,无毛向,保温性强。触毛为特化的针毛,长而硬,常长在嘴边,有触觉作用。

毛的长度、密度、质地、颜色等随种类而异。很多种类哺乳动物的毛在每年春秋更换。秋季夏毛脱落,长出长而密的冬毛,用于越冬;春季冬毛脱落,长出短而疏的夏毛,以利散热。

皮肤腺 哺乳类皮肤腺发达,都为多细胞腺体。包括皮脂腺、汗腺、乳腺、味腺(臭腺)等。

皮脂腺为泡状腺,多开口于毛囊基部,皮脂腺所分泌的油脂可滋润毛与皮肤。汗腺为哺乳类所特有的一种管状腺，由表皮生发层细胞陷入真皮形成，有导管通皮肤表面；分泌的汗液成分与尿相似，能通过蒸发散热，是哺乳类调节体温的一种重要方式；灵长类的汗腺遍布全身，其他兽类大多限于一定部位，如牛、羊的汗腺仅限于吻部；汗腺不发达的种类（如狗），体热散发主要靠口腔、舌和鼻表面蒸发。乳腺是由汗腺演变而来的管、泡状复合腺。乳腺集中的地方叫乳区，乳区上有乳头。乳头的数目及着生乳头的位置因种类而异，最少的只有1对，如马、蝙蝠、鲸、象、灵长类等，最多的是树袋熊，有12对，其他如食肉类有3～4对，啮齿类1～5对，牛2对，猪4～8对，通常乳头的数目稍多于一窝幼仔的数目。一般只是雌性具乳腺，但雄性灵长类及某些兽类具有失去机能的退化的乳腺。味腺（臭腺）是汗腺或皮脂腺的变形，其分泌物有特殊气味，如兔的鼠蹊腺、鼬的肛腺、雄麝的麝香腺等。味腺对吸引异性、识别同种和自卫等都有重要作用。

爪、甲和蹄　均为指（趾）端表皮的角质构造。爪由上部的爪体和下部的爪下体组成。爪体较厚，且两侧向下弯曲包住爪下体。甲和蹄是爪的变形。甲为灵长类特有，其爪体平展，爪下体显著退化，只留残迹；蹄由爪体、爪下体增厚，爪体两侧向腹面弯成圆形，包入爪下体而形成（如马），可减少足部和地面的接触面积，便于动物行走和奔跑（图16-3）。

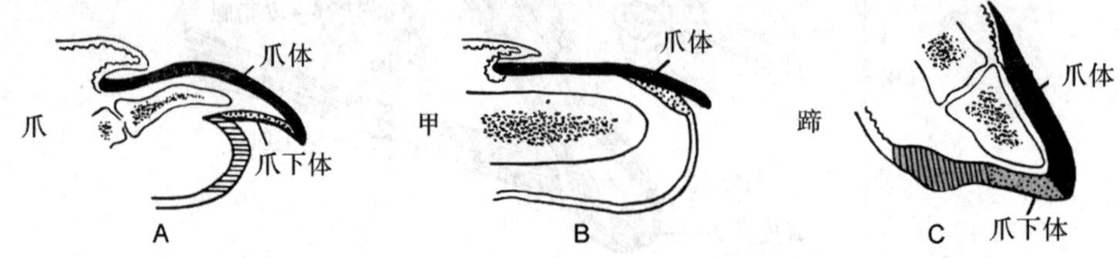

图16-3　爪、甲和蹄（仿Kent）

A. 食肉类的爪纵剖面；B. 人的指甲纵剖面；C. 马蹄的腹面观

角　为某些哺乳动物头部的表皮与部分真皮的特化产物，在生殖、防卫或进攻中有重要作用。常见的有洞角（又称牛角）及实角（antler，又称鹿角）（图16-4）。洞角中空不分叉，终生不脱换，是由表皮产生的角质鞘及额骨上的骨质突起（来源于真皮）彼此紧密结合而成，属于表皮和真皮的共同衍生物，如牛、羊的角。实角为分叉的实心骨质角，往往雄兽比雌兽发达，且每年要脱换1次。它是由真皮骨化后穿出皮肤而成，是真皮衍生物，如鹿、麂的角。刚生出的鹿角，尚未骨化，外面包有丰富的血管和带茸毛的皮肤，称为鹿茸，梅花鹿、马鹿的茸为名贵中药。有一些羚羊，如高鼻羚羊、叉角羚等，其骨心不脱落，但角鞘周

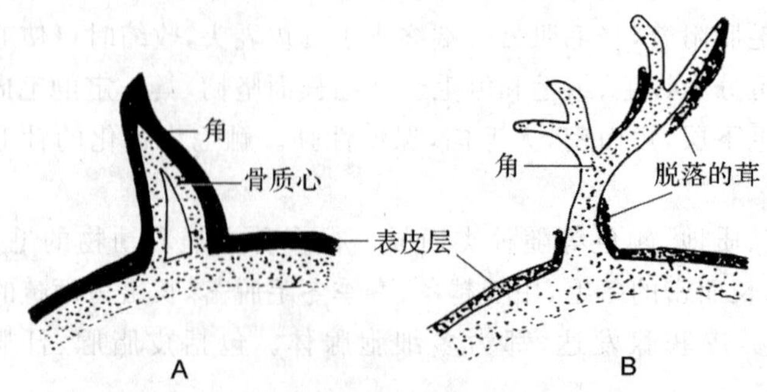

图16-4　哺乳类角的主要类型（仿Hickman）

A. 洞角；B. 实角

期性地更换，特称为羚羊角(pronghorn)。犀牛的角是由表皮产生的角质纤维交织而成，无骨心，固着在鼻骨的短结上。不脱换，但一旦脱落能长出新角，称犀角(rhino horn，也称表皮角、角质纤维角)。长颈鹿的角叫瘤角(stubby horn)，不分叉，不脱落，在骨心外终生包有活的皮肤，为一种特殊结构的角。

2.3　骨　骼

哺乳类骨骼高度发达，具有支持身体，保护体内柔软器官的功能，并与关节和肌肉一起构成动物的运动器官。骨腔内具有骨髓，重而坚实，与鸟类不同。此外，骨组织是哺乳动物体内最大的"钙库"，在调节血中钙、磷代谢方面有重要作用。红骨髓还是成体动物的重要造血器官。

哺乳动物骨骼系统的演化趋向是：骨化完全，为肌肉的附着提供充分的支持；愈合和简化，增大了坚固性并保证轻便；提高了中轴骨的韧性，使四肢得到较大的速度和活动范围(步幅)；长骨的生长限于早期，与爬行类的终生生长不同，提高了骨的坚固性并有利于骨骼肌的完善。

头骨　哺乳动物的头骨(图 16-5)在脊椎动物中是最简单的，骨块的减少和愈合是其一

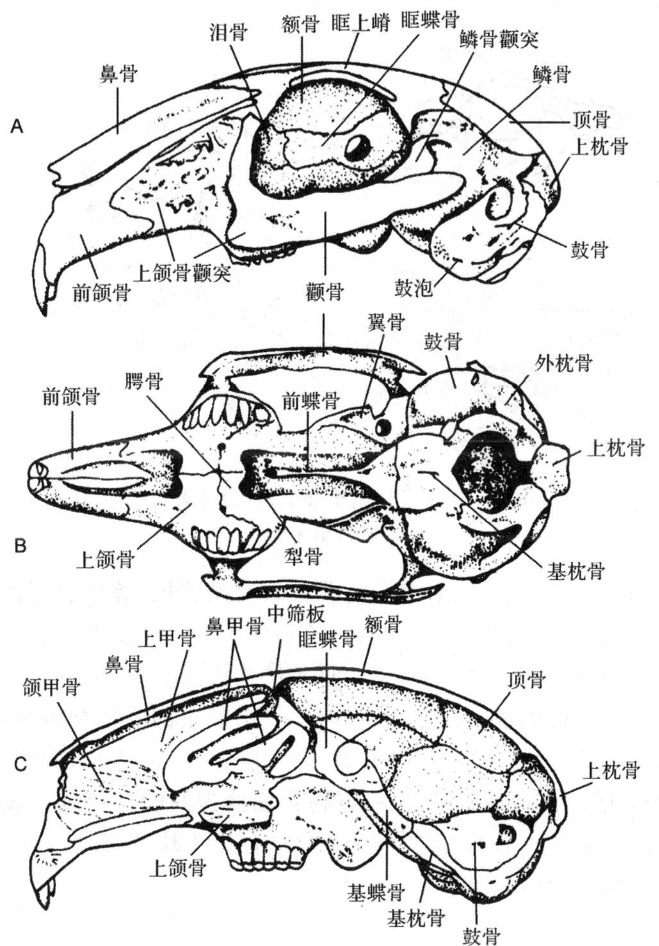

图 16-5　兔的头骨(仿杨安峰)

A. 侧面；B. 腹面；C. 矢状切面

个明显的特征，如枕骨、蝶骨、颞骨和筛蝶骨等等，均系由多数骨块愈合而成。骨块愈合是解决坚固与轻便这一矛盾的途径。

由于颅腔扩大以容纳发达的脑，从而使枕骨大孔移至颅骨的腹面，两侧各有一枕髁，顶部则形成了明显的“脑勺”。

哺乳类头骨的一个标志性特征是下颌由单一的齿骨构成。齿骨与头骨的额骨鳞状部直接关节，从关节所处的（支点）位置和关节的方式来看，均加强了咀嚼的能力。与此相联系的是头骨具有颧弓（zygomatic arch，由颌骨与颞骨的突起以及颧骨本体所构成），以作为强大的咀嚼肌的起点。颧弓的特点常作为分类的一种依据。

嗅觉的发展使鼻腔容积扩大，从而形成明显的“脸部”。在鼻腔内出现复杂的鼻甲骨（嗅黏膜即覆于鼻甲骨表面），使嗅觉表面积增大，这是哺乳类嗅觉灵敏的基础。相当于爬行动物的副蝶骨向前伸入鼻腔，构成鼻中隔的一部分，称为“犁骨”。中耳腔被硬骨（鼓室泡）所保护，腔内有 3 块互为关节的听骨（锤骨、砧骨及镫骨）联结鼓膜和内耳。鼓膜受到声波的轻微震动，即被这些巧妙的装置加以放大并传送入内耳。在原始腭下方，腭骨与前额骨、颌骨的突起并合形成次生腭（硬腭），使内鼻孔后移，这样，口腔与鼻通路就完全分开，解决了口腔咀嚼与呼吸之间的矛盾。

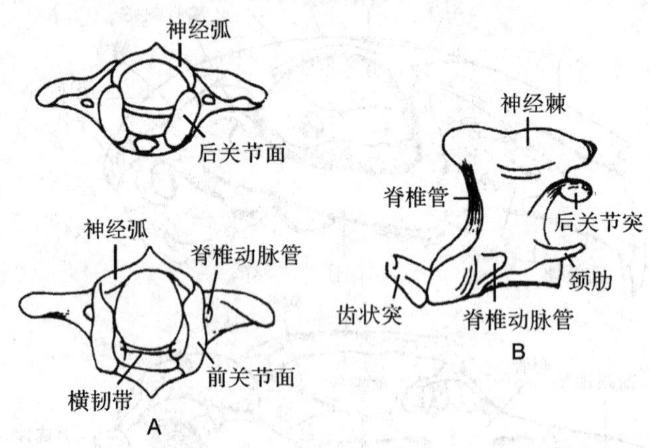

图 16-6 家兔的寰椎和枢椎（仿郝天和）

A. 寰椎；B. 枢椎

脊柱、胸骨和肋骨　哺乳动物的脊柱分为颈椎、胸椎、腰椎、荐椎和尾椎五部分。颈椎绝大多数为 7 枚（海牛 6 枚、二趾树懒 6～10 枚），这是哺乳动物的重要特征之一。第 1、2 枚颈椎分别特化为寰椎和枢椎（羊膜类共同特征），这种结构使寰椎与头骨间除可作上下运动外，寰椎还能与头骨一起在枢椎的齿突（枢突）上转动，提高了头部的运动范围，这对于充分利用感官、寻捕食物和防卫，都是有利的适应（图 16-6）。胸椎 10～15 枚，两侧与肋骨相关节，前面的肋骨与胸骨愈合为真肋，后面的肋骨不与胸骨相接为假肋。腰椎一般 4～7 枚（鲸类可多达 21 枚），椎体粗，无肋骨。荐椎多 3～5 枚，常愈合为 1 块荐骨，与后肢带骨相关节。尾椎数目变化较大而趋向退化（图 16-7）。

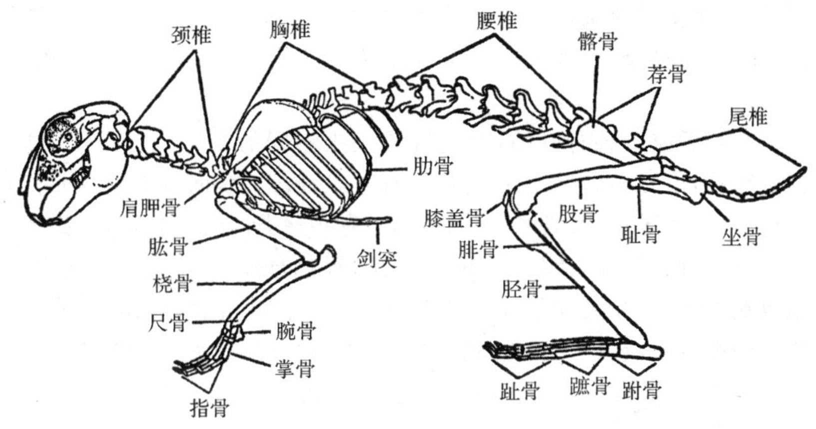

图 16-7　家兔的骨骼(仿丁汉波)

哺乳动物的脊椎骨椎体宽大,两端的关节面呈平面,称双平型椎体(amphiplatyan centrum)。在相邻椎体之间有软骨构成的椎间盘(intervertebral disc)。椎间盘内的髓核是退化脊索的痕迹。这种结构特点既提高了脊柱的负重能力,又能在运动时缓冲对脑及内脏的震动和椎骨间的摩擦(图 16-8)。

图 16-8　哺乳动物的双平型椎体
(仿 Kent)

附肢骨骼　哺乳动物的附肢骨骼分带骨和肢骨。

肩带薄片状,由肩胛骨、乌喙骨和锁骨构成。肩胛骨十分发达;乌喙骨退化成肩胛骨上的 1 个突起;锁骨多趋于退化,仅在攀缘、掘土和飞翔等类群发达,以奔跑为主的哺乳动物则退化。腰带由髂骨、坐骨和耻骨愈合构成。髂骨与荐骨相关节,左右坐骨和耻骨在腹中线连接,形成封闭式骨盆。四肢行走的动物没有负担全身重量的功能,所以是长形的,人担负全身重量而骨盆宽大。哺乳动物腰带的这种结构大大加强了对后肢的支持力量和牢固性(图 16-9)。

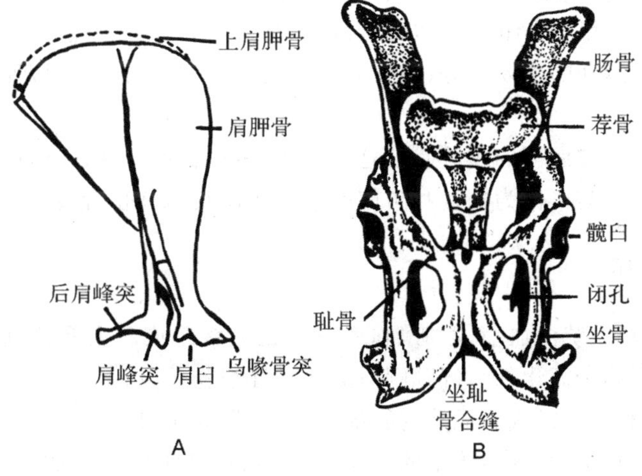

图 16-9　兔的肩带和腰带(仿杨安峰)

A. 肩带；D. 腰带

附肢骨发达，发生扭转现象，具有向后的肘关节和向前的膝关节，并且肋骨与股骨同身体垂直，把身体完全支撑离地。这样，不但增强了支持的能力，而且扩大了步幅，提高了运动的速度。

哺乳动物因长期适应于各种环境中，使肢骨发生不同的变化。空中飞翔的种类（如蝙蝠），前肢的指骨延长，以支撑翼膜；水中游泳的种类，后肢退化，前肢上臂及前臂骨极度缩短而指骨加长，指节骨数目增多，形成鳍状（如海豚），有些种类四肢均为鳍状（如鳍脚目）；陆地生活的种类，较原始者以指（趾）骨及掌（蹠）骨着地，称蹠行式，大多数哺乳动物属于此类；一些善于奔跑及跳跃的类群（如犬和猫等），仅以指（趾）骨着地，称趾行式；适于迅速奔跑的有蹄类则仅以指（趾）端着地，且指（趾）骨数目趋于减少，称为蹄行式（图 16-10）。

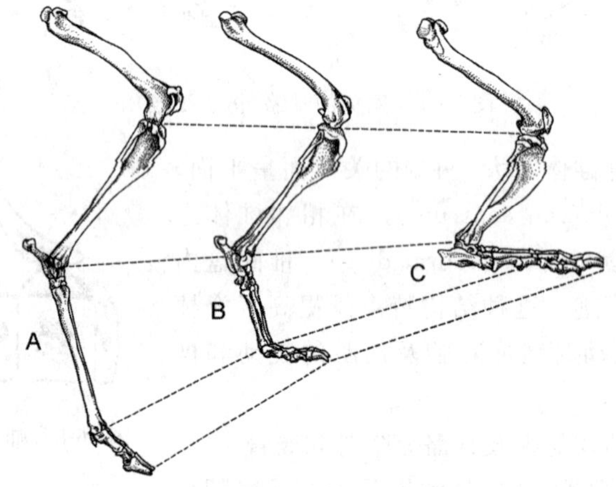

图 16-10 哺乳动物的足型（仿 Kardong）

A. 蹄行式（羊、驼）；B. 趾行式（狐）；C. 蹠行式（狒狒）

2.4 肌 肉

哺乳动物的肌肉基本上与爬行类相似，但结构与功能均已进一步复杂化，特别表现在四肢肌肉强大以适应快速奔跑。此外还具有以下特点：

（1）具有特殊的膈肌（septum）。也称横膈膜（横膈肌），分隔胸腔和腹腔。一方面改变胸腔的大小，组成呼吸运动的重要部分；另一方面对腹腔有一定的压力，因而对排泄、排遗有一定的作用。

（2）皮肤肌发达。在面部的皮肤肌就是表情肌，表达各种心理状态，在人特别发达。

（3）咀嚼肌强大。与口作为捕食和防御的主要武器及用口腔咀嚼有密切关系。

2.5 循 环

哺乳动物的循环系统由血液、心脏、血管和淋巴系统组成。主要特点是：仅保留左体动脉弓；静脉系统主干趋于简化，无肾门静脉；成熟的红细胞无核。

血液由血细胞和血浆组成。成熟的红细胞无核，呈双面凹陷的圆盘状，且红细胞的体积小、数量多。血液的总量大，约占体重的 7%～8%，所以能很好地完成运输、调节、防御等多种功能。

心脏(图 16-11)位于胸腔中部偏左的心包腔内,心包腔内有大量液体,可减少心脏搏动时的摩擦。心脏 4 室,右心室接受右心房来的静脉血,然后进入肺动脉,与肺静脉、左心房构成肺循环;左心室接受左心房来的动脉血,然后进入体动脉,与体静脉、右心房构成体循环,因而属于完全的双循环。右侧心房与心室壁均较薄,右房室间有三尖瓣(tricuspid valve);左侧心房与心室壁较厚,房室间具膜质的二尖瓣(bicuspid valve)。从心脏发出的大动脉基部也有 3 个半月瓣。这些瓣膜可防止血液逆流,使血液单向流动。

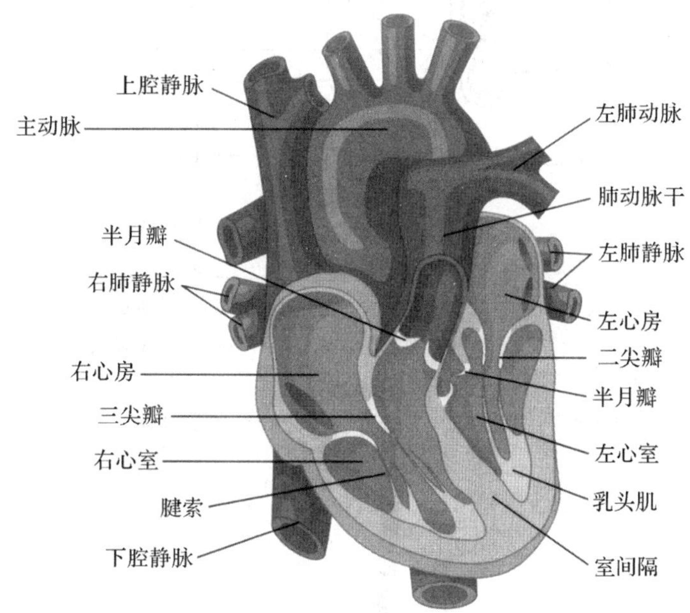

图 16-11　人的心脏冠切面(腹面观)(仿 Miller 和 Harley)

血管包括动脉、静脉及毛细血管。动脉是把血液从心脏输送到毛细血管的管道。哺乳动物只保留左体动脉弓。向后成为背大动脉,直达尾端,沿途发出各分支到全身。静脉是输送血液返回心脏的管道,内有一系列瓣膜,可防止血液倒流。肾门静脉及成体的腹静脉消失,使尾及后肢血液回心时血流速度加快,血压提高(图 16-12)。

哺乳动物的淋巴系统十分发达,包括淋巴液、淋巴管、淋巴结、胸腺、脾脏及其他淋巴器官,有辅助组织液回流,维持血量恒定,运送脂肪,制造淋巴细胞,参与免疫等功能。脾脏也是重要的淋巴器官,位于胃的后方,呈深红色,其功用为清除衰老的红血球,贮存部分血液和吞噬外来的微粒体,也能制造淋巴细胞。

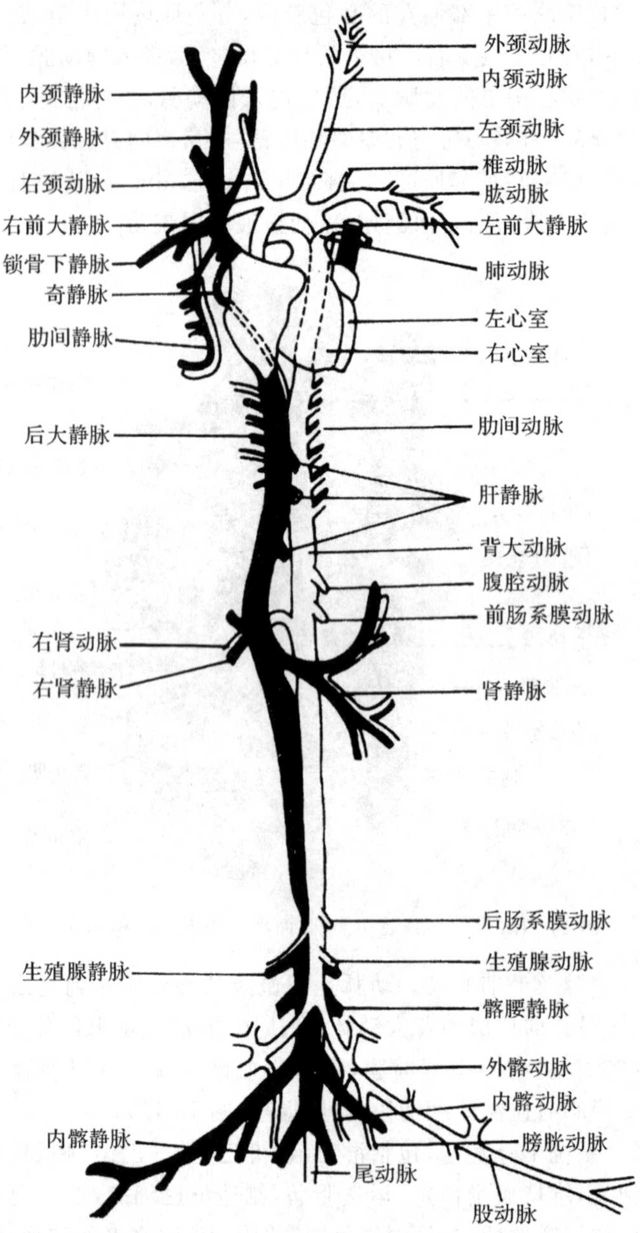

图 16-12 家兔的循环系统模式图(仿刘凌云和郑光美)

2.6 呼 吸

哺乳动物的呼吸系统十分发达。空气经外鼻孔、鼻腔、喉、气管而入肺。

鼻腔内具发达的鼻甲骨,鼻腔壁及鼻甲骨上均覆有黏膜,盘曲的鼻甲骨使黏膜面积大为增加。黏膜上富有血管、腺体,并被覆纤毛上皮,可使吸入的空气温暖、湿润,并黏住随气流进入的尘埃和杂物。

喉(larynx)为呼吸通道,是气管前端的膨大部,也是发音器官。喉的基部有 1 块环状软骨，其前方有 1 块大的甲状软骨，形成喉的腹壁和侧壁；喉的背面两侧有 1 对小的杓状软骨，构成喉的背壁；甲状软骨的前缘，连接着 1 个匙状的会厌软骨。当吞咽时，会厌软骨向后盖住喉门，使食物不至于落入气管中。甲状软骨与杓状软骨之间有声带，为发音器官(图 16-13)。

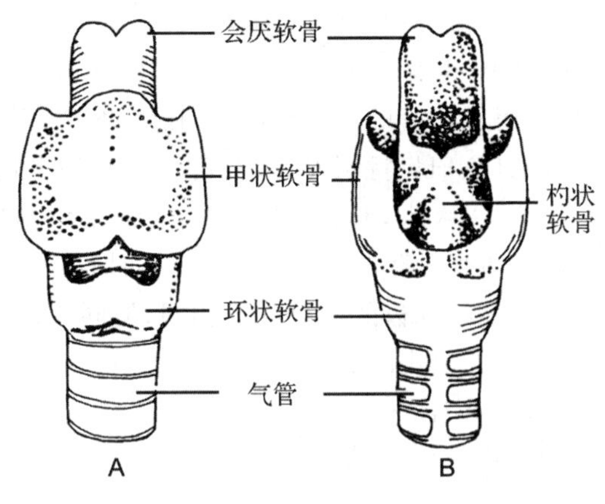

图 16-13　兔的喉(仿杨安峰)
A. 背面；B. 腹面

喉部下接气管，气管分叉为 2 条支气管，伸入肺后再分为若干次级支气管、三级支气管、四级支气管，最后为薄壁的微细支气管，末端膨大成肺泡囊，内有许多小室为肺泡，是呼吸、进行气体交换的最基本单位。除微细支气管外，各级支气管壁都有软骨环。

哺乳动物和所有的羊膜动物一样，均以扩张或压缩胸廓的方法进行呼吸，但是与其他羊膜动物不同的是胸腔的扩大和缩小不仅依靠肋骨的变换，同时也依靠横膈膜的升降。当肋骨上举时，横膈膜下降，胸腔扩大，O_2 吸入；反之，则呼出 CO_2。

2.7　消　化

哺乳动物消化系统的特征为：消化道一般较长，各部分化明显，消化腺发达。

消化道可分为口腔、咽、食道、胃、小肠、大肠、肛门等部分。

哺乳动物口腔前有肉质唇(lip)，是哺乳动物所特有的，草食兽尤其发达，有吮乳、摄食及辅助咀嚼的功能。口腔内有齿、舌和唾液腺的开口，有摄食、咀嚼、消化、湿润和味觉等功能。舌为辨味和咀嚼时搅拌食物之用，但牛舌会卷草入口，食肉目能用舌取水。有的动物具有扩大的颊囊(如猿猴类)，为暂时储存食物之处。

次生腭的产生，使内鼻孔后移至喉，呼吸与口腔咀嚼互不相干。发达的肌肉质的舌上有味蕾(taste bud)分布，有味觉作用，与摄食、搅拌及吞咽动作密切相关，也是人的发音辅助器官。

哺乳动物的牙齿为槽生齿，是真皮与表皮的衍生物，有摄食、咀嚼、防卫等作用。齿的上端称为齿冠(tooth crown)，齿冠的表面覆盖坚硬的釉质(enamel)；齿的下端为齿根(tooth root)，齿根的外面覆盖一层齿骨质(cement，白垩质)。齿的内部空腔称为髓腔(pulp cavity)，充有结缔组织、血管和神经，供应牙齿所需的营养。髓腔外的厚壁为齿质(dentine)。齿根外有齿龈(gum)包被，故仅齿冠露出齿龈之外(图 16-14)。

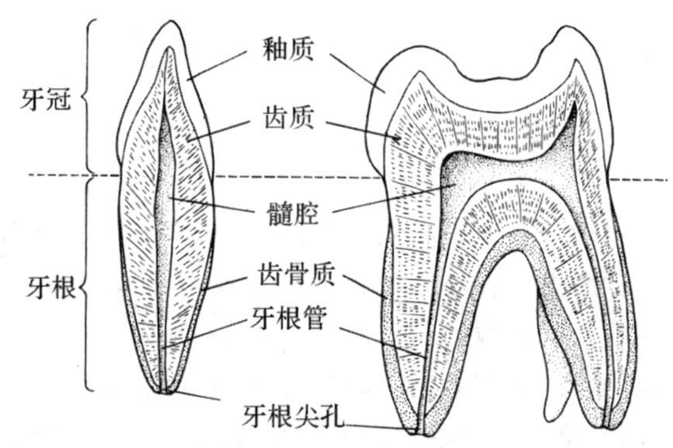

图 16-14　哺乳动物犬牙的剖面(仿 Kardong)

牙齿可分为门齿(incisor)、犬齿(canine)、前臼齿(premolar)和臼齿(molar),为异齿型(heterodont dentition)。门齿的齿冠呈凿状,便于切断食物;犬齿的齿冠呈锥状,便于撕碎食物;前臼齿和臼齿的齿冠成臼状,便于磨碎食物。由于食性的不同,牙齿也产生了差异:草食性动物的门、臼齿特别发达;肉食性动物的犬齿特别发达。有些种类的牙齿只有门齿、前臼齿和臼齿,无犬齿,形成空位,称为犬齿虚位,如兔形目和啮齿目等。

哺乳动物一般一生有两套牙齿,小时为乳齿,大时为恒齿,终生不换,称为再生齿或一换性齿。

哺乳动物牙齿的数目各不相同,但同一种类的齿数是很固定的,可作为分类的依据。通常用齿式(dental formula)表示之:

$$\frac{\text{门齿}\cdot\text{犬齿}\cdot\text{前臼齿}\cdot\text{臼齿}}{\text{门齿}\cdot\text{犬齿}\cdot\text{前臼齿}\cdot\text{臼齿}}$$

如牛的齿式为$\frac{0\cdot 0\cdot 3\cdot 3}{3\cdot 1\cdot 3\cdot 3}=32$,鼠的齿式是$\frac{1\cdot 0\cdot 0\cdot 3}{1\cdot 0\cdot 0\cdot 3}=16$,人的齿式为$\frac{2\cdot 1\cdot 2\cdot 3}{2\cdot 1\cdot 2\cdot 3}=32$。

胃在食道之后,以贲门部和食道相连,以幽门部与小肠相接,是一个暂时贮存食物并进行部分消化的囊腔。胃壁有很厚的肌肉层,胃壁黏膜中的胃腺能分泌酸性胃液。胃壁肌肉收缩可使胃液与食物充分混合。大多数哺乳动物的胃为单胃(monogastric stomach),反刍动物具复杂的复胃(compound stomachs)。复胃一般分瘤胃(rumen)、网胃(reticulum,蜂窝胃)、瓣胃(omasum)和皱胃(abomasum)4 室(图 16-15),前 3 个胃室为食道的变形,皱胃为胃本体。从胃的贲门部开始,经网胃至瓣胃孔处,有一肌肉质的沟褶,称食管沟。食管沟在幼兽发达,借肌肉收缩可构成暂时的管,使乳汁直接流入皱胃内,至成体则食管沟退化。食物从口经食道入瘤胃,暂时贮存,并进行发酵,然后进入网胃,网胃内壁有许多蜂窝状的褶壁,能将食物小部分地分次吐到口中重新咀嚼,故名反刍(rumination)。食物经细嚼后咽下,再到瘤胃,然后经网胃到瓣胃和皱胃,进一步磨碎和消化。

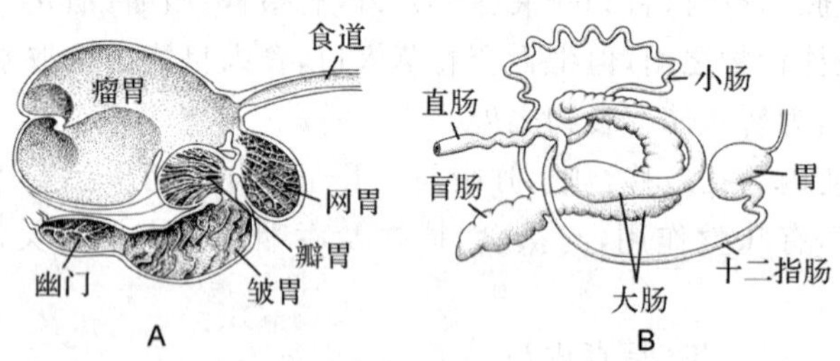

图 16-15 反刍胃和消化道(仿 Kardong)

A. 反刍胃;B. 消化道

肠可分为小肠(十二指肠、空肠、回肠)和大肠(盲肠、结肠、直肠)。十二指肠呈 U 形,前端与胃幽门相通,有胆、胰管的开口;空肠最长,弯曲,由肠系膜固定其位置;回肠较短。从胃来的食糜主要在小肠消化吸收。在小肠内食糜受到肠液、胰液和胆汁 3 种消化液的作用,很快分解为可吸收的营养物质。小肠黏膜富含绒毛(黏膜的指状突起)、毛细血管、毛细淋巴管、乳糜管,能有效地吸收营养物质。大肠主要作用是吸收水分,位于小肠与大肠交界处的是盲肠,草食性动物的盲肠特别发达,在细菌作用下有助于纤维质的消化。直肠末端以肛门通体外。肠的总长度依动物的食性而异,以草食性的为最长,杂食性次之,肉食性较短,例如猫的肠和身体长度比为 4∶1,人为 6∶1,而马为 12∶1,牛为 16∶1。

哺乳动物口腔中，一般有 3 对唾液腺(salivary gland)：耳下腺(parotid gland)、颌下腺(submaxillary)、舌下腺(sublingual gland)，都有导管开口于口腔，除马和食肉类外，分泌的唾液中均含有淀粉酶。眶下腺(infra-orbital gland)是兔所特有的一种唾液腺。肝脏和胰脏为主要的消化腺，大多数种类具胆囊(少数种类如马、鹿、鼠等无胆囊)，胆汁和胰液注入十二指肠。

2.8 排　泄

排泄系统包括肾脏、输尿管、膀胱及尿道。哺乳动物的肾脏是 1 对卵圆形暗红色的后肾，位于腹腔腰部脊柱两侧。肾的内缘凹入，称为肾门，是血管、神经和输尿管出入的门户。沿正中线纵切 1 个肾脏，从外向内观察，可看到 3 层结构：外层为皮质部，是肾小体密集的地方；中层为髓质部，是许多肾小管汇合的地方；内层为肾盂，是输尿管在肾内的膨大部分。

肾小体和肾小管组成 1 个肾单位(nephron)，是肾脏的结构和功能单位。每个肾脏有数十万到数百万肾单位。肾小体由毛细血管盘曲成的肾小球及包在其外面的双层壁的肾小囊组成。肾小囊伸出的肾小管细长盘曲，由皮质伸到髓质，肾小管又可分为近曲小管(proximal convoluted tubule)、髓袢(loop of Henle)、远曲小管(distal convoluted tubule)。许多肾小管在髓质部汇成集合管(collecting tubule)。由集合管组成肾乳头开口于肾盂，再通入输尿管。由肾小球渗入肾小囊的尿液为原尿(primary urine)。原尿通过肾小管和集合管时，大部分水分和氯化钠及几乎全部葡萄糖被重吸收而成为终尿(terminal urine)，其主要成分是尿素。终尿经集合管、肾乳头进入肾盂，再经输尿管暂时贮存在膀胱中，最后经尿道排出体外。雄性尿道是尿液和精液的共同通道，雌性尿道仅排尿液。尿殖孔和肛门分开是哺乳动物的特征(图 16-16)。

皮肤也是哺乳动物的排泄器官，并参与体温的调节。

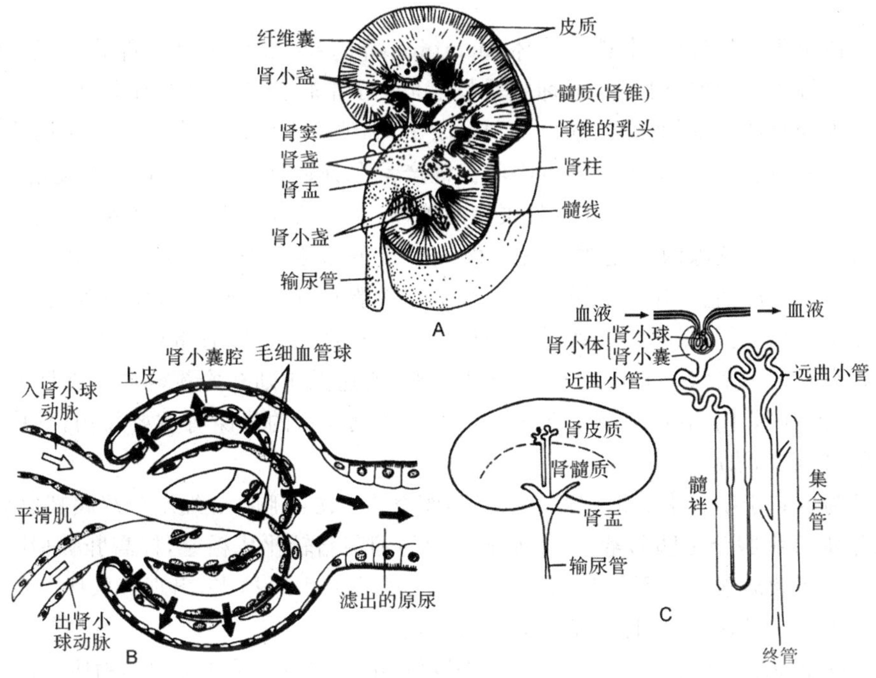

图 16-16　哺乳类的肾脏及肾单位(仿刘凌云和郑光美)

A. 肾脏纵剖；B. 肾小体；C. 肾脏及肾单位示意图，示肾单位的结构及其在肾脏中的位置

2.9 内分泌

哺乳类的内分泌系统极为发达，但内分泌腺的种类及基本功能与低等脊椎动物是相似的。内分泌系统对于调节有机体内环境的稳定、代谢、生长发育和行为等，都具有十分重要的意义。

哺乳类的内分泌腺主要有脑垂体、甲状腺、甲状旁腺、胰岛、肾上腺、性腺和胸腺等(图 16-17)。

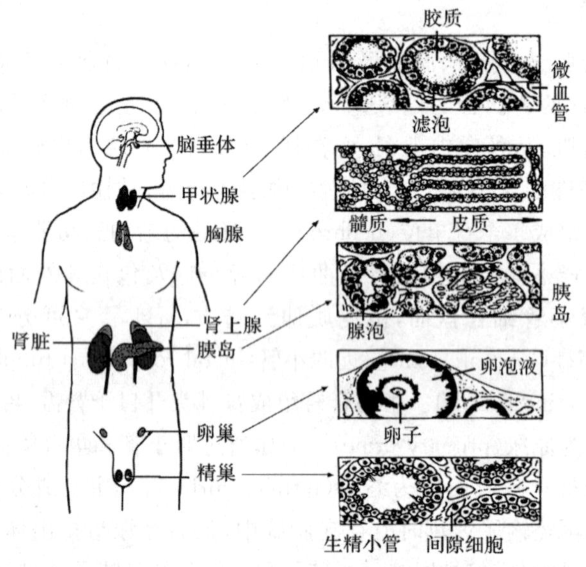

图 16-17 人体的主要内分泌腺(仿各家)

A. 内分泌腺在人体内的分布；B. 各分泌腺的显微结构

脑垂体位于间脑腹面，由神经垂体(neurohypophysis)和腺垂体两部分组成。前者在胚胎发生时来源于间脑的下丘脑，通称脑垂体后叶；后者来于口腔背方所突出的囊，通称脑垂体前叶。神经垂体分泌加压素(或称抗利尿激素)和催产素。加压素的主要作用是引起小动脉平滑肌收缩，促进肾脏对水分的重吸收。催产素在分娩时促进子宫收缩及泌乳。

甲状腺为 1 对位于喉部甲状软骨腹侧的腺体，在胚胎发生上来于咽囊，与文昌鱼的内柱同源。所分泌的甲状腺激素是唯一含有卤族元素的激素。其主要作用是提高新陈代谢水平、促进生长发育。它作用于肝脏、肾脏、心脏和骨骼肌，使肝糖分解，血糖升高；并促进细胞的呼吸作用，提高耗氧量和代谢率，因而对恒温动物的体温调节有重要作用。

甲状旁腺位于甲状腺的背侧方，通常为 2 对，普遍见于陆栖脊椎动物。在胚胎发育上来源于第Ⅲ、Ⅳ对咽囊。其所分泌的激素对血液中的钙和磷的代谢有重要作用，它作用于骨基质及肾脏，使血钙浓度升高。

胰岛为散布于胰脏中的细胞群。胰岛组织含有 α、β 细胞。α 细胞分泌胰高血糖素，能促进血糖升高；β 细胞分泌胰岛素，能促使血液中的葡萄糖转化成糖原，提高肝脏和肌肉中的糖原贮藏量。当胰岛素分泌不足时，血糖含量就会升高并由尿排出，出现糖尿病。我国于 1965 年首次人工合成了含有 51 种氨基酸的牛胰岛素。

肾上腺是位于肾脏前方内侧的 1 对小型腺体，由表皮的皮质和深层的髓质构成，二者在发生、结构及功能上均显著不同。肾上腺皮质又称肾间组织，在胚胎发生时来源于生肾节与生殖节之间的中胚层；是腺组织，分泌与性腺同类的类固醇激素——肾上腺皮质激素，能调节盐分

(钠、钾)代谢、糖分代谢以及促进第二性征的发育。肾上腺髓质在胚胎发生上与交感神经节同源,也受交感神经支配。它所分泌的激素称肾上腺素,其作用是使动物产生“应急”反应,例如心跳加快,血管收缩、血压升高,呼吸加快、血糖增加、内脏蠕动变慢等类似交感神经兴奋时的反应。

性腺也是内分泌腺,雄性睾丸的曲精细管间的间质细胞能分泌睾丸酮和雄烷二酮等雄激素(固醇类激素),雄激素促进雄性器官发育、精子发育成熟和第二性征的发育,也促进蛋白质(特别是肌原纤维蛋白层)合成和身体生长,使雄性具有较粗壮的体格和肌肉。雌激素由卵巢的卵泡产生,主要是雌二醇,能促进雌性器官发育、第二性征形成以及调节生殖活动周期。哺乳类的黄体能分泌孕酮(或称黄体酮),能使子宫黏膜增厚,为胎儿着床准备条件,并抑制卵泡的继续成熟,促进乳腺的发育等。哺乳动物的胎盘也是暂时的内分泌器官,分泌与妊娠和分娩有关的激素,如孕酮、雌激素、促性腺激素、催乳激素等。

胸腺位于心脏的腹前方,在胚胎发生上来源于咽囊,幼体较发达。胸腺究竟是内分泌腺还是淋巴腺尚有争议,其所分泌的胸腺素能增强免疫力。

除上述之外,还有一些其他内分泌腺。松果体(松果腺)位于间脑顶部,分泌的激素主要是褪黑激素,可能与体色、生长和性成熟有关。消化管分泌的激素有促胃液素、促胰液素、促肠液素等,能激发有关消化液的分泌。哺乳类雄性的前列腺能分泌前列腺素,它对精子的生长、成熟以及全身的许多生理活动均有影响。已知前列腺素还存在于卵巢、子宫内膜、脐带甚至一些植物组织中。

2.10 神经和感觉器官

哺乳动物的神经系统高度发达,包括中枢神经系统、外周神经系统和植物性神经系统三部分,能够有效地协调体内各器官的统一,并对复杂的外界条件的变化迅速作出反应。

中枢神经系统 由脑和脊髓所组成,脑又分为大脑、间脑、中脑、小脑和延脑五部分。

大脑 由1对大脑半球组成,在哺乳动物十分发达。由于其体积的增大,故向后盖住了间脑和中脑,在灵长类甚至可遮盖小脑。大脑是哺乳类感觉和运动功能的主要调节区,每侧的大脑半球控制对侧的身体。大脑半球还具有与行为、记忆、学习等活动有关的高级机能。大脑半球的增大并不是像鸟类那样由于纹状体的增大,而主要是由于大脑表面新脑皮的产生和发展。新脑皮又称为大脑皮层(cerebral cortex),由神经细胞和无鞘神经纤维构成,呈灰色,故也称大脑灰质。大脑表皮有沟和回的结构,从而为神经细胞体的大量增加提供了更大的面积。两大脑半球之间产生了许多连接的神经纤维,使大脑的机能互相联系起来。连接两大脑半球的主

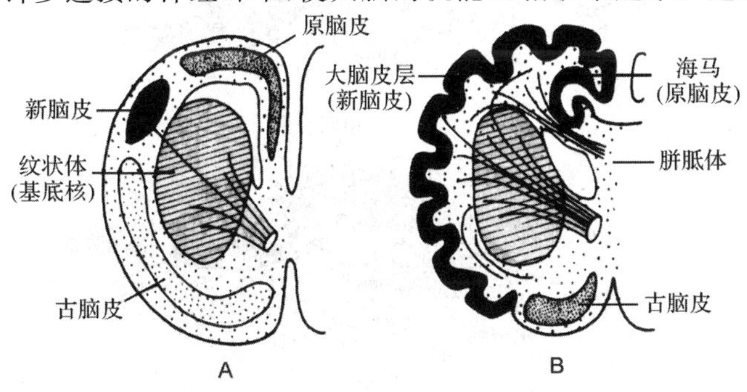

图16-18 爬行类(A)与哺乳类(B)左大脑半球横切面比较模式图(仿Romer)

要神经纤维称为胼胝体(corpus callosum),是哺乳动物独有的构造。纹状体退化成基底核,成为调节运动的皮层下中枢。原脑皮则萎缩形成海马,主要仍为嗅觉中枢。大脑成为最高级的神经中枢,各种活动和各种感觉都集中在大脑上,中脑只起一个中转站的作用(图 16-18)。

间脑 大部被大脑所覆盖。丘脑大,两侧壁加厚叫做视丘,背面为视丘上部(丘脑上部),腹面为视丘下部(丘脑下部)。视丘上部为感觉中枢,来自全身的感觉冲动(嗅觉除外)汇合于此,再经更换神经元之后达于大脑。视丘下部为体温调节中枢和交感神经中枢,支配血压、内分泌和唾液的分泌等活动。间脑从腹面发出视神经,构成视交叉。其后为脑下垂体,间脑背面有松果体,这两个结构都是内分泌腺。

中脑 体积小,背面具有四叠体,前 1 对突起为前丘,是视觉反射中枢;后 1 对突起为后丘,是听觉反射中枢。中脑底部加厚,称大脑脚(cerebral peduncle),为神经纤维的通路。

小脑 很发达,表面的灰质为小脑皮层,是哺乳动物所特有的结构。小脑分为五部:中央部分的蚓部,左右两侧的小脑半球和由小脑半球分出的小脑鬈。小脑的前腹面有突起,称脑桥,内含神经纤维,联络大脑和小脑。小脑具有协调身体各部的动作、保持身体正常姿势和平衡的机能。

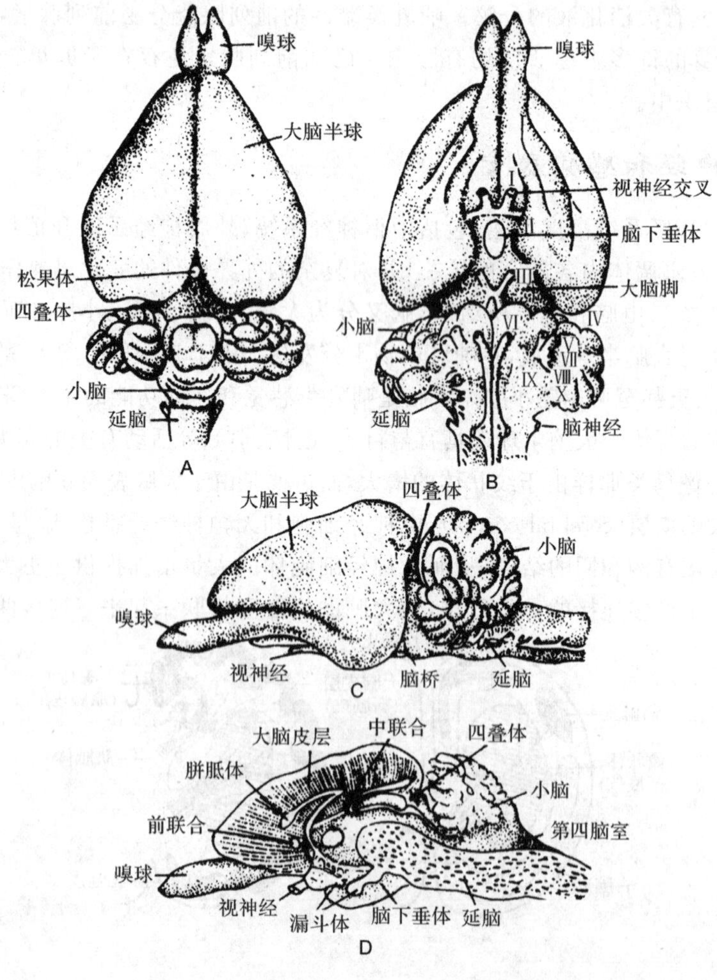

图 16-19 家兔脑的构造(仿郝天和)

A. 背面观;B. 腹面观;C. 侧面观;D. 纵切面

延脑　位于小脑的腹方,构造与脊髓相似,灰质在内,白质在外。延脑除了构成脊髓与高级中枢联络的通路以外,本身具有许多反射活动的中枢,如呼吸、吞咽、呕吐、咳嗽、血管张缩、心脏跳动和消化腺分泌等,因此又称为“生命中枢”。

脑内具有脑室,与脊髓的中央管相通。大脑内的空腔称第 1、2 脑室,间脑腔为第 3 脑室,中脑腔仅为一狭缝,为中脑水管,将第 3 脑室与延脑的第 4 脑室相连。脑和脊髓外面包有硬膜、蛛网膜和软膜。

脊髓　呈扁圆柱形,有 1 个颈膨大和 1 个腰膨大。横断面呈蝶形,灰质在内,白质在外。脊髓腹面有腹沟,背面有背沟。脊髓的主要功能是完成反射活动和联系周围神经与脑之间的神经传导。

外周神经系统　为联系中枢神经系统和身体各器官之间的神经,包括脊神经和脑神经两部分。

脊神经是由脊髓发出的神经。在脊髓的两侧分别有背根和腹根,腹根由传出神经纤维组成,背根由传入神经纤维组成,有神经节。背、腹根合并成脊神经,经椎间孔通出椎管。合并后的混合脊神经再发出背支分布到躯体背部的肌肉和皮肤;腹支分布到躯体腹面的肌肉和皮肤;交通支(脏支)与交感神经节相连(图 16-20)。

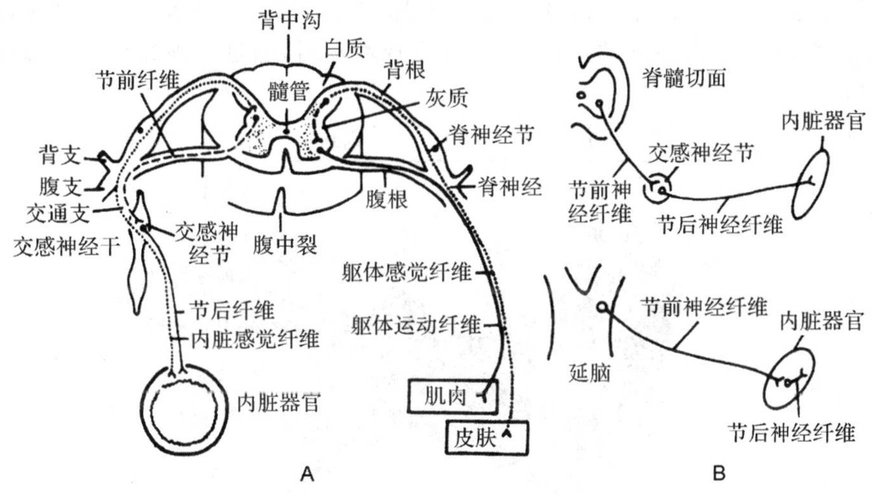

图 16-20　脊神经与植物性神经传导通路的比较(仿郝天和)

A. 脊神经;B. 交感(上)和副交感神经(下)

脑神经自脑发出,在哺乳动物有 12 对,其中第Ⅰ、Ⅱ、Ⅷ对是感觉神经,分别和嗅、视、听觉发生联系。第Ⅲ、Ⅳ、Ⅵ对是运动神经,和动眼肌肉相联系。第Ⅴ、Ⅶ、Ⅸ、Ⅹ为混合神经,前 3 对主要分布于头部器官,第Ⅹ对主要分布于咽喉以下胸、腹部内脏。第Ⅺ对主要是到咽喉及颈部的运动神经,第Ⅻ对是舌肌的运动神经。

植物性神经系统　哺乳类的植物性神经系统特别发达,其主要机能是调节内脏活动和新陈代谢过程,保持体内环境的平衡。它与脑神经和脊神经不同,由中脑、延脑、脊髓的胸、腰段和荐段发出后,必须在神经节内更换神经元后才能到达它所支配的器官。植物性神经系统虽也受中枢神经系统控制,但却不受意识支配,所以又称自主神经系统(autonomic system)。植物性神经系统分交感神经系统(sympathetic system)和副交感神经系统

(parasympathetic system)两大部分,这两部分的调节作用是相互拮抗的。绝大多数内脏器官都同时受到它们的双重支配。

交感神经由交感神经节和神经链所组成。位于脊椎的两侧,有交通支与脊神经相连,其中枢位于颈、胸、腰的脊髓内。

副交感神经包括一部分的脑神经(第Ⅲ、Ⅶ、Ⅸ、Ⅹ对脑神经)及第2、3、4荐部的脊神经,中枢位于中脑、延脑和荐部脊髓。

当交感神经兴奋时,心跳加快,血压升高,瞳孔放大,消化降低等;当副交感神经兴奋时,心跳减慢,血压降低,瞳孔缩小,消化加快等。两者相辅相成,使动物的兴奋有一定的限定。

哺乳动物的嗅觉高度发达,鼻腔和鼻甲骨扩大。鼻甲骨是鼻腔内回旋卷曲的薄骨片,有筛鼻甲、上鼻甲及颌鼻甲之分,嗅黏膜附于其上,面积大为增加。嗅黏膜上密布嗅细胞和嗅神经末梢,从而使哺乳动物嗅觉极为灵敏。但水栖兽类的嗅觉趋向退化。

听觉器官由外耳、中耳、内耳3部分组成。外耳道延长,出现了特有的耳壳,可收集声波,有的种类可以转动。中耳由鼓膜和彼此相连的锤骨(接触鼓膜)、砧骨和镫骨(接触内耳椭圆窗)组成了灵敏的传音系统。内耳中主要的部分为膜迷路,包含3个半规管、2个囊(椭圆囊和球状囊)和耳蜗管。整个膜迷路埋存于颞骨岩部洞腔中。洞腔与膜迷路形状一致,故名骨迷路。膜迷路中含内淋巴液,膜迷路与骨迷路间含外淋巴液。耳蜗内有非常复杂的螺旋器,能与高低不同的声音起共鸣,变成冲动后,通过听神经传至大脑皮层听区(图16-21)。

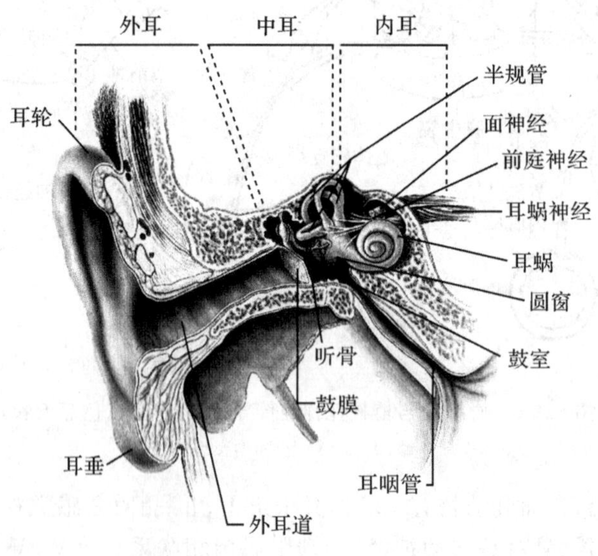

图16-21 耳的构造示意图(人)(仿 Miller 和 Harley)

哺乳动物眼球构造(图16-22)基本和其他陆生脊椎动物相似,以睫状肌改变晶体形状来调节视力。睫状肌为平滑肌,与鸟类和爬行类的横纹肌不同。除灵长类外一般对光的感觉灵敏,而对颜色的辨别力较差。

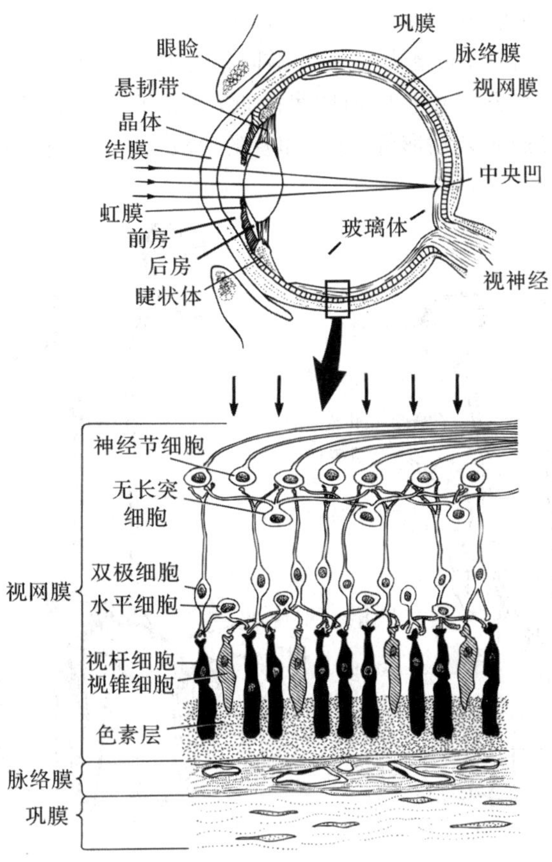

图 16-22　哺乳类的眼球构造(仿 Kardong)

2.11　生　殖

雄性生殖系统　由睾丸(testis)、附睾(epididymis)、输精管、阴茎及一些附属腺体组成。

睾丸由众多的曲精细管(seminiferous tubule,又称精小管)组成,为精子产生的场所。睾丸所在的位置有三种情况。一些动物的睾丸终生位于阴囊(scrotum)中,如食肉目、灵长目等;有的终生位于腹腔中,无阴囊,如食虫目、翼手目、鲸目等;有的在繁殖期睾丸下降到阴囊中,非繁殖期缩回到腹腔中,如兔形目、啮齿目等。

附睾是大而弯曲的管,它的壁细胞分泌弱酸性黏液,构成适于精子存活的条件,精子在这里经过重要发育阶段而成熟。

附睾下端经输精管而达于尿道,精液经尿道、阴茎而通体外。阴茎为雄性的交配器官,由附于耻骨上的海绵体(corpus cavernosum)所构成,海绵体包围尿道。尿道兼有排尿和输精的双重作用。

重要的附属腺体有精囊腺(seminal vesicle)、前列腺(prostate gland)和尿道球腺(bulbourethral gland),它们的分泌物构成精液的主体,所含的营养物质,能促进精子的活性。前列腺还分泌前列腺素,对于平滑肌的收缩有强烈影响。精液中含有高浓度的前列腺素,可使子宫收缩,有助于受精。尿道球腺在交配时首先分泌,腺液为偏碱性的黏液,起着冲洗尿道、中和阴道内的酸性、以利于精子存活的作用。

雌性生殖系统　由卵巢(ovary)、输卵管(uterine tube)、子宫(uterus)、阴道(vagina)等组成。卵巢1对位于腹腔背侧,卵巢内有许多不同发育程度的卵泡,每个卵泡中有1个卵细胞。输卵管上端以喇叭口开口于腹腔内卵巢附近,下连子宫。子宫经阴道开口于体外。成熟的卵子突破卵巢壁经腹腔入输卵管,在输卵管的上段受精后下行种植于子宫壁上,接受母体营养进行发育(图16-23)。

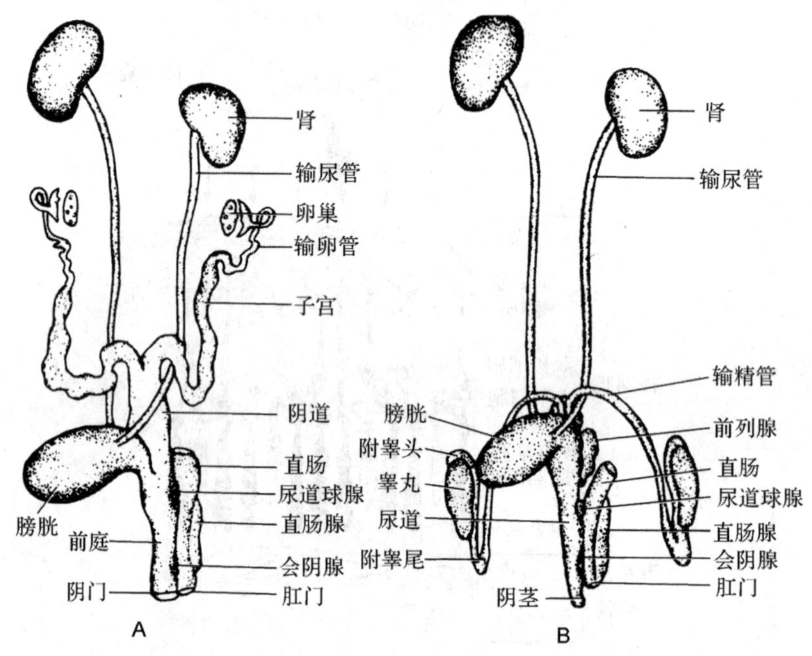

图16-23　兔的生殖系统模式图(仿杨安峰)

A. 雌性；B. 雄性

哺乳类的子宫有多种类型,在真兽亚纲可分以下4种(图16-24):

(1)双子宫(duplex uterus):两侧子宫尚未愈合,分别开口于单一的阴道。如许多啮齿类、兔和象等,为原始类型。

(2)对分子宫(bipartite uterus,又称分隔子宫、双分子宫):两子宫在靠近阴道处合并,以单一的孔开口于阴道。如多数食肉类、牛、猪等。

(3)双角子宫(bicornuate uterus):子宫合并的程度较对分子宫更大,仅在子宫上端两侧分离。如多数有蹄类。

(4)单子宫(simplex uterus):两子宫完全愈合。如翼手类和灵长类,为高等类型,一般产仔数目较少。

哺乳动物的生殖方式为胎生(vivipary)

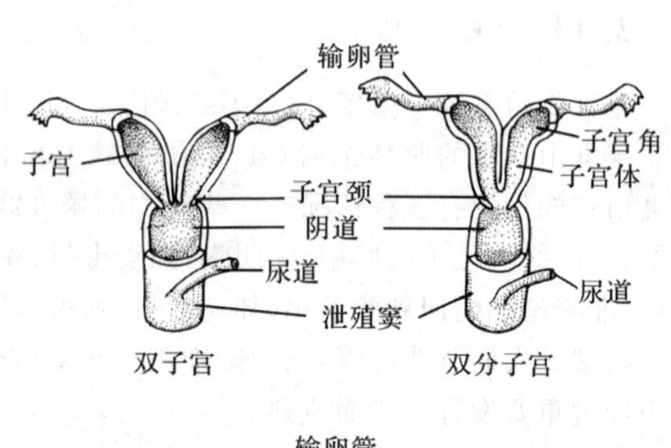

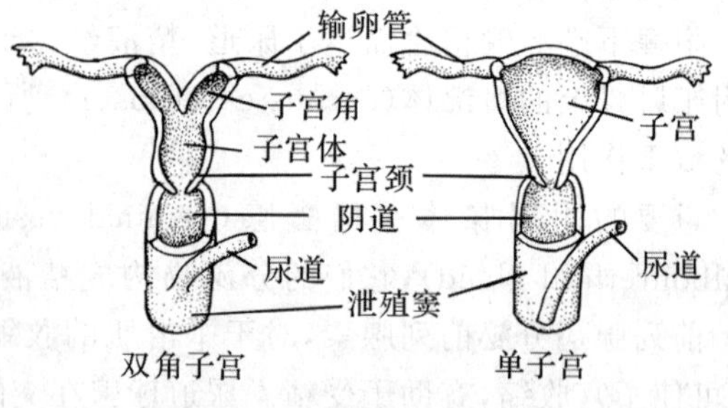

图16-24　哺乳类子宫类型(仿 Kardong)

和哺乳，完善了脊椎动物在陆上繁殖的能力，使后代的成活率大为提高。胎生的方式为胚胎发育提供了保护、营养以及稳定的恒温发育条件，使外界环境条件对胚胎发育的不利影响减轻到最低程度。

胎盘(placenta，图 16-25)由胎儿的绒毛膜、尿囊和母体子宫壁的内膜结合而成，营养物质和代谢废物是通过高度特异的选择性的弥散作用进行交换的。

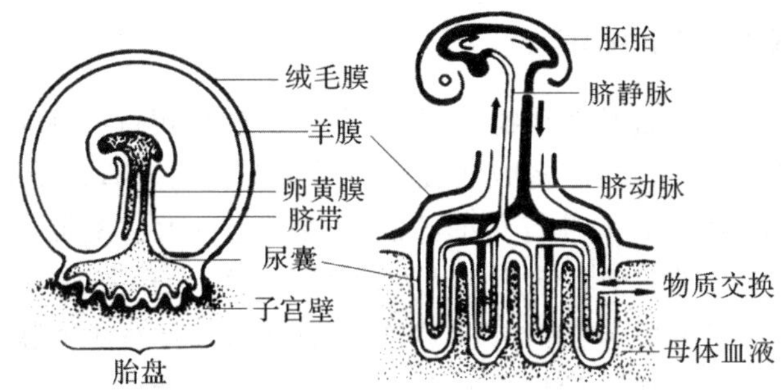

图 16-25　胎盘的结构(仿 Weisz)

按照胎盘绒毛膜上绒毛的分布情况，可把胎盘分为下列四种：

(1)散布胎盘(diffuse placenta)：绒毛平均散布在整个绒毛膜上，整个或大部分绒毛膜参与胎盘组成，如鲸、狐猴及某些有蹄类。

(2)叶状胎盘(cotyledonary placenta)：绒毛膜上的绒毛呈叶状分布，如大多数反刍动物。

(3)环状胎盘(zonary placenta)：绒毛集中于胚体的腰部，成环带状，如食肉目、象、海豹等。

(4)盘状胎盘(discoidal placenta)：绒毛集中于 1 个区或 2 个区，形成盘状，如食虫目、翼手目、啮齿目和多数灵长目种类。

根据胎盘绒毛膜与子宫内膜结合紧密程度又可分为无蜕膜胎盘(nondiceduous placenta)和蜕膜胎盘(deciduous placenta)两类。无蜕膜胎盘的特点是胚胎的尿囊、绒毛膜与母体子宫内膜结合不紧密，胎儿产出时易于脱离，不使子宫壁大出血。如散布胎盘和叶状胎盘。蜕膜胎盘的特点是胚胎的尿囊、绒毛膜与母体子宫内膜结合紧密，结为一体，产时需将子宫壁内膜一起撕下，造成子宫壁大出血。如环状胎盘和盘状胎盘(图 16-26)。

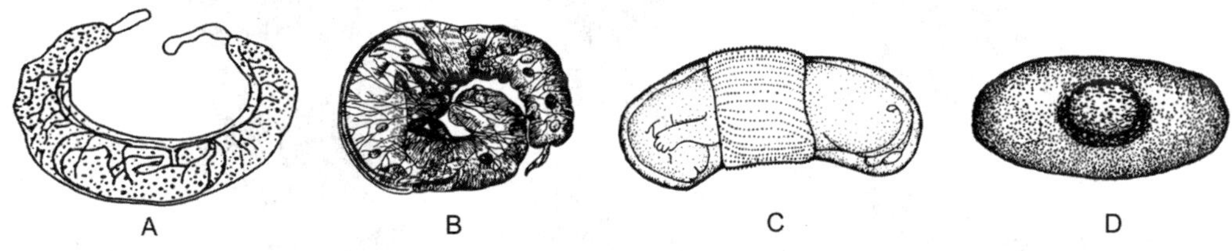

图 16-26　胎盘的类型(仿各家)

A. 散布胎盘；B. 叶状胎盘；C. 环状脑盘；D. 盘状胎盘

3 哺乳类的分类与演化

哺乳动物又称兽类，现存约有4300种，分布几遍全球。主要根据生殖方式不同分为原兽亚纲(Prototheria)、后兽亚纲(Metatheria)和真兽亚纲(Eutheria)三个亚纲。

3.1 原兽亚纲(Prototheria)

原兽亚纲是现存最原始的哺乳动物，还保留有一系列与爬行类相似的特征。如肩带具独立的乌喙骨、前乌喙骨及间锁骨(多数哺乳类肩带主要由肩胛骨组成)；大脑无胼胝体；卵生，雌兽有孵卵行为；乳腺仍为一种特化的汗腺，不具乳头；无交配器；成体无齿；有休眠现象；具泄殖腔，因此称单孔类。但其又具备哺乳动物的基本特征，如体表被毛；用母乳哺育幼仔；体腔中有横膈；体温基本恒定(在26～35℃之间波动)；仅具左体动脉弓；下颌由单一齿骨构成等。本亚纲动物只有单孔目(Momotremata)，仅分布于澳洲及其附近的岛屿上。主要代表动物如鸭嘴兽(*Ornithorhynchus anatinus*)、长吻针鼹(*Zaglossus bruijni*)等(图16-27)。

3.2 后兽亚纲(Metatheria)

后兽亚纲为一类进化水平介于原兽亚纲和真兽亚纲之间的较低等的哺乳动物，约有250余种，主要分布于澳洲，少数分布中、南美洲。主要特征有：胎生，但无真正胎盘(多数种类胚胎尿囊不发达，仅借卵黄囊与母体子宫壁接触)。妊娠期短，幼仔产出时发育还极不完全，需在母体上的育儿袋中继续发育，所以又称为有袋类。泄殖腔退化，但仍有残余。具有乳腺，乳头在育儿袋内。异齿型。双子宫，雄性阴茎有分叉的阴茎头。体温还有变化。

澳洲原来与欧亚大陆相连，当时这些原始的有袋类非常发达，在未出现高等哺乳动物(真兽亚纲)时，澳洲就与欧亚大陆分离，在欧亚大陆上的有袋类被真兽亚纲动物所排挤。而真兽亚纲动物未能侵入澳洲，所以现在尚有大量的原始有袋类生存，并发展了各种生态类群，常见代表种类有负鼠(*Didelphis marsupialis*)、袋狼(*Thylacinus cynocephalus*)、树袋熊(*Phascolarctos cinereus*)和大袋鼠(*Macropus*)等(图16-27)。

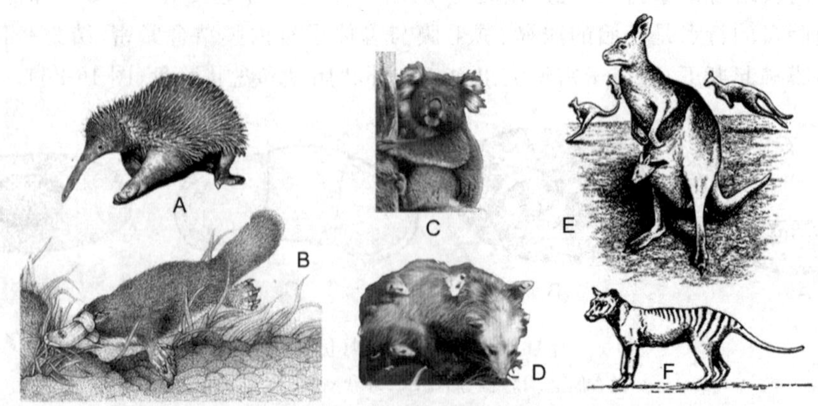

图16-27 原兽亚纲和后兽亚纲代表种(仿各家)

A. 长吻针鼹；B. 鸭嘴兽；C. 树袋熊；D. 负鼠；E. 大袋鼠；F. 袋狼

3.3　真兽亚纲(Eutheria)

真兽亚纲又称有胎盘类，是高等的哺乳动物类群。分布广泛，现存哺乳动物种类的 95% 属本亚纲。其主要特征是：胎生，具真正的胎盘，幼儿产出时发育完全。不具泄殖腔，乳腺充分发育，具乳头。肩带多由单一肩胛骨构成。大脑皮层发达，有胼胝体；异齿型，体温恒定。现存种类约 4000 种，分隶 17 个目。

(1)食虫目(Insectivora)

真兽亚纲中比较原始的一个目。体型较小，外被细密的毛或粗硬的棘；头小，具能动的吻。四肢具 5 趾，蹠行性，趾端具小爪。陆栖掘地生活，少数半水栖或半树栖生活。子宫为双角子宫或对分子宫，盘状胎盘。主要以昆虫及蠕虫为食，大多数夜行性。无阴囊。常见种类有东北刺猬(*Erinaceus amurensis*)、华南缺齿鼹(*Mogera insularis*)、大臭鼩(*Suncus murinus*)、灰麝鼩(*Crocidura attenuata*)等(图 16-28)。

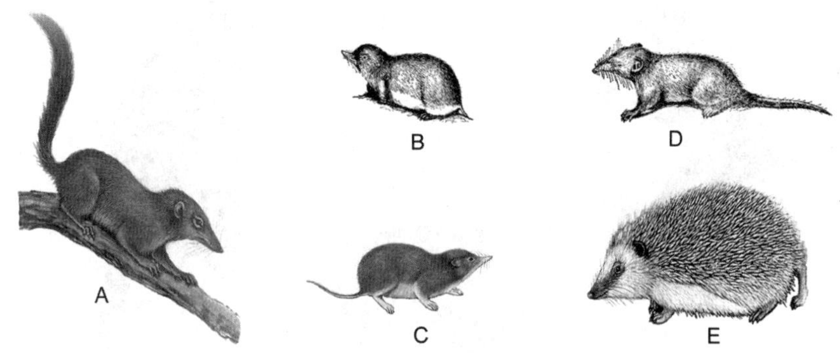

图 16-28　食虫目和树鼩目代表种(仿各家)

A. 北树鼩；B. 华南缺齿鼹；C. 灰麝鼩；D. 大臭鼩；E. 东北刺猬

(2)树鼩目(Scandentia)

小型树栖食虫的哺乳动物。在结构上(例如臼齿)似食虫目但又有似灵长目的特征，例如嗅叶较小，脑颅宽大，有完整的骨质眼眶环等。仅有 1 科 16 种，均分布在东南亚热带森林内，外形略似松鼠。代表动物北树鼩(*Tupaia belangeri*)分布我国云南、广西及海南等地(图 16-28)。

(3)翼手目(Chiroptera)

在前肢、后肢和尾之间连以皮肤特化成的皮膜而为翼，前肢第 2 至第 5 指骨特别延长为翼的支架，是唯一有真正飞行能力的哺乳类。锁骨发达，胸骨具龙骨突起；拇指游离具爪，后肢短，趾端具爪，利于挂栖。夜行性，多以昆虫为食(亦有食果、花、血、肉者)。视力弱，听觉、触觉灵敏，耳壳大，内耳发达，能借回声定位引导飞行。盘状胎盘，单子宫或双角子宫，无阴囊。本目种类仅次于啮齿类，现存约有 900 多种，遍及全球。如普通伏翼(*Pipistrellus pipistrellus*)、东方蝙蝠(*Vespertilio superans*)和皮氏菊头蝠(*Rhinolophus pearsoni*)等(图 16-29)。

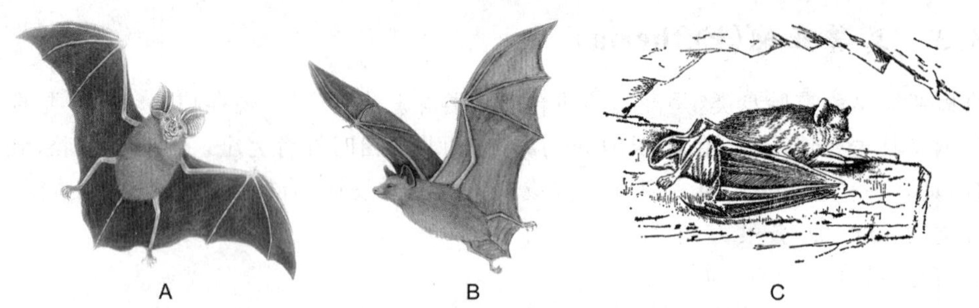

图 16-29 翼手目代表种(仿各家)

A. 皮氏菊头蝠；B. 东方蝙蝠；C. 普通伏翼

(4)灵长目(Primates)(图 16-30)

图 16-30 灵长目代表种(仿各家)

A. 黑叶猴；B. 黑猩猩；C. 蜂猴；D. 猕猴；E. 白眉长臂猿

树栖生活类群。除少数种类外，拇指(趾)多能与它指(趾)相对，适于树栖攀缘及握物。手掌(及蹠部)裸露，并具有两行皮垫，有利于攀缘。指(趾)端部除少数种类具爪外，多具指甲。面部裸出，两眼前视。锁骨较发达，大脑半球高度发达。蹠行性。雄有阴囊和阴茎。雌有双角子宫或单子宫，有月经。散布胎盘或盘状胎盘。广泛分布于热带、亚热带和温带地区。群栖，杂食性。

懒猴科(Lorisidae)　体小，四肢细长，尾很短。第2趾端具爪。如云南所产的蜂猴(*Nycticebus bengalensis*)，又称懒猴，风猴。

卷尾猴科(Cebidae)　鼻间隔宽阔，左右鼻孔距离甚远且向两侧开口，属于阔鼻类。该类动物仅分布于西半球南部。如黑帽卷尾猴(*Cebus apella*)。

猴科(Cercopithecidae)　鼻间隔狭窄，鼻孔一般向下开口。拇指(趾)能与其他指(趾)相对。尾长，不具缠绕性。多具颊囊和臀胼胝。脸部有裸区。后肢一般较前肢长。如猕猴(*Macaca mulatta*)和黑叶猴(*Semnopitecus francoisi*)等。

长臂猿科(Hylobatidae)　狭鼻类，臂特长，站立时手可及地。无尾。具小的臀胼胝，无颊囊。如我国的白眉长臂猿(*Hylobates hoolock*)等。

猩猩科(Pongidae)　狭鼻类。体大。前肢长，下垂过膝。无尾，无颊囊及臀胼胝。如黑猩猩(*Pan troglodytes*)。

人科(Hominidae)　人在动物分类上亦属灵长目。全世界现代人都属同一种，只是按肤色可分为黄、白、黑、红等种族。直立行走，臂不过膝，体毛退化，手足分工。人有语言，有思维，会劳动，能主动改造自然，过社会性生活，是人类与猿类有本质的不同。

(5)贫齿目(Edentata)

为牙齿趋于退化的一支食虫哺乳动物。不具门牙和犬牙；若臼齿存在时也缺釉质，且均为单根齿。大脑几无沟、回。后足5趾，前足仅有2～3个趾发达，具有利爪以掘穴。分布于中、南美洲的森林中。著名的代表动物如大食蚁兽(*Myrmecophaga tridactyla*)和三趾树獭(*Bradypus tridactylus*)等(图16-31)。

(6)鳞甲目(Pholidota)

全身被有大型角质鳞甲，鳞间长有少量的毛。头小，无齿，舌细长，富含黏液，适于捕虫。爪发达，用以挖掘蚁穴。以蚁类为食。双角子宫，散布胎盘。分布于亚洲、非洲的热带、亚热带。如穿山甲(*Manis pentadactyla*)(图16-31)等。

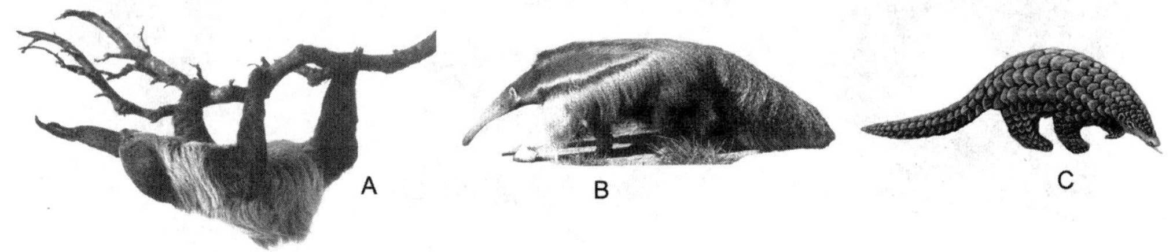

图16-31　贫齿目和鳞甲目代表种(仿各家)

A. 三趾树獭；B. 大食蚁兽；C. 穿山甲

(7)食肉目(Carnivora)

体型一般较大，肉食性。门齿小，犬齿强大而锐利，臼齿通常有锐利的齿锋，其中最后1枚上颌前臼齿和下颌第1臼齿特别发达，上下嵌合呈剪刀状相交，适于撕裂，称为裂齿。四肢发达，指(趾)端均具锐爪，趾行性或蹠行性。双角子宫，环状胎盘，睾丸在阴囊内。多为肉食性猛兽(图16-32)。

犬科(Canidae)　体型中等，颜面部长而突出。爪钝，不能伸缩。四肢细长适于奔跑，前趾5指，后肢常具4趾。趾行性。嗅觉特别发达。如狼(*Canis lupus*)、赤狐(*Vulpes vulpes*)

和貉(*Nyctereutes procyonoides*)等。

熊科(Ursidae) 体粗大而笨重,耳小,尾短,四肢粗,爪大,裂齿不发达,蹠行性。杂食。如黑熊(*Ursus thibetanus*)和棕熊(*Ursus arctos*)等。

图 16-32 食肉目代表种类(仿各家)

A. 水獭; B. 云豹; C. 鼬獾; D. 黑熊; E. 大灵猫; F. 貉; G. 食蟹獴; H. 黄鼬; I. 棕熊; J. 赤狐; K. 狼; L. 大熊猫; M. 猞猁; N. 虎

熊猫科(Ailuropodidae) 体似熊但吻短。以竹叶为主食。为食肉目中的"素食"种类。本科仅有我国特产的大熊猫(*Ailuropoda melanoleuca*)。

鼬科(Mustelidae) 中小型兽类。体形细小,四肢短,前后肢均有 5 趾,爪不能伸缩,蹠行性或半蹠行性。多数在肛门附近有臭腺。如黄鼬(*Mustela sibirica*)、鼬獾(*Melogale moschata*)和水獭(*Lutra lutra*)等。

猫科(Felidae) 中大型兽类。头圆吻短,前肢 5 指,后肢 4 指。爪锐利,能伸缩。犬齿和裂齿发达。肉食性，性凶猛，以伏击方式捕杀其他热血动物。如虎(*Panthera tigris*)、云豹(*Neofelis nebulosa*)和猞猁(*Felis lynx*)等。

灵猫科(Viverridae)　体多具有各种条纹、斑点或单色但尾有环带。肛腺发达。如大灵猫(*Viverra zibetha*)和食蟹獴(*Herpestes urva*)等。

(8)鳍脚目(Pinnipedia)

为海栖食肉兽类。除生殖、换毛时上陆外，一生都在海中度过。体纺锤形，被毛，四肢鳍状，各具 5 指，指(趾)间具蹼。后肢转向体后，以利于上陆爬行。尾小，夹在后肢间。皮下脂肪发达。不具裂齿。双角子宫，环状胎盘。睾丸在腹腔中。分布在寒带、温带海洋沿岸地区。如我国东海有分布的髯海豹(*Erignathus barbatus*)和斑海豹(*Phoca largha*)等(图 16-33)。

(9)海牛目(Sirenia)

水生兽类。体呈纺锤形，体有稀疏的刚毛，颈部有缢纹。眼小，无外耳壳。前肢变为鳍足，后肢缺如(仅保留痕迹)。无脊鳍，有宽大而扁平的尾鳍。犬齿和臼齿间有相当长的齿间隙。如儒艮(*Dugong dugong*)(图 16-33)

(10)鲸目(Cetacea)

大型水栖兽类，体呈流线型，似鱼。体毛退化，前肢鳍状，后肢退化消失。体末端有一水平叉状尾鳍，多数种类有由结缔组织和脂肪形成的背鳍。无耳壳。皮下脂肪发达。肺有贮气结构，鼻孔 1 对或单一，开口于头背，又称喷水孔。睾丸位于腹腔。双角子宫，散布胎盘。生殖孔两旁有乳房 1 对，借皮肤肌的收缩可将乳汁喷入仔鲸口中。如抹香鲸(*Physeter catodon*)、白鳍豚(*Lipotes vexillifer*)等(图 16-33)。

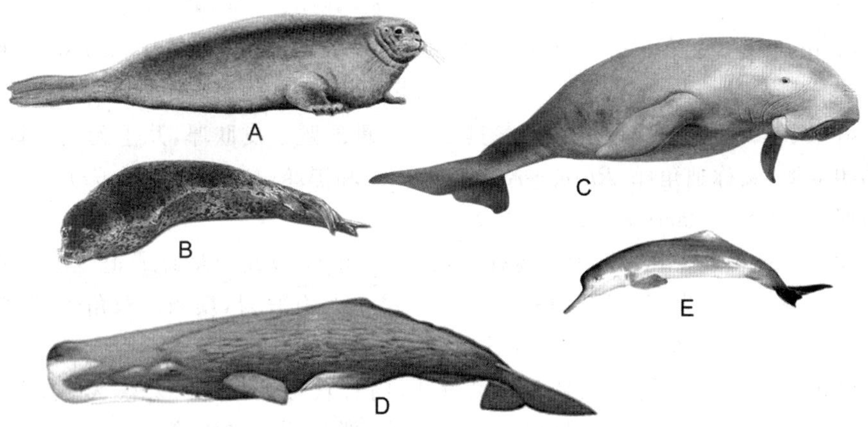

图 16-33　鳍脚目、海牛目和鲸目代表种(仿各家)

A. 髯海豹；斑海豹；C. 儒艮；D. 抹香鲸；E. 白鳍豚

(11)长鼻目(Proboscidea)

现存最大的陆栖动物。体毛稀少，具厚皮，鼻长圆筒状，富有肌肉，为延长的鼻与上唇所构成。鼻端有指突，能取物。四肢粗壮如柱，脚底有很厚弹性组织垫。上门齿特别发达，突出唇外。半蹠行性。双角子宫，环状胎盘。睾丸在腹腔。仅 1 属 2 种，即非洲象(*Loxodonta africana*)和亚洲象(*Elephas maximus*)(图 16-34)。亚洲象体形小，额部向下凹，雄性有象牙而雌性无，鼻端具 1 个钩状突起，后肢具 4 趾；非洲象体形大，额部向上凸，雌雄均有象牙，鼻端具 2 个钩状突起，后肢具 3 趾。

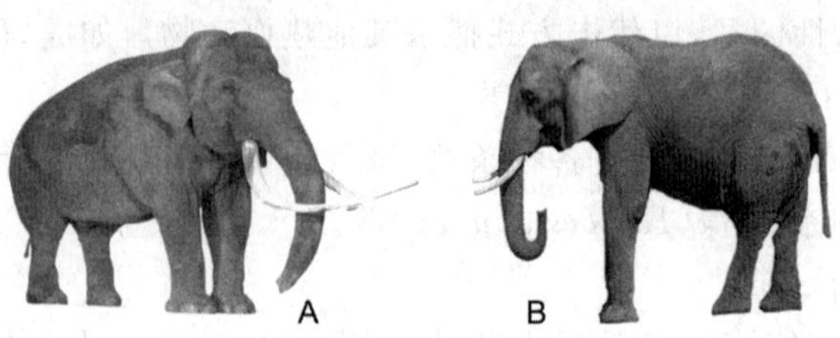

图 16-34 长鼻目代表种

A. 亚洲象；B. 非洲象

(12)奇蹄目(Perissodactyla)

四肢中 1 个或 3 个指(趾)发达,其余各趾退化或消失。指(趾)端具蹄,蹄行性。门齿适于切草,犬齿退化,臼齿咀嚼面上有复杂的棱脊。胃单室,盲肠发达。大多为双角子宫,散布胎盘。睾丸在阴囊中。

图 16-35 奇蹄目代表种(仿各家)

A. 黑犀；B. 印度犀；C. 野马；D. 亚洲野驴

马科(Equidae) 仅第 3 指(趾)发达,各趾退化。如野马(*Equus przewalskii*)和亚洲野驴(*Equus hemionus*)。

犀牛科(Rhinocerotidae) 前后足各具 3 个负重的趾。皮肤厚,几乎无毛。具 1～2 个单角。如印度犀(又称独角犀,*Rhinoceros unicornis*)和黑犀(*Diceros bicornis*)。

(13)偶蹄目(Artiodactyla)

第 3 和第 4 趾特别发达,指(趾)端有蹄,第 2、5 指(趾)或为悬蹄或退化。多具角。尾短。上门齿常退化或消失,臼齿结构复杂,适于草食。多有复胃,反刍。双角子宫,散布胎盘或叶状胎盘。睾丸在阴囊中。除澳洲外,遍及世界各地(图 16-36)。

猪科(Suidae) 吻部延伸,在鼻孔处呈盘状,内有软骨垫支持。毛鬃状。尾细,末端具鬃毛。足具 4 趾。具门牙,犬齿在雄兽外突成獠牙。单室胃。如野猪(*Sus scrofa*)。

河马科(Hippopotamidae) 体大型,皮肤厚,毛稀少,四肢短,各肢具 4 趾。具有大而圆的吻部,眼凸出,位于背方,耳小。半水栖。3 室胃,不反刍。分布于非洲。如河马(*Hippopotamus amphibius*)。

驼科(Camelidae) 头小颈长,上唇延伸并有唇裂。足具 2 趾。趾型宽大,具有厚弹力垫,负重时 2 趾分开,适于在沙漠中行走。胃 3 室。如双峰驼(*Camelus bactrianus*)。

鹿科(Cervisae) 具 4 趾,中间 1 对较大。多数雄性有分叉的实角。如白唇鹿(*Cervus albirostris*)、小麂(*Muntiacus reevesi*)、黑麂(*Muntiacus crinifrons*)、毛冠鹿(*Elaphodus cephalophus*)、獐(*Hydropotes inermis*)和驼鹿(*Alces alces*)等。

长颈鹿科(Giraffidae) 具长颈,长腿。两性头顶均具 2～3 个不分叉并包有毛皮的瘤角,终生不脱落。具 2 蹄。以树叶嫩枝为食。分布于非洲。如长颈鹿(*Giraffa camelopardalis*)。

牛科(Bovidae) 绝大多数雄兽具 1 对洞角(少数 2 对)。草食性,反刍。广泛分布世界各地。如野牛(*Bos gaurus*)、藏原羚(*Procapra picticaudata*)、羚牛(*Budorcas taxicolor*)、鬣羚(*Capricornis sumatraensis*)和盘羊(*Ovis ammon*)等。

图 16-36 偶蹄目代表种(仿各家)

A. 野猪; B. 鬣羚; C. 黑麂; D. 小麂; E. 双峰驼; F. 羚牛; G. 毛冠鹿; H. 獐; I. 藏原羚; J. 河马; K. 白唇鹿; L. 长颈鹿; M. 野牛; N. 盘羊; O. 驼鹿

(14)啮齿目(Rodentia)(图 16-37)

是哺乳动物中种类最多、数量最大的目,约占世界已知兽类的 1/3。上、下颌各有 1 对凿状门齿,门齿仅前面被有珐琅质,能终生生长,咬肌发达,常借啃物以自行磨利。犬齿虚位。双子宫或双角子宫,盘状胎盘,睾丸在生殖期下降到阴囊。本目动物适应能力强,遍布全球各种环境中。

松鼠科(Sciuridae) 适应于树栖、半树栖及地栖等多种生活方式。头骨具眶后突，颧骨发达。如赤腹松鼠(*Callosciurus erythraeus*)、达乌尔黄鼠(*Spermophilus dauricus*)、喜马拉雅旱獭(*Marmota himalayana*)等。自颈侧、体侧有皮膜与四肢相连，可在树间滑翔的飞鼠(*Pteromys volans*)和黑白飞鼠(*Hylopetes alboniger*)等鼯鼠类也属此科。

仓鼠科(Circetidae) 适应于多种生活方式，在体型上有变异。不具前臼齿，颧骨不发达。如灰仓鼠(*Cricetulus migratosius*)、黑线仓鼠(*Cricetulus barabensis*)、中华鼢鼠(*Myospalax fontanierii*)、长爪沙鼠(*Meriones unguiculatus*)等。麝鼠(*Ondatra zibethicus*)原产于北美洲，后被引种欧洲和苏联，20 世纪 50 年代由俄罗斯远东地区自然扩散到我国东北，继后又被引种到其他地区养殖并扩散到野外。

图 16-37 兔形目和啮齿目代表种(仿各家)

A. 赤腹松鼠；B. 飞鼠；C. 黑白飞鼠；D. 喜马拉雅旱獭；E. 三趾跳鼠；F. 褐家鼠；G. 麝鼠；H. 小家鼠；I. 河狸；J. 马来豪猪；K. 黑线姬鼠；L. 草兔；M. 达乌尔鼠兔

鼠科(Muridae) 中小型鼠类，种类极多。多具长而裸、外被鳞片的尾。不具前臼齿，臼齿齿尖常排成三纵列。如黑线姬鼠(*Apodemus agrarius*)、褐家鼠(*Rattus norvegicus*)、小家鼠(*Mus musculus*)等。

河狸科(Castoridae) 为半水栖的大型啮齿动物，体重可达 30kg，如我国新疆分布的河狸(*Castor fiber*)。

跳鼠科(Dipodidae)　荒漠鼠类。后肢显著加长,蹠骨及趾骨趋于愈合及减少,适于跳跃,尾长而具有端部丛毛。如三趾跳鼠(*Dipus sagitta*)。

豪猪科(Hystricidae)　身上有棘刺,棘刺比较容易脱落,身体后方的棘刺比前方的更发达,抵御敌害的典型姿势就是将身体背向对方,如马来豪猪(*Hystrix brachyura*)。

(15)兔形目(Lagomorpha)(图 16-37)

中、小型食草兽类。上颌具有 2 对前后着生的门牙,后 1 对很小,隐于前 1 对门牙的后方。上唇具唇裂,无犬齿,蹠行性。双子宫或双角子宫,盘状胎盘,睾丸于生殖期下降到阴囊内。如草兔(*Lepus capensis*)和达乌尔鼠兔(*Ochotona daurica*)等。

3.4　起源与演化

哺乳类起源于古代爬行动物,距今约 2.25 亿年的中生代三叠纪。石炭纪末期,由爬行类基干杯龙类发展出一支似哺乳类的兽形爬行类。兽形爬行类分为两支:一支称盘龙类(Pelycosaurs),是一类原始类型,化石大多产在北美,出现于石炭纪末期,至二叠纪绝灭;另一类称兽孔类(Therapsids),是从盘龙类进化来的,代表进步的类型。它们的化石分布于各大陆。兽孔类后裔中的一支更具有进化上的意义,即兽齿类(Theriodonts)。兽齿类已像哺乳类一样,牙齿为槽生齿和异形齿;头骨具合颞窝;双枕髁;下颌齿骨特别发达;四肢位于身体腹侧。其典型代表犬颌兽(*Cynognathus*)发现于南非三叠纪地层。我国云南禄丰晚三叠纪化石卞氏兽(*Bienotherium*),在构造特征上更加接近哺乳类,甚至最初曾一度列入兽类的行列中,只是由于它的下颌骨不像哺乳类那样由单一的齿骨组成,还有退化的关节骨和上隅骨等残余成分,后来还是公认为应归入爬行动物,可以说是最接近哺乳类的爬行动物。

哺乳类化石最早发现于晚三叠纪地层。一般认为哺乳类属多系起源。哺乳类的进化包括:(1) 中生代侏罗纪,原始哺乳类分为多结节齿类(臼齿咀嚼面上有 2～3 纵列结节)和三结节齿类(臼齿咀嚼面上仅有 3 个结节)。三结节齿类又分为三齿兽类、对齿兽类和古兽类。古兽类是现生后兽亚纲和真兽亚纲的祖先,生活到白垩纪初期。而另外两支生活到侏罗纪与白垩纪交替时期灭绝。②中生代白垩纪出现了有袋类和有胎盘类,多结节齿类仍生存。③新生代有袋类和有胎盘类大发展,多结节齿类开始灭绝。最早的有胎盘类是白垩纪出现的小型食虫类,向不同方向辐射发展,成为现生的各目有胎盘类哺乳动物(图 16-38)。新生代被称为哺乳动物时代。

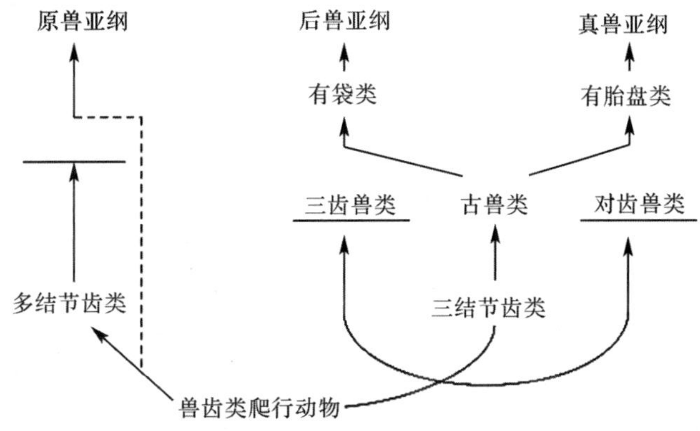

图 16-38　哺乳类适应辐射示意图(仿刘凌云和郑光美)

单孔类化石仅发现于新生代更新世，但从现存的单孔类之结构与机能看，它属于最原始的哺乳动物。单孔类可能是三叠纪末出现的多结节齿类的后裔。

第四纪更新世及其以后，现代哺乳动物群逐渐形成。它们在除澳洲外的各大陆间进行迁移混杂，适应各种环境条件而形成不同的类群。澳洲因从白垩纪起即与其他大陆隔离，真兽类未能侵入，有袋类在新生代辐射适应，形成与其他大陆真兽类平行进化的现象。

4 哺乳类小结

哺乳动物是脊椎动物中结构最完善，功能和行为最复杂，适应能力最强，演化地位最高的类群。全身被毛，皮肤腺发达，四肢末端具爪、甲或蹄。骨骼高度发达，重而坚固，双平型椎体，有椎间盘，封闭式骨盆。空中飞翔的种类前肢有翼膜，水中游泳的种类四肢或前肢（后肢退化）成鳍状，陆地生活种类的行走方式可分为蹠行式、趾行式和蹄行式。具膈肌，皮肤肌发达，咀嚼肌强大。4 室心脏，具左体动脉弓，完全双循环，恒温。呼吸系统十分发达，肺由大量肺泡组成。肉质唇是哺乳动物特有的结构。槽生齿。异齿型。出现了口腔消化。大多数哺乳动物的胃为单胃，反刍动物具复杂的复胃。后肾。神经系统和感觉器官高度发达，大脑和小脑的体积增大，大脑具发达的新脑皮和非常明显的沟回结构，胼胝体是哺乳动物独有的构造。鼻腔内有复杂的鼻甲骨和较大的嗅囊。中耳有 3 块传导灵敏的听小骨。食肉目、灵长目等动物的睾丸终生位于阴囊，食虫目、翼手目、鲸目等动物的睾丸终生位于腹腔中，兔形目、啮齿目等动物的睾丸在繁殖期下降到阴囊中而在非繁殖期缩回到腹腔中。雌性的子宫可分为双子宫、对分子宫、双角子宫和单子宫四种类型。生殖方式为胎生和哺乳。胎盘可分为无蜕膜胎盘和蜕膜胎盘两类，前者包括散布胎盘和叶状胎盘，后者包括环状脑盘和盘状胎盘。

哺乳纲包括原兽亚纲、后兽亚纲和真兽亚纲。原兽亚纲是现存最原始的哺乳动物，只有单孔目，仅分布澳洲及其附近的岛屿上。属于后兽亚纲的有袋类主要分布于澳洲，少数分布中、南美洲。真兽亚纲是高等的哺乳动物类群，分布广泛，现存种类的 95％属之。

第 17 章　动物地理分布

1　动物的地理分布

1.1　动物的栖息地(habitat)

栖息地是动物赖以生存的空间。在动物种的分布区内，每一种动物都以一定的方式生活于某一特定的栖息地，从中获得其所需的食物(food)、隐蔽处(cover)和水(water)等生存条件，使得动物能够充分地进行个体发育，留下具有生命力的后代，并逐渐形成对特定栖息地的适应，产生对特定栖息地的偏爱性和选择性。同时，也正因为动物对特定栖息地的偏爱性和选择性，使得栖息地在时间和空间上的变化将会对野生动物的分布、数量、活动规律和行为等方面产生直接和间接的影响，使得动物种群不可能分布到任何地方，它们只能生活在具有维持它们生存所必需的基本条件的特定区域和空间，例如海洋、河流、森林、草原和荒漠等。对于某些体内寄生虫来说，宿主的内脏器官就是它们的栖息地。栖息地的剧烈变化会使动物丧失其生存空间，甚至导致动物的灭绝。

任何一种动物的生活，都要受到栖息地内各种要素的制约。一般说来，动物的栖息地经常处于相对稳定状态，但又是时刻处于不断变化过程中，其变化一旦超过动物所能耐受的范围，动物将无法在原地继续生存下去和进行繁殖，这个范围就是动物对环境适应的耐受区限。耐受区限决定着动物区域分布的临界线，通常每种动物的耐受区限是比较宽广的，但临界线却是很难逾越的。各种动物在适宜环境以外的地区里，虽可暂时生存，但不能久居，更无法进行繁殖。在适宜区限内，还包含着一个范围更加狭窄的最适区限，一般动物的成体可以在较广阔的适宜区限生活，但幼体发育却只能在最适区限内进行。

生活于不同栖息地的动物类群，在躯体结构和生活方式都具有与环境相适应的特性。不同动物对栖息地的适应能力，有广、窄之别，广适性动物对栖息地的要求不严，适宜区限较宽，栖息地的范围较大；窄适性动物对栖息地的要求甚严，适宜区限狭窄，栖息地的范围也小。动物栖息地扩大可使它的分布区往邻近地区逐步拓展；栖息地的环境条件恶化(如栖息地丧失、片段化及退化)可导致有些动物的分布区缩小或甚至灭绝。

1.2　动物的分布区(distribution range)

动物种(或属、科)的分布区是指动物在地球上所占的一定地理空间，是地理学概念。分布区由栖息地决定，即栖息地决定种在分布区内的配置。在地图上标出某种动物的分布点，然后用线将边界上的点连接起来，就能清晰地勾画出种的分布区及其边界。

动物的种或其他分类类群，最初从发生中心或起源地发生，然后逐渐向四周扩展。动物的现代分布区，一般都经过相当长的历史发展过程。地球上所发生的各种变化，如地壳运动、气候变化以及人类活动等，往往都会直接地或间接地对动物分布产生影响。因此，动物种或类群的现代分布区，可能经过了多次变迁，发生中心并不一定在现在的分布区内，有时还可能相隔很远。当然，种的发生中心，也可能与现代分布区相吻合，这种情况只有在一个种从出现直至现今，其分布区一直处于相对稳定的条件下才有可能。

动物的种群，由种的发生中心分布到另一地区的过程即为扩展，其结果是扩大了种的分布区。扩展一般可以分为主动扩展和被动扩展两种。主动扩展是指动物不依靠外界因素，只依靠自身力量所进行的一种积极迁移活动，扩展其分布地区。被动扩展是主要依靠外界因素如水流、风、气候、其他生物及人类等进行的扩展。

动物在扩展分布区时，往往会遇到各种障碍和阻限，对不同种的动物，起阻限作用的环境因素和及其程度是不同的。按其性质可分为非生物阻限和生物阻限两类。非生物阻限包括地形、气候、海洋、河流和沙漠等。生物阻限包括食物的不足、中间宿主的缺乏、敌害的存在，以及种间竞争等。各种动物克服阻限的能力差别很大，有些动物种能够进行主动迁移和被动运送，克服海洋和高山的阻碍而分布到世界各地；有些种如果没有被动运送的可能性，而且本身固有的散布倾向不强，则轻微的阻限如海湾、不适宜的气候带，就能长期阻止动物的散布。

根据种的分布区相对集中性和自然区域特点，世界陆栖脊椎动物有全热带分布、环极分布、大西洋两岸分布、太平洋两岸分布、两极分布、北极带高山分布和北方山地分布等分布类型。我国陆栖脊椎动物各纲“种”的分布类型有北方型、东北型、中亚型、高山型、旧大陆热带一亚热带型、东南亚热带一亚热带型、横断山脉一喜马拉雅山型、南中国型和岛屿型等。

1.3 陆地自然条件和动物群的地带性分布

由于地球呈椭圆形并依一定的轨道旋转，以致投射在地表各个区域的太阳热能并不均匀，使陆地的自然条件或称景观(landscape)自极地向赤道呈现有规律的地带性分布：地处极区附近的苔原(tundra)、位于远离海洋的温带草原(glass land)、分布在温带和亚热带的荒漠(desert)、介于苔原地带以南及阔叶林之间的针叶林(coni ferous，或称泰加林，taiga)、属于亚热带温湿海洋性气候的阔叶林(deciduous forest)和赤道附近的热带雨林(tropical rainforest)等。在山地条件下，自然条件也呈现类似纬度带的垂直更替，称之为垂直分布(图 17-1)。各种不同自然条件的地带内，分布着不同的代表性植物类型和生态地理动物群。

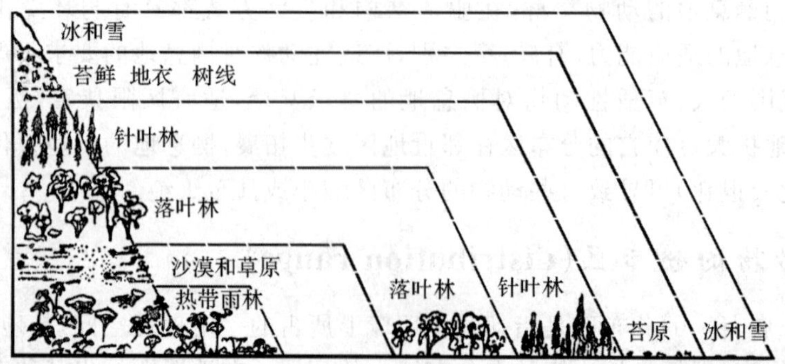

图 17-1 陆地自然条件水平分布和山地条件垂直分布的比较(仿 Hickman)

生态地理动物群内的优势种和常见种是组成动物群中的基本成分，对该地带的环境都有较强的适应性，也是自然环境中的一个积极因素，它们不但能对植被、土壤等外界因素产生明显的作用，而且与人类也具有密切的利害关系。

生态地理动物群与主要依据区系组成而划分的动物区系之间，存在着一定的关系，两者的配合反映了现代生态因素和历史因素共同对于当地动物的影响，以及各地动物区系的发展动态和形成过程。

1.4　水域的动物分布

(1)淡水生物群落(freshwater biomes)　依据水的流动状况不同，陆地淡水水域可分为流水水体(lotic，如河流、山溪和泉水等)及静水水域(lentic，如湖泊、池塘和沼泽等)两个类型。由于不同类型水体的生态条件不同，在动物区系组成及动物的生态适应方面也均有明显差异。与海洋生物群落相比，陆地淡水水域中的动物类群显得较为贫乏。

(2)海洋生物群落(marine biomes)　海洋不仅是生命的策源地，也是地球上生命最旺盛的区域，栖息着 200000 种以上的海洋生物，其中 90%以上是无脊椎动物。海洋由三大带组成，即潮间带(tidal zone)、浅海带(neritic zone)和远洋带(pelagic zone)(图 17-2)。

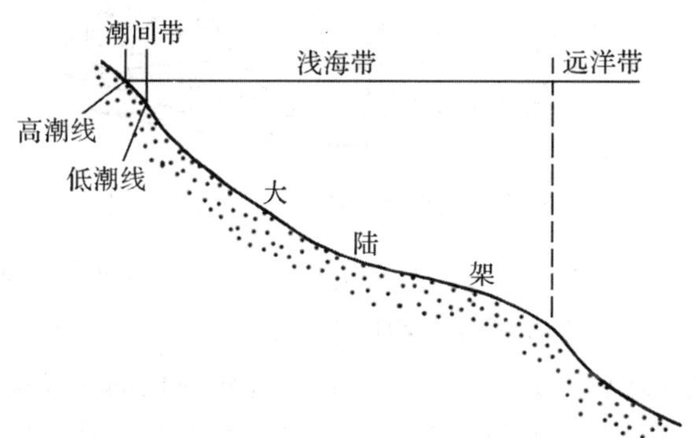

图 17-2　海洋的三大带(仿 Brewer)

潮间带是潮水每天涨落的高潮线与低潮线之间的区域。高潮线的上限称作浪击带，缺乏严格的海洋生物。潮间带理化条件极不稳定，动物种类较少，只有具备特殊适应能力的动物才能生存。

浅海带是由潮间带以下至 200 m 左右深的海洋，很多地区(如我国的黄海和渤海)的海底倾斜平缓，平均斜度约为 0.10，由此构成广阔的大陆架(continental shelf)。浅海带是海洋生物生长最繁盛的区域，所以浅海带或大陆架就成了浮游生物生长和多种动物，特别是绝大多数海洋鱼类的主要栖息地及一些远洋鱼类的产卵区，很多地区还因此而形成了著名渔场。

远洋带为浅海带以外的全部开阔大洋，其上层 200m 处尚有阳光透入，其间的动物群落组成与大陆架内大体相仿；其下层是世界上最大的一个动物生活环境区，也是一个既特殊又严峻的动物栖息地；深海区的动物种类及数量均甚稀少，仅少数具有特殊适应结构的动物类群能在这样苛刻的条件中生存。

根据计算，在海洋的整个生物量中，浅海带超过 1000 g/m^2，在 200m 深处为 50 g/m^2，

1000 m 深处为 1 g/m²,深海处为 0.1 g/m²。由此可见,海洋的沿岸浅海区,尽管只占整个海洋总面积的 2.5%,但对动植物的生存却极为重要。

2 世界及中国动物地理区系的划分

动物区系(fauna)是指在一定的历史条件下,由于地理隔离和分布区的一致所形成的动物整体,也即有关地区在历史发展过程中所形成和在现今生态条件下所生存的动物群。

2.1 世界动物地理分区概述

世界陆地动物区系可划分为古北界、新北界、热带界、东洋界、新热带界、澳洲界等六个动物地理界(fauna realm)(图 17-3)。

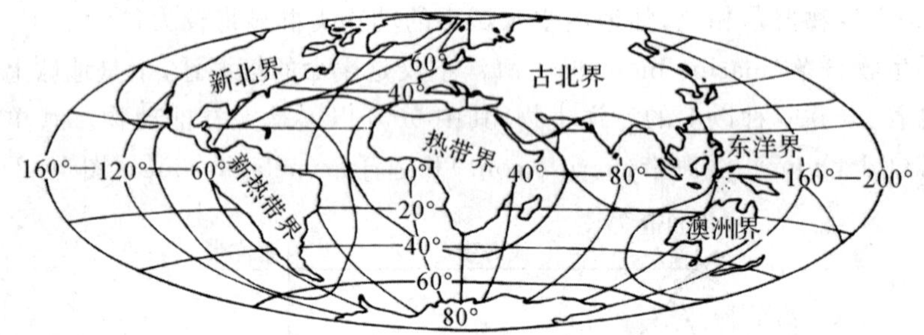

图 17-3 世界陆地动物地理分区(仿张荣祖)

(1)澳洲界(Australian realm) 包括澳洲大陆、新西兰、塔斯马尼亚以及附近的太平洋上的岛屿。澳洲界动物区系是现今所有动物区系中最古老的,仍保留着中生代晚期的特征,最突出的特点是缺乏现代地球上其他地区已占绝对优势地位的胎盘类哺乳动物,并保存了现代最原始的哺乳类——原兽亚纲和后兽亚纲动物。原兽亚纲是该区特有的哺乳动物;后兽亚纲动物在该区种类繁多,成为该亚纲的适应辐射中心。鸟类中的鸸鹋(澳洲鸵鸟)、食火鸡和无翼鸟(几维鸟)等为本界所特有。现存最原始的爬行动物——楔齿蜥,仅产于本界新西兰附近的小岛上。在两栖类和爬行类中,只有极原始的滑跖蟾和鳞脚蜥科等少数种类分布于该区,且没有蛇类。澳洲肺鱼为本区某些淡水河流中的特产。

(2)新热带界(Neotropical realm) 包括整个中美、南美大陆、墨西哥南部以及西印度群岛。新热带界动物区系的特点是种类极为繁多而特殊。哺乳类中的贫齿目、灵长目中的新大陆猿猴、有袋目中的新袋鼠科、翼手目中的魍蝠科和吸血蝠科、啮齿目中的豚鼠科等均为本界所特有。鸟类中有 25 个科为本界的特有科,其中最著名的代表为美洲鸵鸟、鹎和麝雉。蜂鸟科有 300 多种主要分布在本界。爬行类以鬣蜥科为代表,如美洲鬣蜥等;两栖类以树蛙和负子蟾等为代表;鱼类中的美洲肺鱼、电鳗和电鲶为本界所特有。

(3)热带界(Ethiopian realm) 包括阿拉伯半岛南部、撒哈拉沙漠以南的整个非洲大陆、马达加斯加岛及附近岛屿。该界动物区系的主要特点表现在区系组成的多样性和拥有丰富的特有类群。哺乳类有蹄兔目和管齿目特有目,金毛鼹科、獭鼩科、鳞毛鼠科、跳兔科、滨鼠科、河马科、长颈鹿科等特有科动物,以及大猩猩、黑猩猩、狒狒、斑马和非洲象等特有种。鸟类的特有目有鸵鸟目和鼠鸟目。爬行类中的避役、两栖类中的爪蟾、鱼类中的非洲肺鱼等均为本区著名代表种类。热带界的动物区系与东洋界拥有某些共同的动物群，如哺乳类中的长鼻目等及鸟类中的犀鸟科等，反映出这两个界在历史上曾经有过密切的联系。然而，有些在旧大陆普遍分布的科却不见于本区，如哺乳类中的鹿科及鸟类中的河乌科等，这显然是由于长期地理隔离而限制了其他地区动物侵入的缘故。

(4)东洋界(Oriental realm)　包括亚洲南部喜马拉雅山以南和我国南部、印度半岛、斯里兰卡岛、中南半岛、马来半岛、菲律宾群岛、苏门答腊岛、爪哇岛和加里曼丹岛等大小岛屿。东洋界动物区系具有大陆区系的特征，动物种类繁多。特有哺乳类有皮翼目，灵长类的树鼩科、眼镜猴科和长臂猿科，啮齿目的刺山鼠科等类群的物种。鸟类中的和平鸟科及爬行类中的平胸龟科等亦为特有科。此外，本界内大型食草动物比较繁盛，如印度象、多种鹿类及羚羊等。鸟类中的雉科、椋鸟科和卷尾科等的分布中心都在本界内。爬行类中的眼镜蛇、巨蜥和龟等在本地区的数量及分布也均较突出。

(5)古北界(Palearctic realm)　包括欧洲大陆、北回归线以北的非洲与阿拉伯半岛以及喜马拉雅山脉以北的亚洲。本区与新北界(北美洲)的动物区系有许多共同的特征，因而有人将古北界与新北界合称为全北界。如鼠兔科、松鸡科、大鲵科、鲈鱼科等，均为全北界所共有。古北界陆栖动物的特有科较少，但具有不少特有属，如鼹鼠、狼、狐、刺猬、獾、牦牛、骆驼、金丝猴、熊猫、羚羊以及山鹑、鸨、沙鸡、沙蜥和花背蟾蜍等。

(6)新北界(Nearctic realm)　包括墨西哥以北的北美洲。本界动物区系所含科别总数不及古北界，但具有一些特产科，例如叉角羚羊科、北美蛇蜥科、鳗螈科和雀鳝科等。此外像美洲河狸、美洲驼鹿和白头海雕(*Haliaeetus leucocephalus*)等为本区特有种类。

对于上述六大陆地动物地理界的概述，可以简单归结为以下几点：

(1)大陆上同一纬度的不同部分，动物区系自极地向赤道的差异越来越大。

(2)不同类群的古老动物(如肺鱼、喙头蜥、鸵鸟、鸭嘴兽和袋鼠)现仅存于北回归线以南地区，但在此线以北有化石发现。现存于北回归线以北的动物，在此线以南未曾发现过化石。

(3)非洲、澳洲与南美洲隔离之前曾有过一段接壤时期，因而三洲具有一定程度类似的动物区系。欧亚大陆与北美洲在白令海峡地区也曾有过相连，所以具有某些共同的特产动物，如短吻鳄科和白鲟科等。澳洲与泛大陆的分离较早，故哺乳纲中的真兽亚纲动物未曾侵入。

2.2　中国动物地理区划

中国大陆的动物区系分属于古北界与东洋界两大区系，以横断山脉北端，经过川北岷山与陕南的秦岭，向东达于淮河一线为分界线。由于中国疆域广大，地形复杂，景观丰富，自然气候带多，加之第四纪冰川时期我国又未遭受冰川的完全覆盖，使得我国的大陆动物区系变化不太剧烈，形成了动物种类繁多、特有种多、较古老或珍稀种类多的区系特点，如大熊猫、金丝猴、白鳍豚、褐马鸡、扬子鳄、鳄蜥和大鲵等。

我国是古北界区系最丰富的地方，于我国可分为两亚界，即东北亚界和中亚亚界。在我国境内东北亚界又分东北区和华北区，中亚亚界分蒙新区和青藏区。在我国范围内的东洋界属于中印亚界，包括西南区、华中区和华南区。根据现代陆栖脊椎动物和昆虫地理分布的研究，我国大陆的动物区系可在划为上述 7 个区的基础上，进一步分为 19 个亚区(图 17-4)。受气候、植被和地形地貌等因素影响，各动物地理区和亚区的动物区系组成特点各异，并在不同的地理区和亚区分布着不同类型的生态地理动物群(表 17-1)。

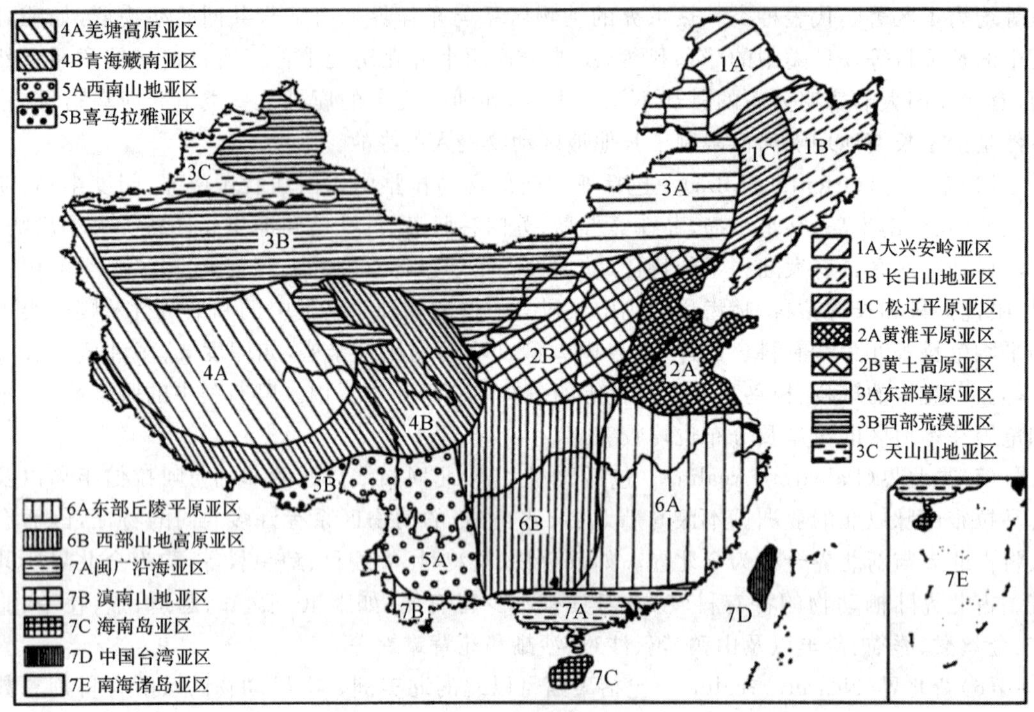

图 17-4　我国动物地理分布区(自程红)

1. 东北区；2. 华北区；3. 蒙新区；4. 青藏区；5. 西南区；6. 华中区；7. 华南区

表 17-1　中国动物地理区划及生态地理动物群的关系(自张荣祖)

界	区	亚区	生态地理动物群
古北界	东北区	大兴安岭亚区(附阿尔泰山地)	寒温带针叶林动物群
		长白山地亚区 松辽平原亚区	温带森林—森林草原、农田动物群
	华北区	黄淮平原亚区 黄土高原亚区	
	蒙新区	东部草原亚区	温带草原动物群
		西部荒漠亚区	温带荒漠、半荒漠动物群
		天山山地亚区	高地森林草原—草甸草原、寒漠动物群
	青藏区	羌塘高原亚区 青海藏南亚区	
东洋界	西南区	西南山地亚区 {高山带 中、低山带	
	华中区	东部丘陵平面亚区 西部山地高原亚区	亚热带林灌、草地—农田动物群
	华南区	闽广沿海亚区 滇南山地亚区 海南岛亚区 台湾亚区 南海诸岛亚区	热带森林、林灌、草地—农田动物群

第 18 章　野生动物的保护

野生动物(wildlife)通常是指所有自由生活在它们自然相应环境中的脊椎动物。当然，关于野生生物的含义则广泛得多，包括自然生态系统中所有的动植物。但是由于种种原因，人们对于野生动物概念的理解各异，至今未能达成共识。一般而言，野生动物所涵盖的范围有广义和狭义之分，广义上泛指兽类、鸟类、爬行类、两栖类、鱼类、软体动物和昆虫等；狭义上指兽类、鸟类、爬行类和两栖类。

1　野生动物的价值

1.1　经济价值

野生动物是人类赖以生存的重要自然资源，亦是一类可再生的自然资源。野生动物的经济价值主要是指在野生动物及其产品的买卖中获取的货币价值，如从出售动物的毛皮、肉、药材、工艺品以及生化制品中所获的经济收益。尽管随着人类社会的发展，现代人类生存对野生动物的直接依赖程度下降了，但是，野生动物作为食品、药材、香料、装饰品、狩猎纪念品、工艺品、毛皮羽制品和工业原料等的需求却在增加。

野生动物作为食品是人们利用野生动物最为直接和基本的方式。在非洲的一些国家，野生动物仍然是人类食物中动物蛋白的主要来源，如博茨瓦纳年消耗的跃兔可达 300 多万千克，尼日利亚每年吃掉的巨鼠有 10 万吨。在我国，野生动物是中药的重要来源和祖国医药宝库的重要组成部分，我国有 12800 多种中药材资源，其中有 1500 多种动物。野生动物的毛皮革羽被人类所广泛使用。如水獭、熊、貂、海狸等的毛皮可做裘料、垫褥、帽、鞋等御寒用品；蛇、鳄、鲨鱼等的皮可以制革和加工革制品。著名的裘皮兽种类有紫貂、石貂、水獭、猞猁等。经济价值较高的动物种类有黄鼬、鼬獾、赤狐、貉、豹猫、麝鼠、旱獭和松鼠等。

地球上生活的每一种野生动物都拥有其独特的基因库，这是自然界生物进化至今所保存的极其珍贵的资源。随着现代分子生物学的发展，野生动物所拥有的基因资源已发挥出越来越重要的经济价值。野生动物不仅可为家养物种的基因改良提供新的基础材料，而且可为基因产品的开发提供材料平台。

野生动物的经济价值不仅体现在为人类提供上述直接产品，而且还为人类提供越来越重要的间接产品。例如，通过野生动物观光和娱乐性狩猎与垂钓等所产生的巨大娱乐价值。不少野生动物以其形色、姿态、声韵或习性的优异，足以怡情悦目，给人们以精神享受，增加生活情趣。因此，野生动物已成为娱乐和旅游的重要资源。随着人们生活水平的提高和节假日的增多，越来越多的人乐意到国家公园和各类自然保护区游览，而参加狩猎、垂钓、观鸟、摄影、徒步旅行和野营等生态旅游活动的人数亦日益增多。

与此同时，越来越多的以野生动物为主题、以教育和娱乐为目的的书籍、绘画、摄影、电视和电影等方面的作品，在拓宽人们的知识、强化教育、提供更好的关于环境的知识以及丰富人类的经验等的同时，亦为人类带来了十分可观的经济效益。

当然，野生动物还具有我们目前无法估量的选择价值，即潜在的、将来在某一方面为人类社会提供的一种经济效益。由于人类对野生动物的研究还存在许多空白，很多野生动物的潜在经济价值还有待科学家的深入研究，这些野生动物一旦丧失就意味着人类再也无法获取。

1.2 野生动物的生态价值

野生动物不仅具有重要的经济价值，而且还具有更重要的生态价值。野生动物作为生态系统的重要组分，在生态系统的物质循环、能量流动和信息传递中起着极为重要的作用，进而使生态系统保持相对的稳定，为地球上的生命提供维持系统。生态系统内的生物与生物、生物与非生物之间存在着复杂的相互作用的关系，由有机体与环境间所构成的结构复杂、相对稳定、各生物种群持续生存、丰富的生物多样性和进化过程持续的生态系统可为地球生命提供生命支持系统。其中的生物按照生物营养金字塔的形式进行分层，每层间通过来自于太阳并向上流动的能量建立联系。能量向上流动的速率与特征决定于植物和动物群落的复杂结构。不同种类的生物之间多样性越复杂，能量滞留在这里的时间就越长，对进化过程连续时间的贡献就越大，就会产生更多的多样性，生命支持系统就更为稳定。

如果由于人类活动的严重干扰，导致野生动物的灭绝，不仅会影响到资源的利用，而且还可能使生态系统稳定性受影响，从而危及人类的生产与生活。在自然生态系统中，许多野生动物是系统中的初级消费者，如藏羚、白唇鹿、牦牛、大熊猫、竹鼠等，这类草食动物的啃食通常增加植物的物种多样性。野生动物也有生态系统中的次级及最高级消费者，如虎、云豹、黄鼠狼等，此类肉食动物以捕食草食动物为生。因此，野生动物是维系生态系统的能量流和物质循环的重要环节，是生态系统中的活跃部分。

野生动物的生态价值还体现在物种关系方面，物种作为自然群落的部分，以复杂的方式相互作用。一个物种的损失可能对这个群落的其他成员具有深远的影响，产生物种连锁性的灭绝，或者使整个群落不稳定。某些具有生产利用价值而由人们经营的许多作物，它需要依赖于其他野生生物才能延续其生命。因此，一种对人类几乎没有直接价值的野生动物的减少可能导致另一种对人类有重大经济价值的动植物种的相应减退或一种有害物种的增加。

1.3 野生动物的美学与伦理价值

野生动物作为美和自然的化身，具有超越经济价值的精神和美学价值，这是野生动物价值体现的一个重要方面。尽管人类的美学观点是多样的，但几乎每一个人都从美学上喜欢野生动物和风景。例如，人们对大熊猫的喜爱，对各种野生鱼类、鸟类和大型兽类的喜爱，进而产生了一系列以欣赏野生动物为主题的野生动物观光业和产品。不仅如此，自古以来各种各样的宗教思想家、诗人、作家、艺术家和音乐家均以积极的方式运用野生动物这一主题，使野生动物成为文学、诗歌、艺术和音乐创作中不可缺少的一部分，为人类创作各类精神作品。因此，野生动物的损失将削弱了人们叩开灵感源泉的能力。

随着人类文化和文明的发展，人类的伦理与道德责任的运用空间也在不断扩大，并且已从人类自身逐步向动物、所有物种、生态系统以及最终整个地球在内的责任方向延伸。越来越多的人已经认识到每一物种都有生存的权利。每一个物种的生存需要受到保护，不管它对人类的丰富性或重要性如何，不论物种是大是小，是简单还是复杂，是古老的或者是近代进化的，是经济上重要的或者是没有直接经济价值的。所有物种是生物世界群落的一部分，享有同人类一样的生存权利。每一个物种具有其自身价值，即一种与人类需要无关的内在价值。人类是大生物群落的一部分，要尊重和珍视一切物种，人类不能以伤害其他物种的利益来获取人类自身的利益。

生态系统内所有物种的内在价值是平等的，因此人类必须与其他物种共同生活在同一个生态范畴之内。作为生态系统中的消费者和其中的一个组成部分，人类将要去做的就是保护生物群落的利益，包括其整合性、稳定性和美好性，保护整个生态系统和地球生命维持系统。当然，人类作为生态系统中的消费者，可以利用生态系统中的其他部分，但不能损害群落的利益和破坏生态系统的稳定性，群落利益是伦理价值行动的最终测度。人类的活动必须最大限度地减少对自然环境的损害，因为这种损害将损害其他物种和人类自身。

2　野生动物面临的问题与现状

自从 38 亿年前地球进入生命发展时期以来，地球上的生物物种就处于不断地产生和灭绝的过程之中，并在整个生物进化史中经历了 5 次物种大灭绝事件。目前地球上的生物正处于从 1 万年前第四纪的晚更新世开始的第 6 次物种大灭绝事件之中，并以岛屿型物种、大型哺乳动物和鸟类的灭绝为标志。这一次的大灭绝事件和以往任何的大灭绝事件不同：(1)在生物历史上，以前从未出现过有如此众多的生物种在如此短的时间内遭受灭绝的威胁；(2)灭绝的原因是人类的活动。更为严重的是生物多样性受到的威胁还在与日俱增。

大量的数据证实，人口膨胀、森林锐减、过度猎杀、环境污染等是全世界野生动物处境危险的主要因素。目前，作为生物多样性的一部分和地球生命维持系统的重要组成部分的野生动物正遭受着前所未有的、人类的胁迫。根据已有证据，自 1600 年以来已有 83 种哺乳动物和 113 种鸟类灭绝，其中 99%以上的灭绝是由人类的活动所致的。

2.1　栖息地的破坏、片段化和退化

栖息地是野生动物赖以生存的空间。每一种野生动物都以一定的方式生活于某一特定的栖息地，从中获得其所需的食物、隐蔽处和水等生存条件，并逐渐形成对特定栖息地的适应，产生对特定栖息地的偏爱性和选择性。同时，也正因为野生动物对特定栖息的偏爱性和选择性，使得栖息地在时间和空间上的变化将会对野生动物的分布、数量、活动规律和行为等方面产生直接和间接的影响。栖息地的剧烈变化甚至会使野生动物丧失其生存空间，导致野生动物的灭绝。因此，人类活动导致的栖息地破坏、片段化和退化等产生的影响是野生动物面临的第一大威胁。

栖息地的破坏、片段化与丧失及栖息地退化是生物多样性下降和脊椎动物灭绝的最大威胁。随着全球自然栖息地面积不断缩小、自然栖息地破碎成许多碎片以及碎片数量的增多，致使自然栖息地越来越多地成为片段化与岛屿状分布，形成了大量的栖息地岛屿，导致

许多物种的丧失。栖息地的丧失对现今趋于灭绝的脊椎动物是最大的威胁，例如自农业社会前期以来，由于栖息地变成农田已使全球鸟类总数减少25%。森林是目前近3/4的濒危鸟类赖以生存的主要栖息地，但在过去的300年中，农田由占地球表面积的6%扩展至将近1/3，每年约1300万公顷森林被毁。在世界上许多国家，特别是人口稠密的岛屿，绝大多数的原始栖息地都已经被毁。例如，在61个热带国家中已有49个国家50%以上的野生动物栖息地已遭到破坏；在亚洲热带国家和地区中，65%的野生生物栖息地已不再存在，其中孟加拉国高达94%、中国香港97%、斯里兰卡83%、越南和印度均为80%。又如，由于森林的采伐，我国大熊猫的栖息地在20世纪50—80年代的30年间减少了56%，有不少分布区已呈孤立的岛状分布。

栖息地退化与污染使许多野生动物处境危险。例如，许多印度兀鹫取食服过药品的牲畜后中毒死亡，其数量在不到10年内减少了95%；欧洲西部的普通农田中的鸟类数量亦因栖息地退化而在1980—2003年期间减少了57%。人类施用的化肥、杀虫剂等化合物不仅可直接导致许多野生动物死亡，而且含有化学品的径流会对水体和湿地产生污染，使得许多水生野生动物和湿地水鸟中毒死亡。DDT残留物质、二噁英、多氯化联(二)苯等持久性有机污染物在食物链中积聚，还可导致野生动物的畸形、不育和疾病。例如，引起20世纪50年代和60年代全球性的猛禽数量减少的最重要原因就是杀虫剂污染导致其繁殖失败所致。因为人们使用的杀虫剂DDT能分解出一系列的衍生物，使鸟类卵壳变薄，胚胎的正常发育受到抑制，并改变发育成熟鸟类的行为，甚至直接导致鸟类死亡。

由大气污染引发的气候变化是野生动物面临的新威胁，全球1/3动植物有可能因气候变化而在2050年以前灭绝。在过去的30年中，全球气温升高了0.6℃，使一些鸟类的迁徙、繁殖和栖息地范围发生了变化。而对那些迁移能力较弱的野生动物而言，它们将比迁徙鸟类面临更大的生存危机，尤其是在地球的极地度过一生或部分时间的野生动物更易受到气温升高的影响。例如，北极迁徙水禽的数量将随着气候变暖改变其脆弱的生态系统而减少；南半球17种企鹅中就有10种濒临灭绝，由于本世纪全球气温还将升高1.4～5.8℃，企鹅的生存环境亦将进一步恶化。

2.2 资源过度开发、外来种引入和病害

为获取食物和贸易而进行的野生动物狩猎等直接的资源开发活动是野生动物面临的第二大威胁，资源的过度开发已对世界上濒危物种中约三分之一的种类和其他某些物种构成威胁。

美洲旅鸽曾是地球上数量上最多的一种鸟，其数量在19世纪初曾达50亿只。然而，作为重要的狩猎动物，遭到大量猎杀，到1900年3月，野生旅鸽在野外因猎杀而绝迹，最后一只于1914年死于动物园。19世纪末，北美草原上生活着约6000万头美洲野牛，人们为了获取牛皮，仅1871年一年就猎杀了850万头。到1889年，只剩下150头，最后一头野牛在1894年被射死。此外，中国的特产动物麋鹿与蒙古野马、欧洲野牛等大型食草兽都遭到与美洲野牛同样的命运。

非本地物种的有意或无意引进(即外来种引入)是野生动物面临的又一严重威胁。许多物种由于无法跨越大环境障碍而进行扩散，从而使它们的分布受到限制。由于地理隔离的结果，使得物种的进化格式在世界每个主要地区以不同方式进行着。然而，人类的活动已基

本上改变了上述情况。特别是在当今时代，大批物种被有意和无意地引入到非乡土的外地。而这些外来种引入之后，它们捕食当地物种，或与当地物种竞争资源，使之在竞争中出局，或改变当地野生动植物栖息地，使得当地物种受到前所未有的胁迫。如果被引入的物种是病原微生物的话，它们一旦被带到一个新的地方，便会因当地野生动物对其几乎没有任何抗性而引起病害的流行，进而影响野生动物的生存。

2.3　野生动物受胁现状

全世界共有哺乳动物约 4000 种，鸟类 9000 种，爬行类 6300 种，两栖类 4200 种。由于人类活动的影响，自 1600 年以来已有许多野生动物灭绝（表 18-1）。

表 18-1　1600 年至今的野生动物灭绝记录

类 群	灭绝数	估计总种数	1600 年来灭绝的种类百分率/%
哺乳类	83	4000	2.1
鸟　类	113	9000	1.3
爬行类	21	6300	0.3
两栖类	2	4200	0.05

根据世界自然保护联盟（IUCN）的受胁物种等级标准，受胁物种可分为绝灭（EX）、野外绝灭（EW）、极危（CR）、濒危（EN）、易危（VU）和低危（LR）等受胁等级，以及数据缺乏（DD）和未予评估（NE）等类型。根据 2006 年的 IUCN 评估，全世界的受胁物种数达到 16118 种，其中哺乳类 1093 种、鸟类 1206 种、爬行类 341 种、两栖类 1811 种（表 18-2）。

表 18-2　野生动物受胁状况（IUCN，2006）

类 群	EX	EW	小计	CR	EN	VU	小 计
哺乳类	70	4	74	162	348	583	1093
鸟　类	135	4	139	181	351	674	1206
爬行类	22	1	23	73	101	167	341
两栖类	34	1	35	442	738	631	1811

中国受胁的鸟兽的种类数均排在世界的前列，中国野生动物的受胁状况相当严峻。中国大陆列入 2006 年 IUCN 受胁物种红色名录的陆生野生动物就有 297 种（表 18-3），其中哺乳类 84 种、鸟类 88 种、爬行类 34 种、两栖类 91 种；而中国香港和台湾分别有 25 种和 61 种列入该名录。在《濒危野生动植物种国际贸易公约》的附录Ⅰ和附录Ⅱ名单中，属于中国脊椎动物的种类数分别是 79 种和 39 种。1989 年中国颁布的《国家重点保护野生动物名录》中属于Ⅰ级和Ⅱ级保护的有 96 种和 161 种。其中兽类 82 种，鸟类 111 种，爬行类 17 种，两栖类 7 种。根据资料，已经绝迹的动物有麋鹿、野马、高鼻羚羊等。野外生存的大熊猫、白鳍豚、华南虎、东北虎和雪豹等 20 多种动物已濒临绝灭的边缘。

表 18-3　中国野生动物受胁状况（IUCN，2006）

	哺乳类	鸟类	爬行类	两栖类
中国大陆	84	88	34	91
中国香港	1	20	1	3
中国台湾	13	30	9	9

3 野生动物的保护

由于野生动物面临的严重胁迫和野生动物价值,以及野生动物产品(特别是直接以野生资源为原料的产品的开发与利用)的开发对野生资源的影响,使得野生动物的保护愈来愈受到从各国政府首脑到庶民百姓的普遍关注,并成为当前国际公众舆论的热点问题,各国政府亦已经就保护生物多样性与野生动物达成共识。自从1973年《濒危野生动植物种国际贸易公约》(CITES)签订以来,国际上已经签署了一系列国际公约,其中最为重要的有1992年6月在巴西首都里约热内卢召开的联合国环境与发展大会上签署的《生物多样性公约》和《里约宣言》等。

3.1 生态文明与法制建设

人类文化与文明的发展到了18世纪60年代开始进入了由科学文化产生的工业文明阶段。工业文明所取得的伟大成就推动了社会的全面进步,但却又使人类面临着前所未有的危机。而日益加剧的危机、生物多样性的丧失迫使人类必须进行新的文化选择。人类在经历了自然文化、人文文化和科学文化之后,未来的文化应该是生态文化,未来的新社会应该是一个生态文明的社会。而生态文化建立将会产生生态哲学、生态意识、生态思维和生态伦理道德。因此,生态文化将彻底改变人类的思维方式、行为规范和行为方式,彻底消除人类对野生动物的损害。

当然,生态文明社会的建立需要经历一个相当长的过程。在这之前,为了有效地规范人们对待野生动物的行为、逐步树立人们的生态意识和生态伦理道德,必须制定一系列的法律与法规,用法律来保证野生动物的保护。这些法律有国际性的、国家性的,还有地方性的行政命令等。在这方面,各国政府和有关国际组织已进行了积极的努力,制定出许多法律、法规、国际公约和条约,并已在保护野生动物的行动中起着重要的作用。国际上有关野生动物保护方法比较著名的有《生物多样性公约》、《濒危野生动植物种国际贸易公约》、《野生动物迁徙物种保护公约》、《关于特别是作为水禽栖息地的国际重要湿地公约》和《国际捕鲸公约》等,还有不少多边和双边的国际性协定,如《中日候鸟保护协定》和《中澳候鸟保护协定》等。

我国在20世纪50年代初期就有保护野生动物的行政规定,如1950年颁布的《关于稀有动物保护办法》。之后国家相继颁布了一系列涉及野生动物保护的法律、法规,如《中华人民共和国环境保护法》、《中华人民共和国海洋环境保护法》、《中华人民共和国农业法》、《中华人民共和国土地管理法》、《中华人民共和国水土保持法》、《中华人民共和国森林法》、《中华人民共和国草原法》、《中华人民共和国自然保护区条例》、《中华人民共和国野生动物保护法》和《中华人民共和国渔业法》等。并在积极履行《生物多样性公约》等主要国际公约的同时,制定了一系列有关生物多样性保护的重要文件,如《中国21世纪议程》、《中国生物多样性保护行动计划》、《中国21世纪议程——林业行动计划》、《中国湿地保护行动计划》、《中国农业生物多样性保护行动计划》、《中国海洋生物多样性保护行动计划》、《中国环境保护21世纪议程》和《中国海洋21世纪议程》等。

3.2　野生动物保护的优先序

野生动物保护的一个重要原则就是要设法利用有限的资源(人力、经费及土地或水域)保护尽可能多的物种。为此需要考虑下列问题:(1)如何测度某一保护区的物种多样性?(2)一些物种是否比其他物种更值得保护?怎样利用保护区物种多样性的互补性,达到尽量利用数量有限的保护区、尽可能多地保护物种多样性?如何选择、设计保护区,以利用最少数量的保护区覆盖某一类群的全部物种?

总之,人们必须客观地测度和评价各有关区域的野生动物生存状况,对各个区域按其多样性的高低、受胁物种、特有种和聚集物种的数量和特殊生物相物种等指标,确立保护对象优先序、保护区域优先序或保护区网络,达到利用有限数目的区域来保护最多的野生动物或全部物种多样性的目的。

衡量野生动物保护对象优先序的一项重要工作就是物种濒危等级的评估。研究受胁物种的现状、原因及受胁等级的审定是保护生物学研究的基本内容。受胁等级的划分能对物种的濒危现状和生存前景给予一个客观的评估,并提供一个相互比较的基础。受胁等级的划分同时又能将物种按其受威胁的严重程度和灭绝的危险程度分等级归类,简单明了地显示物种的濒危状态,为开展物种保护及制定保护优先方案提供依据。根据世界自然保护联盟(ICUN)于 1994 年确定的濒危物种等级体系与指标,目前物种濒危等级划分为绝灭(Extinct, EX)、野外绝灭(Extinct in the Wild, EW)、极危(Critically Endangered, CR)、濒危(Endangered, EN)、易危(Vulnerable, VU)和低危(Lower Risk, LR)等类型。

衡量和选择优先保护区域最常用的指标是物种丰富度(species richness)。同时,人们在考虑物种丰富度的基础上结合区系成分的互补性提出了关键区系分析方法(critical faunas analysis),用来确定保护某一特定类群的全部物种设计保护区优先序和最低保护区组合(the minimum set of areas)。20 世纪 90 年代,Williams 等人结合利用现代生物系统学支序分析的理论和成果,提出了可以反映物种在系统演化意义上的差异即分类多样性的计算方法,并以此为基础,结合互补性,提出了一套更完善的保护优先区域的分析方法,即分类多样性测度。

3.3　保护的具体措施

就地保护　野生动物长期保护的最好策略是保护在野外的自然群落和种群,称为就地保护(in-situ conservation)。其中建立自然保护区是就地保护野生动物的最重要方法与手段。根据《中华人民共和国自然保护区条例》,自然保护区的含义是指"对有代表性的自然生态系统,珍稀濒危野生动植物物种的天然集中分布区、有特殊意义的自然遗迹等保护对象所在的陆地、陆地水体或者海域,依法划出一定面积予以特殊保护和管理的区域"。

迁地保护　对于许多濒危野生动物,在人类破坏日益增加的情况下,就地保护会成为一个非常困难的选择。在野外的物种可能因为遗传漂变和近亲繁殖、种群统计学的和环境的变化、栖息地损毁、栖息地质量恶化、外来种的竞争、病害或过度开发而衰减或趋于灭绝。如果一个残留种群对于延续生存来说太小,或者如果所有残留的个体都出现在保护区外面,那么就地保护就可能无效。在这种情况下,保护物种免于灭绝的唯一有希望的方法是在人类控制的人为条件下维持其个体。这种策略被称为迁地保护(ex-situ conservation)或易地保

护(off-site conservation)。目前迁地保护的最重要方式建立动物园和水族馆,以及通过建立野生动物救护中心和繁育中心来增加目标物种的人工种群。

新种群的建立 保护生物学家已开发了一些作为迁地保护组成部分的令人鼓舞的保护方法,其中包括建立稀有和濒危物种的新野生种群和半野生种群,以及增加现存种群的规模。这些试验对于生活在笼中的野生动物重新获得它们在生物群落中的生态和进化作用是重要的。再者,野外种群遭受灾害性破坏(例如流行病或战争)的机会可能比笼养种群的少。此外,增加一个种的数量和规模就会减少它们灭绝的概率。

目前有三种基本方法已被用来建立新的动物种群:(1)重新引进计划(reintroduction program),它包括释放笼养动物或从野外采集动物并送到它们已较长期未被发现的历史分布区。重新引进计划的主要目的是在原先的环境创建一个新种群。通常将动物释放到曾采集到它们或它们的祖先曾生存的地点以保证对这个地点的遗传适应性。当一个新保护区已经建立时,当一个现存种群处在一种新的危险下不能在它现存地点较长期地存活时,或当自然的或人为的障碍对该种的正常扩散产生阻碍时,也将动物释放到该分布范围的其他地方。(2)增大计划(augmentation program),包括将动物释放到现存种群中以增加其规模和基因库。这些动物可以是在其他地方捕捉到的,或笼中饲养的。(3)引入计划(introduction program),包括将动物迁移到它们历史分布区以外的地方。当已知一个种分布区内的环境条件已不适于该种长期存活时,这种方法可能是适当的。在它的历史分布区内,这个种可能会遭受灭绝或严重衰退;如果原先引起衰退的因子仍然存在,重新引入可能是行不通的。唯一的选择是将捕捉到的野生个体或笼养个体引入到历史区域以外的地区建立新的种群。将一个种引到新地点必须慎重考虑,要确信这个种不会危害它的新生态系统或损害当地任何濒危种的种群。释放的动物要仔细挑选,必须是在笼养时未检查出任何能传播和毁灭野生动物的疾病。再者,一个种可能在某些方面对新环境产生遗传适应性,而使它与原来的种群有差异。

主要参考文献

彩万志等．普通昆虫学．北京：中国农业大学出版社，2001

陈品健．动物生物学．北京：科学出版社，2001

陈世骧．进化论与分类学（修订版）．北京：科学出版社，1987

陈义．无脊椎动物比较形态学．杭州：杭州大学出版社，1993

陈义．无脊椎动物学．北京：商务印书馆，1956

陈樟福等．浙江动物志（蜘蛛类）．杭州：浙江科学技术出版社，1991

成令忠等．组织学与胚胎学（第四版）．北京：人民卫生出版社，2000

丁汉波．脊椎动物学．北京：高等教育出版社，1983

堵南山．甲壳动物学（上、下）．北京：科学出版社，1987、1993

堵南山等．无脊椎动物学．上海：华东师范大学出版社，1989

堵南山等．无脊椎动物学教学参考图谱．上海：上海教育出版社，1988

费梁等．常见蛙蛇类识别手册．北京：中国林业出版社，2005

高尚武等．中国动物志（刺胞动物门 水螅虫纲 钵水母纲）．北京：科学出版社，2002

郝天和．脊椎动物学（上册）．北京：高等教育出版社，1959

郝天和．脊椎动物学（下册）．北京：人民教育出版社，1964

黄美华．浙江动物志（两栖类 爬行类）．杭州：浙江科学技术出版社，1990

黄诗笺．动物生物学实验指导．北京：高等教育出版社，2001

江静波等．无脊椎动物学（修订本）．北京：人民教育出版社，1982

姜乃澄等．动物学实验指导．杭州：浙江大学出版社，2001

姜云垒等．动物学．北京：高等教育出版社，2006

梁象秋等．水生生物学（形态和分类）．北京：中国农业出版社，1996

林浩然．鱼类生理学．广州：广东高等教育出版社，1999

刘凌云等．普通动物学（第三版）．北京：高等教育出版社，1997

马克勤，郑光美．脊椎动物比较解剖学．北京：高等教育出版社，1984

毛节荣．浙江动物志（淡水鱼类）．杭州：浙江科学技术出版社，1991

农业部水生野生动植物保护办公室，广东省海洋与渔业局主编．水生野生保护动物识别手册．北京：科学出版社，2004

齐钟彦等．中国经济软体动物．北京：中国农业出版社，1998

任淑仙．无脊椎动物学（上、下）．北京：北京大学出版社，1991

沈韫芬等．原生动物学．北京：科学出版社，1999

松坂实原．世界两栖爬行动物原色图鉴．公凯赛，岳春编译．北京：中国农业出版社，2002

宋大祥等．蚂蟥．北京：科学出版社，1978

孙儒泳．动物生态学原理．北京：北京师范大学出版社，2001

王汝才等．海水贝类养殖学．青岛：青岛海洋大学出版社，1993

U. 威尔士，V. 斯托赫. 比较动物细胞学和组织学. 方肇寅等译. 北京：科学出版社，1979
吴宝华等. 浙江动物志（吸虫类）. 杭州：浙江科学技术出版社，1991
吴宝华等. 中国动物志（扁形动物门单殖吸虫纲）. 北京：科学出版社，2000
忻介六，杨庆爽，胡成业. 昆虫形态分类学. 上海：复旦大学出版社，1985
徐芳南等. 动物寄生虫学. 北京：高等教育出版社，1965
许崇任，程红. 动物生物学. 北京：高等教育出版社，2000
许维枢等. 中国野鸟图鉴. 中国台北：翠鸟文化事业有限公司，1996
岩崑等. 中国兽类识别手册. 北京：中国林业出版社，2006
杨安峰，程红. 脊椎动物比较解剖学. 北京：北京大学出版社，1999
杨安峰. 脊椎动物学（修订版）. 北京：北京大学出版社，1992
杨德渐. 中国近海多毛类环节动物. 北京：农业出版社，1988
杨德渐等. 海洋无脊椎动物学. 青岛：中国海洋大学出版社，2006
杨潼. 中国动物志（环节动物门蛭纲）. 北京：科学出版社，1996
尹文英等. 中国土壤动物检索图鉴. 北京：科学出版社，1998
张荣祖. 中国动物地理. 北京：科学出版社，1999
张玺，齐钟彦. 贝类学纲要. 北京：科学出版社，1961
张玺等. 中国经济动物志（环节（多毛纲）、棘皮、原索动物）. 北京：科学出版社，1963
张雨奇. 动物学（上、下册）. 长春：东北师范大学出版社，1989
郑光美. 鸟类学. 北京：北京师范大学出版社，1995
郑光美. 世界鸟类分类与分布名录. 北京：科学出版社，2002
郑光美. 中国鸟类分类与分布名录. 北京：科学出版社，2005
中国野生动物保护协会主编，费梁执行主编. 中国两栖动物图鉴. 郑州：河南科学技术出版社，1999
中国野生动物保护协会主编，盛和林执行主编. 中国哺乳动物图鉴. 郑州：河南科学技术出版社，2005
朱弘复. 动物分类学理论基础. 上海：上海科学技术出版社，1987
诸葛阳. 浙江动物志（鸟类）. 杭州：浙江科学技术出版社，1990
诸葛阳. 浙江动物志（兽类）. 杭州：浙江科学技术出版社，1989
左仰贤等. 动物生物学教程. 北京：高等教育出版社，2001
蔡如星等. 浙江动物志（软体动物）. 杭州：浙江科学技术出版社，1991
魏崇德等. 浙江动物志（甲壳类）. 杭州：浙江科学技术出版社，1991
Alexander R. M. The Invertebrates. London：Cambridge University Press，1979
Barnes R. D. Invertebrate Zoology (4th edition). Philadelphia (USA)：Saunders College，1980
Engemann J. G. and Hegner R. W. Invertebrate Zoology (3rd edition). New York：Macmillan Publishing Co.，Inc.，1981
Gans C. and Huey R. B. Biology of the Reptilia，Volume 16. New York：Alan R. Liss Inc.，1988
Gill F. B. Ornithology. New York：W. H. Freeman and Company，1990
Harris C. L. Concepts in Zoology. New York：Harper Collins Publisher，1992
Hickman C. P.，et al. Integrated Principles of Zoology (9th ed). St. Louis：Mosby-YearBook，Inc.，1993
Hickman C. P. Jr.，et al. Animal Diversity (2nd edition). New York：McGraw-Hill Book Company，1995
Hyman L. H. The Invertebrates Vol. 1-6. New York：McGraw-Hill Book Company，1940－1967
Kardong K. V. Vertebrates：comparative anatomy，function，evolution (4th ed). New York：McGraw-Hill Companies，Inc.，2006
Kent G. C. Comparative Anatomy of the vertebrates (6th edition). St Louis：Times Morror/Mosby College Publishing，1987

Kudo R. R. Protozoology (5th edition). Charles C. Thomas Publisher, 1977

Lytle C. F. General Zoology Laboratory Guide (13th edition). New York: McGraw-Hill Companies, Inc. , 2000

Mackenzie A. , et al. Instant Notes in Ecology. Beijing: Science Press, 1999

Miller S. A. and Harley J. P. Zoology (5th edition). New York: McGraw-Hill Companies, Inc. , 2002

Miller S. A. , et al. Zoology. Wm. C. Brown, Dubuque, IA, 1994

Norble E. R. and Noble G. A. Parasitology (4th edition). London: Henry Kimpton Publishers, 1976

Pough F. H. , et al. Vertebrate Life. Collier Macmillan, London; Macmillan, 1989

Richard A. , Boolootian, K. , Stiles, A. College Zoology. Macmillan Science, 1981

Richard D. J. Instant Notes in Animal Biology. Beijing: Science Press, 1999

Romer A. S. and Parsons T. S. The Vertebrate Body (5th edition). Piladelphia: W. B. Saunders Company, 1977

Ruppert E. E. , Fox R. S. and Barnes R. D. Invertebrate Zoology (7th edition). Thomson Learning, 2004

Scholtyseck E. Fine Structure of Parasitic Protozoa. New York: Springer-Verlag Berlin Heidelberg, 1979

Shine R. Australian Snakes: a natural history. Sydney: New Holland Press, 1993

Shu D. G. , et al. Lower Cambrian vertebrates from south China. Nature, 402, 42—46, 1999

Slesnick I. L. , et al. Scott, Foresman Biology. the United States of America: Scott, Foresman and Company Glenview, Illinois, 1985

Vaughan T. A. Mammalogy (3rd edition). Piladelphia: Saunders College Publishing, 1986

Wilson E. O. The Diversity of Life. Harvard: Harvard University Press, 1992

Wilson S. and Swan G. A Complete Guide to Reptiles of Australia. Sydney: Reed New Holland, 2003

Young J. Z. The Life of Mammals. Oxford: Clarendon Press, 1975

Young J. Z. The Life of Vertebrates (3rd edition). Oxford: Clarendon Press, 1981

Zhao E. and Adler K. Herpetology of China. Oxford, Ohio: SSAR, 1993

Zug G. R. , Vitt L. J. and Caldwell J. P. Herpetology: An Introductory Biology of Amphibians and Reptiles (2th edition). San Diego: Academic Press, 2001